基础有机化学

（第二版）

王兴明　康　明　主编

科 学 出 版 社

北 京

内 容 简 介

本书是为了适应现代学科发展和人才培养的需要编写的,以有机化学的基本知识、基本理论和基本反应为主导,结合有机化学新进展和化学性质新应用,较好地融合了结构与性质的关系。本书重点介绍有机化合物的结构特征和反应规律,加强反应机理和有机合成的介绍。本书采用问题式教材编写模式,各章正文均有多个讨论类型的题目,以利于课堂上师生的教与学;引进了绿色化学的概念和应用案例,在有关章节中编写了各类重要有机化合物及其应用,各章均附有习题。

本书可作为高等院校应用化学、化工、材料、生命科学、环境、制药、农林、畜牧和医学等各专业的有机化学教材,也可供自学考试者、相关科研和工程技术人员参考。

图书在版编目(CIP)数据

基础有机化学/王兴明,康明主编. —2 版. —北京:科学出版社,2015.6

ISBN 978-7-03-044780-7

Ⅰ.①基…　Ⅱ.①王…②康…　Ⅲ.①有机化学-高等学校-教材　Ⅳ.①O62

中国版本图书馆 CIP 数据核字(2015)第 123693 号

责任编辑:郑祥志　郭慧玲 / 责任校对:赵桂芬
责任印制:赵　博 / 封面设计:迷底书装

科 学 出 版 社 出版
北京东黄城根北街 16 号
邮政编码:100717
http://www.sciencep.com
三河市骏杰印刷有限公司印刷
科学出版社发行　各地新华书店经销

*

2012 年 1 月第　一　版　　开本:787×1092　1/16
2015 年 6 月第　二　版　　印张:29 3/4
2025 年 1 月第十七次印刷　　字数:728 000

定价:69.00 元
(如有印装质量问题,我社负责调换)

第二版前言

根据各学校相关专业使用第一版教材的效果和工科有机化学教学的特点,我们再版修订了《基础有机化学》教材,使之更适用于各专业的课堂教学。

本书的再版修订在理念上坚持教材适用于教与学的科学观,加强基础,拓展应用。构建以有机化合物性质与结构之间的关系为中心的主线,结合相关反应机理体现工科有机化学的基础全貌。在内容的处理方面,进行了一定的删减和补充,将现代科研成果与基础理论相结合并力求做到少而精。

本教材保持了第一版的体系和主要内容,修订的主要方面如下:

(1)保留了问题式教材模式,对个别讨论题目进行了修改使之更有利于课堂上师生的教与学,更有利于调动学生学习的积极性和培养学生创新思维能力。

(2)保留并拓展了有机化合物化学性质的新应用、有机化学的新成果以及与绿色有机化学相关的内容。

(3)删减了少部分有机化学反应机理,如第 10 章和第 11 章的部分较复杂的机理,对部分习题也进行了删减和修改,使教材内容对于工科各专业的适用性更强。

(4)对第 4 章电子效应进行了较大篇幅的修改,充实了电子效应的应用等内容,修改后内容更全面、更精炼。

(5)保留了习题和问题的参考答案未附于书后的返璞归真的特点,由教师掌握更有利于培养学生独立分析问题和解决问题的能力。对教学课件也进行了相应的修改。

本书主编为王兴明、康明,副主编为李鸿波、陈绍玲、高峻、赵志刚,参与编写人员还有胡亚敏、金波、周燕芳、雷军、何方方。具体分工为:康明(第 1、13 章)、胡亚敏(第 2、7 章)、陈绍玲(第 3、5 章)、金波(第 4、6 章)、高峻(第 8、14 章)、周燕芳(第 9、17 章)、赵志刚(第 10、11 章)、王兴明(第 12、15 章)、雷军(第 16 章)、何方方(第 18 章)、李鸿波(第 19、20 章)。最后由王兴明统一整理定稿。

由于编者的水平和经验有限,书中不妥之处在所难免,恳请广大读者批评指正。

编　者

(xmwang_xkd@163.com)

第一版前言

随着有机化学学科的发展和教学改革的不断深入,各类学校的各种专业对有机化学的要求也不尽相同,教材编写模式更需适应现代课堂教学改革的发展趋势。根据现代高等学校工科不同专业的特点,我们编写了《基础有机化学》,供高等学校应用化学、化工、材料、生物、环境、制药、农林、畜牧和医学等各专业作为有机化学课程的教材使用。

本书的编写思路如下。

(1) 本书采用问题式教材编写模式,各章均有多个讨论类型的题目,以利于课堂上师生的教与学。问题式教材编写模式是为逐步摒弃传统灌输式教学方法而设计的,不少问题明显区别于课后习题,属于较深层次的问题,适于课堂研讨。通过讨论课堂问题,不仅可以调动学生学习的积极性,而且对于培养学生创新思维可以起到潜移默化的作用。

(2) 本书选择性地编写了部分有机化合物化学性质的新应用和有机化学的新成果,并引进了一些具有绿色化学意义或与其他学科交叉渗透的内容。这对于拓展学生的知识面以及学生理解基础和现代有机化学及其应用有重要意义。

(3) 本书在编排上按官能团分类,采用脂肪族与芳香族混编体系。以基本概念、基本知识和基本理论为主导,体现了有机化学学科的系统性、逻辑性和完整性,并力求做到少而精和简明扼要。电子效应单独列为一章,共振论则放在芳烃一章介绍。在相关章节编写了酸碱理论、取代酸、生物碱和核酸,书末编写了有机合成一章。我们还制作了可根据需要自行修改的教学课件,可无偿提供用于教师教学。

本书共20章,包括绪论,烷烃,脂环烃,电子效应,烯烃,炔烃和二烯烃,对映异构,芳烃,卤代烃,醇、酚、醚,醛和酮,羧酸及其衍生物,取代酸,有机含氮化合物,杂环化合物,周环反应,碳水化合物,多肽、蛋白质和核酸,有机化合物的波谱分析,有机合成。教师可根据学校工科类各专业的特色和学生对象适当取舍。

本书的编写人员有主编王兴明、康明,副主编赵志刚、高峻、陈绍玲、李鸿波,参与编写人员有胡亚敏、刘德春、唐天君、周燕芳、雷军、何方方。具体分工为:康明(第1、13章)、胡亚敏(第2、7章)、陈绍玲(第3、5章)、刘德春(第4章)、唐天君(第6章)、高峻(第8、14章)、周燕芳(第9、17章)、赵志刚(第10、11章)、王兴明(第12、15章)、雷军(第16章)、何方方(第18章)、李鸿波(第19、20章)。最后由王兴明、康明统一整理定稿。

本书承蒙北京师范大学张聪教授和四川大学谢川教授审阅,并提出了宝贵的修改意见,在此致以衷心的感谢。刘家勤教授和胡晓黎教授在本书编写过程中给予了热情支持和帮助,使本书得以顺利出版,在此一并致以真诚的谢意。

由于编者的水平和经验有限,书中不妥之处在所难免,恳请广大读者批评指正。

编 者

(xmwang_xkd@163.com)

目　　录

第1章 绪 论

1.1 有机化学及其发展

有机化学是研究有机化合物结构、性质及其相互转变规律的一门学科,是化学中极为重要的一个分支,是有机化学工业的基础。有机化学不仅为生命科学、材料科学和环境科学等相关学科的发展提供了理论基础,还促进了化学工业、能源工业和材料工业等的发展。

19 世纪初期,"有机化学"这一名词首次被瑞典化学家伯齐利厄斯(J. J. Berzelius)提出,当时许多化学家认为有机化合物只能产生于生物体中。随着科学家不断总结出新的概念、规律和合成方法等,有机化学才逐渐被人们所认识。有机化学的发展经历了萌芽有机化学、经典有机化学和现代有机化学三个时期,由此也产生了多项诺贝尔化学奖,展示出有机化学的发展趋势。

1.1.1 萌芽有机化学时期

从 19 世纪初到 1858 年是有机化学的萌芽时期。这期间科学家已经分离出许多有机化合物,也制备了一些有机衍生物,并认识了一些有机化合物的性质。

1824 年,德国化学家韦勒(F. Wöhler)由氰经过水解制得乙二酸,并于 1828 年通过加热使氰酸铵转化为尿素。

$$NH_4OCN \xrightarrow{\triangle} NH_2CONH_2$$

法国化学家拉瓦锡(A. L. Lavoisier)发现有机物燃烧后生成二氧化碳和水;1830 年,德国化学家李比希(J. von Liebig)发展了碳氢分析法;1883 年,法国化学家杜马(J. B. A. Dumas)建立了氮分析法。这些研究工作为有机物的定量分析奠定了基础,有利于弄清有机物分子中各原子间的关系。

1.1.2 经典有机化学时期

1858~1916 年是经典有机化学时期。1858 年,德国化学家凯库勒(F. A. Kekulé)等提出了"碳四价"的概念,从而建立了价键学说,并在 1866 年提出苯环的凯库勒结构式,这又是有机化学发展史上的里程碑。

1874 年,荷兰化学家范特霍夫(J. H. van′t Hoff)和法国化学家勒贝尔(J. A. LeBel)分别独立地提出了碳价四面体学说,这一学说奠定了有机立体化学的基础,推动了有机化学的发展。

在经典有机化学时期,关于有机化合物结构的测定及其反应方面都取得了较大进展,但价键学说还只是化学家在实践中得出的一种概念,有关价键的本质问题还没有得到解决。

1.1.3 现代有机化学时期

1916 年,美国物理化学家路易斯(G. N. Lewis)等提出了价键的电子理论,这是现代有机化学时期的开端。这一理论认为分子中各原子通过其外层电子的相互作用结合在一起,原子间通过电子的得失或共用形成离子键或共价键。

1927 年,英国理论物理学家海特勒(W. H. Heitler)等提出用量子力学的方法来处理分子结构的问题,从而建立了价键理论。1931 年,鲍林(L. C. Pauling)等在价键理论的基础上提出了杂化轨道理论。20 世纪 60 年代,在大量有机合成反应经验的基础上,化学家伍德沃德(R. B. Woodward)和霍夫曼(R. Hoffmann)认识到化学反应与分子轨道的关系,他们在研究了一系列周环反应的基础上,提出了分子轨道对称守恒原理。

随着科学技术的不断创新和发展,红外光谱(IR)、核磁共振(NMR)、紫外光谱(UV)、质谱(MS)等波谱技术应用于有机化合物分子的结构测定方面,促进了对有机化合物的研究。微波、催化、超声波等新技术应用于有机合成中,大大提高了有机反应的速率和产物的选择性。自从萌芽有机化学时期以来,世界各国化学家为有机化学的发展作出了巨大贡献,近百年来与有机化学相关的诺贝尔化学奖成果见表 1-1。

表 1-1　与有机化学相关的诺贝尔化学奖

年份	诺贝尔化学奖获得者	研究成果
1902	费歇尔(德国)	合成了糖类以及嘌呤诱导体
1905	冯·拜(德国)	从事芳香族化合物的研究
1907	毕希纳(德国)	从事酵素和酶化学、生物学研究
1910	瓦拉赫(德国)	从事脂环式化合物研究
1912	格利雅(法国)	发明了格利雅试剂——有机镁试剂
1923	普雷格尔(奥地利)	创立了有机化合物的微量分析法
1928	温道斯(德国)	研究出一族甾醇及其与维生素的关系
1929	冯·奥伊勒-歇尔平(瑞典)	阐明了糖发酵过程和酶的作用
1930	费歇尔(德国)	从事血红素和叶绿素的性质及结构方面的研究
1937	哈沃斯(英国)	从事碳水化合物和维生素 C 的结构研究
1950	第尔斯、阿尔德(德国)	发现第尔斯-阿尔德反应及其应用
1953	施陶丁格(德国)	从事环状高分子化合物的研究
1954	鲍林(美国)	阐明化学结合的本性,解释了复杂的分子结构
1957	托德(英国)	从事核酸酶以及核酸辅酶的研究
1958	桑格(英国)	从事胰岛素结构的研究
1965	伍德沃德(美国)	在有机合成方面作出巨大贡献
1966	马利肯(美国)	创立了化学结构分子轨道理论
1971	赫兹伯格(加拿大)	从事自由基的电子结构和几何学结构的研究
1973	费歇尔(德国)、威尔金森(英国)	从事具有多层结构的有机金属化合物的研究
1974	弗洛里(美国)	从事高分子化学的理论、实验两方面的基础研究
1975	普雷洛格(瑞士)	从事有机分子的立体化学研究
1976	利普斯科姆(美国)	从事甲硼烷的结构研究
1979	布朗(美国)、维悌希(德国)	研制了新的有机合成法
1981	福井谦一(日本)、霍夫曼(英国)	提出直观化的前线轨道理论
1984	梅里菲尔德(美国)	开发了极简便的肽合成法
1987	佩德森(美国)、莱恩(法国)	合成冠醚化合物

年份	诺贝尔化学奖获得者	研究成果
1990	科里(美国)	创建了一种独特的有机逆合成分析理论
1994	欧拉(美国)	从事有机烃类研究,作出了杰出贡献
1996	柯尔(美国)、克罗托(英国)	发现了富勒烯球(也称布基球)C_{60}
2000	黑格(美国)、白川秀树(日本)	发现能够导电的塑料
2002	芬恩(美国)、田中耕一(日本)	发明了对生物大分子进行结构分析的方法
2005	肖万(法国)、格拉布(美国)	从事有机烯烃复分解反应研究,作出了杰出贡献
2010	赫克(美国)、铃木章(日本)	从事有机合成领域中钯催化交叉偶联反应研究

1.1.4 有机化学发展新趋势

进入 20 世纪以后,随着自然科学及其他学科的发展,人们不断地把现代科学的新理论、新技术和新方法应用到有机化学中,大大地促进了人们认识物质的组成、结构、合成和测试等方面的发展。有机化学的蓬勃发展产生了多个分支学科,包括有机合成化学、金属有机化学、天然有机化学、元素有机化学、物理有机化学、有机催化化学、有机分析化学和有机立体化学等。一种新的合成方法的诞生,往往会给有机合成化学带来革命性的变革,因此需要不断地发现新反应、新试剂、新方法和新理论。

金属有机化学常与有机催化联系在一起,过渡金属催化的金属有机化学正在蓬勃发展。例如,2010 年的诺贝尔化学奖就是关于有机合成领域中钯催化交叉偶联反应研究。利用金属有机化合物本身的结构和功能,不断地开发其在光学材料、电子材料和医药等领域的应用。我国化学工业技术含量极低的现况决定了要提高我国化学工业的水平,必须优先加强对金属有机化学的研究,以及以金属有机化学为基础的高端产品的研发,这是尽快缩短与发达国家差距的有效手段。

天然有机化学是研究来自自然界动植物的内源性有机化合物的一门学科。通过研究天然有机产物发现和开发新化合物。我国拥有丰富的天然产物,传统中药又是我国独一无二的宝贵财富,因此深入了解和掌握包括传统中药在内的天然产物的分离、鉴定和合成,将是有机化学又一新的发展趋势。

总之,有机化学作为化学的一个重要分支,是生命科学、材料科学和环境科学的重要基础。我国的科研工作者已经在这些相关领域取得了不少成就,这些研究工作也必将推动有机化学的进一步发展。有机化学学科发展日新月异,目前有机化学的一个显著的发展趋势是可持续发展的绿色化学概念受到更加广泛的关注。高度重视以原子经济性为基础的选择性调控,也注重经典有机化学范畴的突破。另一个显著的趋势是与其他学科的交叉渗透日益明显。

问题 1 查阅 1912 年、1979 年以及近十年来的诺贝尔化学奖,阐述学习有机化学的重要性。

1.1.5 有机化学与绿色化学

20 世纪 90 年代初,化学家提出了与传统的"治理污染"不同的"绿色化学"的概念,即通过研究和改进化学化工过程及相应的工艺技术,从根本上降低直至消除副产品或废弃物的生成,从而达到保护和改善环境的目的。

绿色化学的基本原理主要有：防止污染产生优于治理产生的污染；原子经济性（如生物催化有机合成等）；大量采用毒性小的化学合成路线；原料应是可再生的；化工产品在完成其使用价值后，应能降解为无害的物质；尽可能少地使用能源……。

1.2 有机化合物及其特点

有机化合物是含碳化合物，绝大多数含有碳、氢两种元素，有的还含有氧、氮、硫和卤素等元素。部分有机化合物来自天然植物，但大多数有机化合物是以石油、煤、天然气等作为原料，通过人工合成的方法制得。

有机化合物与人类生活息息相关，人们的衣食住行都离不开它。人体所需的淀粉、脂肪、蛋白质、维生素等营养物质中均含有机化合物；化工生产过程中的各种原料、中间体及产品几乎都是有机化合物；有机化合物也包括橡胶、塑料、纤维，以及各种药物、添加剂、染料、化妆品等。

有机化合物和无机化合物没有截然不同的界线，但是，它们在组成、结构和性质上存在较大差别。

1.2.1 有机化合物的结构特点

组成有机化合物的元素种类并不多，主要有碳、氢、氧、氮、卤素、硫、磷等元素，但有机化合物的数量却非常庞大。迄今已知由合成或分离方法获得的有机化合物已达几百万种，其数量如此之多与其结构的复杂性密切相关。首先，碳原子间互相结合的能力很强，碳原子之间以及碳原子与其他原子之间能够形成稳定的共价键，并且通过单键、双键、叁键连接成链状或环状化合物；其次，有机化合物存在多种异构现象，如构造异构、顺反异构、旋光异构等，也是有机化合物数目庞大的重要原因。

人们通常发现许多具有相同分子式的有机化合物，它们的性质却有很多差异，其主要原因在于它们的分子结构不同，这种同分异构现象在有机化合物中是普遍存在的。例如，分子式为 C_2H_6O 的化合物就存在乙醇和甲醚两种不同结构，它们互为同分异构体。

$$H_3C-CH_2OH \qquad CH_3-O-CH_3$$
$$乙醇 \qquad\qquad 甲醚$$

1.2.2 有机化合物的性质特点

有机化合物结构上的特点决定了其性质具有以下特点：

（1）绝大多数有机化合物受热易分解，且易燃烧。这是由于碳和氢容易与氧结合形成 CO_2 和 H_2O，许多有机化合物在 $200\sim300℃$ 时即逐渐分解。

（2）绝大多数有机化合物的熔点和沸点较低。这是由于许多有机化合物分子之间的作用力是范德华力，通常以气体、液体或低熔点（大多数在 $400℃$ 以下）固体的形式存在。

（3）绝大多数有机化合物难溶于水。这是由于有机化合物一般是弱极性或非极性化合物，对水的亲和力很小，因此大多数有机化合物难溶于水，而易溶于有机溶剂。

（4）绝大多数有机化合物的化学反应速率慢。这是由于多数有机化合物的化学反应不是离子反应，而是分子间的反应，因此许多有机化学反应通常需要加热、加压或加催化剂来加快反应速率。

　　(5) 绝大多数有机反应的产物复杂。这是由于多数有机化学反应除主反应外,常伴有副反应发生,因此有机反应产物通常是比较复杂的混合物,需要分离提纯。

问题 2　比较有机化合物和无机化合物的结构特点,说明其物理性质和化学性质的差异。

<h2 style="text-align:center">1.3　有机化合物中的共价键</h2>

　　有机化合物的性质取决于有机化合物的结构,而有机化合物分子中典型的化学键是共价键,原子之间以共价键相结合是有机化合物最基本的结构特征。所以,要研究和掌握有机化合物的结构与性质,首先必须熟悉有机化合物分子中的共价键。

1.3.1　共价键的形成

　　共价键是指成键的两个原子通过共用电子对结合在一起的一种化学键。例如,氢原子形成氢分子时,两个氢原子通过共用一对电子而结合成共价键。

H·＋·H ──→ H∶H

氢原子　　　　氢分子

　　有机分子中的碳原子具有 4 个价电子,可与氢原子或其他原子共用电子对形成 4 个共价键,使碳原子形成稳定的八电子结构。两个碳原子共用一对电子则形成单键,共用两对或三对电子则形成双键或叁键。例如,在乙烷、乙烯、乙炔分子中分别存在碳碳单键、双键和叁键。

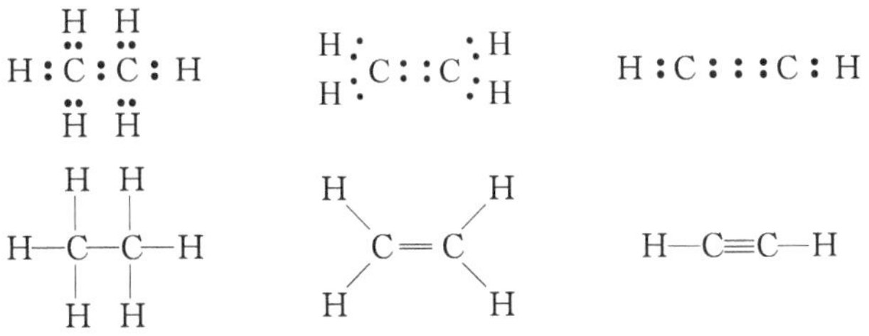

乙烷　　　　　　　　乙烯　　　　　　　　乙炔

　　路易斯提出了共价键概念,但没有对共价键形成的本质作进一步说明。随着量子化学的建立和不断发展,人们对共价键形成理论有了进一步的认识,从而提出了对共价键的形成有不同的理论解释的价键理论、杂化轨道理论和分子轨道理论。

　　1. 价键理论

　　共价键的形成是成键原子的原子轨道相互交盖的结果。例如,氢分子的形成。

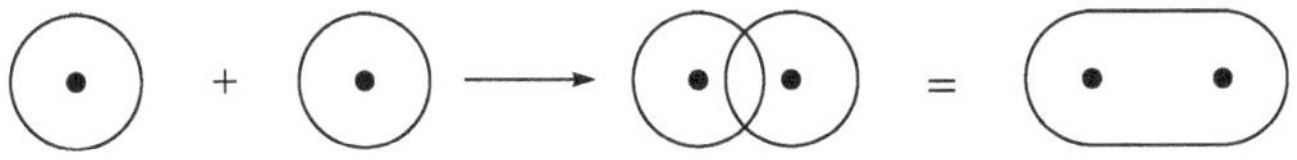

氢原子　　　　　　　轨道交盖　　　　　　氢分子

　　根据价键理论可知:① 如果两个原子各含有一个未成对电子且自旋相反,则配对形成一个共价键,如果两个原子各含有两个或三个未成对电子,则两两配对形成双键或叁键;② 一个原子的未成对电子配对后,就不能再与其他原子的未成对电子配对,即共价键的饱和性;③ 两个相互成键的原子,其轨道交盖越多,则形成的共价键越强,成键后体系的稳定性越好,因此轨道的交盖尽可能地在电子云密度最大的区域发生,即共价键的方向性。

在形成分子的过程中,由于原子间的相互影响,若干类型不同而能量相近的原子轨道重新组合成一组能量相等且成分相同的新轨道,这一过程称为杂化。经过杂化而形成的新轨道称为杂化轨道,杂化轨道与其他原子轨道重叠时形成 σ 共价键。例如,有机化合物中碳原子的电子构型为 $1s^2 2s^2 2p^2$,在形成化学键时,2s 轨道中的一个电子激发到 2p 轨道中形成不同的杂化轨道。碳原子的轨道杂化有 sp^3 杂化、sp^2 杂化和 sp 杂化。

1) sp^3 杂化

碳原子的 sp^3 杂化过程如图 1-1 所示,一个 2s 轨道和三个 2p 轨道进行杂化,形成四个相同的 sp^3 杂化轨道,每个 sp^3 轨道中都含有一个未成对电子,其形状如图 1-2(a)所示。碳原子的四个 sp^3 杂化轨道以碳原子核为中心形成正四面体结构,且任意两个杂化轨道对称轴之间的夹角为 109.5°,如图 1-2(b)所示,这使得成键电子之间的排斥力最小,结构最稳定。

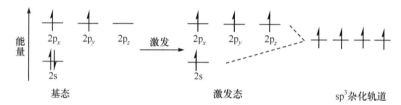

图 1-1　碳原子的 sp^3 杂化过程

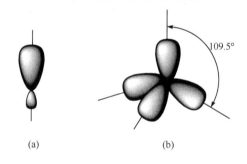

(a)　　　　　　　　(b)

图 1-2　碳原子的 sp^3 杂化轨道

2) sp^2 杂化

碳原子的 sp^2 杂化过程如图 1-3 所示,一个 2s 轨道与两个 2p 轨道杂化形成三个相同的 sp^2 杂化轨道,其形状如图 1-4(a)所示;碳原子的三个 sp^2 杂化轨道的对称轴都在同一平面内,对称轴之间的夹角为 120°,其形状如图 1-4(b)所示;同时碳原子还保留了一个未参与杂化的 2p 轨道,与三个 sp^2 杂化轨道所在的平面垂直,其形状如图 1-4(c)所示。

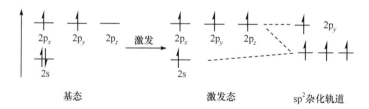

图 1-3　碳原子的 sp^2 杂化过程

3) sp 杂化

碳原子的 sp 杂化过程如图 1-5 所示,碳原子的一个 2s 轨道与一个 2p 轨道杂化形成两个相同的 sp 杂化轨道,其形状如图 1-6(a)所示;碳原子的两个 sp 杂化轨道的对称轴成 180°,其形状如图 1-6(b)所示;同时碳原子还保留了两个未参与杂化的 2p 轨道,与 sp 杂化轨道相互垂直,其形状如图 1-6(c)所示。

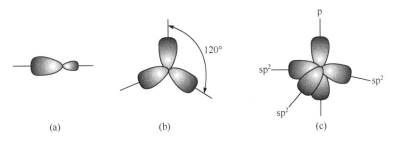

图 1-4　碳原子的 sp^2 杂化轨道

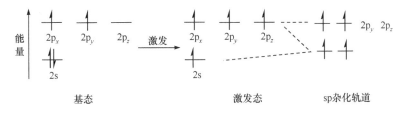

图 1-5　碳原子的 sp 杂化过程

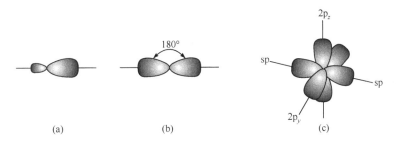

图 1-6　碳原子的 sp 杂化轨道

2. 分子轨道理论

分子轨道理论认为,原子轨道的成键电子进入分子轨道中配对形成化学键,成键电子不再定域于两个原子之间,而是在整个分子内运动。分子轨道是成键电子在整个分子中运动的状态函数,用 ψ 表示。分子轨道同原子轨道一样具有一定的能级,电子在分子轨道中的排布同样遵循能量最低原理、泡利不相容原理和洪德规则。

分子轨道可以通过原子轨道(波函数)的线性组合近似地导出。当两个原子轨道的波函数符号相同则相互叠加得到较低能量的成键轨道 ψ;当两个原子轨道的波函数符号相反则相互抵消得到较高能量的反键轨道 ψ^*。在基态时,两个自旋反平行的电子优先占据成键轨道,反键轨道是空着的。氢原子形成氢分子的轨道能级图如图 1-7 所示。

原子轨道组成分子轨道应满足一定的条件:① 只有原子轨道的能级相近时才能有效地组合成分子轨道,即能量近似原则;② 只有原子轨道的对称性相同时才能组合成有效的分子轨道,即对称性匹配原则;③ 原子轨道相互交盖的程度越大形成的成键分子轨道越稳定,即轨道

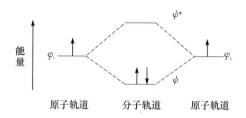

图 1-7　氢原子形成氢分子的轨道能级图

最大重叠原则。分子轨道理论是处理双原子分子及多原子分子结构的一种有效的近似方法，是化学键理论的重要内容。

问题 3　根据价键理论和分子轨道理论，说明 $CH_3CH\!=\!CHC\!\equiv\!CH$ 分子中化学键的形成过程以及该分子中原子间的空间关系。

1.3.2　共价键的基本属性

有机化合物中共价键的基本属性包括键长、键角、键能和键的极性等键参数。

1. 键长

分子中形成共价键的两个成键原子核间的距离称为键长。键长与成键原子半径大小和成键方式有关，相同原子之间的单键、双键、叁键的键长依次减小。同类型的共价键中，键长越短，键的结合强度越大。理论上可用量子力学方法近似计算出键长，实际上是通过 X 射线衍射实验方法来测定键长。常见共价键的键长列于表 1-2 中。

表 1-2　常见共价键的键长

共价键	键长/nm	共价键	键长/nm
C—H	0.109	C—I	0.212
C—C	0.154	C=C	0.134
C—N	0.147	C≡C	0.120
C—O	0.143	O—H	0.097
C—F	0.141	C=O	0.121
C—Cl	0.177	C=N	0.128
C—Br	0.191	C≡N	0.116

2. 键角

两个以上的原子与其他原子成键时，键与键之间的夹角称为键角。键角反映了分子的空间结构，键角的大小不仅与成键原子的杂化状态有关，还与分子结构有关，主要受分子中各原子或基团的相互影响。

甲烷　　　　　丙烷　　　　　乙醚　　　　　甲醛

3. 键能

两个成键原子在形成共价键的过程中释放出能量,或共价键断裂过程中所吸收的能量称为键能。气态双原子分子的键能与键的解离能相同。例如,甲烷中各 C—H 键的解离能依次为

$$CH_4 \longrightarrow \cdot CH_3 + H \cdot \qquad E_d = 423 \text{ kJ} \cdot \text{mol}^{-1}$$

$$\cdot CH_3 \longrightarrow \cdot \overset{\cdot\cdot}{C}H_2 + H \cdot \qquad E_d = 439 \text{ kJ} \cdot \text{mol}^{-1}$$

$$\cdot \overset{\cdot\cdot}{C}H_2 \longrightarrow \cdot \overset{\cdot\cdot}{C}H + H \cdot \qquad E_d = 448 \text{ kJ} \cdot \text{mol}^{-1}$$

$$\cdot \overset{\cdot\cdot}{C}H \longrightarrow \cdot \overset{\cdot\cdot}{C} \cdot + H \cdot \qquad E_d = 347 \text{ kJ} \cdot \text{mol}^{-1}$$

甲烷的 C—H 键的键能是以上 4 个解离能的平均值($414 \text{ kJ} \cdot \text{mol}^{-1}$)。键能大小反映了共价键的强度,键能越大则键越牢固。表 1-3 列出了一些常见共价键的键能。

表 1-3　常见共价键的键能

共价键	键能/($\text{kJ} \cdot \text{mol}^{-1}$)	共价键	键能/($\text{kJ} \cdot \text{mol}^{-1}$)
C—H	414	C—Cl	339
C—C	347	C—Br	285
C—N	305	C—I	218
C—O	360	C=C	611
C—F	485	C≡C	837

4. 键的极性

两个相同原子形成的共价键,电子云对称地分布在两个原子之间,这种共价键没有极性,称为非极性共价键,如 H—H 键。而不相同的两原子形成的共价键,成键原子的电负性不同,使得电负性较强的原子一端具有较高的电子云密度,因此带有部分负电荷(以 δ^- 表示),而电负性较弱的原子则带有部分正电荷(以 δ^+ 表示),这种共价键有极性,称为极性共价键,如 C—H键。

共价键的极性大小以偶极矩来度量,偶极矩(μ)等于电荷量(q)与正、负电荷中心之间的距离(d)的乘积,即 $\mu = q \cdot d$,单位为 $C \cdot m$。偶极矩是矢量,具有方向性,一般用"$\longmapsto$"表示极性共价键的偶极方向,箭头指向键的负电荷端。

$$\begin{array}{ccc} H{-}H & Cl{-}Cl & H{-}Cl \\ & & \longmapsto \\ \mu = 0 & \mu = 0 & \mu = 3.57 \times 10^{-30} \text{ C} \cdot \text{m} \end{array}$$

形成共价键的两个原子的电负性差别越大,则键的极性越强。常见元素的电负性值见表 1-4。

表 1-4　常见元素的电负性

H						
2.1						
Li	Be	B	C	N	O	F
1.0	1.5	2.0	2.5	3.0	3.5	4.0
Na	Mg	Al	Si	P	S	Cl
0.9	1.2	1.5	1.8	2.1	2.5	3.0
K	Ca					Br
0.8	1.0					2.8
						I
						2.6

同种原子的电负性随杂化状态的不同而存在差异,表 1-5 为不同杂化状态 C、N 原子的电负性。

表 1-5　不同杂化状态 C、N 的电负性

原子	sp^3	sp^2	sp
C	2.48	2.75	3.44
N	3.08	3.94	4.67

分子中所有化学键的偶极矩的矢量和即为该分子的偶极矩。偶极矩为零的分子是非极性分子,反之为极性分子;偶极矩越大,分子的极性越强。例如,CCl_4 的偶极矩为零,CH_3Cl 和 CH_2Cl_2 的偶极矩分别为 6.47×10^{-30} C・m 和 3.28×10^{-30} C・m。常见共价键的偶极矩见表 1-6。

$\mu=0$　　　　　　$\mu=6.47 \times 10^{-30}$ C・m　　　　$\mu=3.28 \times 10^{-30}$ C・m

表 1-6　常见共价键的偶极矩

共价键	偶极矩/($\times 10^{-30}$ C・m)	共价键	偶极矩/($\times 10^{-30}$ C・m)
H—C	1.33	C—N	0.73
H—N	4.37	C—O	2.47
H—O	5.04	C—S	3.00
H—S	2.27	C—Cl	4.78
H—Cl	3.60	C—Br	4.60
H—Br	2.60	C—I	3.97
H—I	1.27	C=O	7.67

问题 4 根据偶极矩与分子极性的关系,结合分子空间结构分析下列各对分子的极性大小。

(1) CH_3OCH_3 与 CH_2=$CHCH_3$ (2) 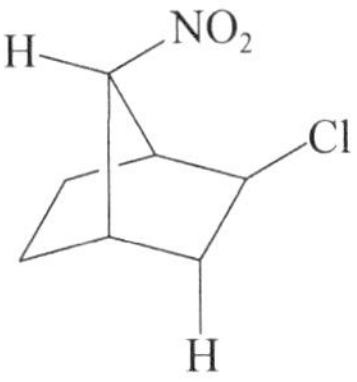 [结构式] 与 [结构式]

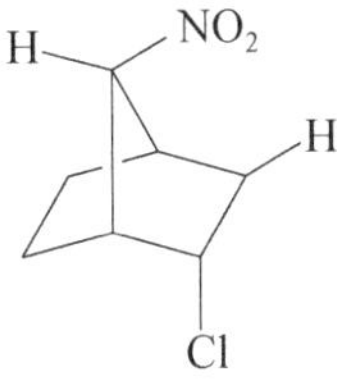

1.3.3 构造式的表示方法

表示有机分子结构中各原子之间相互连接的方式和顺序的化学式称为构造式,常用的构造式有路易斯式、短线式、缩简式和键线式。部分有机化合物的构造式见表 1-7。其中,路易斯式又称电子对构造式,可清楚地表示各原子之间通过共用电子对相互结合的状况;键线式则以键线表示分子的骨架,省略了碳和氢原子,而其他原子或官能团仍写在相应位置。

表 1-7 常用的构造式

化合物	路易斯构造式	短线构造式	缩简构造式	键线构造式
丁烷	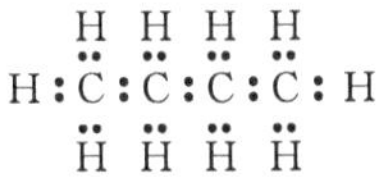 [路易斯式]	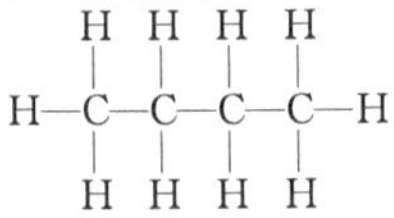 [短线式]	$CH_3CH_2CH_2CH_3$	[键线式]
1-丁烯	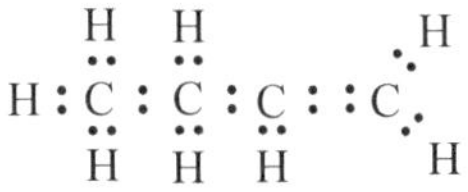 [路易斯式]	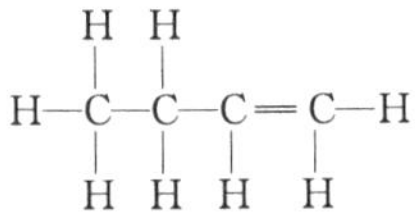 [短线式]	CH_3CH_2CH=CH_2	 [键线式]
正丁醇	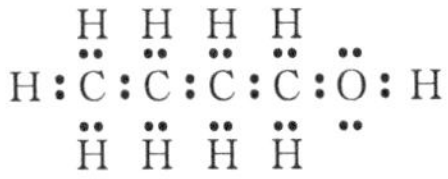 [路易斯式]	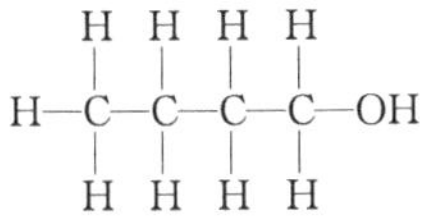 [短线式]	$CH_3CH_2CH_2CH_2OH$	 [键线式]OH
正丁醛	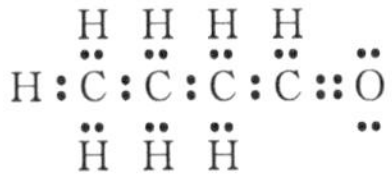 [路易斯式]	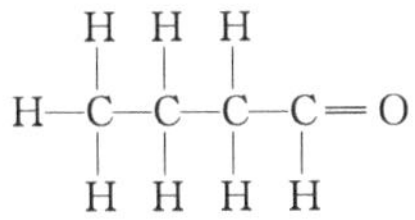 [短线式]	$CH_3CH_2CH_2CHO$	 [键线式]CHO
乙醚	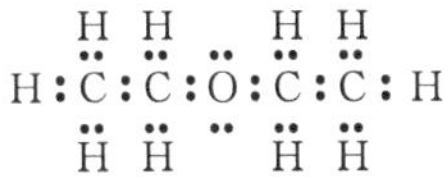 [路易斯式]	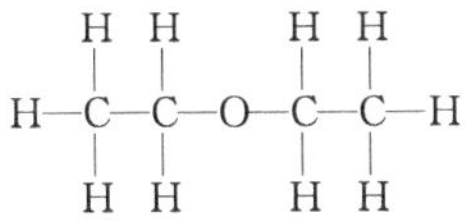 [短线式]	$CH_3CH_2OCH_2CH_3$	 [键线式]O
环丁烷	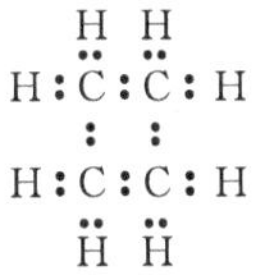 [路易斯式]	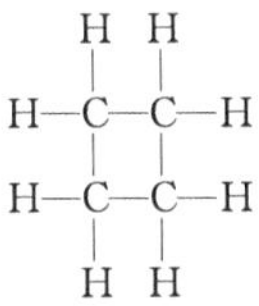 [短线式]	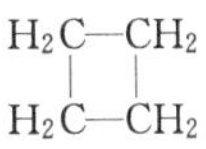 H_2C-CH_2 H_2C-CH_2	□
苯	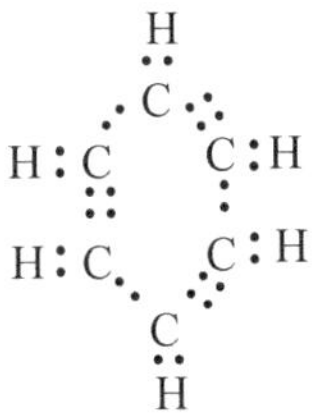 [路易斯式]	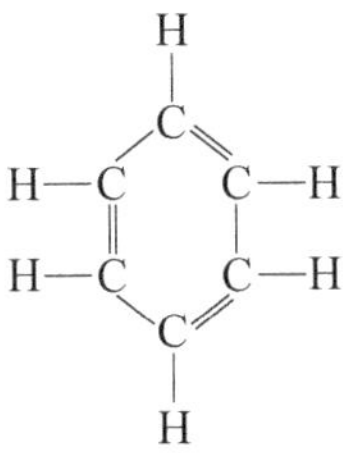 [短线式]	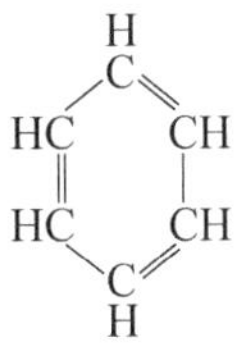 [缩简式]	 [键线式]

1.4　有机化学反应类型

共价键的断裂有均裂和异裂两种方式。均裂是指形成共价键的一对电子平均分给两个成键原子或基团,生成带有一个单电子的原子或基团,即自由基,这是一种活性中间体;异裂是指形成共价键的一对电子完全被成键原子中的一个原子或基团所占有,而形成正、负离子,这也是活性中间体中的一种。因此,有机化学反应按反应时键的断裂方式,可分为均裂反应和异裂反应,此外,还有不同于均裂和异裂反应的协同反应。

1.4.1　均裂反应

$$A \overset{\mid}{\underset{\mid}{:}} B \longrightarrow A \cdot + B \cdot$$

$$2Cl \cdot + H_3C \overset{\mid}{\underset{\mid}{:}} H \longrightarrow H_3CCl + HCl$$

均裂反应是指共价键经过均裂而发生的反应,也称自由基反应。均裂反应一般在光、热或自由基引发剂的作用下进行。这类反应没有明显的溶剂效应,催化剂对反应也没有明显影响。此外,这类反应有一个诱导期,加一些能与自由基偶合的物质,反应可被停止。

1.4.2　异裂反应

$$A : B \longrightarrow A^+ + : B^-$$

$$(CH_3)_3C : Cl \longrightarrow (CH_3)_3C^+ + : Cl^-$$

异裂反应是指共价键发生异裂的反应,也称离子型反应。该反应往往在酸、碱或极性溶剂催化下进行。根据反应试剂的类型不同,离子型反应又可分为亲电反应与亲核反应。亲电反应是指缺电子的试剂进攻另一化合物电子云密度较高区域引起的反应。例如

$$\underset{亲电试剂\ \ 2}{HBr} + \overset{\delta^+}{R}CH\overset{\delta^-}{=\!\!=}CH_2 \longrightarrow \overset{+}{R}CH\!-\!CH_3 + Br^-$$

此反应是先由缺电子试剂与具有部分负电荷的碳原子发生作用生成碳正离子,这类试剂称为亲电试剂,与亲电试剂发生的反应称为亲电反应。亲核反应是指富电子试剂进攻另一化合物电子云密度较低区域引起的反应,这类能提供电子的试剂称为亲核试剂。例如

$$\overset{-}{CN} + RCH_2\overset{\delta^+}{-}\overset{\delta^-}{Cl} \longrightarrow RCH_2CN + Cl^-$$

亲核试剂

1.4.3　协同反应

协同反应是指反应过程中旧键的断裂和新键的生成同时进行,不生成自由基或离子型活性中间体。周环反应是在化学反应过程中能形成环状过渡态的协同反应,包括电环化反应、环加成反应、σ-迁移反应。协同反应是一种基元反应,可在光或热作用下发生。协同反应往往有一个环状过渡态,如双烯合成反应经过一个六元环过渡态:

环状过渡态

问题 5　从共价键的断裂方式说明氯气分子与丙烯可能的反应类型。

1.5　有机化合物的酸碱理论

随着酸碱的含义和范围不断扩大,酸碱理论在有机化学中的应用尤为重要。其中,布朗斯台德(J. N. Brönsted)酸碱质子理论和路易斯酸碱电子理论应用最为广泛。

1.5.1　酸碱质子理论

布朗斯台德酸碱质子理论指出,凡是能给出质子的物质(分子或离子)都是酸,凡是能与质子结合的物质都是碱。酸失去质子后生成的物质就是它的共轭碱;碱得到质子生成的物质就是它的共轭酸。例如,乙酸溶于水的反应。

$$CH_3COOH \quad + \quad H_2O \quad \Longrightarrow \quad H_3O^+ \quad + \quad CH_3COO^-$$
$$\text{酸} \qquad\qquad \text{碱} \qquad\qquad \text{酸} \qquad\qquad \text{碱}$$

在有机化合物中常含有与电负性较大的原子相连的氢原子,如乙酸、苯磺酸等,容易给出质子得到共轭碱;还有一些含有 O、N 等原子的分子或带负电荷的离子,如乙醚、甲氧负离子等,能够接受质子得到共轭酸;另外,有些化合物既能给出质子又能接受质子,它们既是酸又是碱,如水、乙醇、乙胺等。

酸的强度取决于给出质子能力的强弱,给出质子能力强的是强酸,反之为弱酸。同样,接受质子能力强的碱是强碱,反之为弱碱。此外,在共轭酸碱中,酸的酸性越强,其共轭碱的碱性就越弱。例如,HCl 是强酸,而 Cl^- 则是弱碱。

$$HCl \quad + \quad H_2O \quad \Longrightarrow \quad H_3O^+ \quad + \quad Cl^-$$
$$\text{强酸} \qquad\qquad\qquad\qquad\qquad\qquad \text{弱碱}$$

酸碱反应是可逆反应,可用平衡常数 K_{eq} 来描述反应的进行。例如

$$HA + H_2O \Longrightarrow H_3O^+ + A^-$$

$$K_a = K_{eq}[H_2O] = \frac{[H_3O^+][A^-]}{[HA]}$$

$$pK_a = -\lg K_a$$

酸的强度通常用解离平衡常数 K_a 或解离平衡常数的负对数 pK_a 表示。强酸具有低的 pK_a 值,弱酸具有高的 pK_a 值。

1.5.2　酸碱电子理论

路易斯酸碱电子理论指出,能够接受未共用电子对的物质是酸,能够给出电子对的物质是碱。因此,酸和碱的反应可用下式表示:

$$A + :B \Longrightarrow A : B$$

式中,A 是路易斯酸,具有空轨道原子,能接受电子对,即具有亲电性,在有机反应中常称为亲电试剂;B 是路易斯碱,含有未共用电子对,能给出电子对,即具有亲核性,在有机反应中常称

为亲核试剂。

路易斯酸碱的概念要比布朗斯台德酸碱的概念更广泛。例如,$AlCl_3$ 分子中铝原子有空轨道,可以接受含有孤对电子的原子,所以,$AlCl_3$ 是路易斯酸。

$$AlCl_3 + Cl^- \rightleftharpoons AlCl_4^-$$

有机反应都是由两个分子或离子的不同电性部分相互作用的结果,路易斯酸碱电子理论以及亲电、亲核的概念将会在有机反应机理中得以应用。

问题 6 根据路易斯酸碱电子理论,初步分析氯化氢分子与丙烯的反应机理。

1.6 有机化合物的分类

为了系统地学习和研究有机化合物,有必要对其进行科学的分类。有机化合物的分类方法有多种,主要是按分子的碳骨架和分子中含有的官能团进行分类。

1.6.1 按碳骨架分类

按分子碳骨架的不同,可将有机化合物分为以下 4 大类。

1. 开链化合物

分子中碳原子间连接成链状,称为开链化合物,又称为脂肪族化合物。例如

$$CH_3CH_2CH_3 \qquad CH_3CH_2CH=CH_2 \qquad CH_3CH_2C\equiv CH \qquad CH_3CH_2CH_2CH_2OH$$

   丙烷   1-丁烯   1-丁炔   正丁醇

2. 脂环(族)化合物

脂环(族)化合物分子中碳原子相互连接成环状结构。例如

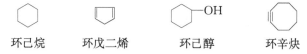

   环己烷   环戊二烯   环己醇   环辛炔

3. 芳香族化合物

芳香族化合物分子中含有苯环结构,其性质与脂环族化合物明显不同,具有芳香性。例如

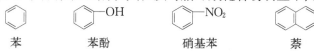

   苯   苯酚   硝基苯   萘

4. 杂环化合物

杂环化合物分子中含有碳原子和其他原子(N、O、S 等)连接成环的化合物。例如

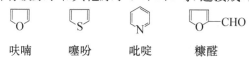

   呋喃   噻吩   吡啶   糠醛

1.6.2 按官能团分类

官能团是指分子中具有较高化学活性且容易发生反应的原子或基团,它决定化合物的主

要性质,反映化合物的主要结构特征,含有相同官能团的化合物具有相似的性质。常见官能团及有机化合物分类情况见表 1-8。

表 1-8 常见官能团及有机化合物分类情况

官能团	官能团名称	化合物类别	化合物举例
$\diagup C = C \diagdown$	双键	烯烃	$H_2C = CH_2$
$-C \equiv C-$	叁键	炔烃	$HC \equiv CH$
$-X(F, Cl, Br, I)$	卤基	卤代烃	C_2H_5-Cl
$-OH$	羟基	醇和酚	C_2H_5OH
$(C)-O-(C)$	醚键	醚	$C_2H_5-O-C_2H_5$
$-\overset{\parallel}{\underset{O}{C}}-H$	醛基	醛	C_2H_5CHO
$(C)-\overset{\parallel}{\underset{O}{C}}-(C)$	酮基	酮	$C_2H_5-\overset{\parallel}{\underset{O}{C}}-C_2H_5$
$-\overset{\parallel}{\underset{O}{C}}-OH$	羧基	羧酸	C_2H_5COOH
$-CN$	氰基	腈	C_2H_5-CN
$-NH_2$	氨基	胺	$C_2H_5-NH_2$
$-NO_2$	硝基	硝基化合物	$C_2H_5-NO_2$
$-SH$	巯基	硫醇	C_2H_5-SH
$-SO_3H$	磺酸基	磺酸	$C_2H_5-SO_3H$

习 题

1. 解释下列术语。
   - (1) 同分异构体
   - (2) 共价键
   - (3) 极性键
   - (4) 自由基
   - (5) 亲电试剂
   - (6) 亲核试剂

2. 判断下列化合物是否为极性分子。
   - (1) HCl
   - (2) Cl_2
   - (3) CCl_4
   - (4) CH_2Cl_2
   - (5) CH_3OH
   - (6) CH_3OCH_3

3. 写出下列化合物的路易斯结构式。
   - (1) C_2H_2
   - (2) C_2H_4
   - (3) C_2H_6
   - (4) C_2H_5OH
   - (5) CH_3COOH
   - (6) CH_3OCH_3

4. 下列化合物哪些是亲核试剂?哪些是亲电试剂?哪些既是亲核试剂又是亲电试剂?
   H_2O, $AlCl_3$, CH_3OH, C_2H_4, $HCHO$, CH_4, CH_3CN, $ZnCl_2$, BF_3, Ag^+, Cl^-, H^+, Br^+, Fe^+, $^+NO_2$, $^+CH_3$, $^-CH_3$

5. 按质子酸碱理论,下列化合物哪些是酸?哪些是碱?哪些既是酸又是碱?
   NH_3, CN^-, HS^-, HBr, H_2O, NH_4^+, HCO_3^-

6. 按照不同的碳骨架和官能团,分别指出下列化合物哪些属于同一类化合物。

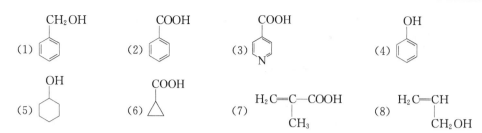

(1) PhCH$_2$OH   (2) PhCOOH

7. 指出下列化合物各属于哪一族,并指出哪些属于不饱和化合物。

(1)   (2)   (3)   (4)

(5) $H_3C—\overset{\overset{\displaystyle CH_3}{|}}{\underset{\underset{\displaystyle CH_3}{|}}{CH}}$ (6) $CH_3—CH_2—CH_2—C{\equiv}CH$ (7) $H_2C{=}CH—\overset{\overset{}{}}{\underset{\underset{\displaystyle CH_2}{||}}{CH}}$

(8)

第 2 章 烷 烃

2.1 烷烃的概念和命名

2.1.1 烷烃的概念

烷烃是指分子中的碳原子之间均以单键相互连接,其余的价键都与氢相连的有机化合物。最简单的烷烃是甲烷 CH_4,其次是乙烷 C_2H_6,以及丙烷 C_3H_8。随着碳原子数的增加,不难发现任何相邻的两个烷烃分子都相差 1 个 CH_2,不相邻的则相差 2 个或多个 CH_2,因此烷烃的通式可以表示为 C_nH_{2n+2}。像烷烃那样,凡是具有同一个通式,结构相似,化学性质也相似,物理性质则随着碳原子数的增加而有规律地变化的化合物系列称为同系列。同系列中的化合物互称为同系物,CH_2 就是同系列的系差。

2.1.2 烷烃的命名

1. 碳原子的类型

分析烷烃的构造式不难发现,有的碳原子只与 1 个碳原子直接相连,有的碳原子则分别与 2 个、3 个或 4 个碳原子直接相连。只与 1 个碳原子相连,其他三个键都与氢结合,这种碳原子称为一级碳原子或伯碳原子,以 $1°$ 表示;与两个碳原子相连的称为二级碳原子或仲碳原子,以 $2°$ 表示;与 3 个碳原子相连的称为三级碳原子或叔碳原子,以 $3°$ 表示;与四个碳原子相连的称为四级碳原子或季碳原子,以 $4°$ 表示。例如

$$CH_3 \underset{1°}{-} CH_2 \underset{2°}{-} CH_2 \underset{2°}{-} CH_3 \underset{1°} {} \qquad CH_3 \underset{1°}{-} \underset{3°}{CH} \underset{}{} -CH_2 \underset{2°}{-} \underset{4°}{C} -CH_3$$

除季碳原子外,与伯、仲、叔碳相连的氢原子分别称为一级、二级、三级氢原子或伯、仲、叔氢原子,分别用 $1°H$、$2°H$、$3°H$ 表示。

2. 烷基的概念

烷烃去掉一个氢原子后剩下的原子团称为烷基,用 R— 表示。这里的"基"有一价的含义。例如

—CH_3	—CH_2CH_3	—$CH_2CH_2CH_3$	—$CH(CH_3)_2$	—$CH_2CH_2CH_3$
甲基	乙基	正丙基	异丙基	正丁基

—$CH_2CH(CH_3)_2$ —$CH(CH_3)CH_2CH_3$ —$C(CH_3)_3$

异丁基   仲丁基   叔丁基

烷烃去掉 2 个氢原子后剩下的基团称为亚基。例如

$$CH_2 \qquad CHCH_3 \qquad C(CH_3)_2$$

亚甲基   亚乙基   亚异丙基

烷烃去掉 3 个氢原子后剩下的基团称为次基。例如

$$\underset{\text{次甲基}}{-\overset{\displaystyle|}{\underset{\displaystyle|}{C}}H} \qquad \underset{\text{次乙基}}{-\overset{\displaystyle|}{\underset{\displaystyle|}{C}}-CH_3}$$

3. 普通命名法

普通命名法适用于结构简单的烷烃。直链烷烃的中文名称由"数目加烷"组成，1～10 个碳原子用甲、乙、丙、丁、戊、己、庚、辛、壬、癸等天干名称表示碳原子的数目，大于 10 个碳原子的直链烷烃用数字表示碳原子的数目，如表 2-1 所示。

表 2-1　一些烷烃的名称和分子式

烷烃	分子式	英文名	烷烃	分子式	英文名
甲烷	CH_4	methane	壬烷	C_9H_{20}	nonane
乙烷	C_2H_6	ethane	癸烷	$C_{10}H_{22}$	decane
丙烷	C_3H_8	propane	十一烷	$C_{11}H_{24}$	undecane
丁烷	C_4H_{10}	butane	十二烷	$C_{12}H_{26}$	dodecane
戊烷	C_5H_{12}	pentane	十五烷	$C_{15}H_{32}$	pentadecane
己烷	C_6H_{14}	hexane	二十烷	$C_{20}H_{42}$	icosane
庚烷	C_7H_{16}	heptane	三十烷	$C_{30}H_{62}$	triacotane
辛烷	C_8H_{18}	octane	一百烷	$C_{100}H_{202}$	hectane

有同分异构体的烷烃用词头来区别。"正"表示直链烷烃，可省略。"异"表示碳链的一端具有 $(CH_3)_2CH-$ 结构而其他部位没有支链的异构体。"新"表示碳链的一端具有 $(CH_3)_3CCH_2-$ 结构而分子其他部位没有支链的异构体。例如

$$\underset{\text{正丁烷}}{CH_3CH_2CH_2CH_3} \qquad \underset{\text{异丁烷}}{(CH_3)_2CHCH_3}$$

$$\underset{\text{正戊烷}}{CH_3CH_2CH_2CH_2CH_3} \qquad \underset{\text{异戊烷}}{(CH_3)_2CHCH_2CH_3} \qquad \underset{\text{新戊烷}}{(CH_3)_3CCH_3}$$

普通命名法的使用有较大的局限性，它不能反映出烷烃的分子构造，随碳原子数目的增加，其同分异构体的数目急剧上升，用正、异、新等词头已无法区分。

4. 衍生物命名法

衍生物命名法是把甲烷作为母体，把其他烷烃看成是甲烷的烷基衍生物来命名。命名时，选择连接烷基最多的碳原子为母体甲烷的碳原子，烷基按大小顺序排列，较小的基团先列出。例如

$$\underset{\text{三甲基甲烷}}{H_3C-\overset{\displaystyle CH_3}{\underset{\displaystyle |}{\overset{\displaystyle |}{C}H}}-CH_3} \qquad \underset{\text{二甲基乙基异丙基甲烷}}{H_3C-H_2C-\overset{\displaystyle CH_3}{\underset{\displaystyle H_3C}{\overset{\displaystyle |}{\underset{\displaystyle |}{C}}}}-\overset{\displaystyle}{\underset{\displaystyle CH_3}{\overset{\displaystyle |}{\underset{\displaystyle |}{C}H}}-CH_3}$$

衍生物命名法虽然能够反映出烷烃分子的构造，但对于构造更加复杂的烷烃仍不适用。

5. 系统命名法

有机化合物的数目繁多，而且很多化合物的结构又很复杂，为了便于有机化学工作者的交

流,并避免造成混乱,自 1892 年以来,国际化学联合会等国际化学组织对有机化合物的命名原则进行过多次讨论、修订与补充。目前为各国普遍采用的是国际纯粹与应用化学联合会(International Union of Pure and Applied Chemistry)于 1979 年公布的命名原则,简称 IUPAC 原则。一般书刊中使用的有普通命名法及系统命名法(也称 IUPAC 命名法)。对于某些天然产物以及结构过于复杂的化合物则仍沿用俗名(根据来源或某种性质命名)。我国给予各类有机化合物以相应的中文名称并根据 IUPAC 原则命名具体化合物。

直链烷烃的系统命名法与普通命名法相同,只是把"正"字取消。对于带有支链的烷烃则按以下原则命名。

(1) 在分子中选择一条最长的碳链作为主链,根据主链所含的碳原子数称为某烷。将主链以外的其他烷基看成主链上的取代基(或称为支链)。

(2) 由距离支链最近的一端开始,将主链上的碳原子用阿拉伯数字编号,支链所在的位置就以它所连接的碳原子的号数表示。

(3) 支链烷基的名称及位置写在母体名称的前面,主链上连有多个不同支链时,根据中国化学会制定的有机化学命名原则,支链(或取代基)的排列顺序按立体化学中的"次序规则"。将"较优"基团列在后面,下例中乙基为较优基团,因此应排于甲基之后。

$$
\begin{array}{c}
\underset{1}{CH_3}-\underset{2}{CH_2}-\underset{3}{CH}-\underset{4}{CH}-\underset{5}{CH_2}-\underset{6}{CH_2}\underset{7}{CH_2}\underset{8}{CH_3} \\
\quad\quad\quad\ |\quad\ | \\
\quad\quad\quad CH_2\ \ CH_3 \\
\quad\quad\quad\ | \\
\quad\quad\quad CH_3
\end{array}
$$

4-甲基-3-乙基辛烷

最长的碳链是含八个碳原子的链,所以称为辛烷。编号应由左向右。支链甲基和乙基分别连在第四和第三个碳原子上,这个化合物的全名是 4-甲基-3-乙基辛烷。

在英文书刊文献中,按基团名称最前一个字母的顺序排列。例如,甲基英文名称为 methyl,乙基英文名称为 ethyl,按第一个字母顺序排列则乙基应在甲基之前。

当主链上有几个支链时,从主链的任一端开始编号,可得到两套表示取代基的位置的数字,这时应采取"最低系列"的编号方法,即要求表示所有取代基位置的数字之和是最小的数。例如

$$
\begin{array}{c}
\quad\quad\ CH_3\quad\quad\quad\ CH_3 \\
\quad\quad\ |\quad\quad\quad\quad\ | \\
\underset{(6)\ (5)}{\overset{1\quad\ 2}{CH_3}}-\underset{}{\overset{3}{C}}-\underset{(4)}{\overset{}{CH}}-\underset{(3)}{\overset{4}{CH_2}}-\underset{(2)}{\overset{5}{CH}}-\underset{(1)}{\overset{6}{CH_3}} \\
\quad\quad\ |\ | \\
\quad\quad\ CH_3 CH_3
\end{array}
$$

2,2,3,5-四甲基己烷

按照不加括号的顺序编号时,取代基的位置分别为 2,2,3,5,其和是 12;而按括号中的顺序编号,则取代基的位置分别为(2),(4),(5),(5),其和是 16。故应取不加括号的编号法。

命名中阿拉伯数字表示取代基的位置,汉字表示取代基的数目,两者不可混淆。读取时,可在表示位置的数字之后加一"位"字,加以区别。同时阿拉伯数字与汉字之间必须用短线分开。连续表示位置的阿拉伯数字之间必须用逗号隔开。

问题 1 用系统命名法命名下列化合物并写出化合物的英文名称。

$$
\begin{array}{c}
CH_3-CH_2-CH_2-CH-CH_2-CH_2CH_3 \\
\quad\quad\quad\quad\quad\quad | \\
\quad\quad\quad CH_3-C-CH_2CH_3 \\
\quad\quad\quad\quad\quad | \\
\quad\quad\quad\quad\ CH_2CH_3
\end{array}
$$

<h1 style="text-align:center">2.2　烷烃的结构和同分异构</h1>

2.2.1　烷烃的结构

1. 甲烷的结构

甲烷(CH_4)是烷烃中最简单的分子,甲烷分子的构型是正四面体,根据现代物理实验方法测定结果,四个碳氢键的键长都是 0.109 nm,键角为 109.5°。中心碳原子是以 sp^3 杂化的 4 个 sp^3 杂化轨道分别与 4 个氢原子的 1s 轨道重叠,生成 4 个 C—H 键。这种结构使得电子之间的相互排斥力最小,能量最低,体系最稳定。如图 2-1 所示。

烷烃分子只有 C—C 键和 C—H 键。C—C 键为 sp^3-sp^3,C—H 键为 sp^3-s。这种键称为 σ 键,其特征是电子云沿键轴近似于圆柱形对称分布,成键的两个原子可以围绕着键轴自由旋转,而不影响电子云的分布。如图 2-2 所示。

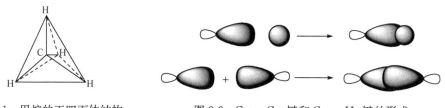

图 2-1　甲烷的正四面体结构　　　　图 2-2　C_{sp^3}—C_{sp^3} 键和 C_{sp^3}—H_{1s} 键的形成

问题 2　甲烷等有机化合物分子一般都采取杂化轨道成键,这是什么原因? 轨道杂化时电子发生跃迁所需的能量来自何处?

---

2. 其他烷烃的结构

乙烷分子中的碳原子也是 sp^3 杂化的。两个碳原子各以 sp^3 轨道重叠形成 C—C 键,又各以 3 个 sp^3 轨道分别与氢原子 1s 轨道重叠形成 C—H 键。乙烷分子中所有碳氢键都是等同的。如图 2-3 和图 2-4 所示。

图 2-3　乙烷的楔形透视式　　　　图 2-4　乙烷的锯架透视式

sp^3 轨道的几何构型为正四面体,轨道对称轴夹角为 109.5°,这就决定了烷烃分子中碳原子的排列不是直线形的。实验证明,气态或液态的两个碳原子以上的烷烃,由于 σ 键自由旋转而形成多种曲折形式排布于空间。必须强调指出,在结晶状态时,烷烃的碳链排列整齐,且呈锯齿状。

问题 3　为什么在结晶状态时,烷烃的碳链排列一般呈锯齿状?

为了能更直观地理解分子中各原子在空间的排列情况,通常使用球棒模型和比例模

型。用不同颜色的圆球代表不同的原子,用木棒代表原子间的键,这样的模型为球棒模型;比例模型则是在制作表示不同原子的小球时,使它们的大小与各种原子的体积保持一定的比例关系。

2.2.2　烷烃的同分异构现象

1. 碳链异构

在烷烃同系列中,甲烷、乙烷、丙烷只有一种结合方式,没有异构现象,从丁烷起就有同分异构现象。丁烷有两个同分异构体,它们的构造式如下:

$$CH_3-CH_2-CH_2-CH_3 \qquad H_3C-\overset{\overset{\displaystyle CH_3}{|}}{CH}-CH_3$$

正丁烷　　　　　　　　　异丁烷

很明显,这两种丁烷是由于分子中碳原子的排列方式不同而产生的。把分子式相同而构造不同的异构体称为构造异构体。烷烃的构造异构实质上是由碳链构造的不同而产生的,所以又称为碳链异构。

戊烷有三个同分异构体,它们的构造式表示如下:

$$CH_3-CH_2-CH_2-CH_2-CH_3 \qquad CH_3-\overset{\overset{\displaystyle |}{CH}}{\underset{\underset{\displaystyle CH_3}{|}}{}}-CH_2CH_3 \qquad H_3C-\overset{\overset{\displaystyle CH_3}{|}}{\underset{\underset{\displaystyle CH_3}{|}}{C}}-CH_3$$

正戊烷　　　　　　　　异戊烷　　　　　　　　　新戊烷

同分异构体所含的原子种类和数目都相同,但彼此连接的方式不同。结构上有差别,在性质上必然有所不同,反之亦然。在烷烃分子中随着碳原子数的增加,异构体的数目增加得很快,见表 2-2。表中异构体的数目是在 20 世纪 30 年代有人用数学方法推算出来的。当 C_{25} 时,异构体数目可达 3679 多万个,数目惊人。

表 2-2　烷烃系列的异构体数目

碳原子数	异构体数	碳原子数	异构体数	碳原子数	异构体数
1	1	7	9	13	802
2	1	8	18	14	1 858
3	1	9	35	15	4 347
4	2	10	75	20	366 319
5	3	11	159	30	4 111 846 763
6	5	12	355	40	62 491 178 805 831

问题 4　为什么有机化合物的数量及其增长速度比无机化合物大得多?

2. 构象异构

1) 乙烷的构象

20 世纪 30 年代,人们认为乙烷分子的两个甲基既不是固定不动的,也不是完全自由旋转的,存在着一定的能垒(约为 $12.5 \text{ kJ} \cdot \text{mol}^{-1}$),从而对 C—C 键的旋转产生了一定阻力。但因能垒不高,在常温下分子热运动产生的能量使两个甲基并不固定在某一位置上,而是在旋转中形成许多构象。所谓构象是指有一定构造的分子通过单键的旋转,形成各原子或原子团的多种空间排布。一个有机化合物可能有无穷多的构象。

在乙烷的无穷个构象中,交叉式和重叠式是两种极限构象,其中优势构象是交叉式构象。通常用锯架透视式或纽曼投影式表示。如图 2-5 所示。在纽曼投影式中,大圆圈表示后面的碳原子,从圆心出发的 3 条线表示乙烷分子中前面碳原子上的 3 个 C—H 键,从圆圈后面出发的 3 条线表示乙烷分子中后面碳原子上的 3 个 C—H 键。

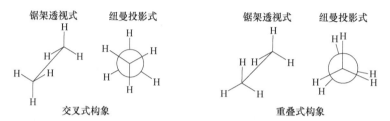

图 2-5　乙烷的两种构象

在交叉式构象中三对氢原子距离最远,能量最低,位于图 2-6 势能曲线的最低点。在重叠式构象中两组氢原子处于重叠的位置,三对氢原子的距离最近,能量最高,最不稳定,位于图 2-6 势能曲线的最高点。由交叉式转变为重叠式时必须吸收约 12.5 kJ·mol^{-1} 的能量,反之,由重叠式转变为交叉式时会放出约 12.5 kJ·mol^{-1} 的能量,这种旋转和能量的变化关系可用图 2-6 表示。乙烷从交叉式旋转 360°,需要越过 3 个能垒。

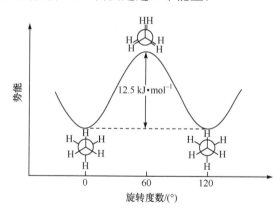

图 2-6　乙烷分子的势能曲线图

室温时,乙烷分子中的 C—C 键迅速旋转,不能分离出乙烷的某一构象。可以借助 X 射线、电偶极矩和光谱的研究确认优势构象的存在。在某一瞬间,乙烷分子中的交叉式构象比重叠式构象多。在低温时,交叉式增加。例如,乙烷在 -170℃ 时,基本上是交叉式。从理论上讲,乙烷分子的构象是无数的,其他构象则介于上述两种极限构象之间,它们的能量当然也在上述两种极限构象之间。

2) 丁烷的构象

为了讨论丁烷的构象,可以把 C_1 和 C_4 作甲基,即把丁烷看成 1,2-二甲基乙烷。在围绕 C_2—C_3 单键旋转时,情况就比乙烷复杂了。从 C_2—C_3 键轴的延长线上观察,C_2—C_3 键轴旋转所得 4 种典型构象的纽曼投影式如图 2-7 所示。

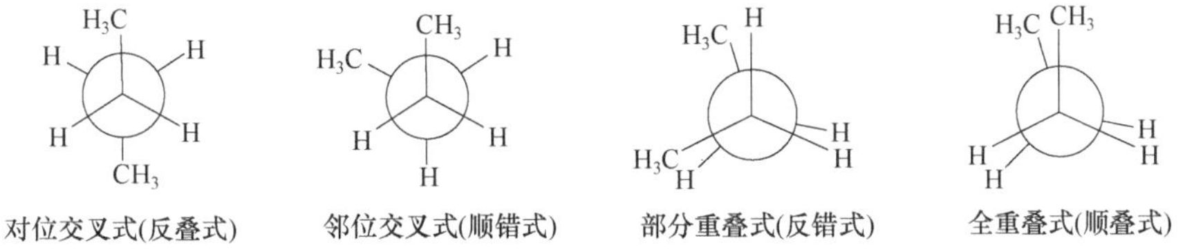

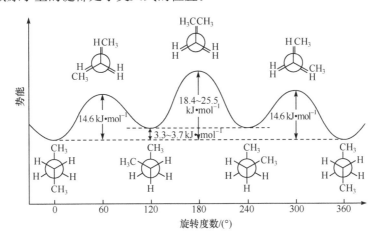

图 2-7　丁烷分子典型构象的纽曼投影式

丁烷最稳定的构象是对位交叉式,因为它的 σ 键电子对之间的扭转张力最小,并且两个体积最大的甲基距离最远,非键张力(范德华排斥力)也最小,能量最低;其次是邻位交叉式,两个甲基之间的距离比对位交叉式要近一些,能量也稍高一些;再次是部分重叠式;最不稳定的构象是全重叠式,它的两个甲基距离最近,σ 键电子对扭转张力最大,非键张力也最大,因而能量最高。丁烷从交叉式旋转 360°,也需要越过 3 个能垒,其能量变化如图 2-8 所示。这些构象间能量差也不太大,在室温下仍可以通过 C_2—C_3 键旋转互相转化,达到动态平衡,优势构象的对位交叉式约占 72%,邻位交叉式约占 28%,两种重叠式极少。丁烷分子也可以绕 C_1—C_2 或 C_3—C_4 键旋转而产生不同的构象。但最稳定的构象是对位交叉式,四个碳原子呈锯齿状排列,相邻两个碳原子上的键都处于交叉式的位置。

图 2-8　丁烷分子能量变化曲线图

结构更为复杂的烷烃,它们的构象也更加复杂,但优势构象也应是各基团相互排斥力最小的对位交叉式。

构象对有机化合物性质的影响非常重要。了解有机化合物分子的构象对认识和理解有机化合物的性质、推测反应机理、揭示反应本质起着很重要的作用。

2.3　烷烃的物理性质

物理性质通常包括化合物的状态、熔点、沸点、密度、溶解度、折射率等。纯物质的物理性质在一定条件下都是固定值,因此常把这些数值称为物理常数。纯净化合物物理常数的测定,可用来鉴别有机化合物。分子结构决定物质的性质,下面讨论烷烃的分子结构和物理性质之间的某些基本规律,这些基本规律对其他同系列化合物也适用。

2.3.1 物态

在室温(25℃)和常压(0.1 MPa)下,含 4 个碳及以下的烷烃是气体,含碳数在 5～17 的烷烃是液体,碳原子数在 18 以上的是固体。表 2-3 列出了一些直链烷烃的物理常数,从表 2-3 可以看出,同系列化合物的物理常数随着相对分子质量的增减而有规律地变化,体现了自然界"量变—质变"的客观规律。

表 2-3　一些直链烷烃的物理常数

名称	分子式	熔点/℃	沸点/℃	相对密度(d_4^{20})	折射率(n_D^{20})
甲烷	CH_4	−183	−161.5	0.424	—
乙烷	C_2H_6	−172	−88.6	0.546	—
丙烷	C_3H_8	−188	−42.1	0.501	1.3397
丁烷	C_4H_{10}	−135	−0.5	0.579	1.3562
戊烷	C_5H_{12}	−130	36.1	0.626	1.3577
己烷	C_6H_{14}	−95	68.9	0.659	1.3750
庚烷	C_7H_{16}	−91	98.4	0.640	1.3877
辛烷	C_8H_{18}	−57	125.7	0.703	1.3976
壬烷	C_9H_{20}	−54	150.8	0.718	1.4056
癸烷	$C_{10}H_{22}$	−30	174.1	0.730	1.4120
十一烷	$C_{11}H_{24}$	−26	195.9	0.740	1.4176
十三烷	$C_{13}H_{28}$	−5.5	235.4	0.756	1.4233
十五烷	$C_{15}H_{32}$	10	270.6	0.769	1.4315
二十烷	$C_{20}H_{42}$	37	342.7	0.786	1.4425
三十烷	$C_{30}H_{62}$	66	446.4	0.810	—
一百烷	$C_{100}H_{202}$	115	—	—	—

2.3.2 沸点

直链烷烃的沸点随着相对分子质量的增加而有规律的升高(图 2-9)。每增加一个 CH_2 基团所引起的沸点升高值随着相对分子质量的增加而逐渐减少。例如,乙烷的沸点比甲烷高 73℃,十一烷比癸烷高 22℃,而十九烷比十八烷仅高 7℃。

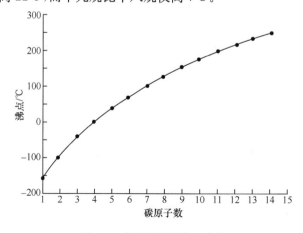

图 2-9　直链烷烃的沸点曲线

碳链的分支及分子的对称性对沸点有显著影响。在同碳数的烷烃异构体中,直链烷烃的沸点最高;含支链越多,沸点越低;支链数目相同者,分子对称性越好,沸点越高。例如,含六个碳原子的烷烃各种异构体的沸点如下:

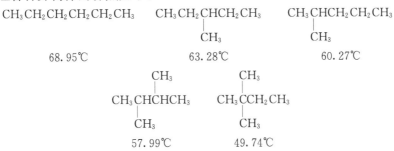

分子间作用力使分子聚集在一起,而分子热运动则使分子彼此分开。随着温度升高,分子热运动加强,克服分子间作用力而挥发的分子数增加,蒸气压也随之增加,当蒸气压达到大气压时液体就沸腾了。因此,液体的沸点取决于分子间作用力的大小,作用力越大,沸点越高。烷烃是非极性分子,分子间作用力仅为色散力,色散力与分子中共价键数目成比例,因此直链烷烃的沸点随着相对分子质量增加而升高。对于不同的烷烃异构体,如己烷,最稳定构象中碳链排成锯齿状,C—H 键都在交叉的位置。带支链的分子由于支链的位阻,不能紧密地靠在一起,其色散力小于直链分子,沸点也相应降低。

2.3.3 熔点

正烷烃的熔点,同系列中前几个不规则,而 C_4 以上随着碳原子数的增加熔点升高。但其中偶数的升高多一些,以致含奇数个碳原子的烷烃和含偶数个碳原子的烷烃各构成一条熔点曲线,偶数在上,奇数在下。因为在晶体中,分子间作用力不仅取决于分子的大小,而且取决于晶体中碳链的空间排布情况。熔融就是在晶格中的质点从高度有序的排列变成较混乱的排列。在共价化合物晶体晶格中的质点是分子,对称性高的分子排列必然紧密,紧密的排列导致分子间作用力加强。偶数碳链的烷烃的结构就具有较高的对称性。在含偶数个碳的烷烃分子中,碳链之间的排列比奇数的紧密,分子间的色散力作用较大。因此,含偶数个碳的烷烃的熔点比奇数的升高就多一些,如图 2-10 所示。

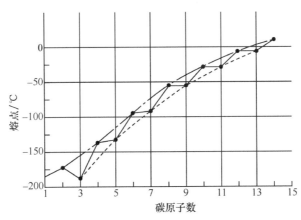

图 2-10 直链烷烃的熔点与分子中所含碳原子数关系图

问题 5 解释:异戊烷的熔点(-159.9℃)低于正戊烷(-129.7℃),而新戊烷的熔点(-16.6℃)最高。

2.3.4　相对密度

正烷烃的相对密度也随着碳原子数目的增加逐渐有所增大,二十烷以下的接近0.8。这也与分子间作用力有关,分子间作用力增大,分子间的距离相应减小,所以相对密度就增大。

2.3.5　溶解度

溶解度的大小与溶质和溶剂分子间的引力有关,溶质和溶剂分子间的引力大小越接近,溶解度就越大。这就是所谓的"相似相溶"规律。烷烃不溶于水,能溶于非极性的有机溶剂。这是因为烷烃和非极性有机溶剂都是非极性分子,它们分子间的引力大小相近,因此能很好地溶解;而水是极性分子,分子间的引力比烷烃分子间的引力大很多,烷烃分子混入水中,立即就被水分子挤出来了,因此烷烃不溶于水。这是"相似相溶"经验规律的实例之一。

2.3.6　折射率

折光现象是当光照射物质时和分子中的电子发生电磁感应,从而阻碍光波前进,降低光波在物质中传播的速度。折射率的定义式为

$$折射率(n) = \frac{光在真空传播的速度(v_0)}{光在物质传播的速度(v)}$$

因为在物质中光速总是减慢,所以折射率总是大于1。折射率与测定的光波的波长以及测定时的温度有关,文献上报道的数值一般是用钠光D线作测定光,在20℃的温度下测定的,用 n_D^{20} 来表示。

鉴定液体样品时,测定液体的折射率往往比测定沸点更为可靠。

2.4　烷烃的化学性质

烷烃的化学性质很不活泼。在常温常压下,烷烃不易与强酸、强碱、强氧化剂和强还原剂等反应。烷烃稳定是由于烷烃分子完全被氢原子所饱和,分子中 C—C 和 C—H σ 键比较牢固。此外,碳(电负性为 2.5)和氢(电负性为 2.1)原子的电负性差别很小,烃的 σ 键极性很小,因此对亲核或亲电试剂都没有亲和力。但烷烃的这种稳定性也是相对的,在适当的温度、压力或催化剂存在下,烷烃也可以与一些试剂发生反应。

2.4.1　自由基反应和烷烃的卤化

1. 碳自由基的结构

烷烃中的 C—H 键均裂时会产生一个氢自由基和一个烷基自由基。甲基自由基碳是 sp² 杂化,三个 sp² 杂化轨道分别与三个氢原子的 s 轨道重叠成键。一个 p 轨道垂直于此平面,p 轨道被一个孤电子占据,可以表示成 CH₃· 。其他碳自由基大多呈角锥形。

2. 碳自由基的稳定性

自由基的稳定性是指与它的母体化合物的稳定性相比较,能量比母体化合物高得多的较

不稳定,高得少的较稳定。键解离能的大小可以反映碳自由基稳定性的高低。键解离能越低的碳自由基越稳定。碳自由基的稳定性顺序如下:

$$3°C \cdot > 2°C \cdot > 1°C \cdot > H_3C \cdot$$

在烷烃分子中,C—C 键也可以解离,有数据表明断裂 C—C 键所需的能量比 C—H 键小,因此 C—C 键较易断裂,而且大分子在中间断裂的机会是比较多的。

问题 6　叔丁基二茂铁—氧化氮是一个自由基,但却是稳定的,为什么?

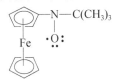

---

3. 自由基反应的共性

化学键均裂产生自由基。由自由基引发的反应称为自由基反应或自由基型的链反应。自由基反应通常都经过链引发、链增长、链终止三个阶段。链引发阶段是产生自由基的阶段。由于键的均裂需要能量,因此链引发阶段需要加热或光照。例如

$$Br_2 \xrightarrow{\triangle 或 h\nu} 2Br \cdot$$

有些化合物十分活泼,极易产生活性质点自由基,这些化合物称为引发剂。常见的引发剂发生以下反应:

$$CH_3\overset{O}{\overset{\|}{C}}-O-O-\overset{O}{\overset{\|}{C}}CH_3 \xrightarrow[\text{苯}]{55\sim80℃} 2CH_3CO\cdot$$

有时也可以通过单电子转移的氧化还原反应来产生自由基。例如

$$H_2O_2 + Fe^{2+} \longrightarrow HO \cdot + HO^- + Fe^{3+}$$

链增长阶段是一个自由基转变成另一个自由基的阶段,自由基不断地传递下去,像一环接一环的链,所以称为链反应。链终止阶段是自由基消失的阶段。自由基两两结合成键,自由基消失,反应终止。

自由基反应的特点是没有明显的溶剂效应,酸、碱等催化剂对反应没有明显影响,当反应体系中有氧气(或有能捕获自由基的物质存在)时,反应一般有一个诱导期。这是因为氧气(或捕获自由基的物质)可以与自由基结合,形成稳定的自由基,如

$$O_2 + CH_3 \cdot \longrightarrow CH_3OO\cdot$$

$CH_3OO\cdot$ 活泼性远不如 $CH_3\cdot$,几乎使反应停止,待氧消耗完后,自由基链反应立即开始,这就是自由基反应出现一个诱导期的原因。一种物质即使只有少量存在,也能使反应减慢或停止,这种物质称为抑制剂。在自由基反应中加入少量抑制剂即可停止反应。

4. 烷烃的卤代

烷烃中的氢原子被卤素原子取代的反应称为卤代反应。包括氟代、氯代、溴代和碘代反应。具有实用意义的是氯代和溴代反应。

1) 甲烷的氯代

甲烷与氯在强光作用下,剧烈反应,生成碳和氯化氢。

$$CH_4 + 2Cl_2 \xrightarrow{\text{强光}} C + 4HCl$$

在漫射光、热或催化剂的作用下,甲烷的氢很易被卤素取代,并放出大量的热。

$$CH_4 \xrightarrow[-HCl]{Cl_2, h\nu} CH_3Cl \xrightarrow[-HCl]{Cl_2, h\nu} CH_2Cl_2 \xrightarrow[-HCl]{Cl_2, h\nu} CHCl_3 \xrightarrow[-HCl]{Cl_2, h\nu} CCl_4$$

生成的氯甲烷将继续进行氯代反应,生成二氯甲烷、三氯甲烷,直至四氯化碳。因此,得到的产物为四种氯甲烷的混合物。可以控制反应条件,使反应生成以其中一种氯代烷为主的产物。工业上采用热氯代方法,控制反应温度为 400～450℃,甲烷与氯气物质的量比为 10∶1得到以一氯甲烷为主的产物;采用甲烷与氯气物质的量比为 0.263∶1,得到以四氯化碳为主的产物。

化学反应方程式表示反应物与产物之间的化学计量关系,并没有说明反应物是怎样变成产物的,也没有说明变化过程中需经过哪些步骤,生成哪些中间体,能够说明这些问题的是反应机理。

反应机理是综合大量实验事实作出的理论假设。对某一个反应可能提出不同的机理,其中能够最恰当地说明已有实验事实的,被认为是最可信的。如果出现与反应机理相抵触或不能被说明的实验事实,就要对原有的机理进行修正,或提出新的理论假设代替它。因此,反应机理是不断发展的。

烷烃卤代反应是自由基型反应。下面以甲烷氯代反应为例说明烷烃卤代反应的机理。

甲烷氯代反应是分步进行的。氯分子在光或热作用下,均裂成两个氯原子(氯自由基)。

$$Cl_2 \xrightarrow{\triangle \text{或} h\nu} Cl \cdot + Cl \cdot \qquad\qquad ①$$

因为氯分子的键能较小,用波长较大的光照射或不太高的温度就可以产生氯原子。氯原子与甲烷分子碰撞,夺取甲烷的一个氢原子,生成氯化氢和甲基自由基。

$$Cl \cdot + CH_4 \longrightarrow CH_3 \cdot + HCl \qquad\qquad ②$$

甲基自由基很活泼,与氯分子碰撞能夺取一个氯原子生成氯甲烷分子和氯原子。

$$CH_3 \cdot + Cl_2 \longrightarrow CH_3Cl + Cl \cdot \qquad\qquad ③$$

新生成的氯原子继续与甲烷碰撞,生成氯化氢和甲基自由基,使反应②和③反复进行,直到两个自由基相碰撞,生成稳定的分子为止。

$$CH_3 \cdot + Cl \cdot \longrightarrow CH_3Cl \qquad\qquad ④$$

$$CH_3 \cdot + CH_3 \cdot \longrightarrow CH_3—CH_3 \qquad\qquad ⑤$$

自由基形成以后,反应连续进行,称为自由基链反应。反应①产生化学活泼的氯原子,引发反应②和③,称为链引发步骤。反应②和③反复进行不断生成产物,称为链增长步骤。反应④和⑤使链反应停止,称为链终止步骤。因为反应系统中自由基的浓度很低,反应②和③往往可以循环 10^4 次左右反应才终止。

问题 7　在光照下,$CH_3CH_2CH_2CH_3$ 与 Cl_2 发生一氯代反应和二氯代反应,分别得到几种产物?哪些是主要产物?试从产物分子的立体结构进行分析。

---

2) 甲烷的卤代

在同类型反应中,可以通过比较决定反应速率一步的活化能大小,了解反应进行的难易。

$$X \cdot \quad + \quad CH_3{-}H \quad \longrightarrow \quad CH_3 \cdot \quad + \quad H{-}X$$

	$\Delta H^{\ominus}/(kJ \cdot mol^{-1})$	$\Delta H^{\ominus}/(kJ \cdot mol^{-1})$	$\Delta H^{\ominus}/(kJ \cdot mol^{-1})$	$E_a/(kJ \cdot mol^{-1})$
F	439.3	568.2	-128.9	$+4.2$
Cl		431.8	$+7.5$	$+16.7$
Br		366.1	$+73.2$	$+75.3$
I		298.3	$+141$	$>+141$

氟与甲烷反应会放出大量的热,但还是需要 4.2 kJ・mol^{-1} 的活化能,反应时大量的热难以转移,破坏生成的氟甲烷,得到碳和氟化氢,所以直接氟化的反应很难实现。碘与甲烷反应需要大于 141 kJ・mol^{-1} 的活化能,因此反应难以发生。氯代和溴代反应需要的活化能较小,所以卤代反应中常用的是氯代和溴代反应,氯代反应比溴代反应又更容易发生。

3) 高级烷烃的卤代

氯、溴能在紫外线或加热作用下与烷烃反应,氟能在惰性气体稀释下进行烷烃的氟代,而碘不能与烷烃反应。

有异构体的烷烃,如丁烷的氯代反应得到各种异构体。控制反应物中氯的量,得到以一氯代物为主的产物。

$$CH_3CH_2CH_2CH_3 + Cl_2 \xrightarrow[25℃]{h\nu} CH_3CH_2CH_2CH_2Cl + CH_3CH_2CHClCH_3$$
$$(28\%) \qquad\qquad (72\%)$$

$$(CH_3)_2CH{-}CH_3 + Cl_2 \xrightarrow[25℃]{h\nu} (CH_3)_2CHCH_2Cl + (CH_3)_3CCl$$
$$(64\%) \qquad (36\%)$$

分析这些产物的组成,可以估计伯、仲、叔氢氯代反应的相对活性。其方法是扣除概率因子的影响,估计每种氢的活性。

在丁烷中
$$\frac{2°H}{1°H} = \frac{0.72/4}{0.28/6} = \frac{0.18}{0.047} = \frac{3.8}{1}$$

在 2-甲基丙烷中
$$\frac{3°H}{1°H} = \frac{0.36/1}{0.64/9} = \frac{0.36}{0.071} = \frac{5.1}{1}$$

在室温下,叔、仲、伯氢氯代相对速率近似为 5.1:3.8:1。从大量的实验数据可知,烷烃中各种氢的氯代速率为:3°氢＞2°氢＞1°氢＞甲烷的氢。

高碳烷烃的氯代反应在工业上有重要应用。例如,石蜡、聚乙烯(可以看成是相对分子质量非常大的烷烃)经氯代反应可以得到氯含量不同的氯化石蜡和氯化聚乙烯。氯含量高的氯化聚乙烯有良好的耐候性、耐臭氧、耐热、耐燃、耐化学试剂等作用,可用于耐腐蚀、自熄性、耐磨性涂料。氯化石蜡是高分子材料的阻燃增塑剂。

溴代反应与氯代反应相似,它比氯代反应放出的热量少,转化速率也慢,生成相应的溴代物的比例也不同。例如,丁烷的溴代生成一溴代物:

$$CH_3CH_2CH_2CH_3 + Br_2 \xrightarrow[127℃]{h\nu} CH_3CH_2CH_2CH_2Br + CH_3CH_2CHBrCH_3$$
$$(3\%) \qquad\qquad (97\%)$$

$$(CH_3)_2CH{-}CH_3 + Br_2 \xrightarrow[127℃]{h\nu} (CH_3)_2CHCH_2Br + (CH_3)_3CBr$$
$$(痕量) \qquad (>99\%)$$

由此不难看出,烷烃中不同类型的氢溴代反应活性也遵循 3°＞2°＞1°的规律。在 127℃时,叔、仲、伯氢溴代反应相对速率为 1600:82:1。与氯代反应相比,相对速率受异构体的比例影响较大。氯代反应得到的混合物没有一种异构体占很大优势;而溴代产物中,一种异构体占绝对优势,占混合物的 97%～99%。溴代反应有高度的选择性,是制备溴代烷的一条合适的合成路线。

溴代反应有高度选择性是溴的反应活性低造成的。反应活性高,选择性差;反应活性低,选择性好,这是反应活性与选择性之间普遍存在的规律。

2.4.2　氧化反应

烷烃在空气中燃烧,生成二氧化碳和水,并放出大量的热。例如

$$C_{10}H_{22} + \frac{31}{2}O_2 \longrightarrow 10CO_2 + 11H_2O \quad \Delta H = -6778 \text{ kJ} \cdot \text{mol}^{-1}$$

$$C_nH_{2n+2} + \frac{3n+1}{2}O_2 \longrightarrow nCO_2 + (n+1)H_2O + 热能$$

这就是汽油和柴油作为内燃机燃料的基本变化和根据。但这种燃烧通常是不完全的,特别是在 O_2 不充足的情况下,会生成大量 CO。汽车的废气中就含有约 5%(质量分数)的 CO。

烷烃在室温下,一般不与氧化剂反应,与空气中的氧也不发生反应,但在高温和加压下或在催化剂作用下烷烃发生部分氧化,生成各种含氧衍生物,如醇、醛、酸等。由于这些产品用途广,加上烷烃来源丰富,因此利用烷烃进行选择性氧化生成各种含氧衍生物已成为多年来攻关的课题,目前重要的成功实例是丁烷在 170～200℃ 和 7 MPa 压力下,在空气中氧化生成乙酸。反应通式如下:

$$R-R' + O_2 \longrightarrow R-OH + R'-OH$$
$$\text{醇} \qquad \text{醇}$$
$$RCH_2CH_2R' + O_2 \longrightarrow R-COOH + R'-COOH$$
$$\text{羧酸} \qquad \text{羧酸}$$

高级烷烃(如石蜡——C_{20}～C_{30} 的烷烃)氧化成高级脂肪酸,也已工业化。由此得到脂肪酸的混合物,可用来代替动植物油脂制造肥皂,节省大量的食用油脂。烷烃的氧化过程是自由基反应。

低级烷烃的蒸气与空气混合,达到一定比例时,遇到火花就会发生爆炸。例如,甲烷的爆炸极限是 5.3%～14%(体积分数),即空气中甲烷含量在这个范围内遇火就会发生爆炸,发生在煤矿的瓦斯爆炸事故就是这个原因。

在酶催化下,烷烃的某些非活泼亚甲基碳上的氢可被羟基取代。

生物催化剂主要有环糊精、粗制酶、酵母、抗体和细菌等。生物催化剂促进的各类有机反应均表现出很好的化学选择性、位置选择性和立体选择性,因而具有绿色化学的特点,应用越来越广泛。

2.4.3　裂解反应

烷烃在没有空气存在下进行的热分解反应称为裂解反应。烷烃分子中有两种键:C—C键(键能 347 kJ·mol⁻¹)和 C—H 键(键能 414 kJ·mol⁻¹)。裂解反应既有断裂 C—C 键使大分子断裂变成小分子的反应,也有脱氢生成不饱和烃的反应。在催化剂(如硅酸铝等)存在条件下的裂化称为催化裂化。例如,石脑油(主要是 C_5 和 C_6 烷烃)裂解生产乙烯和丙烯。

$$CH_3CH_2CH_2CH_2CH_3 \xrightarrow{700℃} CH_3CH=CH_2 + H_2C=CH_2 + H_2$$

乙烷裂解生产乙烯：

$$CH_3CH_3 \xrightarrow{800℃} H_2C{=}CH_2 + H_2$$

裂解产物是复杂的，除有小分子的烷烃、烯烃为主要产物外，还伴随有异构化（生成支链产物）、环化（生成脂环族产物）、芳构化（生成芳香族化合物）、脱氢（生成多烯烃、炔烃等）等反应发生。裂解反应是自由基型反应。

烷烃的裂化反应是石油加工过程中的一个基本反应，它使石油的重馏分转变为轻馏分，提高汽油的产量和质量。通过催化裂化高级烷烃可以获得乙烯、丙烯等重要的烯烃。

2.4.4　烷烃的硝化、磺化反应及氯磺化反应

1. 烷烃的硝化

烷烃与浓硝酸在常温时不发生反应，在高温时发生硝化反应，生成硝基烷。

工业上在 350～450℃ 进行烷烃与浓硝酸气相硝化反应。例如，丙烷的气相硝化得到各种硝基烷的混合物。

$$CH_3CH_2CH_3 + HNO_3 \xrightarrow{420℃} CH_3CH_2CH_2NO_2 + CH_3CH(NO_2)CH_3 + CH_3CH_2NO_2 + CH_3NO_2$$
$$\qquad\qquad (25\%)\qquad\qquad (40\%)\qquad\qquad (10\%)\qquad (25\%)$$

硝化反应与卤代反应一样，属自由基型反应，烷烃分子中不同氢原子的硝化活性也遵循 3°氢＞2°氢＞1°氢。不同的是硝化反应过程中有 C—C 键断裂的产物，如丙烷硝化还得到硝基乙烷和硝基甲烷。另外，使用浓硝酸为硝化剂，产物中有醇、醛、酮和酸等氧化副产物。

硝化产物用作工业溶剂，作为纤维素酯和合成树脂的溶剂，也是有机合成的原料。

2. 烷烃的磺化及氯磺化反应

烷烃在高温下与硫酸反应，与硝酸反应相似，生成烷基磺酸。例如

$$CH_3CH_3 + H_2SO_4 \xrightarrow{400℃} CH_3CH_2SO_3H + H_2O$$
$$\qquad\qquad\qquad\qquad (乙磺酸)$$

长链烷基磺酸的钠盐是一种洗涤剂，如十二烷基磺酸钠（$C_{12}H_{25}SO_3Na$）就是其中的一种。

烷烃分子中的氢原子被氯磺酰基（—SO_2Cl）取代的反应称为氯磺酰化反应。常用的氯磺酰化试剂除硫酰氯（SO_2Cl_2）外，也可用氯和二氧化硫。反应需要在光照下才能进行，得到各种氢原子被取代的烷基磺酰氯的混合物。例如

$$CH_3CH_2CH_3 + SO_2 + Cl_2 \xrightarrow[50℃]{h\nu} CH_3CH_2CH_2SO_2Cl + (CH_3)_2CHSO_2Cl$$

反应产物中也有氯代烷生成。

工业上用氯磺酰化反应合成高碳烷基磺酰氯和其碱性水解产物高碳烷基磺酸钠。前者是氮肥碳酸氢铵的吸湿剂，后者可作洗涤剂。此反应也是自由基型取代反应。

2.5　烷烃的来源和用途

2.5.1　烷烃的来源

烷烃的主要来源是石油和天然气。

甲烷主要存在于天然气、石油气、沼气和煤矿的坑气中。

　　废物和农业副产物(枯枝叶、垃圾、粪便、污泥等复合有机物)经微生物发酵,可以得到含甲烷50%～70%(体积分数)的沼气。

　　C_1～C_4的烷烃、正戊烷和异戊烷都可以从天然气和石油分馏得到纯的产品。新戊烷在自然界中不存在,戊烷以上的异构体沸点差别小,分馏提纯困难,只能靠化学方法合成。

　　石油是由几百种碳氢化合物组成的混合物,其主要成分是烷烃、环烷烃和芳香烃。此外,还有少量的含氧、硫和氮的化合物。从油田开采得到的原油通常是深褐色的黏稠液体,经分馏得到各种不同用途的馏分。把不同的馏分进行再加工,可以获得高质量的汽油、柴油、煤油以及各种烯烃和芳香烃等重要的能源和化工原料,见表2-4。

表 2-4　石油的馏分产物及用途

名称		组成	沸点范围/℃	用途
石油气		C_1～C_4	40 以下	燃料、化工原料
粗汽油	石油醚	C_5～C_6	40～60	溶剂、发泡剂
	汽油	C_7～C_8	60～150	内燃机燃料、溶剂
	溶剂油	C_9～C_{11}	150～200	溶剂(溶解橡胶、油漆等)
煤油	航空煤油	C_{10}～C_{15}	145～245	喷气式飞机燃料油
	煤油	C_{11}～C_{16}	160～310	燃料、工业洗涤剂
柴油		C_{16}～C_{18}	180～350	柴油机燃料
机械油		C_{16}～C_{20}	350 以上	机械润滑
凡士林		C_{18}～C_{22}	350 以上	制药、防锈涂料
石蜡		C_{20}～C_{24}	350 以上	制皂、制蜡烛、蜡纸、制脂肪酸等
燃料油			350 以上	船用燃料、锅炉燃料
沥青			350 以上	防腐绝缘材料、铺路、建筑材料
石油焦			350 以上	制电石、炭精棒,用于冶金工业

2.5.2　几种常用的烷烃及用途

1. 石油醚

　　石油醚是低级烷烃的混合物,为无色、透明、易挥发的液体。工业上生产的石油醚主要有三种类型:①戊烷和己烷的混合物,沸点为30～60℃;②己烷和庚烷的混合物,沸点为60～90℃;③庚烷和辛烷的混合物,沸点为90～120℃。

　　石油醚不溶于水,能与乙醚、氯仿等有机溶剂任意混溶,主要用作有机溶剂。由于石油醚具有易挥发、易燃烧的特点,它的蒸气与空气混合后遇火能发生猛烈爆炸,因此使用和储存时要特别注意安全。

2. 凡士林

　　凡士林是C_{18}～C_{22}的液体烷烃和固体烷烃的混合物,呈软膏状半固体。不溶于水,溶于醚和石油醚,性质稳定。用作防锈涂料和润滑剂,在制药工业中常用作软膏的基质。

3. 石蜡

　　石蜡分为固体石蜡和液体石蜡。把分馏石油得到的重油部分减压蒸馏后可得到含有18～

24 个碳原子的液体烷烃混合物。用硫酸洗涤这些物质后,再用氢氧化钠处理,并趁热用活性炭脱色,冷却后可析出固体石蜡。然后再将液体蒸馏,收集沸点在 360℃ 以上的馏分就得到精制的液体石蜡。

固体石蜡大量用于制造蜡烛以及纺织工业和火柴工业;经催化氧化后的石蜡可制备高级脂肪酸,含碳数为 12~16 的脂肪酸用于制造肥皂;固体石蜡也可用于防水、防潮剂的制作。

液体石蜡常用作溶剂、润滑剂,在实验室里也常用作加热油浴。液体石蜡经过氯化即可得到用途广泛的氯化石蜡。

4. 液化石油气

民用的液化石油气主要来源于油田伴生气和石油炼厂气,其主要成分为含碳数为 3~4 个的烃类气体,如丙烷、丙烯、丁烷和丁烯的混合物。通常含 C_3 约为 63%、C_4 约为 36%,并含有少量的甲烷、乙烷等。液化石油气给人们的生活带来便利,但在使用时也要注意安全。

习　题

1. 用系统命名法命名下列化合物,并指出化合物(1)~(4)的伯、仲、叔、季碳原子。

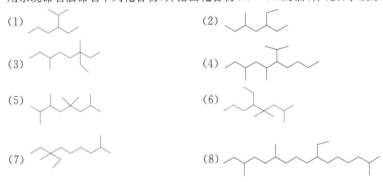

2. 写出下列化合物的结构式。
   (1) 2,3,3-三甲基戊烷　　　　　　(2) 2,4-二甲基-3-乙基己烷
   (3) 2,3,4-三甲基-3-乙基戊烷　　　(4) 2,2-二甲基-3-乙基-4-异丙基庚烷
   (5) 三甲基甲烷　　　　　　　　　(6) 甲基乙基异丙基甲烷

3. 不查物理常数表,把下列化合物按沸点由高到低排序。
   (1) 正己烷　(2) 2-甲基戊烷　(3) 2,3-二甲基丁烷　(4) 正庚烷　(5) 正癸烷

4. 将下列自由基按稳定性大小排序。
   (1) ·CH_2CH_3　　　(2) ·$CH(CH_3)_2$　　　(3) ·CH_3　　　(4) ·$C(CH_3)_3$

5. 已知某烷烃的相对分子质量为 72,氯代时可以得到四种一元氯代产物,试写出该烷烃的构造式。

6. 写出下列化合物进行一元氯代反应时可能得到的产物的构造式。
   (1) 正己烷　　　　　(2) 2-甲基戊烷　　　　　(3) 2,2-二甲基丁烷

7. 将下列纽曼投影式改为透视式,透视式改为纽曼投影式。

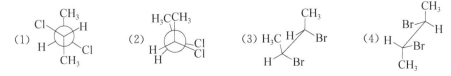

8. 用纽曼投影式写出 1-氯丙烷绕 C_1—C_2 旋转的四种典型构象,并比较其稳定性大小。

第3章 脂 环 烃

脂环烃是分子中存在由碳原子形成的环,其化学性质与链状脂肪烃相似的碳氢化合物。脂环烃及其衍生物在自然界存在广泛,如石油中含有五六个碳原子组成的环烷烃,动植物体中含有萜类和甾族化合物,有些也是脂环烃及其衍生物。例如

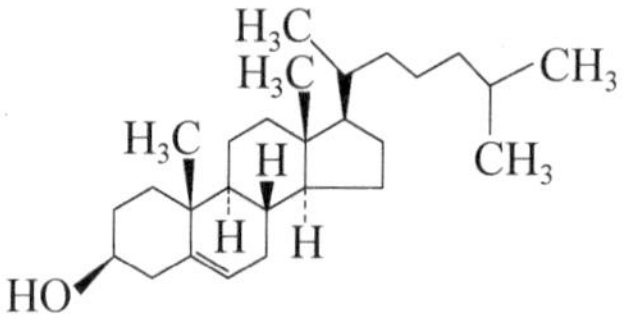

胆甾醇 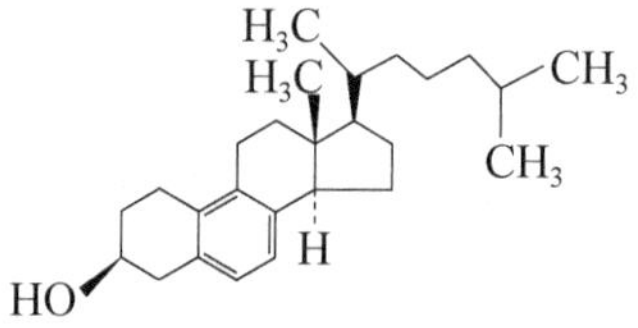   维生素 D_3

3.1 脂环烃的分类和命名

3.1.1 分类

脂环烃分为饱和脂环烃和不饱和脂环烃两大类。饱和脂环烃即为环烷烃;不饱和脂环烃可分为环烯烃和环炔烃。本章重点讨论环烷烃。

单环烷烃的通式为 C_nH_{2n},比同碳原子数的链状烷烃少两个氢原子。

1. 按分子中有无不饱和键分类

(1) 饱和脂环烃,如

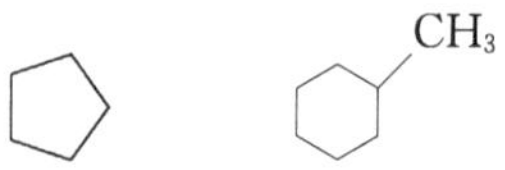

(2) 不饱和脂环烃,如

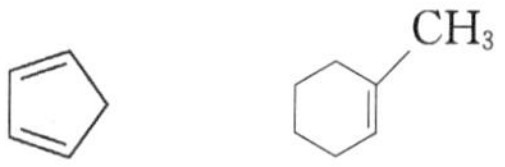

2. 按分子中碳环数目分类

(1) 单环烃:一般分为小环($C_3 \sim C_4$)、普通环($C_5 \sim C_7$)、中环($C_8 \sim C_{11}$)和大环(C_{12}以上)。
(2) 多环烃:根据环的连接方式不同,又可分为螺环烃和桥环烃。

3.1.2 环烷烃的异构现象

环烷烃中由于环的大小及取代基位置的不同,产生各种异构体。最简单的环烷烃有三个碳原子,没有异构体。

C_4H_8 的环烃有两种构造异构体。

C_5H_{10} 的环烃有六种异构体,其中有四个构造异构体和两个顺反异构体。

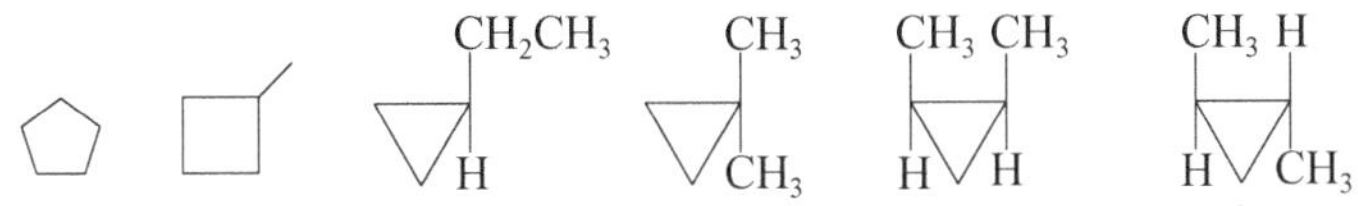

此外,还有旋光异构(后续章节)和构象异构(3.2节)。

3.1.3 脂环烃的命名

1. 单环烷烃的命名

单环烷烃的命名与烷烃相似,根据成环碳原子数称为"某烷",并在某烷前面冠以"环"字,称为环某烷。有多个取代基时,需要标出取代基的位次。环上取代基的编号要尽量使各取代基的位次最小,编号次序从最小取代基开始。例如

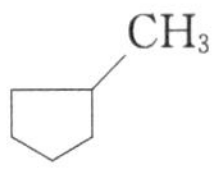

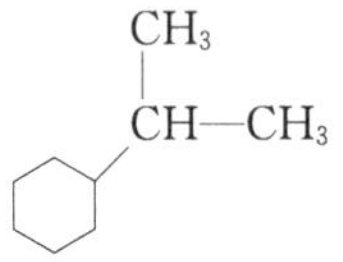

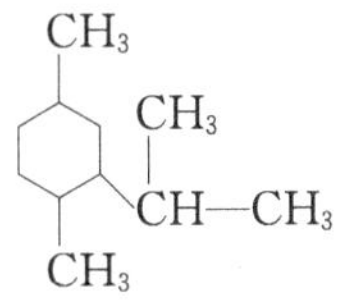

甲基环戊烷　　　　　异丙基环己烷　　　　1,4-二甲基-2-异丙基环己烷

有顺反异构的则要标明其构型。例如

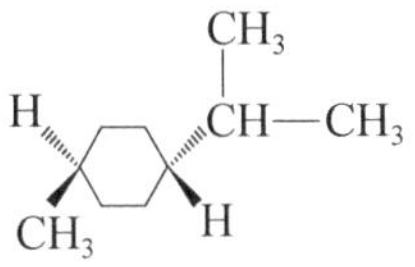

反-1-甲基-4-异丙基环己烷

2. 环烯烃的命名

若环上有双键时,编号从双键碳原子开始,并通过不饱和键开始编号。例如

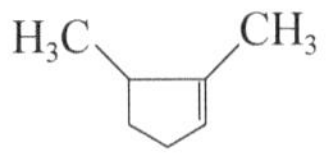

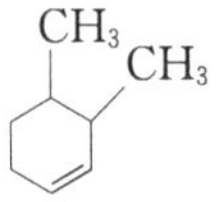

1,5-二甲基环戊烯　　3,4-二甲基环己烯　　5-甲基-1,3-环戊二烯

当环上的取代基比较复杂时,也可把环作为取代基命名。例如

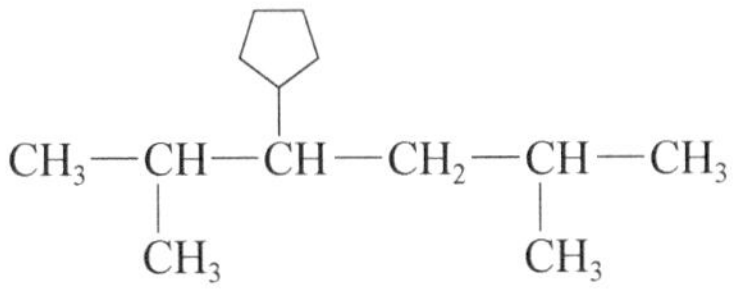

2,5-二甲基-3-环戊基己烷

3. 多环烃的命名

1) 螺环

两个环共用一个碳原子的多环烃称为螺环烃。

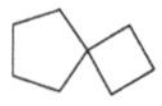

螺[3.4]辛烷 　　　　　螺[4.5]-1,6-癸二烯

螺环烃的命名规则如下：

（1）根据成环碳原子的总数称为螺某烃。在螺字后面用一方括号，在方括号内用阿拉伯数字标明每个环上除螺原子以外的碳原子数，小环数字排在前面，大环数字排在后面，数字之间用圆点隔开。

（2）编号从较小环与螺原子相邻的一个碳原子开始，途经小环到螺原子，再沿大环至螺原子，并使取代基位次最小。

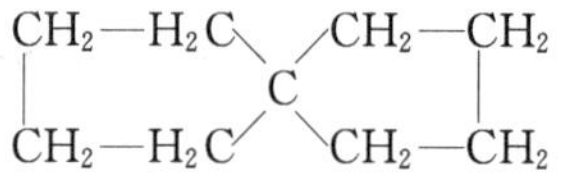

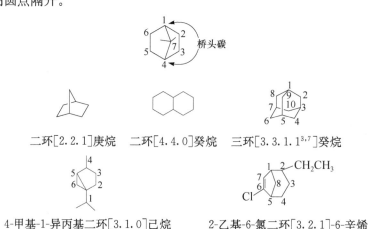

螺[4.4]壬烷 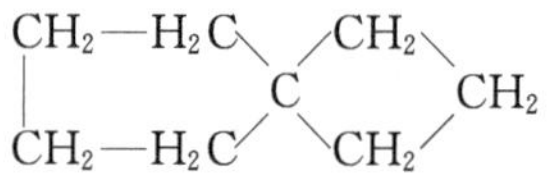　　　　　　　螺[3.4]辛烷

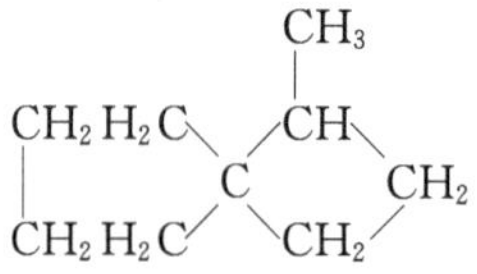

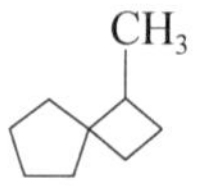

1-甲基螺[3.4]辛烷　　　或表示为

有双键或叁键的螺环烃，编号在满足螺环烃的编号前提下，尽可能使不饱和键的碳原子编号较小。

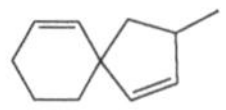

3-甲基螺[4.5]-1,6-癸二烯

2）桥环

两环共用两个及以上碳原子的环烃。

桥环烃的命名规则如下：

（1）以环数为词头，按环上碳总数称某烷。

环数的确定：把桥环烃变为链烃，需要断开几个碳碳键，断键数就是环数。

（2）编号原则：从桥头碳开始，从最长桥到另一个桥头碳，再从次长桥经第一个桥头碳，最短桥中碳最后编号，在此编号原则前提下使取代基位数最小。

（3）在环数后用一方括号，在方括号内用阿拉伯数字标明每个桥中的碳原子数，由大到小，数字之间用圆点隔开。

桥头碳

二环[2.2.1]庚烷　　二环[4.4.0]癸烷　　三环[3.3.1.1^{3,7}]癸烷

4-甲基-1-异丙基二环[3.1.0]己烷　　　2-乙基-6-氯二环[3.2.1]-6-辛烯

问题 1 命名下列化合物。

(1)  　(2) 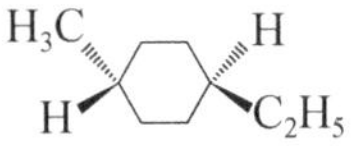 　(3)

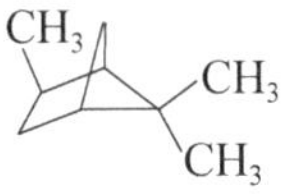

3.2　环烷烃的性质

3.2.1　环烷烃的物理性质

在常温常压下,脂环烃中小环为气态,普通环为液态,中环及大环为固态。环烷烃的熔点、沸点和相对密度都较相应的饱和链烃高。这是环烷烃的结构较对称,排列较紧密,分子间的作用力较相应的饱和链烃大的缘故。一些环烷烃的熔点和沸点及相对密度如表 3-1 所示。

表 3-1　一些环烷烃的熔点、沸点和相对密度

名称	分子式	熔点/℃	沸点/℃	相对密度(d_4^{20})
环丙烷	$(CH_2)_3$	−127.4	−32.9	0.689
环丁烷	$(CH_2)_4$	−80	12	0.689
环戊烷	$(CH_2)_5$	−93.8	49.3	0.745
环己烷	$(CH_2)_6$	6.5	80.7	0.779
环庚烷	$(CH_2)_7$	8	118.5	0.810

3.2.2　环烷烃的化学性质

一般的环烷烃的化学性质与开链的烷烃相似,较为稳定,不易被氧化。但是小环由于结构上存在张力,不稳定,从而具有某些不同于烷烃的反应活泼性,如环丙烷可与卤素、氢卤酸及氢气等发生开环加成反应。环烷烃的环越稳定,它们的化学性质就越像烷烃;反之,环烷烃的环越不稳定,它们的化学性质越像烯烃。

1. 普通脂环烷烃的性质

在光或热的作用下,环烷烃和烷烃一样可以和卤素发生自由基取代反应。

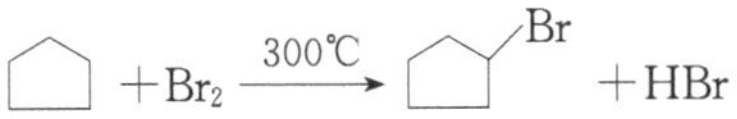

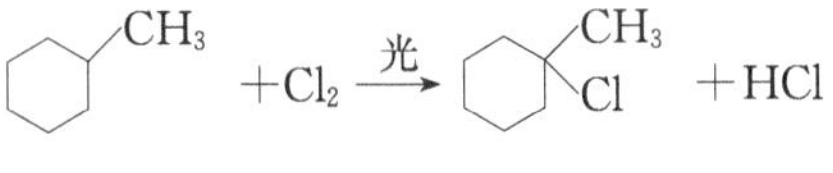

2. 小环烷烃的特殊反应

结构上小环烷烃与烯烃很相似,它与氢、卤素、卤化氢等都可以发生开环反应。随着环的增大,它的反应性能逐渐减弱,五元环、六元环烷烃及中环烷烃,即使在相当强烈的条件下也不发生开环反应。

1) 加氢

在催化剂的存在下,环丙烷和环丁烷易开环加上一分子氢,生成烷烃。

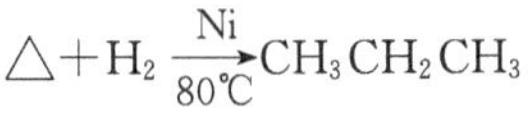

$$\triangle + H_2 \xrightarrow[80℃]{Ni} CH_3CH_2CH_3$$

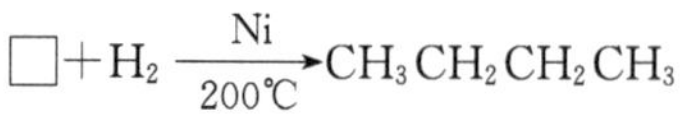

$$\square + H_2 \xrightarrow[200℃]{Ni} CH_3CH_2CH_2CH_3$$

环戊烷比较稳定,需在较强烈条件下,才能进行加氢反应。环己烷以上的环烷烃一般不与氢发生加成反应。

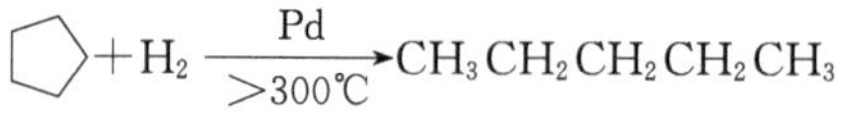

$$\pentagon + H_2 \xrightarrow[>300℃]{Pd} CH_3CH_2CH_2CH_2CH_3$$

2) 加卤素

环丙烷与溴在常温下即可发生加成反应,生成链状化合物,环丁烷与溴的反应则需在加热条件下才可进行。

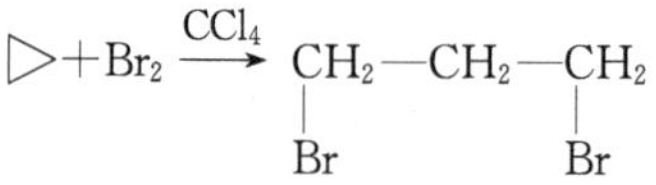

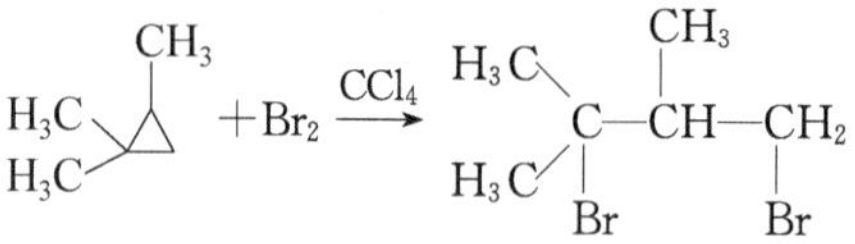

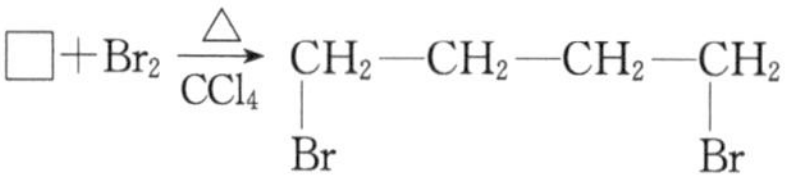

$$\triangleright + Br_2 \xrightarrow{CCl_4} \underset{Br}{CH_2}-CH_2-\underset{Br}{CH_2}$$

环戊烷以上的环烷烃与卤素只发生取代反应,而不易发生加成反应。因此,可利用环丙烷在常温下即可使溴水或溴的四氯化碳溶液褪色来区分环丙烷(及其衍生物)与烷烃及其他环烷烃。

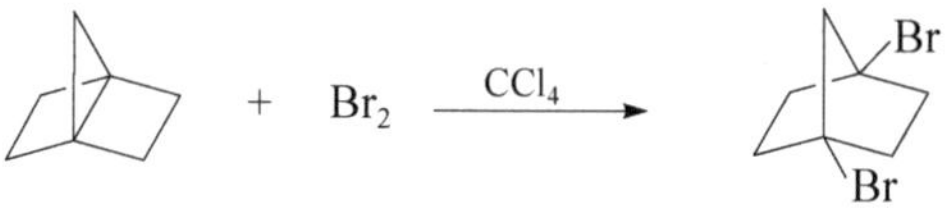

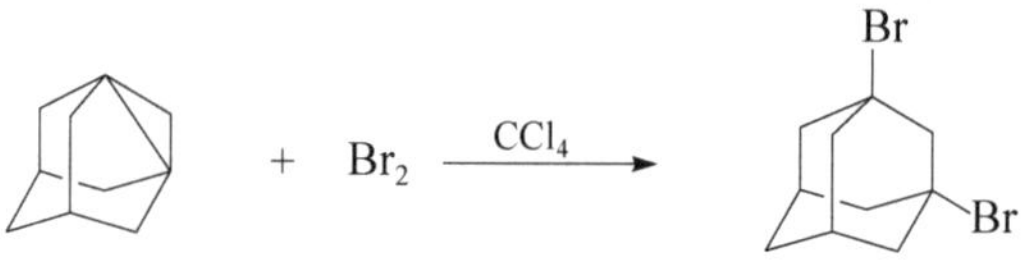

3) 与卤化氢、硫酸反应

环丙烷还可与卤化氢、硫酸等试剂发生开环加成反应。

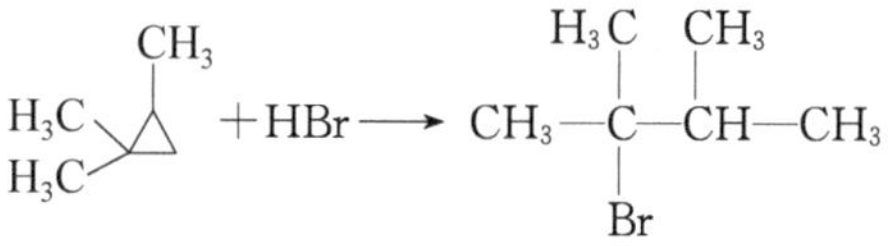

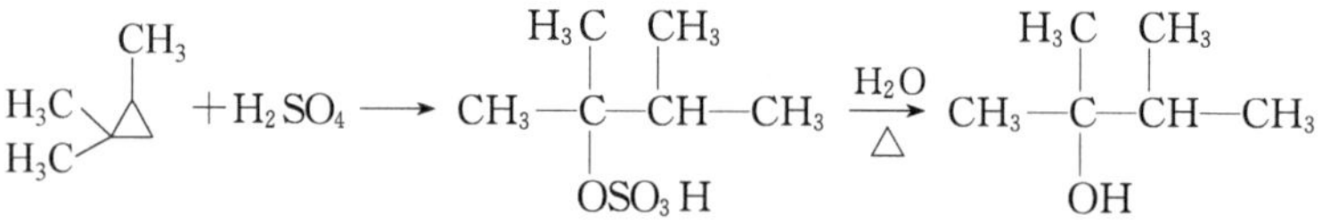

环丙烷衍生物与不对称试剂(如 HX)的开环规律:① 开环位置发生在含氢最多和最少的两个碳原子之间;② 氢加在含氢较多的碳原子上。这是由于立体效应上有利于 H^+ 进攻位阻较小的碳原子(含氢最多),电子效应上有利于形成较稳定的碳正离子。

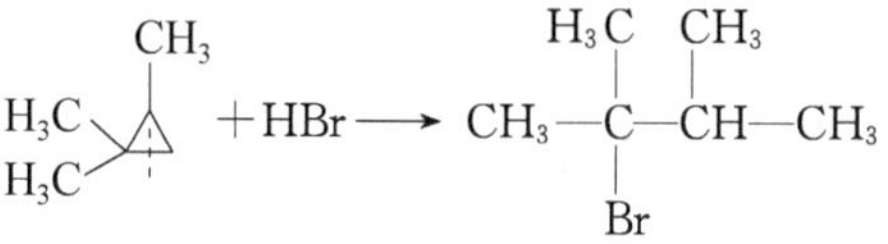

总之,从化学性质上来看,环丁烷以上的环烷烃与烷烃相似,较稳定,而环丙烷及环丁烷较

不稳定,易于发生开环加成反应,特别是环丙烷,这一点的性质与烯烃相似。

4）氧化反应

三元环烷烃对氧化剂相当稳定。

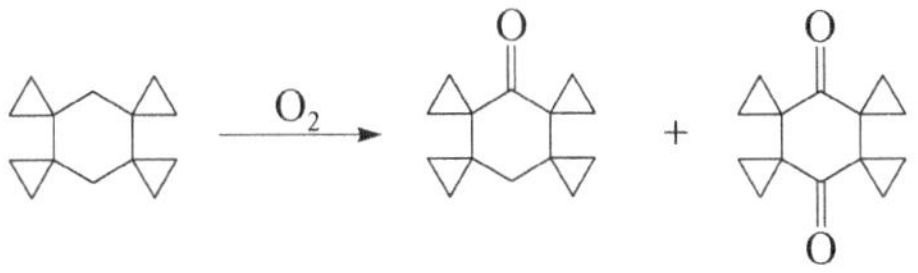

环烷烃对氧化剂稳定,一般氧化剂如 $KMnO_4$ 水溶液或臭氧不能氧化环烷烃。因此,可以用 $KMnO_4$ 溶液来区别烯烃和环丙烷。例如

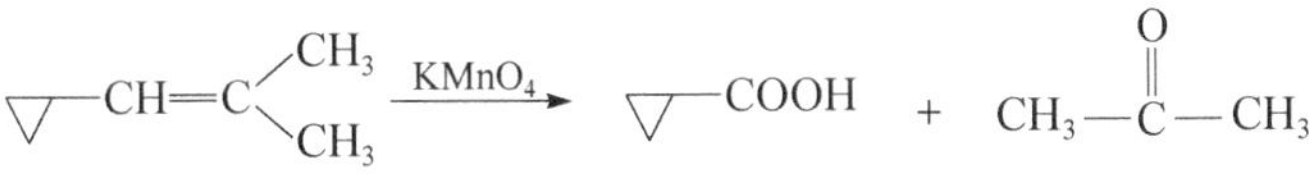

在加热、强氧化剂或催化剂存在下,在空气中直接氧化,环烷烃也能被氧化。氧化条件不同,产物不同。例如

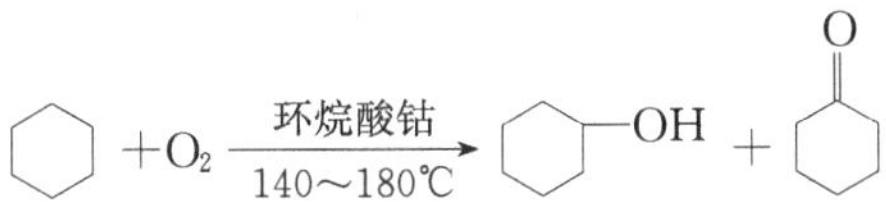

（转变成己内酰胺,锦纶-6 的单体）

（锦纶-66 的单体）

这两个反应在工业生产中均有应用。

3. 环烯烃

具有烯烃的通性。例如

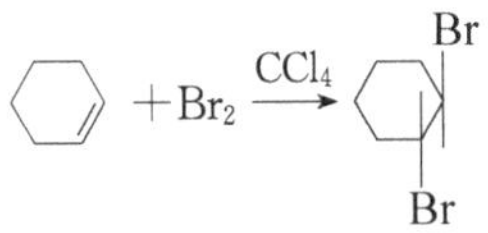

问题 2 写出 1-甲基-2-乙基环丙烷与溴化氢作用的产物。

问题 3 用化学方法区别 1-戊烯、1,2-二甲基环丙烷、环戊烷。

3.3 脂环烃的结构

为什么小环不稳定,三元环的稳定性最差,四元环次之,五元环、六元环较稳定？这个事实可从脂环烃的结构来解释。

3.3.1 环烷烃的环张力和稳定性

1. 张力学说

1）拜尔的张力学说

1885 年,拜尔(Baeyer)提出了张力学说,他假定所有成环的碳原子都在同一平面上,且排

成正多边形。碳原子采用 sp^3 杂化。环中碳碳键角应为 $109.5°$。任何偏离正常键角的环都会存在张力。这种张力是由键角的偏差引起的，所以称为角张力(angle strain)，这样的环称为张力环。角张力越大，环的稳定性越小，有生成更稳定的开链化合物的倾向。环的大小不同，键角也不同。环丙烷的环是三角形，夹角是 $60°$；环丁烷是正方形，夹角是 $90°$。因此，在小环中，碳原子之间的夹角不是正常的四面体键角，而必须压缩到 $60°$ 或 $90°$ 以适应环的几何形状。环丙烷键角的偏差比环丁烷的大，因此，环丙烷比环丁烷更不稳定，更易发生开环反应。环戊烷夹角($108°$)非常接近于正常四面体夹角 $109.5°$，所以环戊烷基本上没有角张力。因此，一般三元环易发生开环反应，而五元以上的环难于发生开环反应。但拜尔张力学说也有其局限性，比六元环大的环烷烃都有角张力，并且环越大，张力越大(当时尚未发现大环化合物)。显然，这一推论不正确。五元环及更大的环，由于是非平面结构，无角张力比较稳定。但是他用张力来解释环的稳定性的思想无疑是开拓性的。"张力"这一名词至今沿用下来，只不过现代化学键理论赋予了"张力"新的含义。

2) 现代张力学说

现代理论认为：分子能量的某种升高，均是分子中存在张力的结果，有机化合物分子中的张力由下列四种能量组成。

(1) 范德华(van der Waals)张力：是指分子中非键合原子间的排斥力。以范德华半径为准，当两个原子或原子团相互之间的距离小于两者的范德华半径之和时，就会产生张力。

(2) 角张力：是指在共价键连接的多原子分子中，其键角偏离正常值所引起的张力。

(3) 扭转张力：是指分子的任何偏离最稳定构象的结构，都存在使碳碳单键发生扭转恢复稳定构象的张力。

(4) 键张力：是指共价键的键长偏离正常值所引起的张力。

有机化合物分子中，张力越大分子越不稳定。

2. 环烷烃的燃烧热数据分析

从燃烧热实验数据的角度来考查环的稳定性。有机物的燃烧热是在标准状态下，1 mol 的物质完全燃烧所放出的热量。分子热力学能越高，相应的燃烧热值越大。为了便于比较，也将化合物的燃烧热除以分子中 CH_2 基团的数目，得到每个 CH_2 结构单元的燃烧热。其数值越大，分子越不稳定。有关环烷烃燃烧热的数值见表 3-2。

表 3-2　环烷烃每个 CH_2 基团的燃烧热

环烷烃	每个 CH_2 单元的燃烧热 /($kJ \cdot mol^{-1}$)	环烷烃	每个 CH_2 单元的燃烧热 /($kJ \cdot mol^{-1}$)
环丙烷	697.1	环壬烷	664.6
环丁烷	682.2	环癸烷	663.6
环戊烷	664.0	环十五烷	658.6
环己烷	658.6	环十七烷	658.6
环庚烷	662.3	链烷烃	658.6
环辛烷	663.6		

从表 3-2 可以看出：环丙烷的每个 CH_2 结构单元放出的热量最大，表明它是环烷烃中热力学能最高最不稳定的环，其次为环丁烷，环己烷最稳定。六元环以上的环烷烃，其每个 CH_2 结构单元的平均燃烧热都约在 660 $kJ \cdot mol^{-1}$，与开链烃中每个 CH_2 结构单元的平均燃烧热

658.6 kJ·mol^{-1}比较接近,说明中环是比较稳定的无张力环。但需要说明的是,C$_7$~C$_{12}$的环虽然近乎没有角张力,但环上氢原子比较拥挤,产生了扭转张力和范德华张力,所以不如环己烷稳定,只有大环才有很高的稳定性。

中环及大环化合物虽然比较稳定,但它们并不容易形成。因为当链状化合物头尾结合成环时,碳链越长,两端碳原子碰撞接触的机会越小,成环的概率越低。由于五元环、六元环较稳定,因此这类化合物较易合成。

3.3.2 环丙烷的结构

根据现代共价键的概念,若环丙烷分子中碳原子以 sp^3 杂化成键,其夹角要求应是109.5°,碳原子之间的轴和轨道的轴无法在同一直线上,成环的碳原子之间只能偏离键轴一定的角度与弯曲键侧面重叠形成一个类似香蕉键形状的弯曲键,使整个分子像拉紧的弓一样,有张力,其键角为 105.5°,键角偏离正常键角因此环有一定的角张力。环丙烷分子模型及分子中原子的排布和成键情况如图 3-1 所示。

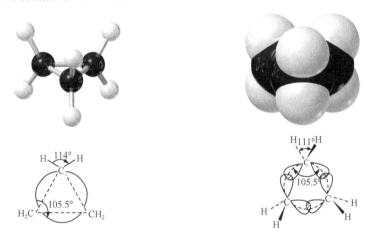

图 3-1 环丙烷分子模型和弯曲键

另外环丙烷分子中还存在着扭转张力(由于环中三个碳位于同一平面,相邻的 C—H 键互相处于重叠式构象,有旋转成交叉式的趋向,这样的张力称为扭转张力)。环丙烷的总张力能为 114 kJ·mol^{-1}。

根据环丙烷分子中键角的实际值,杂化轨道理论认为,环丙烷中碳原子的杂化介于 sp^3 杂化和 sp^2 杂化之间。这种弯曲键的形成,使碳碳键长缩短,键能降低。由于电子云偏向碳碳键的外侧,容易受到亲电试剂的进攻,发生一些类似烯烃的加成反应。

问题 4 比较顺式 1,2-二甲基环丙烷与反式 1,2-二甲基环丙烷的稳定性,并说明理由。
问题 5 在烷烃和环戊烷或更大的环烃中,每个 CH$_2$ 基团的燃烧热约为 664.0 kJ·mol^{-1}。对于环丙烷和环丁烷来说,这个值分别为 697.1 kJ·mol^{-1} 和 682.4 kJ·mol^{-1}。试解释这些值的差别。

3.3.3 环丁烷和环戊烷的构象

1. 环丁烷的构象

经现代物理方法测定表明:环丁烷四个碳原子不在同一平面上,有一个亚甲基翘离其他三个碳原子组成的平面约 25°,形如蝴蝶,两"翼"上下摆动,如图 3-2 所示。这种非平面型结构可以减少 C—H 键的重叠,使扭转张力减小。环丁烷分子中 C—C—C 键角为 111.5°,角张力也比环丙烷小,所以环丁烷比环丙烷稳定,总张力能为 108 kJ·mol^{-1}。

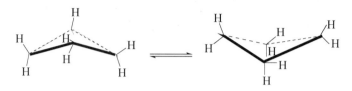

图 3-2　环丁烷的蝶式构象

环丁烷的两个折叠式构象可通过平面构象互相转化,它们之间能垒很小,约为 6.3 kJ·mol^{-1}。在室温时由于分子的热运动产生的能量就足以克服该能垒,因此构象的平衡混合物中也有平面型构象。

　2. 环戊烷的构象

环戊烷分子中,C—C—C 夹角为 108°,接近 sp^3 杂化轨道间夹角 109.5°,所以不存在环张力,是比较稳定的环。但是这样的平面结构其 C—H 键都相互重叠,会有较大的扭转张力,因此环戊烷中五个碳原子并不在同一平面上,而是其中四个碳原子在一个平面上,另一个碳原子在这个平面的上方或下方,形成"信封式"构象,如图 3-3 所示。

图 3-3　环戊烷的信封式构象

平面上或下的碳原子上的碳氢键与相邻碳原子上的碳氢键以接近交叉式构象的方式连接,C—H 键间的扭转张力减小,较为稳定,所以"信封式"构象是环戊烷的优势构象。环上的每个碳原子都可以依次离开平面,从一个信封式构象转换成另一个信封式构象。这种构象的张力很小,总张力能为 25 kJ·mol^{-1},扭转张力在 2.5 kJ·mol^{-1} 以下,因此环戊烷化学性质较稳定。

3.3.4　环己烷及取代环己烷的构象

　1. 环己烷的构象

环己烷的构象是脂环烃中最重要的结构。在自然界中,这是一种广泛存在的母体结构单元。在环己烷分子中,碳原子是 sp^3 杂化,六个碳原子不在同一平面内,碳碳键之间的夹角可以保持 109.5°,是无张力的环,因此环很稳定。在环己烷的无数个构象中两种极限构象是椅式构象和船式构象。

　1) 环己烷的两种极限构象——椅式构象和船式构象

　(1) 椅式构象。

在椅式构象中,六个碳原子排列在两个平面内,若碳原子 1,3,5 排列在上面的平面,则碳原子 2,4,6 排列在下面的平面,两个平面间的距离为 0.05 nm。所有键角都接近正四面体的键角,所有相邻两个碳原子上所连接的氢原子都处于交叉式构象。因此在环己烷的构象中,椅式构象是最稳定的构象,环己烷的椅式构象如图 3-4 所示。

　(2) 环己烷的船式构象。

如图 3-5 所示,环己烷的船式构象中 C$_2$—C$_3$ 及 C$_5$—C$_6$ 间的碳氢键处于重叠式位置;船头和船尾上的两个碳氢键向内伸展,相距较近,约 183 pm,小于它们的范德华半径之和 240 pm,比较拥挤,所以范德华张力较大,造成船式能量高。现代物理方法测出船式环己烷比椅式环己烷能量高 26.7 kJ·mol^{-1},室温下,环己烷的椅式构象约占 99.9%。

椅式球棍模型

透视式　　　　　　　　　　纽曼投影式

图 3-4　环己烷的椅式构象

球棍模型

透视式　　　　　　　　　　纽曼投影式

图 3-5　环己烷的船式构象

2) 平伏键(e 键)与直立键(a 键)

在环己烷的椅式构象中 C—H 键分为两类。第一类 C—H 键与分子的对称轴平行,称为直立键或 a 键(axial bond)。共六个 a 键,其中三个竖直伸向环平面上方,另外三个竖直伸向环平面下方。第二类 C—H 键与直立键形成接近 109.5°的夹角,平伏着向环外伸展,称为平伏键或 e 键(equatorial bond)。其中三个斜向环平面上方,另外三个斜向环平面下方。每个成环的碳原子上有一个 a 键和一个 e 键,如图 3-6 所示。

室温时,环己烷的椅式构象可通过 C—C 键的旋转(不经过碳碳键的断裂),由一种椅式构象变为另一种椅式构象,在两种椅式构象互相转变中,原来的 a 键变成了 e 键,

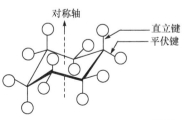

图 3-6　环己烷的直立键和平伏键

而原来的 e 键变成了 a 键,如图 3-7 所示。

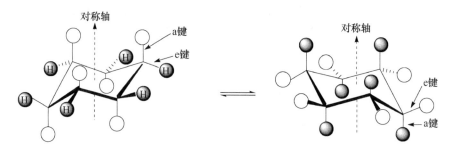

图 3-7　环己烷的两个椅式构象的转变

当六个碳原子上连的都是氢时,两种构象是同一构象。连有不同基团时,构象不同。

2. 取代环己烷的构象分析

1) 一取代环己烷的构象

一取代环己烷的优势构象为取代基处于 e 键上。这是取代基在 a 键和在环同一侧相邻的两个 a 键上的氢原子距离较近,它们之间存在着斥力的缘故。图 3-8 是甲基环己烷的两种椅式构象,其中甲基处于 e 键,在平衡体系中占 95%。

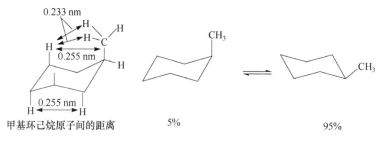

图 3-8　甲基环己烷的构象

从图 3-8 中原子在空间的距离数据可清楚看出,取代基越大,e 键型构象为主的趋势越明显。如图 3-9 是叔丁基环己烷,叔丁基处于 e 键,在平衡体系中占 99% 以上。

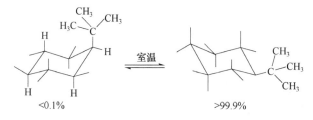

图 3-9　叔丁基环己烷的构象

2) 二取代环己烷的构象

二取代环己烷的构象比较复杂,因为它同时存在有位置异构和顺反异构。但就能量而言,不论两个取代基相对位置如何,取代基连在 e 键上总是能量最低。

(1) 二取代基在同一碳原子上的构象。

二取代基在同一碳原子上的优势构象是体积大的基团处于 e 键上。1-甲基-1-叔丁基的优势构象如图 3-10 所示。

（2）二取代基不在同一碳原子上的构象。

若无顺反异构要求，则取代基全部处在 e 键，即 ee 型构象为优势构象。

若有顺反异构要求，其优势构象为体积大的基团尽可能在 e 键上。

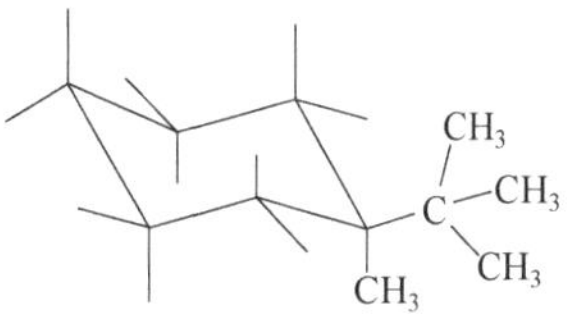

图 3-10 1-甲基-1-叔丁基环己烷的优势构象

a. 1,2-二甲基环己烷的构象

对于反式 1,2-二甲基环己烷而言，这两个甲基都处在 e 键（ee 型构象）比都处在 a 键（aa 型构象）稳定。因此反式 1,2-二甲基环己烷主要以 ee 型构象存在。

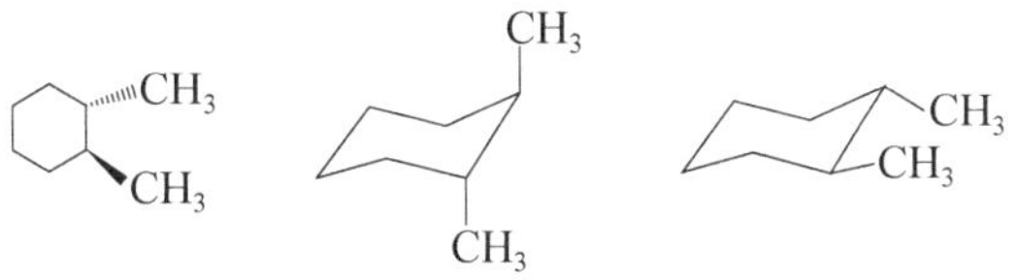

（反式） aa 型构象 ee 型构象（优势构象）

而对于顺式 1,2-二甲基环己烷，这两个甲基必然有一个处于 e 键上，另一个处于 a 键上，优势构象为 ea 型构象。

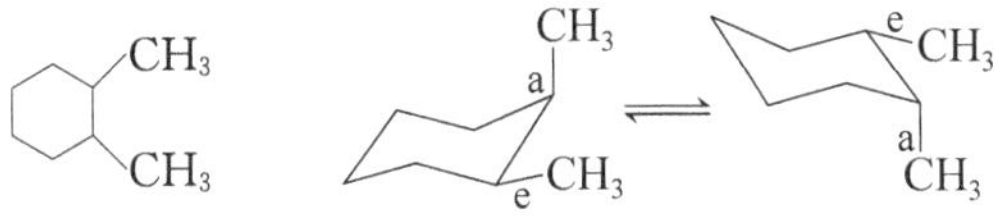

（顺式） 只能是 ea 型构象

对于 1,2-二甲基环己烷所有可能的构象来说，ee 型构象最稳定，ea 型构象次之，aa 型构象最不稳定。这说明 1,2-二甲基环己烷的反式构型比顺式构型稳定。

b. 1,3-二甲基环己烷的构象

对于反式 1,3-二甲基环己烷的优势构象，两个取代基只能是一个在 e 键上，一个在 a 键上（ea 型）。而顺式 1,3-二甲基环己烷的构象中，两个取代基可以都位于 e 键上（ee 型），或者都位于 a 键上（aa 型）。ee 型构象的热力学能比 aa 型构象低，是顺式的优势构象。显然，1,3-二甲基环己烷的顺式比反式稳定，如图 3-11 所示。

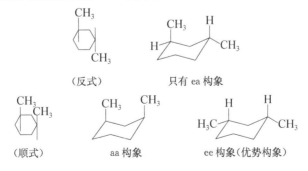

（反式） 只有 ea 构象

（顺式） aa 构象 ee 构象（优势构象）

图 3-11 1,3-二甲基环己烷的优势构象

其他二元、三元等取代环己烷的稳定构象，可由上述同样方法得知。

3）多取代环己烷的构象分析

对多取代基的环己烷，e 键上连的取代基越多越稳定，所以 e 键上取代基最多的构象是它的优势构象。

问题 6　写出下列化合物稳定构象的透视式。

（1）顺-1-甲基-2-异丙基环己烷　（2）反-1-乙基-3-叔丁基环己烷

问题 7　写出 1,1-二甲基-3-异丙基环己烷的两种椅式构象异构体。并指出其中稳定的构象和不稳定的构象。

3.4　多脂环化合物

3.4.1　十氢化萘的构象

二环[4.4.0]癸烷习惯称为十氢化萘，由两个环己烷环稠并而成，有顺、反两种异构体（图3-12）。反式十氢化萘两个桥头上的氢分别处于环的两侧，顺式十氢化萘两个桥头上的氢都处于环的同一侧。

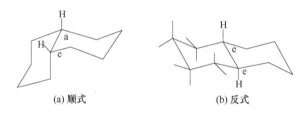

(a) 顺式　　　　　　　　(b) 反式

图 3-12　顺、反十氢化萘的构象

从构象上可以把十氢化萘视为环己烷的邻二取代物，其中一个环看成是另一环上的两个取代基，在反式异构体中两个取代基都在 e 键上，属 ee 型；而顺式异构体中则一个取代基在 e 键上，另一个取代基在 a 键上，属 ea 型。因此反式异构体比顺式异构体稳定。另外，从燃烧热数据也可说明这一点，反式的燃烧热要比顺式低 8.8 kJ·mol^{-1}。

同样，对于十氢化萘取代物，取代基一般处于 e 键较稳定。对于多环化合物，椅式构象最多的构象较稳定。

问题 8　写出下列化合物的优势构象。

H
CH₃
H

问题 9　比较下列两个化合物的稳定性。

CH₃
（1）

CH₃
（2）

3.4.2　金刚烷

金刚烷是由四个椅式环己烷拼合而成的一个笼状结构的烃。

　　金刚烷最先是在石油中发现的,现在很容易由四氢化双环戊二烯在三卤化铝催化剂存在下重排得到。

　　金刚烷是无色晶体,熔点 268℃,分子内含有由环己烷组成的三环体系,环己烷以椅式构象存在。由于分子的高度对称性,因此熔点高、热稳定性强。但是当分子中引入取代基后,熔点则大幅度降低。金刚烷的氨基衍生物具有抗病毒性。

问题 10　为什么顺、反十氢化萘不能通过碳碳键旋转而相互转化?

问题 11　请解释为什么顺-1,3-环己二醇的 aa 型构象比 ee 型构象稳定。

问题 12　顺十氢化萘的一取代物只有 1 种,反十氢化萘的一取代物有 2 种。为什么?

3.5　脂环烃的制备

3.5.1　分子内偶联法

1. 武兹合成法

　　二元卤代烷,如果两个卤原子彼此处于 α-位和 β、γ-位时发生武兹(Wurtz)偶联反应,生成三元环或四元环。

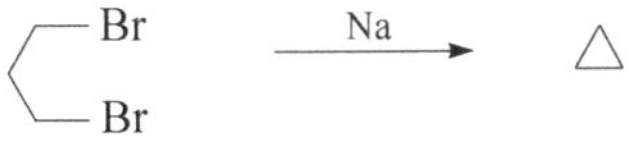

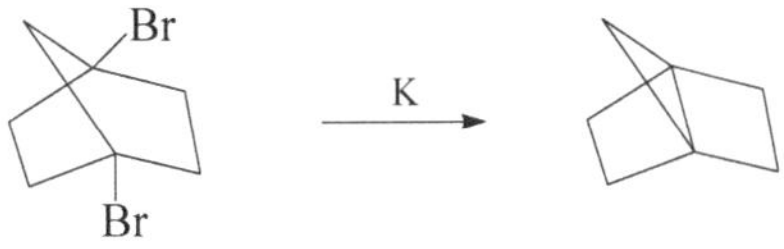

　　该方法适合三元环、四元环的合成。

2. 格利雅(Grignard)试剂法

　　该方法适用于四元环、五元环、六元环、七元环的合成。

3.5.2　芳香化合物的催化氢化

　　苯加氢可得到环己烷,但需用镍和铂等催化,还需较高温度或压力。

习　题

1. 用系统命名法命名或写出结构式。

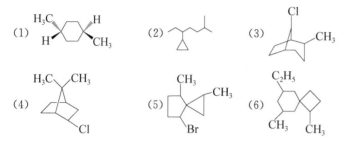

(1)　　　　　(2)　　　　　(3)

(4)　　　　　(5)　　　　　(6)

(7) 6-甲基螺[2.5]辛烷　　(8) 8-甲基-6-氯二环[3.2.1]辛烷

2. 写出符合 C_6H_{10} 的所有脂环烃的异构体(包括顺反异构体),并命名。

3. 下列化合物哪些是顺式? 哪些是反式? 并指出构象的类型(ea 型、ee 型等)。

(1) 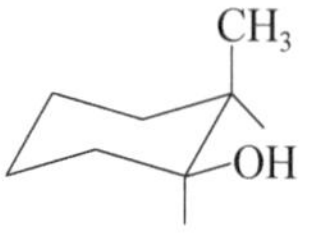　　　　　(2)

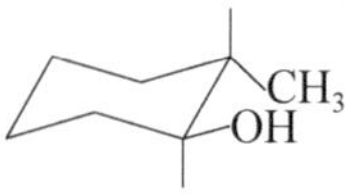

(3) 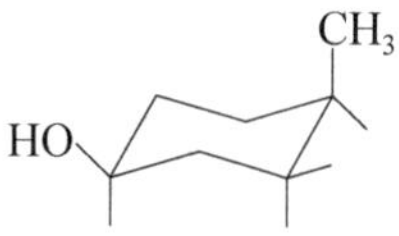　　　　　(4)

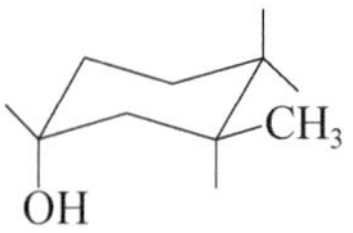

4. 根据题意回答下列各题。

(1) 写出下列化合物最稳定的构象式。

A. 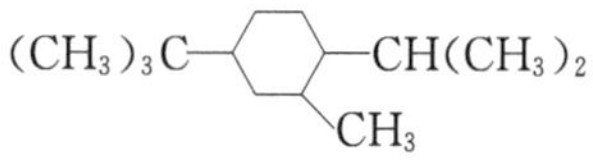 $(CH_3)_3C-$⬡$-CH(CH_3)_2$　　B. 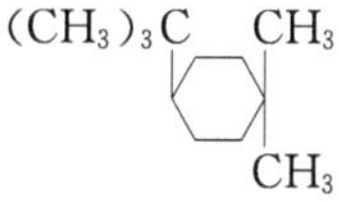 $(CH_3)_3C$　CH_3

CH_3　　　　　　　　　　　　　　CH_3

(2) 下列化合物中最稳定的构象是(　　)。

A. 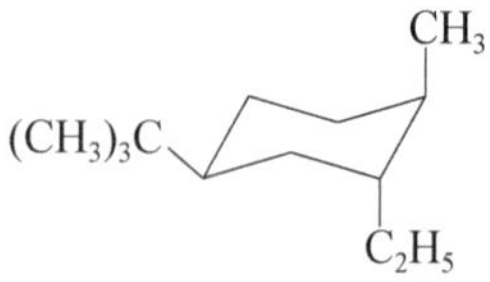 $(CH_3)_3C-$　CH_3　　B. 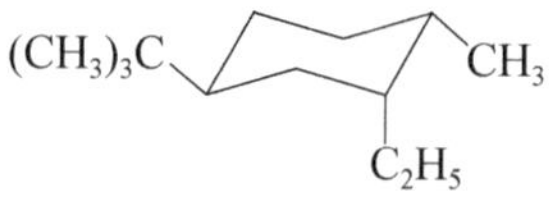 $(CH_3)_3C-$　CH_3

C_2H_5　　　　　　　　　　　C_2H_5

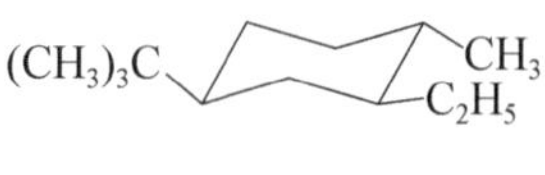

C. $(CH_3)_3C-$　CH_3　　D. 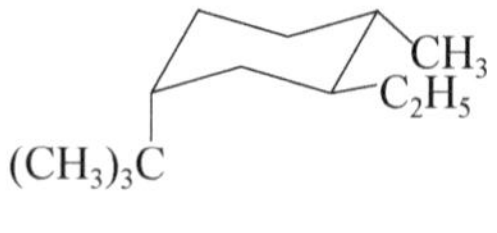 $(CH_3)_3C-$　CH_3

C_2H_5　　　　　　　　　　　C_2H_5

(3) 分别写出顺-1-甲基-3-异丙基环己烷和反-1-甲基-3-异丙基环己烷的稳定的构象式。

(4) 画出反-1-叔丁基-4-氯环己烷的优势构象。

(5) 下列脂环烃 1 mol CH_2 的燃烧热值最高的是(　　),最低的是(　　)。

A. 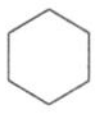 ⬡　　B. ⬠　　C. ◇　　D. △

(6) 下列化合物催化氢化时,最容易开环的是(　　)。

A. 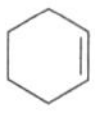 ⬡　　B. ◇　　C. △　　D. ⬠

(7) 下列脂环烃,最容易与溴发生加成反应的是(　　)。

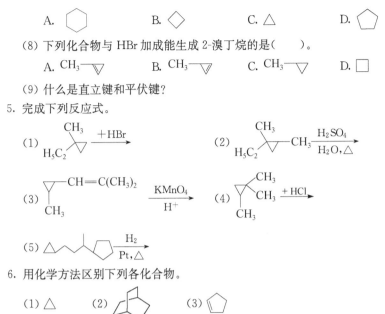

(8) 下列化合物与 HBr 加成能生成 2-溴丁烷的是(　　)。

(9) 什么是直立键和平伏键?

5. 完成下列反应式。

6. 用化学方法区别下列各化合物。

7. 推测结构

(1) 化合物 A 和 B 是分子式为 C_6H_{12} 的两个同分异构体,在室温下均能使 Br_2-CCl_4 溶液褪色,而不被 $KMnO_4$ 氧化,其氢化产物也都是 3-甲基戊烷;但 A 与 HI 反应主要得到 3-甲基-3-碘戊烷,而 B 则得到 3-甲基-2-碘戊烷。试推测 A 和 B 的构造式。

(2) 化合物 A(C_6H_{12})在室温下不能使高锰酸钾水溶液褪色,与氢碘酸反应得到 B($C_6H_{13}I$)。A 氢化后得到 3-甲基戊烷,推测 A 和 B 的结构。

(3) 有 A、B、C、D 四个互为同分异构体的饱和脂环烃。A 是含一个甲基、一个叔碳原子及四个仲碳原子的脂环烃;B 是最稳定的环烷烃;C 是具有两个不相同的取代基,且有顺、反异构体的环烷烃;D 是只含有一个乙基的环烷烃。试写出 A、D 的结构式,B 的优势构象,C 的顺反异构体,并分别命名。

第 4 章 电 子 效 应

组成有机化合物分子的各个原子或基团是相互影响的,不同取代基对有机化合物分子性质的影响主要分为两类:一是电子效应,它是通过各原子或基团对有机化合物分子中电子云的分布产生影响而起作用,包括诱导效应、共轭效应、超共轭效应和场效应;二是空间效应,又称立体效应,它是指有机化合物分子中某些原子或基团在相互接近时,由于其大小和形状造成分子中特殊的张力或阻力的一种效应,对有机化合物分子的反应性也会产生一定影响。

电子效应与空间效应是影响有机化合物分子反应活性和反应规律的重要因素,是有机化学的核心。深入理解和掌握有机化学中的电子效应和空间效应,可使人们对有机化合物性质的了解由感性认识迈向理性认识。

4.1 诱 导 效 应

4.1.1 诱导效应的定义

两个相同原子形成的共价键,电子云对称地分布在两个原子之间,这种共价键没有极性,称为非极性共价键。而两个不同原子形成共价键时,由于两个原子的电负性不同,则成键电子云会发生偏移,偏向电负性较大的原子,形成极性共价键。这种极性共价键产生的电场也会引起邻近共价键电荷向相同的方向偏移。例如

$$\overset{\delta\delta\delta^+}{CH_3}—\overset{\delta\delta^+}{CH_2}—\overset{\delta^+}{CH_2}—\overset{\delta^-}{Cl}$$

在 1-氯丙烷中的氯原子吸电子能力强,使 C—Cl 键电子偏向氯原子,结果使氯原子带部分负电荷(δ^-)、碳原子带部分正电荷(δ^+)。带部分正电荷的碳吸引相邻碳上的电子后使相邻碳也带有部分正电荷($\delta\delta^+$),到第三个碳原子则带有更小的正电荷($\delta\delta\delta^+$)。这种因有机化合物分子中某些原子或基团的电负性不同,而使整个有机分子中成键电子按原子或基团的电负性所决定的方向发生偏移的现象称为诱导效应。

问题 1 所有双原子分子是否都是非极性键?

问题 2 为什么乙醇的沸点高于相对分子质量相近的烃和卤代烃?

4.1.2 诱导效应的特点

诱导效应在研究有机化合物的结构、有机反应机理和有机合成中有很重要的作用。诱导效应的特征是可以以静电诱导的方式沿着碳链传递,但随着碳链增长会迅速减弱或消失,一般只考虑前三个碳原子的影响,四个碳原子以上诱导效应可视为零。

一般用 I 来表示诱导效应,以氢的电负性为衡量标准,饱和 C—H 键的诱导效应规定为零;电负性比 H 大的原子或基团如—NO_2、—CN、—OH、—X 等,与碳成键后使电子云偏离碳原子的效应称为 $-I$ 效应;反之,若给电子能力比氢强的原子或基团,与碳成键后使电子云偏向碳原子的效应称为 $+I$ 效应。诱导的衡量标准如图 4-1 所示。

通常基团或原子的电负性越大,其—I 效应越大;电负性越小的基团或原子,其+I 效应越大。对于周期表中同主族元素来说,从上到下的电负性降低,其—I 效应相对强弱顺序如下:

$$\delta^+ \quad \delta^-$$
$$R_3C \rightarrow Z \qquad R_3C—H \qquad R_3C \leftarrow Y$$
$$(-I) \qquad\qquad I=0 \qquad\qquad (+I)$$

Z:吸电子基　　　标准　　　Y:给电子基

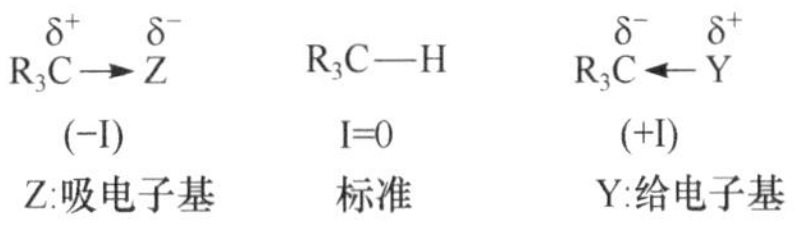

图 4-1　诱导的衡量标准示意图

$$—F > —Cl > —Br > —I$$

对于周期表中同周期元素来说,从左到右,同周期的电负性增加,其—I 效应相对强弱顺序如下:

$$—F > —OR > —NR_2$$

对于碳原子来说,不同杂化的碳原子,其 s 成分越多,吸电子能力越强,其—I 效应相对强弱顺序如下:

$$—C \equiv CH > —CH = CH_2 > —CH_2—CH_3$$

当烷基与不饱和碳原子相连时,表现出的是给电子的诱导效应,即+I 效应,其相对强弱顺序如下:

$$(CH_3)_3C— > (CH_3)_2CH— > CH_3CH_2— > CH_3—$$

上述这种由于分子结构本身特征而产生的诱导效应为静态诱导效应,是分子本身具有的性质,与键的极性密切相关。当发生化学反应时,分子的反应中心受到极性试剂的进攻,则共价键电子云分布会受到极性试剂电场的影响而发生改变。这种分子在外界电场的影响下所发生的诱导极化称为动态诱导效应。通常动态诱导效应是一种暂时的现象,只在进行化学反应的瞬间才表现出来,动态诱导效应与外界电场强度以及键的极化能力有关。

问题 3　有机分子的静态诱导效应是否永远存在?

问题 4　为什么 1-氯乙酸的酸性强于乙酸?

4.1.3 诱导效应的应用

诱导效应能影响有机物的物理性质和化学性质,对有机物的活性、反应能力大小和方向等都起着很重要的作用。

1. 诱导效应对有机物酸碱性的影响

羧酸酸性主要取决于 O—H 键解离的倾向及共轭碱的稳定性,诱导效应对两者均有影响。若烃基上带吸电子基时将增加羧酸的酸性,带给电子基时其酸性减小(表 4-1)。

表 4-1　一些有机羧酸的 pK_a 值

羧酸	HCOOH	CH$_3$COOH	CCl$_3$COOH
pK_a	3.77	4.78	0.08

由于 CH_3COOH 结构中的—CH_3 具有给电子诱导效应(+I),不利于羧基电离出质子,因此 HCOOH 的酸性强于 CH_3COOH。CCl_3COOH 结构中的—CCl_3 具有强的吸电子诱导效应(—I),对羧基电离出质子有利。

胺或氨碱性主要取决于 N 提供电子的能力,即 N 上电子云密度的大小。如 N 上连具有给电子诱导效应(+I)的基团时,碱性增强。因此,胺或氨的碱性强弱顺序如下:

$$(CH_3)_2NH > CH_3NH_2 > NH_3$$

2. 诱导效应对烯烃加成反应的影响

烯烃的加成是亲电加成。当烯烃的碳碳双键上连有给电子诱导效应（＋I）的原子或基团时，双键上电子云密度增加，反应速率加快；当烯烃的碳碳双键上连有吸电子诱导效应（－I）的原子或基团时，双键上电子云密度减少，反应速率减慢。不同烯烃与氯化氢的亲电加成反应速率大小顺序如下：

$$\begin{array}{c}H_3C\\H_3C\end{array}C=C\begin{array}{c}CH_3\\CH_3\end{array} > \begin{array}{c}H_3C\\H_3C\end{array}C=C\begin{array}{c}H\\CH_3\end{array} > \begin{array}{c}H_3C\\H\end{array}C=C\begin{array}{c}H\\H\end{array} > \begin{array}{c}H\\H\end{array}C=C\begin{array}{c}H\\H\end{array} > \begin{array}{c}H\\H\end{array}C=C\begin{array}{c}CF_3\\H\end{array}$$

3. 诱导效应对醛酮化合物亲核加成反应的影响

醛酮的加成反应是亲核加成反应，如羰基上连有给电子诱导效应（＋I）的原子或基团时，羰基碳原子上电子云密度增加，反应速率减慢；如羰基上连有吸电子诱导效应（－I）的原子或基团时，羰基碳原子上电子云密度减小，反应速率加快。不同醛酮发生亲核加成反应的活性如下：

$$\overset{\displaystyle O}{\underset{\displaystyle \parallel}{H-C-H}} > \overset{\displaystyle O}{\underset{\displaystyle \parallel}{CH_3-C-H}} > \overset{\displaystyle O}{\underset{\displaystyle \parallel}{CH_3-C-CH_3}}$$

问题 5　比较正丁基碳正离子、仲丁基碳正离子和叔丁基碳正离子的稳定性大小。

问题 6　比较正丁基碳负离子、仲丁基碳负离子和叔丁基碳负离子的稳定性大小。

4.2　共轭效应

4.2.1　共轭效应的定义

在有机分子或原子团中，由于电子的离域或键的离域，分子中电子云密度的分布有所改变，热力学能变小，分子更加稳定，键长趋于平均化，这种效应称为共轭效应或离域效应，该体系则称为共轭体系。通常形成共轭体系的原子必须在同一平面上，同时一般要有三个以上可以平行重叠的 p 轨道和一定数量的离域电子。

4.2.2　共轭效应的特点

共轭效应的产生是共轭体系分子内的原子或基团间的相互影响的结果，与诱导效应一样也属于电子效应，但与诱导效应不同的是共轭效应的强弱只取决于共轭体系的化学结构，通过共轭链传递的电子效应不论距离远近，产生的影响均完全相同。

一般用 C 来表示共轭效应。若共轭体系上的取代基降低了体系的 π 电子云密度，则该类基团具有吸电子的共轭效应，以－C 表示。与碳碳双键共轭，具有－C 效应的原子或基团有—NO$_2$、—CN，—CHO、—COOH、—$^+$CH$_2$ 等。若共轭体系上的取代基能增大共轭体系的 π 电子云密度，该类基团有给电子的共轭效应，以＋C 表示。与碳碳双键共轭，具有＋C 效应的原子或基团有—NH$_2$、—OH、—OR、—OOCR、卤素等。

大多数共轭效应是由于碳的 2p 轨道与其他原子的 p 轨道重叠所产生的。共轭作用强弱与轨道重叠的程度以及电子离域的难易程度有关,参与共轭原子 p 轨道的形状大小、能量与碳的 2p 轨道越相近时,轨道重叠就越多,电子就越容易离域,共轭效应也越强。一般共轭效应的强弱与参与共轭的原子轨道的主量子数 n 有关。以碳原子为例,碳原子 p 轨道的主量子数 $n=2$,因此 $n=2$ 的 p 轨道与碳碳双键有最强的共轭。n 增大,共轭效应减弱。对于周期表中同主族元素来说,从上到下,主量子数 n 增大,其 $+C$ 效应减弱。例如

$$—F>—Cl>—Br>—I$$
$$—OR>—SR>—SeR>—TeR$$

另外,共轭作用强弱还与参与共轭原子的电负性有关。电负性越小,越容易给出电子,$+C$ 效应越强。对于周期表中同一周期元素,主量子数相同,从左到右,电负性增大,$+C$ 效应减弱。例如

$$—NR_2>—OR>—F$$

而吸电子共轭效应的强弱主要由参与共轭原子的电负性大小决定,电负性越大,越容易吸引电子,$-C$ 效应越强。对于周期表中同一周期元素,从左到右,电负性增大,$-C$ 效应增强。例如

$$—C{=}O>—C{=}NR>—C{=}CR_2$$

共轭效应只能传递于共轭体系,不论共轭体系的大小,其效应能贯穿于整个体系中,它是建立在离域键基础上的远程电子效应,使得共轭体系的能量低而更稳定。根据共轭体系的不同,共轭效应可分为 π-π 共轭和 p-π 共轭。

4.2.3　π-π 共轭效应

π-π 共轭是通过形成 π 键的 p 轨道间相互重叠而导致 π 电子离域作用。例如,1,3-丁二烯就是典型的 π-π 共轭分子。在 1,3-丁二烯分子中,四个碳原子都以 sp^2 轨道相互重叠或与氢原子的 1s 轨道重叠,形成三个 C—C σ 键和六个 C—H σ 键。这些 σ 键都处在同一个平面上,它们之间的夹角都接近 120°,此外每个碳原子还剩下一个未参加杂化的 p 轨道,它们垂直于 σ 键所在的平面,相互平行,彼此以"肩并肩"的方式形成 π 键,如图 4-2 所示。

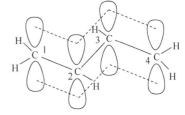

图 4-2　1,3-丁二烯的 π-π 共轭

C_2 和 C_3 上的 p 轨道不仅分别能与 C_1 和 C_4 发生"肩并肩"重叠,而且相互间也能发生"肩并肩"重叠。因此,所形成 π 键的电子云就不只分布在两个碳原子之间,而是扩展到整个分子的四个碳原子上,从而形成包括四个碳原子在内的大 π 键,即 π-π 共轭形成的共轭大 π 键。共轭大 π 键中的 p 电子在整个共轭体系中运动,这种现象称为离域运动,共轭双键中电子云的离域现象导致分子中电子云分布的平均化,从而促使分子中双键键长增长,单键键长缩短(键长趋于平均化),分子更加稳定。

与 1,3-丁二烯类似的丙烯醛、丙烯酸、丙烯腈、苯等都属于 π-π 共轭体系。

4.2.4　p-π 共轭效应

p-π 共轭效应是指共轭体系中的 π 键与具有 p 轨道的原子直接相连的体系所具有的电子效应。例如,在氯乙烯分子中,氯原子的孤对电子所在的 p 轨道与碳碳双键(π 键)的 p 轨道相

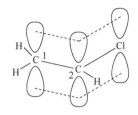

互平行而形成 p-π 共轭体系,如图 4-3 所示。

在 p-π 共轭体系中,共轭体系电子云的离域现象,也会导致分子中电子云分布的趋于平均化,从而促使分子中双键键长增大,单键键长缩小。

图 4-3　氯乙烯的 p-π 共轭

4.2.5　共轭效应的应用

共轭效应通常通过影响反应物、中间体和产物的稳定性而对有机反应产生影响。

1. 对烯烃加成反应方向的解释

苯乙烯与溴化氢的加成反应,主要产物为 1-苯基-1-溴乙烷,反应式如下:

$$PhCH\!=\!\!CH_2 + HBr \longrightarrow \underset{\substack{| \\ Br \\ 次要产物}}{PhCH_2CH_2} + \underset{\substack{| \\ Br \\ 主要产物}}{PhCHCH_3}$$

此反应的机理为

$$PhCH\!=\!\!CH_2 \xrightarrow{H^+} \left[\begin{array}{c} \overset{+}{PhCH}\!-\!CH_3 \\ (A) \\ \\ PhCH_2\!-\!\overset{+}{CH_2} \\ (B) \end{array} \right] \xrightarrow{Br^-} \left[\begin{array}{c} \underset{\substack{| \\ Br}}{PhCHCH_3} \\ \\ \underset{\substack{| \\ Br}}{PhCH_2CH_2} \end{array} \right]$$

中间体 A 中存在带正电荷碳的空 p 轨道与苯环大 π 健的 p-π 共轭效应,而中间体 B 中并不存在这种 p-π 共轭效应。p-π 共轭效应使 A 中正电荷比 B 更分散,因此中间体 A 比 B 稳定。作为中间体,越稳定,越易形成,因此产物 1-苯基-1-溴乙烷是此反应的主要产物。

但是在过氧化物存在条件下,苯乙烯与溴化氢的加成反应却得到了相反的结果,主要产物为 1-苯基-2-溴乙烷,反应式如下:

$$PhCH\!=\!\!CH_2 + HBr \xrightarrow{ROOR} \underset{\substack{| \\ Br \\ 主要产物}}{PhCH_2CH_2} + \underset{\substack{| \\ Br \\ 次要产物}}{PhCHCH_3}$$

这是因为在过氧化物存在下,烯烃与溴化氢的反应机理如下:

$$ROOR \longrightarrow RO\cdot \xrightarrow{HBr} ROH + Br\cdot$$

$$PhCH\!=\!\!CH_2 \xrightarrow{Br\cdot} \left[\begin{array}{c} \underset{\substack{| \\ Br}}{PhCH}\!-\!\overset{\displaystyle\cdot}{CH_2} \quad (C) \\ \\ \overset{\displaystyle\cdot}{PhCH}\!-\!\underset{\substack{| \\ Br}}{CH_2} \\ (D) \end{array} \right] \xrightarrow{HBr} \left[\begin{array}{c} \underset{\substack{| \\ Br}}{PhCHCH_3} \\ \\ \underset{\substack{| \\ Br}}{PhCH_2CH_2} \end{array} \right]$$

中间体 D 中存在单电子的 p 轨道与苯环大 π 健的 p-π 共轭效应,而中间体 C 中并不存在这种效应,因此中间体 D 比 C 更稳定,更容易生产,故产物 1-苯基-2-溴乙烷是主要产物。

2. 对消除反应方向的解释

4-溴-1-戊烯在强碱条件下脱 HX 生成 1,3-戊二烯和 1,4-戊二烯,其中 1,3-戊二烯为主要产物,反应式如下:

$$\overset{\text{Br}}{\diagup\!\!\diagdown\!\!\diagup\!\!\diagdown} \xrightarrow{\text{KOH}} \diagup\!\!\diagdown\!\!\diagup\!\!\diagdown + \diagup\!\!\diagdown\!\!\diagup\!\!\diagdown$$

主要产物　　次要产物

这是因为 1,3-戊二烯结构中存在 π-π 共轭效应,π-π 共轭使分子结构更加稳定,而 1,4-戊二烯结构中并不存在这种效应,因此 1,3-戊二烯比 1,4-戊二烯更稳定,故 1,3-戊二烯是主要产物。

3. 对卤代烃亲核取代反应活性的解释

在卤代烃中,乙烯型卤代烃和芳卤代烃的反应活性最低,两者的亲核取代反应都是难以进行的,而烯丙基型卤代烃和苄基型卤代烃性质却很活泼,很容易发生亲核取代反应。以烯丙基溴为例,烯丙基溴首先发生 C—Br 键的异裂生成烯丙基碳正离子,然后烯丙基碳正离子再与亲核试剂作用生成相应的取代产物。反应决速步骤为第一步,产生烯丙基碳正离子,反应机理如下:

$$CH_2\!=\!CH\!-\!CH_2Br \xrightarrow{-Br^-} CH_2\!=\!CH\!-\!\overset{+}{C}H_2 \xrightarrow{Nu^-} CH_2\!=\!CH\!-\!CH_2\!-\!Nu$$

中间体烯丙基碳正离子中存在带正电荷碳的空 p 轨道与烯烃 π 键的 p-π 共轭效应。p-π 共轭效应使烯丙基碳正离子的正电荷更分散,因此比较稳定。作为中间体,越稳定,越易形成,因此烯丙基溴很容易发生亲核取代反应。与此类似,苄基型卤代烃通过 C—X 键异裂所产生的苄基碳正离子体系也存在 p-π 共轭效应,因此苄基型卤代烃也很容易发生亲核取代反应。

对于乙烯型卤代烃和芳卤代烃,结构中本身就存在 p-π 共轭效应,C—X 键键长比卤代烷烃中的 C—X 键键长短,因此比较稳定,不易发生断裂。另外,乙烯型卤代烃和芳卤代烃通过 C—X 键异裂产生乙烯碳正离子和芳基碳正离子,其结构中不存在 p-π 共轭效应,非常不稳定。因此,乙烯型卤代烃和芳卤代烃发生亲核取代反应的活性最低,一般条件下不发生取代反应。

问题 7 在 1,3-丁二烯的共轭链上为什么会产生电荷正负的交替现象?

4.3 超共轭效应

4.3.1 超共轭效应的定义

sp³ 杂化 C 原子与氢原子结合形成 C—H σ 键,成键电子对明显偏向于碳原子,因此 C—H σ 键电子云的屏蔽效应很小。当 C—H 的 σ 键与 π 键或 p 轨道处于共轭位置时,也会产生电子的离域现象,这种由 C—H σ 键与 π 键或 p 轨道共轭所产生的离域现象称为超共轭效应。

4.3.2 超共轭效应的特点

和共轭效应一样,超共轭效应也会使共轭体系的能量降低而更稳定,超共轭效应也用 C

来表示。但超共轭效应比共轭效应的作用弱,因此超共轭体系比共轭体系稳定性差,共轭能小。超共轭效应的大小,与 p 轨道或 π 轨道相邻碳上的 C—H 键多少有关,C—H 键越多,超共轭效应越大。根据超共轭体系的不同,超共轭效应可分为 σ-π 超共轭和 σ-p 超共轭。

4.3.3　σ-π 超共轭效应

烷基 C—H σ 键电子云与相邻的 π 键电子云重叠而产生的共轭效应称为 σ-π 超共轭效应。例如,在丙烯分子中,甲基 C—H 键的 σ 键电子云与碳碳双键(π 键)的 p 轨道共平面可形成 σ-π 超共轭体系,如图 4-4 所示。

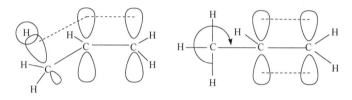

图 4-4　丙烯的 σ-π 超共轭

其结果导致 C—C 键长有所平均化,该体系中 π 键 α-位有三个 C—H 键可参与超共轭效应,因此具有较强的超共轭效应,相应的烯烃能量就更低、更稳定。

4.3.4　σ-p 超共轭效应

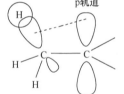

图 4-5　乙基自由基的 σ-p 超共轭

烷基 C—H σ 键电子云与相邻的 p 轨道电子云重叠而产生的共轭效应称为 σ-p 超共轭效应。例如,在乙基自由基中,甲基 C—H 键的 σ 键电子云与单电子 p 轨道共平面可形成 σ-p 超共轭体系,如图 4-5 所示。

当 C—H 键的 σ 轨道与单电子 p 轨道共轭时,因 σ 轨道电子的离域,使 σ 轨道中的一个电子可能与 p 轨道未配对的单电子配对成键,这时氢原子也有可能表现出自由基的性质,从而使自由基未配对电子不局限在一个原子上,使体系趋于稳定。能参与共轭的 C—H 键越多,相应的自由基就越稳定。

问题 8　为什么 2-丁烯分子中甲基的六个 C—H σ 键都可以参与 σ-p 超共轭效应?

4.3.5　超共轭效应的应用

与共轭效应类似,超共轭效应通常也通过影响反应物、中间体和产物的稳定性而对有机反应产生影响。

1. 对碳正离子、碳自由基稳定性的解释

通常,烷基碳正离子的稳定性顺序如下:

$$H_3C\overset{+}{\underset{CH_3}{\underset{|}{C}}}CH_3 \ > \ H_3C\overset{+}{-}CH-CH_3 \ > H_3C\overset{+}{-}CH_2 > \overset{+}{C}H_3$$

甲基 C—H 键的 σ 键电子云与碳正离子空的 p 轨道共平面可形成 σ-p 超共轭体系,超共轭体系使碳正离子正电荷更分散而更稳定。因此,碳正离子 α 位 C—H 键的数目越多,发生超共轭效应的可能性就越大,碳正离子就越稳定。

与此类似,自由基的稳定性顺序为:三级碳自由基>二级碳自由基>一级碳自由基>甲基自由基,也是同样的道理。

2. 对烯烃亲电加成反应方向的解释

烯烃发生亲电加成反应通常要符合马氏规则,即氢总是加到含氢较多的碳原子上。例如,丙烯与溴化氢发生加成反应时,主要产物为 2-溴丙烷,反应式如下:

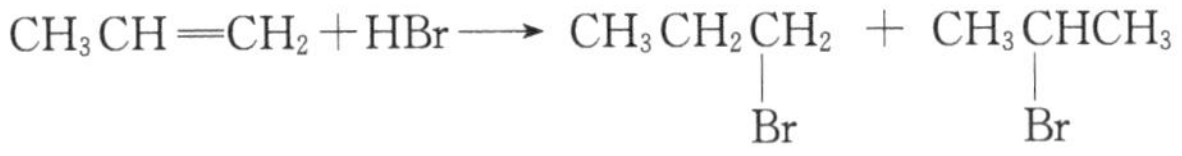

$$CH_3CH=CH_2 + HBr \longrightarrow CH_3CH_2CH_2 + CH_3CHCH_3$$

$$\underset{\text{次要产物}}{\overset{|}{Br}} \qquad \underset{\text{主要产物}}{\overset{|}{Br}}$$

反应机理为

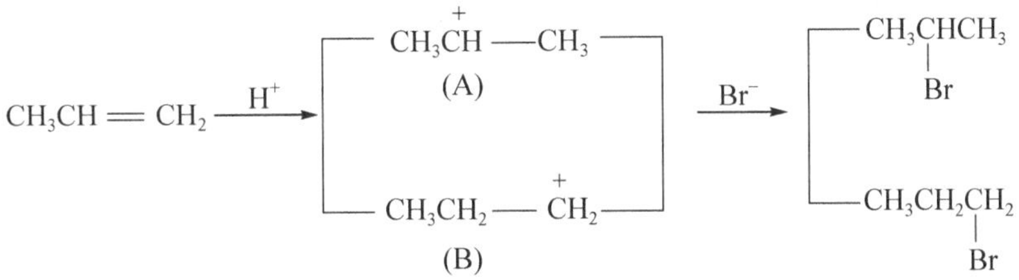

中间体 A 是一个二级碳正离子,有 6 个 α-位 C—H 键能与碳正离子的 p 轨道发生 σ-p 超共轭作用,而中间体 B 是一个一级碳正离子,只有 2 个 α-位 C—H 键能与碳正离子的 p 轨道发生 σ-p 超共轭作用,故中间体 A 比 B 稳定。作为中间体,越稳定越易形成,因此产物 2-溴丙烷是此反应的主要产物。

3. 对烯烃稳定性的解释

通常,与碳碳双键相连 α-位上的 C—H 键越多,烯烃越稳定,如烯烃的稳定性顺序为

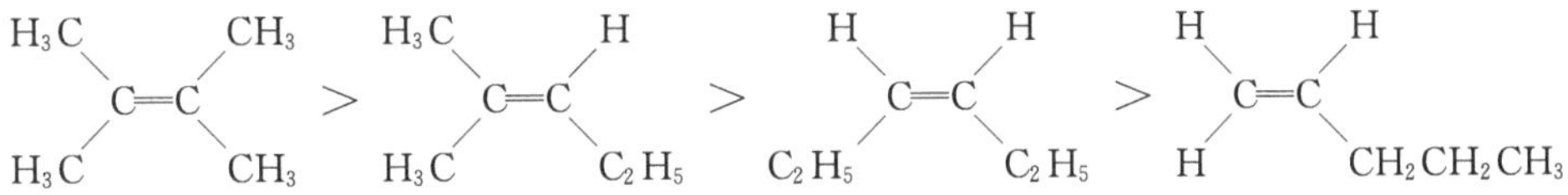

这是因为烯烃 α-位上的 C—H 键能与烯烃的 π 键发生 σ-π 超共轭作用,使烯烃能量更低、更稳定。碳碳双键 α-位 C—H 键的数目越多,与烯烃 π 键发生 σ-π 超共轭作用的可能性就越大,烯烃就越稳定。

4.4 空间效应和场效应

4.4.1 空间效应

空间效应又称立体效应,是指分子中某些原子或基团彼此接近而引起的偏离正常键角,这会导致产生分子内的张力和空间阻碍,即分子的电子状态依赖于分子的立体结构引起电子的轨道变化而产生的效应。该类电子效应研究反应物成键或未成键电子对的空间配置及离域作用对化学反应的影响。构象异构体或立体异构体之间的化学反应性能的差异取决于它们反应时形成过渡态的稳定性,取决于立体电子效应和空间效应(指立体阻碍,即范德华排斥作用、静

电作用、氢键、键角和键长变形而产生的张力等),该类作用与相关原子或基团在空间的配置有关。

狭义上的立体空间效应主要是指立体阻碍,它会对有机物的性质产生较大的影响。

1. 立体阻碍会影响 σ 键的旋转

联苯的邻位有较大的取代基(如氨基和羧基)时,大基团的立体阻碍效应使得 σ 键不能自由旋转,产生了对映异构现象(图 4-6)。

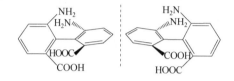

图 4-6　2,2′-二氨基-6,6′-联苯二羧酸的对映异构

2. 立体阻碍影响有机物的酸碱性能

例如,1,2,3,4-四氢喹啉的立体阻碍效应导致氮原子上的孤对电子不能与苯环共平面,其碱性强于 N,N-二甲苯胺。

$$\underset{5.06}{\overset{\ddot{N}(CH_3)_2}{}} \qquad \underset{7.79}{}$$

pK_a　　5.06　　　　　　　　7.79

3. 立体阻碍影响有机化学反应的活性

在有机化学反应中,立体阻碍效应常会降低化学反应速率。例如,RCH_2Br 发生醇解的亲核取代反应,随烷基 R 体积的增大,其空间阻碍效应增大,结果反应速率降低(表 4-2)。

表 4-2　RCH_2Br 乙醇解的相对反应速率(K_r)

R—	H—	CH_3—	C_2H_5—	$(CH_3)_2CH$—
K_r	17.6	1.0	0.28	0.03

分子结构会影响化学反应的活性。例如,对于含有羰基的有机物,由于连接该官能团的基团大小不同,在相关的化学反应中的活性也就不一样,其大小顺序为

$$\underset{}{Ph-\overset{\overset{O}{\|}}{C}-Ph} < CH_3CH_2-\overset{\overset{O}{\|}}{C}-CH_2CH_3 < \text{（环）}=O < CH_3-\overset{\overset{O}{\|}}{C}-CH_3 < CH_3-\overset{\overset{O}{\|}}{C}-H < H-\overset{\overset{O}{\|}}{C}-H$$

另一类的空间效应是立体张力引起的立体效应,主要有前张力、后张力、内张力和角张力等,既会阻碍反应也会促进反应。例如,由于质子的体积小,胺类的烷基立体阻碍影响不大,但在非水溶剂中就要考虑这种张力引起的电子效应。非水溶剂中的胺类碱性大小表现为:NH_3＜RNH_2＜R_2NH＜R_3N。但当其与体积较大的路易斯酸反应时,二者靠近时,三个乙基的前张力使叔胺的活性降低,表现出三乙胺的反应活性很低。后张力空间效应常表现对化学反应的促进。在亲核取代反应中,该反应中的烷基体积越大,取代后张力会引起 C—X 键异裂,导致碳正离子的形成,越能提高反应速率。

$$H_5C_2\overset{H_3C}{\underset{C_2H_5}{\overset{|}{\underset{|}{C}}}}-Cl \longrightarrow \overset{CH_3}{\underset{H_5C_2\ \ C_2H_5}{\overset{|}{C^+}}} + Cl^-$$

对于不对称的分子,试剂往往从位阻最小的方向进攻反应物,这时生成的产物为主要产物,这是有机化学不对称合成最基本的理论依据。

4.4.2 场效应

场效应指取代基在空间会产生电场,对另一端的反应中心有影响的静电作用,这种电子效应直接通过空间和溶剂分子传递,是一种长程的极性作用,适用距离超过两个 C—C 键长。例如,顺、反丁烯二酸的第一酸式电离常数和第二酸式电离常数有明显差异。

$$\begin{array}{cccc} \overset{H}{\underset{HOOC}{\diagup}}C=\overset{COOH}{\underset{H}{\diagup}}C & \overset{H}{\underset{H}{\diagup}}C=\overset{COOH}{\underset{COOH}{\diagup}}C & \overset{H}{\underset{HOOC}{\diagup}}C=\overset{COO^-}{\underset{H}{\diagup}}C & \overset{H}{\underset{H}{\diagup}}C=\overset{COO^-}{\underset{COOH}{\diagup}}C \\ pK_{a1}\ \ 3.03 & 1.92 & pK_{a2}\ \ 4.34 & 6.59 \end{array}$$

在第一级解离时,对比 pK_{a1},由于羧基吸电子的场效应,两偶极同性相互排斥,两基团靠得越近,场效应就越明显,结果顺丁烯二酸酸性比反丁烯二酸高。但在第二级解离时,对比 pK_{a2},却由于—COO$^-$负离子供电的场效应而形成了氢键,顺丁烯二酸酸性低于反丁烯二酸。如果只从诱导效应考虑,两者应没有区别。

实际上场效应的作用方向与诱导效应作用方向往往相同,场效应与分子的立体几何形状也有关系。

问题 9 对比苯甲酸与对甲基苯甲酸的酸性大小,为什么?

问题 10 为什么邻氯苯基丙炔酸比间、对位异构体的酸性小?

习　题

1. 判断下列化合物是否为极性分子。

　(1) CCl_4　　(2) Br_2　　(3) CH_3Cl　　(4) C_2H_5OH

2. 请以 H 元素为标准,下列基团按照给电子诱导效应的大小排列。

　(1) $(CH_3)_2CH$—　　(2) CH_3—　　(3) $(CH_3)_3C$—　　(4) CH_3CH_2—

3. 请解释下列现象。

　(1) 为什么 $ClCH_2COOH$ 的酸性强于 CH_3COOH 的酸性?

　(2) 为什么烯烃的亲电加成具有以下的活性顺序?

　　$CH_2=CH_2 < CH_3CH=CH_2 < (CH_3)_2C=CH_2 < (CH_3)_2C=CHCH_3 < (CH_3)_2C=C(CH_3)_2$

4. 请判断下列体系共轭效应的大小。

　(1) $\overset{\delta^-}{CH_2}=\overset{\delta^+}{CH}—\overset{\cdot\cdot}{Cl}$　　(2) $\overset{\delta^-}{CH_2}=\overset{\delta^+}{CH}—\overset{\cdot\cdot}{F}$　　(3) $\overset{\delta^-}{CH_2}=\overset{\delta^+}{CH}—\overset{\cdot\cdot}{Br}$

　　　(+C)　　　　　　　(+C)　　　　　　　(+C)

5. 请判断下列化合物发生亲电取代反应的活性顺序,并通过电子效应解释原因。

(1)
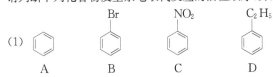
　　A　　　　B　　　　C　　　　D

(2) 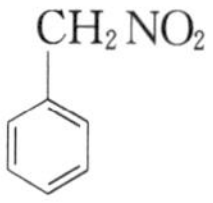 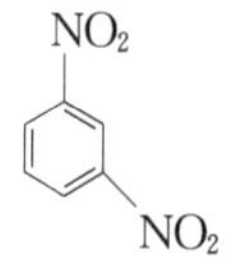 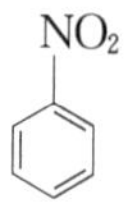 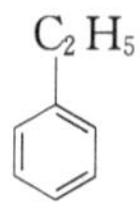　A　　　　　B　　　　　C　　　　　D

6. 请判断下列化合物酸性的强弱顺序,并通过电子效应解释原因。

(1)

(2) 丁酸,2-溴丁酸,3-溴丁酸,4-溴丁酸。

7. 请判断下列化合物碱性的强弱顺序,并通过电子效应解释原因。

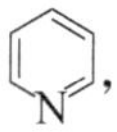

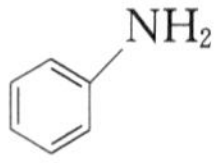

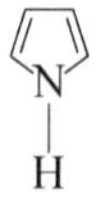

8. 若下列化合物发生亲核取代反应时有碳正离子形成,请判断它们反应的活性顺序,并通过电子效应解释原因。

$$\underset{CH_3}{\overset{CH_3}{H_3C-Br}}，\quad \underset{CH_3}{H_3C-CH-Br}，\quad CH_3CH_2Br，\quad CH_3Br$$

9. 下列反应几乎不会生成 $PhCH_2CBr(CH_3)_2$,为什么?

$$PhCH_2CH(CH_3)_2 + Br_2 \xrightarrow{h\nu} PhCHBrCH(CH_3)_2$$

10. 为什么乙胺 $CH_3CH_2NH_2$ 的碱性大于乙酰胺 CH_3CONH_2?

第5章 烯　　烃

含有碳碳双键(C=C)的烃称为烯烃,烯即稀少之意。C=C 是烯烃的官能团。仅含有一个碳碳双键的烯烃称为单烯烃,简称烯烃。由于它比同数碳原子的开链烷烃少两个氢原子,因而通式为 C_nH_{2n},不饱和度为 1。计算公式如下

$$不饱和度\ \Omega = n_C + \frac{n_N - n_H - n_X}{2} + 1$$

式中,n_X 为卤素等单价元素的原子数目,二价的原子如氧、硫原子对上式没有影响。

5.1 烯烃的结构

5.1.1 乙烯的结构

1. 实验现象

现代物理实验方法测得乙烯分子中所有原子在同一平面上,每个碳原子上连有两个 H 原子。$\angle HCC = 121.7°$, $\angle HCH = 116.6°$。

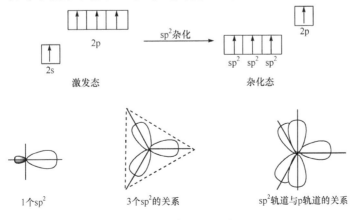

碳碳双键的键能为 610.9 kJ·mol^{-1},比碳碳 σ 键键能的两倍要小一些(2×345.6 kJ·mol^{-1})。

2. 碳原子的 sp^2 杂化

根据乙烯双键的实验事实,从杂化轨道理论进行解释。碳原子在形成双键时其价电子发生激发,2s 轨道的一个电子激发到 2p$_z$ 轨道,然后以 1 个 2s 轨道与 2 个 2p 轨道进行杂化,组成 3 个能量完全相等、性质相同的 sp^2 杂化轨道,形成的 3 个 sp^2 杂化轨道处在同一个平面上,相互之间成 120°夹角,剩余的 1 个 p 轨道垂直于 3 个 sp^2 杂化轨道所在的平面,如图 5-1 所示。在形成乙烯分子时,每个碳原子各以 2 个 sp^2 杂化轨道与 2 个氢原子形成 2 个碳氢 σ 键,

图 5-1　sp^2 杂化轨道

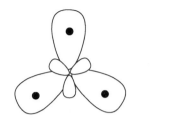
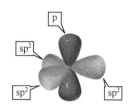

图 5-1(续)

再以 1 个 sp^2 杂化轨道彼此"头碰头"形成碳碳 σ 键。5 个 σ 键都在同一个平面上,因此乙烯分子中的 6 个原子在同一平面上。未参加杂化的 2 个碳原子的 $2p_z$ 轨道,垂直于 5 个 σ 键所在的平面,互相平行。这两个平行的 p 轨道,以"肩并肩"的形式侧面重叠,形成一个 π 键。乙烯分子中的所有原子都在同一个平面上,为平面型分子,如图 5-2 所示。

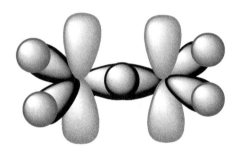
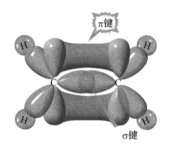

图 5-2　乙烯分子结构示意图

从图 5-2 可以看出,由于 π 键的存在,碳碳双键就不能像碳碳单键那样自由旋转。

$$π 键键能＝碳碳双键键能－碳碳单键键能＝610－346＝264(kJ \cdot mol^{-1})$$

5.1.2　σ 键和 π 键的比较

(1) π 键没有对称轴,不能自由旋转,若要旋转 C＝C 两个 p 轨道不能重叠,π 键便被破坏。图 5-3 是 π 键形成图。

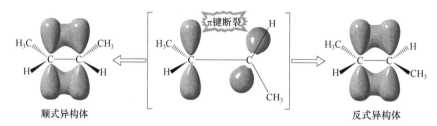

图 5-3　π 键形成图

(2) π 键由两个 p 轨道侧面重叠而成,重叠程度比一般 σ 键小,键能小,易发生反应而破裂。因此 π 键的存在使烯烃具有较大的反应活性。

(3) π 键电子云不是集中在两个原子核之间,而是分布在分子平面的上下方,原子核对 π 电子的束缚力较小,因此 π 电子有较大的流动性,在外界试剂电场的诱导下,电子云易变形,导致 π 键被破坏而发生化学反应。

(4) π 键不能独立存在。

问题 1 从结构上分析为什么烯烃的化学性质比烷烃活泼。

问题 2 从结构上初步分析烯烃可能发生哪些化学反应。

5.2 烯烃的同分异构和命名

5.2.1 烯烃的同分异构

烯烃的同分异构现象比烷烃的要复杂,烯烃与分子式相同的单环烷烃互为异构体,烯烃的构造异构中除碳链异构外,还有由于双键的位置不同引起的位置异构。除构造异构外烯烃双键两侧的基团在空间的位置不同会产生顺反异构,它属于立体异构的构型异构。

1. 构造异构

与烷烃相似,含有四个和四个以上碳原子的烯烃都存在碳链异构,如 C_4H_8 的烯烃。

$$CH_2 = CHCH_2CH_3 \quad (CH_3)_2C = CH_2$$
$$\text{1-丁烯} \qquad\qquad \text{异丁烯}$$

与烷烃不同的是,烯烃分子中存在双键,在碳骨架不变的情况下,双键在碳链中的位置不同,也可产生异构体,如 1-丁烯和 2-丁烯,这种异构现象称为官能团的位置异构。

$$CH_2 = CHCH_2CH_3 \quad CH_3CH = CHCH_3$$
$$\text{1-丁烯} \qquad\qquad \text{2-丁烯}$$

碳链异构和官能团位置异构都是由于分子中原子之间的连接方式不同而产生的,因此都属于构造异构。

另外,含相同碳原子数目的单烯烃和单环烷烃也互为同分异构体,如丙烯和环丙烷、丁烯与环丁烷和甲基环丙烷等,它们也属于构造异构体。

2. 顺反异构

由于双键不能自由旋转,而双键碳上所连接的四个原子是处在同一平面的,当双键的两个碳原子各连接两个不同的原子或原子团时,可能产生两种不同的空间排列方式。例如

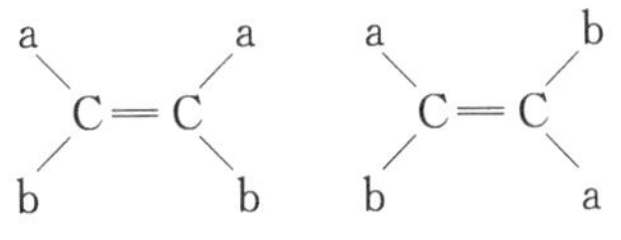

这种由于组成双键的两个碳原子上连接的基团在空间的位置不同而形成不同构型的现象称为顺反异构现象。

如上所示,两个相同基团处于双键同侧的为顺式异构体,处于双键异侧的为反式异构体。

产生顺反异构体的必要条件是:构成双键的任何一个碳原子上所连的两个原子或基团不相同。

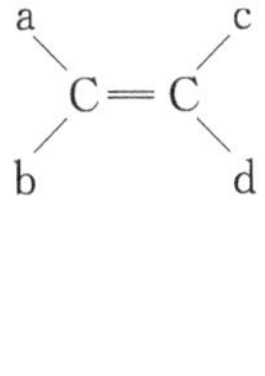

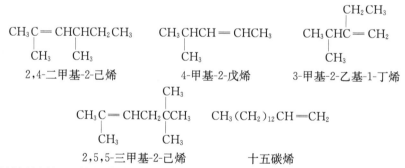

分子产生顺反异构现象在结构上必须具备两个条件：

（1）分子中有限制自由旋转的因素，如 π 键、碳环等。

（2）双键所连的两个碳原子各连有两个不同的原子或基团。

5.2.2　烯烃的命名

1. 烯烃系统命名法

烯烃系统命名法基本和烷烃的相似，其要点如下。

1）选择主链

选择含有碳碳双键的最长碳链作为主链，按主链中所含碳原子的数目命名为某烯。主链碳原子数在十以内时用天干表示，在十以上时，用中文数字十一、十二等表示，并在烯之前加上碳字，如十二碳烯。

2）对主链碳原子编号

从距离双键最近的一端开始编号，侧链视为取代基，双键的位次需标明，以双键碳原子中编号较小的数字表示双键的位次，放在烯烃母体名称的前面。将取代基的位次和名称依次写在母体名称的前面。

3）其他同烷烃的命名规则。例如

$$CH_3C\!=\!CHCHCH_2CH_3$$
$$\qquad\ |\qquad\quad|$$
$$\qquad CH_3\quad\ CH_3$$
2,4-二甲基-2-己烯

$$CH_3CHCH\!=\!CHCH_3$$
$$\qquad\ |$$
$$\qquad CH_3$$
4-甲基-2-戊烯

$$\qquad\qquad\qquad CH_2CH_3$$
$$\qquad\qquad\qquad\ |$$
$$CH_3CHC\!=\!CH_2$$
$$\quad\ |$$
$$\quad CH_3$$
3-甲基-2-乙基-1-丁烯

$$\qquad\qquad\qquad\quad CH_3$$
$$\qquad\qquad\qquad\quad\ |$$
$$CH_3C\!=\!CHCH_2CCH_3$$
$$\quad\ |\qquad\qquad\ |$$
$$\quad CH_3\qquad\quad CH_3$$
2,5,5-三甲基-2-己烯

$$CH_3(CH_2)_{12}CH\!=\!CH_2$$
十五碳烯

双键在链端的烯烃双键的位次可略去不写，如 $CH_3CH_2CH\!=\!CH_2$ 可命名为丁烯。

2. 几个重要的烯基

烯基——烯烃分子中去掉一个氢原子后剩下的一价基团。例如

$$CH_2\!=\!CH\!-\!$$　　　　乙烯基

$$CH_3CH\!=\!CH\!-\!$$　　　丙烯基（1-丙烯基）

$$CH_2\!=\!CH\!-\!CH_2\!-\!$$　　烯丙基（2-丙烯基）

$$(CH_3)_2C\!=\!CH\!-\!$$　　异丁烯基（2-甲基-1-丙烯基）

$$CH_2\!=\!CHCH_2CH_2\!-\!$$　　3-丁烯基

烯丙基、异丙烯基是 IUPAC 允许沿用的俗名。

3. 顺反异构体的命名

1) 顺/反命名法

对于有顺反异构体的烯烃,当与双键相连的两个碳原子上连有两个相同原子或基团时,可采用顺/反命名法。两个相同原子或基团处于双键同一侧的,称为顺式;两个相同原子或基团处于双键异侧的,称为反式。命名时在系统命名前面加上"顺-"(*cis*-)或"反-"(*trans*-)以表示顺反异构体的构型。

例如

$$
\begin{array}{cc}
\underset{H}{\overset{CH_3}{C}}=\underset{H}{\overset{CH_2-CH_3}{C}} & \underset{H}{\overset{CH_3CH_2}{C}}=\underset{CH_3}{\overset{H}{C}} \\
\text{顺-2-戊烯} & \text{反-2-戊烯}
\end{array}
$$

顺/反命名法有一定的局限性,只能对两个双键碳上连有相同的原子或基团的异构体用顺/反进行命名,若两双键碳原子上没有相同基团的异构体,则顺/反命名法就无法对双键的构型进行标记。例如

为解决上述构型难以用顺/反将其命名的难题,IUPAC 规定,用 Z/E 命名法来标记顺反异构体的构型。

2) Z/E 命名法

一个化合物的构型是 Z 型还是 E 型,要由"顺序规则"来决定。顺序规则是在有机化学中用来确定原子或基团优先次序的规则。

Z/E 命名法的具体内容是:对于有顺反异构体的烯烃,先将同一个双键碳原子上的两个基团按"顺序规则"排出的先后顺序,排在前面的称为"较优"基团,当两个双键碳原子连的较优基团位于双键的同一侧时,称为 Z 型;当两个较优基团位于双键的异侧时,称为 E 型。Z 是德文 Zusammen 的字头,是同一侧的意思。E 是德文 Entgegen 的字头,是相反的意思。

"顺序规则"的要点如下。

(1) 将各取代基的原子按其原子序数的大小进行排列,原子序数大者为"较优"基团;若为同位素,则质量高者为"较优"基团。例如

$$I>Br>Cl>S>P>F>O>N>C>D>H$$

(2) 如果与双键碳原子直接相连的原子相同时,则用外推法比较与其相连的第一个原子的原子序数,连有原子序数大者为较优基团。依次类推,来决定基团的大小顺序。例如

$$CH_3CH_2-＞CH_3- \text{(因第一顺序原子均为 C,因此必须比较与碳相连基团的大小)}$$

CH_3-中与碳相连的三个原子是 H、H、H;CH_3CH_2-中与碳相连的三个原子是 C、H、H,碳的原子序数大于氢,所以乙基为"较优"基团。

$CH_2ClCH_2-＞(CH_2Cl)_3CCH_2-$。因为前一个基团与第二个碳相连的有原子序数大的

氯原子,而后一个基团与第二个碳原子相连的原子都是碳原子,原子序数小于氯原子,因此前一个基团为较优基团。

一些烷基按"顺序规则"排列的优先顺序为

$$(CH_3)_3C\text{—}>CH_3CH_2(CH_3)CH\text{—}>(CH_3)_2CHCH_2\text{—}>CH_3CH_2CH_2CH_2CH_2\text{—}$$

(3)当基团含有重键时,可以把与双键或叁键相连的原子看成是以单键与另外两个或三个原子相连。例如

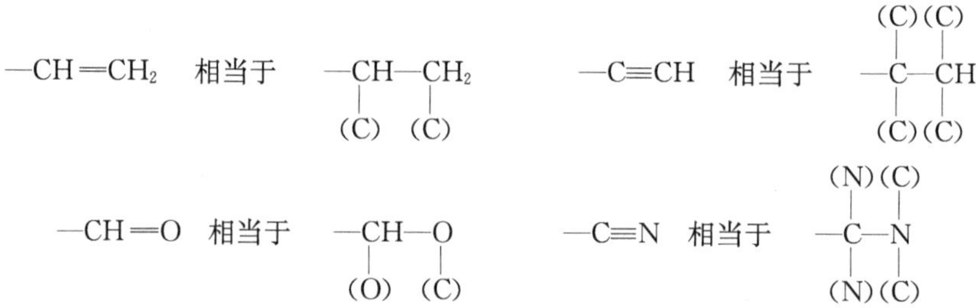

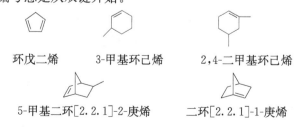

当烯烃的构型确定以后,在按系统命名法命名的名称前用 Z-或 E-表示出烯烃的构型。例如

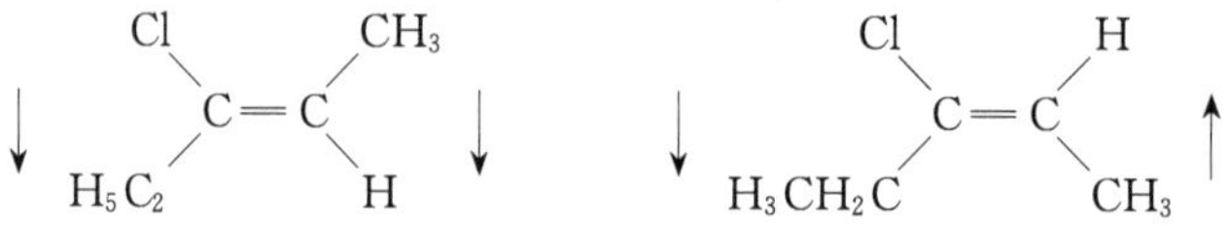

(Z)-3-氯-2-戊烯 (E)-3-氯-2-戊烯

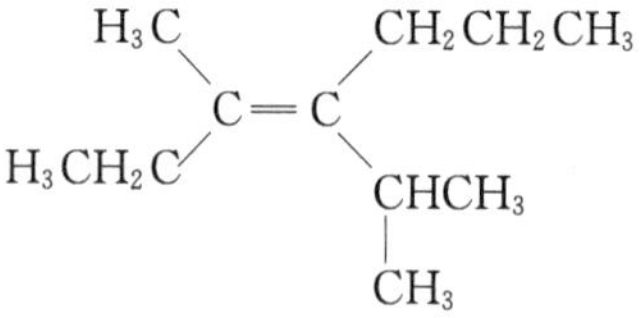

(Z)-3-甲基-4-异丙基-3-庚烯

$$CH_3CH_2\text{—}>CH_3\text{—}$$
$$(CH_3)_2CH\text{—}>CH_3CH_2CH_2\text{—}$$

3)顺/反命名和 Z/E 命名的关系

Z/E 命名法适用于所有烯烃顺反异构体的命名,它和顺/反命名法所依据的规则不同,彼此之间没有必然的联系。顺式不一定是 Z 构型,也可以是 E 构型,反之亦然。例如

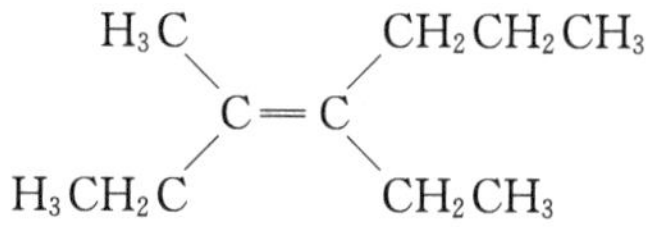

顺-3-甲基-4-乙基-3-庚烯
(E)-3-甲基-4-乙基-3-庚烯

4. 环烯烃的命名

规则:环烯烃的编号总是从双键开始。

环戊二烯   3-甲基环己烯   2,4-二甲基环己烯

5-甲基二环[2.2.1]-2-庚烯   二环[2.2.1]-1-庚烯

问题 3　按次序规则排列下列基团的优先次序：

—CH$_2$CH(CH$_3$)$_2$　　　—CH=CHCH$_3$　　　—C≡CH

问题 4　命名下列化合物：

(1)
$$
\begin{array}{c}
H_3C \\
 \\
H_3CH_2C
\end{array}
\!\!\!C=C\!\!\!
\begin{array}{c}
CH_2CHClCH_3 \\
 \\
CHCH_3 \\
| \\
CH_3
\end{array}
$$

(2)

5.3　烯烃的物理性质

烯烃的物理性质和烷烃相似。在常温下，含 2～4 个碳原子的烯烃为气体，含 5～18 个碳原子的烯烃为液体，19 个碳以上的高级烯烃为固体。烯烃同系物的沸点、熔点和相对密度都随相对分子质量的增加而升高，但相对密度都小于 1，都是无色物质，不溶于水，易溶于非极性和弱极性的有机溶剂，如石油醚、乙醚、四氯化碳等。对于异构体而言直链烯烃的沸点比支链的高，双键在链中的直连异构体的熔沸点都比双键在链端的高。在顺反异构体中，顺式异构体因为极性较大，沸点通常较反式高。由于反式异构体分子的对称性高于顺式异构体，在晶体中能更紧密地排列在一起，因此熔点较高。而顺式异构体的对称性较低，较难填入晶格，因此熔点较低。例如

$$
\begin{array}{c}
H_3C \\
 \\
H
\end{array}
\!\!\!C=C\!\!\!
\begin{array}{c}
CH_3 \\
 \\
H
\end{array}
\qquad\qquad
\begin{array}{c}
H_3C \\
 \\
H
\end{array}
\!\!\!C=C\!\!\!
\begin{array}{c}
H \\
 \\
CH_3
\end{array}
$$

	顺-2-丁烯	反-2-丁烯
沸点：	3.7℃	0.9℃
熔点：	−138.9℃	−106.5℃
偶极矩：	$\mu\neq0$	$\mu=0$

烯烃的折射率比相应的烷烃高。一些烯烃的物理常数见表 5-1。

表 5-1　烯烃的物理常数

名称	构造式	熔点/℃	沸点/℃	相对密度
乙烯	CH$_2$=CH$_2$	−169.1	−103.7	—
丙烯	CH$_2$=CHCH$_3$	−185.2	−47.4	0.5193
1-丁烯	CH$_2$=CHCH$_2$CH$_3$	−184.3	−6.3	0.5951
反-2-丁烯	反式 CH$_3$CH=CHCH$_3$	−106.5	0.9	0.6042
顺-2-丁烯	顺式 CH$_3$CH=CHCH$_3$	−138.9	3.7	0.6213
异丁烯	CH$_2$=C(CH$_3$)$_2$	−140.3	−6.9	0.5942
1-戊烯	CH$_2$=CH(CH$_2$)$_2$CH$_3$	−138.0	30.0	0.6405
反-2-戊烯	反式 CH$_3$CH=CHCH$_2$CH$_3$	−136.0	36.4	0.6482
顺-2-戊烯	顺式 CH$_3$CH=CHCH$_2$CH$_3$	−151.4	36.9	0.6556
2-甲基-1-丁烯	CH$_2$=C(CH$_3$)CH$_2$CH$_3$	−137.6	31.1	0.654

名称	构造式	熔点/℃	沸点/℃	相对密度
3-甲基-1-丁烯	$CH_2=CHCH(CH_3)_2$	−168.5	20.7	0.6272
2-甲基-2-丁烯	$(CH_3)_2C=CHCH_3$	−133.8	38.5	0.6623
1-己烯	$CH_2=CH(CH_2)_3CH_3$	−139.8	63.3	0.6731
2,3-二甲基-2-丁烯	$(CH_3)_2C=C(CH_3)_2$	−74.3	73.2	0.7080
1-庚烯	$CH_2=CH(CH_2)_4CH_3$	−119.0	93.6	0.6970
1-辛烯	$CH_2=CH(CH_2)_5CH_3$	−101.7	121.3	0.7149
1-壬烯	$CH_2=CH(CH_2)_6CH_3$	—	146.0	0.7300
1-癸烯	$CH_2=CH(CH_2)_7CH_3$	−66.3	170.5	0.7408

问题 5 为什么烯烃顺式异构体的沸点比反式的高,反式异构体的熔点比顺式的高?

5.4 烯烃的化学性质

碳碳双键是烯烃的特征官能团,烯烃的特征反应发生在 π 键和与双键碳相连的 α 碳氢键上。首先由于 π 键的键能较小,π 电子云分布在双键所在平面的上方和下方,原子核对 π 电子的束缚较弱,易受外界影响发生极化,所以 π 键容易受到缺电子试剂(亲电试剂)的进攻,发生亲电加成反应;碳碳双键也容易被氧化和发生聚合等反应。另外,与双键碳直接相连的碳原子,称为 α-碳原子,α-碳原子上的氢原子,称为 α-氢原子。由于 sp^3 杂化的 α-碳的电负性小于 sp^2 杂化的碳原子,碳碳双键对 α-碳表现为吸电子性,使 α-碳的电子云密度降低,从而使 α-碳氢键较易断裂,即 α-氢具有一定的活泼性。

5.4.1 催化氢化

在催化剂存在下,烯烃与氢气发生的加成反应,称为催化氢化。在有机化学中,加氢反应又称还原反应。在化学反应中,双键中 π 键断裂,在原双键的两个原子上各生成一个 σ 键的反应称为加成反应。

加氢反应的活化能很大,即使在加热条件下也难发生。常温常压下,烯烃很难同氢气发生反应,但是在催化剂(如铂、钯、镍等)存在下,烯烃与氢容易发生加成反应,生成相应的烷烃。这是因为催化剂可以降低加氢反应的活化能,反应容易进行。

$$\diagdown C = C \diagup \xrightarrow[\text{H}_2]{\text{催化剂}} \underset{H\ \ H}{-\overset{|}{C}-\overset{|}{C}-}$$

催化剂的活性:Pt>Pd>Ni。

1. 反应定量进行

烯烃的催化加氢反应是定量进行的,因此可以通过测量氢气体积的办法,来确定烯烃中双键的数目。

2. 反应是放热反应

虽然是放热反应,若不加催化剂即使加热到 200℃反应也不会发生。

3. 催化加氢的反应机理

烯烃催化加氢的反应机理如图 5-4 所示。

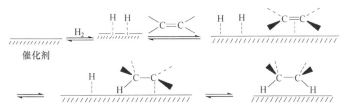

图 5-4　烯烃催化加氢的反应机理

从烯烃催化加氢的反应机理可知烯烃的反应活性为

$$CH_2\!=\!CH_2\!>\!RCH\!=\!CH_2\!>\!R_2C\!=\!CH_2\!>\!R_2C\!=\!CHR\!>\!R_2C\!=\!CR_2$$

催化加氢反应的立体化学为顺式加成。例如

在进行催化加氢时,常将烯烃先溶于适当的溶剂(如乙醇、乙酸等),然后和催化剂一起在搅拌下通入氢气。

4. 氢化热与烯烃的稳定性

氢化反应是放热反应,1 mol 不饱和化合物催化氢化时放出的热量称为该化合物的氢化热。每个双键的氢化热约为 125 kJ·mol^{-1},测定不同烯烃的氢化热,可以比较烯烃的相对稳定性。氢化放出的热量越小,烯烃越稳定。

$$CH_3CH_2CH\!=\!CH_2+H_2 \longrightarrow CH_3CH_2CH_2CH_3 \qquad 氢化热:126.8 \text{ kJ·mol}^{-1}$$

稳定性:反-2-丁烯>顺-2-丁烯>1-丁烯。

由表 5-2 可见,不同的烯烃,其氢化热是有差别的,即使分子式相同的各种异构体,它们的氢化热也不相同。

表 5-2　一些烯烃的氢化热

名称	构造式	氢化热 ΔH/(kJ·mol^{-1})
乙烯	$CH_2\!=\!CH_2$	137
丙烯	$CH_3CH\!=\!CH_2$	126
1-丁烯	$CH_3CH_2CH\!=\!CH_2$	127

续表

名称	构造式	氢化热 $\Delta H/(kJ \cdot mol^{-1})$
顺-2-丁烯	$\begin{array}{c} H_3C \quad CH_3 \\ C=C \\ H \quad\quad H \end{array}$	120
反-2-丁烯	$\begin{array}{c} H_3C \quad H \\ C=C \\ H \quad\quad CH_3 \end{array}$	115
2-甲基-2-丁烯	$\begin{array}{c} H_3C \quad CH_3 \\ C=C \\ H_3C \quad H \end{array}$	112.5
2,3-二甲基-2-丁烯	$\begin{array}{c} H_3C \quad CH_3 \\ C=C \\ H_3C \quad CH_3 \end{array}$	112

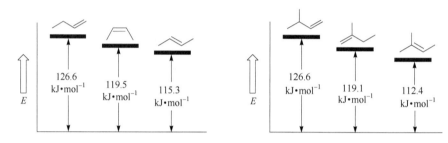

图 5-5　烯烃氢化热与分子热力学能图

从图 5-5 可直观看出：双键碳链的烷基数目越多，烯烃越稳定。各取代烯烃的相对稳定性次序为

$$R_2C=CR_2 > R_2C=CHR > R_2C=CH_2 > RCH=CHR(反>顺) > RCH=CH_2 > CH_2=CH_2$$

不同烯烃催化加氢的活性与其稳定性次序正好相反，即双键碳上被取代的烷基数越少，烯烃催化加氢越容易。

自从 P. Sabatier 1897 年发现烯烃在镍的存在下可加氢转化成烷烃以来，催化氢化已得到很大发展，无论在实验室还是工业上都得到广泛的应用，已成为有机合成中最重要的还原方法。例如，植物油经加氢，从液态变成固态或半固态的脂，可成为奶油的代用品。又如，石油加工制得的粗汽油，常含有少量的活泼烯烃，因容易发生氧化、聚合等反应而产生杂质，影响油品质量，若进行氢化处理，将少量烯烃转变为烷烃，就提高了油品的质量。

5.4.2　亲电加成

烯烃双键中的 π 电子云流动性强，易极化，容易给出电子，易受缺电子试剂的进攻而发生反应。在有机化学反应中，能接收电子对的试剂，称为亲电试剂，如 H^+、X^+、路易斯酸等。由亲电试剂进攻而发生的加成反应，称为亲电加成反应。烯烃的亲电加成反应可用下列通式表示。

$$\begin{array}{c} \diagup \\ C=C \\ \diagdown \end{array} + H-Nu \longrightarrow \begin{array}{c} \diagup\quad\diagup \\ C-C \\ \diagdown\ |\ |\ \diagdown \\ H\ Nu \end{array}$$

$-Nu=-X,\ -OSO_3H,\ -OH,\ -OCOCH_3$ 等

1. 与卤化氢加成

烯烃与卤化氢发生加成反应,生成相应的卤代烃。

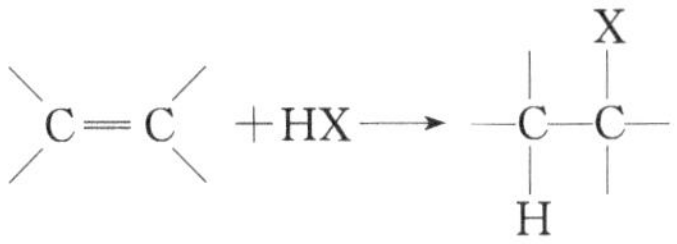

$$\backslash C = C \diagup \quad + HX \longrightarrow \quad -\overset{\displaystyle |}{\underset{\displaystyle H}{C}} - \overset{\displaystyle X}{\underset{\displaystyle |}{C}} -$$

HX 主要指 HCl、HBr 和 HI。

H—I 键能($297\ kJ \cdot mol^{-1}$)<H—Br 键能($368\ kJ \cdot mol^{-1}$)<H—Cl 键能($431\ kJ \cdot mol^{-1}$),因此 HX 的反应活性 HI>HBr>HCl(HF 的加成无使用价值)。

烯烃与卤化氢加成,双键碳原子上连接给电子基时,反应速率加快;连接吸电子基时,反应速率减慢。因此,双键碳原子上连的烷基越多的烯烃,发生亲电加成反应越容易。活性为

$(CH_3)_2C = C(CH_3)_2 > (CH_3)_2C = CCH_3 > (CH_3)_2C = CH_2 > CH_3CH = CHCH_3 > CH_3CH = CH_2 > CH_2 = CH_2 > CH_2 = CH - Cl > CH_2 = CH - CF_3$

将干燥的 HX 气体直接通入烯烃,加成反应即可进行。有时反应在 CS_2、石油醚、冰醋酸等溶剂中进行,卤化氢和烯烃都可以溶解于这些溶剂中,可使反应在均相中进行。烯烃与碘化氢的加成也可以使用能在反应过程中生成碘化氢的试剂进行反应。例如,磷酸与碘化钾的混合物一起和烯烃作用,碘化氢一旦生成就立即与烯烃加成。

$$CH_3CH_2CH_2CH = CH_2 \xrightarrow[H_3PO_4]{KI} CH_3CH_2CH_2\overset{\displaystyle |}{\underset{\displaystyle I}{C}}HCH_3$$

浓氢溴酸和浓氢碘酸也可与烯烃反应,但浓盐酸一般不与烯烃反应。

工业上氯乙烷的生产是用乙烯和氯化氢在氯乙烷溶液中,用无水氯化铝作催化剂进行合成的。

$$CH_2 = CH_2 + HCl \xrightarrow{AlCl_3} CH_3CH_2Cl$$

烯烃和卤化氢以及其他酸性试剂 H_2SO_4、H_3O^+ 等的加成反应是经过两个步骤完成的。

1) 烯烃和卤化氢的反应机理

第一步是烯烃分子受极性试剂 HX 的影响,π 电子云发生极化,使两个双键碳原子上分别带上部分正电荷和部分负电荷。带部分负电荷的双键碳更易于受极性分子 HX($H^{\delta^+} \rightarrow X^{\delta^-}$)中带部分正电荷的 H 原子或质子 H^+ 的攻击,结果生成了中间体碳正离子和 X^-。这个步骤所需活化能较大,反应较慢。第二步 X^- 进攻碳正离子生成产物,这个步骤所需活化能较小,反应迅速进行。

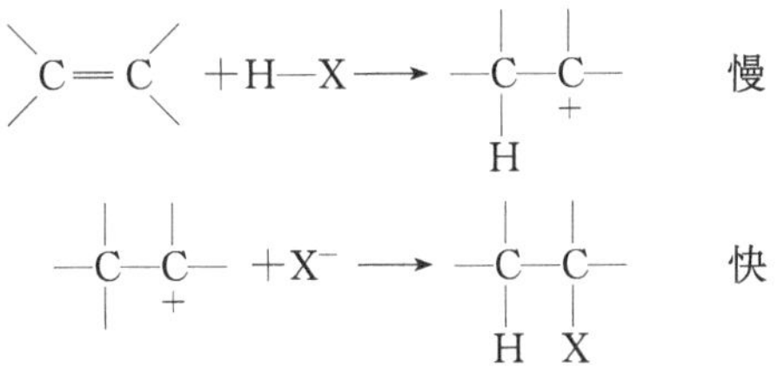

$$\backslash C = C \diagup \quad + H - X \longrightarrow \quad -\overset{\displaystyle |}{\underset{\displaystyle H}{C}} - \overset{\displaystyle |}{\underset{\displaystyle +}{C}} - \qquad 慢$$

$$-\overset{\displaystyle |}{\underset{\displaystyle |}{C}} - \overset{\displaystyle |}{\underset{\displaystyle +}{C}} - \quad + X^- \longrightarrow \quad -\overset{\displaystyle |}{\underset{\displaystyle H}{C}} - \overset{\displaystyle |}{\underset{\displaystyle X}{C}} - \qquad 快$$

乙烯与 HBr 加成反应的能量进程如图 5-6 所示。

乙烯是对称分子,不论氢离子或卤离子加到哪一个碳原子上,得到的产物都是一样的。两个双键碳原子上的取代基不相同(不对称)的烯烃称为不对称烯烃。当卤化氢与不对称烯烃加

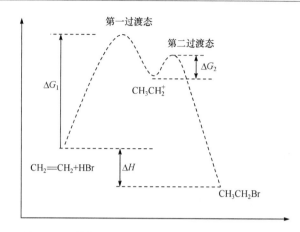

图 5-6　乙烯与 HBr 加成反应的反应进程及能量变化

成时,可以得到两种不同产物。例如

$$CH_3CH_2CH_2 \underset{X}{|} \xleftarrow{\underset{②}{HX}} CH_3CH=CH_2 \xrightarrow{\underset{①}{HX}} CH_3CHCH_3 \underset{X}{|}$$

1-卤丙烷　　　　　　　　　　　　2-卤丙烷

实验证明反应主要是按①进行的,其他不对称烯烃与卤化氢加成也有相似的结果。

2) 不对称烯烃与不对称试剂亲电加成的规则——马氏规则

1868 年,俄国化学家马尔科夫尼科夫(Markovnikov)在总结了大量实验事实的基础上,提出了一条重要的经验规则:不对称烯烃与不对称试剂发生加成反应时,试剂中带正电荷的部分 E^+ 总是加到含氢较多的双键碳原子上,试剂中带负电荷的部分 Nu^- 总是加到含氢较少的双键碳原子上。这个规则称为马尔科夫尼科夫规则,简称马氏规则。应用马氏规则可以预测不对称烯烃与不对称试剂加成时的主要产物。例如

$$CH_3CH_2CH=CH_2 \xrightarrow[\text{乙酸}]{HBr} CH_3CH_2CHCH_3 + CH_3CH_2CH_2CH_2$$
$$\qquad\qquad\qquad\qquad\qquad\quad |\qquad\qquad\qquad\qquad |$$
$$\qquad\qquad\qquad\qquad\qquad Br\qquad\qquad\qquad\qquad Br$$
$$\qquad\qquad\qquad\qquad\quad 80\%\qquad\qquad\qquad\quad 20\%$$

$$CH_2=\overset{\overset{\displaystyle CH_3}{|}}{C}-CH_3 + HBr \longrightarrow CH_2-\overset{\overset{\displaystyle CH_3}{|}}{CH}-CH_3 + CH_2-\overset{\overset{\displaystyle CH_3}{|}}{\underset{\underset{\displaystyle Br}{|}}{C}}-CH_3 \qquad\qquad (1)$$
$$\qquad\qquad\qquad\qquad\qquad\quad |$$
$$\qquad\qquad\qquad\qquad\qquad Br$$
$$\qquad\qquad\qquad\qquad\quad 10\%\qquad\qquad\qquad 90\%$$

$$CH_2=\overset{\overset{\displaystyle CH_3}{|}}{C}-CH_3 + HCl \longrightarrow CH_2-\overset{\overset{\displaystyle CH_3}{|}}{\underset{\underset{\displaystyle Cl}{|}}{C}}-CH_3 \qquad\qquad\qquad (2)$$
$$\qquad\qquad\qquad\qquad\qquad 100\%$$

当反应有生成两种或两种以上产物的可能性时,若主要(只)生成一种产物,该反应就称为区域选择(专一)性反应。反应(1)为区域选择性反应,反应(2)为区域专一性反应。

3) 马氏规则的理论解释

(1) 电子效应对马氏规则的解释。

在丙烯分子中由于双键碳原子为 sp^2 杂化,相邻的甲基碳原子则为 sp^3 杂化,sp^2 杂化碳

的电负性大于 sp³ 杂化碳,因此,甲基碳和双键碳之间的共用电子对偏向电负性大的双键碳原子,这样甲基表现出给电子诱导效应,使 π 键极化,π 电子云偏向链端双键碳原子;从共轭效应来看,由于甲基中三个 σ C—H 键与 π 键发生 σ-π 超共轭效应,π 电子云偏向链端双键碳原子。因此,含氢较多的双键碳原子上电子云密度较高,带部分负电荷(δ^-),另一双键碳原子则带部分正电荷(δ^+),如

$$CH_3 \rightarrow \overset{\delta^+}{CH} = \overset{\delta^-}{CH_2}$$

丙烯与卤化氢发生加成反应时,带部分正电荷的氢原子便加到带部分负电荷的双键碳原子上,而带部分负电荷的卤素原子则和带部分正电荷的双键碳结合。

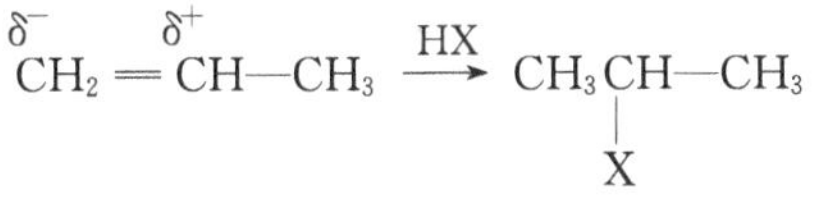

$$\overset{\delta^-}{CH_2} = \overset{\delta^+}{CH} - CH_3 \xrightarrow{HX} CH_3\underset{X}{CH} - CH_3$$

所以加成产物符合马氏规则。

因此,马氏规则也可表述为:不对称烯烃与不对称试剂加成时,试剂中带有部分正电荷的原子或基团总是加到带有部分负电荷的双键碳原子上,而试剂中带有部分负电荷的原子或基团总是加到带有部分正电荷的双键碳原子上。

当其他烷基与双键碳相连时,与甲基相似,也表现给电子性,使双键 π 电子云极化,π 电子云偏向连有烷基较少的双键碳原子 R→CH = CH₂。

(2) 从反应中间体——碳正离子的稳定性进行解释。

以 2-甲基丙烯与 HBr 加成为例,按反应机理,反应的第一步要生成碳正离子。有两种不同的碳正离子中间体生成。

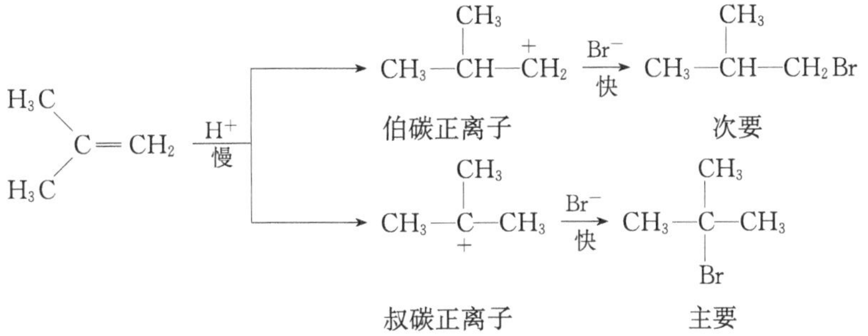

反应的速率和方向往往取决于反应活性中间体生成的难易程度。越稳定的碳正离子越容易生成。由于叔丁基碳正离子较异丁基碳正离子稳定,叔丁基碳正离子较易生成,因此反应符合马氏规则,反应产物主要是 2-甲基-2-溴丙烷。

注意:烯烃加卤化氢或其他亲电试剂加成时,由于反应过程中有碳正离子中间体生成,反应会出现重排产物。

例如,3,3-二甲基-1-丁烯与 HCl 的加成反应。

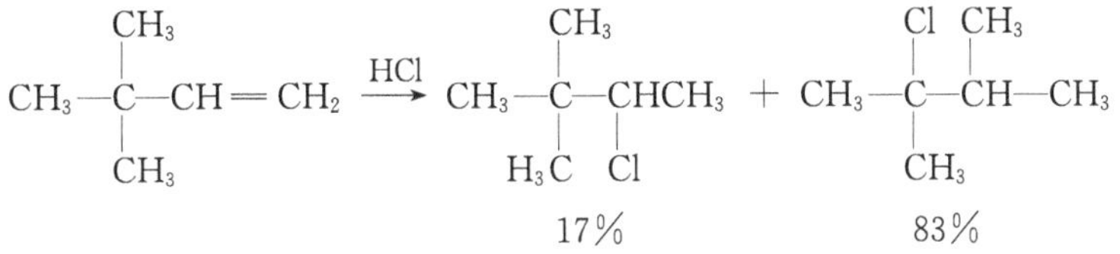

为什么主要产物是 2,3-二甲基-2-氯丁烷,其原因是反应过程中发生了碳正离子的重排。

反应机理为

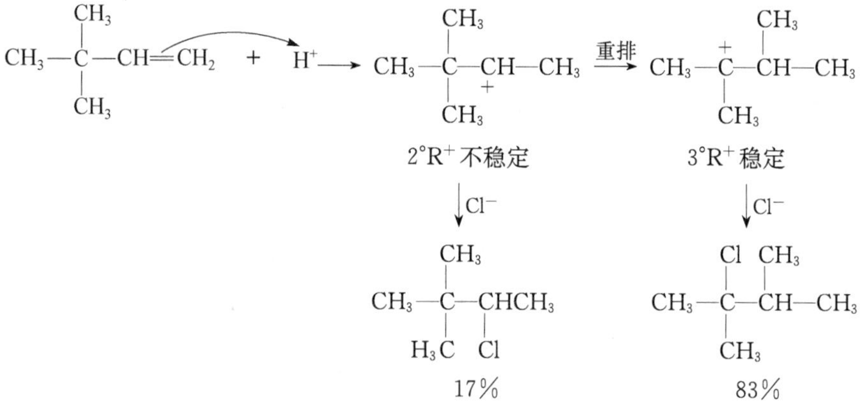

2°R⁺ 不稳定　　　　　　3°R⁺ 稳定

17%　　　　　　　　　83%

碳正离子重排在有机反应中经常会遇到,碳正离子重排往往发生在与带正电荷相连的碳原子上,发生 1,2-迁移。可通过 H—或 CH₃—迁移或扩环来实现由较不稳定的碳正离子转化为较稳定的碳正离子。

例 5-1　解释下列反应。

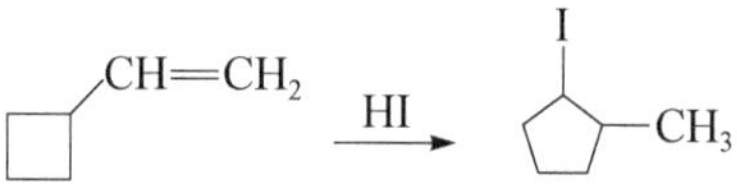

解

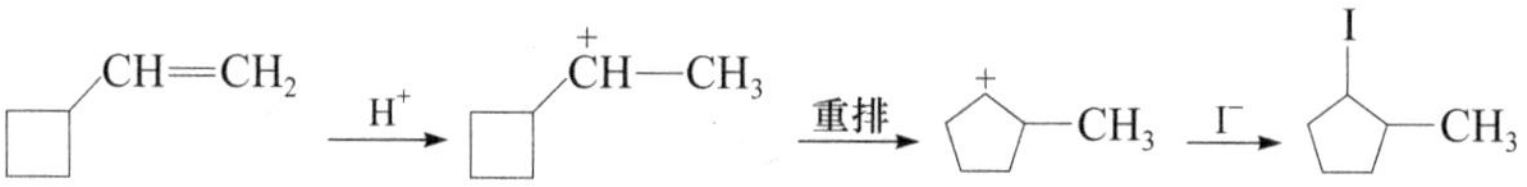

问题 6　比较下列烯烃催化加氢的活性大小,并说明理由。

　　　乙烯　丙烯　异丁烯　2,3-二甲基-2-丁烯

问题 7　比较下列烯烃与溴化氢加成的活性大小,并说明理由。

　　　乙烯　丙烯　三氟甲基乙烯　氯乙烯

问题 8　完成下列反应。

(1)

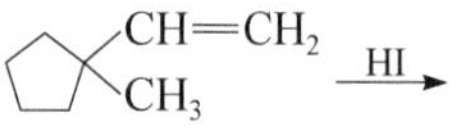

(2)

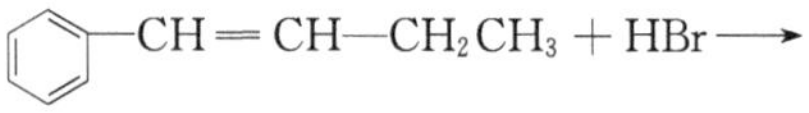

问题 9　试解释为什么烯烃的稳定性规律与亲电加成活性规律是一致的,是不是越稳定的烯烃就越不活泼?

---

2. 与 H_2SO_4 加成

烯烃可与浓硫酸反应,生成烷基硫酸或酸性硫酸酯。

$$CH_2{=}CH_2 + H{-}O{-}SO_3H \longrightarrow CH_3{-}CH_2{-}OSO_3H$$
硫酸氢乙酯

硫酸氢乙酯水解生成乙醇,加热则分解成乙烯。

$$CH_2{=}CH_2 \xleftarrow{98\% \ H_2SO_4} CH_3{-}CH_2{-}OSO_3H \xrightarrow[90℃]{H_2O} CH_3CH_2OH$$
硫酸氢乙酯

　　烯烃与硫酸加成再水解,结果是相当于烯烃双键与水加成,所以这个反应称为烯烃的间接水合反应。工业上可用来制备醇。

　　烯烃与硫酸的反应机理同 HX 的加成一样,第一步是乙烯与质子的加成,生成乙基碳正离子,然后乙基碳正离子再和硫酸氢根结合,生成硫酸氢乙酯。不对称烯烃与硫酸的加成,也符合马氏规则。例如

$$CH_3CH{=}CH_2 + H_2SO_4(80\%) \longrightarrow \underset{HO_3SO\ \ \ \ H}{CH_3CH{-}CH_2} \xrightarrow{H_2O} \underset{HO\ \ \ \ H}{CH_3CH{-}CH_2}$$

$$\underset{CH_3}{CH_3C}{=}CH_2 + H_2SO_4(63\%) \longrightarrow \underset{HO_3SO\ \ \ H}{\overset{CH_3}{CH_3C{-}CH_2}} \xrightarrow{H_2O} \underset{HO\ \ \ H}{\overset{CH_3}{CH_3C{-}CH_2}}$$

　　由于异丁烯与质子加成所形成的叔丁基碳正离子比较稳定,因此这个反应比较容易进行。63% 的浓硫酸就可以和异丁烯发生作用,而丙烯则需要 80% 的浓硫酸,乙烯则需要 98% 的硫酸才能发生加成反应。

　　硫酸氢酯可溶于硫酸,某些不与硫酸作用,又不溶于硫酸的有机物,如烷烃、卤代烃等,与烯烃混合时,可以利用浓硫酸与烯烃反应的性质把烯烃分离出来。由石油裂解得到的烷烃中常含有烯烃。如果使它们通过一定浓度的硫酸,烯烃即被硫酸吸收而生成可溶于硫酸的烷基硫氢酯,烷烃不溶于硫酸,进而可以把烯烃分离出去。

$$\left.\begin{array}{l} \text{有机层(含烷烃)上层} \\[2pt] \text{(烷烃+烯烃)加硫酸萃取} \\[2pt] \text{酸层(含烯烃)下层} \end{array}\right\} \text{分离两相体系即可}$$

3. 水合反应

　　水是一种较弱的亲电试剂,在一般情况下,由于水中质子浓度太低,因此烯烃与水不能直接加成。但在加热、加压并用酸(硫酸或磷酸)作催化剂的条件下,水也可以和烯烃加成。该反应称为烯烃的直接水合反应。

$$\underset{}{\overset{}{C}}{=}\underset{}{\overset{}{C}} \xrightarrow{H_2O/H^+} \underset{H\ \ \ OH}{-C{-}C-}$$

　　由于碳正离子可以和水中杂质(如硫酸氢根等)作用,因此副产物多。另外,碳正离子可能会发生重排,产物复杂,因此烯烃与水加成无工业使用价值。

　　工业上乙烯与水加成制乙醇。

$$CH_2{=}CH_2 \xrightarrow[300℃,7\sim8\ MPa]{H_3PO_4/硅藻土} CH_3CH_2OH$$

　　不对称烯烃与水的加成反应,也符合马氏规则。

$$CH_2{=}CHCH_3 + H_2O \xrightarrow[195℃,2\ MPa]{H_3PO_4} \underset{OH}{CH_3CHCH_3}$$

这是工业上制备异丙醇的方法。

　　为了减少"三废",处理好环境保护问题,烯烃与水加成的发展方向是采用固体酸,如用杂多酸代替液体酸催化剂。

4. 与卤素加成

烯烃容易与卤素发生加成反应,生成无色的邻二卤代烃。

$$CH_3CH{=\!=}CH_2 + Br_2 \xrightarrow{CCl_4} CH_3\overset{\displaystyle Br}{\underset{\displaystyle Br}{\overset{|}{\underset{|}{CH}}}}{-}CH_2$$

卤素的反应活性次序为:$F_2 > Cl_2 > Br_2 > I_2$。

氟与烯烃的反应太剧烈,常用大量氮气稀释,并及时移除放出的热量。碘与烯烃反应太慢并且是可逆的,除个别例子外,无实际意义。因此烯烃与卤素的加成实际上是指与溴和氯的加成。

烯烃与5%的Br_2的CCl_4溶液反应,溶液由棕红色变为无色。该反应可检验烯烃的存在。

烯烃与溴反应的反应机理实验事实如下:

(1) 干燥的乙烯通入无水的溴的四氯化碳溶液中,红色不褪去,当滴入一滴水后反应立即发生,溴的颜色迅速褪去。

(2) 乙烯分别通入含有 $NaCl$、NaI 和 $NaNO_3$ 的溴水中,不仅得到 1,2-二溴乙烷,还分别得到 1-氯-2-溴乙烷、1-溴-2-碘乙烷和 2-溴硝酸乙酯。

(3) 烯烃和溴的加成是反式加成,也就是两个溴原子从双键的两侧分别加到两个双键碳原子上。

1937 年,美国哥伦比亚大学的 I. Roberts 和 G. E. Kimball 提出溴与烯烃加成反应的机理。为此人们提出了烯烃与溴加成的反应机理:通过环状溴鎓离子中间体进行的反式加成。

第一步,乙烯 π 电子云与溴接近时使溴分子的 σ 键极化,靠近 π 键的溴原子带部分正电荷,另一个溴原子带部分负电荷,形成 π 络合物,随后溴的 σ 键断裂,形成环状溴鎓离子中间体。

$$\overset{\delta+}{\underset{\overset{\displaystyle |}{\underset{\displaystyle Br^{\delta-}}{Br}}}{\searrow}}C{=\!=}C\overset{\diagup}{\diagdown} \xrightarrow[-Br^-]{\text{慢}} \overset{Br^+}{\underset{\displaystyle C{-}C}{\diagup\diagdown}} \quad \textbf{溴鎓离子}$$

溴鎓离子的形成是因为带部分正电荷的溴原子进攻 π 电子云生成一个碳正离子 $BrCH_2{-}CH_2^+$,这个正离子能量很高,带正电荷的碳原子上缺电子,而溴原子上有孤对电子,具有给电性,两者又很接近,正电荷转移到 Br 原子上,即形成溴鎓离子,在溴鎓离子中,原子都达到了八隅体的稳定结构是比碳正离子要稳定的结构体系。但三元环环张力较大,因此形成溴鎓离子中间体需要的活化能较高,反应较慢。

第二步,溴负离子与溴鎓离子中间体结合生成产物。溴负离子只能从溴鎓离子的背面进攻碳原子,最终得到反式加成产物。

$$\underset{\displaystyle Br^-}{\overset{\displaystyle Br^+}{\underset{\displaystyle C{-}C}{\diagup\diagdown}}} \longrightarrow \overset{\displaystyle Br}{\underset{\displaystyle Br}{\overset{|}{\underset{|}{C{-}C}}}}$$

例如

$$\bigcirc + Br_2 \xrightarrow{CCl_4} \begin{array}{c} H\,Br \\ \bigcirc \\ Br\,H \end{array}$$

如果在第二步进攻时，还有其他亲核性基团（如 Cl^-、I^-、$^-ONO_2$ 等）存在，会与 Br^- 竞争进攻溴鎓离子的碳原子，形成实验事实(2)中的副产物。

$$CH_2{=}CH_2 + Br_2 \xrightarrow[H_2O]{NaCl} \begin{cases} BrCH_2CH_2Br \\ BrCH_2CH_2Cl \\ BrCH_2CH_2OH \end{cases}$$

氯的反应活性较强，与烯烃反应的立体选择性较差，不能得到立体专一的产物，也就是烯烃与氯的加成产物中顺式、反式产物都有。碘与烯烃的反应生成的二碘化物极不稳定，在室温下容易脱 I_2 而使反应逆向进行。

5. 与 HOX 加成

烯烃与次卤酸加成，生成 β-卤代醇。由于次卤酸不稳定，常用卤素和水的混合溶液与烯烃加成。例如

$$CH_2{=}CH_2 + HOCl \longrightarrow \underset{OH}{\underset{|}{CH_2}}-\underset{Cl}{\underset{|}{CH_2}}$$

$(Cl_2 + H_2O)$　　氯乙醇

由于次卤酸是弱酸（比碳酸弱），电离出的质子很少，而氯和溴原子的电负性小于氧原子，次卤酸按 $HO^{\delta^-}—X^{\delta^+}$ 极化，因此反应的第一步不是质子与双键的加成，而卤素正离子进攻双键电子密度大的碳原子。因此当不对称烯烃与次卤酸加成时，也符合马氏规则，带部分正电荷的卤素加到连有较多氢原子的双键碳上，羟基则加在连有较少氢原子的双键碳上。

$$CH_3CH{=}CH_2 + HOCl \longrightarrow CH_3-\underset{OH}{\underset{|}{CH}}-\underset{Cl}{\underset{|}{CH_2}}$$

$$CH_3CH{=}CH_2 + Br-OH \longrightarrow CH_3\underset{OH}{\underset{|}{CH}}CH_2Br$$

例如

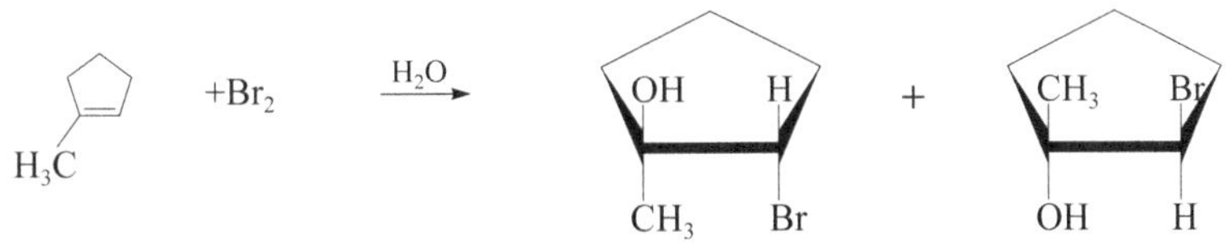

烯烃和溴在有机溶剂中发生的是与溴的加成，若与溴在有水存在的有机溶剂中，则发生与 HO—Br 的加成，但产物除溴代醇外，还有二溴代物，产物都是无色的。

5.4.3　自由基加成——过氧化物效应

烯烃与溴化氢加成，条件不同得到的产物不同。例如

$$CH_2{=}CHCH_2CH_3 \xrightarrow{HBr} \begin{cases} \xrightarrow{\text{无过氧化物}} CH_3\underset{Br}{\underset{|}{CH}}CH_2CH_3 \quad 90\% \quad \text{马氏加成} \\ \xrightarrow{\text{有过氧化物}} BrCH_2CH_2CH_2CH_3 \quad 95\% \quad \text{反马式加成} \end{cases}$$

在日光或过氧化物存在下，烯烃与溴化氢的加成反应是按照反马氏规则进行的。这一现象称为烯烃与溴化氢的过氧化物效应。

　　该反应不是离子型的亲电加成,而是自由基型的加成反应。反应始于过氧化物的分解,如过氧化氢(H_2O_2)或有机过氧化物(ROOR),这些物质很容易分解,产生自由基(游离基)。有机过氧化物分解时,产生的自由基又可以和 HBr 作用,就引发了溴自由基的生成。

　　反应机理如下:

$$ROOR \longrightarrow 2RO\cdot$$
$$RO\cdot + HBr \longrightarrow ROH + Br\cdot$$
$$Br\cdot + CH_3CH=CH_2 \longrightarrow CH_3\overset{\cdot}{C}HCH_2Br + CH_3CH\overset{\cdot}{C}H_2$$
$$\underset{Br}{|}$$
$$2°R\cdot \qquad\qquad 1°R\cdot$$

$$CH_3\overset{\cdot}{C}HCH_2Br + HBr \longrightarrow CH_3CH_2CH_2Br + Br\cdot$$
$$\vdots$$

　　由于自由基的稳定性为 $3°R\cdot > 2°R\cdot > 1°R\cdot > CH_3\cdot$,因此溴自由基总是进攻端基双键碳生成较稳定的仲烷基自由基,然后仲烷基自由基再和 HBr 作用,最后生成的是反马氏规则的溴代产物。反应周而复始,直至两个自由基相互结合使链反应终止。

　　光也能促使溴化氢解离为溴自由基,所以在光照下烯烃与 HBr 作用也是自由基型加成反应,它们的第一步都是溴自由基的生成。

　　注意:只有烯烃与 HBr 有过氧化物效应。HCl、HI 都没有过氧化物效应。因为 HCl 中键能较大,不易断裂,H 不能被自由基夺去而生成氯自由基,所以不发生自由基加成反应。H—I 键虽弱,容易生成碘自由基,但碘自由基活性较低,碘原子和烯烃的加成是吸热反应。链传递反应很难进行。

$$I\cdot + CH_3CH=CH_2 \longrightarrow CH_3\overset{\cdot}{C}HCH_2I \qquad \Delta H = 39.7 \text{ kJ}\cdot\text{mol}^{-1}$$

　　另外,HI 很容易和双键进行离子型加成反应,所以这里的自由基加成反应难以实现。此外,HI 是还原剂,它能破坏过氧化物,这也抑制了自由基加成反应的发生。

　　除了用过氧化物(如 H_2O_2、ROOR)以外,也可以用其他自由基引发剂,如过氧化二苯甲酰(BPO)、偶氮二异丁腈(AIBN)等来引发。

　　有过氧化物效应的反应进行得很快,而无过氧化物的反应进行得较慢。若控制反应按照马氏加成规律方向进行,必须将烯烃纯化,除去长期存放的烯烃中可能生成的过氧化物,或在反应中加入自由基抑制剂(对苯二酚、二苯胺等)。若希望反应按着反马氏加成方向进行,则要向反应体系中加入过氧化物。

　　一些多卤代甲烷也可以与烯烃进行自由基加成,如 $Cl—CCl_3$、$H—CCl_3$、$H—CBr_3$、$I—CCl_3$ 等。

　　问题 10　在甲醇溶液中溴与乙烯加成产物不仅有 1,2-二溴乙烷,而且还有甲基-2-溴乙基醚。试用反应机理解释之。

　　问题 11　下面两个反应位置为什么不同?

(1) $CH_2=CH—CF_3 + HBr \longrightarrow CH_2BrCH_2CF_3$

(2) $CH_2=CH—OCH_3 + HBr \longrightarrow CH_3CHBrOCH_3$

　　问题 12　如何由 1-甲基-环戊烷合成 1-甲基-2-溴环戊烷?

5.4.4　硼氢化-氧化反应

　　烯烃与硼氢化物[乙硼烷(B_2H_6)]发生加成反应生成三烷基硼,这个反应称为硼氢化反应。该反应是由美国化学家布朗(H. C. Brown,获 1979 年诺贝尔化学奖)发现的。20 世纪 50 年代美国化学家布朗研究小组发现,碳碳双键与硼氢化物能发生加成反应,形成有机硼化物。

$$C=C + H-B \longrightarrow -\overset{|}{\underset{H}{C}}-\overset{|}{\underset{B}{C}}-$$

硼氢化反应在有机合成中有广泛的用途,其中之一就是烯烃的硼氢化-氧化反应。布朗等很快发现乙硼烷 B_2H_6 是一种理想的硼氢化试剂。乙硼烷是甲硼烷的二聚体,反应时乙硼烷解离成甲硼烷。

$$B_2H_6 \rightleftharpoons 2BH_3$$

甲硼烷与烯烃的碳碳双键进行加成,直接生成三烷基硼。由于氢的电负性大于硼的电负性,更重要的是硼原子缺电子,它只有六个价电子,能够接受电子对,因此乙硼烷中硼原子带部分正电荷是亲电原子,与烯烃反应时加在含氢较多的双键碳原子上。

$$R-CH=CH_2 + \frac{1}{2}B_2H_6 \xrightarrow{THF} \begin{array}{l} RH_2CH_2C \\ RH_2CH_2C-B \\ RH_2CH_2C \end{array}$$

烷基硼的制备通常在四氢呋喃等醚类溶剂中进行,加成后无需分离,直接进行下步反应。三烷基硼在碱性条件下用过氧化氢氧化生成三烷氧基硼,再水解生成醇。

$$R-CH=CH_2 + \frac{1}{2}B_2H_6 \longrightarrow (RCH_2CH_2)_3B \qquad 硼氢化反应$$

$$(RCH_2CH_2)_3B \xrightarrow[OH^-]{H_2O_2} (RCH_2CH_2O)_3B \xrightarrow{H_2O} RCH_2CH_2OH \qquad 氧化反应$$

烯烃与乙硼烷反应再在碱性条件下用过氧化氢氧化水解,整个过程称为烯烃的硼氢化-氧化反应。

乙硼烷在空气中能自燃,一般不预先制备,而是把氟化硼的乙醚溶液加到硼氢化钠与烯烃的混合物中,使 B_2H_6 一生成立即与烯烃发生反应。

$$3NaBH_4 + BF_3 \longrightarrow 2B_2H_6 + 3NaF$$

硼烷能与醚形成络合物($H_3B \leftarrow OR_2$),市售的甲硼烷是四氢呋喃(THF)的络合物($H_3B \leftarrow THF$)。THF、一缩乙二醇二甲醚等常用作硼氢化反应的溶剂。硼烷的醚络合物不需要分离可直接用于反应。乙硼烷解离为两分子甲硼烷与溶剂(如四氢呋喃)形成络合物,之后甲硼烷与烯烃反应。

硼氢化反应机理为

四中心过渡态

顺式产物

在该反应过程中,不经过形成碳正离子中间体这一步,因此各碳原子或取代基仍保持原来的相对位置,整个分子的几何形状不发生改变,保持原来的构型,即反应过程中没有重排产物生成。

如果烯烃双键碳上都具有立体障碍比较大的取代基,反应也可能停止在一烷基硼或二烷基硼的阶段。

气体的硼烷和高挥发性的低碳数烷基硼对空气极敏感,在空气中自燃。硼氢化反应需要在惰性气体(如 N_2)保护下进行。

三烷基硼的氧化过程类似拜尔-维利格(Baeyer-Villiger)重排,烷基向缺电子氧原子上进行 1,2-迁移。烷基硼氧化的过程可能为

$$H_2O_2 + OH^- \longrightarrow H_2O + H-O-\overset{\cdot\cdot}{\underset{\cdot\cdot}{O}}{}^-$$

$$RCH_2CH_2\underset{\underset{CH_2CH_2R}{|}}{B}CH_2CH_2R + H-O-\overset{\cdot\cdot}{\underset{\cdot\cdot}{O}}{}^- \longrightarrow RCH_2CH_2\underset{\underset{CH_2CH_2R}{|}}{\overset{\overset{CH_2CH_2R}{|}}{B}}-O-O-H$$

$$RCH_2CH_2\underset{\underset{CH_2CH_2R}{|}}{\overset{\overset{CH_2CH_2R}{|}}{B}}-O-O-H \longrightarrow RCH_2CH_2\underset{\underset{CH_2CH_2R}{|}}{\overset{\overset{CH_2CH_2R}{|}}{B}}OCH_2CH_2R + OH^-$$

$$RCH_2CH_2\overset{\overset{CH_2CH_2R}{|}}{B}OCH_2CH_2R + H-O-\overset{\cdot\cdot}{\underset{\cdot\cdot}{O}}{}^- \longrightarrow RCH_2CH_2\underset{\underset{CH_2CH_2R}{|}}{\overset{\overset{OCH_2CH_2R}{|}}{B}}-O-O-H$$

$$RCH_2CH_2\underset{\underset{CH_2CH_2R}{|}}{\overset{\overset{OCH_2CH_2R}{|}}{B}}-O-O-H \longrightarrow RCH_2CH_2\overset{\overset{OCH_2CH_2R}{|}}{B}OCH_2CH_2R + OH^-$$

$$RCH_2CH_2\overset{\overset{OCH_2CH_2R}{|}}{B}OCH_2CH_2R + H-O-\overset{\cdot\cdot}{\underset{\cdot\cdot}{O}}{}^- \longrightarrow RCH_2CH_2O\overset{\overset{OCH_2CH_2R}{|}}{B}OCH_2CH_2R + OH^-$$

$$RCH_2CH_2O\overset{\overset{OCH_2CH_2R}{|}}{B}OCH_2CH_2R + H_2O \longrightarrow RCH_2CH_2OH + H_3BO_3$$

烯烃的硼氢化反应和氧化-水解反应的总结果是双键上按反马氏规则与水加成,所以它是制备醇特别是伯醇的一种较优方法。

$$CH_3(CH_2)_7CH\!=\!CH_2 \xrightarrow[\text{2. } H_2O_2, NaOH, H_2O]{\text{1. } B_2H_6,\text{二甘醇二甲醚}} CH_3(CH_2)_7CH_2CH_2OH$$

$$(CH_3)_2C\!=\!CHCH_3 \xrightarrow[\text{2. } H_2O_2, OH^-]{\text{1. } B_2H_6, THF} (CH_3)_2\underset{\underset{H}{|}}{C}-\underset{\underset{OH}{|}}{C}HCH_3$$

$$98\%$$

$$85\%$$

$$99.6\% \qquad\qquad 0.40\%$$

综上所述,硼氢化-氧化反应的特点是:区位选择性高,产物的立体选择性强,反应为顺式加成,且无重排产物生成。所以它在有机合成上有着广泛的应用,用它可以从烯烃制得用其他方法所不易制得的醇。例如

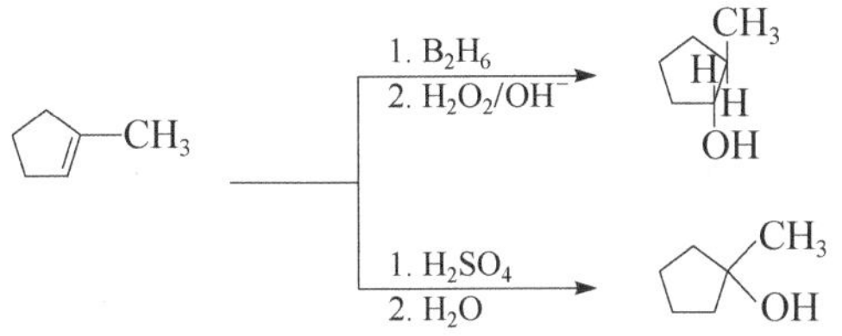

5.4.5 羟汞化-脱汞反应

烯烃与乙酸汞的水溶液作用,生成羟基汞化合物,再用硼氢化钠还原脱汞,得到在双键上按马氏规则加水的产物。该反应称为羟汞化-脱汞反应。此反应条件温和,在室温下数分钟即可完成,产率较高,是实验室制备醇的一种重要的方法。例如

$$CH_3(CH_2)_3CH{=\!=}CH_2 \xrightarrow[H_2O \quad THF]{Hg(OOCCH_3)_2} CH_3(CH_2)_3\underset{HO \quad HgOOCCH_3}{CHCH_2} \xrightarrow{NaBH_4} CH_3(CH_2)_3\underset{HO \quad H}{CHCH_2}$$
$$96\%$$

该反应的特点是:①反式加成,高度立体专一性;②符合马氏规则;③无重排;④反应条件温和。比烯烃的直接水合和间接水合反应优越。

几种在双键上加水反应的比较

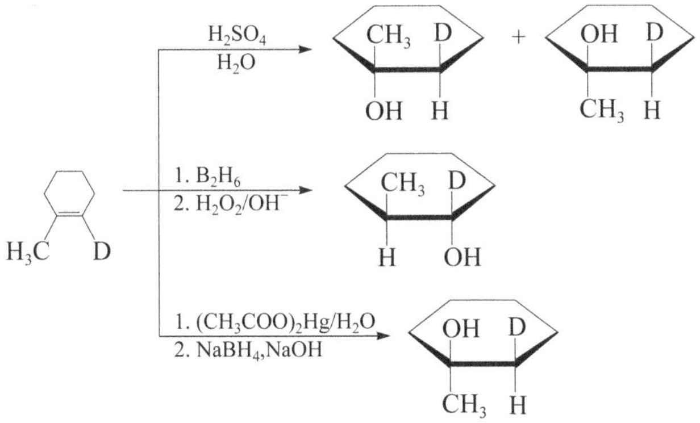

问题 13 完成下列反应:

(1) $$CH_3\underset{CH_3}{\overset{|}{C}}{=\!=}CHCH_3 \xrightarrow[2.\ H_2O_2,NaOH,H_2O]{1.\ B_2H_6} ?$$

(2) $$CH_3\underset{CH_3}{\overset{|}{C}}{=\!=}CHCH_3 \xrightarrow[2.\ NaBH_4,NaOH]{1.\ (CH_3COO)_2Hg/H_2O} ?$$

5.4.6 氧化反应

烯烃很容易发生氧化反应,随着氧化剂和反应条件的不同,氧化产物也不同。氧化反应发

生时,首先是碳碳双键中的 π 键打开;当反应条件强烈时,双键的 σ 键也可断裂。这些氧化反应在合成和分析烯烃分子结构中是很有价值的。

1. 催化氧化

在催化剂作用下,用氧气或空气作为氧化剂进行的氧化反应,称为催化氧化。

工业上,乙烯在活性银或氧化银催化作用下,可被空气中的氧氧化生成环氧乙烷。

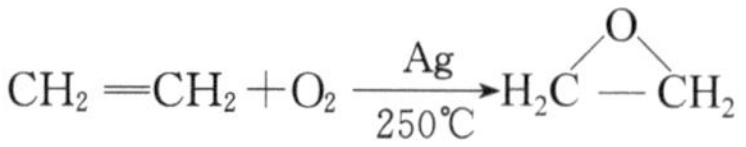

$$CH_2{=}CH_2 + O_2 \xrightarrow[250℃]{Ag} H_2C\overset{O}{-}CH_2$$

该反应必须严格控制反应温度,若温度超过 300℃,则双键中的 σ 键也会断裂,最后生成二氧化碳和水。

乙烯或丙烯在氯化钯和氯化铜的水溶液中,也能被催化氧化,产物为乙醛或丙酮,乙醛和丙酮都是重要的化工原料。

$$CH_2{=}CH_2 + O_2 \xrightarrow[100\sim125℃]{PdCl_2\text{-}CuCl_2} CH_3CHO$$

$$CH_3CH{=}CH_2 + O_2 \xrightarrow[120℃]{PdCl_2\text{-}CuCl_2} CH_3COCH_3$$

除乙烯氧化得到乙醛外,其他的 α-烯烃氧化都得到甲基酮,此催化氧化法称为瓦克(Wacker)法。

2. 环氧化反应

烯烃与过氧酸(RCOOOH)发生氧化反应生成 1,2-环氧化物,该反应称为烯烃的环氧化反应。例如

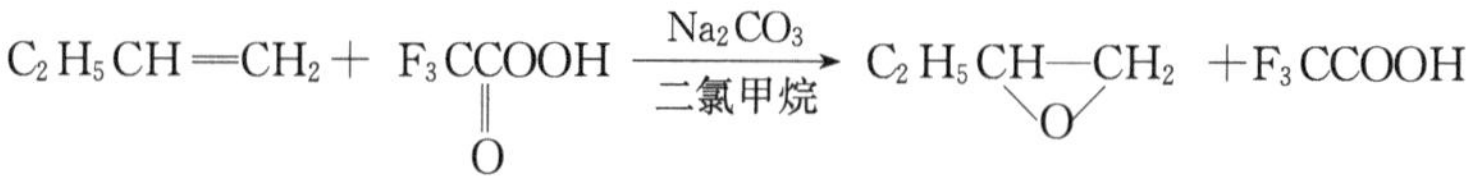

$$C_2H_5CH{=}CH_2 + F_3C\underset{O}{\overset{\parallel}{C}}OOH \xrightarrow[二氯甲烷]{Na_2CO_3} C_2H_5CH\overset{O}{-}CH_2 + F_3CCOOH$$

环氧化合物经酸性水解得反式邻二醇。

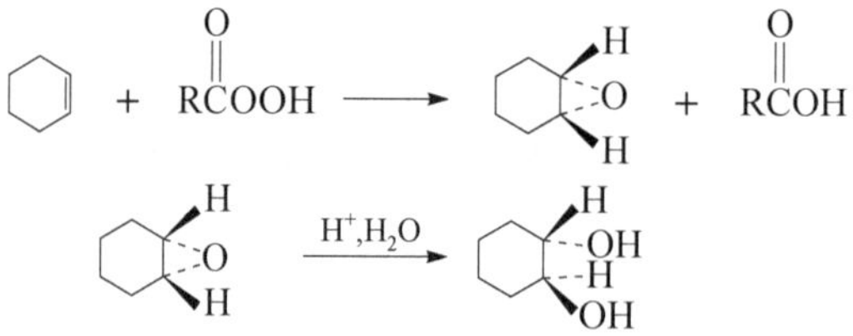

烯烃与过氧酸的反应,是顺式亲电加成反应。亲电试剂是过氧酸。双键碳原子连有给电子基(如烷基)时,反应较易进行,连接的给电子基越多,反应越容易。

水解机理:

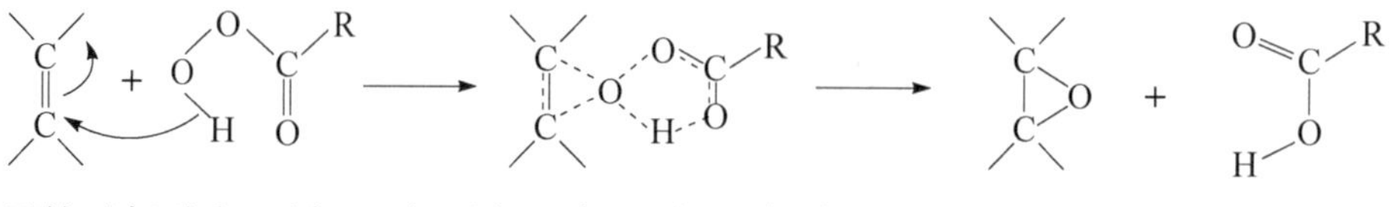

常用的过氧酸有:过氧乙酸、过氧三氟乙酸、过氧苯甲酸、间氯过氧苯甲酸。其中以过氧三氟乙酸最有效。有时某些过氧酸(如过氧甲酸和过氧乙酸等)也可用羧酸(如甲酸和乙酸)与过氧化氢的混合物代替。由于环氧化合物较活泼,易发生反应,尤其易与含有活泼氢的化合物反应。因此,环氧化反应一般在非水溶剂中进行。因其反应条件温和,产物容易分离和提纯,产

率较高,是制备环氧化合物的一种很好的方法。

环氧化反应有时也可用过氧化氢代替过氧酸来完成。例如

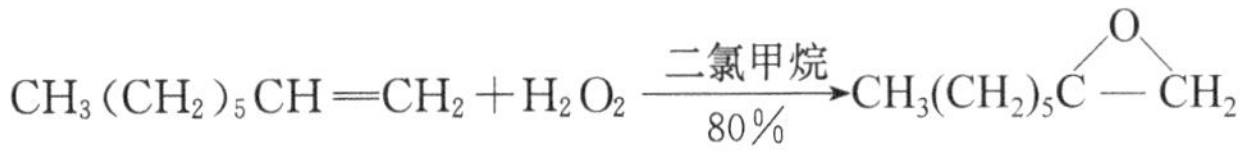

$$CH_3(CH_2)_5CH{=\!=}CH_2 + H_2O_2 \xrightarrow[\text{80\%}]{\text{二氯甲烷}} CH_3(CH_2)_5\overset{O}{\overset{\diagup\!\!\!\!\diagdown}{C{-}CH_2}}$$

较难氧化的链中烯烃也可用 H_2O_2 催化氧化,得到产率很高的环氧化物。例如

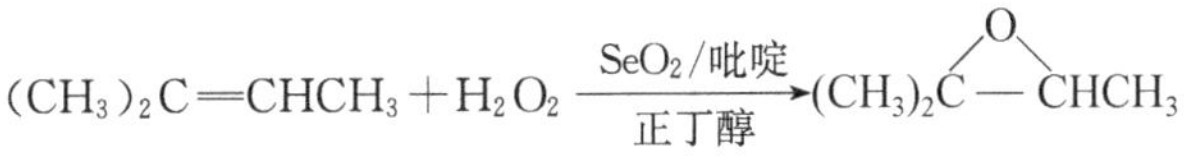

$$(CH_3)_2C{=\!=}CHCH_3 + H_2O_2 \xrightarrow[\text{正丁醇}]{SeO_2/吡啶} (CH_3)_2\overset{O}{\overset{\diagup\!\!\!\!\diagdown}{C{-}CHCH_3}}$$

在真菌——窄盖木层乳菌(*Phellinus tremula*)的作用下,苯甲酸甲酯可经过一个芳香氧化环氧化物中间体,生物合成水杨酸。

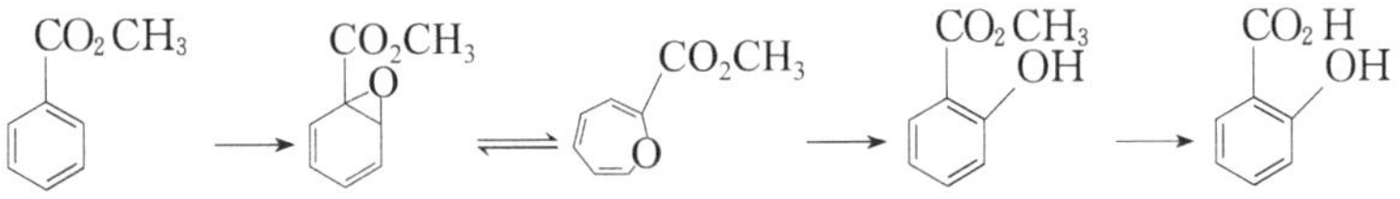

3. 高锰酸钾氧化

烯烃与稀、冷高锰酸钾溶液(质量分数小于 5%),在中性或碱性溶液中,烯烃双键中的 π 键断开,氧化生成顺式邻二醇。溶液由紫色变为无色,同时产生 MnO_2 褐色沉淀。该反应可以用来定性地检验烯烃的存在。

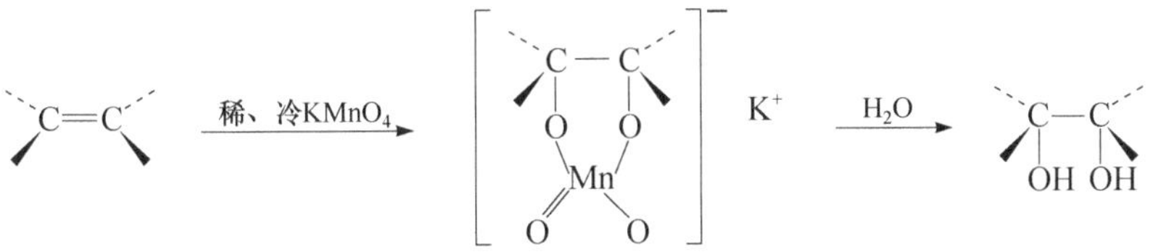

由于二元醇的进一步氧化,反应条件不易控制,产率低。将烯烃氧化成顺式邻二醇也可以用四氧化锇(OsO_4)与烯烃反应,然后用 H_2O_2 处理来实现。

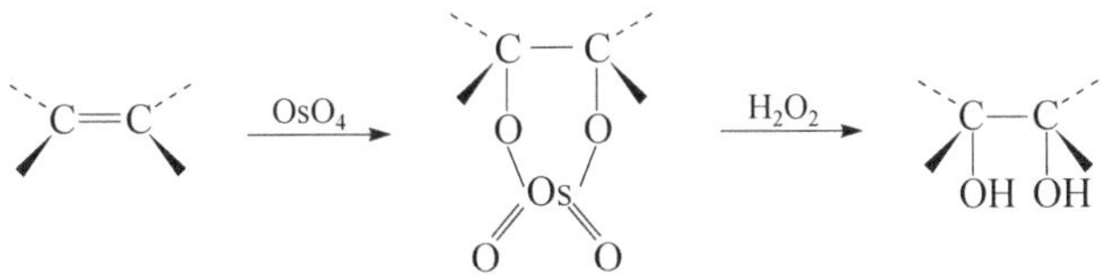

OsO_4 氧化法产率较高。条件温和,室温即可与烯烃反应。但是 OsO_4 价格昂贵,有毒,不宜用于大规模的合成反应。

如果用酸性高锰酸钾或热、浓高锰酸钾氧化烯烃,则烯烃双键完全断裂,生成羧酸和酮。不同结构的烯烃氧化产物不同。有两个氢的双键碳($CH_2{=\!=}$)氧化生成二氧化碳和水;有一个氢的双键碳($R_1CH{=\!=}$)氧化生成酸;无氢的双键碳($R'RC{=\!=}$)则氧化成酮。氧化规律是

$$\begin{matrix} H_3C \\ \diagdown \\ C{=}CHCH_3 \\ \diagup \\ H_3C \end{matrix} \xrightarrow[\text{2. } H_3O^+]{\text{1. 热、浓 } KMnO_4} \begin{matrix} H_3C \\ \diagdown \\ C{=}O \\ \diagup \\ H_3C \end{matrix} + \begin{matrix} O \\ \parallel \\ CH_3{-}C{-}O{-}H \end{matrix}$$

在反应中,紫红色的高锰酸钾溶液颜色迅速褪色,生成的产物都无色。因此,可利用此反应来鉴别双键的存在。另外,由于不同结构的烯烃,氧化产物不同,因此通过分析氧化产物,可以推测原来烯烃的结构。

例 5-2　有一烯烃经酸性高锰酸钾氧化得到的产物为环己酮和乙酸,试推测原烯烃的结构。

解　由于该烯烃被酸性高锰酸钾氧化,氧化产物为酮和羧酸,说明两双键碳原子一个连有氢,另一个双键碳没有氢原子。因此推知该烯烃的结构为

$$\bigcirc{=}CHCH_3$$

烯烃与高锰酸钾的反应,由于氧化剂的大量消耗,会严重污染环境,不宜用于大规模的合成反应。因此工业上主要采用催化氧化法由烯烃制备一系列含氧化合物。

4. 臭氧化反应

烯烃与臭氧〔含有 6%～8%(体积分数)臭氧的氧气〕或在低温时(−80℃)就能迅速定量反应,生成黏稠状的臭氧化物,产物不经过分离(臭氧化物在加热条件下易发生爆炸),直接水解则生成醛和酮。

$$R{-}CH{=}C\begin{matrix} R' \\ R' \end{matrix} \xrightarrow{O_3} \begin{matrix} O{-}O \\ R{-}C{}C{-}R' \\ H\quad R' \end{matrix} \xrightarrow{\text{重排}} \begin{matrix} O{-}O \\ R\diagdown \diagup R' \\ CC \\ H\diagup \diagdown R' \\ O \end{matrix}$$

分子臭氧化物　　　　臭氧化物

$$\begin{matrix} O{-}O \\ R\diagdown \diagup R' \\ CC \\ H\diagup \diagdown R' \\ O \end{matrix} + H_2O \longrightarrow \begin{matrix} R \\ \diagdown \\ C{=}O \\ \diagup \\ H \end{matrix} + \begin{matrix} R' \\ \diagdown \\ O{=}C \\ \diagup \\ R' \end{matrix} + H_2O_2$$

为了避免产物被生成的过氧化氢进一步氧化生成羧酸,水解时通常加入还原剂锌粉或亚硫酸氢钠,或催化剂(Pt,Pd/C)存在下通入氢气,这样可以破坏生成的过氧化氢。

$$R{-}CH{=}C\begin{matrix} R' \\ R' \end{matrix} \xrightarrow[\text{2. } Zn/HOAc]{\text{1. } O_3} \begin{matrix} R \\ \diagdown \\ C{=}O \\ \diagup \\ H \end{matrix} + \begin{matrix} R' \\ \diagdown \\ O{=}C \\ \diagup \\ R' \end{matrix}$$

臭氧化物水解所得的醛或酮保持了原来烯烃的部分碳链结构,通过臭氧化和臭氧化物的还原水解,不同结构的烯烃,可以得到不同的醛或酮。

氧化规律为:①末端双键碳转化成甲醛;②一取代双键碳转化成其他醛;③二取代双键碳转化成酮。例如

$$CH_3CH_2CH{=}CH_2 \xrightarrow[\text{2. } Zn/H_2O]{\text{1. } O_3} CH_3CH_2CHO + O{=}CH_2$$

$$CH_3CH{=}CHCH_3 \xrightarrow[\text{2. } Zn/H_2O]{\text{1. } O_3} CH_3CHO + CH_3CHO$$

$$\begin{matrix} H_3C \\ \diagdown \\ C{=}CH_2 \\ \diagup \\ H_3C \end{matrix} \xrightarrow[\text{2. } Zn/H_2O]{\text{1. } O_3} \begin{matrix} H_3C \\ \diagdown \\ C{=}O \\ \diagup \\ H_3C \end{matrix} + O{=}CH_2$$

根据烯烃被臭氧氧化的水解产物可推导烯烃的结构。例如

$$CH_3CH_2CH = O + \overset{O}{\overset{\|}{HCH}} \longrightarrow CH_3CH_2CH = CH_2$$

$$CH_3\overset{O}{\overset{\|}{C}}CH_2CH_2CH_2\underset{CH_3}{\overset{|}{CH}}CH = O \Longleftarrow \text{（环己烷衍生物结构）} \longrightarrow \text{（环己烯衍生物结构）}$$

随着工业臭氧发生器的改进,烯烃臭氧化反应可用于醛酮的合成。例如

$$CH_3(CH_2)_5CH = CH_2 \xrightarrow[\text{三氯甲烷}]{O_3} \xrightarrow[\text{HOAc}]{H_2O/Zn} CH_3(CH_2)_5CHO + CH_2O$$

问题 14 某烃 A,分子式为 C_7H_{10},经催化氢化生成化合物 B(C_7H_{14})。A 与 $KMnO_4$ 剧烈反应生成化合物 C 的结构式如下。试画出 A 可能的结构简式。

$$HOOCCH_2CH_2\overset{O}{\overset{\|}{C}}CH_2COOH$$

问题 15 蚂蚁信息素牻牛儿醇(香叶醇)用 O_3 和 H_2O/Zn 处理后得到下列三个有机物,请写出它的结构式。

$$\underset{H_3C}{\overset{H_3C}{>}}C = O \qquad O = CHCH_2CH_2\underset{CH_3}{\overset{CH_3}{\overset{|}{C}}} = O \qquad O = CHCH_2OH$$

1   **2**   **3**

5.4.7 聚合反应

由小分子不饱和化合物在一定条件下经过相互作用生成高分子化合物的反应称为聚合反应。相对分子质量较小的烯烃及其衍生物在少量引发剂或催化剂作用下,烯烃分子中的 π 键断裂,分子间相互加成,形成高分子化合物。这种类型的聚合反应称为加成聚合反应,简称加聚反应。由于是分子间相互加成,因此烯烃在聚合过程中,每断裂一个 π 键即伴随生成两个 σ键。总体来说,它是个放热反应,反应一经引发,则很容易进行。聚乙烯(PE)、聚丙烯(PP)是目前最大宗、最典型的加聚物。

乙烯有两种聚合方式。

1. 高压下聚合得到低密度聚乙烯

$$\text{高压法} \quad nCH_2 = CH_2 \xrightarrow[150\sim250℃]{\text{少量引发剂}} \left[CH_2 - CH_2 \right]_n$$

乙烯   150～300 MPa   聚乙烯

(单体)   (高分子)

2. 在齐格勒-纳塔催化剂作用下低压聚合得到高密度聚乙烯

$$\text{低压法} \quad nCH_2 = CH_2 \xrightarrow[60\sim75℃]{TiCl_4\text{-}Al(C_2H_5)_3} \left[CH_2 - CH_2 \right]_n$$

0.1～1 MPa

$TiCl_4$-$AlEt_3$ 称为齐格勒(K. Ziegler)-纳塔(G. Natta)催化剂。高压聚乙烯的平均相对分

子质量为 25 000~50 000。反应需在引发剂作用下进行,所以这种聚合反应又称为自由基聚合反应。高压聚乙烯分子并不是单纯的直链化合物,它的分子中还具有支链。它的密度较低(约 0.92 g/cm³),也比较柔软,所以高压聚乙烯又称为低密度聚乙烯(LDPE)或软聚乙烯。由低压法得到的聚乙烯称为低压聚乙烯。由于在齐格勒-纳塔催化剂的作用下,低压聚乙烯分子基本上是直链的,平均相对分子质量为 10 000~300 000。低压聚乙烯的密度较高(约为 0.94 g/cm³),也较坚硬,所以低压聚乙烯又称高密度聚乙烯(HDPE)或硬聚乙烯。

1953 年,齐格勒-纳塔发现了有机金属化合物催化烯烃定向聚合,实现了乙烯的常压聚合和丙烯的定向聚合;1959 年,齐格勒-纳塔利用此催化剂首次合成了立体定向高分子——人造天然橡胶,为有机合成作出了巨大的贡献。由于他们的杰出贡献,两人共享了 1963 年的诺贝尔化学奖。高压聚乙烯用于食品袋薄膜、奶瓶等软制品;低压聚乙烯用于管材、板材、工程塑料部件等。

聚乙烯耐酸碱,抗腐蚀,具有优良的电绝缘性能,它是目前生产的优质高分子材料。

由丙烯在齐格勒-纳塔催化剂作用下聚合而得的聚丙烯也是工业上大量生产且应用广泛的高分子材料。由于其结晶性,可制成纤维丙纶。

$$n\text{CH}_3\text{CH}=\text{CH}_2 \xrightarrow[50℃,10\ \text{MPa}]{\text{TiCl}_4\text{-Al}(\text{C}_2\text{H}_5)_3} \begin{array}{c} +\text{CH}-\text{CH}_2\frac{}{}_n \\ | \\ \text{CH}_3 \end{array}$$

聚丙烯

聚合反应若只用一种单体参与聚合,称为均聚;用两种或两种以上单体进行聚合,称为共聚。例如,工业上常用的乙丙橡胶,就是一种高分子共聚物,由乙烯和丙烯按一定比例共聚而成。

$$n\text{CH}_2=\text{CH}_2+n\text{CH}_3\text{CH}=\text{CH}_2 \xrightarrow{\text{聚合}} \begin{array}{c} +\text{CH}_2-\text{CH}_2-\text{CH}_2-\text{CH}\frac{}{}_n \\ | \\ \text{CH}_3 \end{array}$$

乙丙橡胶

在一定反应条件下,烯烃还可以进行由两个、三个分子等低分子进行的聚合,得到的聚合物分别称为二聚体、三聚体等。例如,异丁烯被 50%(质量分数)硫酸吸收后,在 100℃时,可得到下列二聚体。

$$2(\text{CH}_3)_2\text{C}=\text{CH}_2 \xrightarrow{65\%\ \text{H}_2\text{SO}_4} \begin{array}{c} (\text{CH}_3)_3\text{CCH}_2\text{C}=\text{CH}_2 \\ | \\ \text{CH}_3 \end{array} +(\text{CH}_3)_3\text{CCH}=\text{C}(\text{CH}_3)_2$$

机理:离子型聚合。

异丁烯的二聚是按亲电机理进行的,形成的碳正离子作为亲电试剂和异丁烯发生亲电加成反应。

问题 16 试写出异丁烯二聚反应的机理。

$$2(\text{CH}_3)_2\text{C}=\text{CH}_2 \xrightarrow{65\%\ \text{H}_2\text{SO}_4} \begin{array}{c} (\text{CH}_3)_3\text{CCH}_2\text{C}=\text{CH}_2 \\ | \\ \text{CH}_3 \end{array} +(\text{CH}_3)_3\text{CCH}=\text{C}(\text{CH}_3)_2$$

5.4.8　α-H 的反应

与官能团相连的碳原子称为 α-C。

$$CH_2 = CH\overset{\alpha}{C}H\overset{\beta}{C}H_2\overset{\gamma}{C}H_3$$
$$\underset{H \leftarrow \alpha\text{-H}}{|}$$

α-C 上的氢称为 α-H,烯烃的 α-H 又称烯丙氢。因受双键的影响,其 C—H 键的解离能较小,因此表现出一定的活泼性,可以发生取代反应和氧化反应。

1. α-H 的卤代

实验证明,含 α-H 的烯烃在溶液中或低于 250℃ 的条件下,与卤素(Cl_2、Br_2)发生加成反应。在高温下(500~600℃),则发生 α-H 原子的取代反应。例如

$$CH_3CH = CH_2 + Cl_2 \left\{ \begin{array}{l} \xrightarrow{500℃} CH_2CH = CH_2 \\ \quad\quad\quad\quad\quad | \\ \quad\quad\quad\quad\quad Cl \\ \xrightarrow{\text{室温}} CH_3CH - CH_2 \\ \quad\quad\quad\quad | \quad\quad | \\ \quad\quad\quad\quad Cl \quad\quad Cl \end{array} \right.$$

为什么 α-H 易发生取代反应? 这是由于:①σ-π 超共轭效应,使 α-C 上 H 的活性增大;②C—H键的解离能较小,形成的自由基较稳定。

$$CH_3 - CH = CH_2 \left\{ \begin{array}{l} \overset{\cdot}{C}H_2 - CH = CH_2 \quad\quad\quad \text{键裂解能} \\ \text{烯丙基自由基} \quad\quad\quad\quad 360\ kJ \cdot mol^{-1} \\ \\ \begin{cases} CH_3\overset{\cdot}{C} = CH_2 \\ CH_3CH = \overset{\cdot}{C}H \end{cases} \quad 435\ kJ \cdot mol^{-1} \\ \text{乙烯型自由基} \end{array} \right.$$

自由基的稳定性:

烯丙基自由基>叔烷基自由基>仲烷基自由基>伯烷基自由基>乙烯型自由基

在高温下卤素(Cl_2、Br_2)容易发生均裂生成卤素自由基,卤自由基与丙烯按加成反应生成的烷基自由基不及卤自由基夺取一个 α-H 原子,生成的烯丙基自由基稳定。因此生成的烯丙基自由基再与一分子卤素作用,生成 α-卤代烯烃,并再生成新的卤素自由基,继续反应。

卤代反应中 α-H 的反应活性为:$3°\alpha$-H>$2°\alpha$-H>$1°\alpha$-H。

当 α 烯烃的烷基不止一个碳原子时,卤化结果通常得到重排产物。例如

$$CH_3CH_2CH_2CH = CH_2 \xrightarrow{NBS} CH_3CH_2CHC = CH_2 \ + \ CH_3CH_2CH = CHCH_2$$
$$\quad\quad\quad\quad\quad\quad\quad\quad\quad\quad\quad\quad\quad | \quad\quad\quad\quad\quad\quad\quad\quad\quad\quad\quad\quad\quad\quad |$$
$$\quad\quad\quad\quad\quad\quad\quad\quad\quad\quad\quad\quad\quad Br \quad\quad\quad\quad\quad\quad\quad\quad\quad\quad\quad\quad\quad\quad Br$$
$$\quad\quad\quad\quad\quad\quad\quad\quad\quad\quad\quad\quad\quad 主 \quad\quad\quad\quad\quad\quad\quad\quad\quad\quad\quad\quad\quad\quad 次$$

两种产物均具有烯丙基结构,只是双键位次不同,其中 1-溴-2-辛烯是重排产物,这种重排称为烯丙基重排或烯丙位重排。

实验室中在光照或过氧化物存在下,用 N-溴代丁二酰亚胺(N-bromosuccinimide, NBS)与含 α-H 原子的烯烃反应,可得到产率较高的 α-Br 代的烯烃,该反应选择性很好。例如

这个反应也是自由基反应。

问题 17　为什么烯烃 α-H 比较活泼？

问题 18　完成如下反应。

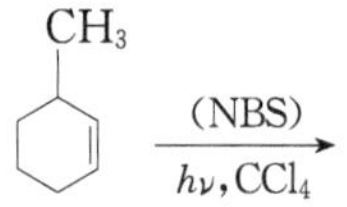

$$\underset{}{\overset{CH_3}{\bigsqcup}} \xrightarrow[h\nu,CCl_4]{(NBS)}$$

---

2. 氧化

在一定温度和压力下，分别选用氧化亚铜和磷钼酸铋作催化剂，丙烯和空气混合 α-H 被氧气氧化生成丙烯醛和丙烯酸。丙烯醛可用于制造甘油、饲料添加剂、蛋氨酸等，还可用作油田注水的杀虫剂。

$$CH_2{=}CH{-}CH_3+O_2 \xrightarrow[350\,℃,0.25\,MPa]{Cu_2O} CH_2{=}CH{-}CHO$$

$$CH_2{=}CH{-}CH_3+O_2 \xrightarrow[550\sim750\,℃,1\,MPa]{磷钼酸铋} CH_2{=}CH{-}COOH$$

选用氧化钼、氧化铋或磷钼酸铋作催化剂，使丙烯与氨及氧气（空气）作用，生成丙烯腈。该反应称为氨氧化反应。

$$CH_2{=}CH{-}CH_3+NH_3+O_2 \xrightarrow[470\,℃]{磷钼酸铋} CH_2{=}CH{-}CN$$

这是目前工业上生产丙烯腈的重要方法。

除丙烯外存在 α-甲基的烯烃均可进行氨氧化反应。例如

$$\underset{CH_3}{CH_2{=}C{-}CH_3}+O_2+NH_3 \xrightarrow{磷钼酸铋} \underset{CH_3}{CH_2{=}C{-}CN}$$

在上述氧化产物中，仍保留有双键，在适当的条件下可聚合，生成具有不同应用价值的高聚物。

5.5　烯烃的来源和制法

烯烃及其衍生物在自然界中广泛存在，如植物果实成熟时，其中乙烯的含量增多。许多昆虫体内激素分子中的碳碳双键在动物体内含量甚微，但生理功能非常重大。大量烯烃由石油加工或其他方法制备。

5.5.1　烯烃的工业来源和制法

乙烯、丙烯和丁烯等低级烯烃都是重要的化工原料。过去它们主要是从石油炼制过程中产生的炼厂气和热裂气中分离得到的，随着石油化学工业的迅速发展，现在低级烯烃主要是通过轻质石油的裂解和原油直接裂解经过分离获得，如含 6 个碳原子的轻质石油裂解。

$$C_6H_{14} \xrightarrow{700\sim900\,℃} CH_4+CH_2{=}CH_2+CH_3CH{=}CH_2+其他$$
$$\quad\quad 15\% \quad\quad 40\% \quad\quad 20\% \quad\quad 25\%$$

5.5.2　烯烃的实验室制法

1. 醇脱水

醇在酸催化剂作用下加热失去一分子水得到相应的烯烃。常用的酸是硫酸和磷酸。例如

$$CH_3CH_2\underset{\underset{OH}{|}}{C}HCH_3 \xrightarrow{60\% \ H_2SO_4} CH_3CH=CHCH_3 + CH_3CH_2CH=CH_2$$

$$80\% \qquad\qquad\qquad 20\%$$

醇也可在 Al_2O_3 催化下高温发生分子内脱水生成烯烃。

$$CH_3CH_2CH_2CH_2OH \xrightarrow[350\sim400℃]{Al_2O_3} CH_3CH_2CH=CH_2$$

$$100\%$$

醇在酸性条件下失水易发生重排,工业上用 Al_2O_3 作催化剂则可避免重排的发生。

2. 卤烷脱卤化氢

卤烷在强碱的醇溶液中,脱去卤化氢而得到烯烃。例如

$$CH_3CH_2\underset{\underset{Br}{|}}{\overset{\overset{CH_3}{|}}{C}}CH_3 \xrightarrow{C_2H_5OK, C_2H_5OH} CH_3CH=\underset{\underset{CH_3}{}}{\overset{\overset{CH_3}{}}{C}} \ + \ CH_3CH_2\underset{\underset{CH_3}{|}}{C}=CH_2$$

$$70\% \qquad\qquad\qquad 30\%$$

3. 邻二卤烷脱卤素

邻二卤代烷在金属锌(或镁、镍)粉作用下,可失去卤素生成烯烃。

$$CH_3CH\underset{\underset{X}{|}}{}CH\underset{\underset{X}{|}}{}CH_2CH_3 \xrightarrow[Zn, \triangle]{乙醇} CH_3CH=CHCH_2CH_3$$

5.6　重要的烯烃

5.6.1　乙烯

乙烯是一种无色而带有甜味的气体。燃烧时火焰明亮但有烟;与空气可形成爆炸性的混合物,其爆炸极限为 3%～29%(体积分数)。

乙烯的用途非常广泛,是重要的有机化工原料。它作为生产乙醇、环氧乙烷及聚乙烯的基本原料而被大量消耗。20 世纪 80 年代末,世界乙烯产量已达 7400 万 t,目前世界各国乙烯的产量一直是直线上升。以乙烯为原料生产的系列产品与日俱增,国际上乙烯产品的产值占全部石油化工产值的一半左右,因此,乙烯的生产量是衡量一个国家基本有机化学工业发展的一个重要标准。近年来我国石油化学工业发展迅速,建立了燕山、大庆、扬子等年产 30 万 t 以上的乙烯石化基地,四川彭州乙烯工程已列入兴建计划。这标志着我国石油化学工业发展达到一个新的水平。

此外,乙烯可用作未成熟果子的催熟剂,能加速树叶的衰老,促使新叶生长。乙烯和生长素、赤霉素一样,都是植物的内源激素。不少植物器官都含有微量乙烯。

5.6.2 丙烯

丙烯也是一种重要的化工原料,在工业上大量用于制备丙三醇(甘油)、异丙醇、丙酮。另外,可用空气直接氧化丙烯生成丙烯醛等重要化工产品,这些产品又是生产各种食品添加剂和助剂的主要原料。丙烯也是石油裂解产物之一。

丙烯是一种无色气体,燃烧时产生明亮的火焰,比空气重,沸点为 $-47.7\,^{\circ}\mathrm{C}$。以丙烯为原料制得的产品随着石油炼制及乙烯化工的发展而不断增加。

其他烯烃,如丁烯、异丁烯、戊烯也和丙烯一样,作为乙烯生产的附带产物,也属于石油裂解产物。它们也都是重要的基本有机合成原料。

5.7 石 油

5.7.1 概述

石油(又称原油)是一种存在于地下岩石孔隙介质中的由各种碳氧化合物与杂质组成的,呈液态和稠态的油脂状天然可燃有机矿产。

1. 石油的形成

石油是古代生物的遗体长期在地下受到压力和温度的作用,经过复杂的物理、化学变化逐步转变而成的。有机物的富集是生成石油的内在根据,适当的成油环境是生成石油的外部条件。

2. 石油的化学组成很复杂

随产地不同而异,随井位不同而异,随油层不同而异。主要是碳、氢、硫、氮、氧。尤其是碳、氢两种元素在石油中一般占 $95\%\sim99\%$,平均为 97.5%。除上述五种元素外,在石油中还发现其他微量元素,构成了石油的灰分。

3. 分类

按化学组成可分为:石蜡基石油、沥青基石油、混合基石油。

按结构可分为:烷烃石油(大庆油)、环烷烃石油(胜利油)、烷烃-环烷烃石油(新疆油、辽河油、胜利油)、芳烃油(台湾油)、烷烃-芳烃油。

5.7.2 石油的炼制

1. 石油的一次加工——常减压蒸馏

原油通过常减压蒸馏可分割成汽油、煤油、柴油等轻质馏分油。其流程为

除杂质──→常压分馏──→减压分馏

(1)常压分馏:在常压下,原油经过塔前处理,除去杂质,加热到 $350\sim470\,^{\circ}\mathrm{C}$ 送入塔中进行分离。常压蒸馏的主要作用是分出原油中沸点低于 $350\,^{\circ}\mathrm{C}$ 的轻质馏分油。原油经过常压蒸馏得到的是汽油、煤油、柴油等轻质馏分油和常压重油。

(2)减压分馏:减压蒸馏的主要作用是从常压重油(沸点高于 $350\,^{\circ}\mathrm{C}$)中分出沸点低于 $500\,^{\circ}\mathrm{C}$ 的高沸点馏分油和渣油。

2. 石油的二次加工——裂化、裂解和重整

原油的二次加工根据生产目的的不同有许多种过程，如以重质馏分油和渣油为原料的催化裂化和加氢裂化，以直馏汽油为主要原料生产高辛烷值的汽油或轻质芳烃等的催化重整、以渣油为原料生产石油焦或燃料油的焦化或减黏裂化等。

（1）催化裂化。催化裂化过程是使原料在以硅酸铝为催化剂，在一定的温度和压力条件下，发生一系列化学反应，转化成气体、汽油、柴油等轻质产品和焦炭的过程，原料一般是重质馏分油，如减压馏分油、焦化馏分油和部分或全部渣油。

裂化反应是高级烷烃通过 C—C 键和 C—H 键断裂，生成相对分子质量较小的烷烃和烯烃的过程。

$$C_{16}H_{34} \xrightarrow{\triangle} \begin{cases} C_8H_{18} \xrightarrow{\triangle} \begin{cases} C_4H_{10} \xrightarrow{\triangle} \begin{cases} C_4H_8 \\ C_3H_6 \\ C_2H_4 \end{cases} \\ C_4H_8 \end{cases} \\ C_8H_{16} \end{cases}$$

（2）加氢精制。加氢精制工艺是在一定的温度和压力、有精制催化剂和氢气存在的条件下，使油品中的各类非烃化合物发生氢解反应，进而从油品中脱出，以达到精制油品的目的。加氢精制主要用于一次加工或二次加工得到的汽油、柴油等油品的精制，也可用于二次加工原料的预处理。

加氢裂化是加氢和催化裂化过程的有机结合，一方面能使重质油品通过裂化反应转化为汽油、柴油等轻质油品；另一方面又可以防止像催化裂化那样生成大量焦炭，还可将原料中的硫、氮、氧化合物杂质通过加氢除去，使烯烃饱和。因此加氢裂化具有轻质油产率高、产品质量高的突出优点。

5.7.3　汽油的辛烷值和柴油的凝固点

1. 辛烷值

不同结构的烃类化合物爆震倾向的差别很大，人为规定：正庚烷的爆震最强，辛烷值为 0；异辛烷的爆震最小，辛烷值定为 100。异辛烷的结构为

$$CH_3—\overset{\overset{\displaystyle CH_3}{|}}{\underset{\underset{\displaystyle CH_3}{|}}{C}}—CH_2—\overset{\overset{\displaystyle }{}}{\underset{\underset{\displaystyle CH_3}{|}}{CH}}CH_3$$

汽油的辛烷值越高，爆震性越小，质量越好。例如，70 号汽油的爆震性与含有 70% 的异辛烷和 30% 正庚烷的混合物的爆震程度相当。（辛烷值表示汽油的爆震程度的大小，并不是汽油含辛烷的量。）

飞机用的汽油辛烷值要求很高，为 100；轿车用的汽油辛烷值要求为 80 左右；卡车用的汽油辛烷值要求为 70 左右。

2. 抗震剂

在汽油中加入少量的特殊物质，往往可以提高汽油的辛烷值，这种物质称为抗震剂。

四乙基铅（$PbEt_4$）是一种常用的抗震剂。随着环境保护意识的加强，为了减少污染一些

国家已使用甲基叔丁基代替四乙基铅。

3. 凝固点

流动的油冷却到完全失掉流动性的温度,称为凝固点。

柴油馏分中含有相当数量的石蜡,当温度降低时柴油中石蜡结晶析出,使柴油不易流动。凝固点是柴油的质量指标。

5.7.4　石油化工

石油化工指以石油或天然气为原料生产基本有机原料,进一步合成多种化工产品的工业,具有以下特点。

1. 资源丰富

将 1 t 石油裂解,可得 200 多 kg 乙烯;将 1 t 煤炼焦,从焦炉气中只能提取 5 kg 乙烯。

基本有机化工原料:三烯即乙烯、丙烯、丁二烯;三苯即苯、甲苯、二甲苯;一炔即乙炔;一萘即萘。

2. 技术先进,成本低

催化技术理论和技术的发展、化工设备的改进大大缩短了化学工艺流程,将多步完成的反应缩短为几步甚至一步。

例如,乙烯直接合成乙醛;乙烯直接合成乙醇。

3. 石油化工可以最大限度地合理利用自然资源,做到物尽其用

例如,热裂解得到的各种混合气体——甲烷、乙烷、乙烯、丙烯等都可以分别利用。

习　　题

1. 用系统命名法命名下列化合物,有构型异构的则用 Z/E 标出其构型。

(1) 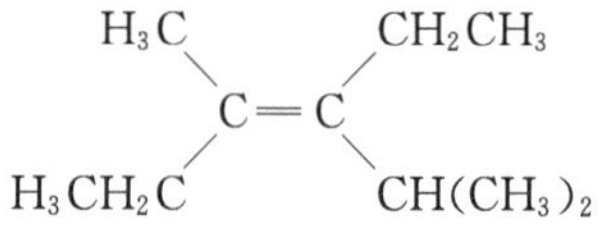
$$\begin{array}{c} H_3C \quad\quad CH_2CH_3 \\ \diagdown\;\diagup \\ C=C \\ \diagup\;\diagdown \\ H_3CH_2C \quad\quad CH(CH_3)_2 \end{array}$$

(2)
$$\begin{array}{c} H_3C \quad\quad CH_3 \\ \diagdown\;\diagup \\ C=C \\ \diagup\;\diagdown \\ H \quad\quad CH_2CH(CH_3)_2 \end{array}$$

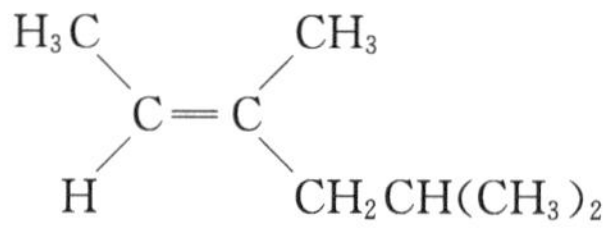

(3)

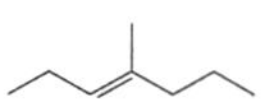

(4)

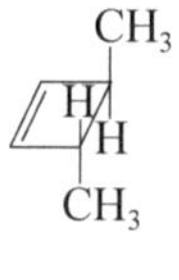

(5) 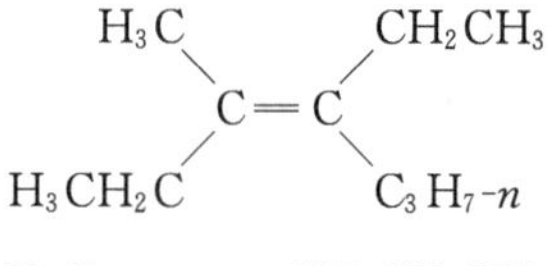
$$\begin{array}{c} H_3C \quad\quad CH_2CH_3 \\ \diagdown\;\diagup \\ C=C \\ \diagup\;\diagdown \\ H_3CH_2C \quad\quad C_3H_7\text{-}n \end{array}$$

(6) $C_2H_5 - \underset{\underset{CH=CH_2}{|}}{CH} - CH_2CH_3$

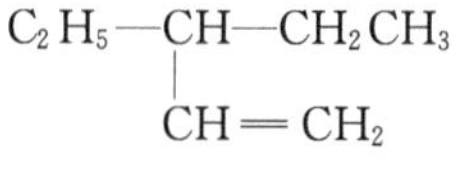

(7)
$$\begin{array}{c} H_3C \quad\quad CH_2CH_2CH_3 \\ \diagdown\;\diagup \\ C=C \\ \diagup\;\diagdown \\ Br \quad\quad C_2H_5 \end{array}$$

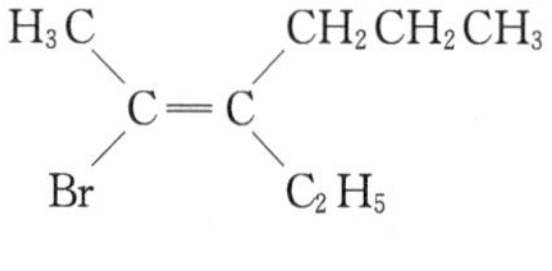

(8)

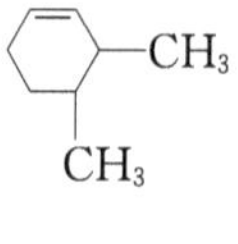

2. 写出下列各基团或化合物的结构式。

(1) 丙烯基   (2) 烯丙基

(3) 异丙烯基   (4) 3-环丙基-1-戊烯

(5) (E)-3,4-二甲基-2-戊烯   (6) 4-异丙基环己烯

(7) (E)-3-甲基-2-己烯   (8) 2,3,4-三甲基-2-戊烯

(9) (E)-5-甲基 3-乙基-2-己烯   (10) (Z)-3-叔丁基-2-庚烯

3. 完成下列反应式。

(1) $(CH_3)_2C=CHCH_3 \xrightarrow[\text{2. } H_2O]{\text{1. } H_2SO_4}$

(2) $(CH_3)_2C=CH_2 \xrightarrow[H_2O_2]{HBr}$

(3) $\underset{\displaystyle CH_3}{CH_3CH_2\overset{\textstyle |}{C}=CH_2} \xrightarrow{O_3} \xrightarrow{Zn/H_2O}$

(4) $\bigcirc + Cl_2 \xrightarrow{\text{高温}}$

(5) $\bigcirc \xrightarrow[300\,℃]{Br_2}$

(6) $\bigcirc-CH_2CH=CH_2 \xrightarrow[\text{2. } H_2O_2]{\text{1. } Hg(OAc)_2}$

(7) $\bigcirc-CH_2CH=CH_2 \xrightarrow[\text{2. } H_2O_2/OH^-]{\text{1. } B_2H_6}$

(8) $\bigcirc \xrightarrow[OH^-]{KMnO_4}$

(9) $C_2H_5CH=CHC_2H_5 \xrightarrow[H^+/\triangle]{KMnO_4}$

(10) $\bigcirc \xrightarrow{C_6H_5CO_3H} \xrightarrow{H_3O^+}$

(11) $\bigcirc-C_2H_5 \xrightarrow[H^+]{KMnO_4}$

(12) $\bigcirc + OsO_4 \xrightarrow{H_2O_2}$

(13) $\bigcirc=CH_2 + B_2H_6 \xrightarrow[OH^-]{H_2O_2}$

(14) $\bigcirc-CH_3 + H_2SO_4 \longrightarrow \xrightarrow{H_3O^+}$

(15) $\bigcirc-CH_3 + NBS \longrightarrow$

(16) $\underset{\text{}}{\bigtriangleup\!\!\!\!\bigtriangledown} + Br_2 \xrightarrow{CCl_4}$

(17) $\bigcirc\!\!\!<^{CH_3}_{CH_3} + OsO_4 \xrightarrow[H_2O]{NaHSO_3}$

(18) $F_3CCH=CH_2 + HI \longrightarrow$

(19) $CH_2=\bigcirc=CH_2 \xrightarrow[H_2O_2/OH^-]{B_2H_6}$

(20) $(CH_3)_2C=CH_2 + ICl \xrightarrow{H^+}$

4. 选择填空。

(1) 下列碳正离子稳定性由大到小的顺序为(　　)。

A. $\overset{+}{C}H_3$　　　　　　B. $(CH_3)_2CH\overset{+}{C}HCH_3$　　　　C. $(CH_3)_2\overset{+}{C}CH_2CH_3$　　　D. $C_2H_5\overset{+}{C}HCH_2$

$\qquad\qquad\qquad\qquad\qquad\qquad\qquad\qquad\qquad\qquad\qquad\qquad\qquad\qquad\qquad\qquad$ CH_3

(2) 下列烯烃最稳定的是(　　　),最不稳定的是(　　　)。

A. 2,3-二甲基-2-丁烯　　　　　　　　　　　B. 3-甲基-2-戊烯

C. 反-3-己烯　　　　　　　　　　　　　　　D. 顺-3-己烯

(3) 按次序规则,下列基团中最优先的基团是(　　　)。

A. —CH=CH_2　　　　B. —CH_2CH_3　　　　C. —$CHClCH_3$　　　　D. —CH_2OH

(4) 下列烯烃氢化热最低的是(　　　)。

A. $CH_3CH_2CH=CH_2$

B.
$$\overset{\displaystyle H\qquad\qquad CH_3}{\underset{\displaystyle H_3C\qquad\qquad H}{C=C}}$$

C.
$$\overset{\displaystyle H_3C\qquad\qquad CH_3}{\underset{\displaystyle H\qquad\qquad H}{C=C}}$$

D. $(CH_3)_2C=CHCH_3$

(5) 下列化合物与 Br_2/CCl_4 加成反应速率由大到小的顺序为(　　　)。

A. $CH_3CH=CH_2$　　　　　　　　　　　　B. $CH_2=CHCH_2COOH$

C. $CH_2=CHCOOH$　　　　　　　　　　　D. $(CH_3)_2C=CHCH_3$

(6) 2-甲基-2-戊烯生成丙酮和丙酸的反应条件是(　　　)。

A. $KMnO_4/OH^-$　　　B. $KMnO_4/H^+$　　　　C. ①O_3,②Zn/H_2O　　D. O_2/Ag

(7) 下列碳正离子中最稳定的是(　　　),最不稳定的是(　　　)。

A. $CH_2=CH\overset{+}{C}HCH_3$　　　　　　　　B. $CH_3\overset{+}{C}HCH_2CH_3$

C. 　　　　　　　　　　　D. $\overset{+}{C}H_2CH_3$

(8) 下列碳正离子的稳定性顺序为(　　　)。

A. 　　　B. 　　　C. 　　　D.

(9) 下列烯烃的稳定性顺序为(　　　)。

A. $CH_2=CH_2$　　　　　　　　　　　　　B. $CH_3—CH=CH_2$

C. $(CH_3)_2CH=CHCH_3$　　　　　　　　　D. $CH_3CH=CHCH_3$

(10) 下列化合物按沸点由高到低顺序为(　　　)。

A. $CH_3CH_2CH=CH_2$

B.
$$\overset{\displaystyle H_3C\qquad\qquad CH_3}{\underset{\displaystyle H\qquad\qquad H}{C=C}}$$

C.
$$\overset{\displaystyle H_3C\qquad\qquad H}{\underset{\displaystyle H\qquad\qquad CH_3}{C=C}}$$

5. 回答问题。

(1) 为什么室温时氯气与双键发生加成反应,而氯气在高温(500℃)时只发生在双键的 α-H 原子的取代反应?

(2) 为什么下面两个反应的位置选择性不同?

A. $CF_3CH=CH_2 \xrightarrow{HCl} CF_3CH_2CH_2Cl$　　　B. $CH_3OCH=CH_2 \xrightarrow{HCl} CH_3OCHClCH_3$

(3) 写出下列反应的反应机理:

A.

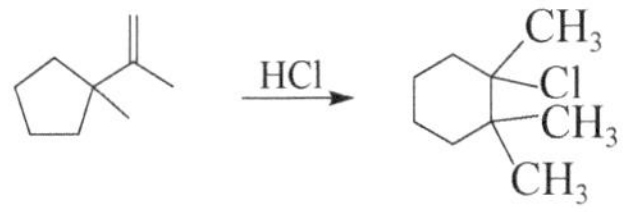

B.

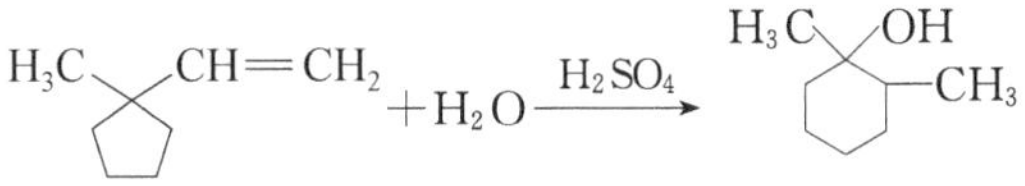

(4) 用什么方法可除去裂化汽油(烷烃)中含有的烯烃?

6. 合成题。

(1) 以丙烯为原料合成 1,2,3-三溴丙烷。

(2) 以异丙醇为原料合成 1-溴丙烷。

(3) 以 1-氯环戊烷为原料合成顺-1,2-环戊二醇。

(4) 以 1-甲基环己烷为原料合成 $CH_3CO(CH_2)_4CHO$。

(5) 以 —CH_2OH 为原料合成 =O

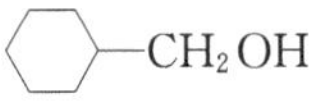

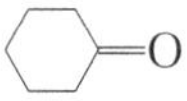

(6) 以 1-溴环戊烷为原料合成反-2-溴环戊醇。

(7) 以 1,2-二甲基环戊醇为原料合成 2,6-庚二酮。

(8) 以 2-溴丙烷为原料合成丙醇。

7. 推测结构。

(1) 某化合物分子式为 C_8H_{16},它可以使溴水褪色,也可以溶于浓硫酸,该化合物被酸性高锰酸钾氧化只得一种产物丁酮,写出该烯烃可能的结构式。

(2) 某烯烃的分子式为 $C_{10}H_{20}$,经臭氧化还原水解后得到 $CH_3COCH(CH_3)_2$。试推导该烯烃的构造式和可能的构型。

(3) 一化合物分子式为 C_8H_{12},在催化下可与 2 mol 氢气加成,C_8H_{12} 经臭氧化后用锌与水分解只得一种产物丁二醛。请推测该化合物的结构,并写出各反应式。

(4) 某烃 C_5H_{10} 不与溴水反应,但在紫外线作用下能与溴反应生成单一产物 C_5H_9Br。用强碱处理此溴化物时转变为 C_5H_8,C_5H_8 经臭氧分解生成 1,5-戊二醛,写出该烃的结构及有关反应式。

(5) 化合物 A 的分子式为 C_6H_{10},在酸性 $KMnO_4$ 溶液中加热回流,反应液中只有环戊酮;A 与 HCl 作用得 B,B 在 KOH 的 C_2H_5OH 溶液中反应得 C,C 能使溴水褪色,C 被臭氧氧化锌还原水解得 $OHCCH_2CH_2CH_2COCH_3$,试推出 A、B、C 的结构式,用反应式说明推测结果并写出 C 和 Br_2 发生加成反应的机理。

(6) 分子式为 C_5H_{10} 的 A、B、C、D、E 五种化合物,A、B、C 三个化合物都可加氢生成异戊烷,A 和 B 与浓 H_2SO_4 加成水解后得到同一种叔醇。而 B 和 C 经硼氢化—氧化水解得到不同的伯醇,化合物 D 不与 $KMnO_4$ 反应,也不与 Br_2 加成,D 在紫外线作用下与溴反应只生成一种产物。E 不与 $KMnO_4$ 反应,但可与 Br_2 加成得到 2-甲基-2,4-二溴丁烷。试写出 A、B、C、D、E 的结构式。

第6章 炔烃和二烯烃

6.1 炔 烃

6.1.1 炔烃的结构

乙炔是最简单的炔烃,乙炔的分子式是 C_2H_2,构造式 H—C≡C—H,它的碳原子为 sp 杂化。

两个 sp 杂化轨道向碳原子核的两边伸展,它们的对称轴在一条直线上,互成180°。

在乙炔分子中,两个碳原子各以一个 sp 轨道互相重叠,形成一个 C—C σ 键,每个碳原子又各以一个 sp 轨道分别与一个氢原子的 1s 轨道重叠形成 C—H σ 键。

此外,每个碳原子还有两个互相垂直的未杂化的 p 轨道(p_y,p_z),它们与另一个碳的两个 p 轨道两两相互侧面重叠形成两个互相垂直的 π 键。

两个正交 p 轨道的总和,其电子云呈环形的面包圈。因此乙炔的叁键是由一个 σ 键和两个相互垂直的 π 键组成。两个 π 键的电子云进一步互相作用,形成了围绕连接两个碳原子核的直线成圆柱状的 π 电子云。

乙炔分子中两个碳原子的 sp 轨道,各有 1/2 s 性质,s 轨道中的电子较接近于核,电子被约束得较牢,sp 轨道比 sp^2 轨道要小,因此 sp 杂化的碳所形成的键比 sp^2 杂化的碳所形成的要短,它的 p 电子云有较多的重叠。

现代物理方法证明:乙炔中所有的原子都在一条直线上,C≡C键的键长为 0.120 nm,比C≡C键的键长短。就是说乙炔分子中两个碳原子较乙烯的距离短,原子核对于电子的吸引力增强了。C≡C键能为 835 kJ·mol^{-1}(第一个 π 键能 225 kJ·mol^{-1},第二个 π 键能为 264.4 kJ·mol^{-1})。

6.1.2　炔烃的命名和异构

炔烃的普通命名法是把乙炔作为母体,其他炔烃作为乙炔的衍生物来命名。例如

$$CH_3-C\equiv C-CH_3$$
二甲基乙炔

炔烃系统命名法和烯烃相似,只需将"烯"字改为"炔"字,如

$$\overset{1}{CH_3}\overset{CH_3}{\underset{|}{\overset{|}{C}}}\overset{2\ 3}{C}\equiv\overset{4}{C}-\overset{5\ 6}{CHCH_3}$$

2,2,5-三甲基-3-己炔

若同时含有叁键和双键,这类化合物称为烯炔。它的命名首先选取含双键和叁键最长的碳链为主链。位次的编号通常使双键具有最小的位次。

$$\overset{1}{CH_2}=\overset{2}{CH}-\overset{3}{CH_2}-\overset{4}{C}\equiv\overset{5}{CH} \qquad \overset{5}{CH_3}\overset{4}{CH}=\overset{3}{CH}\overset{2}{C}\equiv\overset{1}{CH}$$

1-戊烯-4-炔　　　　　　　　　　　　3-戊烯-1-炔

根据炔烃的结构知道,它没有顺反异构体,因此炔烃的同分异构体要比相应的烯烃少。例如,戊烯有六个异构体,而戊炔只有三个。

问题 1　炔烃有没有顺反异构体,为什么?
问题 2　写出含有碳碳叁键的烃 C_6H_{10} 的所有异构体。

6.1.3　炔烃的物理性质

炔烃的物理性质与烯烃相似,也随着炔烃相对分子质量的增加而有规律地变化。炔烃的沸点比对应的烯烃高 10～20℃,相对密度比对应的烯烃稍大,在水里的溶解度也比烷和烯烃大些(表 6-1)。

表 6-1　炔烃的物理常数

名称	熔点/℃	沸点/℃	相对密度(d_4^{20})	折射率(n_{20}^D)
乙炔	−80.8(0.119 MPa)	−48(0.101 MPa)	0.6181	—
丙炔	−101.5	−23.2	0.7062	1.3746(−23.3℃)
1-丁炔	−125.7	8.1	0.6784	—
2-丁炔	−32.26	27	0.6901	1.3939
1-戊炔	−90	40.2	0.6901	1.3860
2-戊炔	−101	56.1	0.7107	1.4045(17.2℃)
3-甲基-1-丁炔	−89.7	29.35	0.6660	1.3785(19℃)
1-己炔	−131.9	71.3	0.7155	1.3990
2-己炔	−89.58	84	0.7315	—
3-己炔	−103	81.5	0.7231	—

6.1.4　炔烃的化学性质

炔烃的化学性质和烯烃相似,也有加成、氧化和聚合等反应。这些反应都发生在叁键上,

叁键是炔烃的官能团。但叁键与双键有所不同,所以炔烃的许多反应与烯烃是有差别的,具有自己独特的性质。

1. 催化氢化

炔烃能与两分子 H_2 加成,而且反应是分步进行的,先加入一分子 H_2,断开第一个 π 键,成为烯烃;然后再加入另一分子 H_2,断开第二个 π 键成为烷烃。

$$R-C\equiv CH \xrightarrow[\text{催化剂 Pd 或 Ni}]{H_2(\text{适量})} R-CH=CH_2 \xrightarrow{H_2}_{Pt} R-CH_2-CH_3$$

$C\equiv C$ 第一个 π 键键能 $225\ kJ\cdot mol^{-1}$,第二个 π 键键能为 $264.4\ kJ\cdot mol^{-1}$,所以反应通常是第一步的速率比第二步快,因此在适当条件下,炔烃的加成可以终止在第一步,生成烯烃衍生物。例如,在弱的氢化催化剂 Pd 或 Ni 和适量的氢气中,炔烃可以被氢化到烯烃。若在强的氢化催化剂 Pt 和过量的氢气中,则炔烃被氢化成烷烃。

$$R-C\equiv CH + H_2(\text{过量}) \xrightarrow{Pt} R-CH_2-CH_3$$

选择一定的催化剂,能使炔烃氢化停留在烯烃阶段,并可控制产物的构型。

Lindlar 催化剂催化氢化反应,主要生成顺式烯烃。Lindlar 催化剂是用乙酸铅钝化后沉积在碳酸钙上的钯($Pd/CaCO_3$)。

$$C_3H_7-C\equiv C-C_3H_7 + H_2 \xrightarrow[\text{乙酸铅}]{Pd/CaCO_3} \begin{array}{c} H_7C_3 \quad C_3H_7 \\ C=C \\ H \qquad H \end{array} \quad 90\%$$

用钠或锂在液氨中还原炔烃生成反式烯烃。

$$C_3H_7-C\equiv C-C_3H_7 \xrightarrow{Li(\text{或 Na}),NH_3(\text{液})} \begin{array}{c} H_7C_3 \quad H \\ C=C \\ H \qquad C_3H_7 \end{array} \quad 52\%$$

炔烃部分氢化时,叁键首先氢化成烯烃。根据催化氢化机理,第一步是氢被吸附在催化剂表面上,然后 π 键打开,H_2 σ 键断裂,形成 $C-H$ σ 键,最后解吸。打开第一个 $C\equiv C$ π 键需 $225\ kJ\cdot mol^{-1}$,打开 $C=C$ 键需 $264.4\ kJ\cdot mol^{-1}$,因此 $C\equiv C$ 优先氢化。

$$C_6H_5CH=C-CH=CH-C\equiv C-C_6H_5 + H_2 \xrightarrow[\text{喹啉}]{Pd-BaSO_4} C_6H_5CH=C-CH=CH-CH=CH-C_6H_5$$
$$\underset{C_6H_5}{\qquad} \qquad\qquad \underset{C_6H_5}{\qquad}$$
$$90\%$$

问题 3 写出反应的产物。

---

2. 亲电加成和亲核加成

乙炔及其取代物与烯烃相似,也可以发生亲电加成反应。

$$H-C\equiv C-H \xrightarrow{X_2} \underset{X}{HC}=\underset{X}{CH} \xrightarrow{X_2} \underset{X}{\overset{X}{CH}}-\underset{X}{\overset{X}{CH}} \quad (X=Cl,Br)$$

炔烃亲电加成时,需首先给出电子对与正离子结合。炔烃与烯烃相比,炔烃的 C≡C 键的碳为 sp 杂化,吸电子能力比较强,故不易给出电子对,所以较烯烃不易进行亲电加成反应。此外,叁键的键长(0.12 nm)比双键的(0.134 nm)短,它的 p 电子云有较多的重叠,所以叁键的 π 键较难被打开。

1) 与卤素的加成

卤素和炔烃反应一般比烯烃的难。例如,乙炔的氯化需在光或催化剂催化下进行。

$$H-C\equiv C-H + X_2 \xrightarrow[\text{催化剂}]{FeCl_3} \underset{X}{HC}=\underset{X}{CH}$$

用 $FeCl_3$ 作催化剂,使卤素分子共价键异裂,易发生亲电反应。

当化合物分子中同时存在双键和叁键,它与溴反应时,首先进行的反应是双键的加成。

$$CH_2=CH-CH_2-C\equiv CH + Br_2 \longrightarrow \underset{Br}{H_2C}-\underset{Br}{CH}-CH_2-C\equiv CH$$

2) 与 HX 的加成

炔烃与烯烃一样,可与卤化氢反应。反应分两步进行,可控制到只进行一步反应,这是一种制卤化烯的方法。

$$R-C\equiv CH \xrightarrow{HX} \underset{X}{R-C}=CH_2 \xrightarrow{HX} \underset{X}{R-\overset{X}{C}}-CH_3$$

$$HC\equiv CH + HCl \xrightarrow[\text{催化剂}]{HgCl_2} CH_2=CHCl$$
氯乙烯

该反应遵循马氏规则。

3) 与 HCN 和 EtOH 的加成

氢氰酸可与乙炔进行加成反应。

$$HC\equiv CH + HCN \xrightarrow{Cu_2Cl_2\text{-}NH_4Cl} CH_2=CH-CN$$
丙烯腈

反应中氰根负离子首先与叁键进行亲核加成形成碳负离子,再与质子作用,完成反应。乙炔或其一元取代物可与带有下列"活泼氢"的有机物,如—OH,—SH,—NH₂,=NH,—CONH₂ 或—COOH 发生加成反应,生成含有双键(乙烯基)的产物。

$$HC\equiv CH + C_2H_5OH \xrightarrow[\text{加热、加压}]{\text{碱}} CH_2=CH-OC_2H_5$$
乙烯基乙醚

4) 水化

在稀酸水溶液中(10% H_2SO_4),炔烃比烯烃容易和水加成。炔烃与水的加成反应常用汞盐作催化剂。例如

$$HC\equiv CH + H-OH \xrightarrow[H_2SO_4]{Hg^{2+}} CH_3CHO$$

这一反应相当于水加到叁键上,先生成一个很不稳定的乙烯醇(H—CH=CH—OH),它

的羟基直接与碳碳双键相连,因此其称为烯醇。它进行分子内部重排成为羰基化合物。

$$HC\equiv CH+H-OH \xrightarrow{HgSO_4} [\ H_2C\!=\!CH\ ] \xrightarrow{重排} CH_3CHO$$
$$\qquad\qquad\qquad\qquad\qquad\quad H\ \ O \qquad\qquad\qquad 乙醛$$

炔烃与 H—OH 的加成反应遵循马氏规则。乙炔水化成乙醛,其他炔烃水化,则生成酮。例如

$$H_3C-C\equiv CH+H-OH \xrightarrow[H_2SO_4]{HgSO_4} CH_3-\overset{\overset{\displaystyle O}{\|}}{C}-CH_3$$
$$\quad\ 丙炔 \qquad\qquad\qquad\qquad\qquad\qquad 丙酮$$

$$H_3C-C\equiv CH+H-OH \longrightarrow CH_3-\overset{}{C}\!=\!CH_2 \xrightarrow{重排} CH_3-\overset{\overset{\displaystyle O}{\|}}{C}-CH_3$$
$$\qquad\qquad\qquad\qquad\qquad\qquad O-H$$

这类反应的缺点是:汞盐毒性大,污染水域,影响健康,所以目前世界各国都在寻找其他的低毒或无毒催化剂。目前工业上主要改用以乙烯为原料的 Wacker 法。其反应是 $PdCl_2$ 催化,而 $CuCl_2$ 辅助催化的乙烯水合为乙醛的反应。

$$CH_2\!=\!CH_2+H_2O \xrightarrow{PdCl_2\text{-}CuCl_2} CH_3CHO$$

新型茚基膦金配合物能高效地催化炔烃水合反应,该反应具有反应条件温和、催化剂用量少、原子经济性好、对环境友好等优点。

$$R^1\!\!\equiv\!\!R^2 \xrightarrow[AgSbF_6,THF/H_2O,80℃,6h]{} R^1\overset{\overset{\displaystyle O}{\|}}{C}\!\!-\!\!CH_2R^2$$

问题 4　如何理解炔烃较烯烃不易进行亲电加成反应?

---

3. 末端炔的酸性和炔化物的生成

叁键碳原子上的氢原子具有微弱酸性($pK_a=25$),可以被金属取代,生成炔化物。因为叁键碳是 sp 杂化轨道与氢原子成键,在 sp 轨道中 s 成分占 $1/2$,比 sp^3 和 sp^2 轨道中的 s 成分都大。杂化轨道的 s 成分越大,电子云越靠近原子核。因此乙炔碳氢键中的电子比在乙烯和乙烷中的更靠近碳原子,这样叁键上的碳氢键的极性增强(容易发生异裂),其上的氢原子具有一定的酸性,可以被金属取代,形成金属化合物,称为炔化物,如乙炔钠的生成。

乙炔在 110℃时能和熔化的金属钠作用,生成乙炔钠并放出氢气;高温时(190～220℃)更能生成乙炔二钠。

$$2HC\equiv CH+2Na \xrightarrow{110℃} 2HC\equiv CNa+H_2$$
$$\qquad\qquad\qquad\qquad\qquad 乙炔钠$$

$$HC\equiv CH+2Na \xrightarrow{190\sim220℃} NaC\equiv CNa+H_2$$
$$\qquad\qquad\qquad\qquad\qquad\quad 乙炔二钠$$

$$2Na+2NH_3 \xrightarrow[-40℃]{液氨} 2NaNH_2+H_2$$

$$NaNH_2 + HC \equiv CH \xrightarrow[-40℃]{液氨} HC \equiv CNa + NH_3$$

先将金属钠和液氨作用,生成 $NaNH_2$,然后再通入乙炔,反应生成乙炔钠。乙炔与硝酸银的氨溶液或氯化亚铜的氨溶液作用如下:

$$HC \equiv CH + 2Ag(NH_3)_2^+ \longrightarrow AgC \equiv CAg \downarrow + 2NH_4^+ + 2NH_3$$
$$乙炔银(白色)$$
$$HC \equiv CH + 2Cu(NH_3)_2^+ \longrightarrow CuC \equiv CCu \downarrow + 2NH_4^+ + 2NH_3$$
$$乙炔亚铜(棕红色)$$

干燥的银或亚铜的炔化物受热或振动时易发生爆炸生成金属和碳。所以,实验完毕后,应立即加稀硝酸把炔化物分解,以免发生危险。

$$AgC \equiv CAg + 2HNO_3 \longrightarrow HC \equiv CH + 2AgNO_3$$

通常含有端基叁键(—$C \equiv CH$)的 1-炔烃都能发生上述反应。例如

$$R—C \equiv CH \begin{cases} \xrightarrow{Ag(NH_3)_2^+} R—C \equiv CAg \\ \xrightarrow{Cu(NH_3)_2^+} R—C \equiv CCu \end{cases}$$

因此,可以用炔烃能否与硝酸银的氨溶液生成白色的银化合物沉淀或与氯化亚铜的氨溶液生成棕红色的亚铜化合物沉淀来鉴定一个烃类化合物是否是 1-炔烃。

4. 氧化

炔烃对氧化剂的敏感性比烯烃稍差,但仍能被氧化剂氧化,使叁键断裂生成羧酸,$\equiv CH$端生成二氧化碳等产物。

1) $KMnO_4$ 氧化

$$R—C \equiv CH \xrightarrow{KMnO_4} R—COOH + CO_2$$
$$羧酸$$

反应后高锰酸钾溶液颜色褪去,这个反应可用作定性鉴定。

2) O_3 氧化

$$R—C \equiv C—R' \xrightarrow[CCl_4]{O_3} \left[R—C \overset{O}{\underset{O-O}{\diagup}} C—R' \right] \xrightarrow{H_2O} R—COOH + R'—COOH$$

炔烃和臭氧作用生成臭氧化合物,它遇水很快被水分解生成酸。可由炔的氧化产物推测炔的结构。叁键比双键难于氧化,当双键和叁键同时存在时,双键首先被氧化。

$$HC \equiv C(CH_2)_7CH = C(CH_3)_2 \xrightarrow{CrO_3} HC \equiv C(CH_2)_7—CH=O + CH_3—\overset{O}{\underset{\|}{C}}—CH_3$$
$$醛 \qquad\qquad 酮$$

上述反应可理解为炔是还原剂,CrO_3 是氧化剂,还原剂失去电子。炔与烯相比,炔不易失去电子,因此不易被氧化。

5. 乙炔的聚合

乙炔与烯烃不同,它一般不聚合成高聚物。在不同的催化剂作用下,乙炔可有选择地发生不同的低聚反应,二聚、三聚、四聚成链形或环状化合物。例如

$$2HC\equiv CH \xrightarrow{Cu_2Cl_2\text{-}NH_4Cl} CH_2=CH-C\equiv CH$$
乙烯基乙炔

$$CH_2=CH-C\equiv CH \xrightarrow{Cu_2Cl_2\text{-}NH_4Cl} CH_2=CH-C\equiv C-CH=CH_2$$ 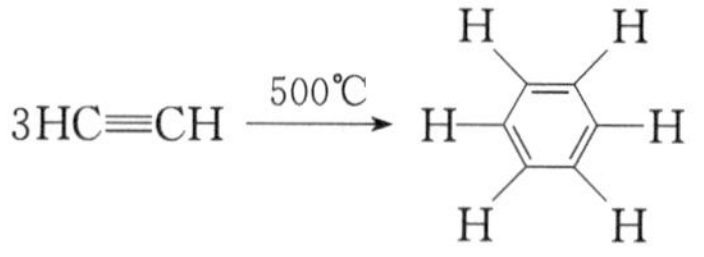
乙烯基乙炔　　　　　　　　　　　　　　　二乙烯基乙炔

$$3HC\equiv CH \xrightarrow{500℃}$$ 苯

上述三聚成苯的反应产量不高,副产物多。而用三苯基膦羰基镍作催化剂,在 60~70℃、1.5 MPa 于苯中反应,苯的产率可达到 80%,但此反应在工业上尚未被采用。

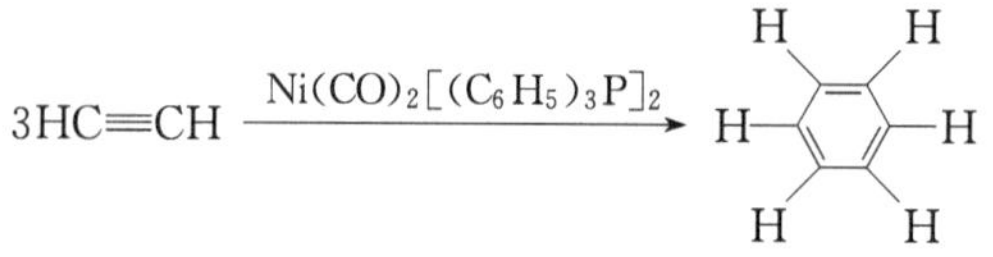

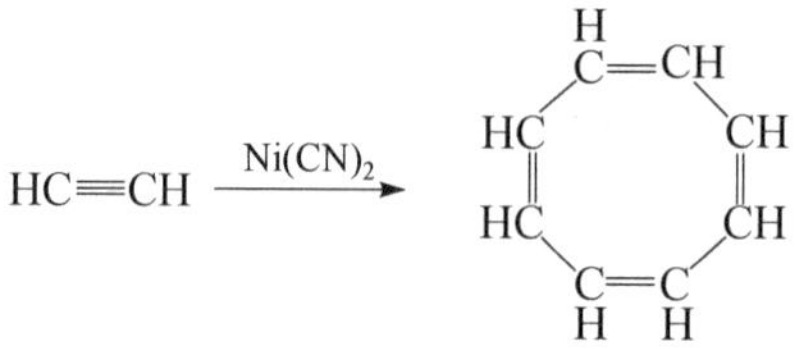

$$3HC\equiv CH \xrightarrow{Ni(CO)_2[(C_6H_5)_3P]_2}$$

$$HC\equiv CH \xrightarrow{Ni(CN)_2}$$
环辛四烯

目前尚未发现环辛四烯的重大工业用途,但它在人们认识芳香族化合物的过程中,起了很大的作用。乙炔发生许多新型反应,制备出许多重要的化合物。环辛四烯就是其中的一个。所以乙炔有多种用途,如合成氯丁橡胶。

6.1.5　炔烃的来源和制法

炔烃的制法主要有两种:一种是与烯烃一样,主要由消除反应制备;另一种是用乙炔或一取代炔烃所生成钠、锂、钾的炔化物与一级卤代烷作用形成更高级炔烃。

1. 由二元卤代烷脱卤化氢

邻二卤代烷的脱卤化氢:

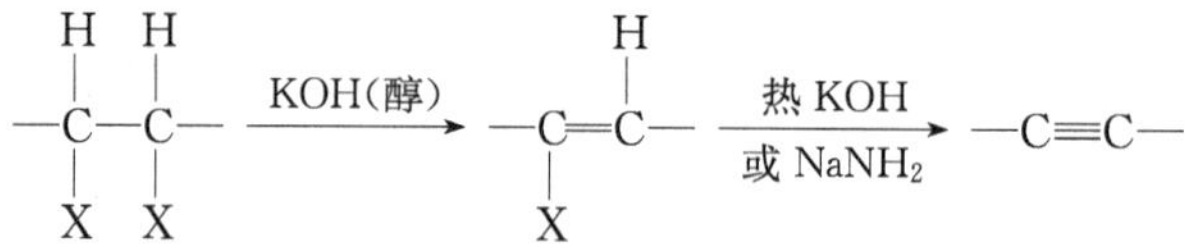

$$\xrightarrow{KOH(醇)} \xrightarrow[\text{或 NaNH}_2]{\text{热 KOH}} -C\equiv C-$$
烯基卤

二卤代烷脱去第一分子卤化氢是比较容易的,这也是制备不饱和卤代烃的一个有用的方法,再脱去第二分子卤化氢较困难,需使用较激烈的条件(热的 KOH 或 NaOH 醇溶液,或较强的碱 NaNH₂)才能形成炔烃。

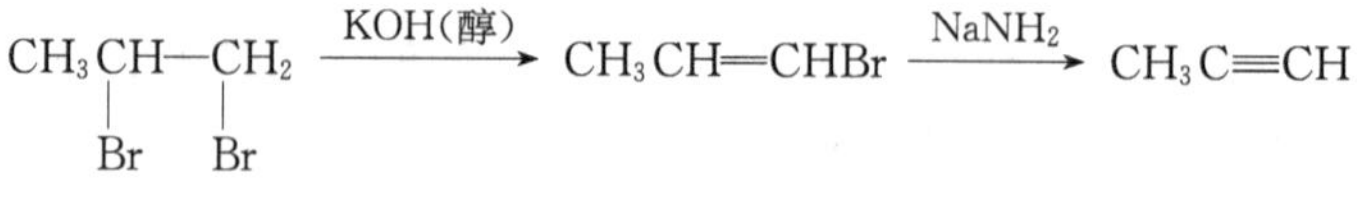

$$CH_3CH-CH_2 \xrightarrow{KOH(醇)} CH_3CH=CHBr \xrightarrow{NaNH_2} CH_3C\equiv CH$$
　　Br　　Br

酮在有吡啶的干燥苯中与 PCl_5 加热,也可制得炔烃。

2. 由炔化物制备

乙炔或一取代炔烃与 $NaNH_2$(KNH_2、$LiNH_2$ 均可)在液氨中形成炔化钠,然后与卤代烷发生 S_N2 反应,形成更高级炔烃。

$$R-C\equiv CLi \xrightarrow{R'X} R-C\equiv C-R'$$
$$HC\equiv CNa + CH_3CH_2I \longrightarrow HC\equiv C-CH_2CH_3 + NaI$$
$$\text{伯卤代烷}$$

卤代烷以一级最好,β-位有侧链的一级卤代烷及二级、三级卤代烷易发生消除反应,使卤代烷变为烯,不能用于合成更高级炔烃。

问题 5　用指定原料进行合成。
(1) 丙烯合成 2-丁炔　　　　(2) 1-丁炔合成(Z)-2-戊烯

6.1.6　重要的炔烃

乙炔是基本有机合成原料,是工业上唯一重要的炔烃。

1. 制法

乙炔的工业制法主要有两种。
1) 电石法
在电炉中将生石灰和焦炭熔融,生成碳化钙(电石),然后水解生成乙炔。

$$CaO + 3C \xrightarrow[3000℃]{\text{电炉}} CaC_2 + CO\uparrow$$
$$\text{电石(碳化钙)}$$
$$CaC_2 + 2H_2O \longrightarrow Ca(OH)_2 + HC\equiv CH$$

2) 由烃类裂解
德国首先使用甲烷或其他的烷烃在电弧中裂解或通过甲烷在高温下部分氧化而制得。

$$2CH_4 \xrightarrow[\text{或电弧法}]{\text{部分氧化法}} HC\equiv CH + 3H_2$$

2. 性质

乙炔易溶于丙酮。为了运输和使用的安全,通常把乙炔在 1.2 MPa 下压入盛满丙酮浸润的饱和多孔性物质(如硅藻土、软木屑或石棉)的钢瓶中。乙炔是易爆炸的物质,高压的乙炔、液态或固态的乙炔受到敲打或碰击时容易爆炸。但乙炔的丙酮溶液是安全的,因此把它溶于丙酮中可避免爆炸的危险。

3. 用途

乙炔最早用作照明,燃烧时产生白光。乙炔和氧气燃烧时的氧炔焰温度可达 2700℃。因此,目前乙炔的主要用途之一是用氧炔焰来焊接和切割铁和钢。乙炔由于价格低和化学活性强,它的另一主要用途便是广泛用作各种重要有机化合物的原料。乙炔可以在不同催化剂作用下,制备乙醛、乙酸、酮类及塑料、合成纤维和橡胶等高分子化合物。

问题 6 完成下列反应式:

$$HC\equiv CH + CH_3COOH \xrightarrow[\text{加热}]{\text{催化剂}}$$

6.2　二　烯　烃

二烯烃和炔烃的通式都是 C_nH_{2n-2},但彼此的官能团不同,因此性质不同。

6.2.1　二烯烃的分类和命名

分子中含有两个 C ＝C 双键的不饱和烃称为二烯烃。

1. 分类

根据二烯烃中两个双键的相对位置可把二烯烃分为如下三类。

(1) 累积(聚集)二烯烃:含有 $\underset{\diagup}{C}{=}C{=}\underset{\diagdown}{C}$ 体系的二烯烃,如丙二烯 $CH_2\!=\!C\!=\!CH_2$,两个双键积累在同一个碳原子上。累积双键很不稳定,存在和应用都不甚普遍,这里不作深入讨论。

(2) 共轭二烯烃:两个双键被一个单键隔开,即含有 $\underset{\diagup}{C}{=}C{-}C{=}\underset{\diagdown}{C}$ 体系的二烯烃,如 1,3-丁二烯($CH_2\!=\!CH\!-\!CH\!=\!CH_2$),这样的体系称为共轭体系,这样的两个双键称为共轭双键。

(3) 孤立(隔离)二烯烃:两个双键被两个或两个以上单键隔开的二烯烃称为孤立二烯烃,即 $\underset{\diagup}{C}{=}CH{-}(CH_2)_n{-}CH{=}\underset{\diagdown}{C}$ ($n\!\geqslant\!1$)的体系,如 1,4-戊二烯 $CH_2\!=\!CH\!-\!CH_2\!-\!CH\!=\!CH_2$。孤立二烯烃的性质和单烯烃相似。

2. 二烯烃的系统命名法

二烯烃的命名和烯烃相似,命名时,将双键的数目用汉字表示,位次用阿拉伯数字表示。例如

$$\overset{1}{C}H_2\!=\!\overset{2}{C}\!-\!\overset{3}{C}H\!=\!\overset{4}{C}H_2 \qquad\qquad \overset{1}{C}H_2\!=\!\overset{2}{C}H\!-\!\overset{3}{C}H\!=\!\overset{4}{C}H\!-\!\overset{5}{C}H\!=\!\overset{6}{C}H_2$$
$$\quad\;\;| $$
$$\quad\;CH_3$$

2-甲基-1,3-丁二烯(俗名:异戊二烯)　　　　　　　　　1,3,5-己三烯

多烯烃的顺、反异构体,则用顺、反或 Z、E 表示:

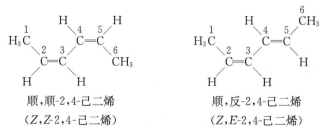

顺,顺-2,4-己二烯　　　　　　　　　顺,反-2,4-己二烯

(Z,Z-2,4-己二烯)　　　　　　　　　(Z,E-2,4-己二烯)

1,3-丁二烯分子中两个双键可以在碳原子 2、3 之间的同一侧或在相反的一侧,这两种构象式分别称为 s-顺式和 s-反式[s 表示连接两个双键之间的单键(single bond)]。

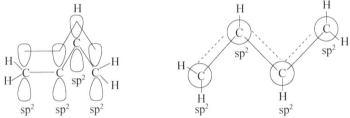

s-顺-1,3-丁二烯　　　　　　　s-反-1,3-丁二烯
[s-(Z)-1,3-丁二烯]　　　　　[s-(E)-1,3-丁二烯]

问题 7　如果孤立双键或共轭双键型多烯烃分子中存在 n 个双键,那么应该有多少个顺反异构体? 例如,$CH_3HC\!=\!CHCH\!=\!CHCH\!=\!CHCH_3$ 和 $CH_3HC\!=\!CHCH\!=\!CHCH\!=\!CHC_2H_5$。

6.2.2　共轭二烯烃的结构与稳定性

共轭烯烃有一些与一般烯烃不同的特性。1,3-丁二烯是最简单的共轭烯烃,它的沸点是 $-4.4℃$,熔点是 $-108.9℃$,由于它在常温常压下为气体,因此一般都是在压力下把它保存在钢瓶中。1,3-丁二烯的结构为

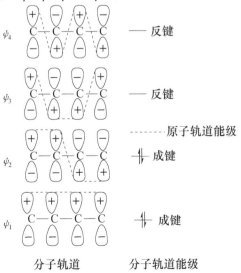

在 1,3-丁二烯分子中,每个碳原子都以 sp² 轨道相互重叠或与氢原子的 1s 轨道重叠,形成三个 C—C σ 键和六个 C—H σ 键。这些 σ 键都处在同一个平面上,它们之间的夹角都接近 120°,此外每个碳原子还剩下一个未参加杂化与 σ 键平面垂直的 p 轨道。四个 p 轨道沿互相平行的对称轴侧面互相重叠,形成了包含四个碳原子的四个电子 π 共轭体系。

用分子轨道理论也可以导出同样的结果。分子轨道法的近似处理主要着眼于 1,3-丁二烯的四个 p 轨道,通过四个原子轨道的线性组合形成四个 π 电子的分子轨道,其中有两个成键轨道和两个反键轨道,分别以 ψ_1、ψ_2、ψ_3 和 ψ_4 来表示。

在基态时四个 p 电子都在 ψ_1 和 ψ_2 中,而 ψ_3、ψ_4 则全空着。这说明在 ψ_1 轨道中 π 电子云的分布对所有的碳碳键都加强;从 ψ_2 分子轨道中可以看出 C_1—C_2 与 C_3—C_4 之间的键加强了,但 C_2—C_3 之间无电子云。从成键轨道 ψ_1、ψ_2 电子云分布看出,所有的键都具有 π 键的性质,但 C_2—C_3 键所具有的 π 键性质小些。

用电子衍射法测定 1,3-丁二烯的各键长为:C_2—C_3 单键是 0.1483 nm,比乙烷的 C—C 键长 0.1534 nm 短,具有部分双键性质。C=C 双键是 0.1337 nm,比普通的 C=C 双键 (0.134 nm)略短。

共轭效应不仅表现为使 1,3-丁二烯的碳碳单键键长缩短,键能加大,使单双键产生了平均化的趋势。而且由于电子离域的结果,化合物能量显著降低,稳定性明显增加。从氢化热的数据分析也可得到同样结果,如 CH_2=CH—CH=CH_2 的氢化热预计为 125.5+125.5=251 (kJ·mol^{-1}),而实测为 238 kJ·mol^{-1},比预计的低。这说明共轭二烯烃的能量比相应的孤立二烯烃低,这是由 p 电子的离域引起的,称为离域能[E=251(预计)−238(实测)=13 (kJ·mol^{-1})]或共轭能。电子的离域越明显,离域能越大,则体系能量越低,化合物越稳定。

6.2.3 二烯烃的物理性质

丙二烯、丁二烯在室温下为气体,异戊二烯为液体,它们的相对密度小于 1。共轭二烯分子的折射率都比隔离二烯高一些,这说明共轭体系的电子体系是很容易极化的。共轭二烯的体系比非共轭二烯的体系要稳定些,可以从前面所述的氢化热数据看出。

6.2.4 共轭二烯烃的化学性质

1. 亲电加成反应(1,4-和1,2-加成)

共轭二烯烃由于其结构的特殊性,与亲电试剂——卤素、卤化氢等能进行 1,4-和 1,2-加成反应。例如

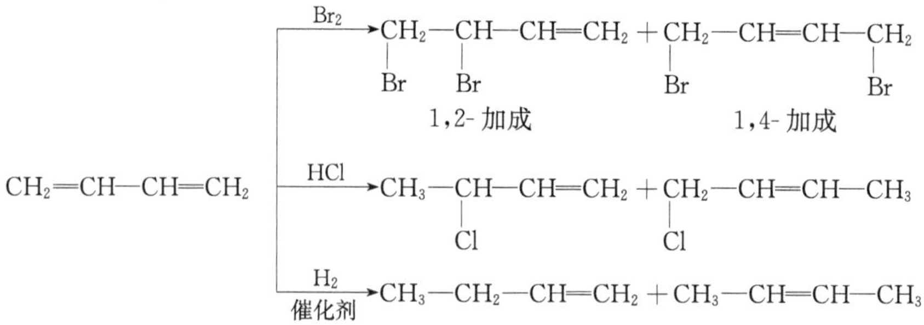

共轭二烯烃加成时有两种加成方式。试剂不仅可以加到一个双键上,也可以加到共轭体系两端的碳原子上,前者称为 1,2-加成,产物在原来的位置上保留一个双键;后者称为 1,4-加成,原来的两个双键消失了,而在 2、3 两个碳原子间生成一个新的双键。反应机理表示如下。

共轭二烯烃与溴、卤化氢等的加成反应和单烯烃相似,也是分两步进行的。

第一步

$$CH_2=CH-CH=CH_2 + Br_2 \longrightarrow CH_2=CH-\overset{+}{CH}-CH_2 + CH_2=CH-CH-\overset{+}{CH_2}$$
$$\underset{Br}{|} \qquad\qquad \underset{Br}{|}$$
　　　　　　　　　　　　　　　（Ⅰ）稳定　　　　　　　　　（Ⅱ）不稳定

因为碳正离子（Ⅰ）比（Ⅱ）稳定，第一步主要是通过形成碳正离子（Ⅰ）进行的。

第二步

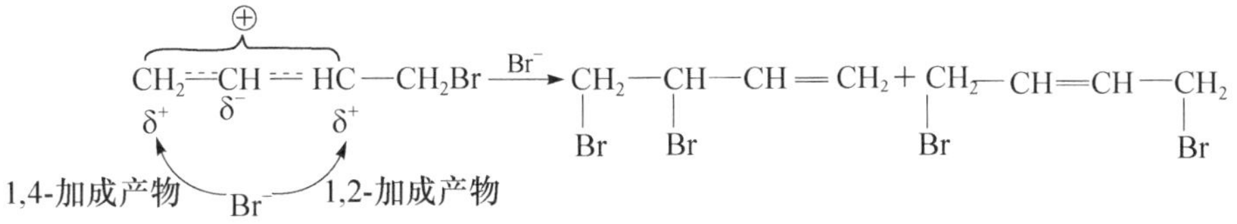

1,4-加成产物　　　　Br　　1,2-加成产物

　　　　　　　　　　　1,2-加成产物　　　　　1,4-加成产物

1,2-加成和 1,4-加成产物的比例取决于反应条件，如

$$CH_2=CH-CH=CH_2 + HBr \longrightarrow CH_2=CH-CH-CH_2 + CH_2-CH=CH-CH_2$$
$$\underset{Br}{|}\ \underset{H}{|} \qquad \underset{Br}{|} \qquad\qquad \underset{H}{|}$$

　　　　　　　　　　　　　1,2-加成产物　　1,4-加成产物（稳定）

温度－80℃　　　　　　　　80%　　　　　　　20%

　　　40℃　　　　　　　　20%　　　　　　　80%

这说明 1,2-加成的活化能比 1,4-加成的小，所以低温时 1,2-加成反应快，产率高。随着温度升高，1,4-产物占优势，说明它是比较稳定的产物。

问题 8　1,3-丁二烯与 Cl_2 发生自由基加成反应，为什么主要生成 1,4-加成产物？

---

2. 第尔斯-阿尔德反应

共轭二烯与含碳碳双键、叁键的亲双烯体化合物也可发生 1,4-加成反应，生成环状化合物。一般只要求在光和热的作用下进行，不需要催化剂。而且一般认为是一步进行的协同反应，没有活性中间体生成。这一类型的反应又称为双烯合成或第尔斯-阿尔德（Diels-Alder）反应。最简单的例子是 1,3-丁二烯与乙烯的加成。

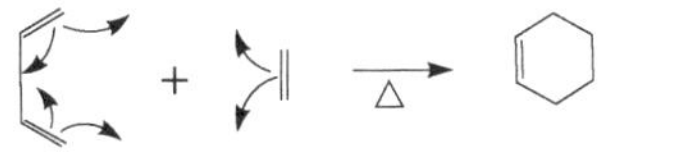

　　　共轭二烯　　亲双烯组分　　加成产物

一般把进行双烯合成反应的共轭二烯称为双烯体，而把与共轭二烯进行双烯合成的不饱和化合物如乙炔称为亲双烯体。

双烯合成反应的反应速率与双烯体和亲双烯体不饱和键上所连取代基的性质有关。通常双烯体的双键碳原子上连有给电子基团（如—R、—OR 等），亲双烯体的双键碳原子上连有强的吸电子基团[如—COR（H）、—COOR、—CN、—NO_2 等]时，反应速率加快，反应较容易进行。例如，用 1,3-丁二烯与顺丁烯二酸酐在苯中加热反应，可以定量地生成相应的环己烯衍生物。

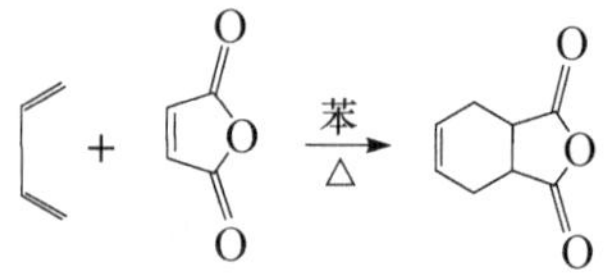

1,2,5,6-四氢化苯二甲酸酐

双烯合成反应是立体定向性很强的顺式加成反应,反应产物保留双烯体和亲双烯体原来的构型,例如

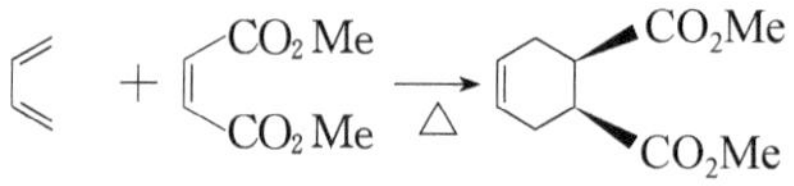

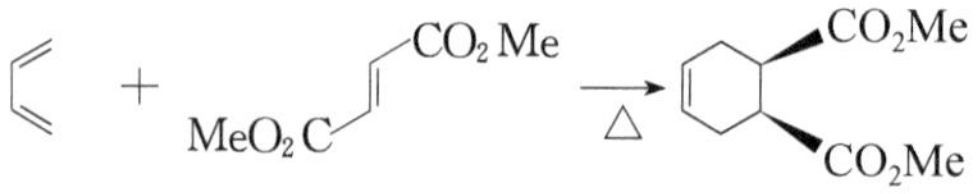

若双烯体和亲双烯体分子中各有一个取代基时,所生成的加成产物有两种异构体,其中主要生成邻、对位产物。例如

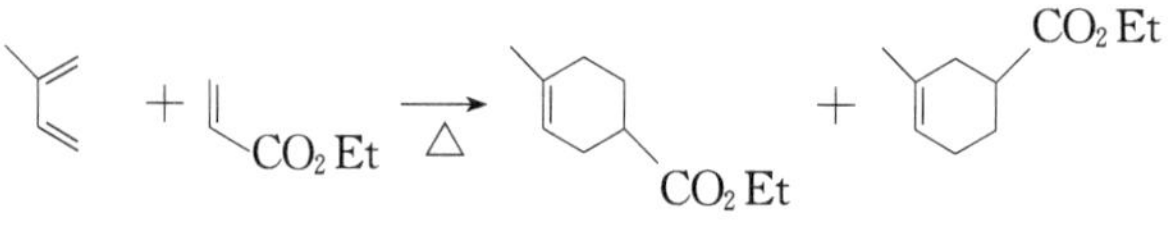

主要产物

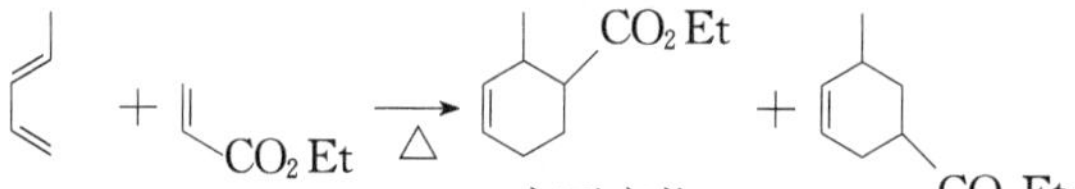

主要产物

双烯合成是共轭二烯烃的特征反应之一,在理论研究上占有重要地位。通过双烯合成也可以制备六元环的有机化合物,具有生产上的实际意义。同时,顺式丁烯二酸酐与共轭二烯烃的双烯合成产物在上述反应条件下为固体,所以也可以利用此反应鉴别和提纯共轭二烯烃。

3. 聚合反应

和孤立的烯烃一样,共轭二烯自身或与其他烯烃也可以进行聚合反应,而且比一般的烯烃更容易。产物主要经由 1,4-加成而来,与孤立烯烃发生聚合后的产物不同,共轭二烯聚合反应后生成的产物中每一个单元仍含有双键。例如

$$n\text{CH}_2\text{=CH-CH=CH}_2 \xrightarrow{\text{聚合}} \left[\text{CH}_2\text{-CH=CH-CH}_2\right]_n$$

这一反应是制造合成橡胶的基础,因此共轭二烯烃的聚合在工业上是十分重要的。天然橡胶就是共轭二烯 2-甲基-1,3-丁二烯或俗称为异戊二烯的聚合物。

$$n\text{CH}_2\text{=}\overset{\overset{\text{CH}_3}{|}}{\text{C}}\text{-CH=CH}_2 \xrightarrow{\text{聚合}} \left[\text{CH}_2\text{-}\overset{\overset{\text{CH}_3}{|}}{\text{C}}\text{=CH-CH}_2\right]_n$$

天然橡胶非常黏,不实用,所以必须经过一个所谓"硫化"的过程,实际上是将顺聚异戊二烯的某些烯丙基氢硫化后再交联起来的过程。

6.2.5　速率控制与平衡控制

假如下列 A、B、C 之间所有反应均是可逆的。

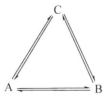

如果一个化合物 A,在缓和条件下可以生成 B;而在较为剧烈的条件下生成产物 C,则意味着 B 的形成要快于 C 的形成,这是由其活化能大小决定的。

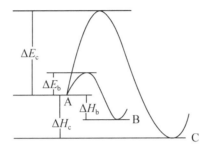

当反应在低温下进行时,一般反应都处于不可逆状态,因此难于达到平衡。也就是说由于给出的能量很低,只能提供反应物 A 超越一定能垒形成 B,而这种能量不足以使 B 回复到 A,再反应而成产物 C,但是 B 产物形成较快,因此成为主要产物。这种反应称为速率控制(也称动力学控制)的反应。在反应未达到平衡前,利用反应快速的特点来控制产物组成的比例,这种反应称为速率控制。

当反应在高温较为剧烈的条件下进行时,反应过程变为可逆,并可达到平衡。这时,由于产物 C 比较稳定,反应可以在产物方向中进行选择,因为二者可以相互转化。因此在可逆反应中,处于平衡体系中热力学稳定产物将占优势。这种反应称为平衡控制(也称热力学控制)的反应。利用达到平衡来控制产物组成比例的反应称为平衡控制。

在平衡控制反应中,B $\rightleftharpoons$ A $\rightleftharpoons$ C,C 比 B 稳定,B 能超越能垒又回到 A,A 形成 C,因 C 稳定,逆反应 C $\longrightarrow$ A 不易发生,因此最终产物为 C。

在共轭体系的加成反应中,溴化氢和 1,3-丁二烯在低温(-80°C)缓和条件下的反应,是以速率控制的 1,2-加成产物为主。而在较高的反应温度(40°C)时,反应可以可逆地达到平衡,此时则以热力学稳定的 1,4-加成产物为主。可用如下反应进程中的势能曲线表示。

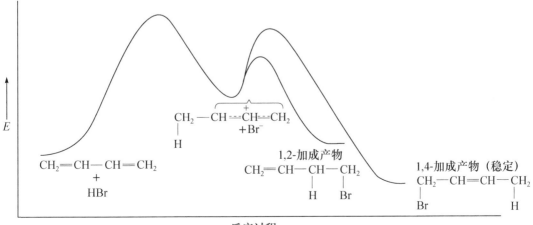

$$CH_2 \overset{+}{-} CH-CH \!=\! CH_2 \longleftrightarrow CH_3-CH \!=\! CH \overset{+}{-} CH_2$$

$$CH_3 \underset{\delta^+}{-} CH \!=\!\!=\!\! \underset{H}{C} \!=\!\!=\! \underset{\delta^+}{CH_2}$$

$$Br^-$$

活化能低   活化能高

在较高的反应温度(40℃)时,生成的1,2-加成产物容易迅速转化为碳正离子而建立平衡。同时,温度升高使碳正离子获得更多的能量,可以满足1,4-加成时较高活化能的需要,因而又加速了1,4-加成反应的进行。此时,尽管加成反应速率加快,而溴化物解离为碳正离子和溴离子的速率也加快,正反应和逆反应达到平衡。因为1,4-加成产物较稳定,一旦生成后就不容易逆转,故在平衡混合物中较稳定的1,4-加成产物就占优势了,反应为平衡控制或热力学控制。

一般通过缩短反应时间或降低温度等手段,可达到速率控制的目的,而可以通过延长反应时间或提高反应温度使其达到平衡点来达到平衡控制。

6.2.6 重要二烯烃的来源和制法

1. 1,3-丁二烯

1,3-丁二烯是生产合成橡胶的主要原料,工业上有多种合成方法。目前由于石油工业的发展、催化剂的使用及化工技术的进步,丁二烯的主要来源是从石油裂解和脱氢而来的。石油裂解产生的1-丁烯及2-丁烯等在催化剂的作用下脱氢,产生1,3-丁二烯;近来更偏重于由丁烷一步脱氢,产生1,3-丁二烯,如

$$CH_3CH_2CH_2CH_3 \xrightarrow{催化剂} \begin{cases} CH_3-CH_2-CH \!=\! CH_2 \\ \\ CH_3-CH \!=\! CH-CH_3 \end{cases} \xrightarrow{催化剂} CH_2 \!=\! CH-CH \!=\! CH_2$$

许多取代的丁二烯及其本身可以用一个普通的方法制备,就是利用炔烃的活泼氢和羰基化合物在催化剂的作用下,先发生亲核加成作用,然后氢化和失水,即得共轭双烯。

$$\underset{H}{\overset{H}{|}}{C} \!=\! O + HC \!\equiv\! CH + \underset{H}{\overset{H}{|}}{C} \!=\! O \longrightarrow HO-CH_2-C \!\equiv\! C-CH_2-OH$$

$$\xrightarrow[Ni]{2H_2} HOCH_2CH_2CH_2CH_2OH \xrightarrow{-2H_2O} CH_2 \!=\! CH-CH \!=\! CH_2$$

2. 异戊二烯

异戊二烯是橡胶解聚后取得的单体,它可以用上面类似的方法合成,这个反应称为法沃斯基反应。

$$H_3C \underset{}{\overset{CH_3}{\underset{|}{C}}} \!=\! O + HC \!\equiv\! CH \xrightarrow{KOH} H_3C \underset{OH}{\overset{CH_3}{\underset{|}{\overset{|}{C}}}} \!-\! C \!\equiv\! CH \xrightarrow{H_2/Pd}$$

$$CH_3 \!-\! \underset{HO}{\overset{H_3C}{\underset{|}{\overset{|}{C}}}} \!-\! CH \!=\! CH_2 \xrightarrow[-H_2O]{Al_2O_3} CH_2 \!=\! \underset{CH_3}{\overset{}{\underset{|}{C}}} \!-\! CH \!=\! CH_2$$

习　题

1. 写出 C_6H_{10} 的所有炔烃异构体的构造式,并用系统命名法命名之。

2. 命名下列化合物。

    (1) $(CH_3)_3CC\equiv CCH_2C(CH_3)_3$ (2) $n\text{-}C_4H_9-C\equiv C-CH_3$

    (3) $CH_3CH\equiv CHCH(CH_3)C\equiv C-CH_3$ (4) $HC\equiv C-C\equiv C-CH\equiv CH_2$

    (5)
$$\begin{array}{cc} H_3C & HC\!=\!CH \\ & \diagdown\quad\diagup \\ HC\!=\!C & CH_3 \\ & | \\ & C(CH_3)_3 \end{array}$$

3. 写出下列化合物的构造式,并用系统命名法命名。

    (1) 烯丙基乙炔   (2) 丙烯基乙炔   (3) 二叔丁基乙炔   (4) 异丙基仲丁基乙炔

4. 下列化合物是否存在顺反异构体,如存在则写出其构型式。

    (1) $CH_3CH\equiv CHC_2H_5$ (2) $CH_3CH\equiv C\equiv CHCH_3$

    (3) $CH_3C\equiv CCH_3$ (4) $HC\equiv C-CH\equiv CH-CH_3$

5. 利用共价键的键能计算如下反应在 25℃ 气态下的反应热。

    (1) $HC\equiv CH + Br_2 \longrightarrow CHBr\equiv CHBr$ $\Delta H=?$

    (2) $2HC\equiv CH \longrightarrow CH_2\equiv CH-C\equiv CH$ $\Delta H=?$

    (3) $CH_3C\equiv CH + HBr \longrightarrow CH_3-CBr\equiv CH_2$ $\Delta H=?$

6. 1,3-戊二烯氢化热的实测值为 226 $kJ\cdot mol^{-1}$,与 1,4-戊二烯相比,它的离域能为多少?

7. 利用共价键进行计算,证明乙醛比乙烯醇稳定。

8. 写出下列反应的产物。

    (1) $CH_3CH_2CH_2-C\equiv CH + HBr(过量) \longrightarrow$

    (2) $CH_3CH_2CH_2-C\equiv C-CH_2CH_3 + H_2O \xrightarrow{\ HgSO_4+H_2SO_4\ }$

    (3) $CH_3-C\equiv CH + Ag(NH_3)_2^+ \longrightarrow$

    (4) $CH_2\!=\!\underset{\underset{\displaystyle Cl}{|}}{C}\!-\!CH\!=\!CH_2 \xrightarrow{\ 聚合\ }$

    (5) $CH_3-C\equiv C-CH_3 + HBr \longrightarrow$

    (6) $CH_3-CH\equiv CH(CH_2)_2CH_3 \xrightarrow{Br_2} ? \xrightarrow{NaNH_2} ? \xrightarrow{?} 顺\text{-}2\text{-}己烯$

    (7) $CH_2\!=\!CH-CH_2-C\equiv CH + Br_2 \longrightarrow$

    (8) $\diagup\!\!\diagdown\!\!\diagup\!\!|\ \ \xrightarrow[\ 450℃\ ]{Cl_2}$

    (9) $\diagup\!\!\diagdown\!\!\diagup\ \ \xrightarrow[\ H_2O_2\ ]{HBr}$

9. 用化学方法区别下列化合物。

    (1) 2-甲基丁烷,3-甲基-1-丁炔,3-甲基-1-丁烯   (2) 1-戊炔,2-戊炔。

10. 1.0 g 戊烷和戊烯的混合物,使 5 mL Br_2-CCl_4 溶液(每 1000 mL 含 160 g 溴)褪色,求此混合物中戊烯的质量分数。

11. 有一炔烃,分子式为 C_6H_{10},当它加 H_2 后可生成 2-甲基戊烷,它与硝酸银溶液作用生成白色沉淀,求这一炔烃构造式。

12. 某二烯烃和一分子 Br_2 加成的结果生成 2,5-二溴-3-己烯,该二烯烃经臭氧分解而生成两分子 CH_3CHO

和一分子乙二酸。

(1) 写出某二烯烃的构造式。

(2) 若上述的二溴产物,再加一分子溴,得到的产物是什么?

13. 某化合物的相对分子质量为82,1 mol 该化合物可吸收 2 mol H_2,当它和 $Ag(NH_3)_2^+$ 溶液作用时,没有沉淀生成,当它吸收 1 mol H_2 时,产物为 2,3-二甲基-1-丁烯,写出该化合物的构造式。

14. 从乙炔出发合成下列化合物,其他试剂可以任选。

(1) 氯乙烯　　(2) 1,1-二溴乙烷　　(3) 1,2-二氯乙烷　　(4) 1-戊炔

(5) 2-己炔　　(6) 顺-2-丁烯　　　　(7) 反-2-丁烯　　　(8) 乙醛

15. 指出下列化合物可由哪些原料通过双烯合成制得。

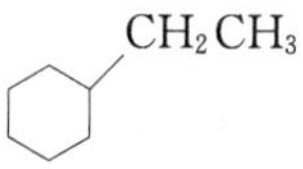

16. 以丙炔为原料合成下列化合物。

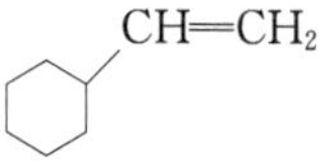

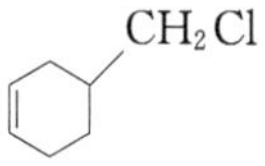

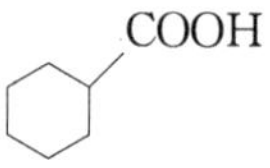

(1) CH_3—CH—CH_3　　(2) $CH_3CH_2CH_2OH$　　(3) CH_3COCH_3
　　　　　|
　　　　　Br

(4) 正己烷　　　　　　　(5) 2,2-二溴丙烷

17. 何谓平衡控制? 何谓速率控制? 并解释下列事实。

(1) 1,3-丁二烯和 HBr 加成时,1,2-加成比 1,4-加成快;

(2) 1,3-丁二烯和 HBr 加成时,1,4-加成比 1,2-加成产物稳定。

18. 用什么方法区别乙烷、乙烯、乙炔,用方程式表示。

19. 写出下列各反应中"?"化合物的构造式

(1) CH_3—C≡CH $\xrightarrow{\text{水化}}$?

(2) HC≡$CCH_2CH_2CH_3$ $\xrightarrow{Ag(NH_3)_2^+}$? $\xrightarrow{HNO_3}$?

(3) CH_3—C≡CNa + H_2O ⟶ ?

(4) CH_2=C—CH=CH_2 + HCl ⟶ ? + ?
　　　　　|
　　　　　CH_3

(5) 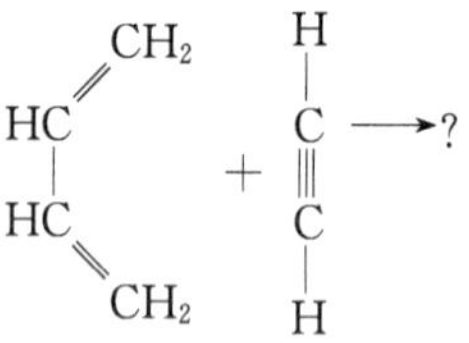 ⟶ ?

(6) $CH_3CH_2CH_2$—C≡C—CH_3 $\xrightarrow[\text{OH}^-, H_2O/\triangle]{KMnO_4}$? + ?

(7) $CH_3CH_2CH_2$—C≡C—CH_3 $\xrightarrow[H_2O]{O_3}$? + ?

第7章 对映异构

7.1 旋 光 性

7.1.1 平面偏振光

光是一种电磁波,具有波粒二象性,光波的振动方向垂直于其前进的方向。普通光在所有垂直于其前进方向的平面上振动。如果让一束普通光通过一个电气石制的棱镜(又称尼科尔棱镜)或者其他的偏振片,只有在与棱镜晶轴平行的平面上振动的射线才能全部通过。假如这个棱镜的晶轴是直立的,那么只有在这个垂直平面上振动的射线才能通过,这种通过棱镜后产生的只在一个平面上振动的光称为平面偏振光,简称偏振光,如图 7-1 所示。

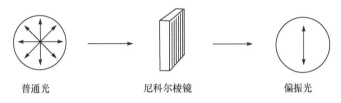

普通光　　　　　　尼科尔棱镜　　　　　偏振光

图 7-1　偏振光的形成

7.1.2 旋光仪、旋光物质、旋光度

当偏振光通过某种介质时,有的介质对偏振光不起作用,偏振光仍在原方向上振动,但有的介质却能使偏振光的振动方向发生一定角度的偏转,这种能使偏振光的振动方向发生偏转的性质称为旋光性。能使偏振光右旋的物质,称为右旋物质,通常用"＋"表示;反之,称为左旋物质,通常用"－"表示。

物质旋光性的大小可以由旋光仪测量。旋光仪的组成包括两个棱镜和一个光源,在两个棱镜中间有一个盛放样品的石英管。第一个棱镜固定不动,称为起偏镜,它把光源投入的光变成偏振光。第二个可以转动,它与旋转刻度盘相连,称为检偏镜,用来测定偏振光振动平面的旋转角度。盛液管用以盛放待测样品,检偏镜前还有一用以观察用的目镜(图 7-2 未画出)。图 7-2 是旋光仪的工作原理示意图。旋光性有机物(溶液或液体)放在盛液管中。偏振光经过盛液管后,盛液管中液体引起偏振光旋转,这时需要将检偏镜转动一定角度后,才能观察到透过的偏振光。转动角(α)的度数就是试样的旋光度。旋光度用符号 α_λ^t 表示,t 为测定时的温度,λ 为光的波长。

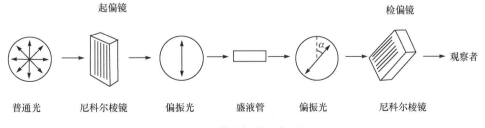

起偏镜　　　　　　　　　　　　　　　　　　　　　　检偏镜

普通光　　尼科尔棱镜　　偏振光　　盛液管　　偏振光　　尼科尔棱镜　　→观察者

图 7-2　旋光仪的工作原理

7.1.3　比旋光度、分子比旋光度

影响旋光度的因素是很多的,除了分子本身的结构外,旋光度的大小与管内所盛放物质的浓度、温度、旋光管的长度、光波的长短以及溶剂的性质等有关系。如果能把结构以外的影响因素都固定,则此时测出的旋光度就是一个旋光物质特有的常数。因此,为了比较不同物质的旋光性,通常采用比旋光度(specific rotation)来描述物质的旋光性,规定 1 mL 含 1 g 旋光性物质的溶液,放在 1 dm(10 cm)长的盛液管中测得的旋光度称为该物质的比旋光度。比旋光度是旋光性物质特有的物理常数,通常用 $[\alpha]_\lambda^t$ 表示,t 为测定时的温度,一般是室温(15~30℃),λ 为测定时光的波长,一般采用钠光(波长为 589 nm,用符号 D 表示)。

例如,肌肉乳酸的比旋光度为

$$[\alpha]_D^{20}=+3.8°$$

这表明肌肉乳酸在 20℃,用钠光作光源时其比旋光度为+3.8°。

发酵乳酸是左旋的,其比旋光度为

$$[\alpha]_D^{20}=-3.8°$$

物质在质量浓度 ρ_B 或管长(l)条件下测得的旋光度(α),可以通过下面公式把它换算成比旋光度 $[\alpha]_\lambda^t$。

$$[\alpha]_\lambda^t=\frac{\alpha_\lambda^t}{l\cdot\rho_B}$$

若所测的旋光性物质为纯液体,也可放在旋光仪中测定,在计算比旋光度时,只要把公式中的 ρ_B 换成液体的密度 ρ 即可。

$$[\alpha]_\lambda^t=\frac{\alpha_\lambda^t}{l\cdot\rho}$$

当所测物质为溶液时,所用溶剂不同也会影响物质的旋光度。因此在不用水为溶剂时,需注明溶剂的名称。例如,右旋酒石酸在乙醇中,质量分数为 5%,其比旋光度为

$$[\alpha]_D^{20}=+3.79°(乙醇,5\%)$$

上面的公式不仅可以用来计算物质的比旋光度,反之,在已知比旋光度的情况下,也可用以测定物质的浓度或者鉴定物质的纯度。

例如,在制糖工业中,要测某葡萄糖水溶液的质量浓度,可将该溶液放在盛液管中,在 20℃用钠光测定其旋光度,如管长为 1 dm,测得的旋光度 α 为+3.2°,糖在水中的比旋光度经查表知为 $[\alpha]_D^{20}=+52.5°$,则按上面的公式算出浓度。

$$+52.5=\frac{+3.2}{1\times\rho_B}\quad\rho_B=\frac{3.2}{52.5}=0.06\ (g\cdot mL^{-1})[或 6\ g\cdot(100\ mL^{-1})]$$

在换算时要注意,这里使用的浓度单位是单位体积溶液中所含溶质的质量而不是质量分数。

问题 1　某纯液体试样在 10 cm 的盛液管中测得其旋光度为+30°,怎样用实验确证它的旋光度是+30°而不是−330°,也不是+390°?

有的文献采用分子比旋光度 $[m]_\lambda^t$ 来表示物质的旋光性质。分子比旋光度与比旋光度的换算公式如下。

$$[m]_\lambda^t=\frac{[\alpha]_\lambda^t\cdot 相对分子质量}{100}$$

7.2 有机化合物的旋光性与其结构的关系

7.2.1 手性、手性分子

如果把左手放到镜面前面,其镜像恰与右手相同,左右手的关系是实物与镜像的关系,相互对映但不能重合,如图 7-3 所示。物质的这种相互对映但不能重合的特征称为物质的手性(chirality)或手征性。还有许多物质能与其镜像重合,这些物质不具备手性,称为非手性物质。手性是自然界物质的本质属性之一,如果没有生物高分子结构单元的手性均一性识别以及处理信息的手性化合物,就不可能有地球上千差万别的生命现象存在。

图 7-3 左右手互为镜像但不能完全叠合

手性不仅是一些宏观物质的特性,有些微观分子也具有手性,称这种分子为手性分子。凡是手性分子都具有旋光性,也就是说,旋光性分子具有手性的结构特征。判断分子是否有手性,看分子与其镜像是否能重合,能重合者为非手性分子,不具有旋光性;不能重合者为手性分子,具有旋光性。

从肌肉中得到的乳酸能使偏光向右旋转,称为右旋乳酸;葡萄糖在特种细菌作用下,发酵得到的乳酸能使偏光向左旋转,称为左旋乳酸;它们的分子立体模型如图 7-4 所示。很明显这两种构型互为镜像。但无论怎么放置,它们都不能重叠。因此乳酸分子具有手性。在立体化学中,不能与其镜像叠合的分子称为手性分子,而能叠合的分子称为非手性分子。乳酸分子就是手性分子。

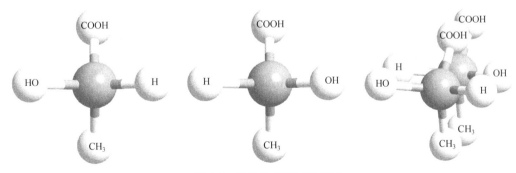

图 7-4 乳酸分子的两种构型

7.2.2 对称因素

用实物与镜像能否重合可判断分子是否具有手性,但对复杂的分子较难利用这一判别标准。一般来说,实物与镜像不能重合是因为物质缺少对称因素。因此,可借助判断分子对称因素来确定分子是否有手性或旋光性。考察分子的对称性,需要考虑的对称因素一般有四种:对称轴、对称面、对称中心和交替对称轴。

1. 对称轴

若物体或分子内有一直线,以这条线为旋转轴旋转一定的角度得到的物体或分子的形象和原来物体或分子的形象无法区别。一般用 C_n 表示这种对称轴,绕此直线旋转 $360°/n(n$ 为正整数)后,原来分子中的各个原子或基团的空间排列能够复原,这条直线就是分子的 n 重对称轴。反-丁烯二酸分子中有如图 7-5 所示的直线,该分子绕此直线旋转 $180°$ 后各原子能复原,此直线称为二重对称轴,记为 C_2。

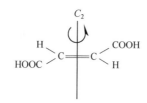

图 7-5　有 2 重对称轴的分子

2. 对称面

如果有一个"平面"能把分子切成互为镜像的两半,该平面就是分子的对称面。对称面通常用 σ 表示。例如,在图 7-6 中,可以看出甲烷有六个对称面,即通过四面体每条棱与中心碳原子的平面都是一个对称面;三氯甲烷有三个对称面,即通过四面体和氢原子相连的每条棱与中心碳原子的平面都是对称面;苯有七个对称面,即通过正六边形三个对边中点与分子平面垂直的三个平面,通过三个对角与分子平面垂直的三个平面和六个碳原子六个氢原子所在平面都是对称面;顺-1,3-二甲基环丁烷有两个对称面,即通过四边形对角线与四边形平面垂直的两个平面都是对称面。具有对称面的分子是非手性分子,其自身能与其镜像重合,这种分子无旋光性。

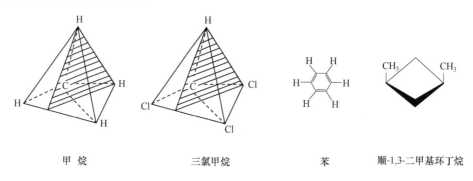

甲　烷　　　　　　　三氯甲烷　　　　　　苯　　　　顺-1,3-二甲基环丁烷

图 7-6　分子的对称面示意图

3. 对称中心

若分子中有一点 i,通过 i 点画任何直线,如果在离 i 等距离的直线两端有相同的原子或基团,则点 i 称为分子的对称中心。一个分子只可能有一个对称中心。如图 7-7 所示的分子

就具有对称中心。有对称中心的分子也是非手性分子。

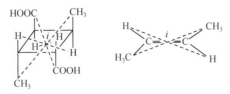

图 7-7 分子的对称中心示意图

4. 交替对称轴

设想分子中有一条直线,当分子以此直线为轴旋转 $360°/n(n=2,3,4,\cdots)$ 后,以一垂直于此轴的镜面反射,得到的镜像与原来的分子完全重叠,则称此直线为 n 重交替对称轴,以 S_n 表示。如图 7-8 化合物 I 绕轴旋转 90° 得 II,再垂直于此轴作一镜面反射得 III,III 与 I 是相同的,可以重叠。此轴称为四重交替对称轴,以 S_4 表示。一般有 S_4 的分子,皆伴有对称中心和对称面。

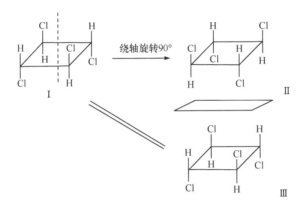

图 7-8 有四重交替对称轴的分子

综上所述,物质分子凡在结构上具有对称面或对称中心的,就不具有手性,没有旋光性。反之,在结构上既不具有对称面,又不具有对称中心的,也没有四重交替对称轴的分子,这种分子就具有手性,它和镜像互为对映异构体,不能重叠,因此具有旋光性。所以判断分子是否具有手性,起决定性作用的对称因素是对称面和对称中心。至于两种对称轴的存在与否都不能作为判断的依据。因此,我们说物质分子不具有任何对称因素是物质具有旋光性和产生对映异构现象的必要条件,但不是充分条件。物质分子与其镜像互不重叠才是产生对映异构现象的充分条件。

手性碳原子所连的四个原子或基团都不相同,既没有对称面,又没有对称中心,所以含一个手性碳原子的化合物具有手性。此外,还有不少含有其他手性因素的化合物(如含手性氮等化合物)及某些不含有手性碳原子的化合物也会具有手性,产生对映异构现象。

7.2.3 手性中心和手性碳原子

如果分子中的手性是由于原子和基团围绕某一点的非对称排列而产生的,这个点就是手性中心(chiral center)。将甲烷中的四个氢原子换成四个不相同的原子或基团,可以得到一个有旋光性的物质,因此将与四个不同基团相连的碳原子称为手性碳原子(chiral carbon),用

"*"号标记。手性碳原子就是一个手性中心。其他原子如果与四个不相同的原子或基团相连时也可以成为手性中心。

7.2.4　含一个手性碳原子的对映异构

只含有一个手性碳原子的分子，一定具有手性。含一个手性碳原子的分子可以有一对对映体。前面所述的乳酸是含有一个手性碳原子化合物的典型例子，它在空间有两种不同的排布方式(图7-4)，相当于右旋乳酸和左旋乳酸的构型。由于这两种立体异构体互呈物体和镜像的对映关系，因此互称为对映异构体，简称对映体(enantiomer)。

其他含有一个手性碳原子的化合物即 Cabcd 型的化合物也都有两个对映异构体，其中一个是右旋体，一个是左旋体。对映体的旋光能力相同，但旋光方向相反。在对映体中，围绕着不对称碳原子的四个基团的距离是相同的，即在几何尺寸上是完全相等的，因而它们的物理性质和化学性质一般都相同。例如，2-甲基-1-丁醇的分子中有一个手性碳原子，其对映体构型如图7-9所示。右旋和左旋的2-甲基-1-丁醇具有相同的沸点、相对密度和折射率，两者的比旋光度的数值也相等，仅旋光方向相反(表7-1)。

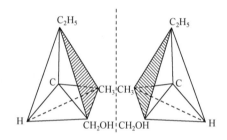

图 7-9　2-甲基-1-丁醇的对映异构体

表 7-1　2-甲基-1-丁醇对映异构体物理性质的比较

化合物	沸点/℃	相对密度	折射率(20℃)	比旋光度$[\alpha]_\lambda^t$
(+)-2-甲基-1-丁醇	128	0.8193	1.4102	+5.756°
(−)-2-甲基-1-丁醇	128	0.8193	1.4102	−5.756°

在化学性质方面，它们用浓硫酸处理时，可以脱水生成同样的烯，用乙酸处理时生成相同的酯等，而且反应速率也一样。

对映体除了对偏振光表现出不同的旋光性能，即旋转角度相等、方向相反外，在手性环境中(如手性试剂、手性溶剂、手性催化剂的存在下)也会表现出某些不同的化学性质。例如，当它们与手性试剂反应时，两个对映体的反应速率有差异，在有些情况下差异还很大，甚至有的对映体中的一个异构体一点反应也不发生。例如，生物体中非常重要的酶催化剂具有很高的手性，因此许多可能受酶影响的化合物，其对映体各自的生理作用表现出很大的差别。例如，(+)-葡萄糖在动物代谢中能起独特的作用，具有营养价值，但其对映体(−)-葡萄糖则不能被动物代谢；又如氯霉素是左旋的，有抗菌作用，其对映体则无疗效。

若将一对对映体等量混合，形成的混合物无旋光性，称为外消旋体(racemates or racemic mixture)，以(dl)或(±)表示。外消旋体是一对对映体的混合物。由于对映体除旋光方向相反外，其他物理性质都相同，因此用蒸馏、分馏、重结晶、非手性柱层析等方法，均不能达到分离外消旋体的目的。

旋光性化合物在物理因素或化学试剂作用下变成两个对映体的平衡混合物,失去旋光性的过程称为外消旋化。

外消旋体和相应的左旋体或右旋体除旋光性能不同以外,其他物理性质也有差异。例如,左、右旋乳酸的熔点为 53℃,而外消旋体的熔点为 18℃,但化学性质基本相同。在生理作用方面,外消旋体仍各发挥其所含左旋体或右旋体的相应效能。例如,合霉素的抗菌能力仅为左旋氯霉素的一半。

7.3　分子的构型

7.3.1　构型的表示法

对映异构体的构造式相同,仅空间排布即构型不同,所以需用构型式表示。例如,乳酸分子的对映体具有如图 7-10 所示的四面体构型。

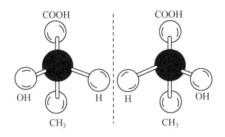

图 7-10　乳酸分子的对映体

为了便于书写和进行比较,对映体的构型可以用费歇尔投影式表示,也就是把上述四面体构型按图 7-11 规定的投影方向投影在纸面上。

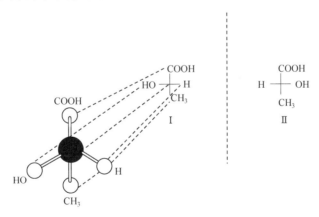

图 7-11　乳酸分子对映体的投影式

费歇尔投影式是以手性碳原子为中心,把与手性碳原子相连的四个原子(基团)中横向(左右)的两个放在手性碳的前方,纵向(上下)的两个放在手性碳的后方(习惯上把碳链放在纵向),然后向纸面投影(记住必须按这样的规定方式投影),用实线表示共价键,得到两条交叉的连有上述四个原子(基团)的实线,两实线的交点视为手性碳原子,但不要标出。

对于费歇尔投影式,可以将其在纸面上旋转 180°。因为在纸面上旋转 180°后的投影式仍代表原来的构型;但决不能在纸面上旋转 90°,也不能脱离纸面旋转 180°。若投影式在纸面上旋转 90°,则原来的横向键变成了纵向键,原来的纵向键变成横向键,得到的投影式代表了原构型的镜像。如果将投影式脱离纸面翻身,则翻身前后的各个键的伸出方向都正好相反,因此翻身前后的两个投影式并不代表同一构型。例如,将如图 7-12 的(Ⅰ)式在纸上转动 90°就得到(Ⅲ)式,从立体模型可以清楚地看出(Ⅲ)式的构型已不同于(Ⅰ)的构型了。

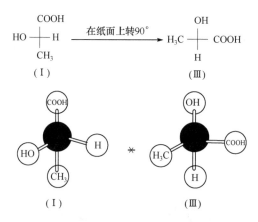

图 7-12　费歇尔投影式在纸面上旋转 90°

与投影式不能在纸面上旋转 90°的道理一样,投影式在纸面上旋转 270°也是不允许的。另外,将费歇尔投影式中的四个原子(基团)两两交换,交换次数为偶数时,仍保持原来的构型;若交换次数是奇数时,构型将发生变化。

在投影式中如果使一个基团保持固定,而把另外三个基团顺时针或逆时针地调换位置,不会改变原化合物的构型。

$$\underset{CH_3}{\overset{COOH}{H_2N-\!\!\!\!|-H}} \equiv \underset{H}{\overset{COOH}{H_3C-\!\!\!\!|-NH_2}} \equiv \underset{NH_2}{\overset{COOH}{H-\!\!\!\!|-CH_3}} \equiv \underset{CH_3}{\overset{NH_2}{H-\!\!\!\!|-COOH}}$$

以费歇尔投影式表示构型,应用相当普遍。有时为了更直观些,也常用另一种表示式,即将手性碳原子表示在纸面上,用实线表示纸面上的键,用楔形实线表示伸向纸前方的键,用虚线表示伸向纸后方的键,这种表示式称为透视式。

$$\underset{CH_3}{\overset{COOH}{Cl-\!\!\!\!|-H}} = CH_3-\overset{COOH}{\underset{Cl}{C}}-H \quad | \quad \overset{HOOC}{\underset{Cl}{H-C}}-CH_3 \equiv \underset{CH_3}{\overset{COOH}{H-\!\!\!\!|-Cl}}$$

纽曼投影式也可以转换为费歇尔投影式,转换过程按下列顺序进行:首先将纽曼投影式转化为透视式的交叉式,进而转化为重叠式,再由重叠式转化为费歇尔投影式。

纽曼式　　　交叉式　　　重叠式　　　费歇尔投影式

(2S,3S)　　　　　　　　　　　　　　　　(2S,3S)

7.3.2 构型的标记法

1. D、L 构型标记法

D、L 构型标记法是以甘油醛的构型为对照标准来进行标记的(D 是拉丁语 Dextro 的首字母,意为"右";L 是拉丁语 Leavo 的首字母,意为"左")。甘油醛分子含有一个手性碳原子,因此有两种构型。

$$
\begin{array}{cc}
\text{CHO} & \text{CHO} \\
\text{H}\!-\!\!-\!\text{OH} & \text{HO}\!-\!\!-\!\text{H} \\
\text{CH}_2\text{OH} & \text{CH}_2\text{OH} \\
\text{D-(+)-甘油醛} & \text{L-(−)-甘油醛}
\end{array}
$$

在投影式中,总是将碳链竖立起来,醛基在上面,羟甲基在下面,右旋甘油醛的羟基在右边,氢原子在左边,定为 D 型,而左旋甘油醛的羟基在左边,氢原子在右边,定为 L 型。凡通过实验证明其构型与 D-甘油醛相同的化合物,都称为 D 构型,命名时标以"D";而构型与 L-甘油醛相同的化合物,都称为 L 构型,命名时标以"L"。一般地,对未知构型的化合物,如果其可以通过某些化学反应由甘油醛转化而来,且在转化过程中与手性碳原子直接相连的键不发生断裂,则这一未知化合物的构型与甘油醛相同。例如,左旋乳酸可以由 D-甘油醛经过醛基氧化、羟甲基还原得到。在转化过程中,与手性碳原子相连的四个键均未发生断裂。因此,左旋乳酸的构型与 D-甘油醛一样,为 D 型。

$$
\begin{array}{ccc}
\text{CHO} & \xrightarrow{\text{HgO}} \text{COOH} & \xrightarrow{\text{[H]}} \text{COOH} \\
\text{H}\!-\!\text{OH} & \text{H}\!-\!\text{OH} & \text{H}\!-\!\text{OH} \\
\text{CH}_2\text{OH} & \text{CH}_2\text{OH} & \text{CH}_3 \\
\text{D-(+)-甘油醛} & \text{D-(−)-甘油酸} & \text{D-(−)-乳酸}
\end{array}
$$

D、L 构型标记法适用于糖类和氨基酸,虽然使用方便,但它只表示出含一个手性碳原子的分子的构型,对其他含有多个手性碳原子的分子并不适用。

2. R、S 构型标记法

R、S 标记法是广泛使用的一种方法,是根据手性碳原子所直接相连的四个基团在空间的排列来标记的。其方法是,按次序规则将四个基团从大到小设为 a、b、c、d。在空间排列上,将最小的基团 d 置于离观察者最远的位置,其余三个基团(a、b、c)放在离观察者较近的平面上,然后按先后次序观察 a、b、c 的排序。若从 a 经过 b 再到 c 轮转的方向是顺时针方向,则将该手性碳原子的构型标记为"R";若为逆时针方向,则标记为"S"。R 是拉丁文 Rectus 的首字母,意为"右";S 是 Sinister 的首字母,意为"左"。

    R、S 标记法也可以直接应用于费歇尔投影式。方法是在投影式上先判断次序最小的基团 d 的位置,若 d 在竖立的键上,则依次轮看 a、b、c,若是顺时针方向轮转的,该投影式所代表的构型即为 R 型;若为逆时针方向轮转,则为 S 型。

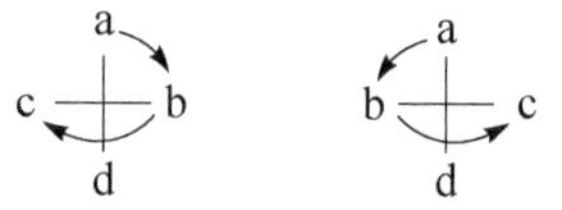

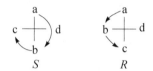

R S

    如果费歇尔投影式中次序最小的基团 d 在横键上,此时,依次轮看 a、b、c,若是按顺时针方向轮转的,该投影式所代表的构型即为 S 型,若为逆时针方向轮转,则为 R 型,与 d 在竖立的键上时相反。

S R

    下面举一些实例。

1-氯-1-溴乙烷

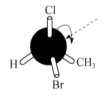

按顺序规则:$Br > Cl > CH_3 > H$
R 构型   命名为(R)-1-氯-1-溴乙烷

(−)-甘油醛

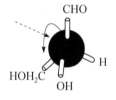

$OH > CHO > CH_2OH > H$
S 构型

(+)-2-氯丁烷

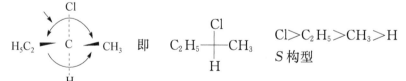

$Cl > C_2H_5 > CH_3 > H$
S 构型

(−)-乳酸

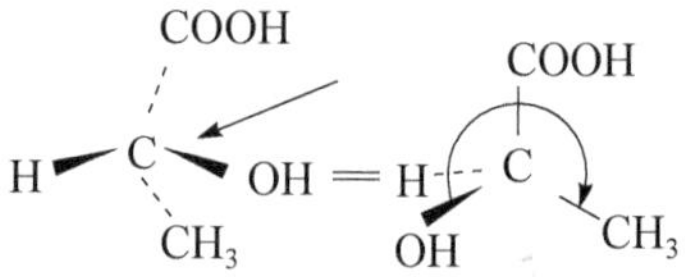

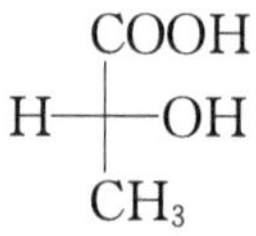

$OH > COOH > CH_3 > H$
R 构型

    含有一个以上手性碳原子化合物的构型或投影式也同样可以按照顺序规则对每一个手性碳原子给以 R 或 S 命名,然后注明各标记的是哪一个碳原子。

2,3-二氯戊烷

$$
\begin{array}{c}
CH_3 \\
\overset{2}{H}-C-Cl \qquad C_2:(S) \\
\overset{3}{|} \\
H-C-Cl \qquad C_3:(R) \\
| \\
C_2H_5
\end{array}
$$

所以这个化合物构型命名为(2S,3R)-2,3-二氯戊烷。

按照 R、S 命名规则也可以命名 D、L 构型。例如,D-甘油醛和 L-甘油醛分子中手性碳原子相连的四个基团的大小排列次序为:OH>CHO>CH$_2$OH>H,但最小基团 H 均在横向键上。D-甘油醛分子中其他三个优先基团的轮看次序为逆时针,而 L-甘油醛的为顺时针,因此 D-甘油醛为 R 型,L-甘油醛为 S 型。

$$
\begin{array}{cc}
\begin{array}{c}
CHO \\
H-\!\!\!-OH \\
CH_2OH
\end{array}
&
\begin{array}{c}
CHO \\
HO-\!\!\!-H \\
CH_2OH
\end{array}
\end{array}
$$

D-甘油醛   L-甘油醛
(R)-甘油醛   (S)-甘油醛

3. 构型标记与旋光性

手性化合物的旋光性是由分子结构决定的,旋光方向则由实验测定,而 D、L 和 R、S 标记只表示构型,由次序规则确定,是人为规定,并不能表示旋光方向。因此,构型标记与旋光方向无必然联系。旋光性化合物的系统命名应同时表示出构型、旋光方向和组成,如 D-(+)-甘油醛、L-(-)-甘油醛、(S)-(+)-乳酸和(R)-(-)-乳酸。

7.4 含手性中心的手性分子

7.4.1 含有两个手性碳原子的对映异构

1. 含两个不相同手性碳原子的化合物

在这类化合物中两个手性碳原子所连的四个基团是不完全相同的。例如

$$
\begin{array}{ccc}
\begin{array}{c}
COOH \\
*CHOH \\
*CHCl \\
COOH
\end{array}
&
\begin{array}{c}
CH_3 \\
*CHCl \\
*CHCl \\
C_2H_5
\end{array}
&
\begin{array}{c}
CH_3 \\
*CHOH \\
*CHC_5H_5 \\
CH_3
\end{array}
\end{array}
$$

2-羟基-3-氯丁二酸(氯代苹果酸)   2,3-二氯戊烷   3-苯基-2-丁醇

以氯代苹果酸为例。一个手性碳原子与—H、—OH、—COOH 和—CHClCOOH 四个基团相连,而另一个手性碳原子与—H、—Cl、—COOH 和—CHOHCOOH 四个基团相连。前面已经知道含一个手性碳原子的化合物在空间有两种不同排列方式,因此含两个不相同的手性碳原子的化合物应有四种不同的构型,实际上也是如此。它们的构型用构象透视式和费歇尔投影式分别表示如下:

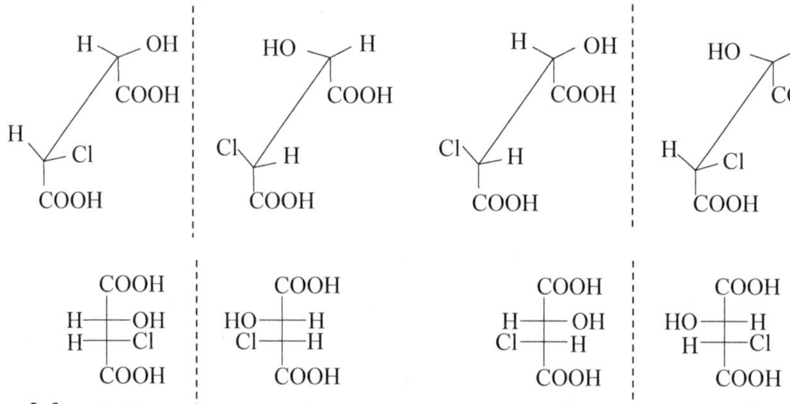

	[α]　−7.1°	+7.1°	−9.3°	+9.3°
	（Ⅰ）	（Ⅱ）	（Ⅲ）	（Ⅳ）

从上述构型中很容易看出（Ⅰ）和（Ⅱ）呈物体与镜像关系,它们的旋光度数值相等,方向相反,是一对对映体。同样（Ⅲ）和（Ⅳ）也是一对对映体。如果将（Ⅰ）和（Ⅱ）或（Ⅲ）和（Ⅳ）等量混合可组成外消旋体。

再来比较（Ⅰ）和（Ⅲ）,它们的投影式中,上面手性碳原子的构型是相同的,但下面的构型却相反,因此整个分子不呈镜像对映关系。像这种不呈镜像对映关系的立体异构体称为非对映异构体,简称非对映体(diastereomer)。同样（Ⅰ）和（Ⅳ）、（Ⅱ）和（Ⅲ）、（Ⅱ）和（Ⅳ）也都属非对映体。

问题 3　请用实例解释非对映异构现象,说明非对映异构与对映异构的异同。

当分子结构中具有两个或两个以上的手性中心时,就会出现非对映异构现象。非对映体的物理性质如熔点、沸点、折射率、溶解度等都不相同,比旋光度也不同,旋光方向可能一样(如Ⅰ和Ⅲ),也可能不一样(如Ⅰ和Ⅳ)。由于它们具有相同的官能团,同属一类化合物,但是它们分子中相应原子或基团之间的距离并不完全相等,所以它们与同一试剂反应时的反应速率不等。

在旋光性化合物中,随着手性碳原子数目的增多,其光学异构体的数目也增多。当分子中含有 n 个不相同的手性碳原子时,就可以有 2^n 个光学异构体,它们可以组成 2^{n-1} 个外消旋体。如果分子中含有相同的手性碳原子,其光学异构体的数目就要小于 2^n。

2. 含两个相同手性碳原子的化合物

例如,酒石酸、2,3-二氯丁烷等的分子中含有两个相同的手性碳原子。

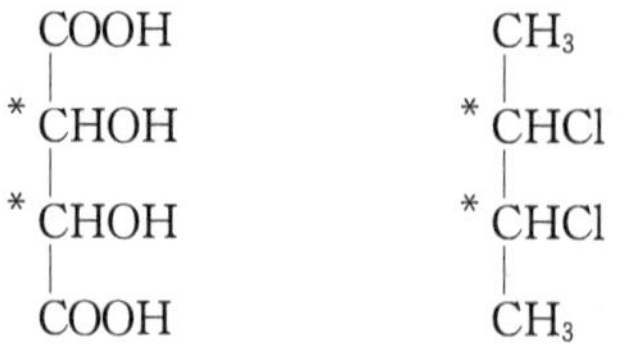

酒石酸　　　2,3-二氯丁烷

酒石酸分子中两个手性碳原子都与—H、—OH、—COOH 和—CHOHCOOH 四个基团相连接,也可写出其可能的四个构型的投影式。

$$
\begin{array}{cccc}
\text{COOH} & \text{COOH} & \text{COOH} & \text{COOH} \\
\text{H}\!\!-\!\!\text{OH} & \text{HO}\!\!-\!\!\text{H} & \text{H}\!\!-\!\!\text{OH} & \text{HO}\!\!-\!\!\text{H} \\
\text{HO}\!\!-\!\!\text{H} & \text{H}\!\!-\!\!\text{OH} & \text{H}\!\!-\!\!\text{OH} & \text{HO}\!\!-\!\!\text{H} \\
\text{COOH} & \text{COOH} & \text{COOH} & \text{COOH} \\
(\text{I}) & (\text{II}) & (\text{III}) & (\text{IV})
\end{array}
$$

（Ⅰ）和（Ⅱ）是对映体,其中一个是右旋体,另一个是左旋体,它们等量混合可以组成外消旋体。（Ⅲ）和（Ⅳ）也呈镜像关系,似乎也是对映体,但如果把（Ⅲ）在纸面上旋转 180° 后,即得到（Ⅳ）,因此它们实际上是同一个物质。

从化合物（Ⅲ）的构型看,如果在下列投影式虚线处放一镜面,那么分子上半部正好是下半部的镜像,说明这个分子内有一对称面。

$$
\begin{array}{c}
\text{COOH} \\
\text{H}\!\!-\!\!\text{OH} \\
\text{镜面}\text{-------}\text{对称面} \\
\text{H}\!\!-\!\!\text{OH} \\
\text{COOH}
\end{array}
$$

实验测得此化合物没有旋光性。像这种由于分子内含有相同的手性碳原子,分子的两个半部互为物体与镜像关系,从而使分子内部旋光性互相抵消的光学非活性化合物称为内消旋体,用 *meso* 表示。

因此酒石酸仅有三种异构体,即右旋体、左旋体和内消旋体,右旋和左旋体等量混合可组成外消旋体。

内消旋酒石酸和左旋体或右旋体之间不是镜像关系,属非对映异构体。

内消旋体和外消旋体虽然都不具旋光性能,但它们有着本质的不同,内消旋体是一种纯物质,它不能像外消旋体那样可以拆分成具有旋光性的两种物质。

问题 4 化合物 $CH_3(CH_2)_{13}CH\!=\!CHCH(OH)CH(NH_2)CH_2CH_3$ 有多少种构型异构体? 化合物 $CH_3CH\!=\!CHCH(CH_3)CH\!=\!CHCH_3$ 又有多少种构型异构体?

酒石酸三种异构体和外消旋体的物理性质见表 7-2。

表 7-2 酒石酸的物理性质

酒石酸	熔点/℃	比旋光度 $[\alpha]_D^{25}$ (20%水溶液)	溶解度/ $[g \cdot (100\ g\ H_2O)^{-1}]$	密度(20℃) /(g・mL^{-1})	pK_{a1}	pK_{a2}
右旋体	170	+12°	139	1.760	2.93	4.23
左旋体	170	−12°	139	1.760	2.93	4.23
内消旋体	140	不旋光	125	1.667	3.11	4.80
外消旋体	206	不旋光	20.6	1.680	2.96	4.24

7.4.2 含有 n 个手性碳原子的对映异构

分子中含有的手性碳原子越多,异构体的数目就越多。因为每个手性碳原子均有两种构型,所以含有 n 个手性碳原子的化合物,最多可以有 2^n 种构型异构体。例如,2,3,4-三氯戊醛有三个手性碳原子,理论上应有 $2^3=8$ 种构型。

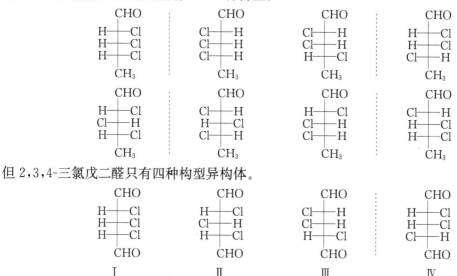

但 2,3,4-三氯戊二醛只有四种构型异构体。

$$\begin{array}{cccc}
\text{I} & \text{II} & \text{III} & \text{IV} \\
\text{内消旋体} & \text{内消旋体} & & \text{对映体}
\end{array}$$

Ⅰ 和 Ⅱ 通过它们的碳 C_3 都各自含有一个平面对称因素,因此 Ⅰ 和 Ⅱ 中的 C_3 称为"假不对称碳原子"。

在立体化学中,把只有一个手性碳原子的构型不相同而其余手性碳原子的构型都相同的非对映体又称为差向异构体。例如,有旋光性酒石酸与内消旋酒石酸之间只有一个碳原子的构型不同,所以它们是差向异构体。

问题 5 2,3,4,5-四羟基己二酸共有多少种构型异构体? 为什么?

7.4.3 含手性碳原子的单环化合物

环状化合物的立体异构现象比链状化合物复杂,往往顺反异构和对映异构同时存在。

单环化合是否有旋光性可以通过其平面结构式是否有对称性来进行判断。凡是其平面具有对称中心、对称平面或交替对称轴 S_4 的单环化合物没有旋光性,反之则有旋光性。例如

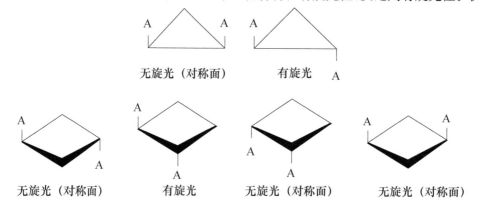

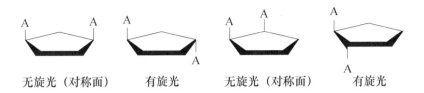

无旋光（对称面）　　有旋光　　无旋光（对称面）　　有旋光

在 1,2-环丙烷二甲酸分子中,由于三元环的存在,两个羧基可以排布在环的同一侧或环的两侧,组成了顺反异构体。

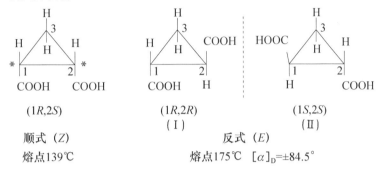

(1R,2S)　　　　　(1R,2R)　　　　　　　(1S,2S)
　　　　　　　　　　（Ⅰ）　　　　　　　　　（Ⅱ）
顺式（Z）　　　　　　　反式（E）
熔点139℃　　　　熔点175℃　[α]$_D$=±84.5°

此外,环中的 C$_1$、C$_2$ 为两个相同的手性碳原子,因此又存在对映异构体。顺式异构体分子中因具有对称面,相当于内消旋体,没有旋光性。反式异构体分子中没有对称面,也没有对称中心(只有二重对称轴),所以具有手性。实际上熔点为 175℃ 的异构体已拆开成对映体（Ⅰ）和（Ⅱ）。因此,对于具有手性的环状化合物,仅用"顺"或"反"标记其构型是不确切的,应该采用 R、S 标记手性碳原子的构型。

如果三元环上两个碳原子所连的基团不相同,如在 1-氯-2-溴环丙烷分子内存在着两个不相同的手性碳原子,它有顺反异构体,但又各存在着一对对映体,则共有四个立体异构体。

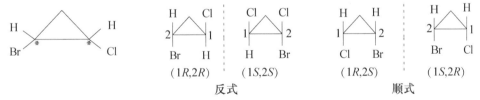

(1R,2R)　　(1S,2S)　　　　(1R,2S)　　(1S,2R)
反式　　　　　　　　　　　　顺式

从这里可以看出,顺式和反式既是顺反异构体又是非对映异构体。此外,环状化合物对映异构体的数目与其相应开链化合物的对映异构体数目相等。

当环上的碳原子数增多时,如在常见的六元脂环化合物中,六个碳原子并不在同一个平面上,一般常以椅型构象存在,因此研究它们的立体异构,还需考虑构象问题,这就更为复杂。但由于构象转变如此迅速,且它不足以造成化学键的断裂,并不影响分子的构型。因此在研究环己烷等化合物的立体异构时,一般不考虑由构象引起的手性现象,而只需考虑顺反异构和对映异构,并可以直接用平面六边形来观察,一样可以得到正确的结果。如顺式和反式 1,2-环己二甲酸可用下式表示。

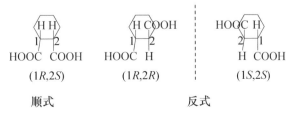

(1R,2S)　　　(1R,2R)　　　　　(1S,2S)

顺式　　　　　　　　反式

由于顺式分子中存在对称面,它与镜像可以重叠,相当于内消旋体,因此没有旋光性。而反式异构体与镜像不能重合,有旋光性。所以 1,2-环己二甲酸存在着顺式、反式右旋和反式左旋三种立体异构体。

如果两个羧基处在环上的 1,4-位(1,4-环己二甲酸),那么不论顺式或反式都具有通过 1,4-位且垂直于环平面的对称面,所以都没有对映异构体,也没有旋光性。

7.4.4　含有其他不对称原子的光活性分子

某些原子,如 Si、N、S、P、As 等的共价键化合物也是四面体结构。与碳原子一样,当这些原子所连的四个基团都不相同时,既具有手性,也应有光活性异构体存在。含有这些手性原子的分子可能是手性分子。例如

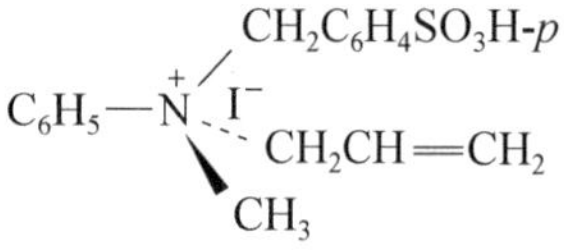

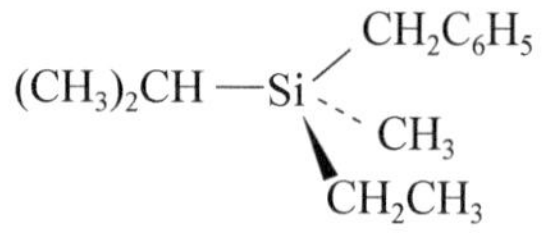

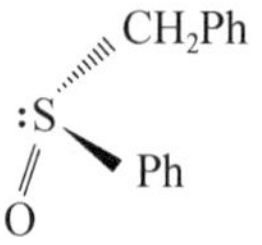

$$[\alpha]=+92.4°$$

$$[\alpha]=+16.8°$$

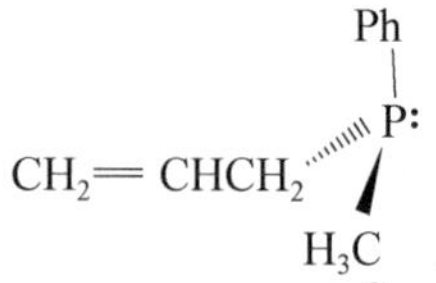

7.5　不含手性碳原子的对映异构

在有机化合物中,大部分旋光性物质都含有一个或多个手性碳原子,但在有些旋光性物质的分子中,并不含有手性碳原子。

7.5.1　丙二烯型的对映异构

丙二烯型化合物(abC=C=Cab)累积双键两端碳原子上连接两个不同的原子或基团,处于互相垂直的两个平面内,分子就没有对称面和对称中心,有手性,则可以有一对对映体。

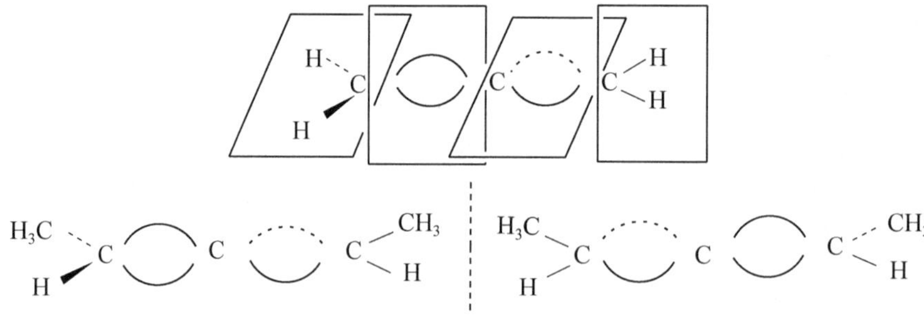

对映体

如果在任何一端或两端的碳原子上连有相同的取代基,如

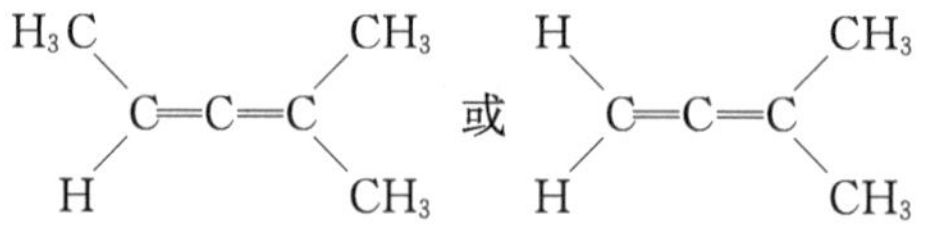

这些化合物都具有对称面,因此不具旋光性。

问题 6　手性碳原子是否是分子产生手性的充要条件? 为什么? 请通过实例解释之。

7.5.2　联芳烃类的对映异构

当某些分子单键之间的自由旋转受到阻碍时,也可以产生光活性异构体,这种现象称为阻转异构现象(atropisomerism)。

联芳烃类化合物的邻位上如有两个大的取代基,限制两芳环之间 σ 键的自由旋转,而且两个芳环不能共平面,因此当每个芳环的邻位取代基不同时,则出现对映体,彼此不能重合,成为手性分子而具有光活性。

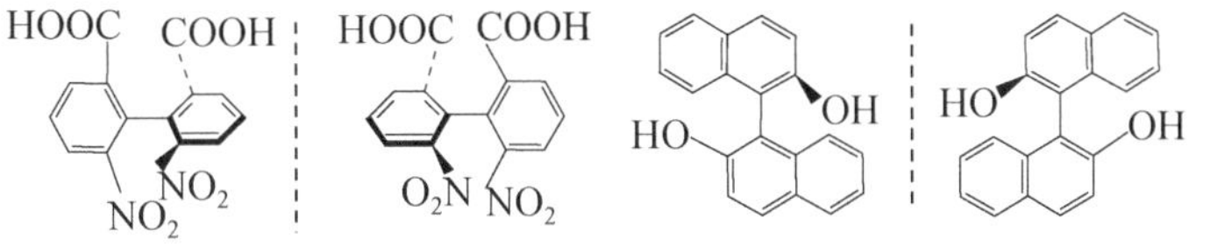

7.6　手性有机物的制备

从自然资源中直接分离得到的药物,通常只有一对对映体中的一个。例如,肌肉乳酸是右旋体,发酵乳酸是左旋体。又如,在生物体中普遍存在的 α-氨基酸主要是 L 型,而从天然产物中得到的糖类则多为 D 型。随着时代的进步,人们对 D 和 L 型旋光化合物的需求日益增加。因此,对外消旋体的拆分和不对称合成技术的应用具有重要意义。

7.6.1　外消旋体的拆分

许多旋光物质是从自然界生物体中分离获得的,如在实验室中用非旋光性物质去合成旋光性物质,通常得到的多是外消旋体。例如,正丁烷氯代反应得到的 2-氯丁烷就是外消旋体。

$$H_3C\!-\!CH_2\!-\!CH_2\!-\!CH_3 + \cdot Cl \longrightarrow H_3C\!-\!\overset{\cdot}{C}H\!-\!CH_2\!-\!CH_3 + HCl$$
$$（Ⅰ）\qquad\qquad\qquad（Ⅰ）$$

$$H_3C\!-\!\overset{\cdot}{C}H\!-\!CH_2\!-\!CH_3 + Cl_2 \longrightarrow H_3C\!-\!\underset{\underset{Cl}{|}}{C}H\!-\!CH_2\!-\!CH_3 + Cl\cdot$$
$$（Ⅰ）$$
$$（外消旋体）$$

这是由于在氯代过程中先生成自由基中间体(Ⅰ),它呈平面构型,与氯反应时,Cl₂ 从两面进攻的机会均等。因此得到的是等量右旋体和左旋体的混合物,是外消旋体。

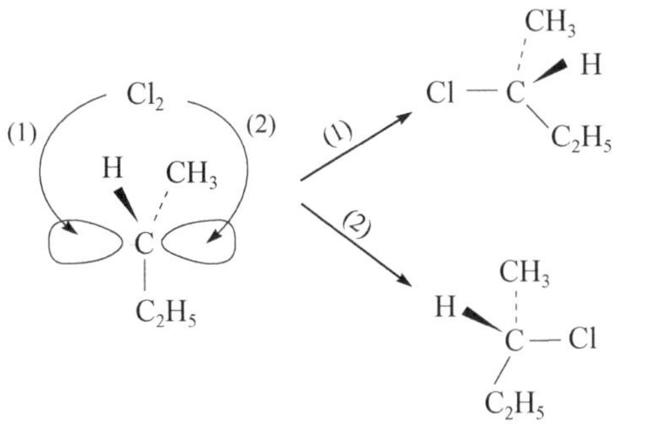

如果要获得其中一个对映体,往往需将外消旋体分开为右旋体和左旋体。将外消旋体分开成旋光体的过程称为外消旋体的拆分(或称拆开)。

对于外消旋体,由于用一般的物理方法不能将一对对映体分离开来,必须用特殊的方法才能将它们拆开。将外消旋体分离成旋光化合物的过程称为"拆分"。拆分的方法很多,一般有下列几种。

(1) 机械拆分法:利用外消旋体中对映体的结晶形态上的差异,借助肉眼直接辨认,或通过放大镜进行辨认,而把两种结晶体分开。该方法要求结晶形态的不对称性明显,且结晶大小适宜。目前只在实验室中少量制备时采用。

(2) 微生物拆分法:利用某些微生物或它们所产生的酶,对对映体中的一种异构体有选择的分解作用,而另一种旋光体就拆分出来。此法缺点是分离时至少有一半外消旋体被消耗掉了。例如,伴有碱催化消旋化的脂肪酶催化的动力学拆分。

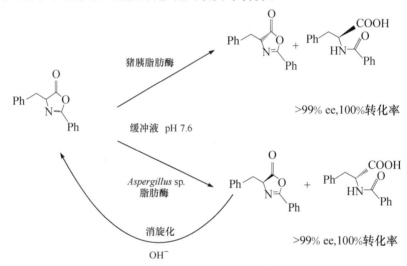

(3) 选择吸附拆分法:用某种旋光性物质作为吸附剂,使之选择性地吸附外消旋体中的一种异构体,形成两个非对映的吸附物,通过合适的流动相进行洗脱,达到分离的目的。

(4) 诱导结晶拆分法(晶种结晶法):在外消旋体的过饱和溶液中,加入一定量的一种旋光体的纯晶体作为晶种,于是溶液中该旋光体的含量增多,在晶种的诱导下优先结晶析出。过滤该结晶后,则另一种旋光体在滤液中相对较多。此时再加入外消旋体制成过饱和溶液,于是另一种旋光体优先结晶析出。经过如此反复结晶,就可以将一对对映体完全分开。

(5) 化学拆分法:将外消旋体与旋光性物质作用,得到非对映体的混合物,根据非对映体不同的物理性质,用一般的分离方法将它们分离,最后将分离所得的两种衍生物分别变回原来的旋光化合物,达到分离的目的。这种方法应用最广。用来拆分对映体的旋光性物质,通常称为拆分剂。拆分酸时的拆分剂通常用旋光性碱,如(一)-奎宁、(一)-马钱子碱、(一)-番木鳖碱等。拆分碱时的拆分剂通常用旋光性酸,如酒石酸、樟脑-β-磺酸等。例如,外消旋酸的拆分步骤为拆分的效果用旋光纯度(OP)或对映体过量(ee%)表示。

旋光纯度(又称光学纯度)是指一种对映体对另一种对映体而言的过量百分数。例如,某乳酸试样经测定其比旋光度为+1.9°,而(S)-(+)-乳酸(纯品)为+3.82°,可计算出该乳酸试样的旋光纯度为

$$OP=\frac{[\alpha]_{实测}}{[\alpha]_{纯试样}}=\frac{+1.9°}{+3.82°}\times100\%=50\%$$

在对映体混合物中,当 R 构型产物的量大于 S 构型的产物,或者相反,对映体过量百分率(ee,简称 ee 值)由下式计算。

$$ee=\frac{[R]-[S]}{[R]+[S]}\times100\%\ 或\ ee=\frac{[S]-[R]}{[R]+[S]}\times100\%$$

若[R]=50,[S]=50,即 ee=0%产物为外消旋体;

若[R]=100,[S]=0,即 ee=100%产物为纯光学活性,表示拆分完全。

例如,R 和 S 两个异构体的含量分别为 60%和 40%时,根据公式可以算出对映体过量百分率为 20%。

7.6.2　不对称合成与立体专一反应

拆分可以得到纯度很高的光学异构体,但操作起来很麻烦。最好的办法是直接合成出所需要的旋光异构体,即不对称合成。反应物分子中一个对称的结构单元,用一个试剂转化为一个不对称的结构单元,产生不等量对映异构体的反应称为不对称合成,又称手性合成。

一个分子在对称的条件或环境下的,不可能在反应中产生不等量的外消旋体,要使反应有立体选择性,就要在不对称合成反应常使用的纯手性化合物作为起始反应物之一;如果起始反应物是非手性的,可在这个反应物分子中引入一个手性中心使之成为手性物进入反应;也可以在反应体系中加入手性试剂、手性溶剂或手性催化剂等促进不对称合成反应。丙酮酸用硼氢化钠还原得到2-羟基丙酸的外消旋体,如果在丙酮酸分子中引入一个具有手性的胺,变成有手性的酰胺后,再用硼氢化钠还原,由于羧基已处于手性环境,硼氢化钠从羧基平面的两边进攻羧基的机会不相等,就得到不等量的非对映体混合物,分离后再水解掉引入的手性胺,就能得到需要的对映异构体含量较多的产物。

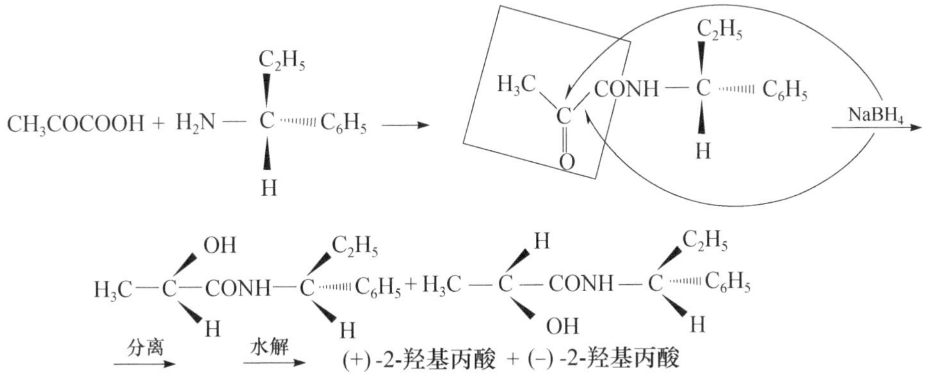

问题 7　Br$_2$ 与(S)-3-溴-1-丁烯的加成反应产物能收集到多少种馏分? 是否有旋光性? 写出各组分化合物的构型式,标明 R、S 构型。

不对称合成除上述方法外,还可以利用某些微生物或酶的高度选择性来进行。例如,一种

名为吗啡的镇痛药,它有 5 个不同的不对称碳原子,应该有 $2^5 = 32$ 个光活性异构体,但只有一种具有镇痛作用。生物体内的绝大多数反应是以酶作催化剂来进行的,酶的选择性是惊人的,它们几乎无一例外地是含有多个手性中心的巨大分子,整个分子再以一定的方式盘旋扭转成为一个特殊的构象和底物分子某一部分"契合",是反应专朝某一个键或某一个方向进行,因此它的选择性往往是 100%。有人建议将这种具有高度立体选择性的反应称为立体专一性(sterospecificity)反应。例如,富马酸是生物体内新陈代谢的一个重要中间体,在富马酸酶的作用下,加水形成苹果酸。

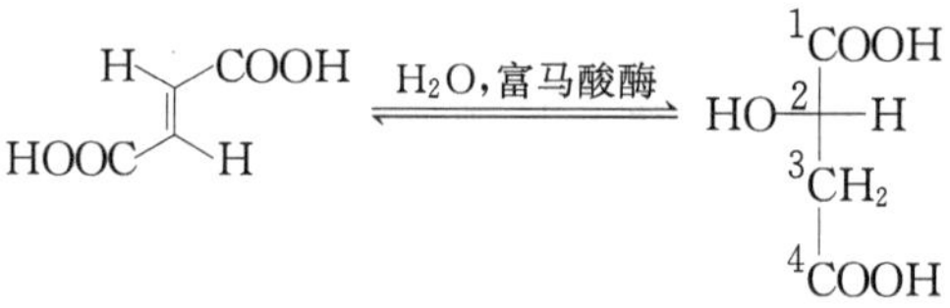

富马酸   苹果酸

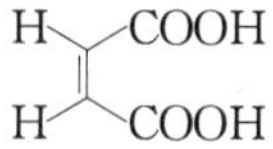

马来酸

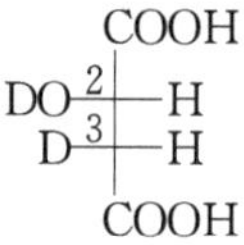

但富马酸酶不能和富马酸的顺型异构体马来酸反应。上述反应产生一个不对称碳原子,但产物只是一对光学活性异构体中的一个,即 $2S$ 构型的。若富马酸用重水进行水合时,应该产生两个不对称碳原子,但产物只是四个光活性异构体中的一个。上述反应是可逆反应,在发生逆反应时,是 D 和 OD 消去,酶在这一反应中"看出" C_3 的 H 和 D 在空间位置是不同的。

利用手性催化剂进行不对称催化反应也是实现不对称合成的有效方法。所谓不对称催化反应是指在少量催化剂的作用下由手性或前手性化合物通过反应得到过量的某一对映体的一类反应。这是一种效率高、经济而合理的合成方法,是有机合成的一个重要方面。不对称合成由于使用了手性催化剂(超高效率、低用量),有效地减少了环境污染,具有环保的社会效益以及巨大的经济效益。

习　题

1. 解释下列各名词,并举例说明。
   (1) 手性和手性碳   (2) 旋光度和比旋光度   (3) 对映体和非对映体
   (4) 内消旋体和外消旋体   (5) 构型与构象   (6) 左旋与右旋
2. 3.00 g 胆酸溶于 5.00 mL 乙醇中。20℃时,在长度为 10 cm 的样品池中测得旋光度为 $+2.22°$。在同样条件下改用 5 cm 长的盛液管时,其旋光度为 $+1.11°$。计算胆酸的比旋光度。第二次观察的结果说明什么问题?
3. 下列化合物哪些具有手性? 用 * 标出手性碳原子。

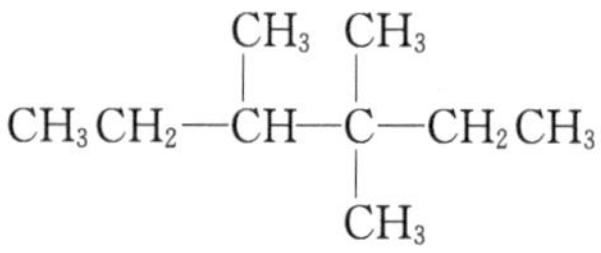

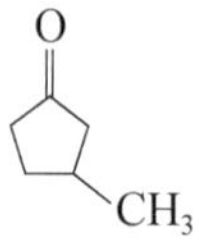

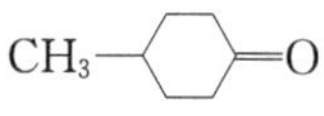

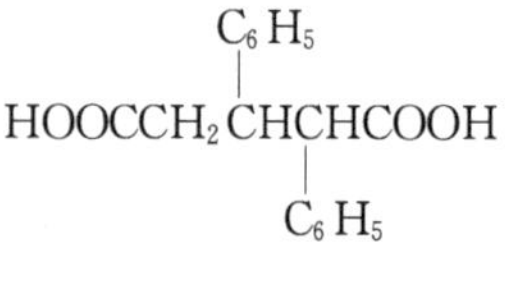

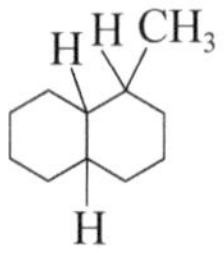

4. 命名下列化合物。

(1)

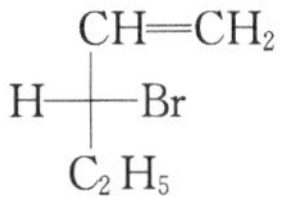

(2)

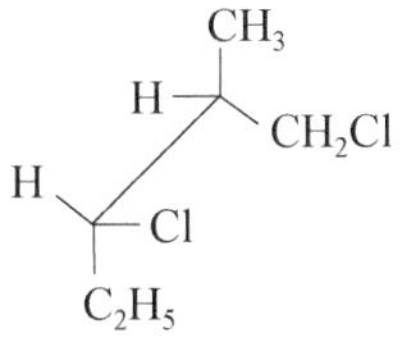

(3)

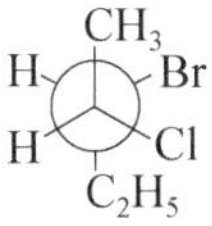

(4)

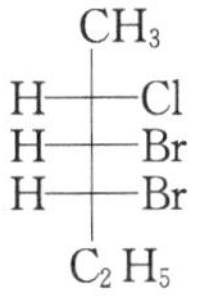

(5)

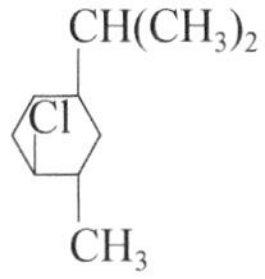

5. 判断下列分子的构型(R 或 S),并画出费歇尔投影式。

(1)

(2)

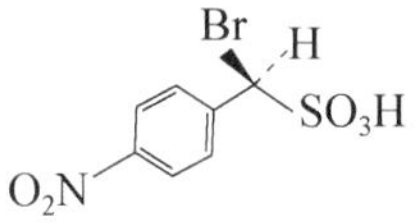

(3)

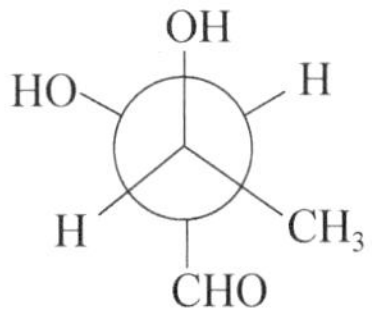

(4) 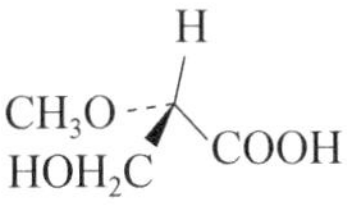 $CH_3O \cdots \overset{H}{\underset{HOH_2C}{|}} COOH$

6. 烯烃与过氧酸(RCO_3H)反应生成环氧化合物,如 2-丁烯被氧化为 2,3-环氧丁烷。分别指出顺-2-丁烯和反-2-丁烯环氧化后产物有无手性原子,分子有无手性?

$$CH_3CH=CHCH_3 \xrightarrow{RCO_3H} CH_3CH\overset{O}{\overset{\diagdown\diagup}{-}}CHCH_3$$

7. 用适当的立体式表示下列化合物的结构,并指出哪些是内消旋体。
   (1) (S)-2-戊醇　(2) ($2R,3R,4S$)-4-氯-2,3-二溴己烷　(3) (R)-α-苯乙醇　(4) (R)-甲基仲丁基醚
   (5) ($2S,3R$)-1,2,3,4-丁四醇　(6) ($2S,3R$)-$CH_3CHOHCH(CH_3)C_2H_5$

8. 家蝇的性诱剂是一个分子式为 $C_{23}H_{46}$ 的烃类化合物,加氢后生成 $C_{23}H_{48}$;用热的浓高锰酸钾氧化时生成 $CH_3(CH_2)_{12}COOH$ 和 $CH_3(CH_2)_7COOH$。它和溴的加成物是一对对映体的二溴化合物。则这个性诱剂可能具有何种结构?

9. 化合物 A 的分子式为 C_6H_{10},有光学活性,A 与硝酸银的氨溶液作用有沉淀生成,催化氢化后得到无光学活性的 B,试推测 A、B 的结构式。

10. 某旋光性化合物 A,与 HBr 作用后,得到分子式为 $C_7H_{12}Br_2$ 的两种异构体 B 和 C。B 有旋光性而 C 没有。B 和一分子叔丁醇钾作用得到 A。C 和一分子叔丁醇钾作用,得到的是没有旋光性的混合物。A 在酸性条件下加热,得到分子式为 C_7H_{10} 的 D。D 经臭氧化再在锌粉存在下水解,得到两分子甲醛和一分子 1,3-环戊二酮。试写出 A、B、C、D 的构型式及相关反应式。

第 8 章 芳 烃

芳烃是芳香族烃类化合物的简称,它是芳香族化合物的母体。芳烃最早来源于煤焦化过程的副产品煤焦油,具有芳香气味,但后来发现这一类烃并不都具有芳香气味,但名称"芳香"二字沿用下来。这类化合物分子组成具有比脂肪烃、脂环烃较高的碳氢比,理应具有高度不饱和性,但实际性质具有特殊的稳定性,如易取代、难加成、抗氧化,即芳香性。因结构中多数含有苯环,而把芳香族化合物分为两类,含有苯环的芳烃称为苯系芳烃;不含苯环但具有与苯的相似特性的芳烃称为非苯芳烃。

8.1 单 环 芳 烃

8.1.1 苯系芳烃的分类和命名

根据结构的不同,苯系芳烃分为单环芳烃和多环芳烃。

1. 单环芳烃

分子中只含有一个苯环的芳烃称为单环芳烃。单环芳烃的命名以苯环为母体,环上烃基作为取代基,称为某烃基苯。当苯环上连有两个或两个以上取代基时可用阿拉伯数字表示它们的相对位次。若苯环上只有两个取代基时,可用邻(*ortho*)、间(*meta*)、对(*para*)或 *o*-、*m*-、*p*- 等字头表示;若苯环上连有三个相同的取代基时,可用连、偏、均等字头表示。

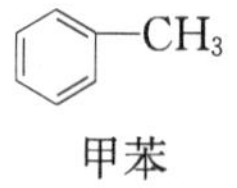

甲苯 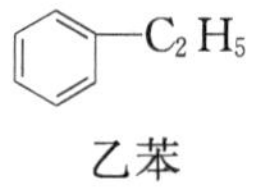   乙苯 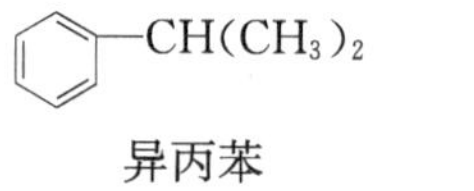   异丙苯

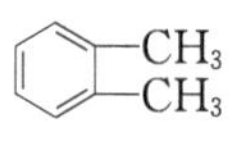

1,2-二甲苯   1,3-二甲苯   1,4-二甲苯
(邻二甲苯或 *o*-二甲苯)   (间二甲苯或 *m*-二甲苯)   (对二甲苯或 *p*-二甲苯)

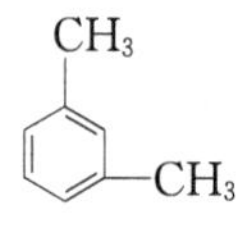

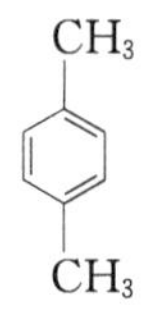

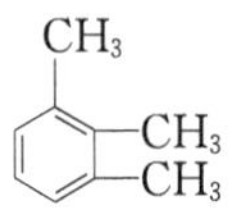

1,2,3-三甲苯   1,2,4-三甲苯   1,3,5-三甲苯
(连三甲苯)   (偏三甲苯)   (均三甲苯)

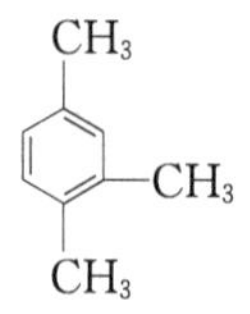

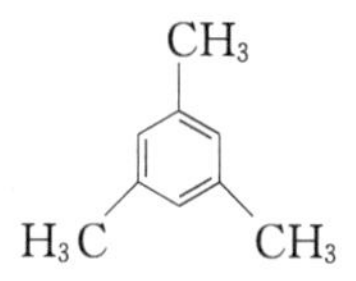

当苯环上连有复杂烃基或不饱和烃基,一般将烃链作为母体,苯环作为取代基命名(但也有例外情况)。

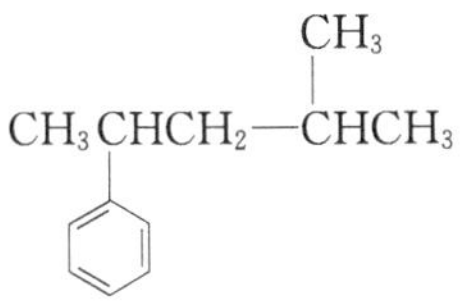

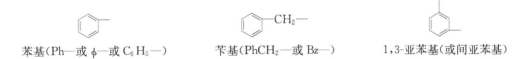

2-甲基-4-苯基戊烷 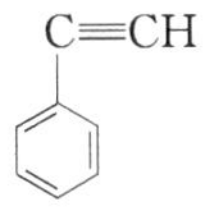   苯乙炔 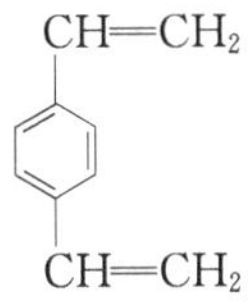   对二乙烯基苯(例外)

芳烃从形式上去掉一个氢原子后剩余的基团称为芳基(aryl),简写为 Ar-。常见的芳基有苯基(phenyl)和苄基(苯甲基 benzyl)。芳烃从形式上去掉两个氢原子后剩余的基团称为亚芳基。

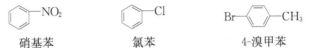

苯基(Ph—或 φ—或 C_6H_5—)   苄基(PhCH₂—或 Bz—)   1,3-亚苯基(或间亚苯基)

2. 多官能团化合物的命名

1) 苯的一元衍生物的命名

基团—X、—NO₂ 取代的苯衍生物,命名时以烃为母体,—X、—NO₂ 为取代基,称"××苯"。

硝基苯   氯苯   4-溴甲苯

2) 苯的多元衍生物的命名

苯环上连有多个官能团的苯的衍生物的命名遵照多官能团化合物的命名原则。

(1) 按"官能团优先次序"(表 8-1),比较官能团的优先次序,序号小的较优先,命名时,以较优先的官能团为母体,作为该化合物的类名。

(2) 应给母体官能团连接的碳编较小的号。

(3) 除去母体官能团后,其余基团全作为取代基,按"次序规则"(表 8-1)排列次序,"较优基团后置"原则列出。

表 8-1　常见官能团的优先次序及词尾名称

序号	官能团	作取代基名称(词头)	作类名名称(作词尾)
1	—COOH	羧基	羧酸
2	—SO₃H	磺酸基	磺酸
3	O O ‖ ‖ —C—O—C—	羰氧基羰基	酸酐
4	—COOR	烃氧羰基	酯
5	—COX	卤甲酰基	酰卤
6	—CONH₂	氨基甲酰基	酰胺
7	—CN	氰基	腈
8	—CHO	甲酰基	醛
9	O ‖ —C—	羰基	酮
10	—OH	羟基	醇或酚
11	—SH	巯基	硫醇或硫酚

续表

序号	官能团	作取代基名称(词头)	作类名名称(作词尾)
12	—O—OH	氢过氧基	氢过氧化物
13	—NH₂	氨基	胺
14	—OR*	烃氧基	醚
15	—SR*	烃硫基	硫醚
16	—C≡C—	炔基	炔
17	C=C	烯基	烯
18	—X* (X=F,Cl,Br,I)	卤代	
19	—NO₂*	硝基	

注:带 * 的基团一般只视为取代基,而不作为类名。

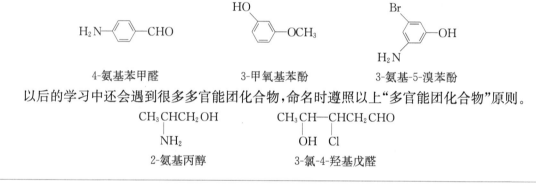

4-氨基苯甲醛　　　　　　3-甲氧基苯酚　　　　　3-氨基-5-溴苯酚

以后的学习中还会遇到很多多官能团化合物,命名时遵照以上"多官能团化合物"原则。

CH₃CHCH₂OH　　　　　　CH₃CH—CHCH₂CHO
　　|　　　　　　　　　　　　　|　　|
　　NH₂　　　　　　　　　　　OH　Cl
2-氨基丙醇　　　　　　　　3-氯-4-羟基戊醛

问题 1　写出符合分子式为 C_6H_6 的所有碳环化合物,试说明相对稳定性大小。

8.1.2　苯的结构及结构解释

1. 苯的结构

苯是最简单的单环芳烃,我们首先从苯入手来了解芳烃化合物的结构。

苯的分子式为 C_6H_6,具有高度的不饱和性,应具有与烯烃、炔烃具有类似的性质,但苯不易发生加成反应、氧化反应,反而易发生取代反应;苯的一取代物、邻二取代物只有一种,说明苯具有环状对称结构;苯的氢化热($208.5\ kJ \cdot mol^{-1}$)比环己烯氢化热($119.3\ kJ \cdot mol^{-1}$)的 3 倍($357.9\ kJ \cdot mol^{-1}$)低得多,表明苯具有特殊的稳定性。

近代物理测试方法证明:苯是平面分子,苯分子的六个碳和六个氢都处在同一平面,是正六边形碳环,六个碳碳键等长,约为 0.139 nm,介于碳碳单键和碳碳双键之间。碳氢键键长 0.108 nm。

1) 价键法解释

分子杂化轨道理论认为,苯分子中的每个碳原子分别以 sp^2 杂化轨道与一个氢原子的 1s 轨道和相邻两个碳原子的 sp^2 杂化轨道重叠形成 1 个碳氢和 2 个碳碳 σ 键,这三个 σ 键之间的夹角为 120°,构成正六边形碳环,六个碳原子与六个氢原子共平面。每一个碳原子还剩下一个未参与杂化的 p 轨道,其对称轴垂直于碳环平面,六个碳的 p 轨道彼此平行,并于两侧相互交盖,形成一个闭合的大 π 键。处于该闭合大 π 键中的 π 电子能够高度离域,这样 π 电子云完全平均化,构成的两个闭合圆形电子云,分别处于碳环平面的上部分和下部分,如图 8-1 所示。

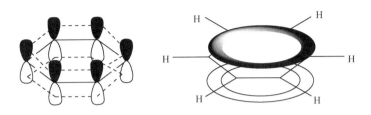

图 8-1　苯的环状闭合大 π 键

2) 分子轨道理论解释

分子轨道理论认为,苯分子形成 σ 键后,苯的六个碳原子的 p 轨道线性组合成六个分子轨道(ψ_1、ψ_2、ψ_3、ψ_4、ψ_5、ψ_6),其中 ψ_1、ψ_2、ψ_3 是成键轨道,ψ_4、ψ_5、ψ_6 是反键轨道。六个碳原子所在的面是它们共同的节面,此外,三个成键轨道中 ψ_1 没有节面,能量最低,而 ψ_2 和 ψ_3 都有一个节面,能量比 ψ_1 高,它们是能量相等的简并轨道。反键轨道 ψ_4、ψ_5 各有两个节面,也是能量相等的简并轨道,其能量比三个成键轨道能量高。ψ_6 有三个节面,能量最高。在基态时,苯的六个 π 电子分成三对分别填入能量较低的三个成键轨道 ψ_1、ψ_2、ψ_3,如图 8-2 所示(虚线表示节面)。这样一来,六个离域 π 电子的总能量比它们分别处于定域 π 轨道的能量要低 $150\ kJ \cdot mol^{-1}$,即苯的离域能为 $150\ kJ \cdot mol^{-1}$。

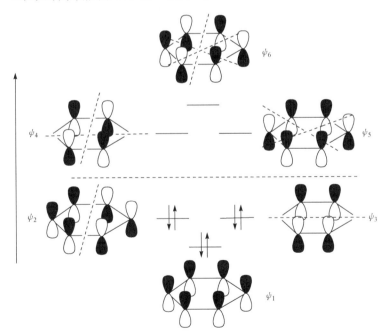

图 8-2　苯的 π 分子轨道

以上用价键理论和分子轨道理论解释了苯的结构。由于 π 电子的离域电子云分布完全平均化,可用下列各式表示苯的特殊结构,但最常用的还是凯库勒(Kekulé)式[式(a)]。

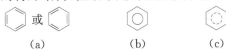

(a)　　　　　　(b)　　　　　(c)

2. 共振论简介

共振论是美国量子化学家鲍林(Pauling)在 20 世纪 30 年代提出的,他曾两次荣获诺贝尔奖(1954 年化学奖,1962 年和平奖)。共振论的基本观点:当具有离域结构的分子、离子或自由基不能用一个经典的价键结构式表示时,可用几个经典的结构式的叠加来表示其真正的结构。叠加又称共振,这几个可能的经典的结构式称为共振式或共振极限式,它们的叠加或共振称为共振杂化体。单独的每个共振式都不能表示分子的真实结构,只有它们的杂化体(共振杂化体)才能更确切地代表真实的结构。用共振论能解决用经典结构式描述复杂离域结构的困难,并且简单、清楚。例如,苯分子是由下面五个共振式组成的(式中的双箭头"←→"为共振符号)。

① 　　　② 　　　③ 　　　④ 　　　⑤

苯的真实结构不是其中的任一个,而是它们的共振杂化体。又如,以下是具离域结构的1,3-丁二烯的共振杂化体。

$$CH_2=CH-CH=CH_2 \longleftrightarrow CH_2=CH-\overset{+}{CH}-\overset{-}{CH_2} \longleftrightarrow CH_2=CH-\overset{-}{CH}-\overset{+}{CH_2}$$
$$\text{I} \qquad\qquad\qquad \text{II} \qquad\qquad\qquad \text{III}$$

$$\longleftrightarrow \overset{-}{CH_2}-CH=CH-\overset{+}{CH_2} \longleftrightarrow \overset{+}{CH_2}-CH=CH-\overset{-}{CH_2} \longleftrightarrow \overset{+}{CH_2}-\overset{-}{CH}-CH=CH_2$$
$$\text{IV} \qquad\qquad\qquad \text{V} \qquad\qquad\qquad \text{VI}$$

$$\longleftrightarrow \overset{-}{CH_2}-\overset{+}{CH}-CH=CH_2$$
$$\text{VII}$$

共振式的书写,必须遵守下列几点规则。

(1) 组成各共振式的原子的相对位置不能改变。仅允许在共轭链中移动 π 电子或 p 电子,如上面苯的五个共振式、1,3-丁二烯的七个共振式都符合原子位置不变原则。下列两式中氢原子的位置发生了移动,它们不是共振关系,而是互变异构关系。不能用"←→"连接,而应用"⇌"。

$$CH_3-\overset{O}{\overset{\|}{C}}-H \quad\times\longleftrightarrow\quad CH_2=\overset{OH}{\overset{|}{CH}}$$

(2) 组成各共振式的成对电子数或未成对电子数不能改变。在上面 1,3-丁二烯的共振杂化体中,Ⅱ～Ⅶ式为电荷分离式,但每个共振式中未配对电子数是相同的都为 0,但下列两式未配对电子数为 2,与前面的 Ⅱ～Ⅶ 各式不属于共振杂化关系。

$$CH_2=CH-\dot{C}H-\dot{C}H_2 \quad 或 \quad \dot{C}H_2-CH=CH-\dot{C}H_2$$

每个极限共振式代表着电子离域的限度,所以一个分子能写出的共振式越多,则说明电子离域的可能性越大,体系能量越低,分子越稳定。这样,共振式杂化体的能量低于任何一个极限共振式的能量。不同极限共振式的能量不尽相同,能量最低最稳定的极限共振式与真实分子的能量差称为共振能,即真实分子由于离域而获得的稳定化能。能量越低的极限共振式越稳定,对共振杂化体的贡献越大。共振式的稳定性规律如下。

(1) 共价键数目相等的共振式,稳定性相同;共价键多的共振式比共价键少的共振式稳定。例如 1,3-丁二烯的共振式杂化体中,Ⅰ有五个共价键,而 Ⅱ～Ⅶ 只有四个共价键,所以 Ⅰ

比 Ⅱ～Ⅶ稳定，Ⅱ～Ⅶ稳定性相同。

（2）没有电荷分离的共振式较稳定；负电荷在电负性较大的原子上共振式较稳定。例如下列丙烯醛的杂化体中，几个极限共振式的稳定性顺序为：(b)＞(c)＞(a)。

$$CH_2=CH-\overset{-}{\underset{\cdot\cdot}{C}}H-\overset{+}{\underset{\cdot\cdot}{O}}: \longleftrightarrow CH_2=CH-CH=O \longleftrightarrow CH_2=CH-\overset{+}{C}H-\overset{\cdot\cdot}{\underset{\cdot\cdot}{O}}:$$
$$(a) \qquad\qquad (b) \qquad\qquad (c)$$

（3）满足八电子层的共振式比未满足八电子层的共振式稳定，贡献较大。

$$CH_3-\overset{+}{C}H-\overset{-}{\underset{\cdot\cdot}{C}l}: \longleftrightarrow CH_3-CH=\overset{+}{\underset{\cdot\cdot}{C}l}:$$
较不稳定，贡献较小　　　　较稳定，贡献较大

（4）键角、键长变化较小的共振式较稳定。例如，苯的共振杂化体中①和②较稳定、贡献较大，而③～⑤较不稳定，贡献较小。

（5）相同电荷相距越远的共振式，较稳定；相反电荷相距越近的共振式较稳定，贡献较大。例如

较不稳定，贡献较小　　　　较稳定，贡献较大

$$CH_2=CH-\overset{-}{C}H-\overset{+}{C}H_2 \longleftrightarrow \overset{-}{C}H_2-CH=CH-\overset{+}{C}H_2$$
较稳定，贡献较大　　　　较不稳定，贡献较小

（6）结构相似、能量相同的共振式（等价共振式）越多越稳定，其共振杂化体也特别稳定。

又如，在苯的共振杂化体中Ⅰ、Ⅱ是等价共振式，在共振杂化体中贡献最大。

共振论是以经典结构式为基础，是价键理论的发展。共振式杂化体中的许多共振式是虚构的，并非都存在，所以在应用上有一定局限性，如环丁二烯和环辛四烯都有等价共振式，与苯类似，应该很稳定，但它们的化学性质很活泼，不具有芳香性。

共振、共轭与离域在有机化学中含义相差不大，能简单地解释有机分子、离子或自由基的稳定性，进而阐明有机化合物的结构与性质关系的实质。

8.1.3　单环芳烃的性质

1. 物理性质

苯及其同系物多数为无色液体，相对密度小于1，有特殊香味。它们的蒸气有毒，能损坏造血器官和神经系统。单环芳烃一般都不溶于水，可溶于如乙醚、石油醚等弱极性有机溶剂。沸点随相对分子质量升高而升高；对位异构体由于分子结构对称，熔点较高，见表 8-2，对二甲苯的熔点高出邻二甲苯和间二甲苯很多。

表 8-2　苯及其烃基衍生物的物理性质

名称	熔点/℃	沸点/℃	相对密度(d_4^{20})
苯	5.5	80	0.879
甲苯	−95	111	0.866
邻二甲苯	−25	144	0.880
间二甲苯	−48	139	0.864
对二甲苯	13	138	0.861
乙苯	−95	136	0.867
丙苯	−99	159	0.862
异丙苯	−96	152	0.862
苯乙烯	−31	145	0.906
苯乙炔	−45	142	0.930

问题 2　写出四甲基苯的三种异构体的构造式。在室温下,只有一种异构体是固体,请指出。

2. 化学性质

由于苯的结构特点,苯环比较稳定,具有芳香性,即易取代、难氧化、抗加成。单环芳烃的化学性质主要表现在苯环上的亲电取代反应,烷基苯侧链上的 α-氢的取代反应及 α-氢的氧化反应。

1) 氧化反应

苯环比较稳定,不易被氧化。含有 α-氢的烷基苯,由于受苯环的影响,α-氢比较活泼,在氧化剂,如高锰酸钾、重铬酸钾、硝酸等作用下通常是侧链烷基被氧化,且不论侧基长短,都可被氧化为苯甲酸。但当烷基苯无 α-氢时,则不易被氧化。

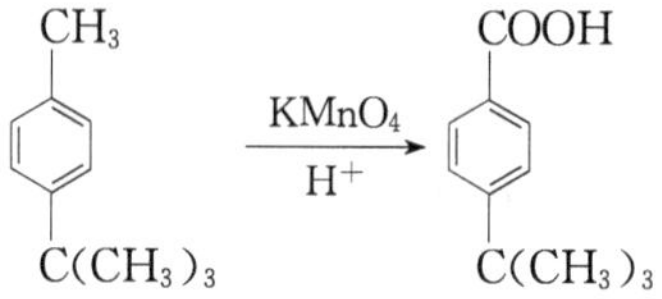

苯在催化剂五氧化二钒作用下,能被空气中的氧气氧化为顺-丁烯二酸酐。

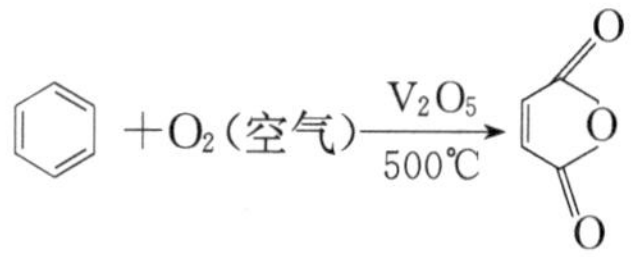

2) 侧链的卤代反应

与丙烯相似,在光照或加热条件下,烷基苯的 α-氢可被卤素取代。

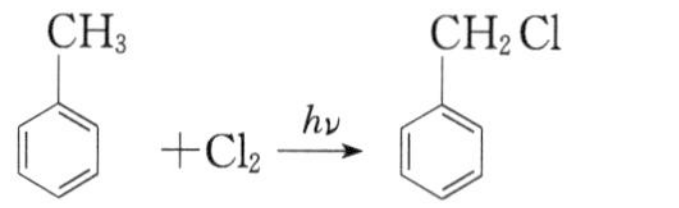

苯氯甲烷(苄基氯)

当氯过量时,苄基氯可以继续发生氯代反应生成多氯代甲烷。

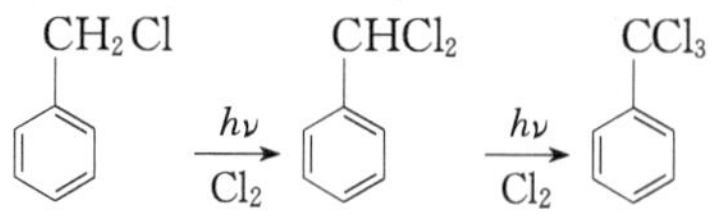

溴代反应可用 N-溴代丁二酰亚胺(NBS)作溴代试剂,该反应温和易控制。

$$\text{CH}_3\text{-}\underset{\text{NBS}}{\text{NBr}} + \xrightarrow[\triangle]{\text{CCl}_4} \text{CH}_2\text{Br} + \text{NH}$$

苯的侧链卤代反应是按自由基机理进行的,侧基的卤化反应主要发生在 α-位。例如,在下列反应中生成的 α-位的卤代产物是主产物。

$$\text{-CH}_2\text{CH}_3 \xrightarrow[\text{Cl}_2]{h\nu} \overset{\text{Cl}}{\text{-CHCH}_3} + \text{-CH}_2\text{CH}_2\text{Cl}$$
$$56\% \qquad\qquad 44\%$$

反应的速率决定生成中间体这一步,苄基型自由基(Ⅰ)比较稳定的缘故。

$$\text{Cl}_2 \xrightarrow{h\nu} 2\text{Cl} \cdot$$

$$\text{-CH}_2\text{CH}_3 + \text{Cl} \cdot \longrightarrow \overset{\cdot}{\text{-CHCH}_3}$$
(Ⅰ)

(Ⅰ)是 p-π 共轭体系,比(Ⅱ)稳定

$$\longrightarrow \text{-CH}_2\overset{\cdot}{\text{CH}_2}$$
(Ⅱ)

$$\vdots$$

$$\text{-CH}_2\text{CH}_3 \xrightarrow[\text{Br}_2]{h\nu} \overset{\text{Br}}{\text{-CHCH}_3}$$
$$100\%$$

通过上式可看出,溴比氯取代 α-氢具有较大的选择性,这是因为在自由基取代反应中,溴的活性比氯小,具有较大的选择性。

3) 加成反应

苯及其同系物可以发生催化加氢反应生成环己烷。工业上用这种方法制备环己烷或其衍生物。但由于苯环比较稳定,苯不会加一分子或两分子氢生成环己烯或环己二烯,需加三分子氢一步生成环己烷。

$$\text{⬡} + 3\text{H}_2 \xrightarrow[250℃]{\text{Ni}} \text{⬡}$$

$$\text{⬡} + \text{H}_2 \xrightarrow{\quad} \times \text{⬡}$$

$$\text{⬡} + 2\text{H}_2 \xrightarrow{\quad} \times \text{⬡}$$

4) 亲电取代反应

(1) 卤代反应。

苯在铁、三卤化铁或三卤化铝等路易斯酸催化下能和氯、溴反应,生成氯苯、溴苯,此反应称为卤代(化)反应。

$$\text{⬡} + \text{Cl}_2 \xrightarrow[\triangle]{\text{FeCl}_3} \text{⬡-Cl}$$

$$\text{苯} + Br_2 \xrightarrow[\triangle]{FeBr_3} \text{溴苯}$$

氯苯、溴苯可进一步卤代生成二卤代苯,其中主要为邻位和对位产物。

$$\text{氯苯} + Cl_2 \xrightarrow[\triangle]{FeCl_3} \text{邻二氯苯} + \text{对二氯苯} + \text{间二氯苯}$$

　　　　　　　　　　　　　　　39%　　　　55%　　　　6%

甲苯在三卤化铁催化下进行氯代时也得到类似结果,主要产物为邻位和对位取代物。

$$\text{甲苯} + Cl_2 \xrightarrow[\triangle]{FeCl_3} \text{邻氯甲苯} + \text{对氯甲苯} + \text{间氯甲苯}$$

　　　　　　　　　　　　　　　42%　　　　57%　　　　1%

从苯的结构可知,苯环的 π 电子云分布在碳原子所在平面的上下部分,有利于亲电试剂的进攻。例如,无催化剂存在时,苯的卤代反应很慢,但当加入少量路易斯酸时,反应很快进行。这是由于路易斯酸使卤素极化,成为较强的亲电试剂卤正离子。以苯和氯的反应为例。

$$Cl—Cl + FeCl_3 \rightleftharpoons Cl^+ + FeCl_4^-$$

反应第一步首先是氯正离子进攻苯环生成 π 络合物,此时并无旧键断裂或新键生成,属物理吸附。

$$\text{苯} + Cl^+ \rightleftharpoons \text{π络合物}$$

　　　　　　　　　　　　　　π络合物

然后亲电试剂氯正离子从 π 络合物中得到两个电子与苯环中的一个碳原子形成新的 σ 键生成 σ 络合物,这一步是整个反应的速率决定步骤。

$$\text{π络合物} \xrightarrow{\text{慢}} \text{σ络合物}$$

　　　π络合物　　　　σ络合物

从共振的观点来看,σ 络合物是六中心五电子的共轭体系,可写出它的共振杂化式。

$$\left[\text{共振结构式} \right]$$

σ 络合物的能量比苯高,不稳定,很快由 sp^3 碳上失去 H^+,使该碳原子恢复成 sp^2 杂化碳原子,这样又形成了六中心六电子离域的闭合共轭体系——苯环,体系能量得以降低,产物较稳定,结果生成了取代苯,实际上是经历了加成-消去机理。

$$\text{σ络合物} \xrightarrow{\text{快}} \text{氯苯}$$

(2) 硝化反应。

浓硫酸和浓硝酸的混合物(体积比为 1:2)称为混酸。苯与混酸反应生成硝基苯,称为硝化反应。

$$\text{苯} + HNO_3 \xrightarrow{H_2SO_4,\ 50\sim60℃} \text{硝基苯}$$

硝基苯为淡黄色液体,有苦杏仁味,毒性较大。如果只用硝酸,反应很慢。浓硫酸与硝酸作用易生成亲电性能较强的硝酰正离子。

$$HNO_3 + 2H_2SO_4 \Longrightarrow NO_2^+ + 2HSO_4^- + H_3O^+$$

硝酰正离子

硝酰正离子吸附在苯环上形成 π 络合物,进而生成 σ 络合物,最后生成硝基苯。

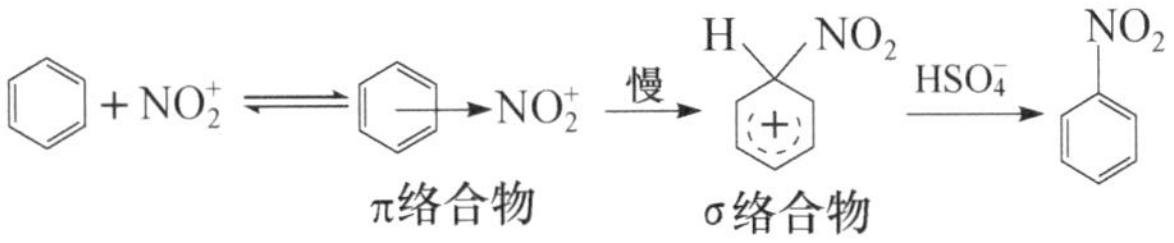

在较高温度下,硝基苯可继续与混酸反应,在苯环上引入第二个硝基,主要产物为间位取代物。

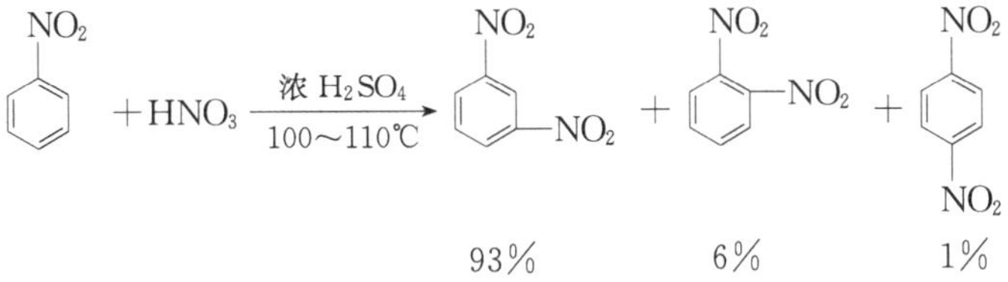

甲苯在混酸作用下,也可发生硝化反应,反应比苯容易,主要生成邻位和对位取代物。

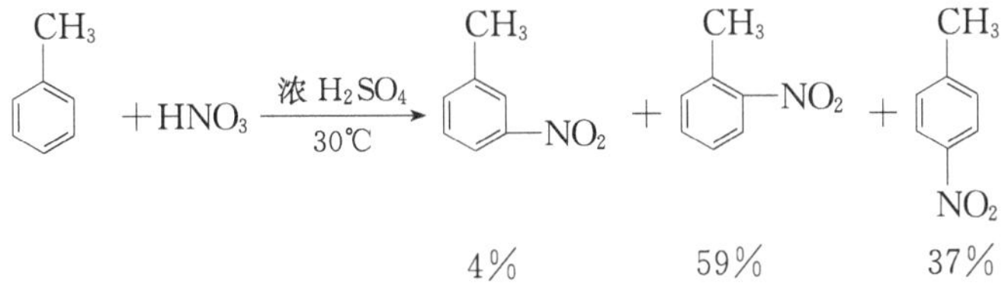

甲苯完全邻位、对位硝化,得到甲苯的三硝基衍生物 2,4,6-三硝基甲苯(TNT),这是一种强力炸药。

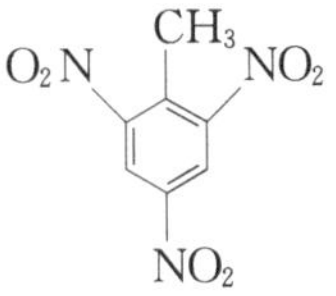

(2,4,6-三硝基甲苯,TNT)

以硝硫混酸法制备硝基芳香烃产率高,却存在许多缺陷,如由于副产物水的稀释作用会降低反应速率,反应过程中需不断补充硫酸;硫酸只作为催化剂不进入产品中,产生的大量废酸——硫酸具有强腐蚀性,回收和处理都比较困难;且区域选择性差,致使邻位硝基芳香烃相对过剩,造成资源浪费。

目前研究的新型清洁硝化催化剂有很多种,如沸石类催化剂、黏土类催化剂、离子交换树脂催化剂、固载化液体酸催化剂、金属氧化物及金属盐催化剂、杂多酸催化剂以及固体超强酸催化剂等。

问题 3 苯胺和乙酰苯胺的亲电取代反应速率哪个较快? 为什么?

---

(3)磺化反应。

苯与浓硫酸反应,生成苯磺酸,称为磺化反应。苯与浓硫酸反应速率很慢,一般常用含 10% 三氧化硫的发烟硫酸作磺化试剂,使反应在较低温度进行。

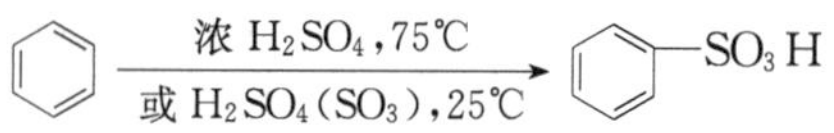

$$\text{C}_6\text{H}_6 \xrightarrow[\text{或 }H_2SO_4(SO_3),25℃]{\text{浓 }H_2SO_4,75℃} \text{C}_6\text{H}_5{-}SO_3H$$

磺化反应的亲电试剂是三氧化硫,反应机理与卤化反应、硝化反应类似。

$$2H_2SO_4 \rightleftharpoons SO_3 + H_3O^+ + HSO_4^-$$

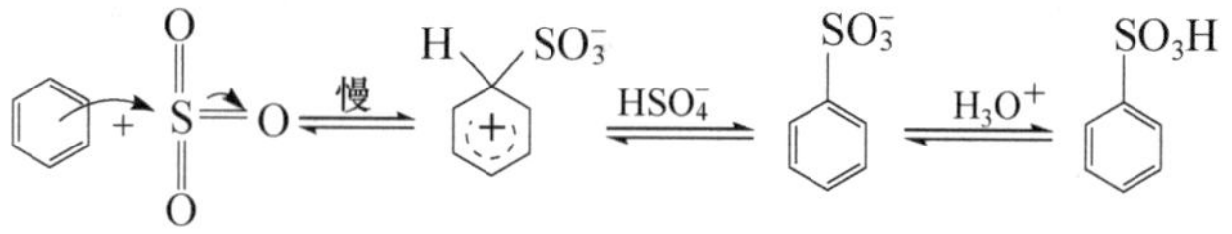

苯磺酸在更高温度下与发烟硫酸可继续发生磺化反应,生成间苯二磺酸,继续反应还可生成 1,3,5-苯三磺酸。

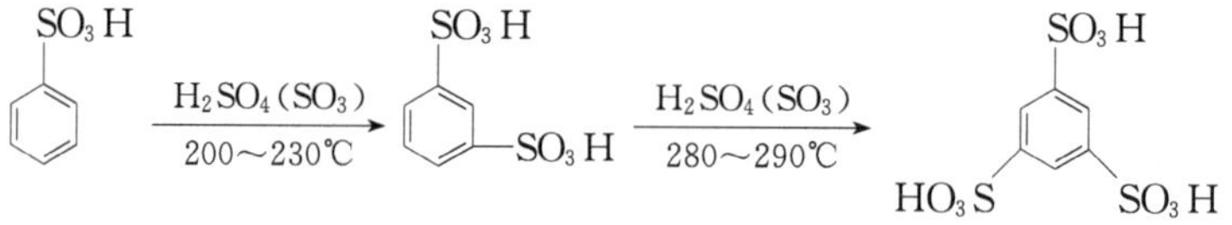

甲苯比苯、苯磺酸容易发生磺化反应,它在常温下就可发生反应,主要产物为邻位、对位取代物。

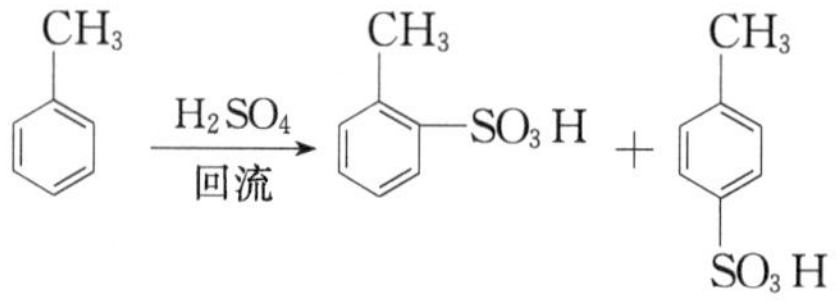

利用这个性质可除去苯中混有的少量甲苯。

反应机理表明:磺化反应是可逆反应,苯磺酸在加热下与稀硫酸或盐酸反应,可失去磺基,生成苯,磺化反应的逆反应称为脱磺基反应。

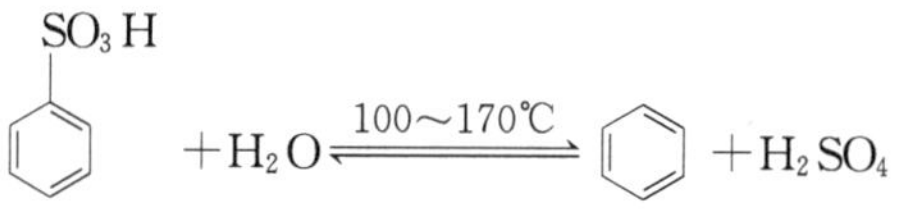

磺化和脱磺基反应联合使用,常用在相关的有机合成以及有机化合物的分离、提纯中。

苯磺酸是一种有机强酸,在水中溶解度很大。因此,通常利用磺化反应在化合物分子中引入磺基,以增加化合物的水溶性。合成洗涤剂是烷基苯磺酸的钠盐,烷基是亲油部分,磺基是亲水部分。

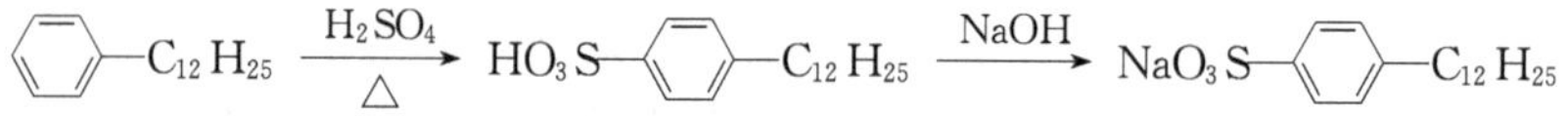

(4) 傅-克反应。

傅瑞德尔-克拉夫茨(Friedel-Crafts)反应简称傅-克反应,苯在路易斯酸催化下,苯环上的氢原子被烷基或酰基取代,分别称为傅-克烷基化反应或傅-克酰基化反应。这是一种制备烷基苯和芳香酮的方法。

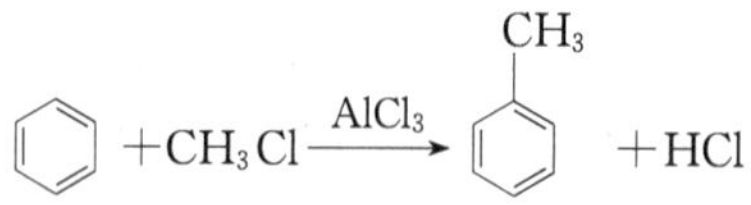

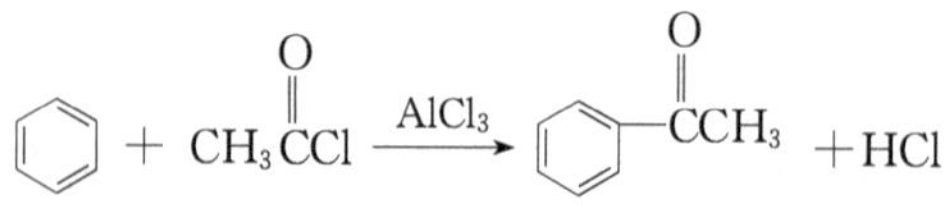

常用的烷基化试剂有卤代烷、烯烃和醇;酰基化试剂有酰卤、酸酐和羧酸。

无水氯化铝是催化剂,其催化作用是促进亲电试剂烷基碳正离子或酰基碳正离子的生成。除无水氯化铝外,还可使用氯化铁、氯化锌、氯化锡、氟化硼和硫酸等,它们的催化能力与反应物的性质有关。例如,当烷基化试剂是卤代烃或酰卤时,常用 $AlCl_3$ 作催化剂;而 H_2SO_4 常用于醇、烯烃与苯的烷基化反应。

$$C_2H_5Cl + AlCl_3 \longrightarrow C_2H_5^+ + AlCl_4^-$$

$$\underset{\displaystyle CH_3CH_2\overset{\textstyle O}{\overset{\|}{C}}Cl}{} + AlCl_3 \longrightarrow CH_3CH_2\overset{\textstyle O}{\overset{\|}{C}}{}^+ + AlCl_4^-$$

$$C_2H_5OH + H_2SO_4 \longrightarrow C_2H_5^+ + HSO_4^- + H_2O$$

当苯环上连有一些强吸电子基,如硝基、磺酸基、酰基和氰基等时,不能发生傅-克烷基化反应或傅-克酰基化反应。因为强吸电子基使苯环电子云密度减小而钝化,而烷基碳正离子或酰基碳正离子又都是弱亲电试剂。

当苯环上连有一些碱性基团(如—NH_2、—NHR、—NR_2、—OH 等),也不能发生傅-克烷基化反应或傅-克酰基化反应。因为这些基团会与催化剂路易斯酸反应成盐,使催化剂失去活性。

傅-克烷基化反应与傅-克酰基化反应有许多相似之处:催化剂相同;反应机理类似,都属于亲电取代反应;为环上连有吸电子基或碱性基团时,不发生傅-克反应。但两者也有不同之处,傅-克烷基化反应比较复杂,有一些特性。

a. 烷基化反应一般得不到单取代的烷基苯,通常有多元取代产物生成。这是由于烷基苯的苯环被烷基活化后,比苯较易进行烷基化反应,还可以发生多烷基化反应生成多烷基苯。

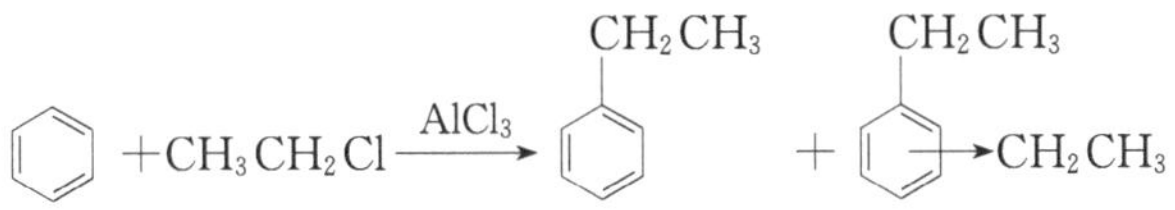

多元取代物的混合物

b. 烷基化反应是可逆反应,在催化剂作用下还会发生歧化反应,即一分子烷基苯脱烷基,另一分子增加烷基。

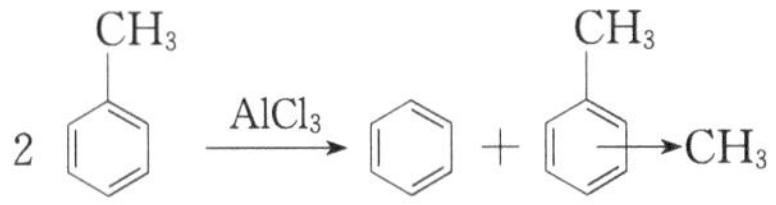

$(o\text{-},m\text{-},p\text{-})$二甲苯的混合物

c. 当所用烷基化试剂含三个或三个以上碳原子时,主要得到带支链的烷基苯。这是由于烷基碳正离子重排而发生异构化反应的缘故。仲碳正离子比伯碳正离子稳定是重排的推动力。

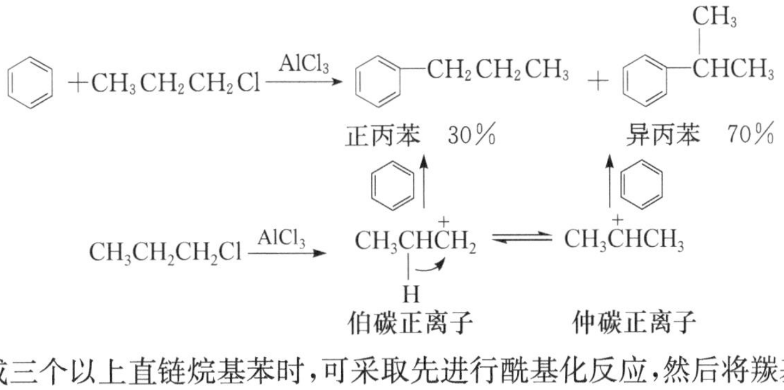

制备三个或三个以上直链烷基苯时,可采取先进行酰基化反应,然后将羰基还原的方法。

$$\text{C}_6\text{H}_6 + \text{CH}_3\text{CH}_2\text{CH}_2\overset{\text{O}}{\underset{}{\text{C}}}\text{Cl} \xrightarrow[\triangle]{\text{AlCl}_3} \text{C}_6\text{H}_5\overset{\text{O}}{\underset{}{\text{C}}}\text{CH}_2\text{CH}_2\text{CH}_3 \xrightarrow[\text{浓 HCl},\triangle]{\text{Zn/Hg}} \text{C}_6\text{H}_5\text{CH}_2\text{CH}_2\text{CH}_2\text{CH}_3$$
$$86\% \qquad\qquad\qquad 73\%$$

酰基化反应没有上述特点,但催化剂用量(如 $AlCl_3$)要比烷基化反应多。

(5) 氯甲基化反应。

在无水 $ZnCl_2$、$AlCl_3$ 等催化剂存在下,芳烃与甲醛及氯化氢作用,芳环上的氢原子被氯甲基取代,称为氯甲基化反应。与博-克反应类似,当苯环连有强吸电子基时,反应很难发生。

$$\text{C}_6\text{H}_6 + \text{HCHO} + \text{HCl} \xrightarrow[60℃]{\text{ZnCl}_2} \text{C}_6\text{H}_5-\text{CH}_2\text{Cl} + \text{H}_2\text{O}$$

氯甲基化反应应用非常广泛,—CH_2Cl 可以转化为其他基团,如—CH_2OH、—CH_2CN、—CH_2COOH等。

$$\text{C}_6\text{H}_5-\text{CH}_2\text{Cl} \begin{cases} \xrightarrow{\text{NaOH},\text{H}_2\text{O}} \text{C}_6\text{H}_5-\text{CH}_2\text{OH} \\ \xrightarrow{\text{NH}_3} \text{C}_6\text{H}_5-\text{CH}_2\text{NH}_2 \\ \xrightarrow{\text{NaCN}} \text{C}_6\text{H}_5-\text{CH}_2\text{CN} \xrightarrow{\text{H}^+} \text{C}_6\text{H}_5-\text{CH}_2\text{COOH} \end{cases}$$

综上所述,苯的亲电取代反应机理可用下式表示。

$$\text{C}_6\text{H}_6 + \text{E}^+ \underset{\text{慢}}{\overset{}{\rightleftharpoons}} \left[\text{σ络合物}\right] \underset{\text{快}}{\overset{-\text{H}^+}{\rightleftharpoons}} \text{C}_6\text{H}_5-\text{E} + \text{H}^+$$

反应过程和能量变化如图 8-3 所示,该反应是两步反应,第一步生成 σ 络合物中间体,这一步是速率决定步骤;第二步由于能垒较第一步低,脱去质子很快。但当两个过渡态的能垒相近时,中间体向生成物或返回反应物两个方向的反应速率相近,则反应为可逆反应,如磺化反应和烷基化反应。

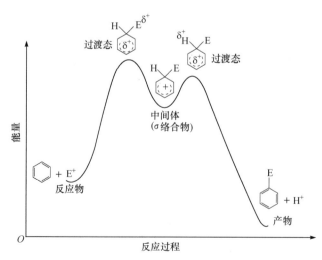

图 8-3 苯亲电取代反应进程和能量曲线图

问题 4 在三氯化铝存在下,用 1-氯丁烷作烷基化试剂与苯反应,主产物不是丁基苯而是 2-苯基丁烷,写出此反应的反应机理。

问题 5 下列化合物在光照下与 NBS 反应,其活性顺序为( )。

A. 甲苯   B. 乙苯   C. 异丙苯   D. 叔丁苯

8.1.4 苯环上亲电取代反应的定位规律

1. 定位规律

在单取代的苯环上,还剩余 5 个可取代的位置:两个邻位、两个间位和一个对位。按概率来讲,二取代产物中邻、间、对异构体的比例应是 $2:2:1$,但实际情况不是这样,见表 8-3。

表 8-3 一元取代苯硝化反应的相对反应速率与产物的组成

取代基	相对速率	硝化产物/%			(邻+对)/间
		邻	间	对	
—OH	很快	55	—	45	100/0
—OCH$_3$	2×10^5	74	15	11	85/15
—NHCOCH$_3$	快	19	1	80	99/1
—CH$_3$	25	63	3	34	97/3
—C(CH$_3$)$_3$	16	12	8	80	92/8
—CH$_2$Cl	0.3	32	16	52	84/16
—F	0.03	12	—	88	100/0
—Cl	0.03	30	1	69	99/1
—Br	0.03	37	1	62	99/1
—I	0.18	38	2	60	98/2
—H	1.0				
—NO$_2$	6×10^{-8}	6	93	1	7/93
—COOC$_2$H$_5$	3.7×10^{-3}	28	68	4	32/68
—N$^+$(CH$_3$)$_3$	1.2×10^{-8}	0	89	11	11/89
—COOH	慢	19	80	1	20/80
—SO$_3$H	慢	21	72	7	28/72
—CF$_3$	慢	0	100	0	0/100

由表 8-3 可看出,新基团进入苯环的位置及相对反应速率取决于已有基团,即已有基团对新进入的基团具有定位效应,这个已有的基团称为定位基。例如,前面讨论的卤代、硝化、磺化反应,甲苯比苯容易,且产物以邻、对位产物为主;而硝基苯、苯磺酸比苯难于反应,需要提高反应温度,且产物以间位产物为主。根据大量实验事实,把定位基分为两类。

(1) 第 I 类定位基——邻对位定位基。这类基团与苯环直接相连的原子一般带未共用电子对或负电荷。除卤素外,这类定位基使苯环电子云密度增大活化苯环,新基团的进一步取代反应比苯容易;新基团主要进入定位基的邻对位。常见的邻对位定位基及其定位能力如下:

$$—\overset{..}{O}{}^-＞—\overset{..}{N}(CH_3)_2＞—\overset{..}{N}H_2＞—\overset{..}{O}H＞—\overset{..}{O}R＞—\overset{..}{N}HCOR＞—\overset{..}{O}COR＞—R＞$$

$$—Ph＞—\overset{..}{\underset{..}{F}}＞—\overset{..}{\underset{..}{C}l}＞—\overset{..}{\underset{..}{B}R}＞—\overset{..}{\underset{..}{I}}\quad 等$$

（2）第Ⅱ类定位基——间位定位基。这类基团与苯环直接相连的原子一般带正电荷或连有极性重键或一些强吸电子基团（或原子）。这类定位基使苯环电子云密度减小钝化苯环，新基团的进一步取代反应比苯难；且新基团主要进入定位基的间位。常见的间位定位基及其定位能力如下：

$$—\overset{+}{N}H_3＞—\overset{+}{N}R_3＞—NO_2＞—CCl_3＞—CN＞—SO_3H＞—CHO＞—COR＞$$

$$—COOH＞—COOR＞—CONH_2\quad 等$$

2. 定位规律的解释

取代基的诱导效应和共轭效应在苯环共轭链上传递是不均匀的，会引起苯环上电子云密度分布不均匀化，使苯环上各位置的电子云密度不同，从而导致各位置进行亲电取代反应的难易程度不同。除了电子效应外，还有空间效应的影响。下面分别讨论。

1）电子效应

（1）第Ⅰ类定位基的定位效应解释。

以甲苯为例。在没有连甲基时，苯环电子云分布是均匀的；连上甲基后，甲基的给电子诱导效应（＋I）和 σ-π 超共轭效应（＋C）使苯环电子云密度增大，进一步亲电取代反应比苯容易。甲苯的各碳原子电子云分布如下：

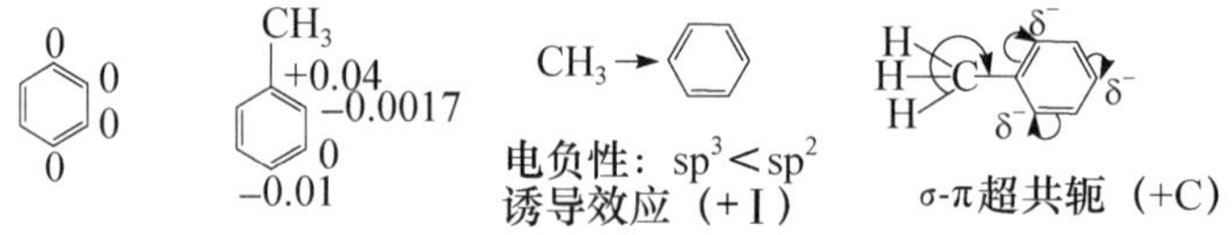

由上面的分析可看出，亲电试剂主要选择进攻电子云密度大的邻对位。

上面的选择性也可从速率决定步骤所生成的苯正离子中间体的稳定性加以解释。甲苯的亲电取代反应中，所生成的苯正离子中间体的共振杂化体如下：

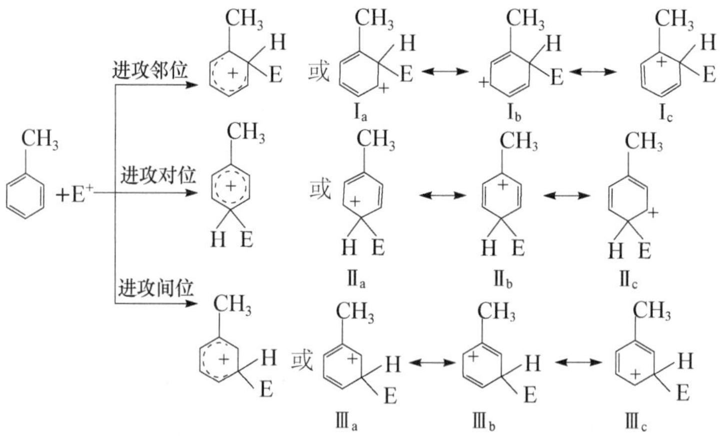

其中在邻位、对位取代的共振杂化体中，分别有Ⅰ$_c$、Ⅱ$_b$两个较稳定的共振式，而间位取代的共振杂化体中无稳定性较大的共振式。所以Ⅰ$_c$、Ⅱ$_b$对共振杂化体的贡献较大，共振杂化体Ⅰ、Ⅱ比Ⅲ稳定，主要生成邻对位产物。其反应进程中能量变化如图8-4所示。

苯胺和苯酚相似，以—NH$_2$ 或—OH 与苯环相连。由于氧原子或氮原子的电负性大于碳

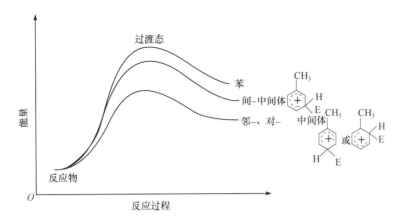

图 8-4 苯与甲苯在邻、间和对位进行亲电取代反应的能量进程

原子,表现为吸电子诱导效应(-I),导致苯环的电子云密度降低,而氧原子或氮原子的未共用电子对可以与苯环形成 p-π 共轭体系,又使苯环的电子云密度增(+C)。这两种电子效应比较:给电子的共轭效应比吸电子的诱导效应强(+C>-I),因此—NH_2 或—OH 对苯环最终表现的是给电子效应,使苯环活化。以苯胺为例分析—NH_2 对苯环的电子效应及通过计算得出的各碳原子相对电子云密度。

由于苯胺的—NH_2 的邻、对位电子云密度较大,亲电试剂主要进攻邻对位。苯胺在亲电取代反应中形成的苯碳正离子中间体的共振式如下。

在上述的共振式中,I_d、II_d 特别稳定,每个原子都有完整的外电子层结构,而进攻间位时得不到这种共振结构。在苯的亲电取代反应中,同样得不到这种稳定的共振结构,因此苯胺的亲电取代反应比苯容易进行,且主要发生在氨基的邻对位。

问题 6 羟基的邻、对位定位能力大于烷氧基,请说明原因。

（2）卤素的定位效应解释。

以氯苯为例，由于氯原子具有较强的吸电子诱导效应（−I），导致苯环的电子云密度降低，对亲电取代反应不利；而氯原子上的未共用电子对可以与苯环形成 p-π 共轭体系，又使苯环的电子云密度增加（+C）。这两种电子效应比较，与苯胺不同：吸电子的诱导效应比给电子的共轭效应强（−I＞+C），因此—Cl 对苯环最终表现的是吸电子效应，使苯环钝化。氯苯各碳原子相对电子云密度如下：

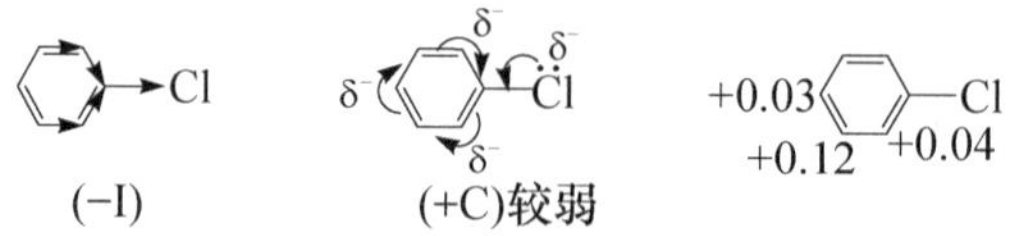

$$(-I) \qquad (+C)较弱$$

由于氯苯中氯原子邻、对位的缺电程度比间位相对较小，亲电试剂主要进攻邻、对位。氯苯在亲电取代反应中形成的苯碳正离子中间体的共振式如下：

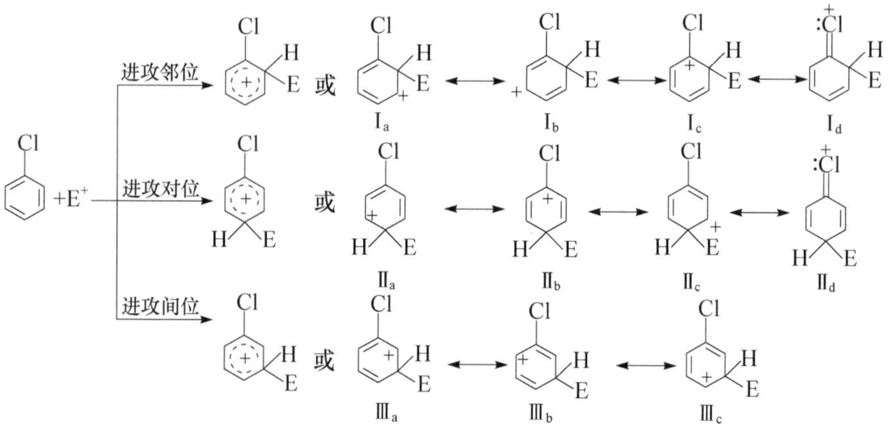

从氯苯亲电取代反应的中间体的共振杂化体可看出，与苯胺的共振式类似，I_d、II_d 特别稳定，每个原子都有完整的外电子层结构，而进攻间位时得不到这种共振结构，因此虽然氯原子钝化苯环，但取代反应仍主要发生在氯原子的邻、对位。

问题 7　以硝基苯为例，从电子效应和共振式解释第 II 类定位基的定位效应。

2）空间效应

当苯环连有第 I 类定位基时，新基团主要进入邻、对位，但邻、对位异构体的比例将随原定位基的空间效应的大小不同而变化。定位基的空间效应越大，其邻位异构体所占比例越小。例如，表 8-4 中列出了不同空间效应定位基对一元取代苯硝化产物异构体分布的影响。从表 8-4 可以看出，当新引入取代基分别为甲基、乙基、异丙基和叔丁基时，随着它们的空间效应依次增大，邻位产物异构体的比例依次下降。

表 8-4　一元取代苯硝化反应产物异构体的组成

环上原有定位基 （—R）	产物异构体分布/%		
	邻位	对位	间位
—CH$_3$	58.5	37.1	4.4
—CH$_2$CH$_3$	45.0	48.5	6.5
—CH(CH$_3$)$_2$	30.0	62.3	7.7
—C(CH$_3$)$_3$	15.8	72.7	11.5

同样,邻、对位异构体的比例也与新引入基团的空间效应有关。例如,表 8-5 中列出了具有不同空间效应的新引入基团对氯苯亲电取代反应产物异构体分布的影响。从表 8-5 可以看出,当新引入取代基为氯、硝基、溴和磺酸基时,由于它们的空间效应依次增大,氯苯亲电取代反应所得邻位异构体比例依次下降。

表 8-5　氯苯亲电取代反应产物异构体的组成

新引入取代基	产物异构体分布/%		
	邻位	对位	间位
—Cl	39	55	6
—NO$_2$	30	70	0
—Br	11	87	2
—SO$_3$H	1	99	0

以上讨论的第二个取代基进入苯环的位置主要取决于原有取代基(定位基)和新引入的取代基的性质。温度和催化剂等因素对异构体的比例也有一定影响。

3. 苯的二元取代产物的定位规律

当苯环上有两个取代基时,第三个取代基进入苯环的位置,主要由原来的两个取代基决定,还与新进入的取代基的空间效应有关。

(1) 两个原有取代基定位效应一致时,第三个基团进入的位置(箭头标出)由定位规则决定。例如

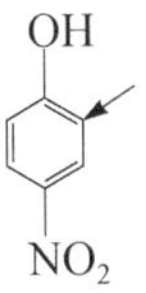

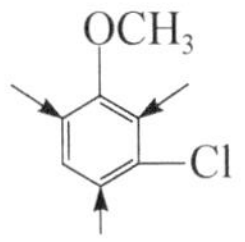

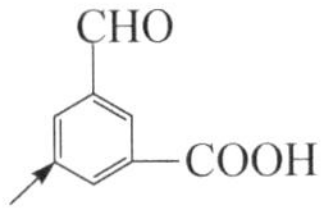

(2) 两个原有取代基定位效应不一致时,分为两种情况。

第一,当两个取代基属于同一类定位基时,第三个基团进入的位置主要由定位能力较强的基团决定。如果已有的两个定位基的定位能力相差较小时,则得到混合物。例如

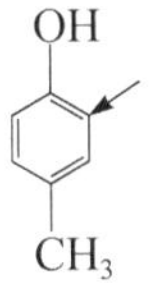

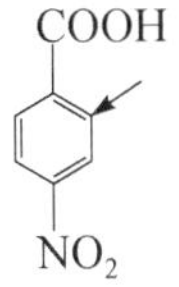

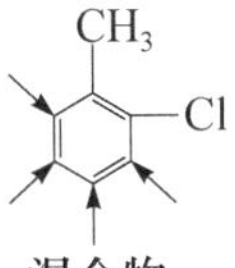

混合物

第二,当两个取代基属于不同类定位基时,第三个基团进入苯环的位置主要由第 I 类定位基决定。因为第 I 类定位基使苯环活化,由第 I 类定位基所指定的位置电子云密度相对较高,有利于亲电试剂的进攻。

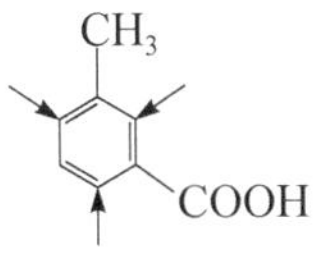

(3) 两个定位基处于间位时,新基团较难进入两个定位基之间。例如

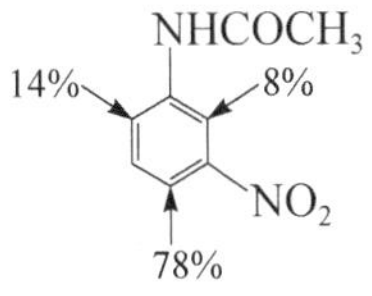

4. 定位效应的应用

苯环上的定位规律不仅可用于解释实验现象,而且可以用于预测反应产物,指导我们选择合适的合成路线合成多取代苯。

例 8-1　由苯合成药物中间体对硝基氯苯。

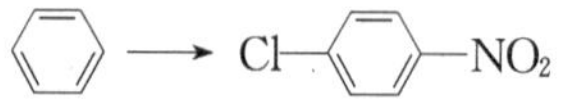

解　有两条合成路线。

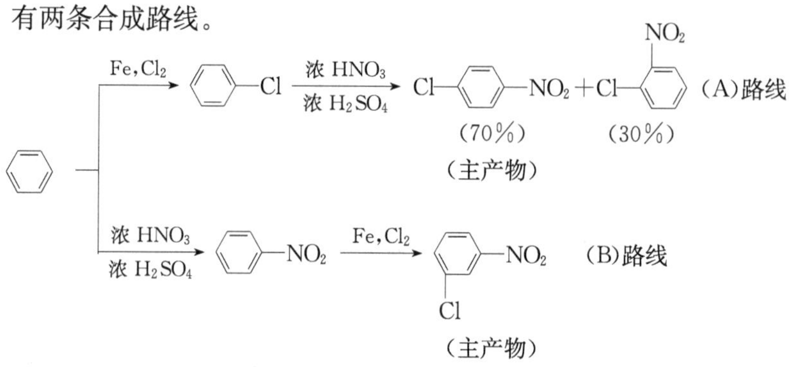

根据定位规律,以上的(A)、(B)两条合成路线中,(A)路线更合适,最后分离除去少量的邻硝基氯苯;在(B)合成路线中,采用先硝化后氯代,主产物则为间硝基氯苯。

例 8-2　由甲苯合成间硝基间溴苯甲酸。

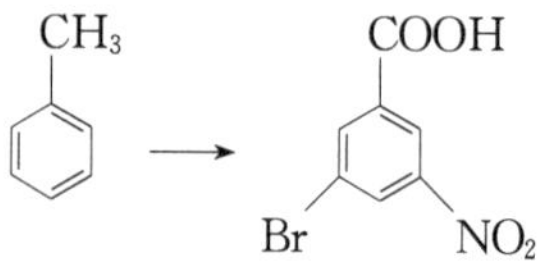

解　根据定位规律,最佳的合成路线是先氧化,再硝化,最后溴代。

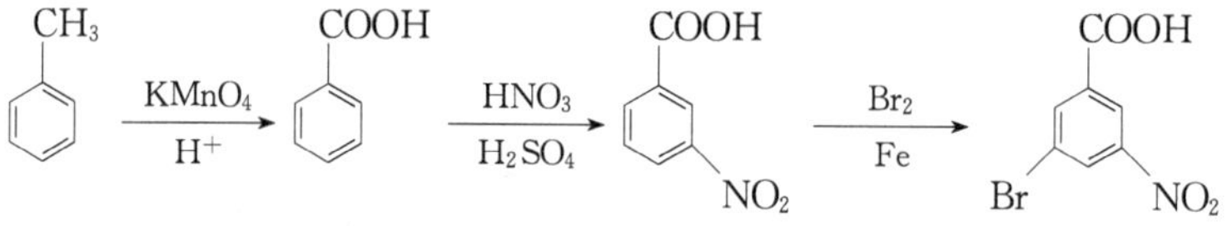

例 8-3　由苯合成间硝基苯乙酮。

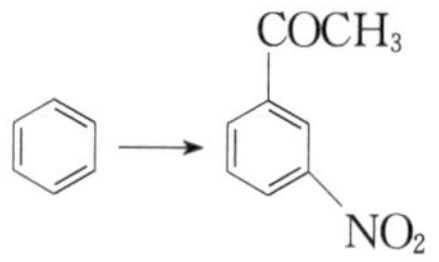

解　根据定位规律,最佳的合成路线是先傅-克酰基化,再硝化。如果先硝化,因硝基是一种强致钝基,不能再发生傅-克酰基化反应。

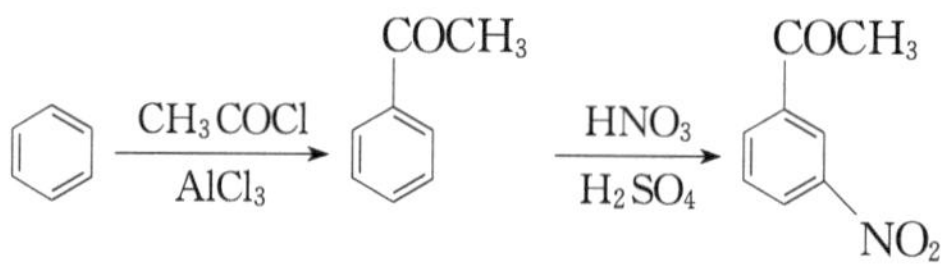

问题 8　解释异丙苯的亲电取代反应中对位取代产物的产率是:磺化>溴代>硝化>氯化。

问题 9　下列化合物在无水三氯化铝催化下发生傅-克烷基化反应,其活性顺序为(　　　)。

A. 苯甲醚　　　　B. 苯酚　　　　C. 氟苯　　　　D. 甲苯

8.2 多 环 芳 烃

8.2.1 多环芳烃的分类和命名

含有两个或两个以上苯环的芳烃称为多环芳烃,大致可分为三类。

1. 联苯类多环芳烃

含有两个苯环或多个苯环以环上一个碳原子直接相连而成芳烃。命名时以"联"作为词头,用中文字一、二、三等表示所连苯环的数目称为联×苯。如有必要,需标明单键所在位置。

联(二)苯   对联三苯   4,4'-二硝基联苯

2. 多苯代脂肪烃

当多个苯基连在同一个烃基上,可看成烃中的氢被苯基取代而成的芳烃。

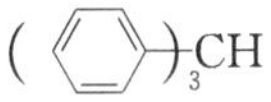

$\left(\right)_3CH$ —CH=CH—

三苯甲烷 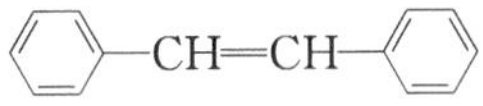   1,2-二苯乙烯

问题 10 三苯甲基自由基和碳正离子都是较稳定的,为什么? 试写出三苯甲基自由基的二聚体的结构。

---

3. 稠环芳烃

分子中含有两个或多个苯环彼此共用两个相邻苯环上的相邻碳原子稠合而成的芳烃。

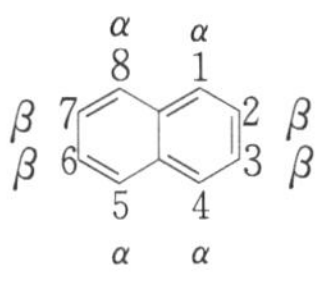

萘 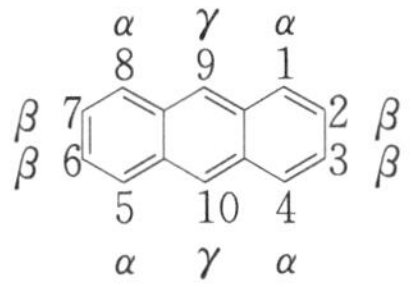   蒽

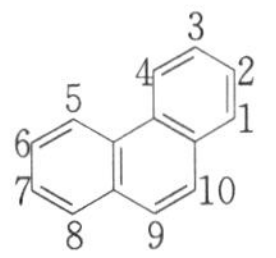

菲

8.2.2 稠环芳烃

1. 萘

萘为无色晶体,熔点为 80.55℃,沸点为 218℃,有特殊气味,可用升华来提纯。

1) 萘的结构与命名

萘的分子式是 $C_{10}H_8$。萘和苯的结构有相似之处,组成萘的两个苯环在同一平面内,10 个碳原子以 sp^2 方式杂化,它们的 10 个 p 轨道的对称轴垂直于萘的两个苯环所在的平面,且互相平行、互相重叠形成一个闭合的共轭体系,如图 8-5 所示。

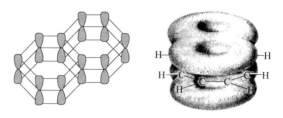

图 8-5　萘的 π 分子轨道

萘也具有芳香性,但与苯环不同,由于 π 电子云在萘环上不是均匀分布,碳碳键不完全等长。

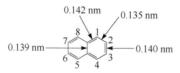

萘的离域能约为 254.98 kJ·mol^{-1},小于苯的两倍(300.96 kJ·mol^{-1}),萘的芳香性比苯弱。

萘分子中 1,4,5,8 四个位置是等同的,称为 α-位,在这四个位置上任何一个氢原子被取代都得到相同的一元取代物,称为 α-取代物(1-取代物);2,3,6,7 四个位置也是等同的,称为 β-位,β-位的取代物称为 β-取代物(2-取代物)。例如

$α$-萘酚　　　　　　　$β$-萘酚　　　　　　　4-乙酰氨基-1-萘甲酸

2) 萘的化学性质

A. 取代反应

萘的取代反应比苯容易,由于 α-位电子云密度较高,主要得到 α-取代物。

硝化反应在室温就可进行,主要生成 α-硝基萘。

用共振论解释,萘的取代反应主要发生在 α-位的原因是形成的活性中间体较稳定。亲电试剂进攻 α-位和进攻 β-位形成的活性中间体的共振式如下。

进攻 α-位

进攻 β-位

其中 α-位取代的共振杂化体中有两个具有完整的苯环；而 β-位取代的共振杂化体中只有一个具有完整的苯环。因此前者比后者的中间体能量较低，反应活化能较低，反应速率较快。取代反应主要发生在 α-位。

萘的磺化反应在较低温度（80℃）时主要产物为 α-萘磺酸；在较高温度（165℃）时，主要产物为 β-萘磺酸。α-萘磺酸与浓硫酸共热至 165℃ 时，也转变为 β-萘磺酸。

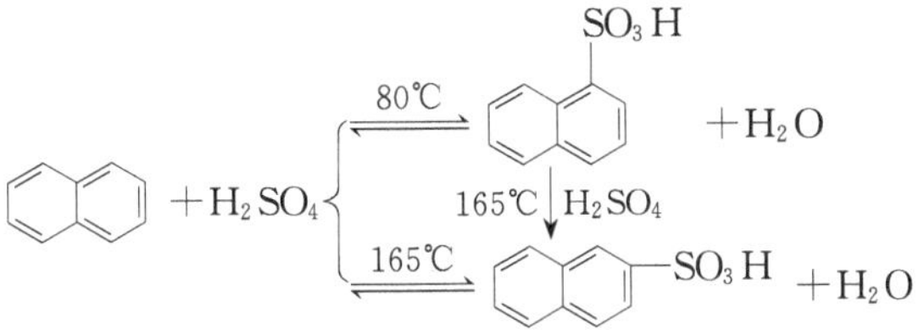

萘的 α-位比 β-位电子云密度高，生成 α-萘磺酸的速率较快。但由于 α-萘磺酸的磺基与 8 位氢原子之间的距离小于它们的范德华半径之和，存在相互排斥力，其稳定性低于 β-萘磺酸，同时，磺化反应是可逆反应，因此在高温时 β-萘磺酸是主要产物。

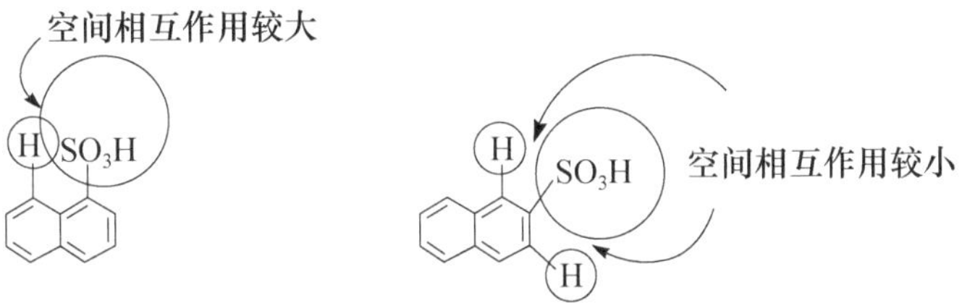

由于磺基容易被其他基团取代，因此可由高温磺化制备某些 β-取代萘。带一分子结晶水的 α-萘磺酸是白色晶体，熔点为 90℃。带一分子结晶水的 β-萘磺酸是白色片状晶体，熔点为 124～125℃。

萘的酰基化反应生成的产物产率与所用溶剂有关：

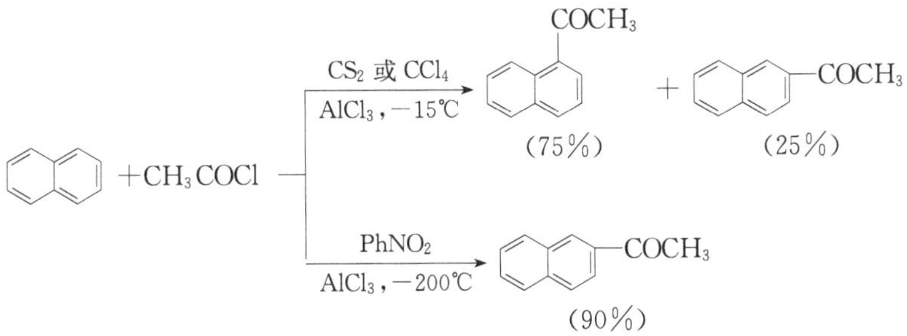

这是由于在极性溶剂（如 $PhNO_2$）中，酰基碳正离子溶剂化后所形成的溶剂化物体积较大，主要进入 β-位。

由于萘比苯活泼，萘的烷基化反应易生成多烷基化产物。

B. 萘环上二元取代反应的定位规则

一取代萘进行亲电取代反应时，第二个基团进入萘环的位置由原取代基的性质和萘的 α-定位共同确定。

（1）若原有取代基是卤素除外邻对位定位基（用 I 表示），第二个基团进入同环的 α-位（用箭头表示）。

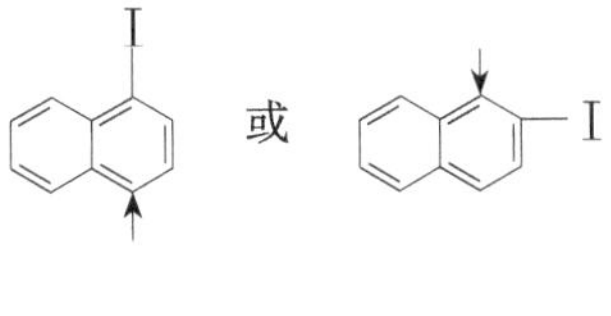

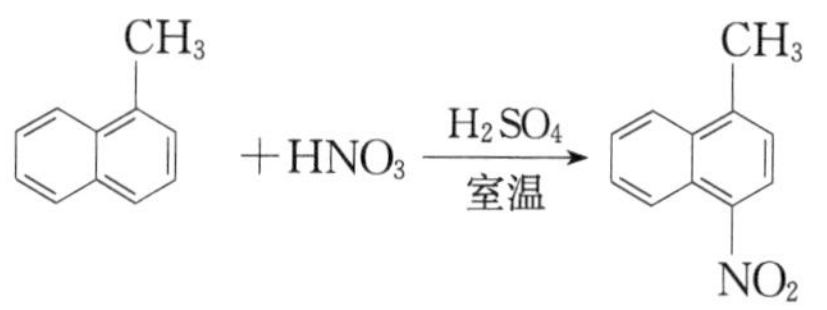

(2) 若原有取代基是间位定位基(用Ⅱ表示),第二个基团进入异环的 α-位(用箭头表示)。

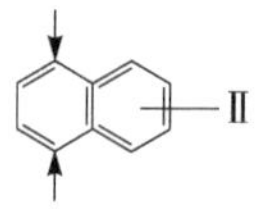

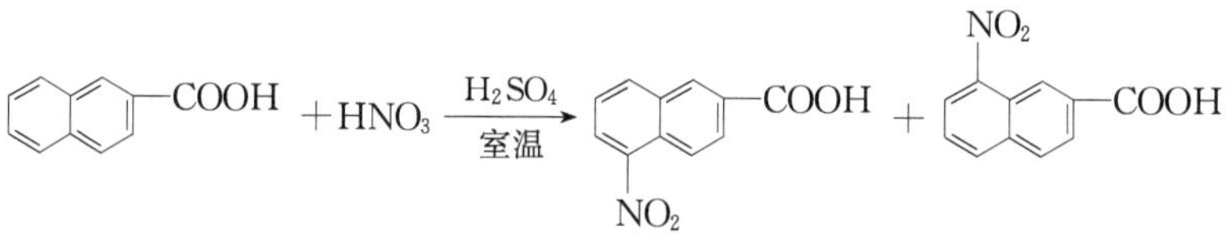

如果反应可逆,则产物随反应条件不同而变化。例如,β-甲基萘在加热时发生磺化反应,主要产物在异环 β-位。

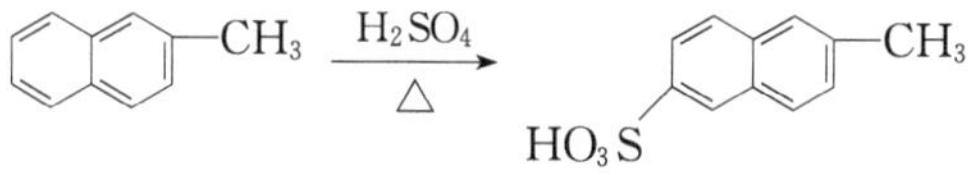

C. 加氢和氧化反应

萘的芳香性比苯差,比苯易发生加成和还原反应。用金属钠在液氨和乙醇的混合物中反应生成的氢即可使萘部分还原,生成二氢化萘和四氢化萘。金属钠与异戊醇也可作还原剂。

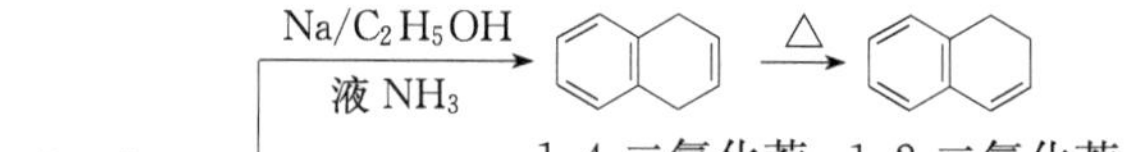

1,4-二氢化萘　1,2-二氢化萘

1,2,3,4-四氢化萘

用催化加氢可得到十氢化萘:

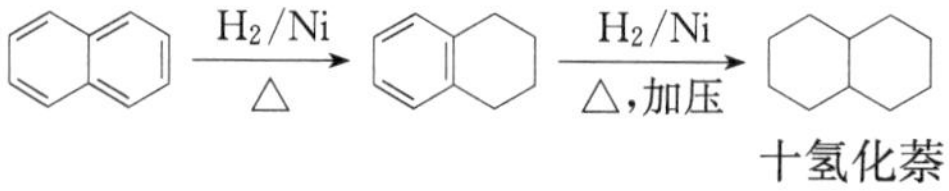

十氢化萘

1,2,3,4-四氢化萘沸点为 207.2℃;十氢化萘沸点为 191.7℃。它们都是无色液体,常用作高沸点溶剂。

萘比苯易被氧化,在乙酸溶液中,用三氧化铬氧化时就可破坏其中一个苯环,生成 1,4-萘醌;而苯在同样条件下,仅仅是带有 α-氢的侧基被氧化为羧基。因此不能用侧基氧化的方法制备萘甲酸。

在催化剂五氧化二钒作用下,空气中的氧可把萘氧化为邻苯二甲酸酐。这是工业上制备邻苯二甲酸酐的方法之一,邻苯二甲酸酐是生产聚酯、增塑剂、染料等的原料。

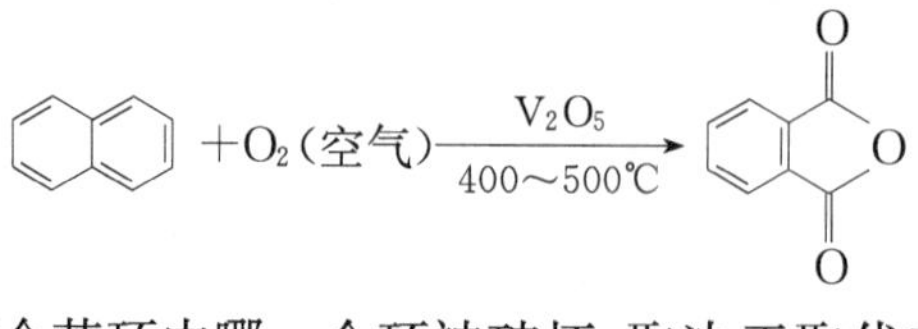

当取代萘被氧化时,两个苯环中哪一个环被破坏,取决于取代基的性质:电子云密度较高

的环先被氧化破坏。

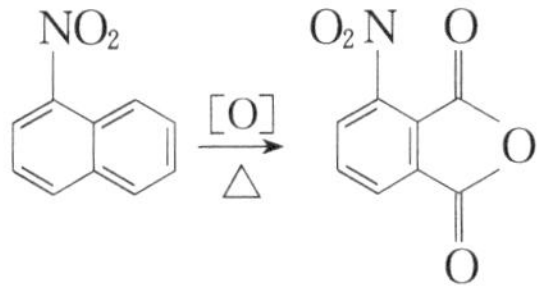

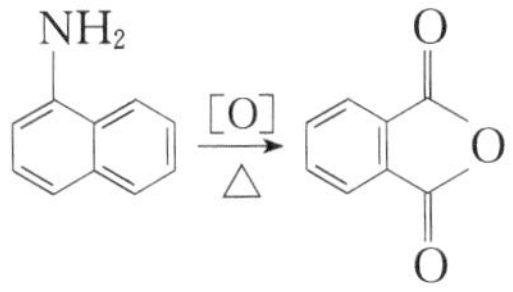

2. 蒽和菲

蒽和菲是同分异构体,它们的分子式为 $C_{14}H_{10}$,都是由三个苯环稠合而成,蒽是苯环沿直线稠合而成的,而菲成角型稠合。近代测试分析证明,它们分子中所有原子都在同一平面上,蒽和菲也是闭合的 π-π 共轭体系。与萘相似,它们环上的电子云密度分布不完全均匀化,碳碳键的键长不完全相等。蒽的共轭能为 352 kJ·mol^{-1},菲为 381 kJ·mol^{-1},它们的芳香性比萘弱。稠环化合物芳香性强弱次序为:苯>萘>菲>蒽。

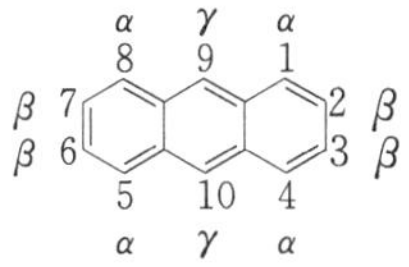

蒽 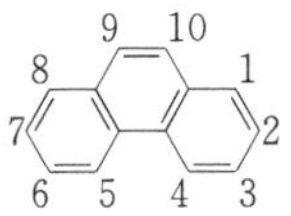　　　　　　　　　菲

在蒽的分子中,1,4,5,8 四个位置等同,称为 α-位;2,3,6,7 四个位置等同,称为 β-位;9,10 两个位置等同,称为 γ-位。在菲的分子中有五对相互对应的位置,1 与 8,2 与 7,3 与 6,4 与 5,9 与 10。γ-位比 α-位、β-位都活泼,亲电取代反应通常发生在 γ-位。

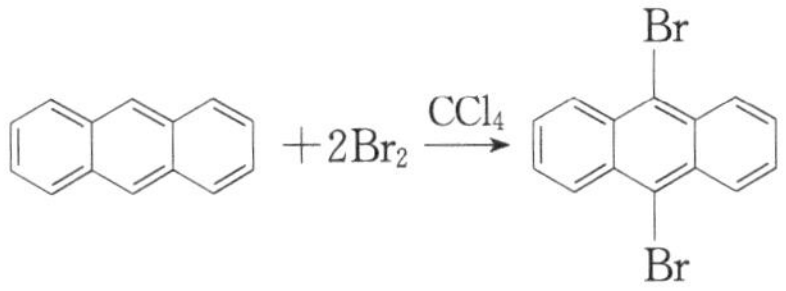

9,10-二溴蒽　83%～88%

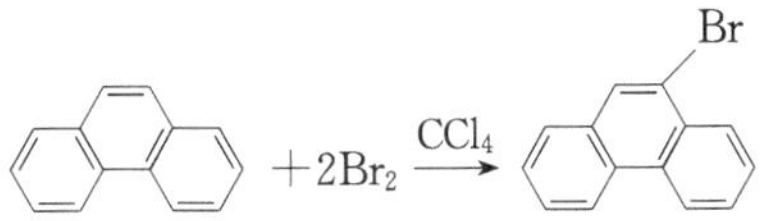

9-溴菲　90%～94%

蒽和菲比苯和萘容易发生加成反应和氧化反应,通常发生在 9,10 两位,因此产物保留了两个独立的苯环。

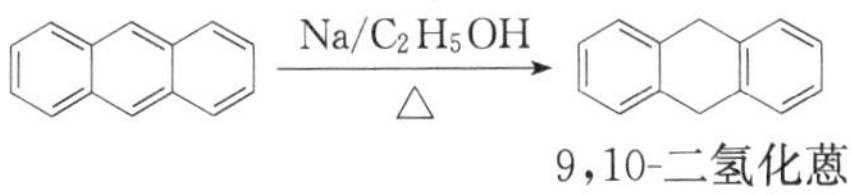

9,10-二氢化蒽

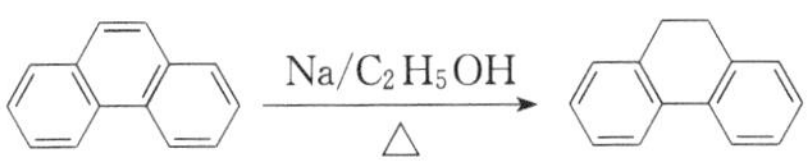

9,10-二氢化菲

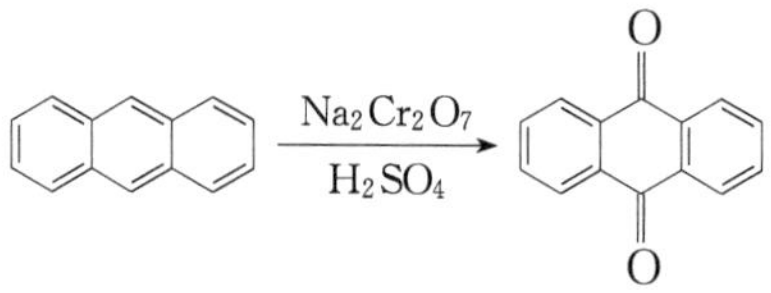

蒽醌

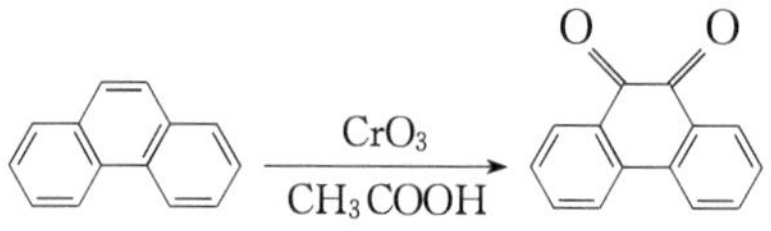

菲醌

由于蒽的芳香性较弱,且 9,10 两位比较活泼,因此蒽可作为双烯体发生第尔斯-阿尔德反应。

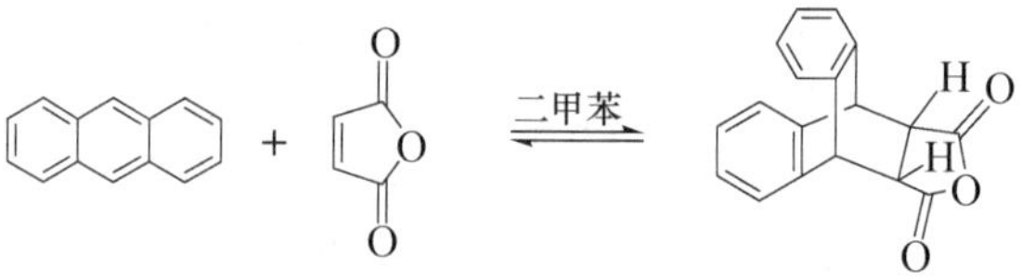

蒽醌是一类重要的染料。菲的某些衍生物具有生理活性,如维生素、胆固醇、皂角素等都具有一个氢化环戊菲的结构。

许多稠环芳烃具有致癌性,如从煤焦油中分离出的强致癌芳烃 1,2-苯并芘。现已发现在香烟的烟雾、汽车尾气、某些有机物不完全燃烧的烟气以及沥青蒸气,甚至在烤肉过程中都会产生 1,2-苯并芘。仅美国每年排放到大气的 1,2-苯并芘约为 3000 t。目前还发现已知的致癌物中,10-烃基苯并蒽致癌能力最强。

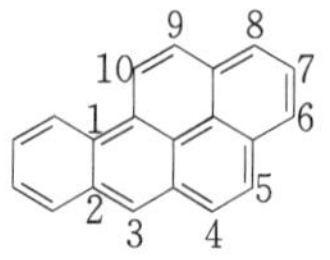

1,2-苯并芘 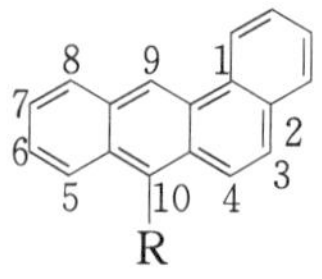　　　　　　10-烃基苯并蒽

芳香烃是一类重要的化工原料。但它具有较强的毒性和抗降解能力,而且一些芳烃还致畸、致癌、致突变,并可在生物体内富积。利用微生物的降解作用来消除芳香烃对环境的影响是一项新兴的环境治理技术。微生物对芳香烃的降解分为有氧降解和厌氧降解。好氧微生物能产生酶,这些酶在分子氧的参与下,使苯环羟基化,并进一步引发芳环裂解。美国一家公司利用微生物处理污染的泥土,每周处理 100 t,使菲、蒽混合物的含量从 300 000 mg/kg 降到 65 mg/kg,苯并芘从 1100 mg/kg 降到检测限以下(<3 mg/kg)。厌氧降解是指在无氧的情况下,厌氧微生物利用除氧以外的物质作为电子受体,以有机物为电子供体,获得化学能量,同时有机物被微生物降解。利用微生物降解的最终产物是二氧化碳、水和脂肪酸,不会形成二次污染。利用微生物降解来除去环境中的芳香烃具有很好的应用前景。

问题 11　甲苯的侧基氧化可制备苯甲酸,那么甲基萘可通过侧基氧化制备萘甲酸吗?

8.3 芳烃的来源和制备

芳烃的工业来源主要是煤焦油和石油。

8.3.1 从煤焦油分离

煤的干馏,即炼焦,除得到焦炭之外,还能得到一种黑色黏稠液体称为煤焦油,其含有10 000种以上的有机物。可采用分馏法初步分出下列煤焦油的各馏分,见表8-6。

表 8-6 煤焦油各馏分产品

馏分名称	沸点范围/℃	比率	含有的主要烃类
轻油	<180	1%～3%	苯、甲苯、二甲苯
中油	180～230	10%～12%	萘、苯酚、甲苯酚等
重油	230～270	10%～15%	萘、甲苯酚、喹啉等
蒽油	270～360	15%～20%	蒽、菲等
沥青	>360	40%～50%	沥青等

为进一步从各馏分中获得芳烃,常采用萃取法、磺化法或分子筛吸附法等进行分离。

8.3.2 从石油裂解产物中分离

对石油原料裂解加工过程中得到的裂解焦油进行分馏,可得到裂解轻油(裂化汽油)和裂解重油。裂解轻油中主要含有苯、甲苯、二甲苯等。裂解重油中含有萘、蒽等。

8.3.3 石油的芳构化

石油中一般含芳烃较少。自20世纪40年代以来,出现了在一定温度和压力下,将石油中的烷烃或脂环烃经催化脱氢转变为芳烃的催化重整和芳构化法,为芳烃的获得开辟了新方法。重整芳构化过程比较复杂,主要反应如下。

1. 环烷烃脱氢

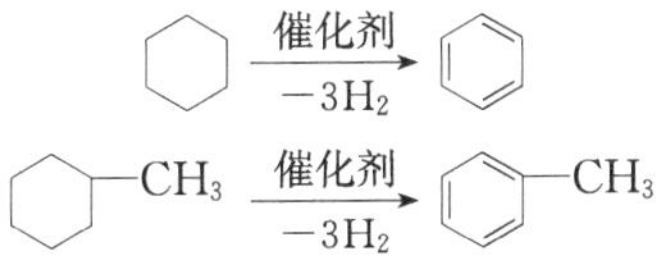

2. 环烷烃异构化及脱氢

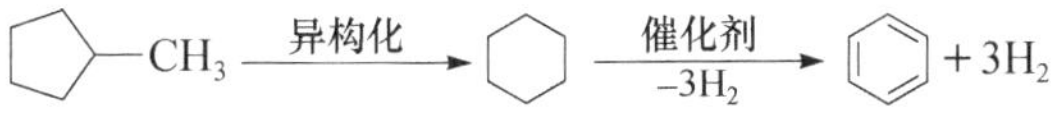

3. 烷烃的闭环及脱氢

8.4 非苯芳烃及休克尔规则

前面讨论的芳烃都含有苯环,即苯系芳烃。它们在结构上都具有由 sp^2 杂化碳原子构成的环状闭合共轭体系,π 电子高度离域,在化学性质上表现为特殊的稳定性,易发生取代反应,难发生加成反应和氧化反应,即芳香性。

实验证明其他一些非苯芳烃,如具有与苯相似的结构特点:具有平面(或近似平面)的环状共轭结构;环上原子都为 sp^2 杂化(或 sp 杂化);环上 π 电子都是离域的,这些非苯芳烃一般也具有芳香性。

非苯化合物是否具有芳香性可根据休克尔(Hückel)规则来确定,符合休克尔规则的化合物一般都具有芳香性。

8.4.1 休克尔规则

休克尔于 1931 年通过分子轨道理论计算指出:对于单环共轭分子,如成环原子都处于同一平面,而且离域的 π 电子数是 $4n+2$ 时,该化合物具有芳香性。此规则称为休克尔规则,也称 $4n+2$ 规则。式中,n 是 $0,1,2,3,\cdots$,正整数。

8.4.2 非苯芳烃芳香性的判断

1. 芳香离子

某些不具有芳香性的单环烃,但转变成离子后,环上原子都变为 sp^2 杂化,且由非 $4n+2$ 个 π 电子转变为 $4n+2$ 个 π 电子,则这些离子具有芳香性。例如,环丙烯分子中环上的所有碳原子不都是 sp^2 杂化,其中有一个碳原子是 sp^3 杂化,π 电子不能高度离域,但失去一个电子转变为环丙烯碳正离子后,由于环上的每个碳原子都是 sp^2 杂化,且 π 电子数是 2,符合 $4n+2$ 规则($n=0$),环丙烯碳正离子具有芳香性。又如,环戊二烯、环庚三烯、环辛四烯不具芳香性,但转变为环戊二烯负离子、环庚三烯正离子、环辛四烯双负离子后显示芳香性。

2. 轮烯

单环共轭多烯也称轮烯,如环丁二烯也称[4]轮烯、环辛四烯也称[8]轮烯,分别具有 4 个、8 个 π 电子,不符合 $4n+2$ 规则,且现已证明环辛四烯的 8 个碳原子还不在同一平面,为一浴盆形结构,所以不具有芳香性。

环丁二烯　　　　　　环辛四烯

[10]轮烯有 10 个 π 电子,符合 $4n+2$ 规则($n=2$),但由于环内氢的相互排斥的结果,环上碳原子不在同一平面,因此不具芳香性。而[18]轮烯有 18 个 π 电子,符合 $4n+2$ 规则($n=4$),且由于环上碳原子在同一平面,具有芳香性。

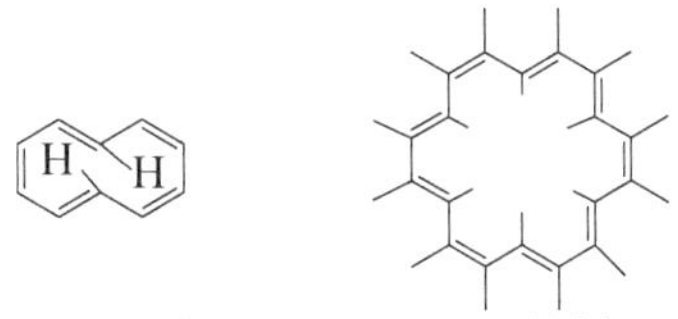

[10]轮烯　　　　　　　　[18]轮烯

3. 并联环系

休克尔规则主要用于判断单环共轭多烯是否具有芳香性。对于萘、蒽、菲这类稠环芳烃，构成环的碳原子都处在最外层的环上，可看成是单环共轭多烯，故仍可用休克尔规则判断其芳香性。例如，萘有 10 个 π 电子，蒽、菲有 14 个 π 电子，符合 $4n+2$ 规则，且构成环的碳原子都在同一平面，因此具有芳香性。

对于非苯系稠合化合物，如果考虑其成环原子的外围 π 电子，也可用休克尔规则判断其芳香性。例如，薁（蓝烃）是由一个五元环和七元环稠合而成，其成环碳原子的外围有 10 个 π 电子，符合 $4n+2$ 规则，也具有芳香性。薁也可看成环庚三烯带正电荷，环戊二烯带负电荷，两个环分别有 6 个 π 电子，符合 $4n+2$ 规则，所以稳定，是典型的非苯芳烃，具有芳香性。

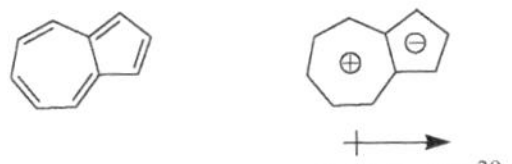

$\mu=3.335\times10^{-30}\,\mathrm{C\cdot m}$

亲电取代反应主要发生在其中五元环的 1-位和 3-位。

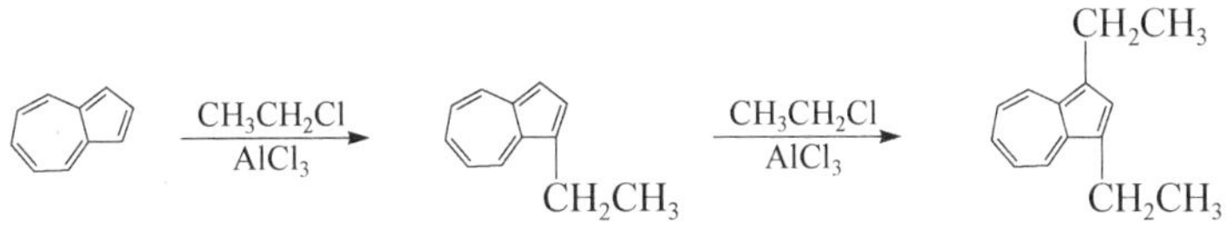

问题 12　将以下离子按稳定性大小排序。

A. $CH_3\overset{+}{C}H_2CH_3$　　　　B. $CH_3\overset{+}{C}HCH_3$　　　C.

问题 13　下列物质中芳香性最强的是（　　）。

A. 环戊二烯负离子　　B. 环庚三烯正离子　　C. 环丙烯正离子　　D. 环辛四烯双负离子

8.5　富　勒　烯

1985 年，美国 Rice 大学教授 F. C. Robert、E. S. Richard 和英国 Sussex 大学教授 W. K. Harold 在研究激光蒸发石墨电极粉末的实验中发现 60 个碳原子形成的团簇具有更高的稳定性，它是由 12 个五元环和 20 个六元环组成的球形 32 面体，60 个碳原子占据球体的 60 个顶点，具有高度的对称性。由于它的形状很像美国设计师 Richard Buckminster fullerene 设计的蒙特利尔世界博览会网格球体主建筑，把 C_{60} 命名为 Buckminster fullerene，又因为形状似足球，也称足球烯。后来又发现了 70 个碳原子组成的 C_{70} 和 50 个碳原子组成的 C_{50} 等，这一类化合物总称为 fullerene，"fuller"谐音为"富勒"，"ene"译为"烯"，因此称为"富勒烯"。由于 C_{60} 这一重大发现，上面的三位科学家获得了 1996 年的诺贝尔化学奖。

C_{60} 是除石墨、金刚石以外的另一种碳的同素异形体。C_{60} 的碳原子为 sp^2 杂化，与相邻的

碳原子形成三个 σ 键,它们不在同一平面上,一个两个六边形共同的边,两个六边形与五边形共同的边。每个碳原子余下的一个 p 轨道相互重叠形成一个离域的大 π 键,它是一种球面型的离域大 π 键,在球形的笼内或笼外都围绕着电子云,它是一种三维共轭体系,也具有芳香性。分子轨道理论计算:足球烯的共振结构达 12 500 个。分子中的 12 个五边形被 20 个六边形分隔,是目前已知的最对称的分子之一(图 8-6)。

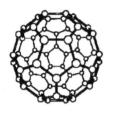 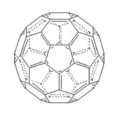 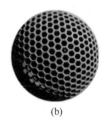

(a)　　　　　　　　　　　　　　　　(b)

图 8-6　C_{60}(a)和超级富勒烯(b)的结构

C_{60} 可发生氢化、卤化、氧化还原、环加成、光化与催化及自由基加成等多种化学反应,并可参与配合作用。C_{60} 在超导、磁性、光学、催化、材料及生物等方面表现出优异的性能。如 C_{60} 分子本身是不导电的绝缘体,但当碱金属嵌入 C_{60} 分子之间的空隙后,C_{60} 与碱金属的系列化合物将转变为超导体,如 K_3C_{60} 即为超导体,具有很高的超导临界温度;C_{60} 结构的特殊性,表现出很强的非线性光学性质,在光计算、光记忆、光信号处理及控制等方面有所应用。超级富勒烯也已经被制备出来,它是几千至几万个碳原子组成的高分子富勒烯,其功能有待于进一步研究。

基于富勒烯骨架的碳纳米管(图 8-7)、石墨烯,碳的同素异形体不断被丰富。从零维的富勒烯、一维的碳纳米管到二维的石墨烯,这三种材料的发现者也分别被授予 1996 年诺贝尔化学奖、2008 年 Kavli 纳米科学奖和 2010 年的诺贝尔物理奖。石墨烯具有理想的二维碳纳米结构,表现出很多奇特的物理化学性质。我们期待着发现更多、性质更优异的碳的同素异形体。

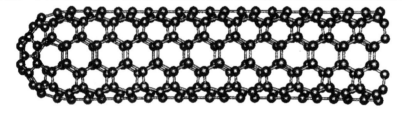 

图 8-7　碳纳米管的结构

习　　题

1. 命名下列化合物。

(1) 　CH_3—〈苯环〉—$\overset{Br}{\underset{}{CH}}CH_2CH_3$

(2) 　〈萘环,2位—SO_3H,5位—NO_2〉

(3) 　〈苯环,Cl 间位—COOH〉

(4) 　NO_2—〈苯环〉—〈环己烷〉

(5) 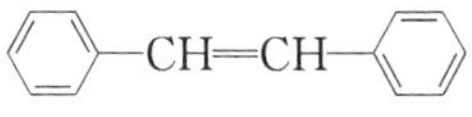
　　　CH=CH

(6) 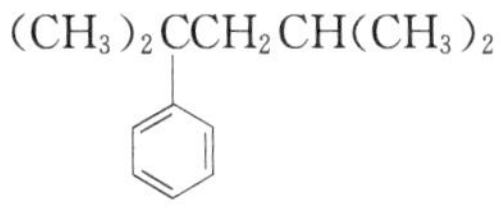 $(CH_3)_2CCH_2CH(CH_3)_2$
　　　　|
　　　（苯基）

(7) 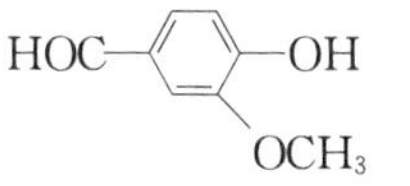 HOC——OH
　　　　　|
　　　　　OCH_3

(8) 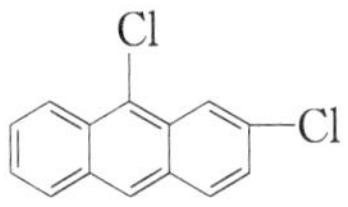
　　Cl……Cl

(9)  ——$NHCOCH_3$

(10) 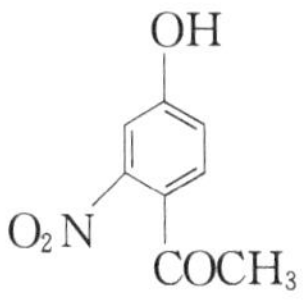
　　OH
　　O_2N……$COCH_3$

2. 写出下列化合物的构造式。

(1) 对羟基苯甲酸　　　(2) 间环己基甲苯　　　(3) (Z)-1,2-二苯基乙烯

(4) 对甲基苯甲醚　　　(5) 4-氯-3-溴苯磺酸　　(6) 2-萘酚

3. 下列各对化合物或离子是否互为极限结构？如果是,请比较它们在共振杂化体中的贡献。

(1)　$CH_3-\overset{\overset{O}{\|}}{C}-CH_3$　与　$CH_3-\overset{\overset{OH}{|}}{C}=CH_2$

(2)　$CH_3-C\equiv CH$　与　$CH_2=C=CH_2$

(3) 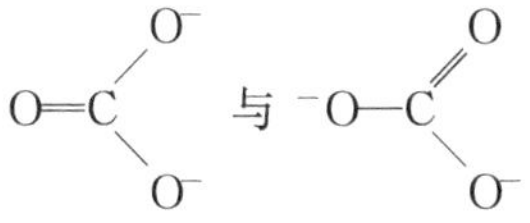　$O=\overset{\underset{O^-}{|}}{C}\overset{O^-}{}$　与　$^-O-\overset{\overset{O}{\|}}{C}-O^-$

(4)　$CH_3-\overset{+}{C}=\overset{-}{N}$　与　$CH_3-\overset{-}{C}=\overset{+}{N}$

(5)　$\overset{+}{C}H_2-CH=CH-\overset{-}{O}$　与　$CH_2=CH-\overset{+}{C}H-\overset{-}{O}$

4. 完成下列反应式。

(1) 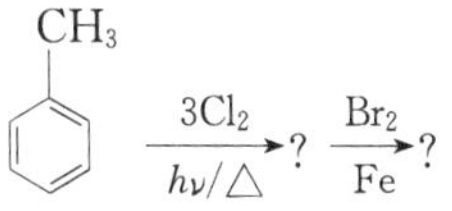
　　CH_3
　　$\xrightarrow[h\nu/\triangle]{3Cl_2}$? $\xrightarrow[Fe]{Br_2}$?

(2) 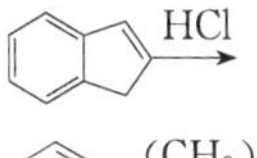 $\xrightarrow{HCl}$

(3) 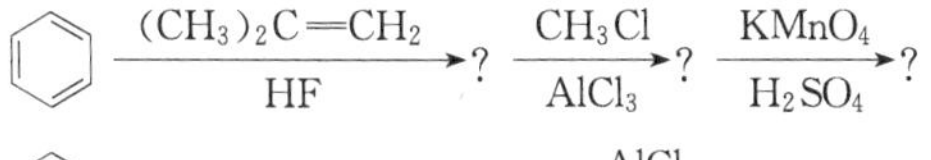 $\xrightarrow[HF]{(CH_3)_2C=CH_2}$? $\xrightarrow[AlCl_3]{CH_3Cl}$? $\xrightarrow[H_2SO_4]{KMnO_4}$?

(4) + $ClCH_2\overset{\underset{CH_3}{|}}{CH}CH_2CH_3$ $\xrightarrow{AlCl_3}$

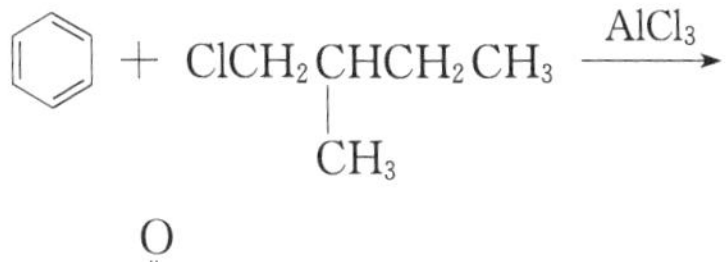

(5) 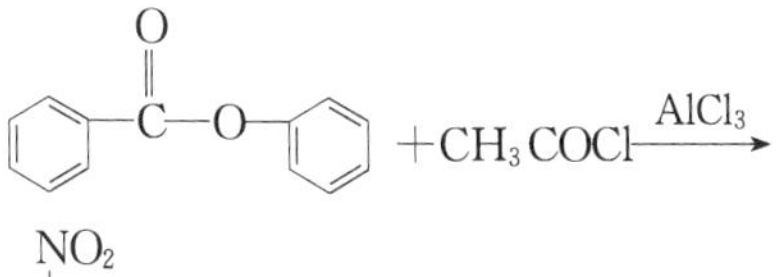 $+CH_3COCl$ $\xrightarrow{AlCl_3}$

(6) 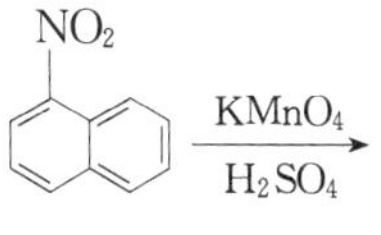
　　NO_2
　　$\xrightarrow[H_2SO_4]{KMnO_4}$

(7) 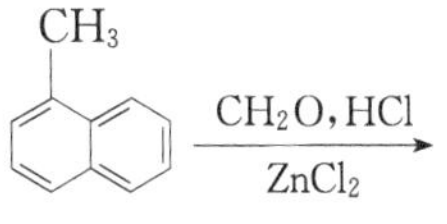
　　CH_3
　　$\xrightarrow[ZnCl_2]{CH_2O,HCl}$

(8) 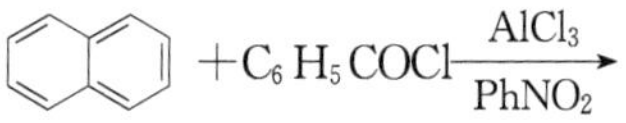 $+C_6H_5COCl \xrightarrow[PhNO_2]{AlCl_3}$

(9) 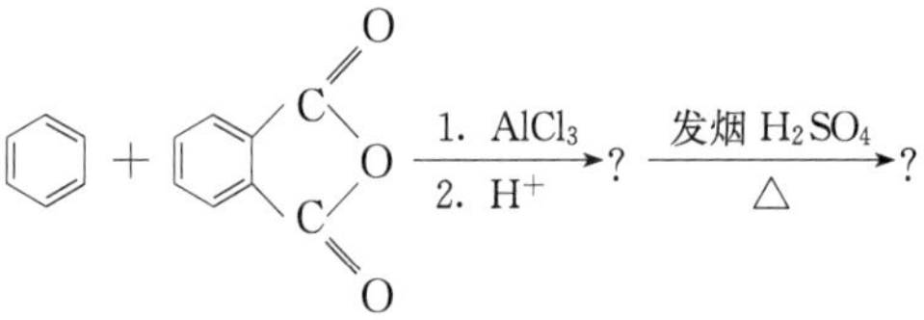 $+$ $\xrightarrow[\text{2. }H^+]{\text{1. }AlCl_3}$? $\xrightarrow[\triangle]{\text{发烟 }H_2SO_4}$?

(10) 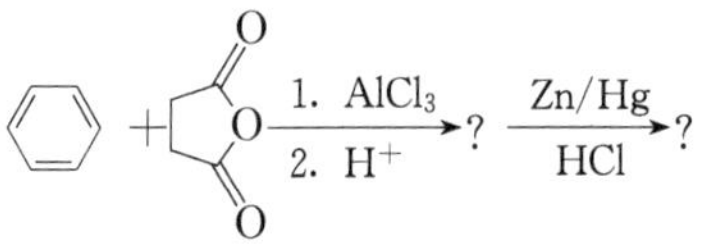 $+$ $\xrightarrow[\text{2. }H^+]{\text{1. }AlCl_3}$? $\xrightarrow[HCl]{Zn/Hg}$?

(11) 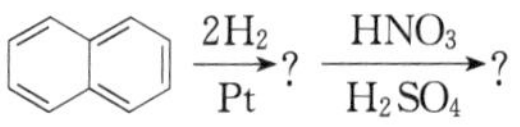 $\xrightarrow[Pt]{2H_2}$? $\xrightarrow[H_2SO_4]{HNO_3}$?

(12) 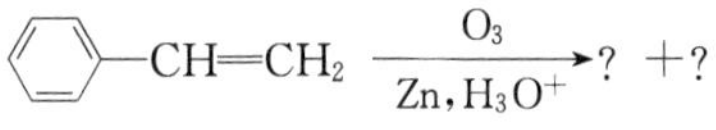 $-CH=CH_2 \xrightarrow[Zn,H_3O^+]{O_3}$? $+$?

(13) 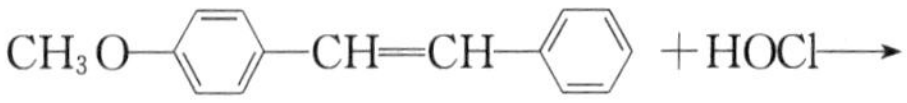 $CH_3O-$$-CH=CH-$ $+HOCl \longrightarrow$

(14) $\xrightarrow[H_2SO_4]{HNO_3}$

5. 根据下列各反应的反应产物的构造式推测反应物的构造式。

(1) $C_8H_{10} \xrightarrow[\triangle]{KMnO_4 \text{ 溶液}}$ $-COOH$

(2) $C_8H_{10} \xrightarrow[\triangle]{KMnO_4 \text{ 溶液}}$ $HOOC-$$-COOH$

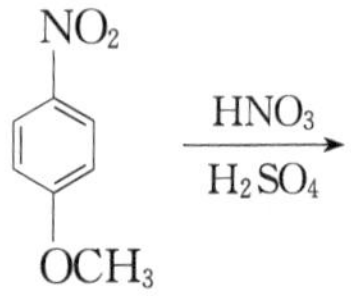

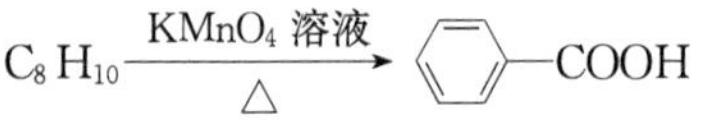

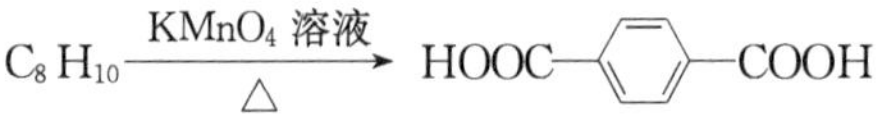

(3) $C_9H_{12} \xrightarrow[\triangle]{KMnO_4 \text{ 溶液}} C_6H_5COOH$

(4) 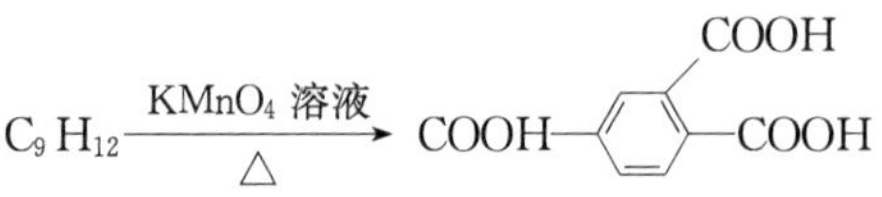 $C_9H_{12} \xrightarrow[\triangle]{KMnO_4 \text{ 溶液}}$ $COOH-$ 带有 COOH 和 COOH

6. 下列反应有无错误？为什么？

(1)

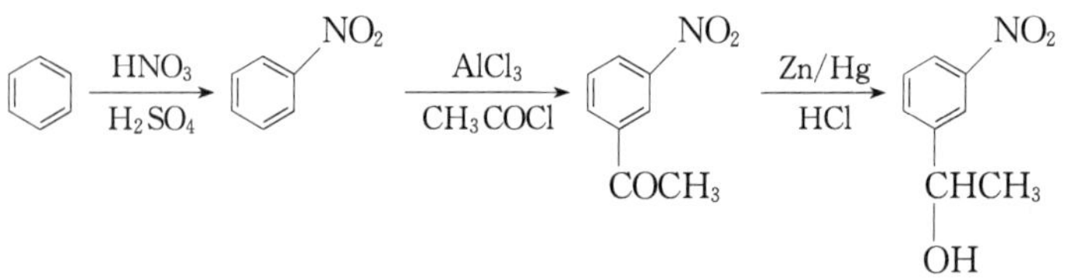

(2)

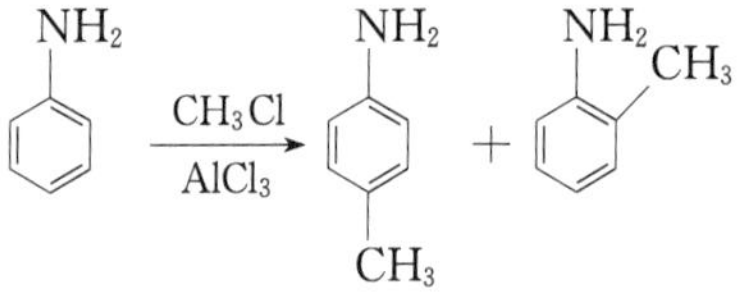

(3)

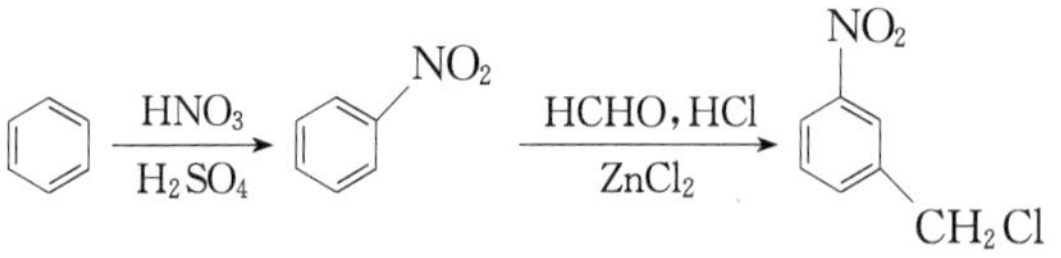

7. 将下列各组化合物按发生亲电取代反应的活性大小顺序排列并用通式写出此类反应的机理。

(1) A. 苯   B. 硝基苯   C. 氯苯   D. 甲苯

　　(2) A. 对硝基苯酚　　B. 苯酚　　　　C. 2,4-二硝基苯酚　　D. 2,4,6-三硝基苯酚

　　(3) A. 乙酰苯胺　　　B. 苯乙酮　　　C. 氯苯　　　　　　　D. 硝基苯

　　(4) A. 苯　　　　　　B. 间二甲苯　　C. 氯苯　　　　　　　D. 间二氯苯

8. 用化学方法区别下列各组化合物。

　　(1) 环己烯和苯　　　(2) 苯和甲苯　　　(3) 苯乙炔、乙苯和环己烷

9. 用箭头表示下列各化合物进行亲电取代反应时,新取代基进入苯环的主要位置。

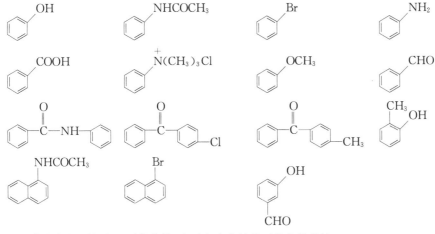

10. 应用休克尔规则判断下列化合物、离子和自由基是否具有芳香性。

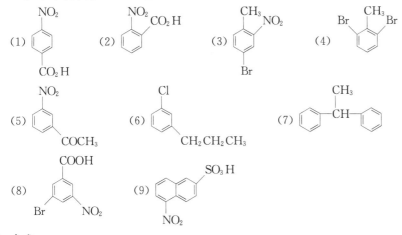

11. 以苯、甲苯或萘为主要原料合成下列各化合物。

（图）

12. 合成。

　　(1) 以苯为主要原料合成 1-苯基-1-溴丙烷。

　　(2) 以苯为主要原料合成 3-苯基丙炔。

13. 化合物 A(C_9H_{12})在光照下与 Br_2 反应可能得到两种产物 B 和 C,分子式为 $C_9H_{11}Br$,主产物 B 无旋光性,次产物 C 则为具有旋光性的化合物,用酸性高锰酸钾氧化 A 所得产物 D 的熔点与苯甲酸相同,试推测 A、B、C、D 的结构,并写出相关反应。

第9章 卤代烃

9.1 卤代烃的分类和命名

烃分子中一个或几个氢原子被卤原子取代而得到的化合物,称为卤代烃,可用通式 RX 表示。

卤代烃是一类重要的有机化合物,可作为溶剂和合成药物的原料等。卤代烃中的卤原子可转变为多种其他官能团,在有机化学中占有重要地位。

9.1.1 卤代烃的分类

根据分子的组成和结构特点,卤代烃有不同的分类方法。

(1) 按烃基结构的不同,可分为饱和卤代烃、不饱和卤代烃、卤代芳烃。

$$CH_3CH_2CH_2I \qquad CH_3CH=CHCH_2I \qquad \text{〇—Br}$$

饱和卤代烃 　　　　　不饱和卤代烃　　　　卤代芳烃

（卤代烷） 　　　　　　（卤代烯）

在卤代烯烃中有两种重要类型:烯丙型卤代烃和乙烯型卤代烃。

$$CH_2=CHCH_2—X \qquad\qquad CH_2=CH—X$$
$$RCH_2=CHCH_2—X \qquad\qquad R\,CH=CH—X$$

烯丙型卤代烃 　　　　　　　乙烯型卤代烃

（卤原子连在 α-碳上）　　（卤原子直接与双键碳相连）

这两种卤代烃各有自己的特殊结构,它们在化学性质上有极大的差异。

(2) 根据与卤原子相连的碳原子的类型,可分为伯卤代烷(一级卤代烷,RCH_2X)、仲卤代烷(二级卤代烷,R_2CHX)和叔卤代烷(三级卤代烷,R_3CX)。例如

$$CH_3CH_2CH_2CH_2—Cl \qquad CH_3CH_2CHCH_3 \qquad \begin{array}{c} CH_3 \\ | \\ CH_3C—Cl \\ | \\ CH_3 \end{array}$$
$$\qquad\qquad\qquad\qquad\qquad | $$
$$\qquad\qquad\qquad\qquad\quad Cl$$

伯($1°$)卤代烃 　　　　仲($2°$)卤代烃　　　　叔($3°$)卤代烃

伯、仲、叔卤代烃又称为一级、二级、三级卤代烃。它们的化学活性不同,并呈现一定的规律。所以在学习卤代烃的化学中,注意区分伯、仲、叔卤代烃是很重要的。

(3) 按分子中所含卤原子数目多少,分为一卤代烃、二卤代烃和多卤代烃。例如

$$CH_3Cl \qquad Br—CH_2—CH_2—Br \qquad CHCl_2—CHCl_2$$

氯甲烷 　　　1,2-二溴乙烷　　　　1,1,2,2-四氯乙烷

9.1.2 卤代烃的命名

1. 普通命名法

普通命名法即根据与卤原子连接的烷基,称为"某基卤"或"卤(代)某烷"。例如

$$CH_3CH_2CH_2Br \qquad CH_2=CHCH_2Cl \qquad \text{〇—CH_2Cl}$$

正丙基溴 　　　　　烯丙基氯　　　　　　苄基氯

也可在母体烯名称前面加上"卤代",称为"卤代某烃","代"字常省略。例如

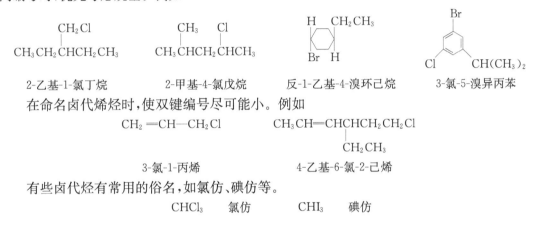

| 溴代叔丁烷 | 溴代异丙烷 | 氯乙烯 | 溴苯 |

2. 系统命名法

以相应的烃作母体,把卤原子作为取代基。命名原则、方法与烃类相同,当烷基和卤素相同编号时,优先考虑烷基。例如

2-乙基-1-氯丁烷　　　　2-甲基-4-氯戊烷　　　　反-1-乙基-4-溴环己烷　　　　3-氯-5-溴异丙苯

在命名卤代烯烃时,使双键编号尽可能小。例如

$$CH_2=CH-CH_2Cl \qquad CH_3CH=CHCHCH_2CH_2Cl$$

3-氯-1-丙烯　　　　　　　4-乙基-6-氯-2-己烯

有些卤代烃有常用的俗名,如氯仿、碘仿等。

$$CHCl_3 \quad 氯仿 \qquad CHI_3 \quad 碘仿$$

9.2 卤代烃的物理性质

卤原子的引入使 C—X 键具有较强的极性,卤代烃分子间的引力增大,从而使卤代烃的沸点升高,密度增加,卤代烃的沸点比同数碳的相应烷烃高。在烃基相同的卤代烃中,碘代物的沸点最高,氟代烃的沸点最低。在室温下,氟甲烷、氟乙烷、氟丙烷、氯甲烷、溴甲烷是气体,其他常见的卤代烃均为液体。一卤代烃的密度大于碳原子数相同的烷烃,随着碳原子数的增加,这种差异逐渐减小。分子中卤原子增多,密度增大。某些一卤代烃的沸点和密度见表 9-1。

表 9-1　某些一卤代烃的沸点和密度

烷基	氟代物		氯代物		溴代物		碘代物	
	沸点 /℃	密度(20℃) /(×10³ kg·m⁻³)	沸点 /℃	密度(20℃) /(×10³ kg·m⁻³)	沸点 /℃	密度(20℃) /(×10³ kg·m⁻³)	沸点 /℃	密度(20℃) /(×10³ kg·m⁻³)
CH_3-	−78.4		−24.2		3.56	1.675	42.4	2.279
CH_3CH_2-	−37.7		12.27		38.40	1.440	72.3	1.933
$CH_3CH_2CH_2-$	−2.5		46.60	0.890	71.0	1.335	102.45	1.747
$CH_3(CH_2)_2CH_2-$	32.5	0.779	78.44	0.884	101.6	1.276	130.53	1.617
$(CH_3)_2CH-$	−9.4		35.74	0.862	59.38	1.223	89.45	1.705
$(CH_3)_2CHCH_2-$	25.1		68.90	0.875	91.5	1.310	120.4	1.605
$(CH_3)_3C-$	12.1		52	0.842	73.25	1.222	100	1.595

卤代烷不溶于水,易溶于乙醇、乙醚等有机溶剂。某些卤代烷(如 $CHCl_3$、CCl_4 等)本身就是良好的溶剂,可把有机物从水层中提取出来。

不同卤代烃的稳定性不同。单氟代烷不太稳定,蒸馏时会有烯烃形成并放出氟化氢。氯代烷相当稳定,可用蒸馏方法来纯化。较高相对分子质量的叔烷基氯化物,加热时也会放出氯化氢,因而在处理时要小心。叔丁基碘在常压下蒸馏时,会完全分解。氯仿在光照下会发生缓慢的分解并生成光气。溴代烷和碘代烷对光也敏感,在光的作用下会慢慢放出溴或碘而变成棕色或紫色,因而常存放于不透明或棕色的瓶中保存,在使用前重新进行蒸馏。

问题 1　预测正戊基碘与正己基氯哪一个沸点较高?

9.3　卤代烃的化学性质

由于卤原子的电负性较大,碳卤键(C—X)为极性共价键,成键电子对偏向卤原子,α-碳原子带部分正电荷,卤原子带有部分负电荷。C—X 键不仅有极性,而且极化度也较大,因此在化学反应中 C—X 易发生共价键异裂。当亲核试剂(带未共用电子对或负电荷的试剂)进攻 α-碳原子时,卤素易带着一对电子离去,进攻试剂与 α-碳原子结合,因而发生亲核取代反应。另外,由于受卤原子吸电子诱导效应的影响,卤代烃 β-位上碳氢键的极性增大,即 β-H 的活泼性增强,能与强碱性试剂作用脱去 β-H 和卤原子,因而发生消除反应。

因此,卤代烃的化学性质可归纳如下:

$$\text{R—CH}\overset{\delta^+}{-}\text{CH}_2$$

取代反应 ←
消除反应 ←

9.3.1　亲核取代反应

负离子(HO^-、RO^-、CN^-、NO_3^- 等)或带未共用电子对的分子(NH_3、NH_2R、NHR_2、NR_3 等)能进攻卤原子的 α-碳发生亲核取代反应。这些试剂的电子云密度较大,具有较强的亲核性,能提供一对电子与 α-碳原子形成新的共价键,所以又称亲核试剂。由亲核试剂进攻而引起的取代反应称为亲核取代反应,用符号 S_N(nucleophilic substitution)表示。卤代烃的亲核取代反应可用下列通式表示:

$$\text{Nu:}^- + \text{R}\overset{\delta^+}{-}\text{CH}_2\overset{\delta^-}{-}\text{X} \longrightarrow \text{R—CH}_2\text{—Nu} + \text{X:}^-$$

亲核试剂　　卤代烃　　　　取代产物　　　离去基团

1. 被羟基取代

卤代烃与氢氧化钠或氢氧化钾的水溶液共热,卤原子被羟基取代生成醇。该反应也称卤代烃的水解。

$$\text{R—X} + \text{NaOH} \xrightarrow[\triangle]{H_2O} \text{R—OH} + \text{NaX}$$

$$\text{CH}_3\text{I} + \text{OH}^- \longrightarrow \text{CH}_3\text{OH} + \text{I}^-$$

$$\text{C}_6\text{H}_5\text{—CH}_2\text{Cl} + \text{OH}^- \longrightarrow \text{C}_6\text{H}_5\text{—CH}_2\text{OH} + \text{Cl}^-$$

2. 被氰基取代

卤代烃与氰化钠或氰化钾的醇溶液共热,卤原子被氰基取代生成腈。腈可发生水解反应生成羧酸。

$$R\!-\!X + NaCN \xrightarrow[\triangle]{ROH} R\!-\!CN + NaX$$

$$R\!-\!CN + H_2O \xrightarrow[\triangle]{H^+} RCOOH$$

由于产物比反应物多一个碳原子,因此该反应是有机合成中增长碳链的方法。

3. 被烷氧基取代

卤代烃与醇钠的醇溶液作用,卤原子被烷氧基取代生成醚。该反应也称卤代烃的醇解。

$$R\!-\!X + NaOR' \xrightarrow{ROH} R\!-\!OR' + NaX$$

卤代烃的醇解是合成混合醚的重要方法,称为威廉姆森(Williamson)合成法。

问题 2　怎样制备甲基叔丁基醚?

---

4. 被氨基取代

卤代烃与氨(胺)的水溶液或醇溶液作用,卤原子被氨基取代生成胺。该反应也称卤代烃的氨(胺)解。

$$R\!-\!X + NH_3 \xrightarrow{ROH} R\!-\!NH_2 + HX$$

由于产物具有亲核性,需要使用过量的氨(胺),否则反应很难停留在一取代阶段。如果卤代烃过量,产物是各种取代的胺以及季铵盐。

$$RNH_2 \xrightarrow[ROH]{RX} R_2NH \xrightarrow[ROH]{RX} R_3N \xrightarrow[ROH]{RX} R_4N^+X^-$$

5. 被硝酸根取代

卤代烃与硝酸银的醇溶液作用,卤原子被硝酸根取代生成硝酸酯,同时产生卤化银沉淀。

$$R\!-\!X + AgNO_3 \xrightarrow{ROH} R\!-\!ONO_2 + AgX\!\downarrow$$

反应活性:$I > Br > Cl > F$;烯丙基卤代烃、苄卤代烃 > 叔卤代烃 > 仲卤代烃 > 伯卤代烃 > CH_3X。因此,根据产物颜色和反应速率可用于卤代烃的定性鉴别。

6. 卤素互换

氯代烷、溴代烷可与 KI/丙酮作用,氯、溴被碘取代生成碘代物。

$$R\!-\!Cl(Br) + KI \longrightarrow R\!-\!I + KCl\!\downarrow(KBr)$$

KCl 不溶于丙酮,呈白色沉淀析出,此反应可用于鉴别伯氯、溴代烃。仲卤代烃反应缓慢,叔卤代烃反应困难。

9.3.2　消除反应

卤代烃与氢氧化钠(或 KOH)的醇溶液反应,卤素与 β-碳上的氢原子脱去一分子卤化氢而生成烯烃。这种脱去一个简单分子的反应称为消除反应。消除反应的活性次序：三级卤代烃＞二级卤代烃＞一级卤代烃。

$$RCH\!-\!CH_2+KOH \xrightarrow[\triangle]{C_2H_5OH} RCH\!=\!CH_2+KX+H_2O$$
$$|\quad\;|$$
$$H\quad X$$

该反应通常在强碱(如 NaOH，KOH，NaOR，NaNH$_2$ 等)和极性较小的溶剂(如乙醇)条件下进行。

大量实验事实证明，当含有两个以上 β-碳原子的卤代烃发生消除反应时，其主要产物是脱去含氢较少的 β-碳原子上的氢，生成双键碳原子上连有最多烃基的烯烃。这个规律称为查依采夫(A. M. Saytzeff)规律。例如

$$CH_3CH_2CHCH_3 \xrightarrow[\text{乙醇}]{KOH} CH_3CH\!=\!CHCH_3 + CH_3CH_2CH\!=\!CH_2$$
$$|$$
$$Br\qquad\qquad\quad 81\%\qquad\qquad 19\%$$

$$CH_3CH_2\!-\!\underset{\underset{Br}{|}}{\overset{\overset{CH_3}{|}}{C}}\!-\!CH_3 \xrightarrow[\triangle]{KOH,C_2H_5OH} CH_3CH\!=\!\underset{\underset{CH_3}{|}}{\overset{\overset{CH_3}{|}}{C}} + CH_3CH_2\!-\!\underset{}{\overset{\overset{CH_3}{|}}{C}}\!=\!CH_2$$
$$71\%\qquad\qquad 29\%$$

叔卤代烃极易发生消除反应，在弱碱或上述条件下容易得到消除产物。例如

$$CH_3\!-\!\underset{\underset{CH_3}{|}}{\overset{\overset{CH_3}{|}}{C}}\!-\!Br \xrightarrow[\text{C}_2\text{H}_5\text{OH}]{NaCN}$$

9.3.3　与金属的反应

卤代烃能与一些金属直接化合，产物中碳原子与金属原子直接结合，称为有机金属化合物。在这类化合物分子中，C—M 键的性质随 M(金属)的电负性不同而不相同。例如

$$-\overset{|}{\underset{|}{C}}{}^-:M^+ \qquad\qquad -\overset{|}{\underset{|}{C}}{}^{\delta-}:M^{\delta+} \qquad\qquad -\overset{|}{\underset{|}{C}}\!-\!M$$

离子键　　　　　　　极性共价键　　　　　　　共价键

(M＝Na 或 K)　　　(M＝Mg 或 Li)　　　(M＝Pb、Sn、Hg 或 Tl)

有机金属化合物的反应活性随 C—M 键离子性的增强而增强。烷基钠和烷基钾都非常活泼，是有机金属化合物中最强的碱。它们与水反应时会发生爆炸，暴露在空气中则立刻燃烧。而有机汞很不活泼，在空气中能稳定存在。有机金属化合物都是有毒，可溶于非极性溶剂中。有机金属化合物中最重要的是有机镁和有机锂化合物。它们既是强碱，又是强亲核试剂，在有机合成上占有极重要的地位。

1. 与金属镁的反应

卤代烃与金属镁反应生成的有机镁化合物(烷基卤化镁)被称为格利雅(Grignard)试剂，简称格氏试剂。格氏试剂是由 R$_2$Mg、MgX$_2$、(RMgX)$_n$ 等多种成分形成的平衡体系混合物，

一般用 RMgX 表示。格氏试剂是有机金属化合物中最重要的一类化合物,在有机合成中有非常重要的应用。

$$R\text{—}X+Mg \xrightarrow{\text{无水乙醚}} R\text{—}Mg\text{—}X$$

乙醚的作用是与格氏试剂络合成稳定的溶剂化合物,既是溶剂,又是稳定化剂。注意:制备格氏试剂必须在无水条件下和干燥的反应器中,除无水乙醚外,也可用苯、四氢呋喃为溶剂。格氏试剂必须在隔绝空气条件下保存。

生成格氏试剂的难易:RI＞RBr＞RCl,实验室常用溴化物制备格氏试剂。

(1) 格氏试剂的性质非常活泼,能与多种含活泼氢的化合物作用。

$$RMgX+\begin{cases} HOH \longrightarrow MgX(OH) \\ HOR \longrightarrow MgX(OR) \\ HNH_2 \longrightarrow MgX(NH_2) \\ HO\underset{\underset{O}{\|}}{\overset{}{C}}R \longrightarrow RH + MgX(O\underset{\underset{O}{\|}}{\overset{}{C}}R) \\ R\text{—}C\equiv C\text{—}H \longrightarrow R\text{—}C\equiv CMgX \end{cases}$$

上述反应是定量进行的,在有机分析中可用于测定化合物所含活泼氢的数量(称为活泼氢测定法),即用定量的甲基碘化镁与一定量的含活泼氢的化合物作用,便可定量地得到甲烷,通过测定甲烷的体积,可以计算出化合物所含活泼氢的数量。

$$CH_3MgI+ROH \longrightarrow CH_4\uparrow + ROMgI$$

(2) 与醛、酮、酯、二氧化碳、环氧乙烷等反应。

RMgX 与醛、酮、酯、二氧化碳、环氧乙烷等反应,生成醇、酸等一系列化合物,因此在有机合成上用途极广。格利雅因此而获得 1912 年的诺贝尔化学奖。例如

$$RMgX+CO_2 \xrightarrow{\text{无水乙醚}} R\underset{\underset{O}{\|}}{\overset{}{C}}\text{—}OMgX \xrightarrow[H^+]{H_2O} R\underset{\underset{O}{\|}}{\overset{}{C}}\text{—}OH + Mg\begin{subarray}{l} X \\ \\ OH \end{subarray}$$

(3) 格氏试剂还可与还原电位低于镁的金属卤化物作用,这是合成其他有机金属化合物的一个重要方法。

$$3RMgCl+AlCl_3 \longrightarrow R_3Al+3MgCl_2$$
$$2RMgCl+CdCl_2 \longrightarrow R_2Cd+2MgCl_2$$
$$4RMgCl+SnCl_4 \longrightarrow R_4Sn+4MgCl_2$$

2. 与金属钠的反应(武兹反应)

$$2R\text{—}X+2Na \longrightarrow R\text{—}R+2NaX$$

可用该反应从卤代烃制备含偶数碳原子,结构对称的烷烃(只适用于同一伯卤代烃,不同烷基无实用价值)。

3. 与金属锂反应

卤代烃与金属锂在非极性溶剂(无水乙醚、石油醚、苯)中作用生成有机锂化合物:

$$C_4H_9X+2Li \xrightarrow{\text{石油醚}} C_4H_9Li+LiX$$

有机锂的性质与格氏试剂很相似,但反应性能更活泼,遇水、醇、酸等更易发生分解,制备和使用时都应注意。有机锂与金属卤代物作用可生成各种有机金属化合物,其中与碘化亚铜

反应生成的二烷基铜锂最为重要,称为吉尔曼(Gilman)试剂。

$$2RLi + Cu_2I_2 \xrightarrow{Et_2O} R_2CuLi$$

二烷基铜锂是一种比烷基锂、格氏试剂温和的烷基化剂,可用于制备高级烷烃、芳烃和烯烃。例如

$$R_2CuLi + R'X \longrightarrow R—R' + RCu + LiX$$

R 可以是 1°、2°、3°卤代烃,RX 最好是 1°卤代烃,也可是不活泼的卤代烃,如 $RCH\!=\!CHX$。

$$(CH_3)_2CuLi + CH_3CH_2CH_2CH_2CH_2I \longrightarrow CH_3CH_2CH_2CH_2CH_2CH_3$$

$$(CH_3CH_2CH)_2CuLi + CH_3CH_2CH_2CH_2Cl \longrightarrow CH_3CH_2\overset{\underset{\textstyle CH_3}{|}}{C}HCH_2CH_2CH_3$$
$$\quad \overset{\underset{\textstyle CH_3}{|}}{}$$

$$(CH_2\!=\!C)_2CuLi + Br\!-\!\langle\bigcirc\rangle\!-\!CH_3 \longrightarrow CH_2\!=\!\overset{\underset{\textstyle CH_3}{|}}{C}\!-\!\langle\bigcirc\rangle\!-\!CH_3$$
$$\overset{\underset{\textstyle CH_3}{|}}{}$$

9.3.4 卤代烃的还原反应

可由多种方法将卤代烃还原为烷烃,催化氢化是还原方法之一。由于反应是断裂碳卤键,并在碳原子和卤素原子上各加一个氢原子,因此也称氢解(hydrogenolysis)。

$$RX + H_2 \xrightarrow{Rd} R—H + H—X$$

某些金属(如锌)在乙酸等酸性条件下,也能还原卤代烃,反应中金属提供电子,酸提供质子。

$$CH_3CH_2\overset{\underset{\textstyle Br}{|}}{C}HCH_3 \xrightarrow[CH_3COOH]{Zn} CH_3CH_2CH_2CH_3$$

四氢铝锂 $LiAlH_4$(lithium aluminium hydride)是提供氢负离子的还原剂。氢负离子对卤代烃进行 S_N2 反应,置换卤素得到烷烃。

$$n\text{-}C_8H_{17}Br + LiAlH_4 \xrightarrow[回流\ 1\ h]{四氢呋喃} n\text{-}C_8H_{18}$$

$$LiAlH_4 + H_2O \longrightarrow H_2 + Al(OH)_3 + LiOH$$

$LiAlH_4$ 遇水立即反应,放出氢气。因此,反应只能在无水介质中进行。

硼氢化钠($NaBH_4$)是比较温和的试剂,也可用于还原卤代烃。在还原过程中,分子内若同时存在羧基、氰基、酯基等可以保留不被还原。硼氢化钠可溶于水,呈碱性,比较稳定,能在水溶液中反应而不被水分解。

9.4 亲核取代反应机理

实验证明,溴甲烷在水-乙醇溶液中水解时反应速率和溴甲烷及 OH^- 浓度乘积成正比,即

$$v_{CH_3Br} = k[CH_3Br][OH^-]$$

而叔丁基溴的水解速率只和卤代烃的浓度成正比,与 OH^- 浓度无关。

$$v_{(CH_3)_3CBr} = k'[(CH_3)_3CBr]$$

可见这两种卤代烃的水解是以完全不同的反应机理进行的。

为了解释这种现象,英国伦敦大学休斯(Hughes)和英戈尔德(Ingold)教授早在 20 世纪 30 年代就提出了单分子亲核取代和双分子亲核取代反应机理。

9.4.1 单分子亲核取代反应(S_N1)机理

1. 反应机理

叔丁基溴在碱的水-醇溶液中水解属于 S_N1 反应,整个反应分两步进行。反应的第一步是离去基团带着一对电子逐渐离开中心碳原子,即 C—Br 键发生部分断裂,经由过渡态 1,当 C—Br 完全断裂时就生成能量较高、反应活性较大的碳正离子中间体。由于从 C—Br 键异裂成离子需要的能量较高,因此这一步反应是慢的。反应第二步是碳正离子中间体与亲核试剂很快结合,经由过渡态 2 生成产物叔丁醇。第二步反应是很迅速的,因此第一步是决定反应速率的步骤。由于在决定反应速率的步骤中只有反应物一种分子参加,因此这种机理称为单分子亲核取代(unimolecular nucleophilic substitution)反应,用符号 S_N1 表示。上述反应机理可表示为

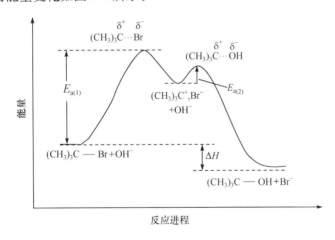

2. S_N1 反应的能量变化

反应过程中的能量变化如图 9-1 所示。

图 9-1 叔丁基溴水解反应的能量曲线

从图 9-1 可以看出,$E_{a(1)} > E_{a(2)}$,反应第一步是慢反应,是决定反应速率的步骤。

3. S_N1 反应的特征——有重排产物生成

在 S_N1 反应中由于生成碳正离子中间体,反应常会得到重排产物。例如,新戊基溴和 CH_3CH_2OH 反应,除了生成少量烯烃外,几乎全部得到重排产物。

$$CH_3CH_2CCH_3(CH_3)—Br \xrightarrow{C_2H_5OH} CH_3CCH_2CH_3(CH_3)(OC_2H_5) + \underset{H_3C}{\overset{H_3C}{C}}=CHCH_3 + CH_2=CCH_2CH_3(CH_3)$$

这是因为在反应中生成的伯碳正离子很快重排成更稳定的叔碳正离子,在这个重排中,迁移的是甲基。

$$CH_3CCH_2(CH_3)—Br \underset{慢}{\rightleftharpoons} CH_3C(CH_3)\overset{+}{C}H_2 \underset{快}{\rightleftharpoons} CH_3\overset{+}{C}CH_2CH_3(CH_3)$$

$$CH_3\overset{+}{C}CH_2CH_3(CH_3) + H\ddot{O}C_2H_5 \xrightarrow{快} CH_3C(\overset{+}{HOC_2H_5})CH_2CH_3(CH_3) + 烯烃$$

$$\xrightarrow{-H^+} CH_3C(OC_2H_5)CH_2CH_3(CH_3)$$

反应中生成的少量 2-甲基-2-丁烯和 2-甲基-1-丁烯是新戊基溴发生消除反应的产物。

下面反应也主要得到重排产物。

$$CH_3CHCHCH_3(CH_3)(Cl) \xrightarrow{HOH} CH_3C(CH_3)(OH)CH_2CH_3 \quad 93\%$$

在这个重排中,迁移的是氢。

重排现象是 S_N1 反应的特征,也是支持 S_N1 机理的重要实验依据。如果一个亲核取代反应中有重排现象,反应一般按 S_N1 机理进行。但要注意的是并非所有的 S_N1 反应都会发生重排,如果某亲核取代反应没有重排,也不能否定 S_N1 机理存在的可能性。

4. S_N1 反应的立体化学

在 S_N1 反应中,当亲核取代反应发生在手性碳原子上时,因为在反应的慢步骤中生成的碳正离子是平面构型的,所以可以预料,亲核试剂将机会均等地从平面两侧进攻碳正离子(图 9-2)。

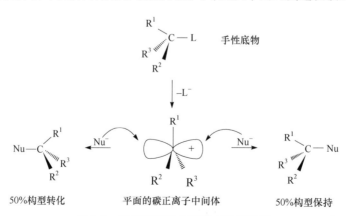

图 9-2　亲核试剂进攻碳正离子示意图

如果离去基团所在的中心碳原子是一个手性碳原子,亲核试剂的进攻又完全随机,那么生成的两种对映体应是等量的,产物为外消旋体。实际上,虽然外消旋化可达 80%,甚至更高,但很难完全外消旋化。构型转化产物一般超过构型保持产物。

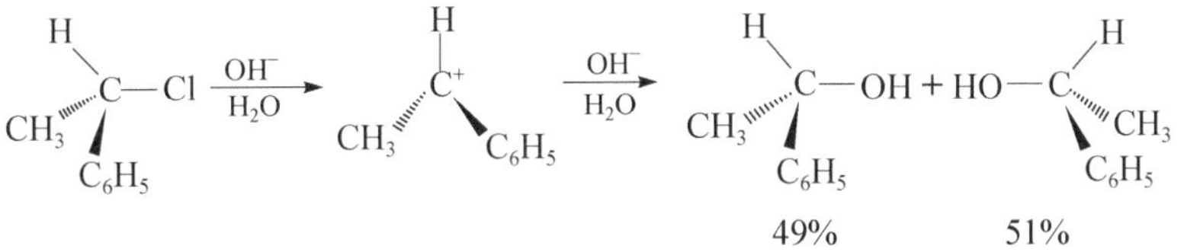

$$\text{H}_3\text{C}{\overset{\text{H}}{\underset{\text{C}_6\text{H}_5}{\text{C}}}}\text{--Cl} \xrightarrow[\text{H}_2\text{O}]{\text{OH}^-} \text{CH}_3{\overset{\text{H}}{\underset{\text{C}_6\text{H}_5}{\text{C}^+}}} \xrightarrow[\text{H}_2\text{O}]{\text{OH}^-} \underset{49\%}{{\overset{\text{H}}{\underset{\text{C}_6\text{H}_5}{\text{C}}}}\text{--OH}} + \underset{51\%}{\text{HO--}{\overset{\text{H}}{\underset{\text{C}_6\text{H}_5}{\text{C}}}}\text{CH}_3}$$

这种现象的产生,与碳正离子的稳定性及溶剂有关,特别是与作为亲核试剂的溶剂的亲核能力有关。碳正离子越稳定,外消旋化的比例就越大。若碳正离子很不稳定,它还没有完全转变成碳正离子,亲核试剂就已经进攻中心碳原子了,此时离去基团离开中心碳原子的距离还不够远,对于亲核试剂从正面进攻中心碳原子在一定程度上产生屏蔽效应,因此,亲核试剂从离去基团的背面进攻中心碳原子的概率要大些,在这种情况下,构型翻转的产物必然会多些。至于溶剂的作用是很复杂的,一般来说,溶剂的亲核性越强,构型翻转的比例越大,因为离去基团尚未完全离开之前,亲核性强的溶剂作为亲核试剂很可能从离去基团的背面进攻中心碳原子了。

问题 3 试解释(S)-3-甲基-3-溴己烷在水-丙酮中反应旋光性消失的实验事实。

9.4.2 双分子亲核取代反应(S$_N$2)机理

1. 反应机理

溴甲烷水解速率与溴甲烷及碱(OH$^-$)的浓度乘积成正比,这表明在决定反应速率的步骤中,有两种物种参与反应,因此认为反应是按以下机理进行的:

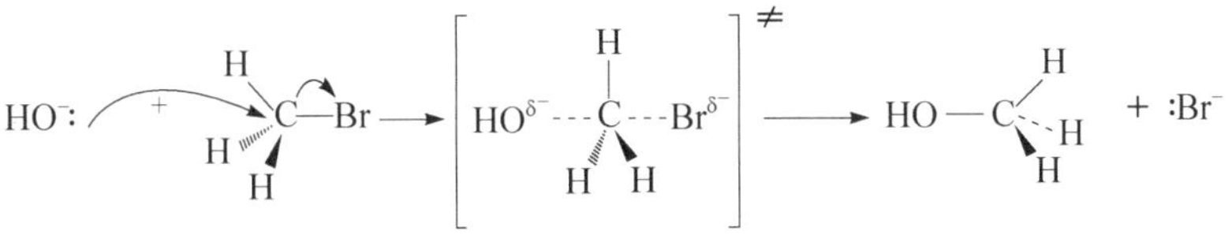

$$\text{HO}^- : \xrightarrow{+} {\overset{\text{H}}{\underset{\text{H}}{\text{C}}}}\text{--Br} \longrightarrow \left[\text{HO}^{\delta-}\text{---}{\overset{\text{H}}{\underset{\text{H}}{\text{C}}}}\text{---Br}^{\delta-} \right]^{\neq} \longrightarrow \text{HO--}{\overset{\text{H}}{\underset{\text{H}}{\text{C}}}}\text{H} + :\text{Br}^-$$

反应物　　　　　　过渡态　　　　　　产物　　　离去基团

亲核试剂(OH$^-$)从离去基团(Br$^-$)的背面进攻中心碳原子,同时溴原子带着一对电子逐渐离开,中心碳原子上的三个氢由于受 OH$^-$ 进攻的影响开始向溴原子一边偏转。当三个氢原子与中心碳原子处于同一平面时,OH、Br 和中心碳原子处在垂直于该平面的一条直线上,此时体系能量达到最高,这就是过渡态。这时 O—C 键部分形成,C—Br 键部分断裂。接着亲核试剂与中心碳原子结合生成 C—O 键,而溴原子带着一对电子以 Br$^-$ 的形式完全离去。

2. S$_N$2 的能量变化

反应过程体系的能量变化如图 9-3 所示。

从反应进程的能量曲线图可以看出,由于在过渡态时卤代烃的中心碳原子上同时连有五个基团,所以此时体系的能量最高。参与过渡态生成的微观粒子有两个,其反应速率必然与

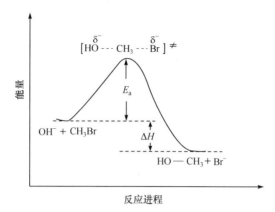

图 9-3　溴甲烷水解反应的能量曲线

OH⁻ 和 CH_3Br 的浓度有关,即 $v=k[OH^-][CH_3Br]$。因此称为双分子的亲核取代(bimolecular nucleophilic substitation)反应机理,简称 S_N2 机理。

S_N2 反应中旧键的断裂和新键的生成是同时进行的,反应一步完成,在过渡状态中,中心碳原子采用 sp^2 杂化,将离去基团 L 和亲核试剂 Nu 键合在同一 p 轨道的两侧(图 9-4)。

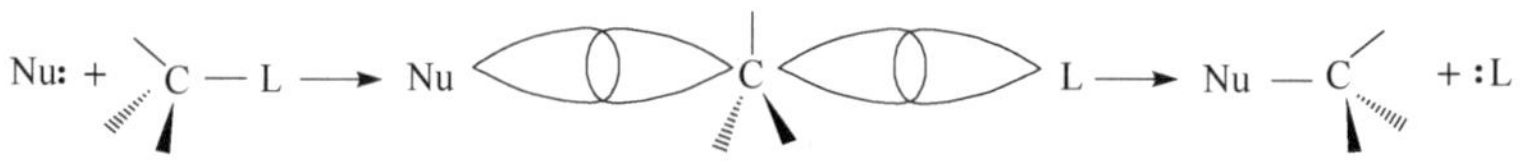

图 9-4　S_N2 过渡态

当离去基团完全离开中心碳原子后,中心碳原子又恢复了 sp^3 杂化。

亲核试剂之所以要从离去基团的背面进攻中心碳原子,原因有两个。一是若亲核试剂从离去基团的同一侧去进攻中心碳原子将会受到携带电子离开的离去基团的排斥,而从背面进攻则可避免这种排斥;二是从背面进攻,在过渡态时,中心碳原子的未杂化 p 轨道的两瓣分别与亲核试剂(Nu^-)和离去基团(L^-)交盖,二者相距较远,排斥力最小,形成较稳定的过渡态,从而降低反应的活化能。

3. S_N2 反应的立体化学

立体化学研究结果表明,亲核取代反应按 S_N2 机理进行时,通常具有高度的立体选择性,中心碳原子的构型发生翻转。这种在 S_N2 反应中构型完全翻转的现象,称为瓦尔登(Walden)转化。

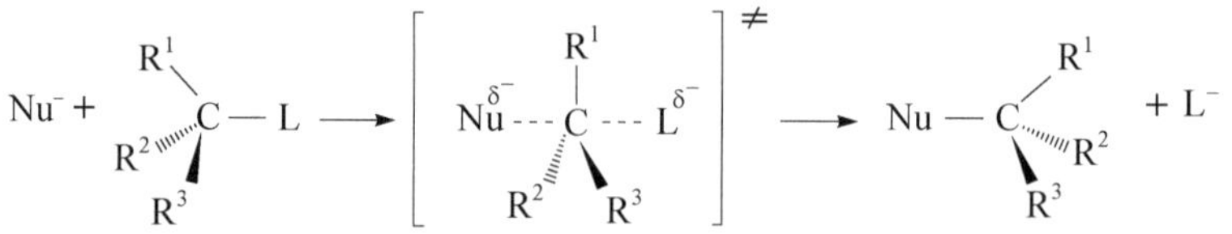

例如

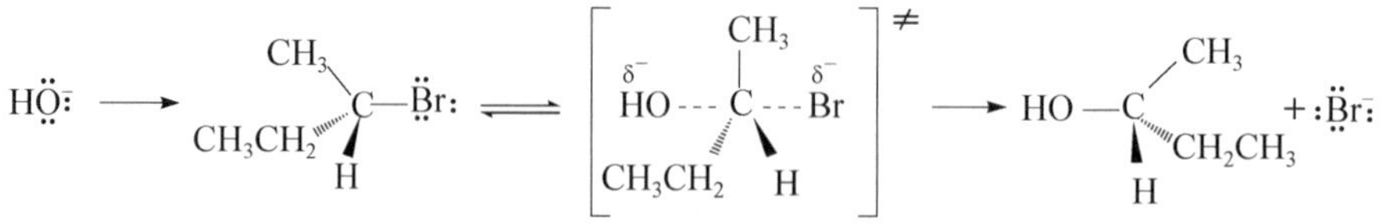

(S)-2溴丁烷　　　　　　　　　　　　　　　　　　　　　　(R)-2-丁醇

实验结果说明,反应是按 S_N2 反应机理进行的,亲核试剂从背面进攻,得到了构型与反应底物相反的产物。需要注意的是,这里所谓的构型翻转是指反应中心碳原子上四个键构成的骨架构型的翻转,这种翻转可以引起反应物与产物构型的改变,如上述 (S)-2-溴丁烷的例子。但在下面的例子中,反应物骨架的构型改变了,但产物的构型与反应物一样都是 (R) 型。

$$\begin{array}{c} \text{CH}_3\text{O}^- + \quad \underset{\text{CH}_3\text{CH}_2\text{O}}{\overset{\text{CH}_3}{\underset{\text{H}}{\rvert}}}\text{C}\text{--Cl} \quad \longrightarrow \quad \text{CH}_3\text{O}\text{--}\underset{\text{OCH}_2\text{CH}_3}{\overset{\text{CH}_3}{\rvert}}\text{C}\text{--H} \quad + \text{ Cl}^- \\ (R) \qquad\qquad\qquad\qquad (R) \end{array}$$

许多动力学和立体化学的研究结果表明,对于 S_N2 反应机理,构型翻转是个规律。因此,完全构型翻转可作为 S_N2 反应的标志。与此不同的是,S_N1 反应机理比较复杂,只能粗略地说,S_N1 反应常发生外消旋化。

问题 4 试解释 (S)-2-溴辛烷与氢氧化钠的乙醇水溶液反应得到 (R)-2-辛醇的实验事实。

9.4.3 影响亲核取代反应的因素

一个卤代烃的亲核取代反应究竟是 S_N1 机理还是 S_N2 机理,是由烃基的结构、亲核试剂的性质、离取基团的性质和溶剂的极性等因素决定的。

1. 烃基结构

1) 对 S_N1 的影响

S_N1 反应取决于碳正离子的形成及稳定性。

碳正离子的稳定性是

$$\begin{array}{c} \text{R}_3\text{C}^+ \\ \text{CH}_2\!=\!\text{CHCH}_2^+ \end{array} > \text{R}_2\overset{+}{\text{C}}\text{H} > \text{R}\overset{+}{\text{C}}\text{H}_2 > \overset{+}{\text{C}}\text{H}_3$$

S_N1 的反应速率为

$$\begin{array}{c} \text{R}_3\text{C}\text{--X} \\ \text{CH}_2\!=\!\text{CHCH}_2\text{--X} \end{array} > \text{R}_2\text{CH--X} > \text{RCH}_2\text{--X} > \text{CH}_3\text{--X}$$

例如,实验测得

$$\text{R--Br} + \text{H}_2\text{O} \xrightarrow{\text{甲酸}} \text{R--OH} + \text{HBr}(S_N1 \text{反应})$$

反应物	$(CH_3)_3C\text{--Br}$	$(CH_3)_2CH\text{--Br}$	$CH_3CH_2\text{--Br}$	$CH_3\text{--Br}$
相对速率	10^8	45	1.7	1

2) 对 S_N2 反应的影响

S_N2 反应取决于过渡态形成的难易。当反应中心碳原子(α-碳)上连接的烃基多时,过渡态难于形成,S_N2 反应就难于进行。例如

$$\text{R--Br} + \text{KI} \xrightarrow{\text{丙酮}} \text{R--I} + \text{HBr}(S_N2 \text{反应})$$

反应物	CH_3Br	CH_3CH_2Br	$(CH_3)_2CHBr$	$(CH_3)_3\text{--CBr}$
相对速率	150	1	0.01	0.001

当伯卤代烃的 β-位上有侧链时,取代反应速率明显下降。例如

$$R\!-\!Br+C_2H_5O^- \xrightarrow[55℃]{无水乙醇} ROC_2H_5+Br^- \;(S_N2\,反应)$$

反应物	CH_3CH_2Br	$CH_3CH_2CH_2Br$	$CH_3\overset{\underset{\displaystyle CH_3}{\vert}}{CH}CH_2Br$	$CH_3\overset{\underset{\displaystyle CH_3}{\vert}}{\underset{\underset{\displaystyle CH_3}{\vert}}{C}}CH_2Br$
相对速率	100	28	3	0.000 42

原因是 α-C 或 β-C 上连接的烃基越多或基团越大时,产生的空间阻碍越大,阻碍了亲核试剂从离去基团背面进攻 α-C(接近反应中心)。

因此对于普通卤代烃的 S_N 反应活性顺序为

S_N1 反应: $\qquad\qquad\qquad 3°RX>2°RX>1°RX>CH_3X$

S_N2 反应: $\qquad\qquad\qquad CH_3X>1°RX>2°RX>3°RX$

叔卤代烃主要进行 S_N1 反应,伯卤代烃主要进行 S_N2 反应,仲卤代烃两种机理都可由反应条件而定。

烯丙基型卤代烃既易进行 S_N1 反应,也易进行 S_N2 反应。

问题 5 怎样使羟基转变成一个好的离去基团?

---

2. 离去基团的性质

无论是 S_N1 还是 S_N2 都有:离去基团的碱性越弱,越易离去。

例如,卤素的离去顺序为 $R\!-\!I>R\!-\!Br>R\!-\!Cl$。

碱性很强的基团(如 R_3C^-、R_2N^-、RO^-、HO^- 等)不能作为离去基团进行亲核取代反应,如 $R\!-\!OH$、ROR 等,就不能直接进行亲核取代反应,只有在 H^+ 存在的条件下形成 RO^+H_2 和 RO^+HR 后才能离去。

$$CH_3CH_2CH_2CH_2OH+NaBr \;\;\times\!\!\!\longrightarrow\;\; CH_3CH_2CH_2CH_2Br+OH^-$$

$$CH_3CH_2CH_2CH_2OH+HBr \longrightarrow CH_3CH_2CH_2CH_2\overset{+}{O}H_2+Br^-$$

$$S_N2 \downarrow Br^-$$

$$CH_3CH_2CH_2CH_2Br+H_2O$$

3. 亲核试剂的性能

在亲核取代反应中,亲核试剂的作用是提供一对电子与 RX 的中心碳原子成键,若试剂给电子的能力强,则成键快,亲核性就强。

亲核试剂的强弱和浓度的大小对 S_N1 反应无明显的影响。

亲核试剂的浓度越大,亲核能力越强,有利于 S_N2 反应的进行。

试剂的亲核性与下列因素有关:

1) 试剂所带电荷的性质

带负电荷的亲核试剂比中性试剂的亲核能力强。例如

$$OH^->H_2O \qquad RO^->ROH$$

2) 试剂的碱性

试剂的碱性(与质子结合的能力)越强,亲核性(与碳原子结合的能力)也越强。例如

$$C_2H_5O^- > HO^- > C_6H_5^- > CH_3COO^-$$

3）试剂的可极化性

碱性相近的亲核试剂,其可极化性越大,则亲核能力越强。原子半径大的原子的可极化度大。例如,试剂 OH^- 与 SH^- 的可极化度是 $OH^- < SH^-$,则亲核性是 $OH^- < SH^-$。

4. 溶剂的影响

溶剂的极性增加对 S_N1 机理有利,对 S_N2 机理不利。例如

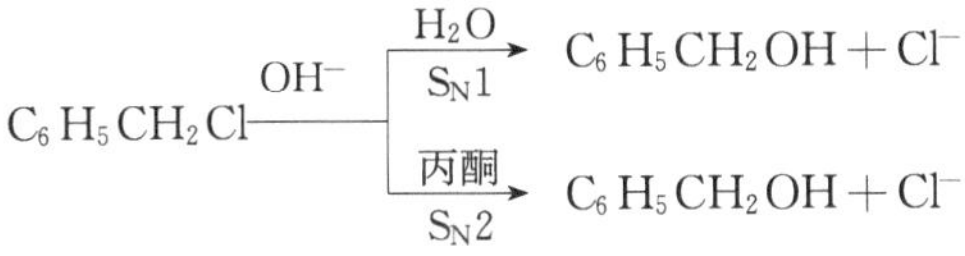

$$C_6H_5CH_2Cl \overset{OH^-}{\longrightarrow} \begin{cases} \xrightarrow[S_N1]{H_2O} C_6H_5CH_2OH + Cl^- \\ \xrightarrow[S_N2]{丙酮} C_6H_5CH_2OH + Cl^- \end{cases}$$

问题 6 请比较苄基溴、α-苯基乙基溴、β-苯基乙基溴进行 S_N1 反应时的速率大小。

问题 7 请比较 1-溴丁烷、2,2-二甲基-1-溴丁烷、2-甲基-1-溴丁烷、3-甲基-1-溴丁烷进行 S_N2 反应时的速率大小。

问题 8 氯甲烷在 S_N2 水解反应中加入少量 NaI 或 KI 时反应会加快很多,为什么?

问题 9 溴化苄与水在甲酸溶液中反应生成苯甲醇,速率与[H_2O]无关,在同样条件下对甲基苄基溴与水的反应速率是前者的 58 倍。苄基溴与 $C_2H_5O^-$ 在无水乙醇中反应生成苄基乙基醚,速率取决于[RBr][$C_2H_5O^-$],同样条件下对甲基苄基溴的反应速度仅为前者的 1.5 倍,相差无几。为什么会有这些结果? 试说明下列三种情况对上述反应各产生何种影响?(1)溶剂极性,(2)试剂的亲核能力,(3)电子效应。

9.5 消除反应机理

卤代烃的烃基结构不同,反应按不同机理进行。

9.5.1 单分子消除反应(E1)机理

单分子消除机理与单分子亲核取代反应机理相似,反应也分两步进行。第一步与 S_N1 反应一样,碳卤键发生异裂,生成碳正离子,由于需要较高的活化能,反应速率较慢。此过程中 α-碳原子由 sp^3 杂化转变为 sp^2 杂化状态。反应的第二步是试剂作为碱夺取 β 碳原子上的氢,β-碳此时也转变为 sp^2 杂化状态,同时 α、β-相邻碳的两个 p 轨道重叠形成 π 键,即为单分子消除机理。若试剂作为亲核试剂进攻 α-碳原子,则生成取代产物。

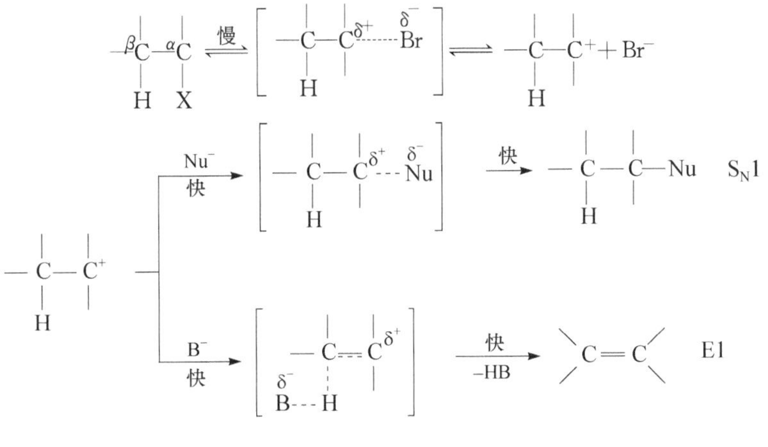

如 2-甲基-2-溴丁烷在乙醇中反应得 2-甲基-2-乙氧基丁烷和 2-甲基-2-丁烯以及 2-甲基-1-丁烯。取代和消除产物的比例为 64∶36。

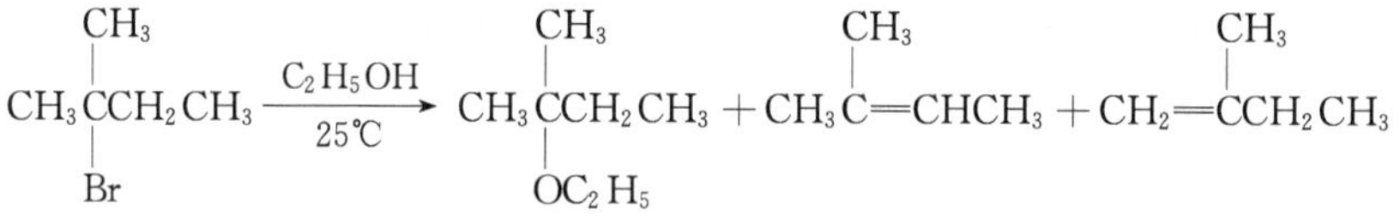

显然,反应是经碳正离子中间体进行的。如在下面反应中,C_2H_5OH 作为亲核试剂进攻带正电荷的碳原子,则发生 S_N1 取代反应。例如,作为碱夺取 β-碳上的氢,则发生 E1 反应,生成消除产物。

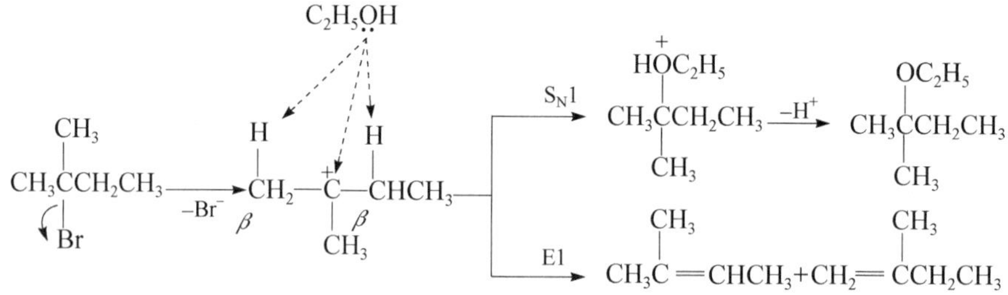

在单分子消除反应中,第二步反应速率很快。消除反应速率由反应中最慢的一步决定,故反应速率只与卤代烃的浓度有关,而与进攻试剂浓度无关,所以称为单分子消除反应。

E1 和 S_N1 机理的第一步均生成碳正离子,所不同的是第二步,因此这两类反应往往同时发生。至于哪个占优势,主要看碳正离子在第二步反应中消除质子还是与试剂结合的相对难易而定。

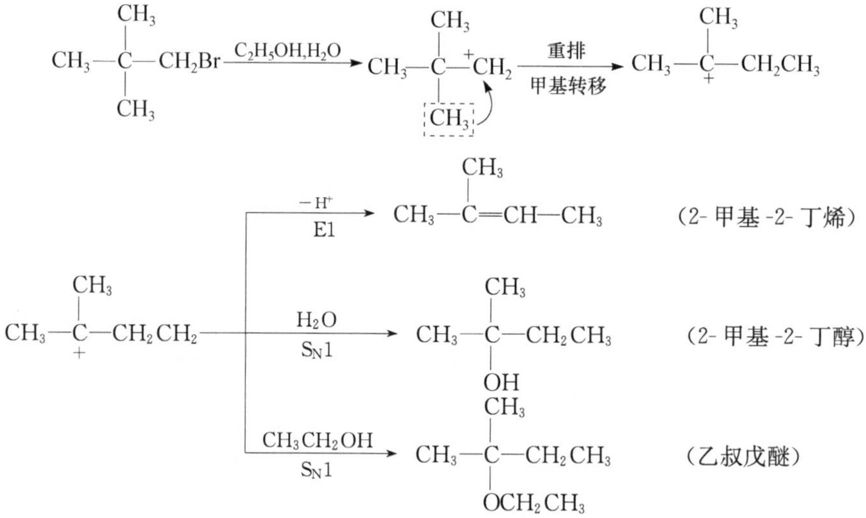

此外,E1 或 S_N1 反应中生成的碳正离子还可以通过重排而转变为更稳定的碳正离子,然后再消除氢(E1)或与亲核试剂结合(S_N1)。例如,新戊基溴在水-醇溶液中进行反应,首先解离生成不稳定的伯碳正离子,后者发生重排,邻近的甲基会迁移到带正电荷的碳原子上,碳的骨架发生改变而生成更稳定的叔碳正离子,随后发生消除反应和取代反应。

所以常把重排反应作为 E1 和 S_N1 机理的标志。

9.5.2 双分子消除反应(E2)机理

1. E2 消除反应机理

E2 和 S_N2 都是一步完成的反应,但又有不同。E2 机理中碱试剂进攻卤代烃分子中的 β-氢原子,使氢原子以质子形式与试剂结合而脱去,同时卤原子则在溶剂作用下带着一对电子离去而形成 C═C 双键。

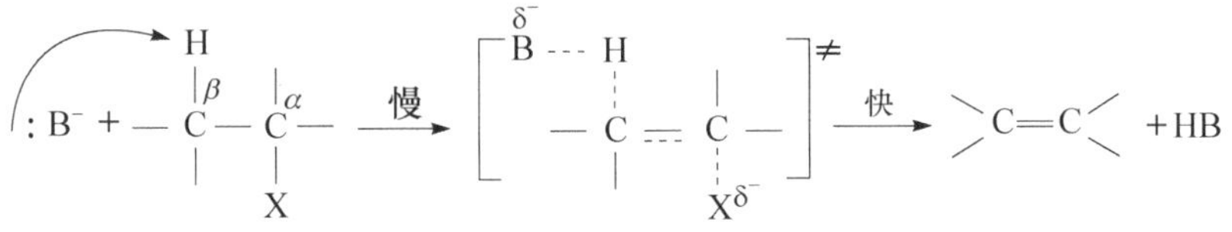

反应中,C—H 键和 C—X 键的断裂,π 键的生成是协同进行的,反应一步完成。卤代烃和碱试剂都参与过渡态的生成,所以称为双分子消除。

E2 反应与 S_N2 反应类似,反应速率也与卤代烃和进攻试剂(碱)两者的浓度成正比,反应中不发生重排。两者不同的是,在 S_N2 反应中,进攻试剂作为亲核试剂进攻中心碳原子,而在 E2 消除反应中,试剂作为碱进攻的是 β-碳上的氢原子,氢原子以质子形式与试剂结合而离去。可见,S_N2 反应和 E2 反应是彼此相互竞争的两个反应。

2. E2 消除反应的立体化学

E2 消除反应在立体化学上要求两个被消除的原子或基团(L,H)和与它们相连的两个碳原子(L—C—C—H)应反式共平面,以便在形成过渡态时,两个变形的 sp^3 杂化轨道尽可能多地重叠,以降低体系的能量,有利于消除反应的进行。能满足这种共平面要求的有顺式共平面和反式共平面两种构象:

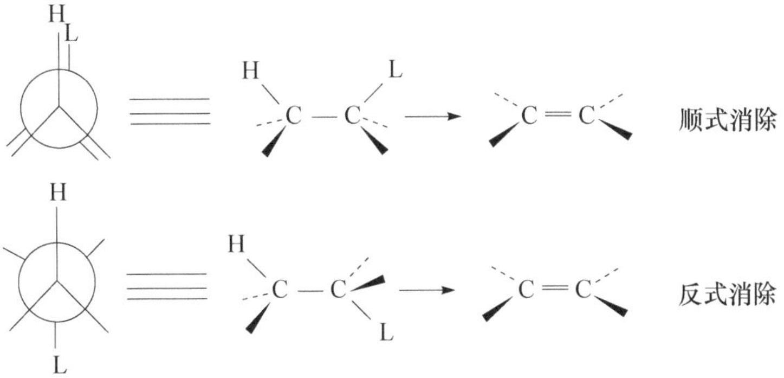

反式共平面的构象能量较低,且取此种构象时,既有利于碱对 β-H 的进攻,也有利于 L 基团的离去,因此大多数 E2 消除反应为反式消除,其过程如图 9-5 所示。

E2 反应过程中,随着过渡态的生成,α 和 β 碳原子逐渐从 C_{sp^3} 向 C_{sp^2} 过渡,两碳中各有一个 sp^3 杂化轨道向 p 轨道过渡,以便在过渡态中两变形的 sp^3 杂化轨道部分重叠形成部分 π 键,也只有 H—C—C—L 共平面时重叠程度最大,形成稳定的过渡态,因此 E2 消除反应为反式消除才容易进行。

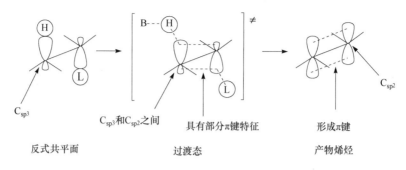

图 9-5　E2 反应消除示意图

9.5.3　影响消除反应的因素

1. 烷基结构的影响

对一级卤代烃，S_N2 反应的速率很快，一般不发生 E2 反应。当 β-位上有活性氢如烯丙基氢、苄基氢时，会提高 E2 的反应速率；β-碳上有侧链时由于空间位阻 E2 产物也会增加。二级卤代烃有空间位阻，S_N2 反应速率很慢，有利于发生消除反应。三级卤代烃一般倾向于发生单分子反应，主要得 E1 的消除产物。只有在纯水或乙醇中发生溶剂解，才以取代为主。

$$CH_3-\underset{\underset{CH_3}{|}}{\overset{\overset{CH_3}{|}}{C}}-Cl \xrightarrow[H_2O]{Na_2CO_3} CH_2=\underset{CH_3}{\overset{CH_3}{C}} \qquad （消除为主）$$

$$CH_3-\underset{\underset{CH_3}{|}}{\overset{\overset{CH_3}{|}}{C}}-Cl \xrightarrow[\triangle]{H_2O} CH_3-\underset{\underset{CH_3}{|}}{\overset{\overset{CH_3}{|}}{C}}-OH \qquad （取代为主）$$

2. 试剂的影响

一般来说，试剂的碱性强、浓度大、与质子的结合能力强，有利于 E2；试剂体积大，不容易接近中心碳原子，容易与 β-H 接近，有利于 E2；试剂的亲核性强，易发生 S_N2 反应。例如

$$CH_3-\underset{\underset{CH_3}{|}}{\overset{\overset{CH_3}{|}}{C}}-Br \xrightarrow{25℃} \begin{cases} \xrightarrow{C_2H_5OH} (CH_3)_2C=CH_2 \\ \qquad\qquad\quad 19\% \\ \xrightarrow[C_2H_5ONa]{C_2H_5OH} (CH_3)_2C=CH_2 \\ \qquad\qquad\quad 93\% \end{cases}$$

3. 离去基团的影响

离去基团对 E2、E1 反应速率均有一定影响，基团越容易离去，反应速率越快：RI＞RBr＞RCl。离去基团只影响反应速率，不影响产物的比例。

9.5.4　消除反应和取代反应的竞争

取代反应和消除反应是同时存在、又相互竞争的反应（S_N1 与 E1 竞争，S_N2 与 E2 竞争），但在适当条件下其中一种反应占优势。下面介绍影响反应取向的因素。

1. 烃基结构

伯卤代烃倾向于发生取代反应,只有在强碱和弱极性溶剂条件下才以消除为主。反应常按双分子机理(S_N2 或 E2)进行。

$$CH_3CH_2CH_2CH_2Br \xrightarrow[H_2O]{NaOH} CH_3CH_2CH_2CH_2OH \quad (取代为主)$$

$$CH_3CH_2CH_2CH_2Br \xrightarrow[乙醇]{NaOH} CH_3CH_2CH=CH_2 \quad (消除为主)$$

若 β-位上连有苄基或烯丙基时,有利于 E2 反应进行。例如,溴乙烷 55℃时,在乙醇溶液中与乙醇钠作用,取代产物占 99%,而烯烃只占 1%;当 β-位上的一个氢被苄基取代后的 β-苯基溴乙烷,在同样条件下的反应,取代产物只占 5.4%,消除产物却占 94.6%。

$$CH_3CH_2Br + CH_3CH_2ONa \xrightarrow[55℃]{乙醇} CH_3CH_2OCH_2CH_3 + CH_2=CH_2$$
$$99\% \qquad\qquad 1\%$$

$$\text{⌬}-CH_2CH_2Br + CH_3CH_2ONa \xrightarrow[55℃]{乙醇} \text{⌬}-CH_2CH_2OCH_2CH_3 + \text{⌬}-CH=CH_2$$
$$5.4\% \qquad\qquad 94.6\%$$

β-C 上连有支链的伯卤代烃消除反应倾向增大。例如

$$R—Br + C_2H_5O^- \xrightarrow{C_2H_5OH} 取代产物 + 消除产物$$

C_2H_5Br	99%	1%
$CH_3CH_2CH_2Br$	91%	9%
$CH_3\underset{CH_3}{\overset{|}{C}HCH_2Br}$	40%	60%

叔卤代烃因 β-C 上连的烃基多,空间位阻大,不利于 S_N2 反应,因此倾向于发生消除,即使在弱碱条件下(如 Na_2CO_3 水溶液),也以消除为主。只有在纯水或乙醇中发生溶剂解,才以取代为主。

$$CH_3-\underset{CH_3}{\overset{CH_3}{\overset{|}{\underset{|}{C}}}}-Cl \xrightarrow[H_2O]{Na_2CO_3} CH_2=\underset{CH_3}{\overset{CH_3}{\overset{|}{C}}} \quad (消除为主)$$

$$CH_3-\underset{CH_3}{\overset{CH_3}{\overset{|}{\underset{|}{C}}}}-Cl \xrightarrow[\triangle]{H_2O} CH_3-\underset{CH_3}{\overset{CH_3}{\overset{|}{\underset{|}{C}}}}-OH \quad (取代为主)$$

仲卤代烃的情况介于叔卤代烃和伯卤代烃之间,在通常条件下,以取代反应为主,但消除程度比一级卤代烃大得多。究竟以哪种反应为主,主要取决于卤代烃结构和反应条件。在强碱(NaOH/乙醇)作用下主要发生消除。与伯卤代烃一样,β-C 上连有支链的仲卤代烃消除倾向增大。

在其他条件相同时,不同卤代烃的反应方向为

$$S_N2 反应增加 \longrightarrow$$
$$3°R—X \qquad 2°R—X \qquad 1°R—X$$
$$\longleftarrow 消除反应增加$$

2. 试剂的碱性与亲核性

试剂的影响主要表现在双分子反应中。若进攻试剂的碱性强,亲核性弱,有利于消除反应

的进行,反之有利于亲核取代反应。例如,下列试剂的亲核性和碱性大小次序为

$$亲核性：CH_3O^- > (CH_3)_2CHO^- > (CH_3)_3CO^-$$
$$碱性：CH_3O^- < (CH_3)_2CHO^- < (CH_3)_3CO^-$$

因此,选择亲核性较强的 CH_3O^-,对取代反应有利,而选择碱性较强的试剂 $(CH_3)_3CO^-$,对消除反应有利。当用 NaOH 水解伯卤代烃、仲卤代烃时,会同时发生取代和消除,因为 OH^- 既是强亲核试剂,又是强碱。若用 I^-、CH_3COO^- 往往不发生消除反应,而发生亲核取代,因为它们的亲核性强而碱性弱。

试剂的体积大,不利于对 α-C 的进攻,对 S_N2 反应不利,但对试剂与 β-H 的靠近影响不明显,故试剂的体积大,有利于 E2 反应进行。

3. 溶剂的极性

溶剂的极性对取代和消除的影响是不同的,这主要表现在双分子机理中。极性较高的溶剂有利于取代(S_N2),极性较低的溶剂有利于消除(E2),这是因为在取代反应过渡态中负电荷分散程度比消除反应过渡态的小。因此,当溶剂的极性增加时,对 S_N2 过渡态的稳定作用比 E2 大。

$$\left[\overset{\delta^-}{HO}\cdots C \cdots \overset{\delta^-}{X} \right] \qquad \left[\overset{\delta^-}{HO}\cdots H\cdots C\!=\!\!=\!\!C \cdots \overset{\delta^-}{X} \right]$$
$$\qquad\quad S_N2 \qquad\qquad\qquad\qquad\qquad E2$$

因此用卤代烃制备醇(取代)一般在 NaOH 水溶液中(极性较大)进行。而制备烯烃(消除)则在 NaOH 醇溶液中(极性较小)进行。

4. 反应温度

在消除反应过程中涉及 C—H 键的拉长(在取代反应中不涉及此键),活化能比取代反应高,升高温度对消除有利。虽然提高温度也能使取代反应加快,但其影响程度没有消除反应那样大。所以提高反应温度将增加消除产物的比例。

综上所述,卤代烃可发生亲核取代,也可发生消除。它们是同时存在又相互竞争的反应,它们之间的竞争受多种因素的影响。

问题 10　对于 $RC\equiv CNa + CH_3X \longrightarrow RC\equiv CCH_3$ 这一反应,为什么用仲卤烷和叔卤烷的效果不好?

9.6　卤代烯烃的化学性质

9.6.1　卤代烯烃的分类

1. 分类

根据卤原子和不饱和碳原子的相对位置,卤代烯烃和卤代芳烃可分为三种类型。
(1)乙烯基型和芳基型卤代烃。例如

$$CH_2\!=\!CH\!-\!X \qquad\qquad \langle\hspace{-0.3em}\rangle\!-\!X$$

卤原子和不饱和碳原子直接相连。

（2）烯丙基型和苄基型卤代烃。例如

$$CH_2=CHCH_2—X \qquad \bigcirc\!\!—CH_2—X$$

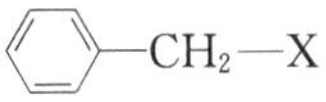

卤原子和不饱和碳原子之间相隔一个饱和碳原子。

（3）隔离型卤代烯烃和卤代芳烃。例如

$$CH_2=CH(CH_2)_n—X \qquad \bigcirc\!\!—(CH_2)_n—X \quad (n \geqslant 2)$$

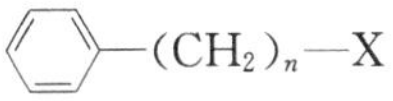

卤原子和不饱和碳原子之间相隔两个或两个以上饱和碳原子。

2. 命名

卤代烯烃通常采用系统命名法命名，即以烯烃为母体，编号时使双键位置最小。例如

$$CH_2=CHCH_2Cl \qquad \underset{Br}{CH_3CHCH}=\underset{CH_3}{CCH_3} \qquad \bigcirc\!\!—Cl$$

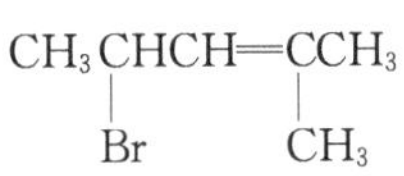

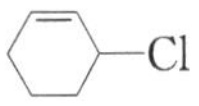

$$\text{3-氯丙烯} \qquad\qquad \text{2-甲基-4-溴-2-戊烯} \qquad \text{3-氯环己烯}$$

卤代芳烃的命名有两种方法。一是卤原子连在芳环上时，把芳环当成母体，卤原子作为取代基。二是卤原子连在侧链上时，把侧链当作母体，卤原子和芳环均作为取代基。例如

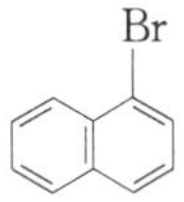

$$Cl—\bigcirc\!\!—CH_3 \qquad\qquad\qquad$$

$$\text{4-氯甲苯} \qquad\qquad\qquad \text{1-溴萘（}\alpha\text{-溴萘）}$$

$$\bigcirc\!\!—CH_2Cl \qquad\qquad \bigcirc\!\!—\underset{Br}{CH_2CHCH_3}$$

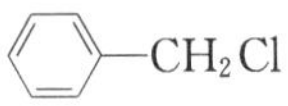

$$\text{氯化苄（苄基氯）} \qquad\qquad \text{1-苯基-2-溴丙烷}$$

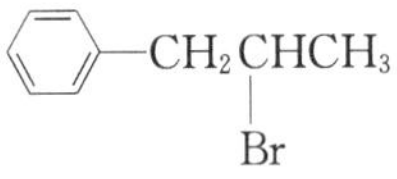

9.6.2 物理性质

一卤代烯烃中氯乙烯为气体。一卤代芳烃为液体，苄基卤有催泪性，一卤代芳烃都比水重，不易溶于水，易溶于有机溶剂。

9.6.3 化学性质

卤代烯烃化学性质与卤代烃相似，但烃基的结构对卤代烃的活性有很大的影响，烃基不同反应活性差异较大。

1. 化学反应活性

卤代烯烃的化学反应活性取决于两个因素。

（1）烃基的结构：烯丙式＞孤立式＞乙烯式。

（2）卤素的性质：R—I＞R—Br＞R—Cl。

可用不同烃基的卤代烃与 $AgNO_3$ 的醇溶液反应，根据生成卤化银沉淀的快慢来测得其活性次序。

$$R—X+AgNO_3 \xrightarrow{\text{醇}} RONO_2+AgX\downarrow$$

烯丙式、苄基卤和三级卤代烃在室温下就能和 $AgNO_3$ 的乙醇溶液迅速作用，生成 AgX（沉淀）；一级、二级卤代烃一般要在加热下才能起反应；而乙烯式卤代烃和卤苯即使在加热下

也不起反应。

卤代烃的化学活性次序可归纳如下

不同烃基结构 $\quad\quad\quad CH_2\!=\!CHCH_2\!-\!X > R_2CH\!-\!X > CH_2\!=\!CH\!-\!X$

$$3°R\!-\!X > 2°R\!-\!X > 1°R\!-\!X$$

不同卤素 $\quad\quad\quad\quad\quad\quad R\!-\!I > R\!-\!Br > R\!-\!Cl$

反应实例：

$$CH_2\!=\!CHCH_2Cl + NaOH \xrightarrow{H_2O} CH_2\!=\!CHCH_2OH + NaOH \quad（易进行）$$

$$CH_2\!=\!CH\!-\!Cl + NaOH \xrightarrow{H_2O} \times \quad（不反应）$$

$$CH_2\!=\!CHCH_2Br + RMgX \xrightarrow{无水乙醚} CH_2\!=\!CHCH_2R + Mg\Big\langle{Br \atop Cl}$$

$$CH_2\!=\!CH\!-\!Cl + RMgX \xrightarrow{无水乙醚} \times$$

2. 活性差异的原因

1) 乙烯式不活泼的原因

卤原子上的未共用电子对与双键的 π 电子云形成了 p-π 共轭体系（富电子 p-π 共轭）。

氯乙烯和氯苯的 p-π 共轭体系

氯乙烯和氯苯分子中电子云的转移可表示如下：

共轭的结果使电子云分布趋向平均化，C—X 键偶极矩变小，键长缩短，反应活性降低。

乙烯式卤代烃对加成反应的方向也有一定的影响（其共轭效应主导反应方向）。

$$\overset{\delta^+}{CH_2}\!=\!\overset{\delta^-}{CH}\longrightarrow Cl + HCl \xrightarrow{\ \times\ } CH_2CH_2\!-\!Cl$$

$$\overset{\delta^-}{CH_2}\!=\!\overset{\delta^+}{CH}\!-\!\ddot{C}l + HCl \longrightarrow \underset{\underset{Cl}{|}}{CH_3CH}\!-\!Cl$$

2）烯丙式活泼的原因

CH_2＝CH—CH_2—Cl 中的 Cl 原子易解离下来，形成 p-π 共轭体系的碳正离子。

$$CH_2=CH-CH_2-Cl \Longleftrightarrow CH_2=CH-\overset{+}{C}H_2 \longleftrightarrow CH_2 \overset{+}{\cdots} CH \cdots CH_2$$

由于形成 p-π 共轭体系，碳原子上的正电荷分散到三个碳原子上，使碳正离子体系趋于稳定，因此有利于 S_N1 反应的进行。

当烯丙式卤代烃按 S_N2 机理发生反应时，由于 α-C 相邻 π 键的存在，过渡态 π 电子云与带部分正电荷的 α-C 重叠，使过渡态能量降低，因而也有利于 S_N2 反应的进行。

$$HO^- + \underset{\underset{CH_2}{\overset{|}{CH}}}{\overset{|}{CH_2}}-Cl \longrightarrow \left[HO\cdots\underset{\underset{CH_2}{\overset{|}{CH}}}{\overset{|}{C}}\cdots Cl \right] \longrightarrow \underset{\underset{CH_2}{\overset{|}{CH}}}{\overset{|}{CH_2}}-Cl + Cl^-$$

问题 11　写出下列反应机理，并解释反应为什么遵循马氏规则。

$$CH_2=CH-Cl + HCl \longrightarrow CH_3-\underset{\underset{Cl}{\overset{|}{}}}{CH}-Cl$$

9.7　卤代烃的制法

卤代烃在有机合成中有着广泛的用处，它是一类重要的化工原料。但卤代烃在自然界极少存在，只能用合成的方法来制备。

9.7.1　烃的卤代

烷烃卤代一般都生成复杂的混合物，只有在少数情况下可用卤代方法制得较纯的一卤代物。例如

$$\bigcirc + Cl_2 \xrightarrow{h\nu} \bigcirc-Cl + HCl$$

在烷烃卤代反应中，溴代的选择性比氯代高，以适当烷烃为原料可得一种主要的溴代物。例如

$$CH_3CH_2CH_3 + Cl_2 \xrightarrow{300℃} \underset{48\%}{CH_3CH_2CH_2Cl} + \underset{52\%}{CH_3\underset{\overset{|}{Cl}}{CH}CH_3}$$

$$(CH_3)_3CCH_2C(CH_3)_3 + Br_2 \xrightarrow[CCl_4]{h\nu} (CH_3)_3CC\underset{\overset{|}{Br}}{H}C(CH_3)_3 \qquad >96\%$$

因此在制备较纯的卤代烃时，溴代比氯代更合适。

若用烯烃为原料，在高温或光照的条件下可发生 α-H 的卤代。例如

$$CH_3CH_2CH=CH_2 + Cl_2 \xrightarrow{500℃} CH_3\underset{\overset{|}{Cl}}{CH}CH=CH_2$$

$$\bigcirc-CH_2CH_3 + Cl_2 \xrightarrow{h\nu} \bigcirc-\underset{\overset{|}{Cl}}{CH}CH_3$$

这是制备烯丙型、苄基型卤代物的常用方法。

芳环上的卤代。例如

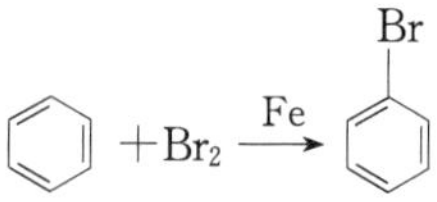

9.7.2 醇的卤代

醇分子中的羟基用卤原子置换可制得相应的卤代烃(详见第 10 章)。这是一元卤代烃最常用的合成方法。常用的卤化剂有 HX、PX_3、PX_5、$SOCl_2$(亚硫酰氯)等。例如

$$CH_3CH_2CH_2CH_2OH + HBr \longrightarrow \underset{\text{1-溴丁烷}}{CH_3CH_2CH_2CH_2Br} + H_2O$$

9.7.3 烯烃或炔烃的加成

不饱和烃与 HX 或 X_2 加成,可以得到相应的卤代烃。

$$RC\equiv CH + HX \xrightarrow{Hg^{2+}} \underset{\displaystyle X}{\underset{|}{RC}}=CH_2$$

$$RCH=CH_2 \xrightarrow{HX} \overset{\displaystyle X}{\overset{|}{RCH}}CH_3$$

$$RCH=CH_2 \xrightarrow[\text{过氧化物}]{HBr} RCH_2CH_2Br$$

$$RCH=CH_2 \xrightarrow{X_2} \underset{\displaystyle X}{\underset{|}{RCH}}\underset{\displaystyle X}{\underset{|}{CH_2}}$$

9.7.4 氯甲基化

70%

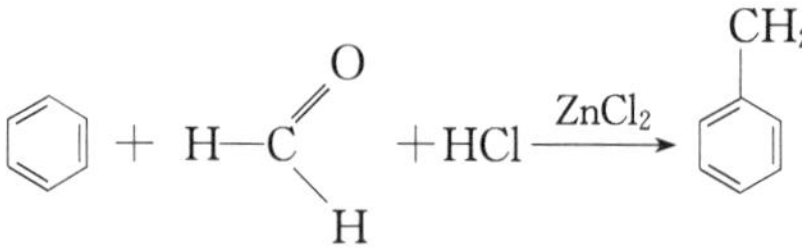

该反应可以向芳环上直接导入一个—CH_2Cl 基团,因此称为氯甲基化。当芳环上有第一类取代基时,反应易于进行,氯甲基主要进入对位。当芳环上有第二类取代基时,反应难以进行。

9.7.5 卤素交换反应

碘代烃的制备比较困难,应用卤素交换反应便可由氯代烃或溴代烃制备碘代烃。

$$RCl(Br) + NaI \xrightarrow{\text{丙酮}} RI + NaCl(Br)\downarrow$$

9.8 重要的卤代烃

9.8.1 氯乙烷

氯乙烷是带有甜味的气体,沸点是 12.2℃,低温时可液化。工业上用作冷却剂,在有机

合成上用以进行乙基化反应。施行小型外科手术时,用作局部麻醉剂,将氯乙烷喷洒在要施行手术的部位,因氯乙烷沸点低,很快蒸发,吸收热量,温度急剧下降,局部暂时失去知觉。

9.8.2　三氯甲烷

可从甲烷氯化得到,也可从四氯化碳还原得到。工业上还可用乙醇或乙醛与次氯酸盐作用来合成氯仿。

三氯甲烷是一种无色而有甜味的液体,沸点 61.2℃,不能燃烧,不溶于水,是一种良好的不燃性溶剂,能溶解油脂、蜡、有机玻璃和橡胶等,常用于提取中草药有效成分和精制抗生素,还广泛用于合成原料,具有麻醉作用。

氯仿中由于三个氯原子的强吸电子效应,其 C—H 键变得活泼,易在光作用下被空气中的氧所氧化,分解为毒性很强的光气。

9.8.3　二氟二氯甲烷

工业上可由四氯化碳和干燥的 HF 在 $SbCl_5$ 或 $FeCl_3$ 作用下制得。

$$CCl_4 + HF \longrightarrow CCl_3F + CCl_2F_2 + CClF_3$$

也可由四氯化碳和 SbF_3 在 $SbCl_5$ 作用下制得。

二氟二氯甲烷 CF_2Cl_2 俗名氟利昂,为无色、无臭、无毒、无腐蚀性、化学性质稳定的气体。沸点 -29.8℃,易压缩成不燃性液体。解压后立刻气化,同时吸收大量热,广泛用作制冷剂、喷雾剂、灭火剂等。商品名为"氟利昂-12"或 F12。

9.8.4　四氟乙烯

常温下为无色气体,沸点 -76.3℃,不溶于水,可用于有机溶剂。在过硫酸铵引发下,可聚合成聚四氟乙烯。

工业上由氯仿和 HF 在 $SbCl_5$ 作用下制得。

$$CHCl_3 + 2HF \xrightarrow[20\sim30℃]{SbCl_5} CHF_2Cl + 2HCl$$

$$2CHF_2Cl \xrightarrow{600\sim800℃} F_2C=CF_2 + 2HCl$$

$$n F_2C=CF_2 \xrightarrow{(NH_4)_2S_2O_8} *\left[\begin{matrix} F_2 & F_2 \\ C-C \end{matrix}\right]_n *$$

聚四氟乙烯有耐热性,化学性能非常稳定,有"塑料王"之称。

9.8.5　苯氯甲烷

芳烃与甲醛及 HCl 在无水 $ZnCl_2$ 存在下发生反应,芳环上的氢原子能被氯甲基(—CH_2Cl)取代,生成苯氯甲烷。

苯氯甲烷是一种催泪性的液体,沸点 179℃,不溶于水。

苯氯甲烷可发生水解、醇解、氨解等亲核取代反应。苯氯甲烷易水解为苯甲醇,是工业上制备苯甲醇的方法之一;在有机合成上常用作苯甲基化剂。苯氯甲烷在室温下和硝酸银的乙醇溶液作用立刻出现氯化银沉淀。

习　题

1. 命名下列化合物。

(1) $CH_2ClCH_2CH_2CH_2Cl$　　(2) $CH_2=\overset{CH_3}{\underset{\underset{Cl}{|}}{C}}CHCH=CHCH_2Br$　　(3)

(4) $CH_3CHBr\overset{\overset{CH_2CH_3}{|}}{CH}\underset{\overset{|}{CH_3}}{CH}CH_3$　　(5)　　(6)

(7) $F_2C=CF_2$　　(8)

2. 写出下列化合物的构造式。

(1) 烯丙基氯　　　　　　　　　(2) 苄溴

(3) 4-甲基-5-氯-2-戊炔　　　　(4) 1-溴环戊烷

(5) 1-苯基-2-溴乙烷　　　　　(6) 偏二氯乙烯

(7) 二氟二氯甲烷　　　　　　　(8) 氯仿

3. 完成下列反应式。

(1) 　$+Cl_2 \longrightarrow$? $\xrightarrow{2KOH,醇}$?

(2) 　$\xrightarrow{NBS}$? $\xrightarrow[丙酮]{NaI}$?

(3) $CH_3CH\overset{\overset{}{}}{—}\underset{\overset{|}{OH}}{\overset{|}{\underset{CH_3}{}}}CHCH_3 \xrightarrow{PCl_5}$? $\xrightarrow{NH_3}$?

(4) $CH_3\underset{\overset{|}{OH}}{CH}CH_3 \xrightarrow{?} CH_3\underset{\overset{|}{Br}}{CH}CH_3 \xrightarrow[\triangle]{AgNO_3(醇)}$?

(5) $C_2H_5MgBr+CH_3CH_2CH_2CH_2C\equiv CH \longrightarrow$?

(6) $CH\equiv CH + 2Cl_2 \longrightarrow$? $\xrightarrow[1\ mol]{KOH}$?

(7) 　$\begin{array}{c}+ \quad \begin{cases} \xrightarrow{NaCN} ? \\ \xrightarrow{NH_3} ? \end{cases}\end{array}$　　　$\begin{array}{c}+ \quad \begin{cases} \xrightarrow{C_2H_5ONa} ? \\ \xrightarrow[丙酮]{NaI} ? \\ \xrightarrow{H_2O,OH^-} ? \end{cases}\end{array}$

4. 用化学方法区别下列各组化合物。

(1) $CH_3CH=CHCl$，$CH_2=CHCH_2Cl$ 和 $CH_3CH_2CH_2Cl$

(2) 苄氯、氯苯和氯代环己烷

(3) 1-氯戊烷、2-溴丁烷和 1-碘丙烷

(4) 氯苯、苄氯和 1-苯基-2-氯乙烷

5. 将下列各组化合物按反应速度大小次序排列。

(1) 按 S_N1 反应：

(a) $CH_3CH_2CH_2CH_2Br$, $(CH_3)_3CBr$, $CH_3CH_2\overset{\underset{\displaystyle CH_3}{|}}{C}HBr$

     A   B   C

(b) ⟨benzene⟩—CH_2CH_2Br,   ⟨benzene⟩—CH_2Br,   ⟨benzene⟩—$\overset{\underset{\displaystyle Br}{|}}{C}HCH_3$

     A   B   C

(2) 按 S_N2 反应：

(a) $CH_3CH_2CH_2Br$, $(CH_3)_3CCH_2Br$, $(CH_3)_2CHCH_2Br$

     A   B   C

(b) $CH_3CH_2\overset{\underset{\displaystyle CH_3}{|}}{C}HBr$, $(CH_3)_3CBr$, $CH_3CH_2CH_2Br$

     A   B   C

6. 将下列各组化合物按照消去 HBr 难易次序排列，并写出产物的构造式。

(1) $CH_3\overset{\underset{\displaystyle Br}{|}}{C}H\overset{\underset{\displaystyle CH_3}{|}}{C}HCH_3$, $CH_3\overset{\underset{\displaystyle \ }{|}}{\underset{CH_3}{C}}HCH_2CH_2Br$, $CH_3\overset{\underset{\displaystyle Br}{|}}{\underset{CH_3}{C}}{-}CH_2CH_3$

     A   B   C

(2) E1 反应：CH_3CHBr—⟨benzene, CH_3⟩ , CH_3CHBr—⟨benzene, NO_2⟩ , CH_3CHBr—⟨benzene⟩ , CH_3CHBr—⟨benzene, OCH_3⟩

     A   B   C   D

7. 预测下列各对反应中，何者较快？并说明理由。

(1) $(CH_3)_3CBr \xrightarrow[\triangle]{H_2O} (CH_3)_3COH + HBr$

   $(CH_3)_2CHBr \xrightarrow[\triangle]{H_2O} (CH_3)_2CHOH + HBr$

(2) $CH_3I + NaOH \xrightarrow{H_2O} CH_3OH + NaI$

   $CH_3I + NaSH \xrightarrow{H_2O} CH_3SH + NaI$

(3) $(CH_3)_2CHCH_2Cl \xrightarrow{H_2O} (CH_3)_2CHCH_2OH$

   $(CH_3)_2CHCH_2Br \xrightarrow{H_2O} (CH_3)_2CHCH_2OH$

8. 卤烷与 NaOH 在水与乙醇混合物中进行反应，哪些属于 S_N2 机理？哪些属于 S_N1 机理？

(1) 产物的构型完全转化   (2) 有重排产物

(3) 碱浓度增加，反应速率加快   (4) 叔卤烷速率大于仲卤烷

(5) 增加溶剂的含水量，反应速率明显加快   (6) 反应不分阶段，一步完成

(7) 试剂亲核性越强，反应速率越快

9. 下列各步反应中有无错误(孤立地看)？如有，试指出其错误的地方。

(1) $CH_3{-}CH{=}CH_2 \xrightarrow[(A)]{HBrO} CH_3{-}\overset{\underset{\displaystyle Br}{|}}{C}H{-}\overset{\underset{\displaystyle OH}{|}}{C}H_2 \xrightarrow[(B)]{Mg,干醚} CH_3{-}\overset{\underset{\displaystyle MgBr}{|}}{C}H{-}\overset{\underset{\displaystyle OH}{|}}{C}H_2$

(2)

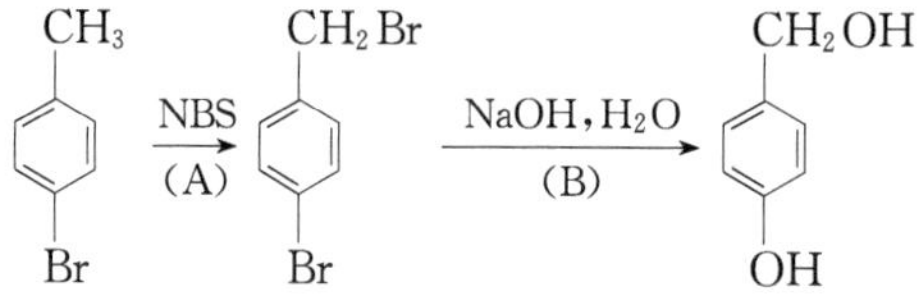

10. 合成下列化合物。

(1) $CH_3CHCH_3 \longrightarrow CH_3CH_2CH_2Br$
　　　　 |
　　　 Br

(2) $CH_3CHCH_3 \longrightarrow CH_3CH_2CH_2Cl$
　　　　 |
　　　 Cl

(3) $CH_3CHCH_3 \longrightarrow CH_3CCH_3$ (与 Cl 取代)

(4) $CH_3CH{=\!\!=}CH_2 \longrightarrow HC{\equiv}C{-}CH_2OH$

(5) 1,2-二溴乙烷 $\longrightarrow$ 1,1,2-三溴乙烷

(6) 丁二烯 $\longrightarrow$ 己二腈

(7) 乙炔 $\longrightarrow$ 1,1-二氯乙烯,三氯乙烯

(8)

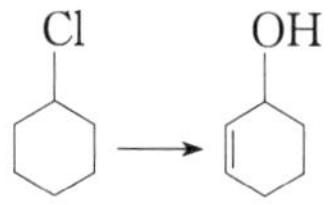

(9)

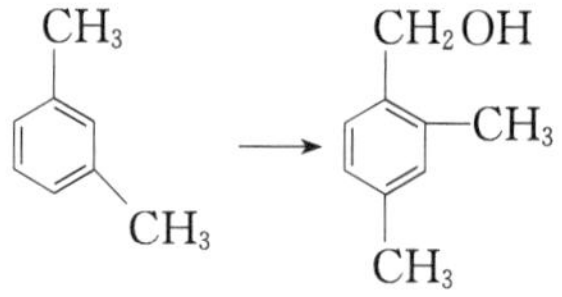

(10) 1-溴丙烷 $\longrightarrow$ 2-己炔

11. 2-甲基-2-溴丁烷、2-甲基-2-氯丁烷以及 2-甲基-2-碘丁烷以不同速率与纯甲醇作用,得到相同的 2-甲基-2-甲氧基丁烷、2-甲基-1-丁烯以及 2-甲基-2-丁烯的混合物,试以反应机理简单说明上述结果。

12. 某开链烃 A 的分子式为 C_6H_{12},具有旋光性,加氢后生成相应的饱和烃 B。A 与溴化氢反应生成 $C_6H_{13}Br$。试写出 A、B 可能的构造式和各步反应式,并指出 B 有无旋光性。

13. 某化合物 A 与溴作用生成含有三个卤原子的化合物 B。A 能使稀、冷 $KMnO_4$ 溶液褪色,生成含有一个溴原子的 1,2-二醇。A 很容易与 NaOH 作用,生成 C 和 D,C 和 D 氢化后分别给出两种互为异构体的饱和一元醇 E 和 F,E 比 F 更容易脱水。E 脱水后产生两个异构化合物,F 脱水后仅产生一个化合物。这些脱水产物都能被还原成正丁烷。写出 A~F 的构造式及各步反应式。

第 10 章　醇、酚、醚

10.1　醇

醇(alcohol)是一种含有羟基(—OH)(hydroxy)的有机化合物,它广泛存在于自然界中,具有重要的生物活性。此外它还是一类重要的工业原料,与人们的生活息息相关。在英语中,alcohol 是"酒精"的意思。乙醇的英文名称也是 alcohol,它是饮用酒中除水以外的主要成分,这可能是英语中称酒为 alcohol 的原因。

10.1.1　醇的结构、分类和命名

1. 醇的结构

醇是具有通式为 ROH 的化合物。其中羟基是醇的官能团,它决定着这一类化合物的特性。R 基团是烷基或取代的烷基,它在结构上的变化,会影响醇的某些反应速率,甚至在某些情况下可以改变反应的类型。

醇分子中的氧原子经 sp^3 杂化轨道与烷基和氢原子相连,甲醇的键长、键角如图 10-1 所示。

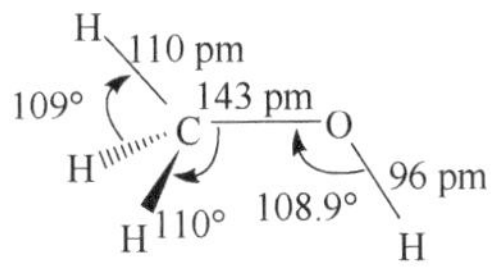

图 10-1　甲醇的结构

问题 1　请用纽曼投影式画出这两个化合物的优势构象。

---

2. 醇的分类

如果羟基所连的碳原子为一级碳原子(伯碳),则称该醇为一级醇(伯醇);为二级碳原子(仲碳),则称为二级醇(仲醇);为三级碳原子(叔碳),则称为三级醇(叔醇)。

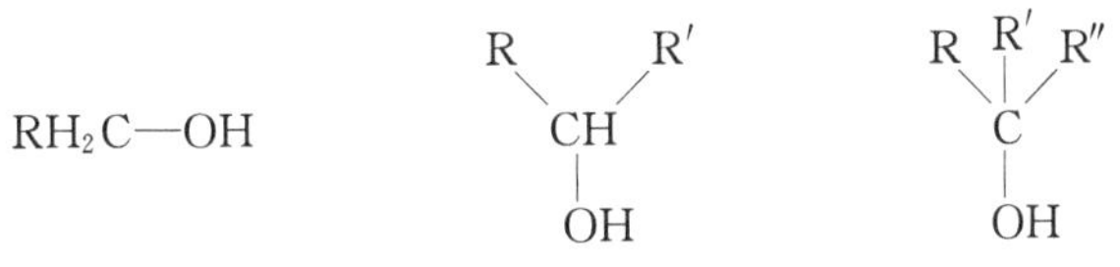

如果分子中只含有一个羟基,称之为一元醇,如薄荷醇,其中饱和一元醇的通式为 $C_nH_{2n+1}OH$。若分子中含有多个羟基,则称之为多元醇,如乙二醇和丙三醇(甘油)。

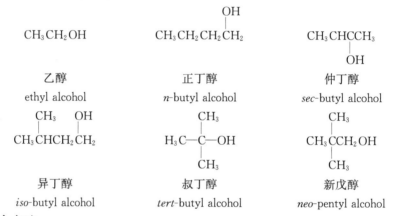

　　　　（一）-薄荷醇　　　　　　　乙二醇　　　　　丙三醇（甘油）

　　如果羟基直接和芳香环相连，则得到酚（phenol）。酚和醇显著不同，我们将在 10.2 节讨论。

3. 醇的命名

1）普通命名法

　　对于简单的醇，常用的是普通命名法。此法按照烷基的普通名称命名，只需在烷基的名字后面加一个醇字就可以了，英文加 alcohol。

$$CH_3CH_2OH$$

　　　　　　乙醇
　　　　ethyl alcohol

$$CH_3CH_2CH_2\overset{\displaystyle OH}{|}CH_2$$

　　　　正丁醇
　　　n-butyl alcohol

$$CH_3\underset{\displaystyle OH}{|}CHCCH_3$$

　　　　仲丁醇
　　　sec-butyl alcohol

$$CH_3\overset{\displaystyle CH_3}{|}CHCH_2\overset{\displaystyle OH}{|}CH_2$$

　　　　异丁醇
　　　iso-butyl alcohol

$$H_3C-\overset{\displaystyle CH_3}{\underset{\displaystyle CH_3}{|}}C-OH$$

　　　　叔丁醇
　　　$tert$-butyl alcohol

$$CH_3\overset{\displaystyle CH_3}{\underset{\displaystyle CH_3}{|}}CCH_2OH$$

　　　　新戊醇
　　neo-pentyl alcohol

2）系统命名法

系统命名法的规则如下：

（1）选择含有羟基并且最长的碳链为主链，按碳原子数命名为某醇。

（2）从靠近羟基的一端开始，依次给主链碳原子编号。把羟基所在的碳原子号数写在某醇之前，并在某醇与数字之间画上分隔符。

（3）用数字表明连接在主链上其他基团的位置。其他取代基的位置和名称写在某醇的前面，并分别用分隔符分开。

$$\overset{5}{C}H_3\overset{4}{C}H_2\overset{3}{C}H_2\overset{2}{C}H\overset{1}{C}H_2OH \\ \underset{\displaystyle CH_2CH_3}{|}$$

　　　　　2-乙基-1-戊醇

$$CH_3CH_2CH_2CH_2O\overset{4}{C}H_2\overset{3}{C}H_2\overset{2}{C}H_2\overset{1}{C}H_2OH$$

　　　　　　4-丁氧基-1-丁醇

（4）如果羟基在主碳链的中间，而且此时还含有其他取代基，此时应该根据取代基之和最小规则进行编号。

$$\overset{1}{C}H_3\overset{2}{C}H\overset{3}{C}H\overset{4}{C}H_2\overset{5}{C}H_3 \\ \quad\underset{\displaystyle Br}{|}\ \underset{\displaystyle OH}{|}$$

　　　　　2-溴-3-戊醇

　　　　　3-氯环己醇

（5）当主碳链上含有多种取代基时，其列出顺序按照中国化学会有机化合物命名规则规定,按顺序规则中顺序较小的列在前,顺序较大的列在后。在英语中,则按照基团第一个字母的顺序进行排列。

$$CH_3CHCH_2CHCH_2CHCH_3$$
$$\underset{CH_3}{|}\qquad \underset{|}{\overset{CH_2CH_3}{|}}\qquad \underset{OH}{|}$$

6-甲基-4-乙基-2-戊醇

2-甲基-4-乙基环己醇

（6）不饱和醇的命名,应选用含有羟基和重键的碳链作为主碳链;编号时,尽可能使羟基的位号最小。芳醇的命名,可以把芳基作为取代基。

$$\overset{3}{CH_3CH_2CH_2}\overset{2}{CH}\overset{1}{CH}CH_2OH$$
$$\underset{\overset{4}{CH}=\overset{5}{CH_2}}{|}$$

3-丙基-4-戊烯-1-醇

2-苯基乙醇

10.1.2　醇的物理性质

由于醇分子中含有羟基,可以和水形成氢键,因而低级醇在水中有较大的溶解度。甲醇、乙醇和正丙醇可以和水互溶;其他的醇,随着相对分子质量的增大、烷基的增长,其性质越来越类似于烷烃,在水中的溶解度也越来越小,见表 10-1。由于分子间的氢键作用,低级醇的熔点和沸点比同碳原子数的碳氢化合物的熔点和沸点要高得多。醇的沸点随着相对分子质量增大而逐渐升高,相邻两个醇的沸点差随着碳原子数的增多而逐渐减小。对于同碳原子数的醇,直链醇的沸点要比叉链醇的沸点高。

表 10-1　一些常见的醇的物理性质

化合物	熔点/℃	沸点/℃	相对密度
甲醇	−97	64.7	0.792
乙醇	−115	78.4	0.789
正丙醇	−126	97.2	0.804
正丁醇	−90	117.8	0.810
正戊醇	−79	138.0	0.817
正己醇	−52	155.8	0.820
正庚醇	−34	176	0.822
异丙醇	−88.5	82.3	0.786
异丁醇	−108	107.9	0.802
叔丁醇	26	82.5	0.789
环戊醇	−19	140	0.949
环己醇	24	161.5	0.962
烯丙醇	−129	97	0.855
苯丙醇	−15	205	1.046
乙二醇	−16	197	1.113
1,2,3-丙三醇	18	290	1.261

10.1.3　醇的化学性质

醇的化学性质是由它的官能团羟基(—OH)决定的,它参与的化学反应主要分为两类。一类涉及羟基中氧氢键(O···H)的断裂,主要是由于醇的酸性而参与的质子置换的反应;另一类涉及碳氧键(C···OH)的断裂,主要是羟基参与的取代反应或者消除反应。如前面所述,醇中的烷基会影响反应的速率,甚至在一定条件下会改变反应的类型。

1. 与活泼金属的反应

由于氧具有较强的电负性,因而醇分子中氧氢键具有较强的极性,其中氧原子带有部分的负电荷,氢原子带有部分正电荷。此外氧原子由于自身的电负性,能够比较容易地容纳质子离开后留下的负电荷。这些因素导致氧氢键在一定条件下能够断裂,从而表现出一定的酸性。

醇的酸性表现在两个方面,第一方面是醇能够和活泼金属(Na,K,Mg,Al)发生置换反应。

$$R{-}OH + M \longrightarrow R{-}OM + H_2 \uparrow$$
$$M = Na, K, Mg, Al$$

实验室常用钠和甲醇或者乙醇反应来制备甲醇钠或者乙醇钠,需要注意的是这是一个放热反应,需要严格控制反应速率,否则反应会剧烈释放氢气而发生事故。因此在用乙醇淬灭四氢呋喃干燥体系中残存的钠片时,一定要缓慢滴加乙醇,并且随时监控淬灭体系的温度。

$$Et{-}OH + Na \longrightarrow Et{-}ONa + H_2 \uparrow$$

醇的酸性的第二方面是它能够把弱酸性的烃从它的盐中置换出来,这类反应也遵循无机反应中的"强酸制弱酸"的规则。

$$R{-}OH + R'MgX \longrightarrow R{-}OMgX + R'H$$

需要声明的是,虽然醇表现出一定的酸性,但是总的来说它还是一类弱酸。醇的酸性比水弱,但是比炔烃、烯烃和烷烃都要强。因而我们在反应中使用醇钠时,一定要预先干燥溶剂。

$$\underset{\text{强碱}}{EtONa} + \underset{\text{强酸}}{H_2O} \longrightarrow \underset{\text{弱酸}}{EtOH} + \underset{\text{弱碱}}{NaOH}$$

对于醇本身而言,在溶液中的酸性与分子中羟基相连基团的大小有关。如果相连基团体积越大,则醇失去质子后的氧负离子越难被溶剂化,因而该氧负离子越不稳定,所以该醇的酸性越弱。

$$R_3COH < R_2CHOH < RCH_2OH < CH_3OH$$

2. 卤代烃的生成

1) 与氢卤酸的反应

醇另外一个重要的化学性质就是烷氧键很容易断裂而发生取代反应,这一性质一个重要的用途就是可以从醇出发制备卤代烃。由于氢氧根是一个强碱,而卤素的负离子是一个弱碱,因而通常情况下不能直接用卤素负离子和醇发生取代反应。前面我们提到了醇是一个弱酸,同时醇中的氧具有两对孤电子,可以和路易斯酸或者布朗斯台德酸发生反应。当醇中的羟基被一个质子活化后,这时生成的水是一个比卤素的负离子更弱的碱,因而反应能够顺利进行。

$$R-OH + X^- \cdots\longrightarrow R-X + OH^-$$
$$\text{弱碱} \qquad\qquad \text{强碱}$$

$$R-\overset{\cdot\cdot}{O}H \xrightarrow{HX} R-\overset{\overset{H}{|}}{\underset{+}{O}}-H + X^-$$

$$R-\overset{\overset{H}{|}}{\underset{+}{O}}-H + X^- \longrightarrow R-X + H_2O$$

前面提到烷基链会对反应的速率甚至类型产生影响。当伯醇和氢卤酸发生取代反应时,由于伯碳空间位阻相对较小,因而反应较快,而且是按 S_N2 机理进行的。当叔醇和氢卤酸发生反应时,由于叔碳的空间位阻导致反应很难以 S_N2 机理进行。此时由于叔碳正离子相对稳定,因而反应会先生成碳正离子中间体,然后碳正离子和卤素的阴离子结合,以 S_N1 的方式得到产物。仲醇主要以 S_N1 的方式反应,此时碳正离子中间体可能会发生重排,会有重排产物产生。

$$R\frown\overset{\cdot\cdot}{O}H \xrightarrow{H^+} R\frown\overset{\overset{H}{|}}{\underset{+}{O}}-H \xrightarrow{-H_2O} R\frown X \quad S_N2$$

$$R^2-\overset{\overset{R^1}{|}}{\underset{R^3}{|}}-\overset{\cdot\cdot}{O}H \xrightarrow{H^+} R^2-\overset{\overset{R^1}{|}}{\underset{R^3}{|}}-\overset{\overset{H}{|}}{\underset{+}{O}}-H \xrightarrow{-H_2O} R^2-\overset{R^1}{\underset{R^3}{\overset{|}{\underset{|}{+}}}} \xrightarrow{X^-} R^2-\overset{\overset{R^1}{|}}{\underset{R^3}{|}}-X \quad S_N1$$

由于叔碳正离子比仲碳正离子更加稳定,因而叔醇的反应活性比仲醇高。通常情况下,叔醇在室温下就能够和氢卤酸反应;而仲醇则需要加热才能够反应。

$$\underset{OH}{\bigvee} + HBr \longrightarrow \underset{Br}{\bigvee} + H_2O$$

$$\underset{OH}{\bigvee} + HBr \xrightarrow{\triangle} \underset{Br}{\bigvee} + H_2O$$

对于各种氢卤酸而言,反应活性按照 HI>HBr>HCl 的顺序逐渐变弱,这是由于卤离子的亲核能力 $I^->Br^->Cl^-$。为了提高反应活性,常常会在与 HCl 反应时加入路易斯酸提高反应活性,其中常用的是卢卡斯(Lucas)试剂。卢卡斯试剂含有 $ZnCl_2$,其中的 Zn^{2+} 能和氧上的孤对电子紧密结合,这样就活化了羟基从而使羟基更容易离去。

$$\diagdown\diagup\diagdown\diagup OH + HCl \xrightarrow[\triangle]{ZnCl_2} \diagdown\diagup\diagdown\diagup Cl + H_2O$$

$$\diagdown\diagup\diagdown\diagup\overset{\cdot\cdot}{O}H \xrightarrow{Zn^{2+}} \diagdown\diagup\diagdown\diagup\overset{\overset{Zn^+}{|}}{\underset{+}{O}}-H \longrightarrow \diagdown\diagup\diagdown\diagup Cl + ZnOH^+$$

卢卡斯试剂对于与羟基相连的取代基非常敏感。叔醇和卢卡斯试剂在室温下立即反应,仲醇在几分钟内就可以反应,而伯醇这需要加热才能够反应。对于烯丙醇和苄醇,卢卡斯试剂也具有很高的活性。这一性质可以用来鉴别不同类型的醇。

问题 2 某些时候,位于化学转化官能团邻位的基团会参与反应,影响反应的立体化学和反应速率,这种作用称为邻基参与效应。

光活性的赤式 β-溴代醇 a 经浓氢溴酸处理,得到内消旋的二溴化物 b;光活性的苏式 β-溴代醇 c 经浓氢溴酸处理,得到外消旋的二溴化物 d 和 e。请说明反应机理和反应中的立体化学。

$$
\begin{array}{ccc}
\text{CH}_3 & & \text{CH}_3 \\
\text{H}-\!\!\!-\text{Br} & \xrightarrow{\text{HBr}} & \text{H}-\!\!\!-\text{Br} \\
\text{H}-\!\!\!-\text{OH} & & \text{H}-\!\!\!-\text{Br} \\
\text{CH}_3 & & \text{CH}_3
\end{array}
$$

a 赤式   b 内消旋

$$
\begin{array}{ccccc}
\text{CH}_3 & & \text{CH}_3 & & \text{CH}_3 \\
\text{H}-\!\!\!-\text{Br} & \xrightarrow{\text{HBr}} & \text{Br}-\!\!\!-\text{H} & + & \text{H}-\!\!\!-\text{Br} \\
\text{HO}-\!\!\!-\text{H} & & \text{Br}-\!\!\!-\text{H} & & \text{H}-\!\!\!-\text{Br} \\
\text{CH}_3 & & \text{CH}_3 & & \text{CH}_3
\end{array}
$$

c 苏式   d   e
外消旋

2) 其他制备卤化物的方法

虽然醇可以和氢卤酸反应制备卤化物,但是这个反应产率一般不是太高,还常常会有重排产物生成。然而,当醇和三卤化磷或者氯化亚砜反应时,可以高产率专一性地得到卤化物。

醇和三卤化磷反应时,会先生成一个带有离去基团的中间体,这个中间体进一步和卤离子反应,生成羟基被取代的卤化物。

$$3\ \diagdown\!\!\diagup\text{OH} + \text{PBr}_3 \xrightarrow{\text{N}} \diagdown\!\!\diagup\text{Br} + \text{H}_3\text{PO}_4$$

氯代物常用五氯化磷与醇反应制备。常用红磷和碘代替三碘化磷,将它们和醇放在一起加热制备碘代物。

$$\diagup\!\!\diagdown\text{OH} + \text{PCl}_5 \longrightarrow \diagup\!\!\diagdown\text{Cl} + \text{HCl} + \text{POCl}_3$$

$$\diagdown\!\!\diagup\text{OH} \xrightarrow{\text{P} + \text{I}_2} \diagdown\!\!\diagup\text{I}$$

氯代物也可以用二氯亚砜反应制备。这个反应一般加入过量的二氯亚砜并保持微沸,反应完后直接蒸馏除去过量的二氯亚砜,就可以得到纯度很高的目标产物,这是实验室常用的合成氯代物的方法。

$$\text{R}-\text{OH} + \text{SOCl}_2 \longrightarrow \text{R}-\text{Cl} + \text{HCl}\uparrow + \text{SO}_2\uparrow$$

这是一个立体专一性的反应,在不加碱时得到构型保持的产物。

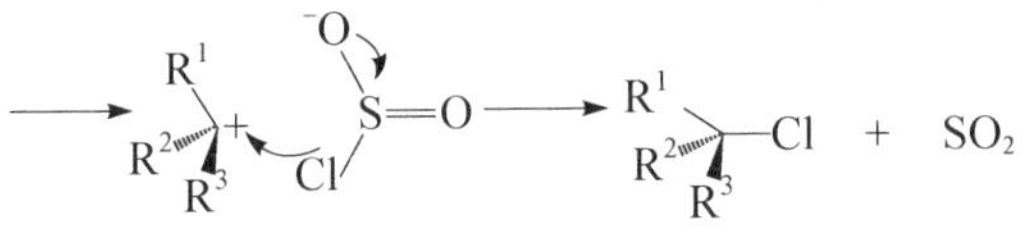

在加入碱后,立体中心的构型会发生转化。这是由于碱的介入会产生自由氯离子,它的产生导致了构型的转化。反应可能按照以下两种方式进行。

第一种

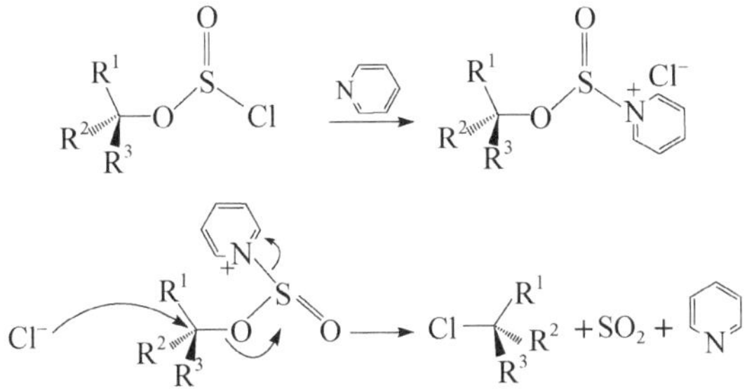

第二种

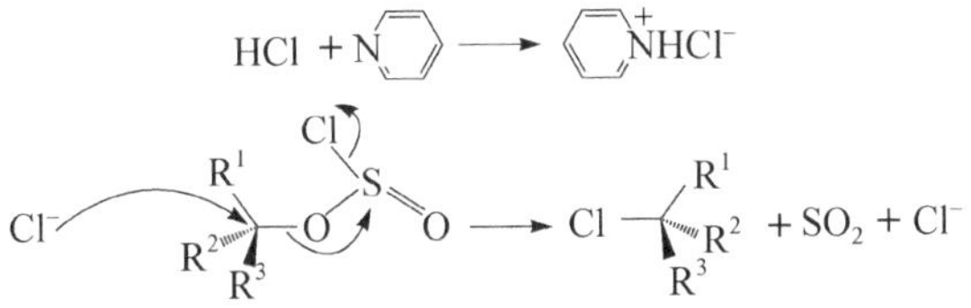

HCl + N —→ NHCl⁻

托酚酮与氯化亚砜反应,连接在双键碳原子上的羟基也可被氯取代。

托酚酮　　　　　88%

3. 氢氧键的断裂和酯的形成

醇除与氢卤酸作用外,还可与硫酸、硝酸和磷酸等无机酸反应,得到的产物称为无机酸酯。

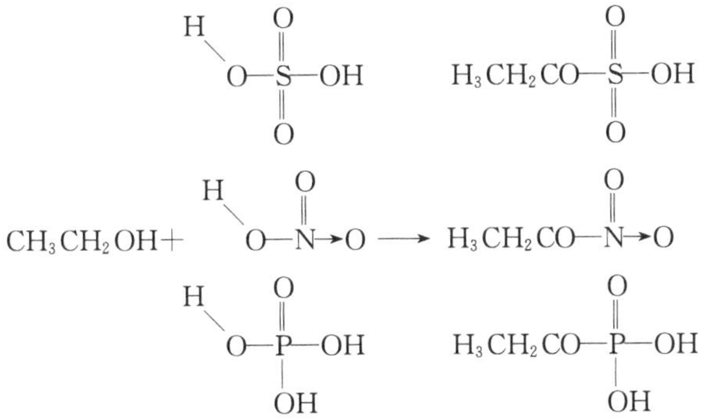

$CH_3CH_2OH +$

醇不仅可以和无机酸反应,还可以和有机酸发生酯化反应(esterification)生成酯。酯化反应需要在酸(一般用硫酸、氯化氢或者对甲苯磺酸)催化下进行。由于酸既可以催化醇和羧酸反应生成酯,也可以催化酯水解为醇和羧酸,因而这是一个平衡反应。为了提高反应的产率,高产率地得到酯,可以除去反应中的水使平衡向右移动。酯化反应的机理和羧酸中烷基的类型有关,这部分内容将在第 12 章讨论。此外,醇还可以和酸酐或者酰氯反应制备酯。

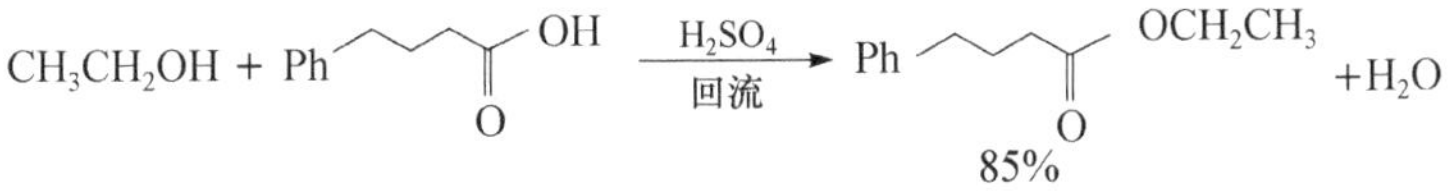

$CH_3CH_2OH + Ph$ —OH $\xrightarrow[\text{回流}]{H_2SO_4}$ Ph OCH_2CH_3 $+H_2O$

85%

醇能够和磺酰氯反应生成磺酸酯。前面提到了羟基是一个强碱,很难被直接取代;在转化为磺酸酯后,磺酸根是一个很好的离去基团,很容易被其他亲核试剂取代。在天然产物的全合成中,经常采用这一策略,把醇转化为其他官能团。常用的甲磺酰氯有对甲苯磺酰氯(TsCl),甲磺酰氯(MsCl)和三氟甲磺酰氯三种。值得注意的是,这是一个 S_N2 的取代反应,在反应过程中手性中心会发生翻转。

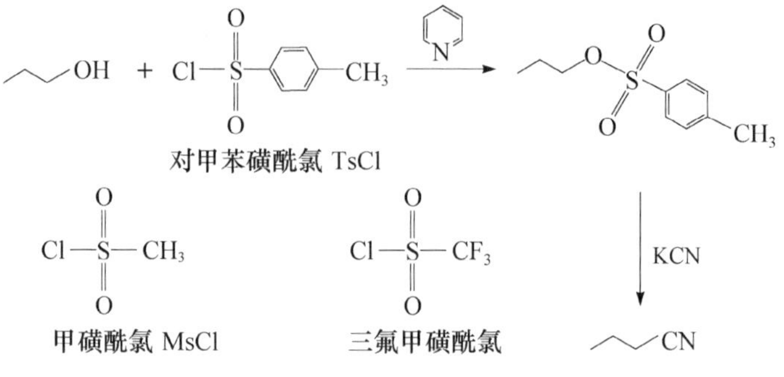

对甲苯磺酰氯 TsCl

甲磺酰氯 MsCl　　　　三氟甲磺酰氯

4. 脱水反应

在酸催化并且加热的条件下,醇分子中的 C—O 键会断裂失去羟基,同时与羟基碳相邻的碳原子会失去一个氢,这时整个醇分子失去一分子水生成烯烃。这就是醇分子内的脱水反应(dehydration)。常用的酸催化剂是硫酸和磷酸。

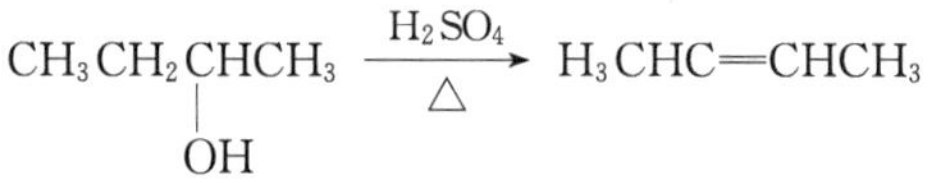

$$CH_3CH_2CHCH_3 \xrightarrow[\triangle]{H_2SO_4} H_3CHC\!=\!CHCH_3$$
$$\quad\quad\quad |$$
$$\quad\quad OH$$

对于仲醇和叔醇,反应是按照单分子消除的机理(E1)进行的。酸首先和羟基中的孤对电子结合,将强碱性的羟基转化为容易离去的水。在失去一分子水生成碳正离子中间体后,由于碳正离子的诱导效应,β-位的质子很容易被消除生成烯烃。

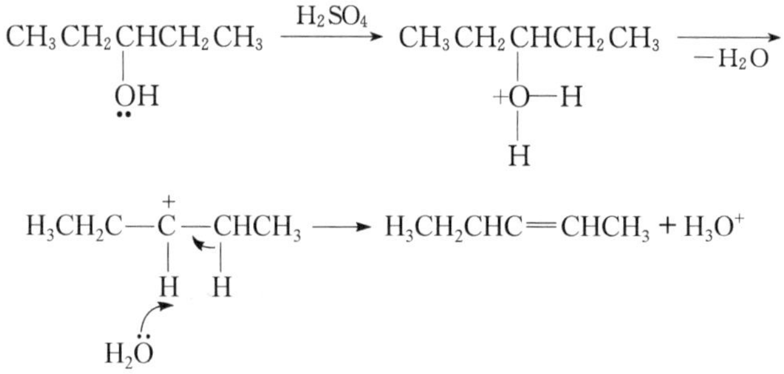

前面提到反应的过程中生成了碳正离子,由于碳正离子容易发生重排,因此对于有些底物,最后主要得到重排产物。

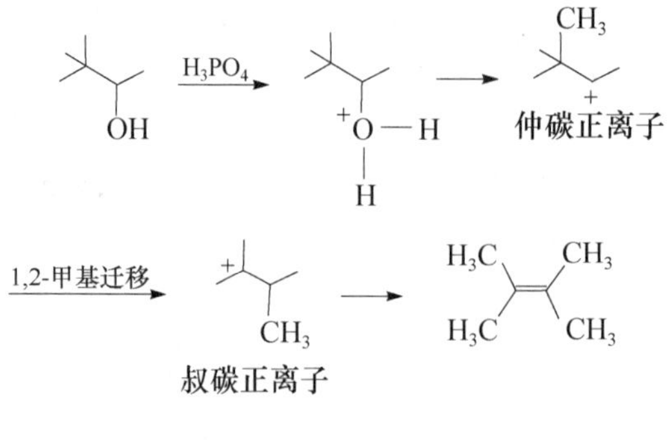

上述反应式中的叔碳正离子有三个相邻的碳,但是主要是相邻的叔碳上的 β 氢发生了消除,生成了带有四个取代基的烯烃。烯烃上双键上的取代基越多,这个烯烃就越稳定。在有多个位置可以发生 β 氢消除生成烯烃时,β 氢消除主要发生在取代基较多的碳上,这样就会生成更加稳定的烯烃。此外,当反应可以生成不同构型的烯烃时,热力学稳定的反式烯烃是主要产物。

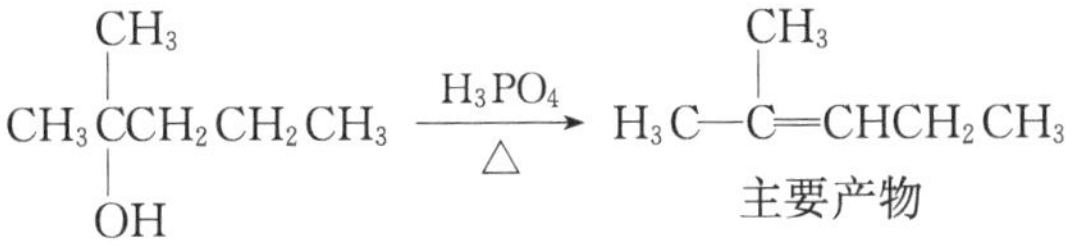

$$\underset{\substack{| \\ OH}}{\overset{\substack{CH_3 \\ |}}{CH_3CCH_2CH_2CH_3}} \xrightarrow[\triangle]{H_3PO_4} \underset{主要产物}{\overset{\substack{CH_3 \\ |}}{H_3C-C=CHCH_2CH_3}}$$

问题 3 1-环丁基乙醇在用硫酸处理时,得到 1-甲基环戊烯,请说明反应的机理。而 2-环丙基-2-丙醇与氯化氢反应得到 2-环丙基-2-氯丙烷,反应过程中三元环没有重排为四元环。请解释三元环和四元环的差别。

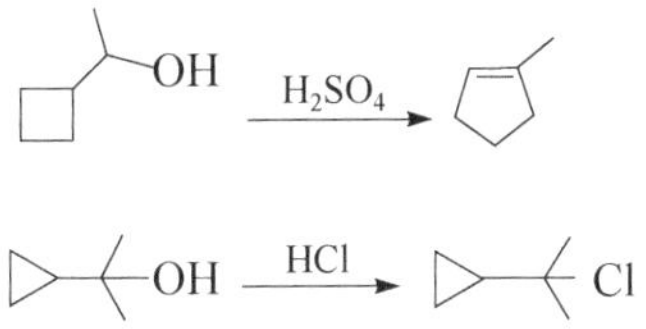

碳正离子的稳定性按照叔碳＞仲碳＞伯碳依次减弱,因而在发生消除反应时,叔醇的活性最高,伯醇的活性最差。

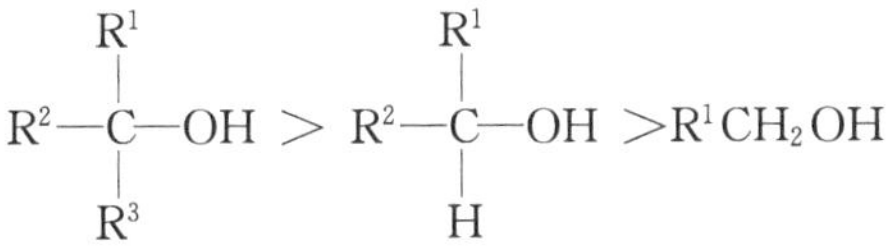

$$\underset{\substack{| \\ R^3}}{\overset{\substack{R^1 \\ |}}{R^2-C-OH}} > \underset{\substack{| \\ H}}{\overset{\substack{R^1 \\ |}}{R^2-C-OH}} > R^1CH_2OH$$

由于伯碳正离子不太稳定,同时伯醇 α-位的空间位阻相对较小,因此伯醇在发生消除反应时主要是按照双分子消除(E2)的机理进行。由于烯烃可以被质子化生成碳正离子,因此很多伯醇在发生消除反应后,进一步发生重排反应,得到异构化的烯烃。除了消除反应,伯醇还发生分子间的亲核取代反应,产生副产物醚。

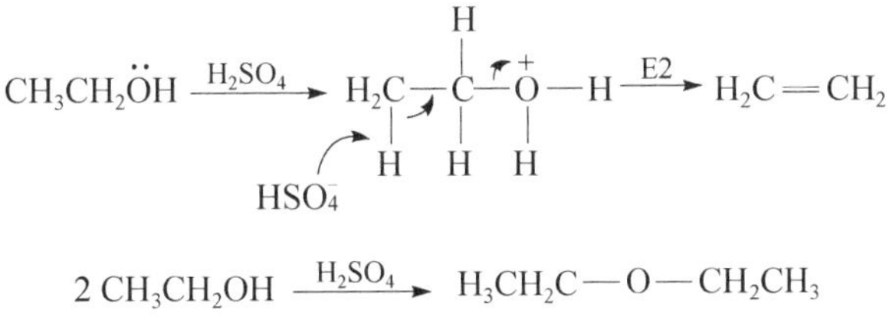

$$2\,CH_3CH_2OH \xrightarrow{H_2SO_4} H_3CH_2C-O-CH_2CH_3$$

问题 4 请说明乙醇在硫酸催化下生成乙醚的反应机理。

问题 5 正丁醇在酸催化下脱水主要得到 2-丁烯,而不是 1-丁烯。请说明生成 2-丁烯的反应机理,并解释为什么主要得到 2-丁烯。

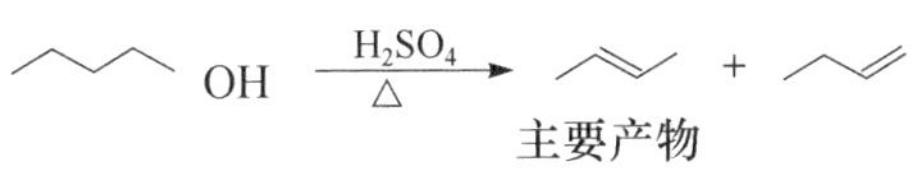

消除反应需要强酸催化,同时要在加热的条件下进行,反应条件比较苛刻,因而反应的产率一般不高。在加入 $POCl_3$ 和碱后,醇可以在温和的条件下发生脱水反应,所得烯烃产率较高。

$$CH_3CH_2\underset{\underset{OH}{|}}{CH}CH_2CH_3 \xrightarrow[0℃]{POCl_3 \quad \overset{N}{\bigodot}} H_3CHC=CHCH_2CH_3$$

5. 氧化和脱氢

1) 醇的氧化

伯醇和仲醇与羟基相连的碳上有氢,可以被氧化为醛、酮或者酸。叔醇由于 α-碳上没有氢,不能被直接氧化。

$$R-\underset{\underset{OH}{|}}{\overset{\overset{H}{|}}{C}}-H \xrightarrow{[O]} R-\overset{\overset{O}{\|}}{C}-H \xrightarrow{[O]} R-\overset{\overset{O}{\|}}{C}-OH$$
$$\text{伯醇}$$

$$R-\underset{\underset{OH}{|}}{\overset{\overset{R'}{|}}{C}}-H \xrightarrow{[O]} R-\overset{\overset{O}{\|}}{C}-R'$$
$$\text{仲醇}$$

氧化醇的方法有很多种,这里介绍几种常用的氧化试剂和方法。

(1) 用高锰酸钾或者二氧化锰氧化。

高锰酸钾在碱性条件下可以把伯醇氧化为羧酸。在氧化仲醇时,首先会生成酮,但是酮很容易被进一步氧化为羧酸。

$$RCH_2OH+KMnO_4 \xrightarrow{OH^-} R-\overset{\overset{O}{\|}}{C}-O^-K^+ + MnO_2 + KOH$$
$$\downarrow H^+$$
$$R-\overset{\overset{O}{\|}}{C}-OH$$

二氧化锰是一种具有选择性的氧化剂,它能够将烯丙位的羟基氧化为醛或者酮,同时双键不受影响。当分子中含有多个羟基时,只有烯丙位的羟基被氧化。

$$HO\diagdown\diagup\diagdown\diagup OH \xrightarrow[25℃]{MnO_2} HO\diagdown\diagup\diagdown\diagup\overset{\overset{O}{\|}}{C}H$$

(2) 用铬酸氧化。

六价铬具有强氧化性,在使用时要格外小心,常用的铬氧化剂可分为以下五种(表 10-2)。

表 10-2　含铬氧化剂的组成和特点

氧化剂名称	组成	用途和特点
铬酸	$Na_2Cr_2O_7$ 和 40%～50%硫酸混合液	容易将伯醇氧化为酸;可以将仲醇氧化为酮
Jones 试剂	CrO_3 的稀硫酸溶液	适用于对酸不太敏感的醇,在丙酮中将伯醇氧化为羧酸,将仲醇氧化为酮

续表

氧化剂名称	组成	用途和特点
PCC 试剂	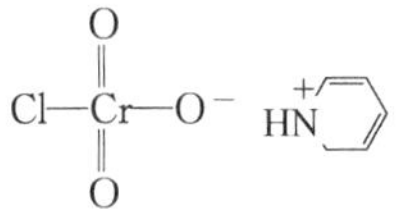	能在二氯甲烷中于室温下将伯醇氧化为醛,将仲醇氧化为酮
PDC 试剂	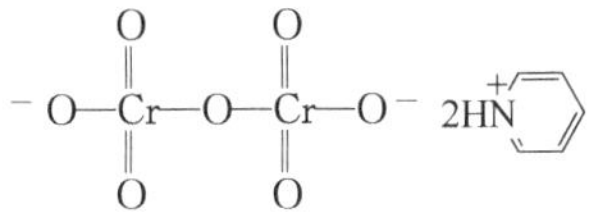	与 PCC 类似,适用于对酸敏感的底物,在 DMF 中将伯醇氧化为酸,在二氯甲烷中将伯醇氧化为醛
Collins 试剂	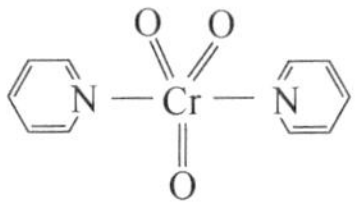	与 PCC 类似

　　虽然上述氧化剂的活性和选择性各不相同,但是反应过程中都会和醇形成铬酸酯 A,羟基的 α-氢进一步发生消除即得到氧化产物。

　　(3) 戴斯-马丁氧化。

　　戴斯-马丁(Dess-Martin)氧化是一种温和的氧化法,它能专一地将伯醇氧化为醛,将仲醇氧化为酮。在合成天然产物时,化合物通常含有多个官能团,这时戴斯-马丁氧化法就显现出优良的官能团兼容性。

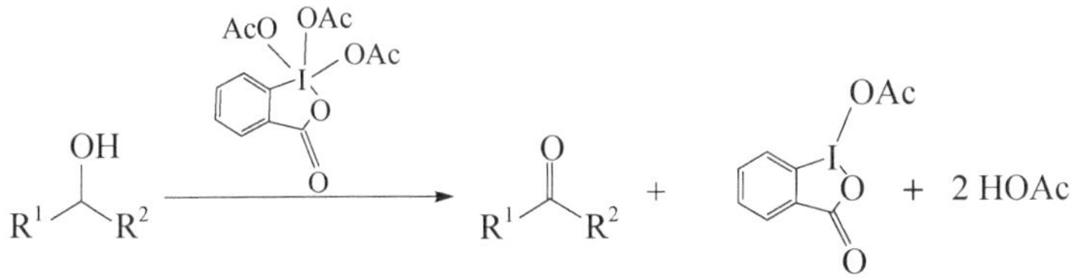

　　(4) 斯文氧化。

　　斯文(Swern)氧化和戴斯-马丁氧化一样,不需要使用任何重金属,也是一种温和的氧化法,能够在二甲基亚砜(DMSO)和乙二酰氯的作用下,专一性地把伯醇氧化为醛,将仲醇氧化为酮。

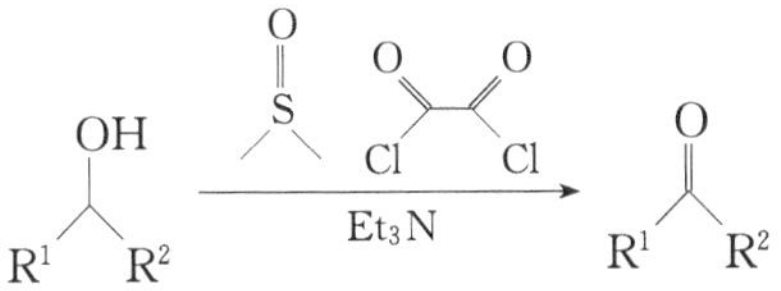

　　除上述氧化方法外,伯醇还可以被稀硝酸氧化为酸。

　　2) 醇的脱氢

　　醇能够在高温下脱氢生成羰基化合物,伯醇能够生成醛,仲醇能够生成酮。常用铜或者铜铬氧化物作脱氢试剂。

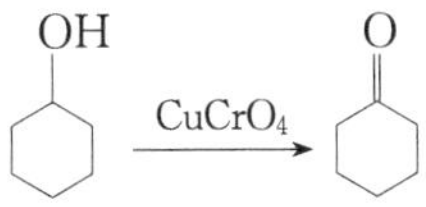

　　6. 邻二醇的化学性质

　　1) 高碘酸氧化反应

　　化合物中相邻的两个羟基在用高碘酸(H_5IO_6)的水溶液处理时,会发生 C—C 键开裂的氧化反应。

$$\underset{\underset{R^1}{|}\underset{R^2}{|}}{\overset{\text{HO}\quad\text{OH}}{\diagdown\diagup}} \xrightarrow[\text{H}_2\text{O}]{\text{H}_5\text{IO}_6} R^1\text{CHO}+R^2\text{CHO}$$

反应经过了环状酯的中间体。

$$\underset{R^4}{\overset{R^1}{\underset{R^3}{\overset{R^2}{|}}}}\begin{array}{c}-\text{OH}\\-\text{OH}\end{array} + \underset{\text{HO}}{\overset{\text{HO}}{|}}\underset{\overset{\|}{\text{O}}}{\overset{\text{OH}}{|}}\text{I}\begin{array}{c}\text{OH}\\\text{OH}\end{array} \longrightarrow \cdots \longrightarrow \underset{R^2}{\overset{R^1}{\diagup}}\!\!=\!\!\text{O} + \underset{R^4}{\overset{R^3}{\diagup}}\!\!=\!\!\text{O} + \text{IO}_3^- + \text{H}_2\text{O}$$

高碘酸不仅可以氧化邻二醇,而且对 α-羟基醛或者酮也表现出氧化活性。反应过程和邻二醇类似,也是生成环状酯的中间体。

顺式二醇比反式二醇更容易形成环状酯,因而顺式二醇具有更高的反应活性。

问题 6　请写出 α-羟基酸、α-二酮与高碘酸反应的产物,并参照上述反应过程,为反应提出一个合理的机理。

---

2) 四乙酸铅氧化反应

四乙酸铅能够氧化邻二醇,与高碘酸相似,反应也是经过了环状酯的过渡态。反应一般在乙酸或者苯中进行,顺式邻二醇的活性比反式邻二醇高得多。

$$\underset{R^4}{\overset{R^1}{\underset{R^3}{\overset{R^2}{|}}}}\begin{array}{c}-\text{OH}\\-\text{OH}\end{array} + \text{Pb}(\text{OAc})_4 \longrightarrow \underset{R^4}{\overset{R^1}{\underset{R^3}{\overset{R^2}{|}}}}\begin{array}{c}\text{O}\\\text{O}\end{array}\!\!\text{Pb}\begin{array}{c}\text{OAc}\\\text{OAc}\end{array} \longrightarrow \underset{R^2}{\overset{R^1}{\diagup}}\!\!=\!\!\text{O} + \underset{R^4}{\overset{R^3}{\diagup}}\!\!=\!\!\text{O} + \text{Pb}(\text{OAc})_2$$

当有少量水存在时,α-羟基醛、α-羟基酮、α-羟基酸以及 α-二酮也能够被乙酸铅氧化。

10.1.4　硫醇

当醇分子中的氧原子被硫原子取代时形成的化合物,称为硫醇(thiol)。硫酚(thiophenol)则是酚中氧原子被硫取代形成的化合物。硫醇的命名和醇相似,只需把"醇"改为"硫醇"即可。当分子中有其他取代基时,可以把巯基(mercapto)当成取代基来命名。

$$\diagup\!\diagdown\!\diagup\!\diagdown\text{SH}\qquad\qquad\text{HO}\diagdown\!\diagup\!\diagdown\text{SH}$$
$$\text{4-甲基-1-戊硫醇}\qquad\qquad\text{2-巯基乙醇}$$

低相对分子质量的硫醇具有强烈的臭味,常被添加到天然气中,提醒人们及时发现天然气的泄漏。

硫的原子半径比氧大,因而硫上的负电荷在空间上更加分散,从而导致硫醇($pK_a=10$)的酸性比醇强,其相应共轭碱的碱性比烷氧基弱。由于硫醇的共轭碱碱性比烷氧基弱,因而不能被充分溶剂化,这导致它比烷氧基的亲核性更强。

$$\text{CH}_3\text{S}^- + \diagup\!\diagdown\text{I} \xrightarrow{\text{CH}_3\text{OH}} \diagup\!\diagdown\text{S}\diagdown\!\diagup + \text{I}^-$$

硫醇能够和重金属 Pb、Hg 等生成不溶于水的硫醇盐,因此常被作为重金属中毒的解毒剂。

$$\diagup\!\diagdown\text{SH} + \text{Hg}^{2+} \longrightarrow \diagup\!\diagdown\text{S}\overset{\text{Hg}}{\diagdown}\text{S}\diagdown\!\diagup + 2\text{H}^+$$

问题 7 乙醇的沸点是 78℃，而乙硫醇的沸点是 37℃，乙硫醇的沸点比乙醇低，请给出一个合理的解释。

10.1.5 醇的制备方法

1. 烯烃的水合

工业上常用烯烃的水合来制备醇。当用磷酸作催化剂时，将水蒸气通入乙烯中，在 300℃ 和 7 MPa 压力下，可以生成乙醇。

$$H_2C{=}CH_2 + H_2O \xrightarrow{H_3PO_4} CH_3CH_2OH$$

2. 硼氢化氧化反应

烯烃和硼烷进行硼氢化反应，得到烷基硼烷（R_3B），后者在碱性条件下氧化后生成醇。反应得到的是反马氏产物，生成的羟基总是在取代基少的双键一侧，具有专一的区域选择性（regioselectivity）。该反应产率极高而且操作简单方便，是实验室常用的制备醇的方法。

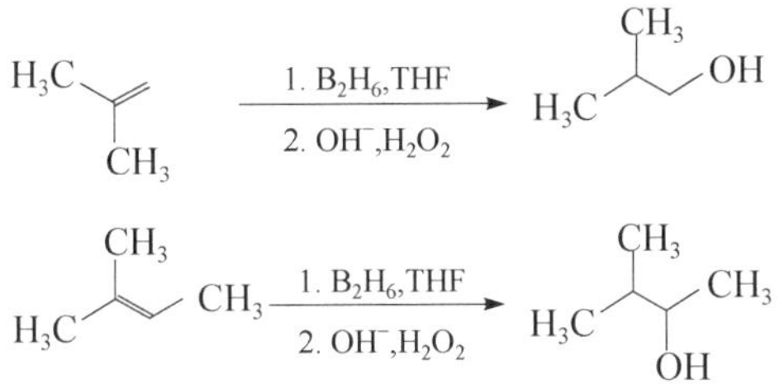

$$H_3C{-}\overset{\displaystyle }{\underset{\displaystyle CH_3}{C}}{=}CH_2 \xrightarrow[\text{2. OH}^-,H_2O_2]{\text{1. B}_2H_6,THF} H_3C{-}\overset{\displaystyle CH_3}{\underset{\displaystyle }{C}}H{-}CH_2OH$$

$$\overset{\displaystyle CH_3}{\underset{\displaystyle H_3C}{C}}{=}\overset{\displaystyle }{\underset{\displaystyle }{C}}H{-}CH_3 \xrightarrow[\text{2. OH}^-,H_2O_2]{\text{1. B}_2H_6,THF} H_3C{-}\overset{\displaystyle CH_3}{\underset{\displaystyle }{C}}H{-}\overset{\displaystyle CH_3}{\underset{\displaystyle OH}{C}}H$$

当硼烷和 1,2-二甲基环戊烯反应时，得到顺-1,2-二甲基环戊醇，这说明硼氢化氧化反应总的结果是得到顺式产物，是一个立体专一性（stereospecificity）反应。

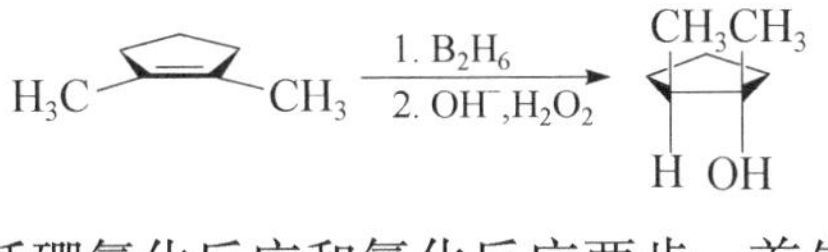

$$H_3C{-}\bigtriangleup{-}CH_3 \xrightarrow[\text{2. OH}^-,H_2O_2]{\text{1. B}_2H_6}$$

由烯烃和硼烷制备醇包括硼氢化反应和氧化反应两步。首先是硼烷和烯烃发生加成，生成三烷基硼烷。

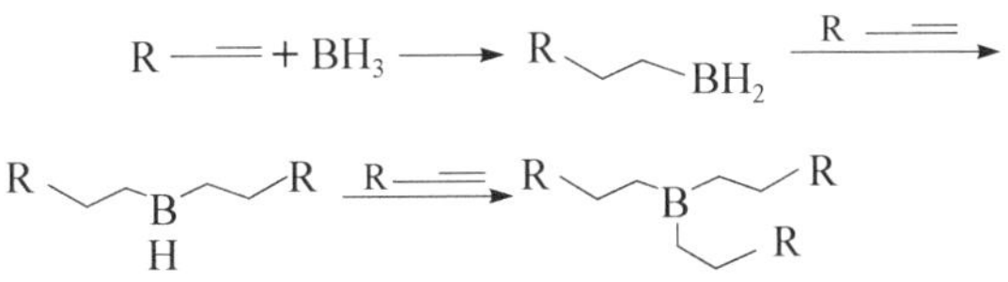

$$R{-}\!\!\!=\ +\ BH_3 \longrightarrow R\diagdown\!\!\!\diagup BH_2 \xrightarrow{R{-}\!\!\!=}$$

$$R\diagdown\!\!\!\diagup\overset{\displaystyle }{\underset{\displaystyle H}{B}}\diagup\!\!\!\diagdown R \xrightarrow{R{-}\!\!\!=} R\diagdown\!\!\!\diagup B{\diagup\!\!\!\diagdown R}$$

反应得到反马氏产物的原因主要是硼烷和烯烃加成时以反马氏的方式进行。硼烷本身是一个亲电试剂，需要得到一对电子才能够形成八电子的稳定结构，因而硼烷在和烯烃加成时，烯烃带有部分正电荷。当硼烷加成到取代基较少的双键一端时，正电荷就分布在取代基较多的碳上，这种过渡态相对稳定，如图 10-2 所示。

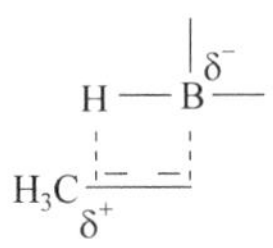

三烷基硼烷在碱性条件下，被过氧化氢氧化为醇。由于过氧键比较脆弱，中间体 A 的烷基向过氧根迁移时，过氧根断裂生成硼酯，并释放出

$$H{-}\overset{\displaystyle \delta^-}{\underset{\displaystyle }{B}}\diagdown$$
$$H_3C{-}\underset{\displaystyle \delta^+}{}$$

图 10-2 硼氢化反应的过渡态

氢氧根。烯烃的硼氢化反应得到顺式加成产物,前面提到硼氢化氧化最终得到顺式产物,因而在烷基迁移时,迁移的碳构型没有发生变化。

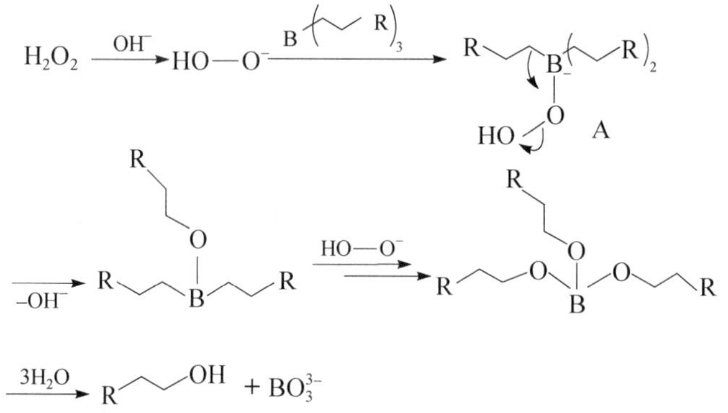

3. 醛、酮、羧酸和酯的还原

醛和酮能够被硼氢化钠还原为醇,这种方法操作简单而且反应时间短,是实验室常用的一种制备方法。

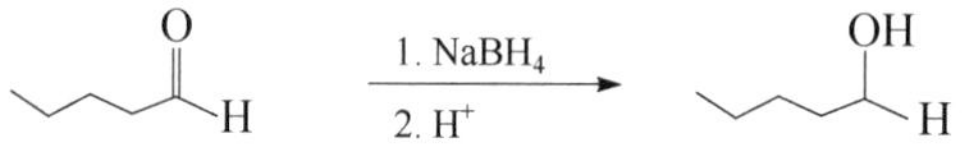

酯是一种常用的制备醇的原料,反应通常用四氢铝锂作还原剂,用干燥的四氢呋喃作溶剂。

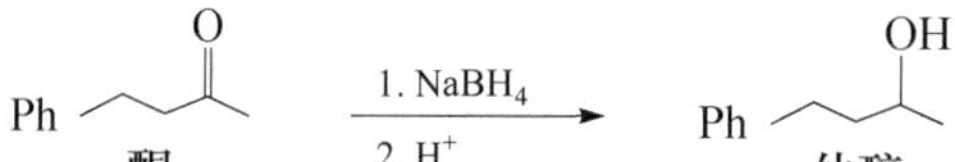

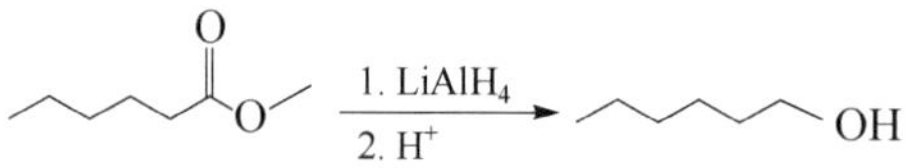

四氢铝锂和硼氢化钠一样,都是能够提供氢负离子的还原剂。酯中的羰基是一个缺电子基团,这时还原剂提供的氢负离子就会和酯发生亲核加成反应,将酯基转化为羟基。

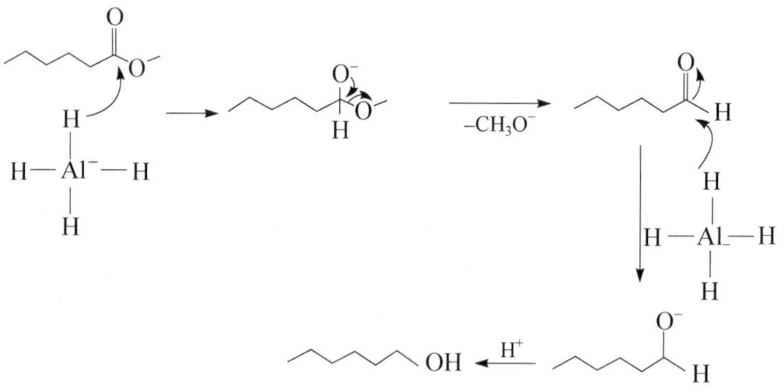

羧酸也能够被四氢铝锂还原为醇。

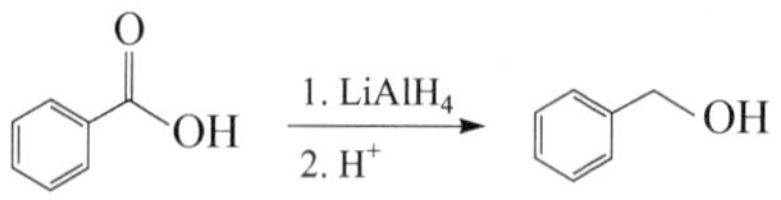

4. 从格氏试剂制备

从格氏试剂合成得到的醇的种类,取决于羰基化合物的类型。甲醛和环氧丙烷产生伯醇,其中用甲醛时得到的一级醇比所用格氏试剂烃基增加一个碳。环氧乙烷是三元含氧的杂环,张力大,易与格氏试剂反应,得到比格氏试剂中的烃基增加两个碳的伯醇。

$$\text{RMgX} + \underset{\text{甲醛}}{\overset{\overset{\displaystyle O}{\|}}{H\diagdown C\diagup H}} \longrightarrow \underset{\text{伯醇}}{R\diagup\diagdown OH}$$

$$\text{RMgX} + \underset{\text{环氧乙烷}}{O} \longrightarrow \underset{\text{伯醇}}{R\diagup\diagdown\diagup OH}$$

醛和甲酸酯与格氏试剂反应产生仲醇。用甲酸酯时合成的是一个对称的仲醇,甲酸酯和格氏试剂的用量为 1:2。

$$R^1\text{MgX} + \underset{\text{醛}}{\overset{\overset{\displaystyle O}{\|}}{H\diagdown C\diagup R^2}} \longrightarrow \underset{\text{仲醇}}{\overset{R^1\diagdown C\diagup OH}{\underset{R^2}{|}}}$$

$$R^1\text{MgX} + \underset{\text{甲酸酯}}{\overset{\overset{\displaystyle O}{\|}}{H\diagdown C\diagup OR^2}} \longrightarrow \underset{\text{仲醇}}{\overset{R^1\diagdown C\diagup OH}{\underset{R^1}{|}}}$$

格氏试剂和甲酸酯的反应是一个亲核加成反应。格氏试剂先和甲酸酯反应生成醛,后者进一步和格氏试剂进行亲核加成反应生成对称的仲醇。

$$\underset{R^1\text{MgX}}{\overset{\overset{\displaystyle O}{\|}}{H\diagdown C\diagup OR^2}} \longrightarrow \underset{R^1}{\overset{R^2O\diagdown C\diagup O-\text{MgX}}{|}} \longrightarrow \underset{R^1\text{MgX}}{\overset{\overset{\displaystyle O}{\|}}{R^1\diagdown C\diagup H}} \longrightarrow \underset{R^1}{\overset{R^1\diagdown C\diagup OMgX}{|}} \xrightarrow{H^+} \underset{R^1}{\overset{R^1\diagdown C\diagup OH}{|}}$$

酮和酯与格氏试剂反应可以合成叔醇。酯与格氏试剂反应生成的是一个含有两个相同取代基的叔醇,此时酯与格式试剂的用量是 1:2。

$$R^1\text{MgX} + \underset{\text{酮}}{\overset{\overset{\displaystyle O}{\|}}{R^2\diagdown C\diagup R^3}} \longrightarrow \underset{\text{叔醇}}{\overset{R^1\diagdown\overset{R^2}{\underset{|}{C}}\diagup R^3}{\underset{OH}{|}}}$$

$$R^1\text{MgX} + \underset{\text{酯}}{\overset{\overset{\displaystyle O}{\|}}{R^2\diagdown C\diagup OR^3}} \longrightarrow \underset{\text{叔醇}}{\overset{R^1\diagdown\overset{R^1}{\underset{|}{C}}\diagup R^2}{\underset{OH}{|}}}$$

大多数醇能用几种试剂组合来制备,用哪一种格氏试剂和哪一种羰基化合物来制备所需要的醇呢？连接在羟基碳上的基团中,至少有一个来自格氏试剂,通常是选择那些底物容易得到的组合。根据逆合成分析,2-苯基-2-己醇可以用以下三种方法合成,其中第三种方法采取了容易得到的羰基化合物,因此是实际上用来制备这个醇的方法。

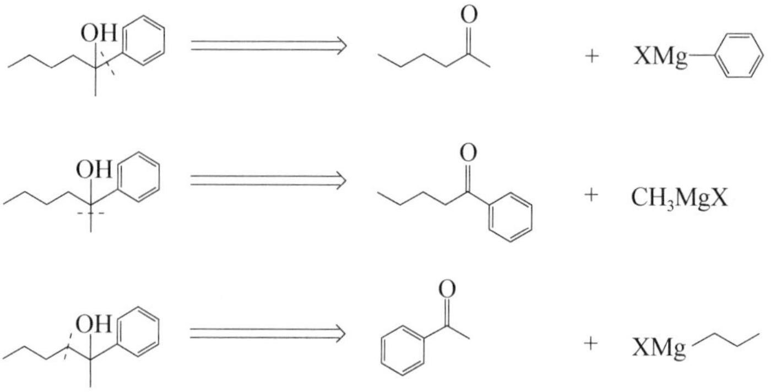

5. 生物酶催化氧化制备

例如,氯过氧化物酶与过氧化氢一起可用于进行烯丙基的羟基化反应。

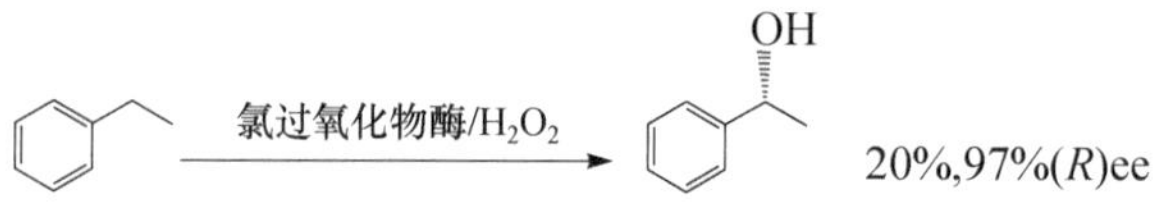

6. 卤代烃的水解

从卤代烃制备醇有较大的局限性,一方面因为醇比卤代物更容易得到;另一方面卤代物在水解时容易发生消除反应。所以只有在相应的卤代物容易得到而且反应的选择性很高时才采用这种方法。

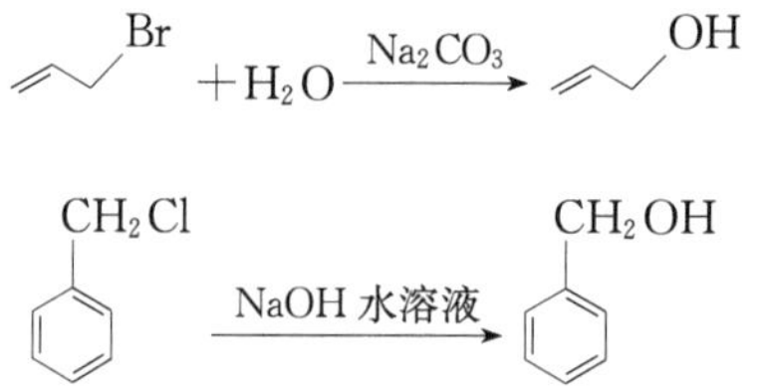

10.1.6　重要的醇

1. 甲醇

早期甲醇由木材干馏而得,因此称为木醇。甲醇为无色液体,沸点较低(65℃)容易挥发,易燃而且有毒,饮用甲醇或者长期接触甲醇蒸气会导致失明。在实验室甲醇常作为大极性溶剂使用,在工业上主要用来制备甲醛并作为汽车和飞机的燃料。

2. 乙醇

乙醇的制备是一种古老而传统的工艺,它与我国的酒文化紧密相关,目前仍然在使用谷类发酵酿酒。醇性饮料中的醇主要是乙醇。它在工业上广泛地用作油漆、涂料、香料和调味剂的溶剂;还用作化学反应和重结晶的溶剂。此外,它是有机合成的重要原料。70%～75%乙醇具有很强的杀菌能力,用作防腐剂、消毒剂。

常用的乙醇是95%(体积分数)的乙醇和5%(体积分数)水的混合物,常称为95乙醇。这主要是95%乙醇和5%水的会形成一个二元恒沸混合物,无法通过蒸馏进一步浓缩。纯的乙醇称为绝对乙醇。实验室有时需要绝对干燥的乙醇,需要除去绝对乙醇中微量的水。这时可以加入镁条加热回流,微量的水会形成 $Mg(OH)_2$ 沉淀出来,在氩气保护下蒸馏即得到绝对无水乙醇。乙醇可以和 $CaCl_2$ 形成络合物 $CaCl_2 \cdot 3C_2H_5OH$,因此不能用 $CaCl_2$ 来干燥乙醇。

3. 乙二醇

乙二醇俗称甘醇,是一种最简单,工业上最重要的多元醇。乙二醇是具有甜味的黏稠状液体,由于分子中含有两个羟基,其分子间氢键作用较强,因而其熔点和沸点比一般相同碳原子数的碳氢化合物高得多(熔点 $-16℃$,沸点 $197℃$)。乙二醇能与水互溶,还可以降低水的凝固点,因此在北方被广泛用来制备抗冻剂。

4. 丙三醇

丙三醇俗称甘油,是一种有甜味的无色黏稠状液体。由于分子中含有三个羟基,因而沸点更高($290℃$)。甘油与浓硝酸、浓硫酸作用,形成硝酸甘油酯,俗称硝化甘油。硝酸甘油是一种无色有毒的油状液体,是一种烈性炸药。

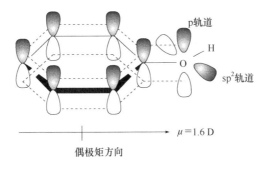

10.2　酚

10.2.1　酚的结构、分类和命名

羟基直接连接在芳香环上的化合物称为酚,通式为 ArOH。

与醇羟基中的氧原子处于 sp^3 杂化状态不同,酚羟基中的氧原子采用 sp^2 杂化状态。如图 10-3 所示,氧原子含有两对孤电子,其中一对占据 sp^2 杂化轨道,另一对处于与 sp^2 杂化轨道垂直的 p 轨道。p 轨道的电子云正好与苯环上大 π 键电子云平行,形成 p-π 共轭体系。在 p-π 共轭体系中,氧的 p 电子云向苯环转移,这增加了苯环的电子云密度;因而酚类化合物的苯环具有很强的亲核能力。同时 p 电子云的转移,导致羟基中电子云向氧原子的转移;此外 p 电子云的转移还可以分散因为酚羟基的解离而转移到氧上的负电荷,从而增强了酚类化合物的酸性。

p轨道

H

O

sp^2轨道

$\mu = 1.6\ D$

偶极矩方向

图 10-3　苯酚的电子云分布

按化合物中羟基数目的多少,酚可以分为一元酚和多元酚。酚通常是以其最简单的成员——苯酚作为母体,将其他化合物作为苯酚的衍生物来命名的。当取代基的系列优先于酚羟基时,则按取代基的优先次序来选择母体,羟基作为取代基来处理。

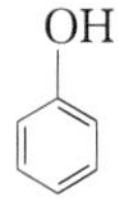

苯酚 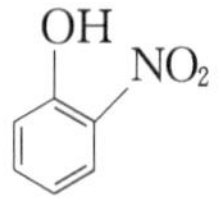　　　　　邻硝基苯酚 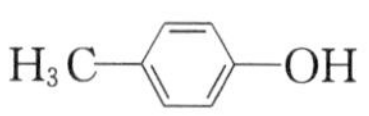　　　　　　对甲基苯酚 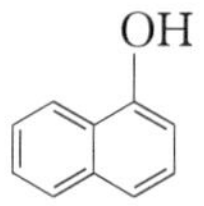　　　　　　α-萘酚

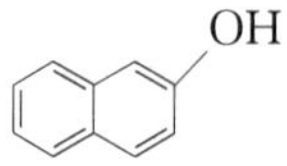

β-萘酚 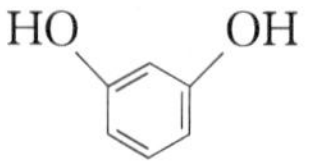　　　　　　间苯二酚 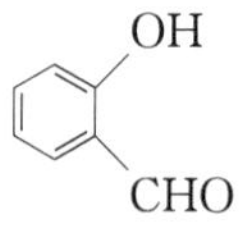　　　　　邻羟基苯甲醛

10.2.2　酚的物理性质

简单的酚是液体或者低熔点的固体。和醇一样,由于分子间氢键,酚具有相当高的沸点。受到芳香环的影响,酚在水中的溶解度较小,苯酚在水中能稍微溶解(每 100 g 水中能溶解 9 g),见表 10-3。由于氧和苯环的共轭作用增大了苯环的电子云密度,因而酚类化合物比较容易被氧化。酚本身是无色的,被氧化后都会带上颜色。

苯酚不仅可以形成分子间氢键,当分子内含有氢键受体时,也可以形成分子内氢键,从而影响化合物的物理性质。邻硝基苯酚的沸点和在水中溶解度比对硝基苯酚和间硝基苯酚要低得多。这是由于邻硝基苯酚容易形成分子内氢键,如图 10-4 所示。分子内氢键比分子间氢键要稳定,因而降低了邻硝基苯酚的沸点和溶解度。

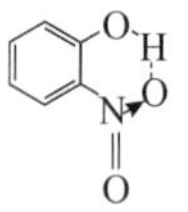

图 10-4　邻硝基苯酚形成分子内氢键

表 10-3　一些常见的酚的物理性质

名称	熔点/℃	沸点/℃	溶解度/[g·(100 g 水)$^{-1}$]	pK_a(25℃)
苯酚	41	182	9.3	10
邻甲苯酚	31	191	2.5	10.29
间甲苯酚	12	202	2.6	10.09
对甲苯酚	35	202	2.3	10.26
邻氯苯酚	9	173	2.8	8.48
间氯苯酚	33	214	2.6	9.02
对氯苯酚	43	217	2.6	9.38
邻硝基苯酚	45	214	0.2	7.22
间硝基苯酚	96	194/(9.3×10^3 Pa)	1.4	8.39
对硝基苯酚	114	279 分解	1.7	7.15
2,4-二硝基苯酚	113	—	0.6	4.09
2,4,6-三硝基苯酚	122	—	1.4	0.25

10.2.3　酚的化学性质

酚类化合物含有两个重要的官能团:酚羟基和芳香环。酚羟基由于和苯环的 p-π 共轭作用而具有比醇强的酸性,同时酚羟基还有一定的亲核性,能和活泼的亲电试剂发生反应。芳香环由于和羟基的 p-π 共轭作用具有较大的电子云密度,能够和很多亲电试剂发生反应。

1. 酚羟基的反应

1) 酚的酸性

酚可以被氢氧化物水溶液转化为盐,也可以被碳酸盐的水溶液转化为盐,但是碳酸氢盐和羧酸盐的水溶液不能使酚转化为盐。

$$ArOH + OH^- \longrightarrow Ar{-\!-}O^- + H_2O$$

　　较强的酸　　　　　　　　　　　较弱的酸

$$ArOH + CO_3^{2-} \longrightarrow Ar{-\!-}O^- + HCO_3^-$$

　　较强的酸　　　　　　　　　　　较弱的酸

根据上述反应,可以得出结论:苯酚的酸性比碳酸氢盐和水强。由于碳酸氢盐和羧酸盐不能把苯酚转化为盐,因而苯酚的酸性比碳酸和羧酸弱。大多数酚的 K_a 值在 10^{-10} 左右,而羧酸的 K_a 值约 10^{-5}。

醇的酸性比水弱,而酚的酸性比水强。醇羟基和酚羟基的酸性为什么会相差这么多呢?这是由于它们不同的结构引起的,醇羟基和烷基相连、烷基和羟基之间没有共轭效应。

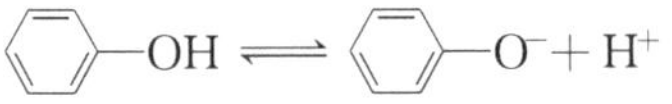

酚羟基和苯环之间存在共轭效应,苯酚可以用下列极限式来表示。

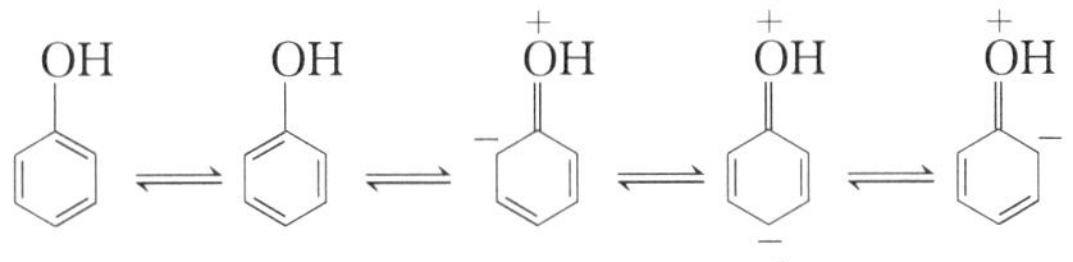

在上述五个极限式中,**3**、**4**、**5** 是正负电荷分离的极限式,因为电荷分离需要能量,所以后三个极限式对杂化作出的贡献很小,没有起到稳定杂化的作用。酚盐负离子可以用下列极限式来表示。

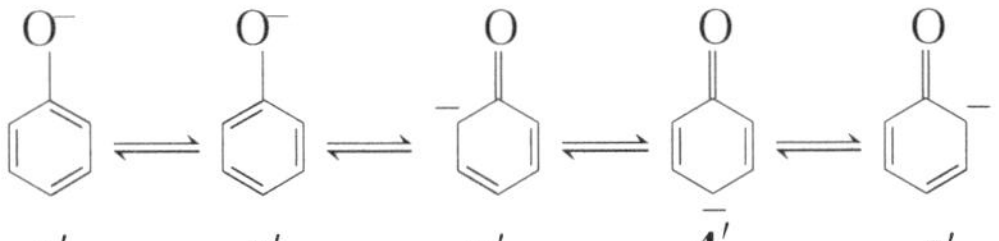

在上述五个极限式中,**3′**、**4′**、**5′** 都是带负电荷的离子,它们表示负电荷的离域,对分散负电荷起了很大的作用。所以共振作用的净效应对酚离子的稳定要比对酚的稳定大得多,因此使平衡向电离的方向移动,从而使酚的酸性比醇强。

苯环上的取代基对酸性的影响很大,吸电子基团如卤素(—X)和硝基(—NO$_2$)能增加酚的酸性;而给电子基团如甲氧基(—OCH$_3$)则降低其酸性。

问题8 下面三种硝基苯酚,哪一个酸性最强?哪一个酸性最弱? 请给出合理的解释。

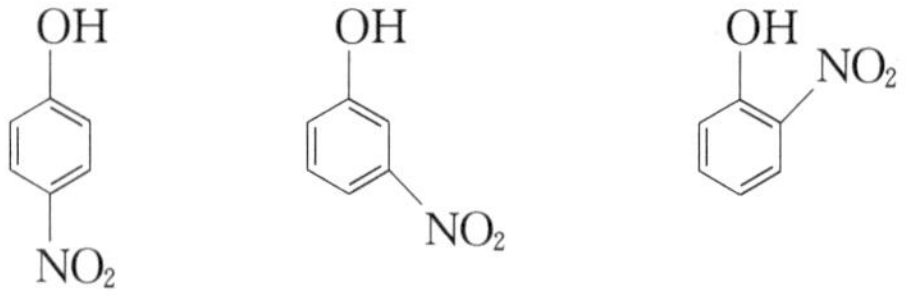

2) 成醚反应

酚在碱性溶液中和卤代烷反应转化为醚,甲醚可以用碘甲烷来制备。反应是以亲核取代的机理进行的,酚在碱溶液以酚离子的形式存在,作为一个亲核试剂进攻卤代物而取代卤离子。

$$\text{ArOH} \xrightarrow{\text{OH}^-} \text{ArO}^- \xrightarrow{\text{RX}} \text{Ar—O—R}$$

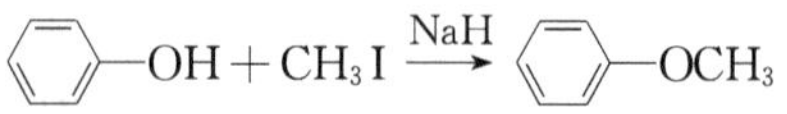

3) 成酯的反应和弗里斯重排

酚酯一般通过酰氯或者酸酐在酸或碱的催化下制备。

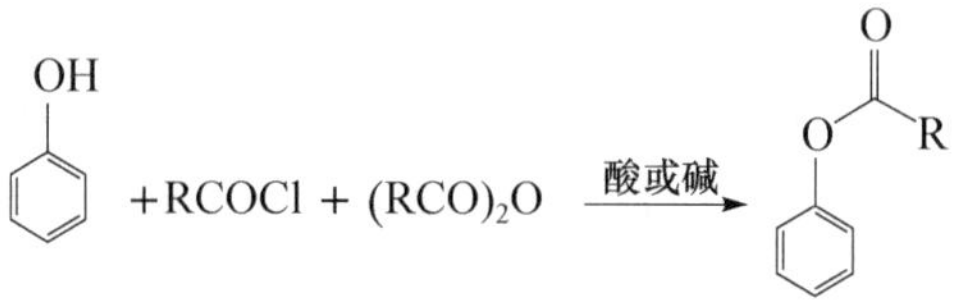

当酚酯与三氯化铝共热时,酰基从酚的氧上转移到环的邻位和对位,生成一个酮。这个反应称为弗里斯(Fries)重排。

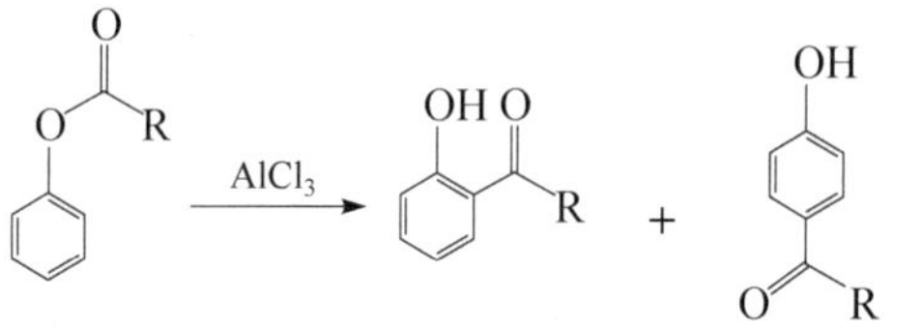

问题9 怎样分离苯酚硝化后的邻位取代和对位取代的产物?

4) 与三氯化铁的颜色反应

许多酚和烯醇能和三氯化铁溶液形成有色的络合物,酚类主要生成蓝色、紫色和绿色络合物;烯醇类络合则呈红褐色和紫红色。

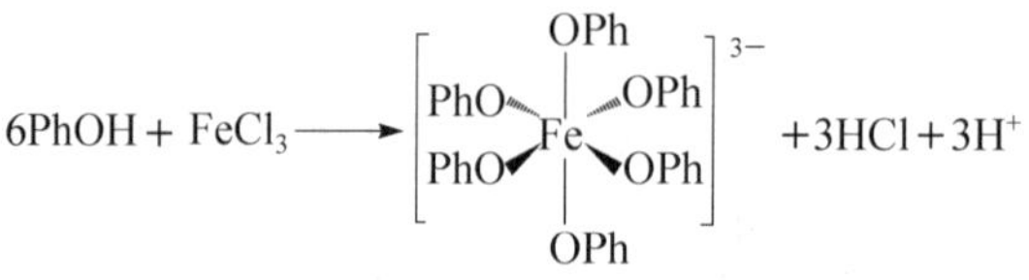

蓝色

2. 芳环上的亲电取代反应

由于羟基和芳环的共轭作用,芳环被强烈活化,具有很高的亲电反应活性。

1）卤化

用溴水处理酚时,会得到羟基的邻位和对位都被取代的产物,只有在氯仿、四氯化碳和二硫化碳这些低极性溶剂中进行卤代反应,才能够得到单卤代产物。

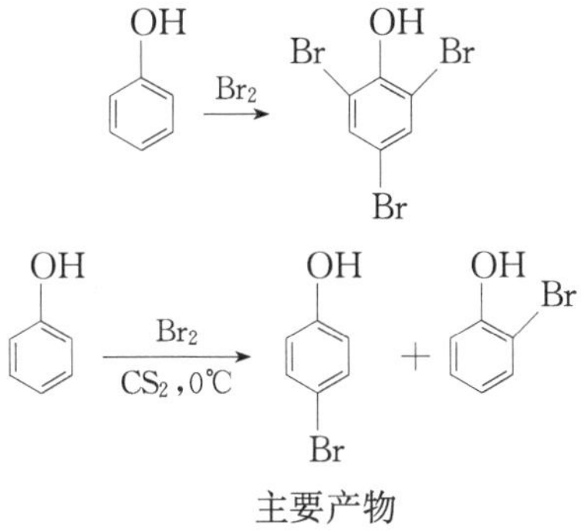

主要产物

2）磺化

苯酚和浓硫酸在较低温度下即可进行磺化反应,主要得到邻苯酚磺酸;当加热到 100℃ 时,主要得到对苯酚磺酸。磺化反应是可逆的,在稀硫酸溶液中回流可以除去磺酸基。

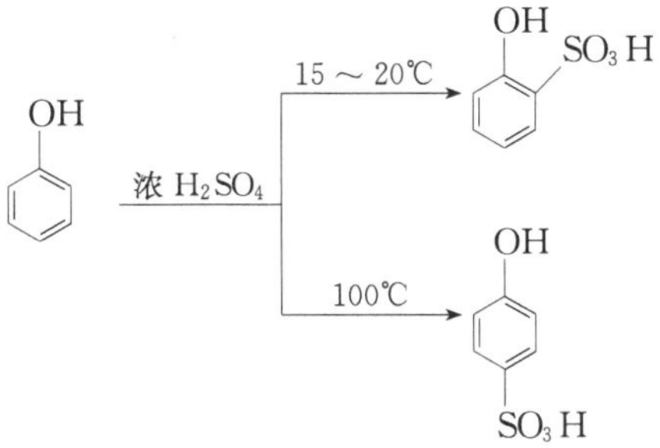

3）硝化

在室温下苯酚就可以被稀硝酸硝化,这个反应的产率不高,而且得到邻硝基苯酚和对硝基苯酚的混合物。邻硝基苯酚沸点较低,通过水蒸气蒸馏即可以和对硝基苯酚分离。

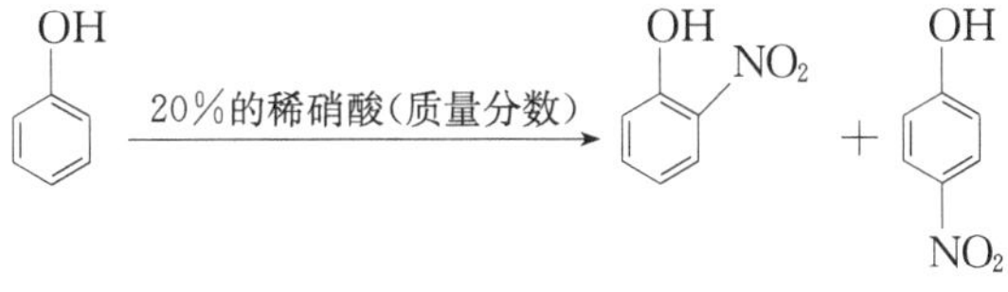

由于羟基和苯环的共轭效应增大了苯环的电子云密度,因而在遇到浓硝酸时苯酚容易被氧化。所以 2,4,6-三硝基苯酚(苦味酸)实际上是用 4-羟基-1,3-二磺酸做原料,经硝化反应制备的。

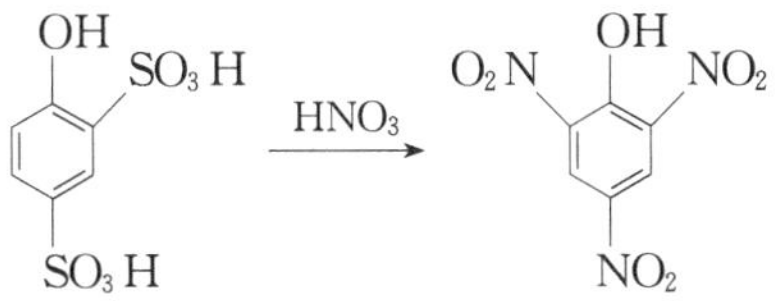

4-羟基-1,3-二磺酸首先被硝化生成中间体 **A**,中间体 **A** 经过两次亲电取代反应得到苦味酸。亲电反应被取代下来的是磺酸根而不是氢,它们在性质上是类似的。

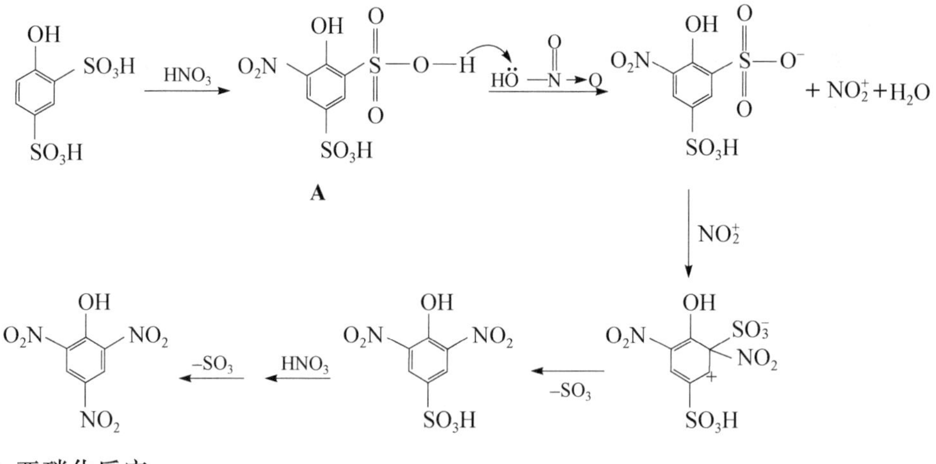

4）亚硝化反应

亚硝酸可将苯酚转变成亚硝基酚，反应主要得到对位取代的产物。亚硝基正离子（NO⁺）是一种很弱的亲电试剂，这充分说明苯酚具有很高的亲电反应活性。

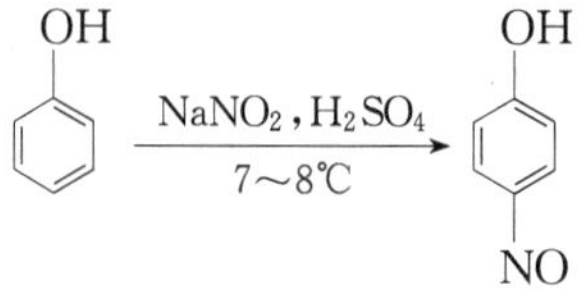

5）傅-克反应

苯酚可以在路易斯酸的催化下发生酰基化反应。需要注意的是，由于酚可以和三氯化铝（AlCl$_3$）形成酚盐，因而路易斯酸用量较大。

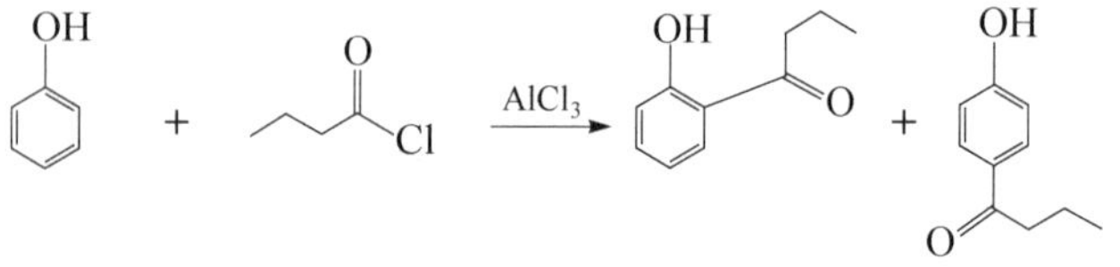

苯酚的烷基化在较弱的酸催化下就可以进行，但是产率很低。

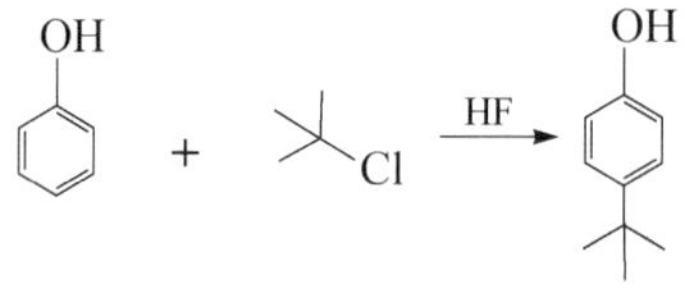

6）科尔柏-施密特反应（酚酸的合成）

用二氧化碳处理苯酚的盐会发生羧基取代苯环上的氢的反应，称为科尔柏-施密特（Kolbe-Schmitt）反应。

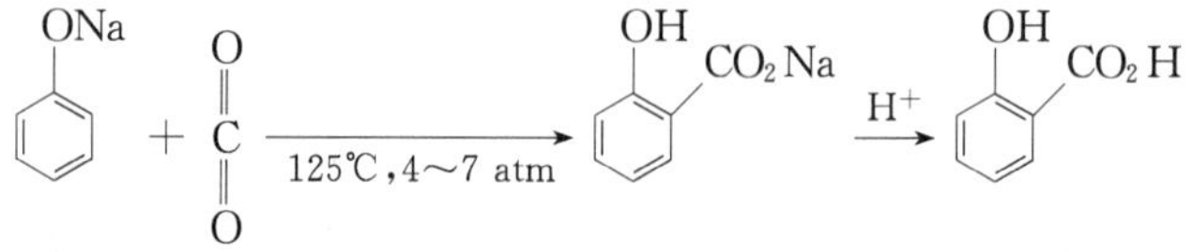

羧酸的取代位置在很大程度上取决于酚盐的种类和反应温度。钠盐和低温有利于邻位异构体的生成；而钾盐及反应温度较高时主要得到对位异构体。苯环的取代基对反应有显著的影响，带有给电子基团的酚盐反应温度和压力较低，产率高；吸电子基团会降低反应的活性和产率。

7）赖默-梯曼反应（酚醛的合成）

用氯仿和氢氧化钠水溶液处理酚时，可以在芳环上引入一个醛基（—CHO），该反应称为赖默-梯曼（Reimer-Tiemann）反应，产物一般以邻位为主。

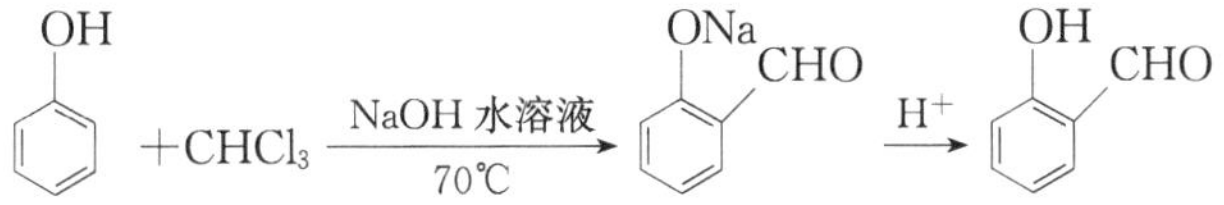

10.2.4　酚的制法

从煤焦油分馏可以得到苯酚和甲苯酚，但产量和种类有限，远远不能满足工业的需要，因而需要用合成法大量生产。

1. 从芳卤代烃衍生物制备

连在芳环上的卤素和芳环有共轭作用，因而芳卤键断裂需要很苛刻的反应条件。但是当卤原子的邻位和对位有强的吸电子取代基时，亲核取代反应能够发生，水解反应比较容易进行。

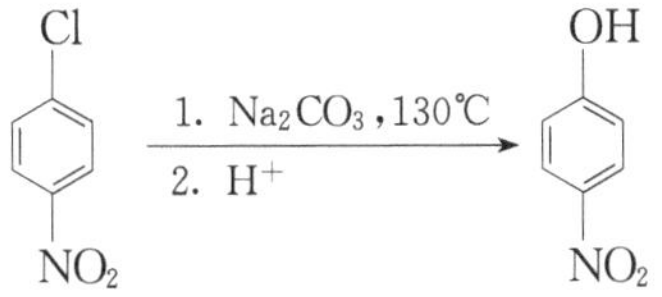

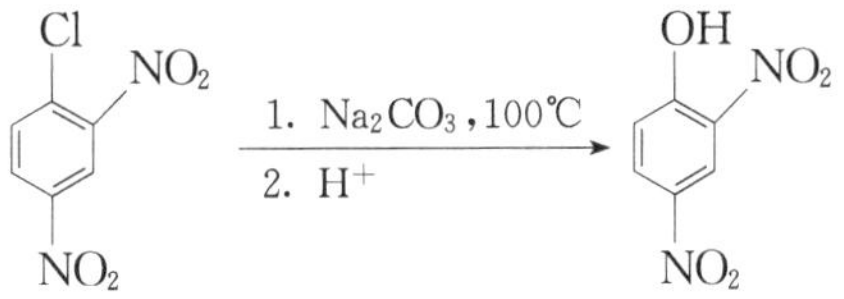

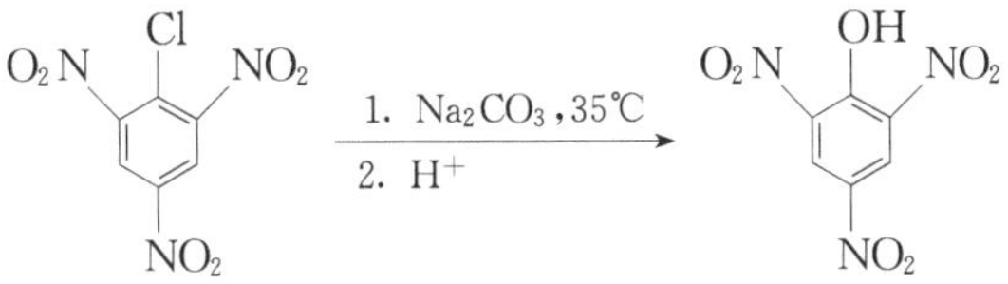

问题 10　请对上述三个底物反应条件的差异提出一个合理的解释。

2. 从异丙苯制备

工业上大量生产苯酚的方法是以异丙苯为原料，在过氧化物或紫外线的催化下，经空气氧化转变为异丙苯过氧化氢，后者被酸性溶液转变为苯酚和丙酮。

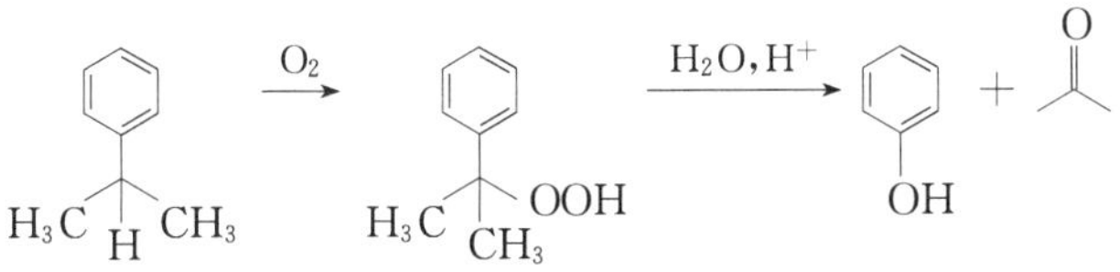

3. 从芳磺酸制备

将芳基磺酸盐与氢氧化钠共熔可以得到相应的酚盐，酸化后即得到相应的酚。这种方法称为碱熔法，是最早用来合成苯酚的一种方法，因为成本较高而且官能团兼容性较差，应用有很大的局限性。

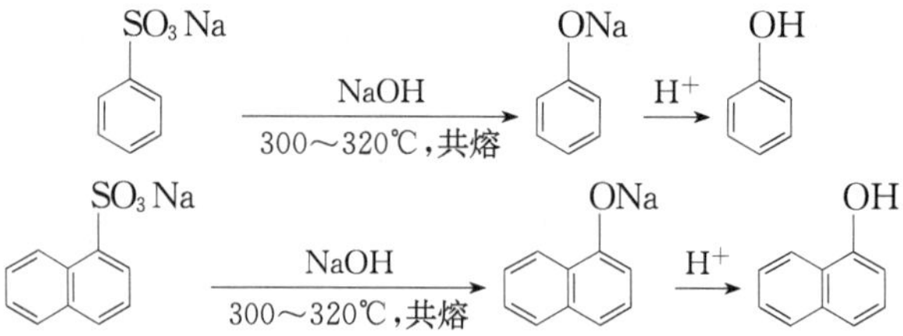

10.2.5 重要的酚

1. 苯酚

苯酚俗名石炭酸,是具有特殊气味的无色晶体,在空气中容易被氧化变色。常温下苯酚微溶于水,但是易溶于乙醇、乙醚等有机溶剂。苯酚在工业上的用途很广,是有机合成的重要原料,其中有个重要的应用就是制备酚醛树脂。

在碱作用下,苯酚和甲醛发生类似羟醛缩合的反应。

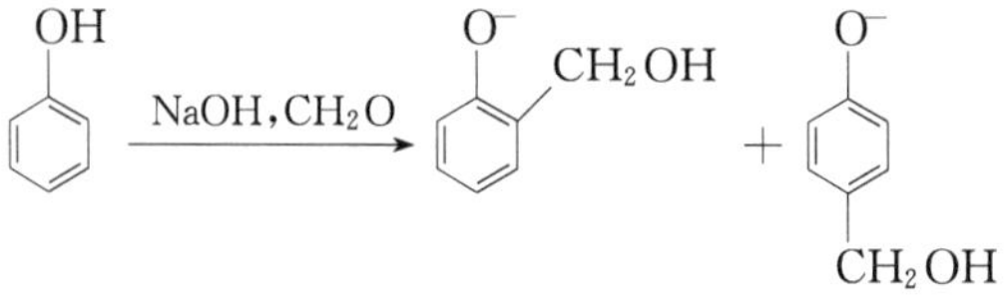

酚盐负离子可以先失去羟基,生成醌亚甲基化合物 **A**。由于醌亚甲基化合物中羰基的诱导效应,醌是很好的迈克尔(Michael)受体,能够和酚盐负离子发生迈克尔加成反应。

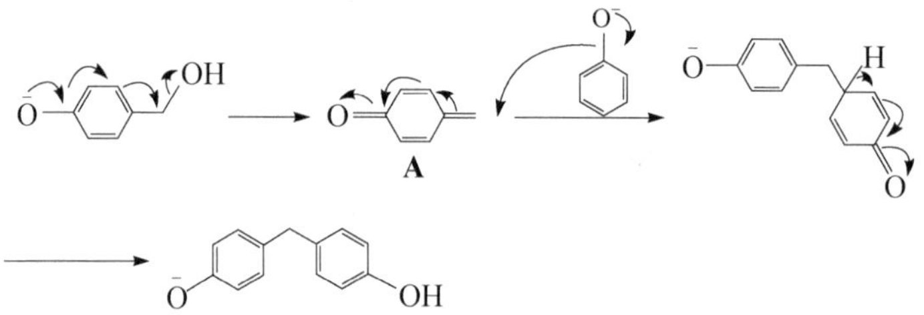

上述反应反复进行,最后得到不溶的树脂,称为酚醛树脂。这类产品在塑料和油漆工业中占有重要的用途,结构大致如下

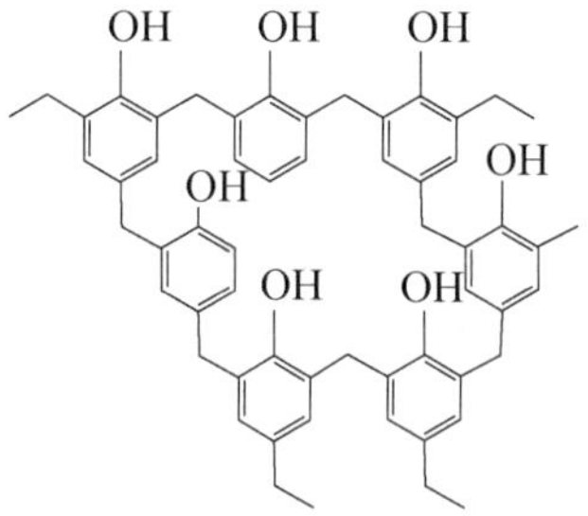

2. 萘酚

萘酚有两种异构体,分别称为 α-萘酚和 β-萘酚,其中后者较为重要。

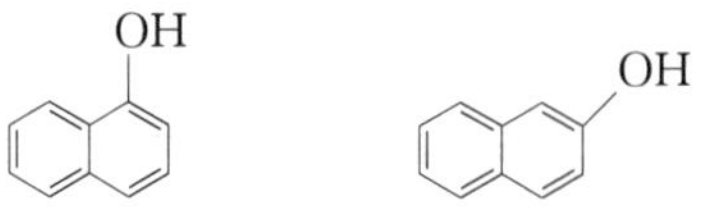

α-萘酚 β-萘酚

β-萘酚为片状结晶,能溶于乙醇、醚等溶剂。萘酚化学性质和苯酚相似,都呈弱酸性,能够发生硝化、卤代等反应。萘酚的羟基比苯酚活泼,易生成醚和酯。萘酚广泛用于制备偶氮染料,是重要的染料中间体。

3. 邻苯二酚

最早的邻苯二酚是用干馏儿茶酸(3,4-二羟基苯甲酸)得到的,因此该酚俗称儿茶酚。儿茶酚是溶于水的晶体,能与重金属形成络合物。由于儿茶酚含有两个酚羟基,因此苯环的电子云密度更大,很容易被氧化。儿茶酚遇到三氯化铁时,呈现鲜艳的绿色。它的一个重要的化学性质就是在与氢氧化钠、二氯甲烷的二甲基亚砜的稀溶液中,可以生成苯并间氧环戊烯,很多天然产物含有这种结构的儿茶酚。

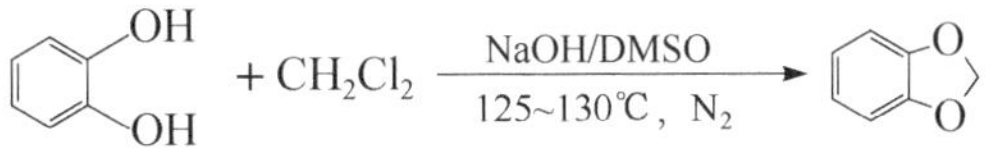

这是一个双分子亲核取代反应,邻苯二酚负离子与二氯甲烷先后进行分子间取代反应和分子内取代反应得到氧环戊烯。

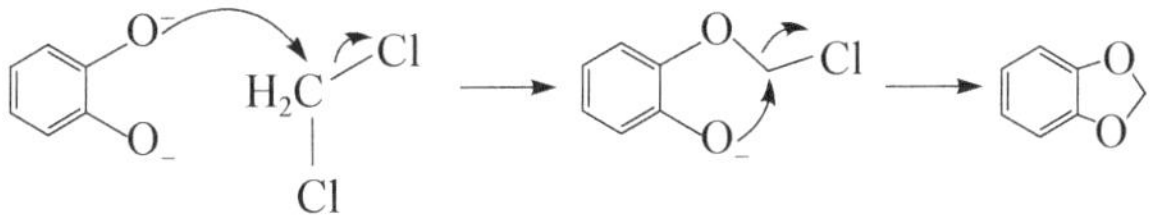

10.3　醚

10.3.1　醚的结构、分类和命名

1. 醚的结构和分类

两分子醇失去一分子水即得到醚,它的结构如下式所示。

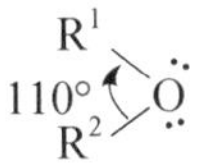

其中氧采用 sp^3 杂化方式,其中两个轨道被孤对电子占据,其他两个轨道和烷基形成σ键。

当 R^1 和 R^2 相同时称为单醚;当 R^1 和 R^2 不同时称为混醚。按照形状的差别,醚又可以分为链状醚和环状醚两类。其中常见的环状醚包括环氧化物和冠醚两类。

2. 醚的命名

1) 链状醚

(1) 普通命名法:简单的醚一般都用习惯命名法命名,即将氧原子所连的两个烃基的名称,按顺序写在醚的前面,芳基醚则将芳基放到烷基之前,单醚在烯烃之前加"二"字。

$$CH_3CH_2OCH_2CH_3 \qquad\qquad CH_3OCH_2CH_3$$

二乙基醚　或　乙醚　　　　　甲(基)乙(基)醚

(2) 系统命名法:比较复杂的醚,可用系统命名法命名。取碳链最长的烃基作母体,以烷基作取代基,称为某烷氧基某烷。烷氧基的英文名称在相应烷基名称后面加词尾"氧基"即"oxy",低于五个碳的烷氧基的英文名称将烷氧基中英文词尾"yl"省略。

1-(1-甲乙氧基)丙烷   环己氧基苯

2）环醚

（1）环氧化合物：氧原子和一段烃基的两端相连，形成一个环状化合物，称为环氧化合物。命名时用环氧（epoxy）作词头，写在母体名称之前。对于较大的环醚，习惯按照杂环规则命名（如四氢呋喃）。

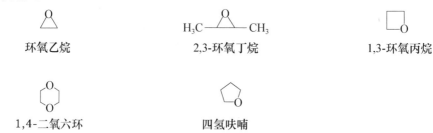

环氧乙烷   2,3-环氧丁烷   1,3-环氧丙烷

1,4-二氧六环   四氢呋喃

（2）冠醚：含有多个氧的大环醚结构很像王冠，因而称为冠醚（crown ether）。命名时先在前面写上环中原子总数，然后再在分隔符后加上"冠"表示冠醚，最后在分隔符后写上环中氧原子总数。

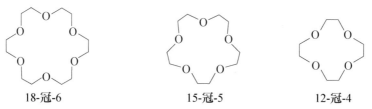

18-冠-6   15-冠-5   12-冠-4

10.3.2 醚的物理性质

除甲醚和甲乙醚为气体外，其余的醚大多数是无色、有特殊气味、易流动的液体，相对密度小于1。醚分子中不含羟基，分子间不能形成氢键，所以低级醚的沸点比同碳原子数的醇类沸点低很多。但是低级醚能和水形成氢键，因而在水中有一定的溶解度。环状醚在水中溶解性较大，四氢呋喃和二氧六环能和水互溶，见表10-4。

表10-4 一些常见的醚的物理性质

化合物	结构式	沸点/℃	相对密度
甲醚	CH_3OCH_3	−24.9	0.661
甲乙醚	$CH_3OCH_2CH_3$	7.9	0.697
乙醚	$CH_3CH_2OCH_2CH_3$	34.6	0.714
正丙醚	$(CH_3CH_2CH_2)_2O$	90.5	0.736
正丁醚	$(CH_3CH_2CH_2CH_2)_2O$	143	0.769
乙二醇二甲醚	$CH_3OCH_2CH_2OCH_3$	83	0.862
四氢呋喃	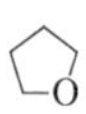	65.4	0.888
二氧六环	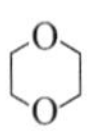	101.3	—

续表

化合物	结构式	沸点/℃	相对密度
环氧乙烷		11	—
环氧丙烷	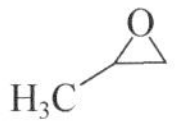	34	—
顺-2,3-二甲基环氧乙烷	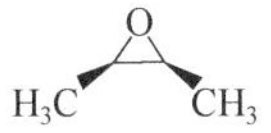	59	—
反-2,3-二甲基环氧乙烷		54	—

问题 11 乙醚和四氢呋喃都含有一个可以和水形成氢键的氧原子,然而四氢呋喃可以和水互溶,而乙醚却不能和水互溶。请对这个现象提出一个合理的解释。(提示:分子构型差别)

10.3.3 醚的化学性质

醚是不太活泼的化合物,醚键对碱和还原剂都比较稳定,但它能发生以下几种反应。

1. 醚的 α-碳-氢键的反应

乙醚及其他的醚如果长时间暴露在空气中或者经过光照,可生成爆炸性极强的过氧化物。

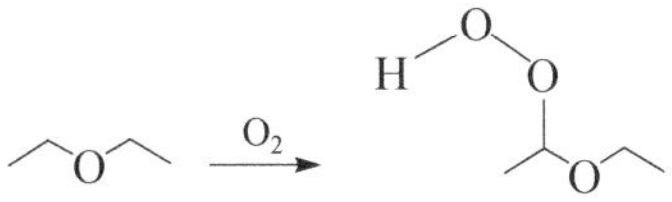

因而实验室在使用存放时间较长的乙醚、四氢呋喃时要仔细检查。向溶剂中加入 2% 碘化钾乙酸溶液,如果含有过氧化物,会游离出碘,使淀粉溶液变为蓝色。硫酸亚铁溶液或亚硫酸钠等还原剂加入溶液中后剧烈振荡,可破坏过氧化物。

在紫外光的激发下,室温下即可温和且高效地完成芳基醛、酮类化合物与链状醚类化合物的加成反应,这是清洁且高选择性地生成 β-羟基醚类化合物的新方法。

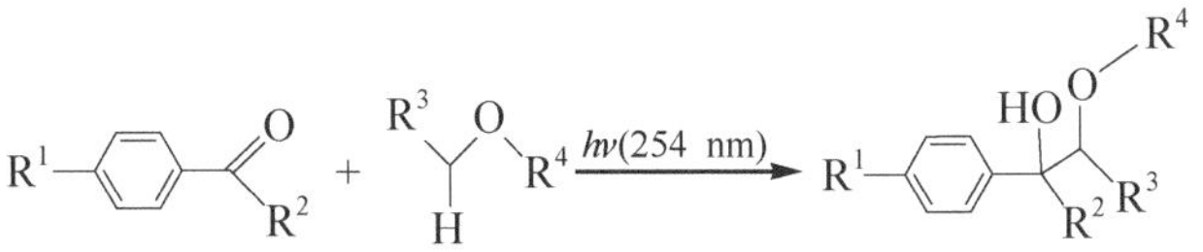

2. 形成锌盐和络合物

醚中的氧原子含有两对孤电子,是一个路易斯碱。乙醚能够吸收相当数量的氯化氢气体,形成锌盐。当溶液中加入能和盐酸反应的化合物时,锌盐又会释放出氯化氢。

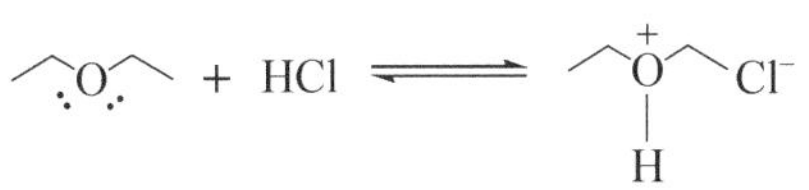

在遇到三氟化硼或者硼烷时,醚能和这些路易斯酸形成络合物。

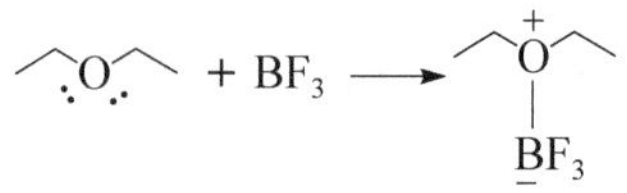

三氟化硼的乙醚溶液是实验室常用的路易斯酸,硼烷的乙醚溶液或者四氢呋喃溶液是实验室常用的还原剂。

3. 醚键的断裂

前面提到醚和盐酸气体能够形成锌盐,醚在和氢碘酸加热时,也会先形成锌盐,但是这个锌盐会进一步发生碳氧键的断裂。根据烷基性质的不同,可以发生 S_N1 或者 S_N2 反应。

若与氧相连的是伯碳,则发生 S_N2 反应。

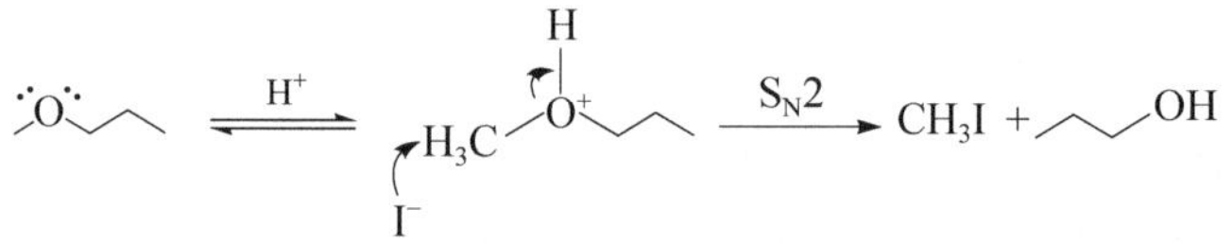

若与氧相连的是叔碳,则发生 S_N1 反应。

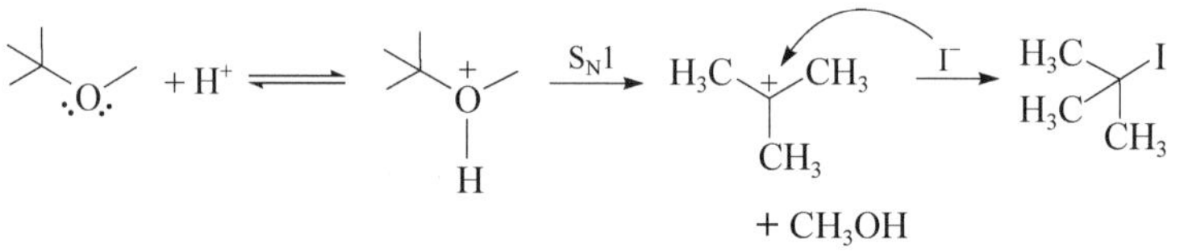

4. 环醚的化学性质

环氧乙烷是一类重要的环醚,被广泛运用到有机合成中。环氧乙烷的重要性在于它的高度活泼性,这种活泼性是由具有高度张力的三元环造成的。三元环的平均键角为 $60°$,而三元环中的碳都采用 sp^3 杂化,键角是 $109.5°$,因而原子所处的位置不能使轨道有最大的重叠,导致环不稳定。

1) 酸催化的开环反应

环氧丙烷可以在酸催化下发生开环,反应具有高度的区域选择性(regioselectivity),亲核试剂倾向于进攻取代基多的碳。

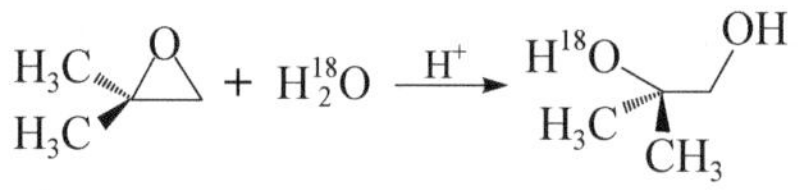

如果进攻的环碳原子是手性碳,会导致构型翻转。

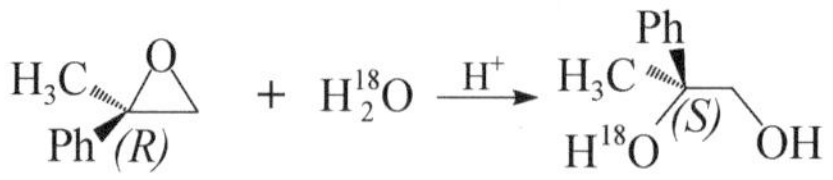

酸催化的开环反应是按照 S_N2 的机理进行的,但是具有 S_N1 的性质。酸的作用是质子化环氧丙烷中的氧原子上带有正电荷,会吸引相邻的碳原子上的电子,这样就削弱了 C—O 键,并且导致碳原子带有部分正电荷。在与氧相邻的两个碳原子中,显然当正电荷分布到含取代基较多的碳上时过渡态比较稳定。在亲核试剂进攻时,亲核试剂会选择与更缺电子的碳结合,这就导致酸催化开环的区域选择性。在这里电子效应是主要控制因素,空间因素不是主要因素。

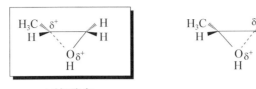

更加稳定

2）碱催化的开环反应

酸催化的开环反应主要是亲核能力较弱的亲核试剂，因而需要酸帮助开环。如果亲核试剂亲核能力足够活泼，此时开环反应可以直接进行。这是一个 S_N2 反应，C—O 键的断裂与亲核试剂与环碳原子之间键的形成是一个协同的过程，几乎是同时进行的。此时空间效应是主要因素，亲核试剂进攻位阻较小的碳。

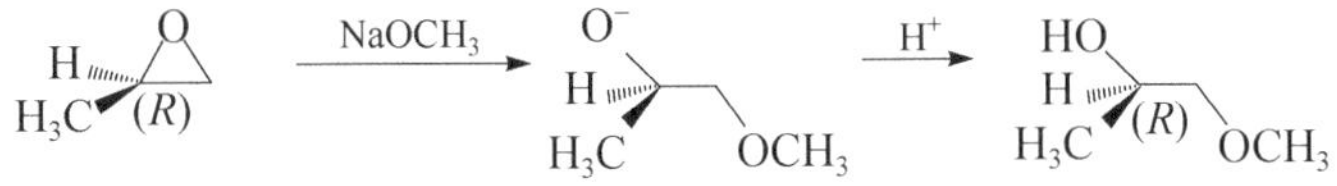

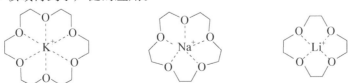

问题 12　请解释上述转化过程中为什么手性中心在转化后构型没有发生变化。

10.3.4　冠醚

冠醚因为形状像皇冠而得名。进一步地研究发现，冠醚不仅构型独特，而且性能特异。

冠醚的合成都比较简单，如 18-冠-6 的制备方法如下。

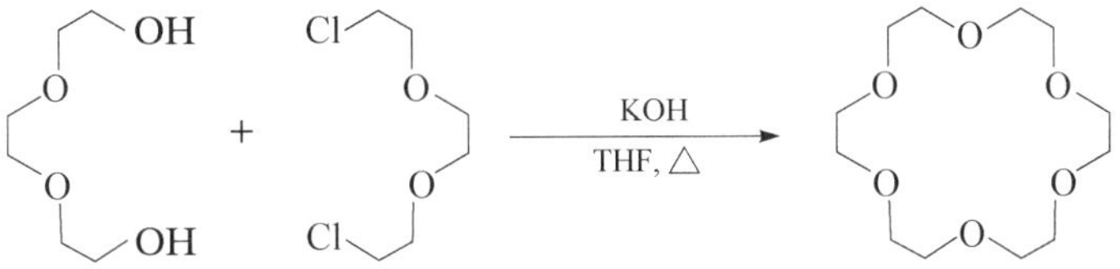

18-冠-6

在冠醚的大环中有空穴，同时氧原子有未共用的孤对电子，因而可以和金属形成络合物。只有和空穴大小匹配的金属离子才能和相应的冠醚络合。其中，18-冠-6 可以和钾离子络合；15-冠-5 可以和钠离子络合；12-冠-4 可以和锂离子络合。冠醚这种专一的选择性可以进行分子识别，在超分子领域得到了广泛的应用。

此外，金属离子本身在大多数有机溶剂中溶解性很差，但是和冠醚形成络合物后可以溶解在有机溶剂中，因此冠醚常被作为相转移催化剂使用。相转移催化剂（phase transfer catalyst）常用于非均相反应体系中，它能把一种实际参加反应的实体从一相转移到另一相中，从而使它与另一个参与反应的底物相遇，促使反应更快地进行。

苄氯在和氰化钾反应制备苯乙氰时，在室温下即使反应 72 h，仍然只能得到 20% 的产率。这主要是由于氰化钾是无机盐，在乙氰中溶解度较差，因而乙氰中氰离子的浓度很低，反应很慢。

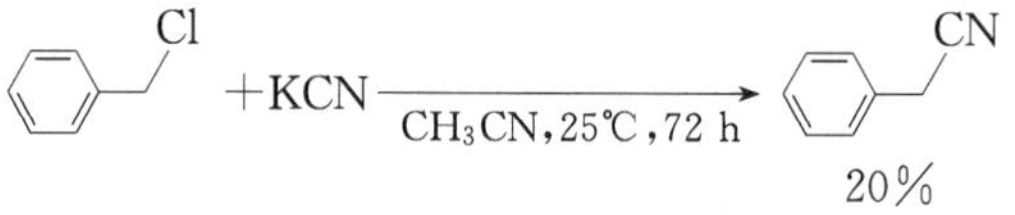

$$20\%$$

但是当向反应体系中加入相转移催化剂 18-冠-6 后,反应在 0.4 h 内产率就达到 100%。这是因为冠醚会和钾离子形成如下图所示的络合物,氰离子因为和络合物之间的静电作用而被转移到有机相中,有机相中氰离子浓度增大,反应速率加快。

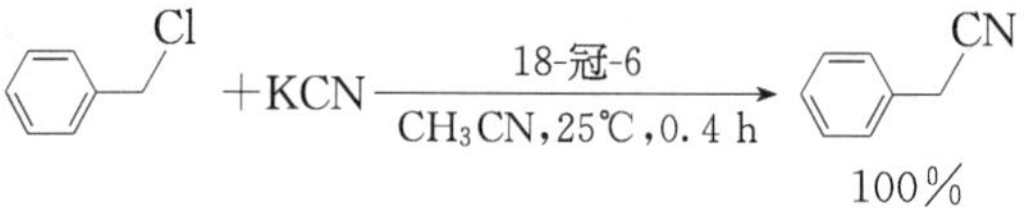

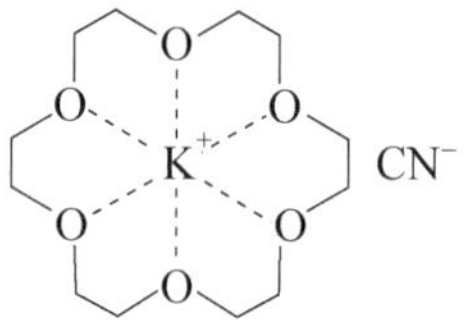

$$100\%$$

络合物

10.3.5　硫醚

醚分子中的氧原子被硫原子取代的化合物,称为硫醚(sulfide or thioether)。硫醚的命名方法和醚相似,只需在醚字之前加一个硫字即可。

低级硫醚也有臭味,沸点比相应的醚高,但是不能和水形成氢键,不溶于水。

硫醚易被氧化,根据反应条件的不同,可以形成亚砜和砜。

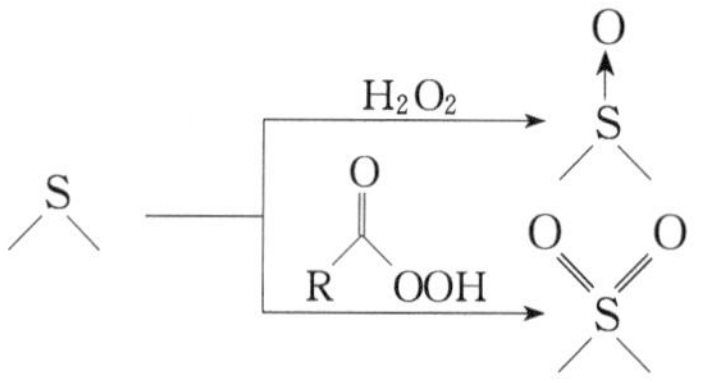

亚砜类化合物具有重要的生物活性,其中全球销量最大的胃药:奥美拉唑(omeprazole)就是一种亚砜。它本身是一个消旋体,它的 S 型异构体称为埃索美拉唑(esomeprazole)。

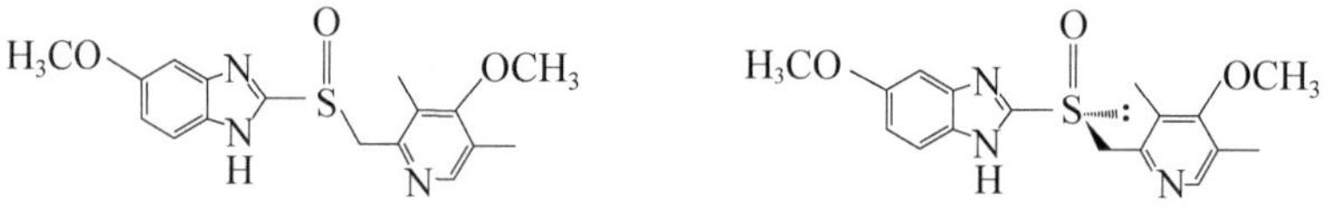

奥美拉唑　　　　　　　　　　　埃索美拉唑

埃索美拉唑是由过氧化羟基异丙苯氧化制备的。四异丙氧基钛和酒石酸二乙酯形成手性络合物,在这个手性络合物的催化下,反应能取得大于 94% 的 ee 值。

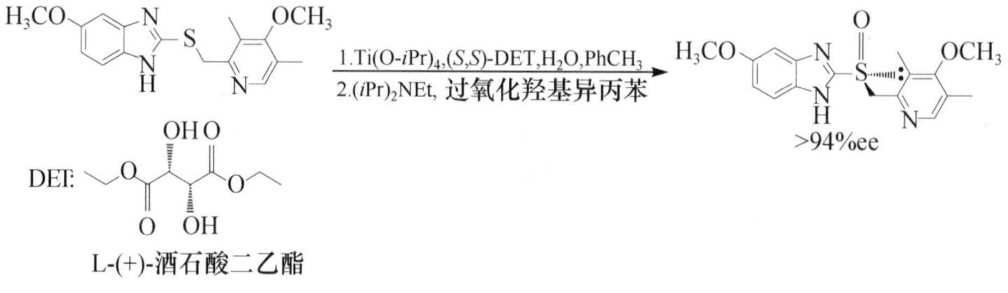

$$>94\%ee$$

DET:

L-(+)-酒石酸二乙酯

由于硫的原子半径较大,电子云容易极化,因而硫醚有亲核性,能和卤代烃发生亲核取代反应生成锍盐(sulfonium salt)。醚则不能发生同样的反应。

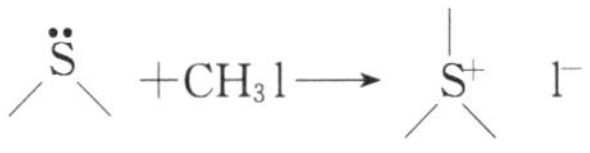

$$\ddot{S} + CH_3I \longrightarrow S^+ \quad I^-$$

锍盐

10.3.6　醚的制备

1. 醇脱水

将等物质的量的醇和硫酸共热,在温度不超过 150℃时,醇发生分子间脱水反应得到醚。如果温度过高,则发生分子内脱水反应生成烯。

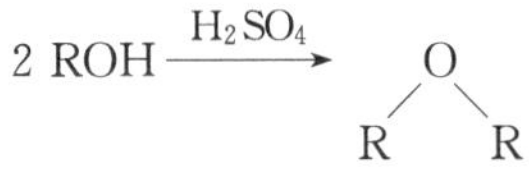

$$2\,ROH \xrightarrow{H_2SO_4} R{-}O{-}R$$

醇脱水制备醚的反应是亲核取代反应。伯醇的分子间脱水,是通过 S_N2 反应的机理进行的;仲醇的分子间脱水,是通过 S_N1 反应机理进行的。叔醇虽然比较容易形成碳正离子,但是由于叔醇自身的空间位阻较大,因而不能自身脱水形成醚。当将叔醇和伯醇混合时,叔醇会先形成碳正离子,然后与伯醇形成混合醚。

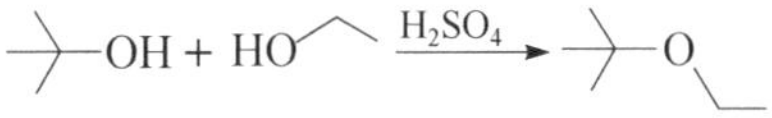

$$\rangle{-}OH + HO\frown \xrightarrow{H_2SO_4} \rangle{-}O\frown$$

问题 13　请分别写出伯醇和仲醇自身脱水成醚的反应机理。

---

2. 威廉姆森合成法

威廉姆森合成法既可以制备对称醚也可以制备不对称醚;既可以制备芳基烷基醚也可以制备二芳基醚。

威廉姆森合成法是把一个卤代烷与醇钠或者酚钠反应。需要注意的是,由于卤素和苯环(或者烯烃)的共轭作用,碳卤键很难断裂,因而一般情况下不用芳基卤代物和烯烃卤代物。

$$R^1{-}X + NaOR^2 \longrightarrow R^1{-}O{-}R^2$$
$$R{-}X + NaOAr \longrightarrow R{-}O{-}Ar$$

问题 14　威廉姆森合成法也可以制备二芳基醚,请写出该化合物的制备方法和反应机理。

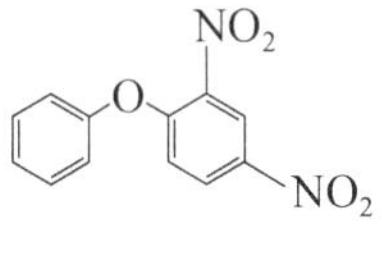

由于醇钠既是一个亲核试剂又具有一定的碱性,因而在遇到位阻较大的卤代烷时,消除反应的产物是主要产物。因而在设计合成方案时一定要慎重选择。

10.3.7　重要的醚

1. 乙醚

乙醚是无色液体,比水轻。由于乙醚沸点低、挥发性强,在使用乙醚时要格外小心。乙醚是一个良好的有机溶剂和萃取剂,能够溶解树脂、油脂、硝化纤维等很多有机物。它具有麻醉作用,在医药上可作麻醉剂。

乙醚中常含有微量水,合成中需要的无水乙醚,需由分析纯乙醚经过钠除水处理。

2. 环氧乙烷

环氧乙烷为无色、有毒气体,可与水混溶,也可以溶于乙醇、乙醚等有机溶剂。由于三元环的张力,环氧乙烷的化学性质很活泼,可以在酸或碱催化下开环,发生一系列反应,是一个重要的合成原料。

习 题

1. (1) 不考虑对映异构体,请写出戊醇的八个异构体的结构并用系统命名法命名每一个异构体。

　(2) 哪一个是异戊醇、正戊醇、叔戊醇、新戊醇?

　(3) 标出伯、仲、叔醇。

2. 不要查表,将下列化合物按照沸点从高到低顺序排列。

　(1) 2-戊醇,正戊烷,2,2-二甲基丙醇,正己醇,正戊醇

　(2) 乙酸,乙醚,乙醇。

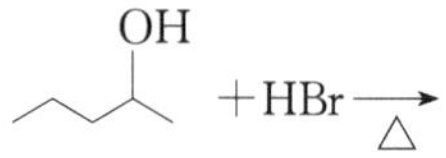

3. 完成下列反应。

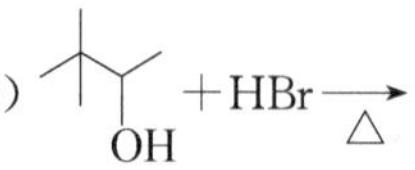

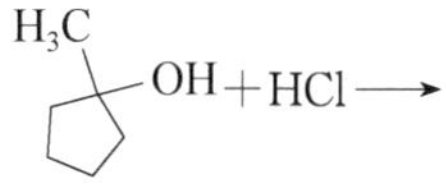

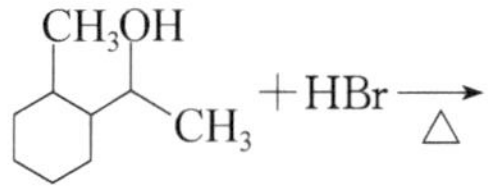

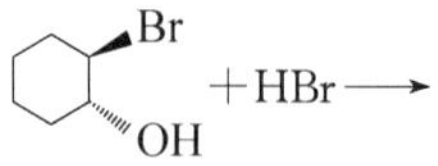

4. 醇可以经过两种不同的方法转化为醚,其中经过三溴化磷和甲醇钠取代后得到构型不变的产物;而经过对甲苯磺酰氯和甲醇钠处理得到构型翻转的产物。请提出合理的反应机理,并解释反应过程中的立体化学。

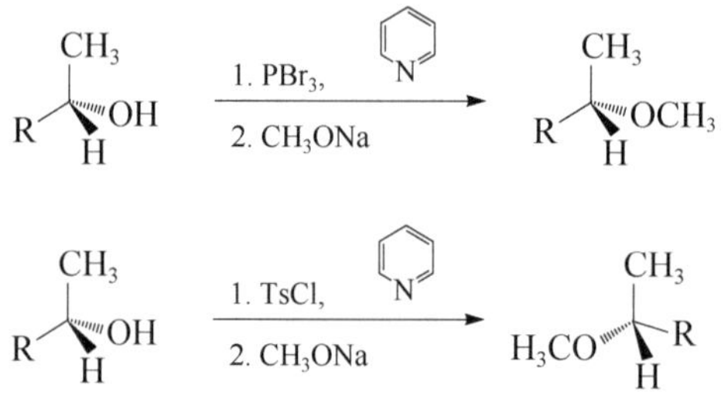

5. 请写明下列醇转化为相应的卤代烷的试剂和反应条件。

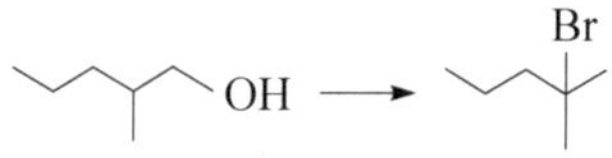

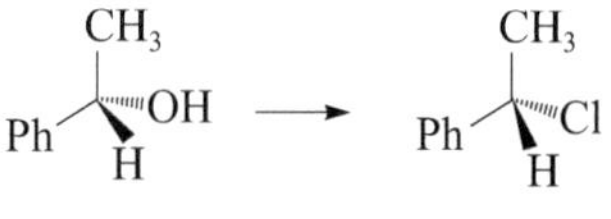

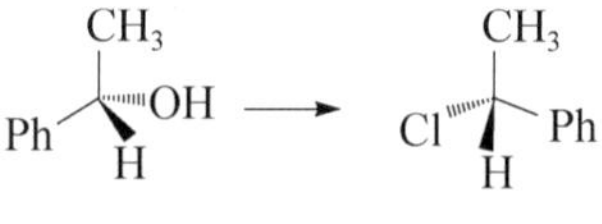

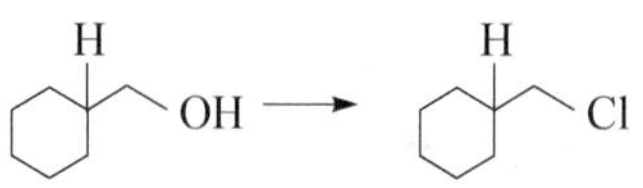

6. 请给出格氏试剂和有关的醛酮合成下列醇。

(1) 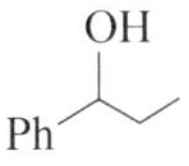 Ph—CH(OH)—CH2CH3　　(2)  Ph—C(CH3)2—OH　　(3) 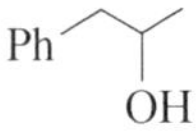 Ph—CH2—CH(OH)—CH3

(4) 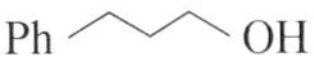 Ph—CH2CH2CH2—OH　　(5) 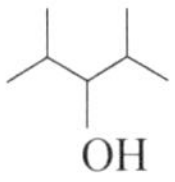 (CH3)2CH—CH(OH)—CH(CH3)2　　(6) 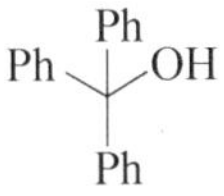 Ph3C—OH

7. 请为下面两个反应提出合理的机理。

(1)

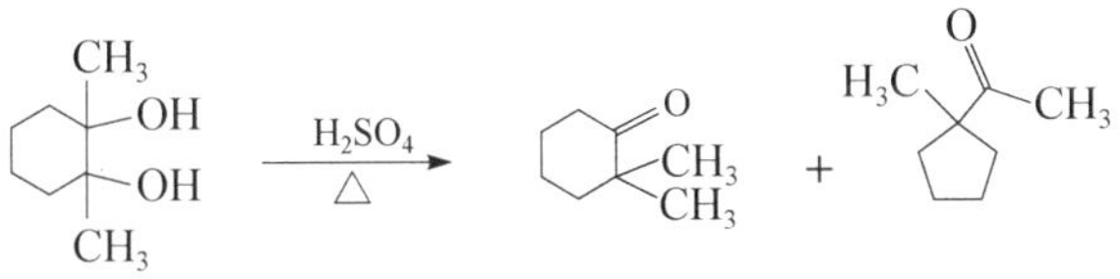

(2)

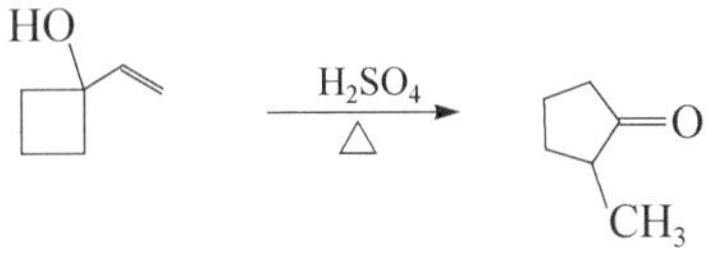

8. 下面三个转化,哪个反应速率最快,为什么?

(1)

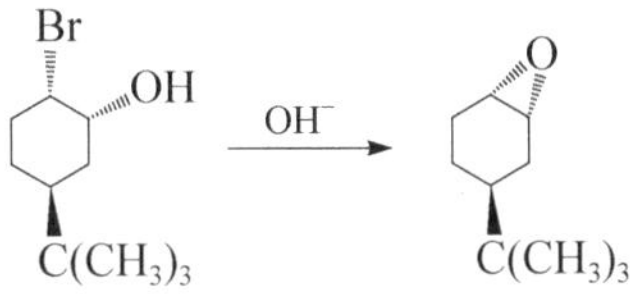

(2)

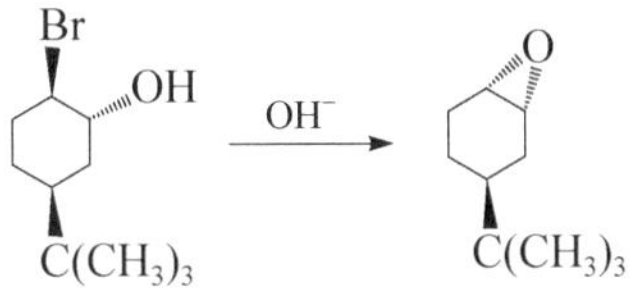

(3)

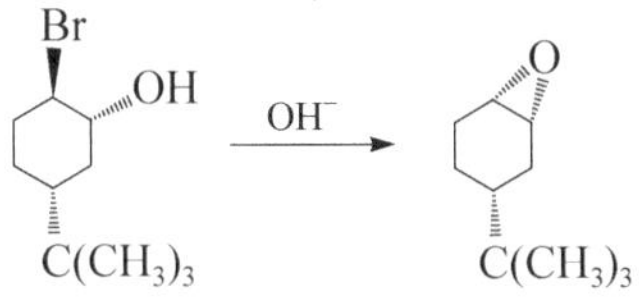

9. 当氢碘酸和下列化合物加热时,主要得到什么产物?

(1) 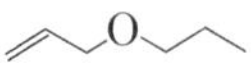 　　(2) 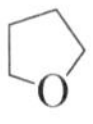 　　(3)

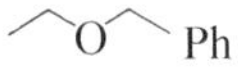

(4) 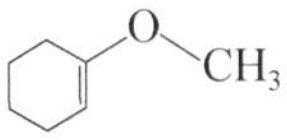 　　(5)

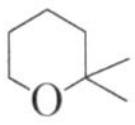

10. 写出下列试剂和环氧化合物反应的产物。

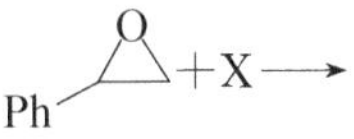

(1) H_2O, H^+　(2) $H_2O, NaOH$　(3) CH_3CH_2OH, H^+　(4) $HOCH_2CH_2OH(1 \text{ mol}), H^+$

(5) (4)中的产物,H^+　(6) HCN　(7) HCO_2H　(8) $CH_3CH_2NH_2$　(9) PhMgBr

11. 请为下面的反应提出一个合理的机理。

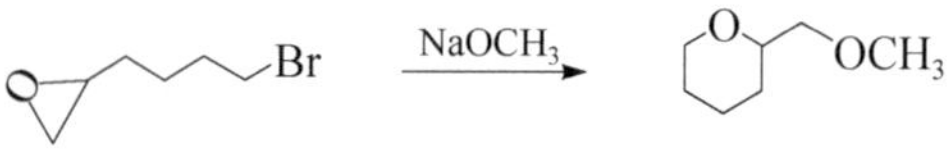

12. 写出环戊醇和下列物质反应的主要产物。

(1) 冷的浓 H_2SO_4　(2) H_2SO_4 加热　(3) CrO_3，H_2SO_4　(4) 浓的 HBr 溶液

(5) $P+I_2$　(6) Na　(7) CH_3CO_2H，H^+　(8) CH_3MgI　(9) 对甲苯磺酰氯，吡啶

13. 有分子式为 C_8H_9OBr 的化合物 X，它不溶于水，但溶于冷的浓硫酸。当用 $AgNO_3$ 处理时能够产生沉淀，不与稀 $KMnO_4$ 和 Br_2/CCl_4 作用。进一步的研究得到以下结果，则 X、**a**、**b** 可能有什么结构？

$$X \xrightarrow[\triangle]{KMnO_4} \text{一个酸}\quad \mathbf{a}$$

$$X \xrightarrow[\triangle]{\text{浓 } HBr} C_7H_7OBr\quad \mathbf{b}$$

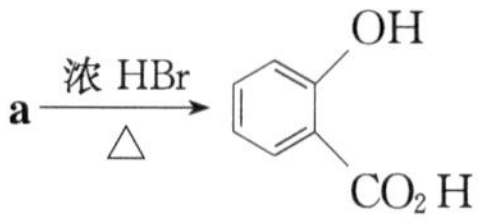

14. 试把环己烷、环己醇、苯酚和苯甲酸的混合物分离成单一的物质。

15. 有光学活性的对溴苯磺酸-2-辛酯和纯水反应时，产生构型完全相反的 2-辛醇。然而和水与二氧六环的混合物反应时，在构型改变的同时发生消旋化，而且消旋化程度随着二氧六环浓度的增加而增加。请对这一现象提出合理的解释。

第 11 章 醛 和 酮

醛和酮都是羰基化合物,分子结构中都含有羰基 $\left(O\!\!=\!\!C\diagup \right)$ (carbonyl group)。醛和酮的化学性质都是由这个官能团决定的。羰基和氢原子相连的化合物称为醛(aldehyde),羰基和两个烃基相连的化合物称为酮(ketone)。

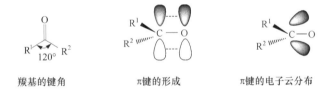

11.1 醛和酮的结构和命名

11.1.1 醛和酮的结构

羰基碳和双键碳一样,也是采用 sp^2 杂化,通过三个 sp^2 杂化轨道和其他三个原子形成 σ键而连接在一起。三个原子位于同一个平面,键角为 120°。碳原子剩余的 p 轨道和氧的 p 轨道重叠,形成一个 π 键;碳和氧以双键相连,如图 11-1 所示。

羰基的键角   π键的形成   π键的电子云分布

图 11-1 羰基的键角和 π 键

与碳碳双键不同的是,由于氧原子的电负性大于碳,因而羰基的 π 键是一个极性键,电子云偏向氧。

醛和酮因为都含有羰基,所以具有很多相似的化学性质,同时又因为结构上的不同而导致了性质的差异。醛的羰基连有一个氢原子,而酮的羰基和两个烃基相连。这种结构上的差别从两方面影响着它们的性质:①醛容易被氧化,酮却难被氧化;②醛比酮更容易发生亲核加成反应。一方面,由于烷基比氢的空间位阻大,因而会阻碍亲核试剂靠近羰基;另一方面,烃基和缺电子的羰基之间有超共轭作用,这样就增加了羰基碳的电子云密度,降低了羰基和亲核试剂反应时的活性。

问题 1 请用纽曼投影式画出下列化合物最稳定的构象。

11.1.2 醛和酮的命名

1. 普通命名法

醛类按所含的碳原子数称为某醛。含有支链的醛,支链的位置用希腊字母 α、β、γ、ω 等表示。紧连羰基的碳原子为 α-碳原子,其次为 β-碳原子、γ-碳原子,最末位的为 ω-碳原子。

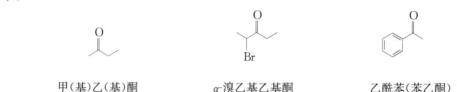

丁醛   丙烯醛 α-溴丁醛

酮的命名和醚类似,按羰基相连的两个基团来命名。酮的羰基和苯环相连时,则称为酰基苯。

O   O   O
‖   ‖   ‖

甲(基)乙(基)酮 α-溴乙基乙基酮   乙酰苯(苯乙酮)

2. 系统命名法

醛酮的系统命名法和醇类似。选择含有羰基的最长碳链作为主链,然后从靠近羰基的一端开始编号。对于醛,羰基总是在链端,因而不需要用数字标明它的位置。芳香族醛酮命名时,把芳环作为取代基,醛酮作为母体来命名。

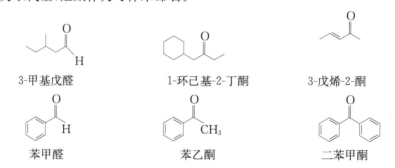

3-甲基戊醛   1-环己基-2-丁酮   3-戊烯-2-酮

苯甲醛   苯乙酮   二苯甲酮

11.2 醛和酮的物理性质

由于氧的电负性比碳强,因此羰基具有一定的极性,醛和酮是极性化合物。由于醛酮分子间的偶极-偶极吸引力,醛酮的沸点比相应相对分子质量的烷烃高,但是比醇低。醛酮的氧原子可以和水形成氢键,因而低级醛酮能与水互溶,随着相对分子质量增大,烃基部分的延长,在水中溶解度逐渐降低。脂肪族醛酮相对密度比水小,芳香族醛酮比水大。表 11-1 为一些常见醛酮的物理性质。

表 11-1　一些常见醛酮的物理性质

名称	熔点 /℃	沸点 /℃	溶解度/[g·(100 g 水)$^{-1}$]
甲醛	−92	−21	互溶
乙醛	−121	21	16
丙醛	−81	49	7
丁醛	−99	76	微溶
戊醛	−92	103	微溶
苯甲醛	−26	178	0.3
丙酮	−95	56	互溶
丁酮	−86	80	26
2-戊酮	−78	102	6.3
3-戊酮	−40	102	5
环己酮	−45	155	2.4
苯乙酮	20.5	202	不溶
苯丙酮	21	218	不溶
二苯甲酮	48	306	不溶

11.3　醛和酮的化学性质

羰基(C═O)支配着醛和酮的化学性质。这种支配作用体现在三个方面：①提供亲核加成的部位；②增强 α-碳原子上氢的酸性；③活化连接在羰基的 α-碳和 β-碳上的双键。这些性质归根结底都源于羰基中氧和碳不同的电负性，氧和碳不同的电负性导致碳原子的电正性，很容易和一系列亲核试剂发生反应。缺电子的羰基碳进一步活化了 α-位的碳氢键(C—H)和 α,β 双键。

(1)羰基的亲核加成反应。富电子的亲核试剂和缺电子的羰基之间的反应称为羰基的亲核加成反应(图 11-2)，或者 1,2-加成反应。亲核试剂可以是带负电的碳原子、氧原子和氮原子；也可以是含有孤对电子的分子。这一类型反应是否容易进行和羰基碳原子的亲电性的强弱、亲核试剂亲核性的强弱以及空间位阻紧密相关。

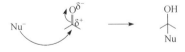

Nu为亲核试剂(nucleophile)

图 11-2　亲核加成反应

(2)α-活泼氢的反应。醛或者酮 α-氢具有一定的酸性，在碱的作用下可以变成烯醇负离子。烯醇负离子本身不稳定，很容易和缺电子的试剂(如羰基或者卤素)发生反应。在酸催化下，醛和酮也能够发生互变异构转化为烯醇，同烯醇负离子一样，烯醇也不太稳定，能和缺电子试剂发生反应。

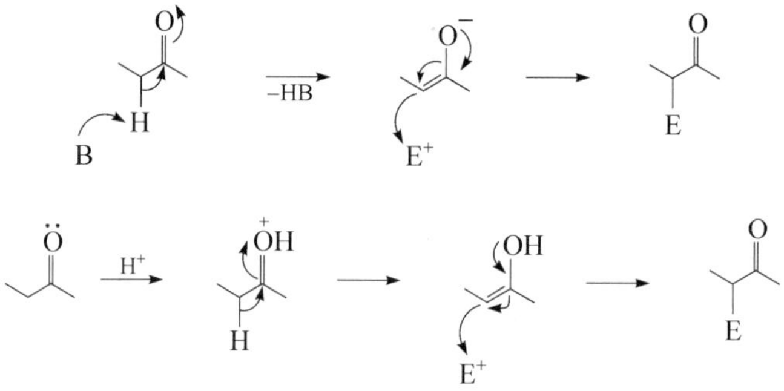

B为碱；E为亲电试剂（electrophile）

（3）α,β-不饱和羰基化合物的共轭加成。如果羰基旁有一个碳碳双键,它和羰基形成 π-π 共轭体系。由于羰基的诱导效应,碳碳双键上的电子云密度减小,能够和亲核试剂发生反应。这就涉及羰基和双键的化学选择性,与碳碳双键的加成反应称为共轭加成反应,也称为迈克尔（Michael）加成反应。

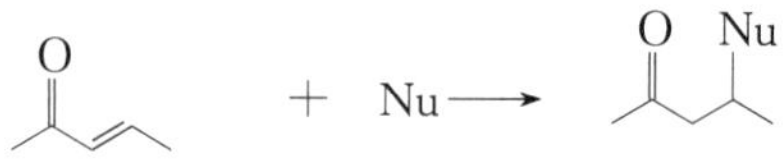

11.3.1　亲核加成反应

1. 与含碳亲核试剂的加成

1）与格氏试剂的加成

格氏试剂和醛酮的加成是制备醇的重要方法,这部分内容已在醇的制备中详细讨论。

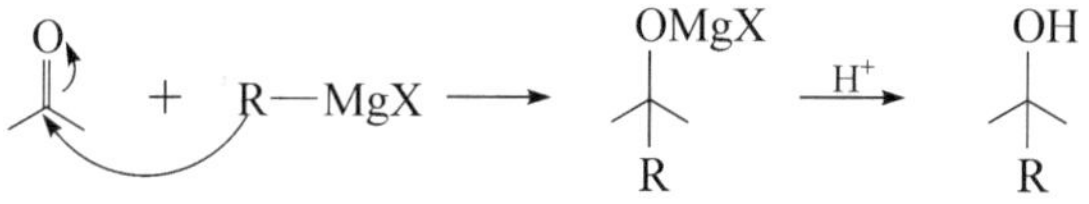

当羰基和一个手性碳相连时,这时和格氏试剂反应,由于手性碳的诱导作用会产生手性醇。产物的构型可以用克拉姆(Cram)规则预测。手性碳上除去羰基,其他的三个基团可以按体积大小用大（L）、中（M）和小（S）表示。由于反应时羰基会和格氏试剂络合,因此只有远离 α-碳上大基团（L）时,过渡态才具有最低的能量。

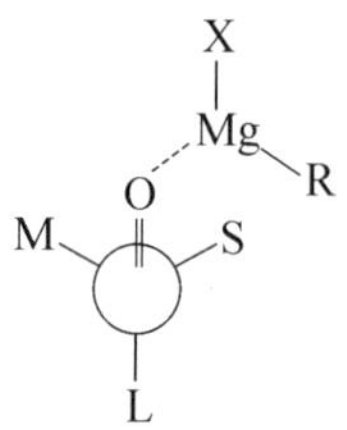

从费歇尔投影式中我们可以看到,羰基和手性碳的大基团处于反式位置,小基团和中等大小的基团分别位于羰基的两侧。当碳负离子从小基团一侧进攻时,位阻最小,反应速率最快。

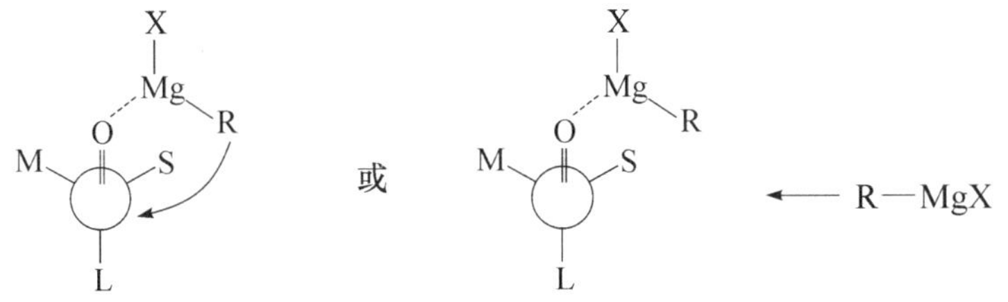

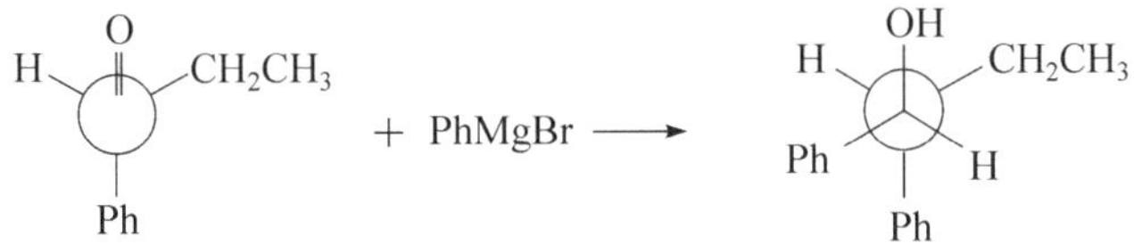

主要产物

问题 2 格氏试剂不仅对水敏感,而且通常情况下都在氩气保护下反应,这主要是格氏试剂和二氧化碳可以发生反应。请问格氏试剂和二氧化碳反应生成什么产物? 这个反应可以用来制备什么化合物?

2) 与氰化物的加成

氰基负离子可以和羰基发生加成,得到 α-羟基腈。

由于氰化氢有剧毒,因此可以在羰基化合物和氰化钠的水溶液中加入无机酸原位制备氰化氢。适当的酸可以使羰基质子化活化羰基,增加羰基的亲电性。但是过多的酸会和氰基负离子形成氢氰酸,降低氰负离子的浓度,降低亲核加成的速率。

得到的 α-羟基腈很容易发生水解反应,得到 α-羟基酸。α-羟基腈能够被氢气还原为氨,得到的 β-氨基醇是一类重要的化合物。

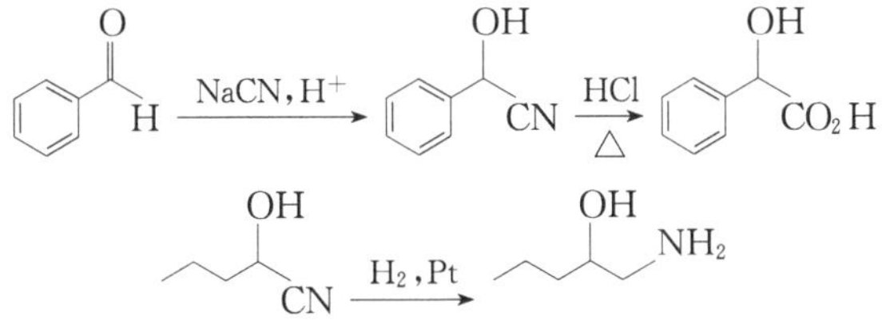

β-氨基醇

3) 与金属炔化物的加成

金属炔化物是一个很强的亲核试剂,能够和羰基发生反应,得到炔丙醇。炔丙醇是一个很有用的合成中间体。炔化钠是较常用的亲核试剂。

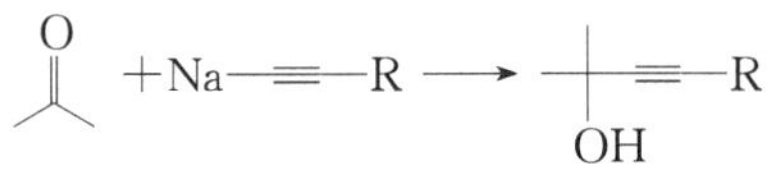

得到的炔丙醇经氢气还原,可以得到另一个很有用中间体——烯丙醇。

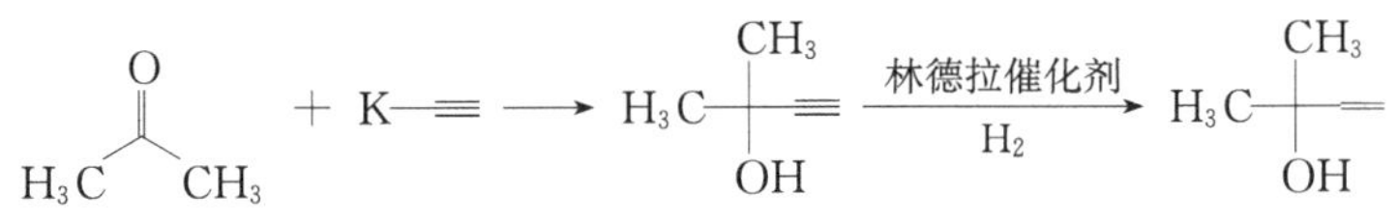

4) 与维悌希(Wittig)试剂反应

磷和卤代烷发生反应,通过 S_N2 机理得到鳞盐。

$$PPh_3 + CH_3I \longrightarrow Ph_3\overset{+}{P}\!-\!CH_3 \, I^-$$

强碱能够除去鳞盐中磷原子旁 α-碳上的氢,得到磷叶立德(ylide)。

$$Ph_3\overset{+}{P}\!-\!CH_3 \, I^- \xrightarrow{\text{NaHMDS}} Ph_3\overset{+}{P}\!-\!\overset{-}{C}H_2$$

磷叶立德

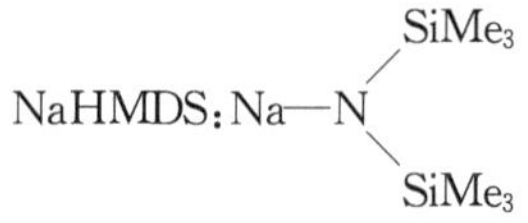

$$\text{NaHMDS:} \quad Na\!-\!N\!\begin{array}{l} SiMe_3 \\ \\ SiMe_3 \end{array}$$

磷叶立德是一种很强的亲核试剂,很容易和醛酮反应,生成烯烃。这是一种常用的制备烯烃的方法。

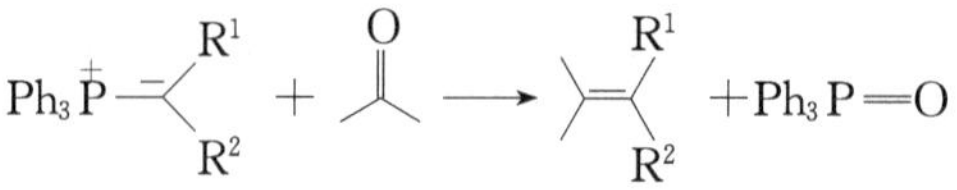

$$Ph_3\overset{+}{P}\!=\!\!\begin{array}{l} R^1 \\ R^2 \end{array} + \begin{array}{c} O \\ \| \\ \end{array} \longrightarrow \begin{array}{l} R^1 \\ R^2 \end{array} + Ph_3P\!=\!O$$

反应的实质是一个亲核加成反应,中间体消除三苯基氧膦后得到烯烃。

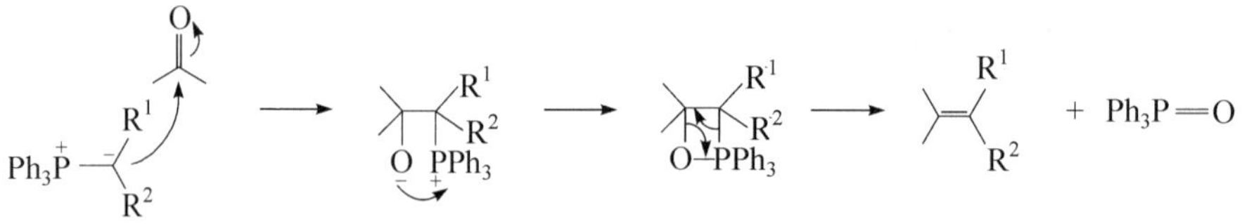

带有吸电子基团的卤代烷和磷试剂形成的叶立德比较稳定,稳定叶立德和醛反应主要得到 E 式烯烃,而其他叶立德反应则得到 Z 式烯烃。

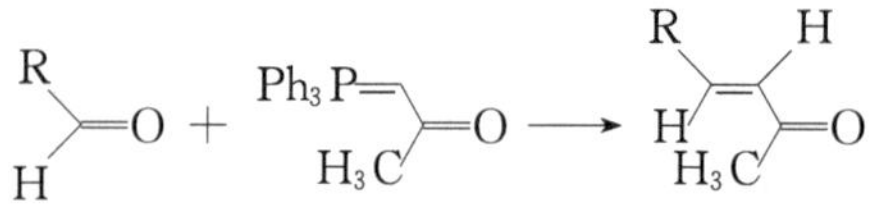

稳定叶立德 E 式烯烃

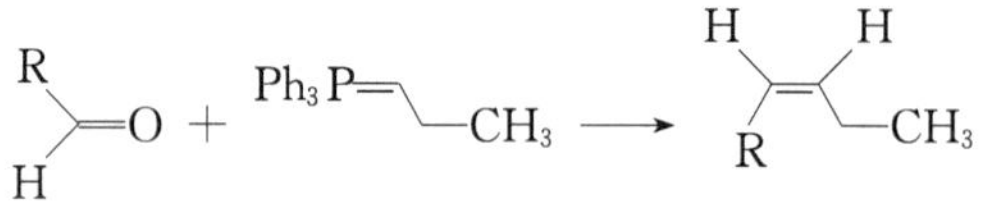

Z 式烯烃

5) 安息香缩合

苯甲醛在氰离子的催化下加热,可以和另一分子苯甲醛发生缩合,生成 α-羟基酮。α-羟基酮又称安息香(benzoin),因此这个反应称为安息香缩合反应。

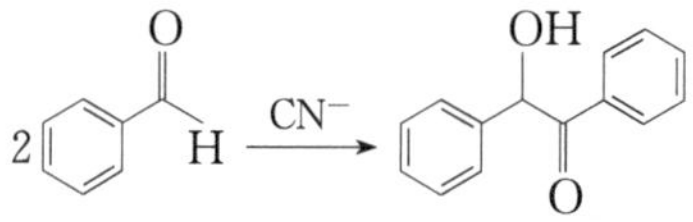

安息香

安息香缩合反应的机理如下,其中关键的一步是碳负离子对羰基的亲核加成反应。

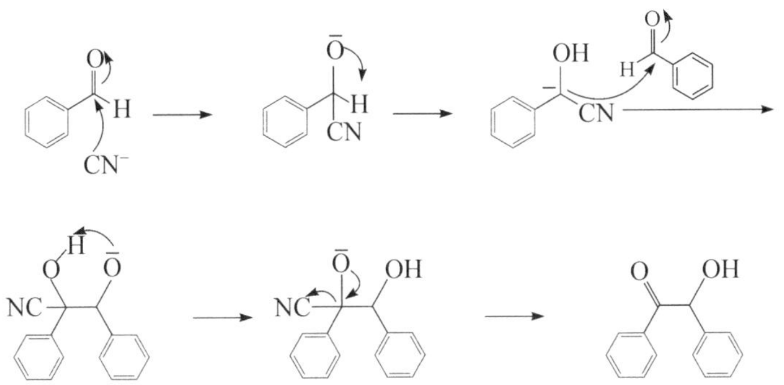

问题 3 某研究生需要一些二苯甲醇,他用苯甲醛和苯基溴化镁的反应来制备。为了确保高的产率,他不是加入 1 mol 而是 2 mol 苯甲醛。在经过处理后他得到很漂亮的结晶形产物,令人失望的是这个晶体是二苯基酮而不是二苯甲醇。请解释为什么会得到二苯甲酮。在和他的导师讨论后,他用等量的醛和格氏试剂反应,高产率地得到了二苯甲醇。

2. 与含氧亲核试剂的加成

醛、酮在酸性催化剂的作用下,和两分子醇反应失水,得到缩醛或者缩酮。反应一般在苯或者甲苯中进行,常用对甲苯磺酸作催化剂。由于苯和甲苯能和水形成共沸物,因此在回流的过程中,反应生成的水会和溶剂一起蒸馏出反应体系,促使反应向生成产物的方向移动。共沸物经冷凝后在分水回流器(dean-stark trap)中分为两相(图 11-3)。

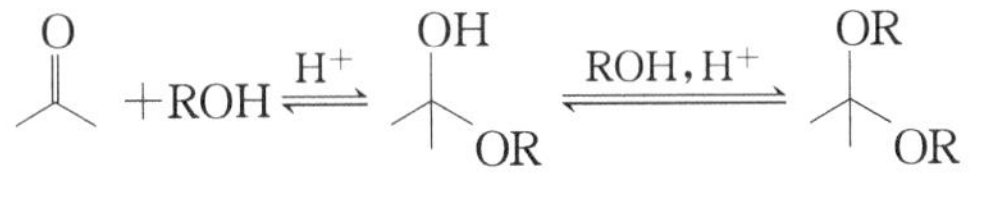

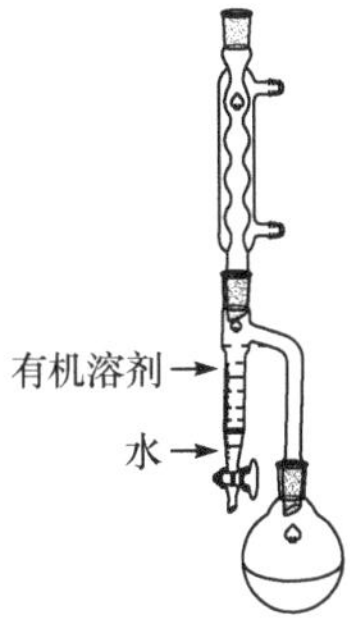

图 11-3 分水回流装置

酸和羰基形成锌盐 **A**,增加羰基的亲电性,活化的羰基和一分子醇加成生成不稳定的半缩醛。半缩醛再与酸结合生成锌盐 **B**,使羟基变成更容易离去的水。半缩醛失水生成缺电子的中间体 **C**,**C** 再和一分子醇反应得到缩醛。

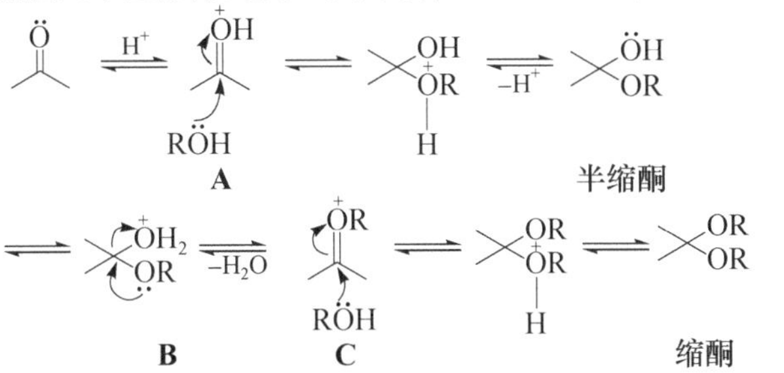

天然产物往往含有多个官能团,在修饰天然产物或者进行全合成时,常需要保护羰基以避免副反应或者不必要的麻烦。这时运用的策略是将羰基转化为缩醛(酮)。常用的保护试剂是乙二醇或者丙三醇,它们能够和羰基反应生成稳定的五元环和六元环。

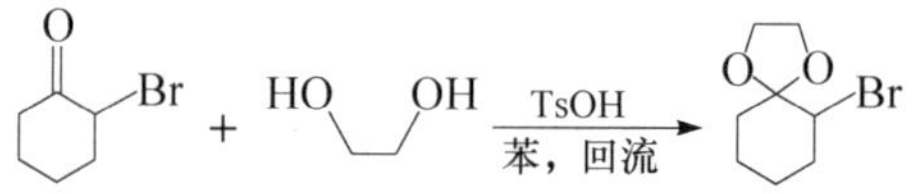

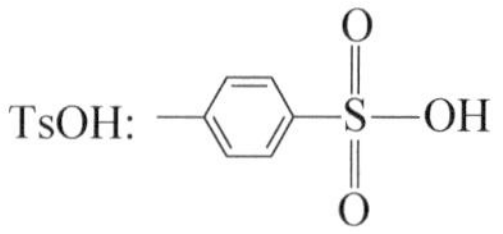

羰基生成缩醛的反应是可逆反应,在有水存在时,酸又可以将缩醛转化为醛。因而这是一个非常有效的保护策略,在全合成中得到了广泛应用。

问题 4　醛不仅可以和醇反应得到缩醛,还可以在酸催化下和水反应生成偕二醇,请写出偕二醇的结构和反应机理。在和水反应时,甲醛、乙醛、丙酮的转化率依次降低,请从反应物和产物结构的角度解释这一现象。

问题 5　三氯乙醛的水合物能够稳定存在,是少数几种能够分离的偕二醇之一,常用作镇静剂。请指出导致该偕二醇稳定存在的主要因素。

3. 与含氮亲核试剂的加成

1) 与伯胺的反应

醛酮与伯胺反应得到亚胺(imine)(又称席夫碱,Schiff base),一般都需要在酸的催化下进行;酮的反应条件比醛苛刻。反应得到的亚胺,尤其是脂肪族化合物的亚胺,遇水和酸易分解。亚胺一般不能通过柱层析分离纯化,但是通过重结晶或蒸馏可以得到纯的化合物。

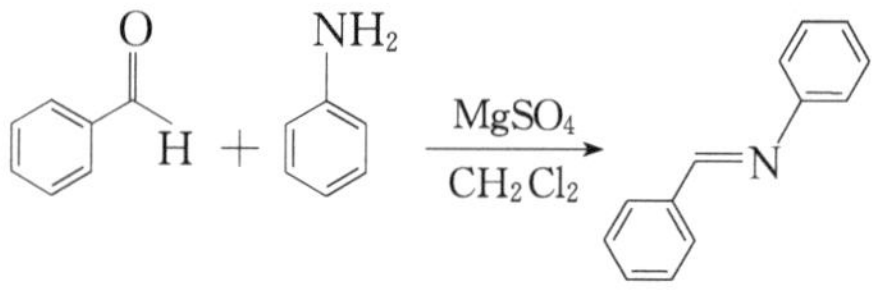

问题 6　请画出上述反应得到的亚胺可能有哪几种构型? 哪种构型更稳定?

反应是按照以下过程进行的。当一个碳上同时连有一个羟基和一个氨基时,这个中间体和半缩醛一样不稳定,羟基很容易和酸结合以水的形式离去。

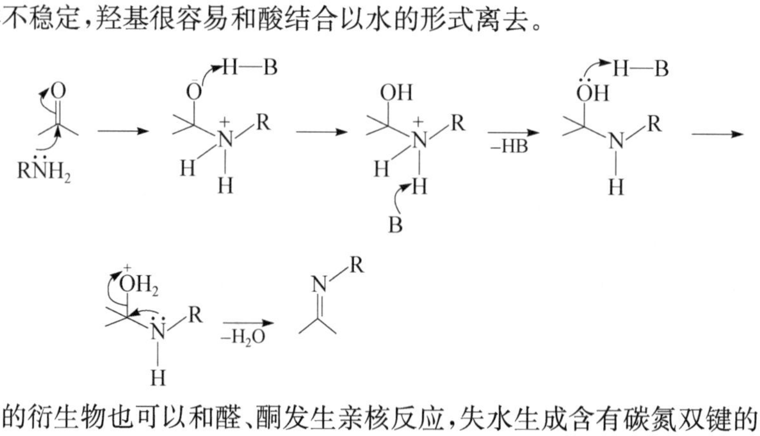

许多伯胺的衍生物也可以和醛、酮发生亲核反应,失水生成含有碳氮双键的化合物。

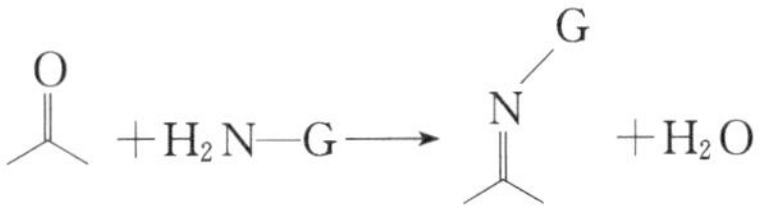

常用的氨基衍生物有下列几种(表 11-2)。

表 11-2　常用的氨基衍生物及其亚胺

H₂N—G 原料	产物	H₂N—G 原料	产物
H₂N—OH　羟胺	=NOH　肟	H₂N—NH₂　肼	=NNH₂　腙
H₂N—N(H)—Ph　苯肼	=NNHPh　苯腙	H₂N—C(O)—N(H)—NH₂　氨基脲	=NNHCONH₂　缩氨基脲

2,4-二硝基苯肼常作为一种显色剂来鉴定醛酮,薄层层析板上的醛遇到显色剂时会马上显橙红色;酮显色比醛稍慢,颜色也较醛略淡。由于氨容易被氧化,因此上述衍生物一般都是以盐的形式保存。因而在反应时要先加入碱,游离出相应的氨基衍生物。

问题 7　为什么在和 2,4-二硝基苯肼显色时,酮比醛需要更长的时间?

醛酮不仅能和上述氨的衍生物反应形成亚胺,而且可以和各种不同的酰胺反应生成亚胺。这些亚胺由于引入了吸电子基团,比普通亚胺活性更高,在合成中应用更广泛。其中加州大学伯克利分校 Ellman 小组报道的叔丁基亚磺酰亚胺是该领域的一个代表性工作,已经在工业上得到了广泛的应用。叔丁基亚磺酰胺比较稳定,可以在空气中保存,也可以通过柱层析纯化。

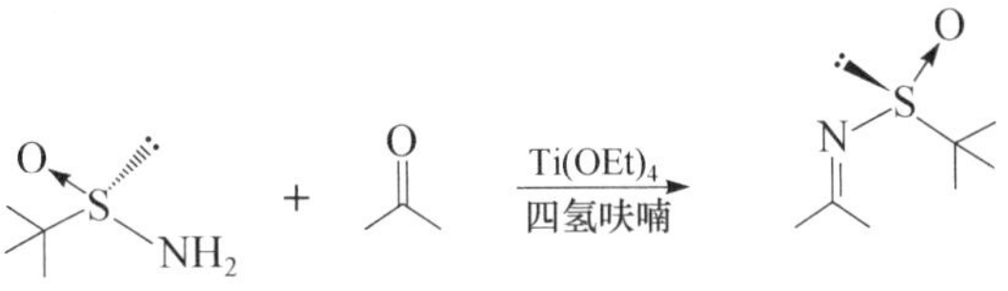

(R)-叔丁基亚磺酰胺　　　　　　　　　　叔丁基亚磺酰亚胺

2) 与仲胺的反应

醛和酮与仲胺反应生成烯胺(enamine)。

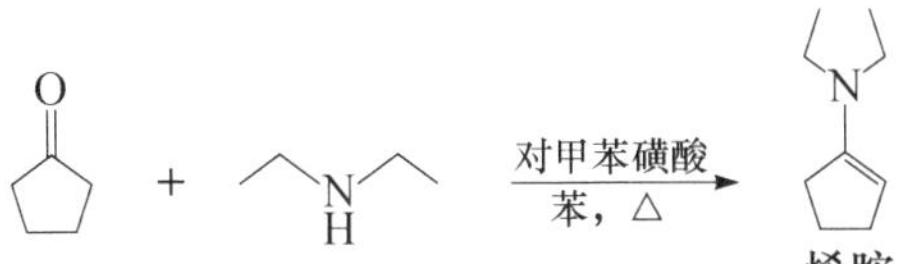

烯胺在有机合成上有重要的应用,它与烯醇类似。氨和烯烃形成一个共轭体系,末端的碳具有很强的亲核性,能和一系列亲电试剂发生反应。

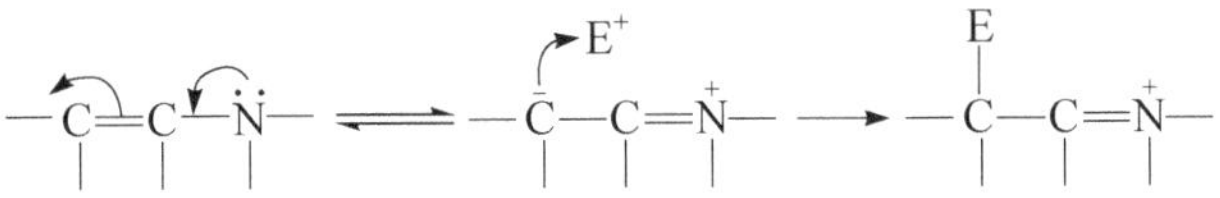

4. 与含硫亲核试剂的加成

大多数醛和酮都能和亚硫酸氢盐反应,形成亚硫酸氢盐加成产物。当酮含有较大取代基时,通常不能和亚硫酸氢钠反应。利用这个反应可以分离羰基化合物和非羰基化合物,醛和酮与亚硫酸氢钠混合后,产物呈结晶固体很容易分离出来。

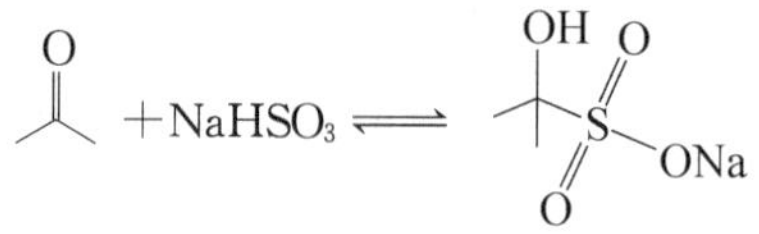

这个反应是可逆的,加入酸或者碱会破坏亚硫酸氢根离子和加成产物间的平衡,并再生出羰基化合物。反应对底物的结构比较敏感,醛一般都可以使用,酮则要取决于它的结构,羰基旁至少需有一个甲基才能发生反应。

问题 8 请解释酸和碱如何让上述反应向底物方向移动。

问题 9 与醇一样,硫醇也可以与羰基发生加成反应。乙二硫醇在酸催化及室温下就可以和醛酮反应。请画出苯乙酮和乙二硫醇反应得到产物的结构。当加入氯化汞时,又可以将保护的苯乙酮游离出来,请对这一现象给出合理的解释。

11.3.2 氢的活泼性反应

1. 与羰基化合物的反应

前面提到醛(酮)在酸或者碱的催化下可以形成烯醇或者烯醇负离子,烯醇或者烯醇负离子具有亲核性,可以和亲电试剂反应。当亲电试剂是醛或者酮时,反应会生成 β-羟基醛或者酮,这一反应称为羟醛加成反应(aldol addition)。如果 β-羟基醛进一步反应失去一分子水,得到 α,β-不饱和羰基化合物,这一反应称为羟醛缩合反应。

问题 10 请写出羟醛加成反应和羟醛缩合反应的机理。

---

1) 自身缩合

通常情况下是用碱作催化剂,如氢氧化钠、氢氧化钾、碳酸钠和氢氧化钡等;有时候也用酸性催化剂,如对甲苯磺酸、硫酸或者路易斯酸。在反应时,往往直接使用强酸或者强碱,使加成产物直接失水,推动平衡向产物方向移动。这是一个常用的制备 α,β-不饱和羰基化合物的方法。

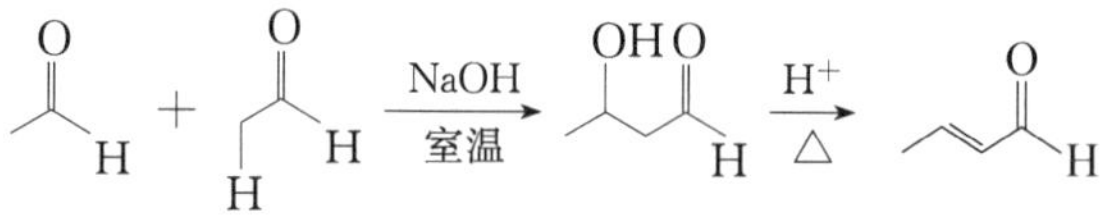

酮在碱催化下,可以反应得到 β-羟基酮,但是平衡是偏向于反应物这一方的。

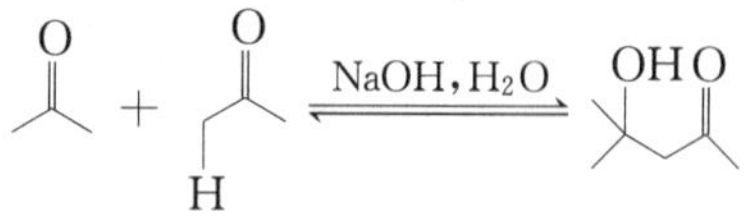

分子内的羟醛缩合反应可以制备 α,β-不饱和环酮,尤其适用于五元环和六元环。

2）交叉缩合

如果不同的醛和酮都含有 α-氢原子,当它们混合后,既可以发生不同分子间羟醛缩合反应,也可以发生自身羟醛缩合反应,共得到四种缩合产物,因而是没有合成价值的。但是在某些条件下,交叉的羟醛缩合反应可以得到单一的产物。经常使用一个不含 α-氢的醛先和催化剂混合,然后把含有 α-氢的醛或酮加入反应体系中,反应可以得到产率很高的 α,β-不饱和羰基化合物。这一反应称为克莱森-施密特（Claisen-Schmidt）反应。

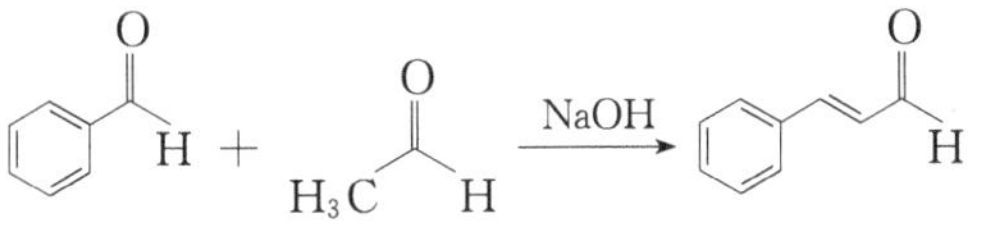

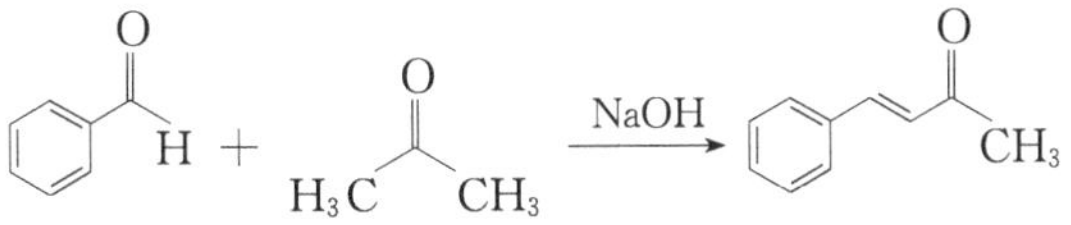

当一个不对称的酮发生羟醛缩合反应时,羰基旁边有两个不同的亚甲基,这时就涉及区域选择性（regioselectivity）的问题。在碱性条件下,主要得到取代基少的 α-碳参与的缩合的产物。由于取代基少的亚甲基位阻小,因此碱溶液靠近 α-位的氢,从而促使烯醇负离子的生成。这是一个动力学控制的反应。在酸性条件下,主要得到取代基多的 α-碳参与的缩合产物。由于取代基多的 α-碳生成的烯醇上的取代基也多,因此更加稳定。这是一个热力学控制的反应。

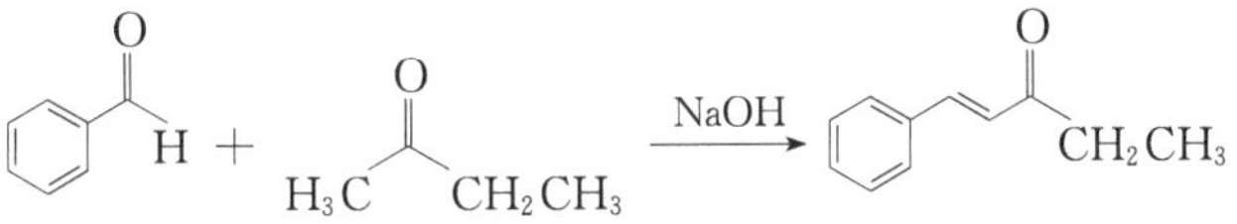

动力学控制

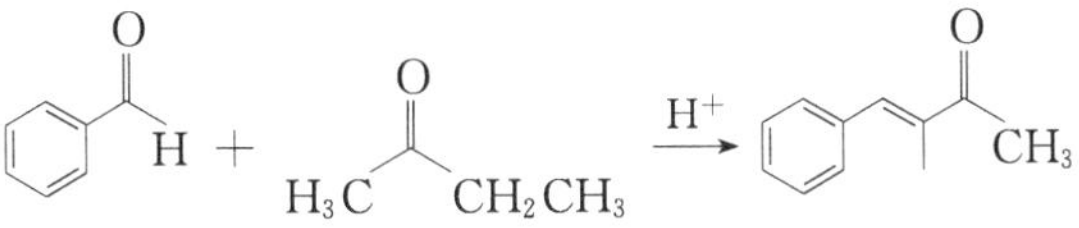

热力学控制

前面提到仲胺可以和酮形成烯胺,而且烯胺是一个亲核试剂。利斯特（List）发现天然的脯氨酸能够催化丙酮和对硝基苯甲醛的羟醛加成反应,得到的产物有 76% 的 ee 值。这一发现,掀起了近年来有机小分子催化（organocatalysis）的热潮。

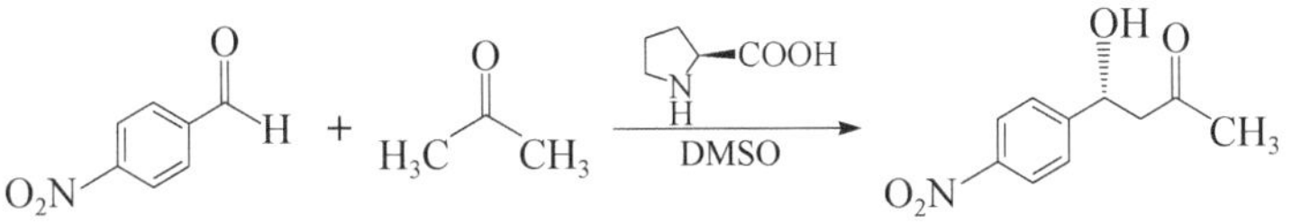

但是在醛缩酶催化下,乙醛与一取代乙醛能发生立体专一性加成。

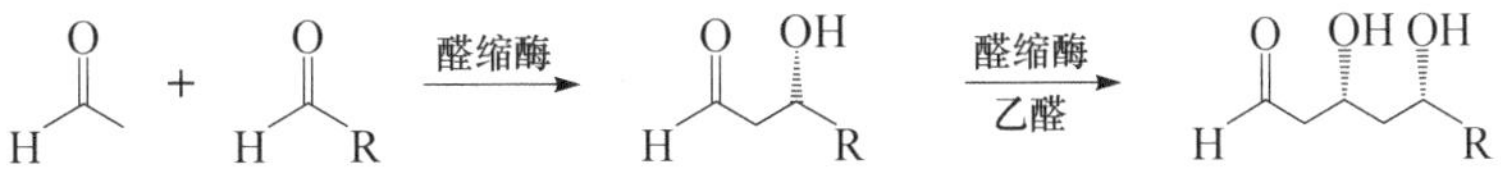

2. 卤代反应

醛酮在碱催化下,α-碳上的氢可以被卤素取代,生成 α-卤代醛（酮）。

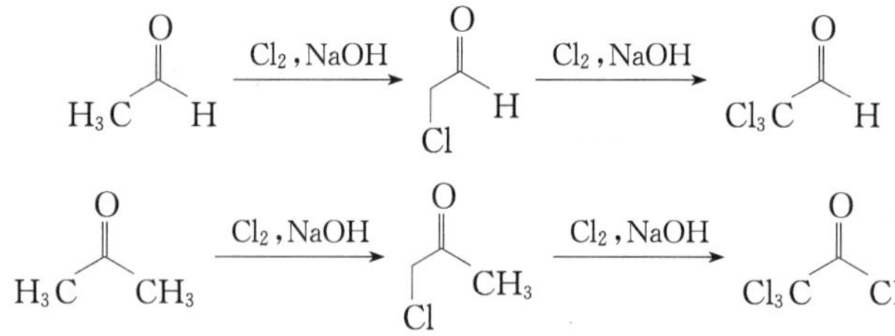

前面提到在碱的作用下,醛(酮)很容易形成烯醇负离子,烯醇负离子具有很强的亲核性,很容易和卤素发生 α-位的卤代反应。如果羰基 α-碳上的取代基越少,碱靠近 α-碳上的质子时位阻就越小,这样就更容易形成烯醇负离子,从而导致 α-位卤代反应的活性就更高。对于不同类型的醛(酮),反应活性按以下顺序降低。

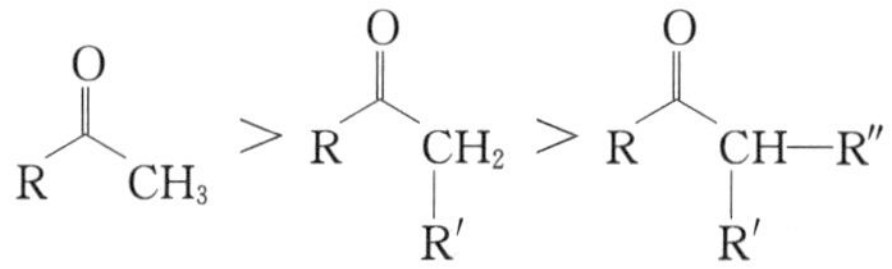

当羰基的 α-位引入一个卤原子后,这时由于卤素的诱导效应,羰基 α-碳上的氢酸性增强,更容易形成烯醇负离子发生进一步的卤代反应,因而碱催化的卤代反应常得到 α-碳上的氢被全部取代的产物。

当羰基 α-碳上的氢被全部取代后,这时由于卤素的诱导效应,羰基的亲核性增强,会发生卤仿反应生成羧酸和卤仿。

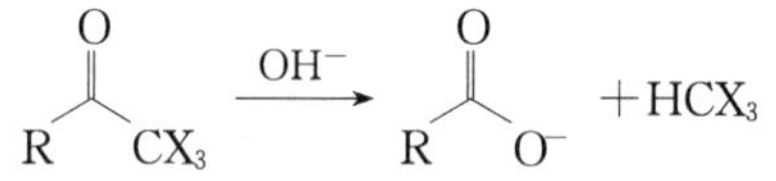

反应过程如下:

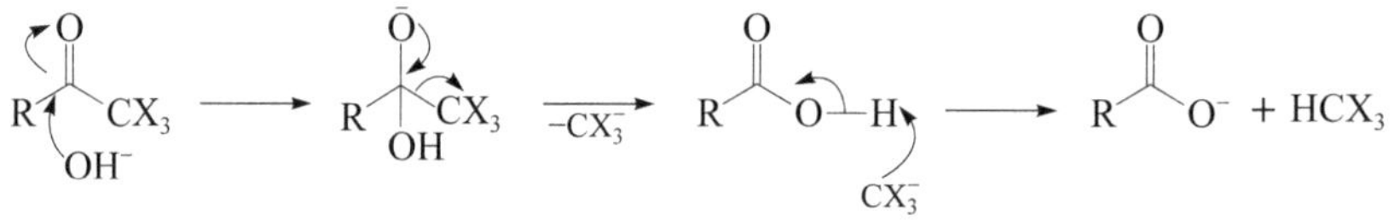

最常用的试剂是碘的碱溶液,所得产物是碘仿(CHI_3)。碘仿是亮黄色的晶体,具有特殊气味,便于发现,因此又称碘仿实验。需要注意的是,卤素可以和碱反应生成次卤酸盐,次卤酸盐可以将醇氧化为羰基,因而碘仿实验还可以鉴别有如下结构的醇。

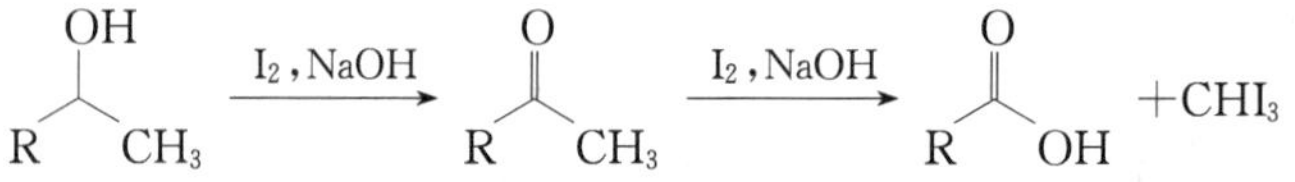

醇和卤素反应得到卤代产物。当在羰基 α-碳上引入一个卤原子后,由于卤素的诱导效应羰基氧的电子云密度降低,不能在酸作用下形成烯醇,因此酸催化的反应主要得到单卤代的产物。由于取代基多的烯醇更加稳定,因此酸催化的卤代反应活性和碱催化的卤代反应相反。α-碳上取代基越多,形成的烯醇越稳定,因此卤代反应越容易进行。

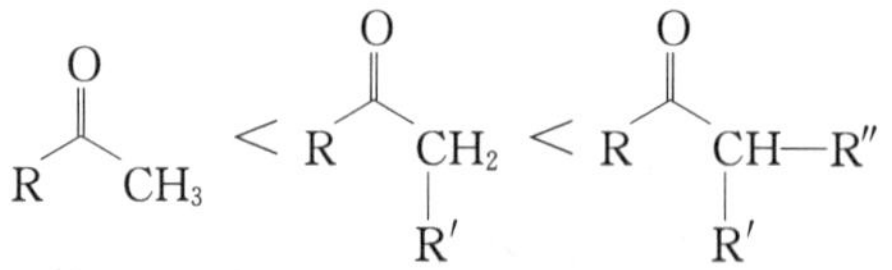

在微波辐射下,离子液体甲基咪唑丙烷磺酸甲磺酸(MIM-PS-CH$_3$SO$_3$H)催化苯乙酮或取代苯乙酮与 N-溴代丁二酰亚胺(NBS)反应可合成 α-溴代芳基酮,收率为 $73\%\sim95\%$。该

反应时间短、产率高、环境友好、后处理方便、催化剂可重复使用。

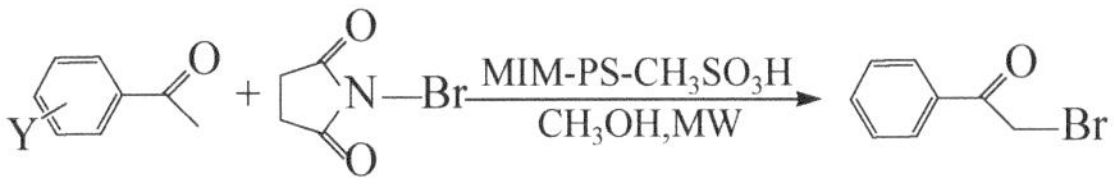

11.3.3　共轭加成反应

α,β-不饱和羰基化合物中的双键和羰基形成共轭体系,因而反应有两个亲电位点。

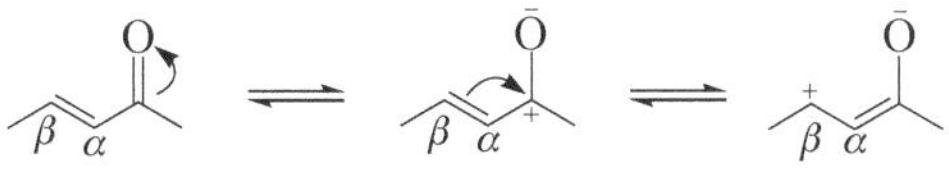

在和亲核试剂反应时,反应可能产生两种不同的产物。其中和羰基亲核加成反应称为1,2-加成,得到的产物称为1,2-加成产物。

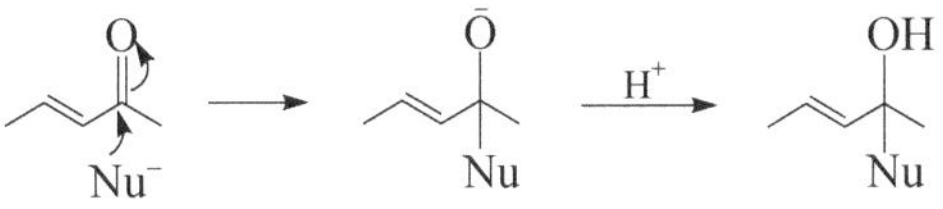

1,2-加成

亲核试剂和双键的加成称为共轭加成,或者1,4-加成。共轭加成反应也称迈克尔加成反应。

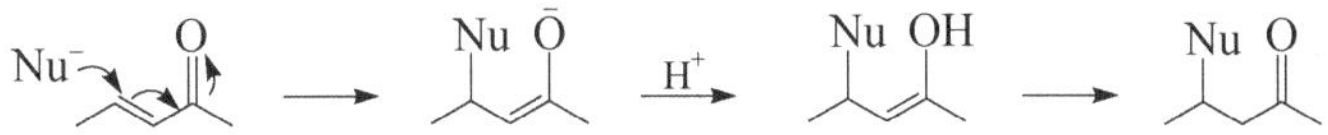

亲核试剂和 α,β-不饱和羰基化合物是进行亲核加成反应,还是进行共轭加成反应与亲核试剂的性质、羰基的结构和反应条件有关。

由于氧的电负性比较强,因此羰基的极性比碳碳双键的极性强,导致羰基碳比双键中的 β-碳要"硬"。根据软硬法则(HSAB 理论),硬的亲核试剂倾向于和羰基碳结合发生亲核加成反应;软的亲核试剂倾向于和双键碳结合发生共轭加成反应。

甲基格氏试剂和环己烯酮主要得到亲核加成产物;而铜试剂和环己烯酮主要得到共轭加成产物。这是由于镁半径相对较小,而且带有两个正电荷,因此是较硬的金属,这导致了与它相连的烷基倾向于与较硬的羰基碳结合。而铜半径相对较大,是相对较软的金属,因此导致与它相连的烷基倾向于和较软的双键碳结合。

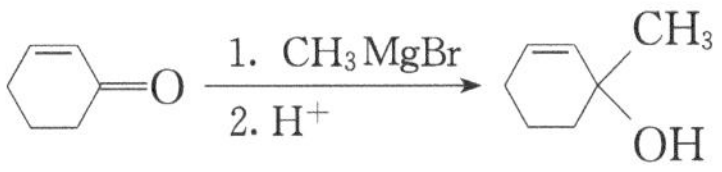

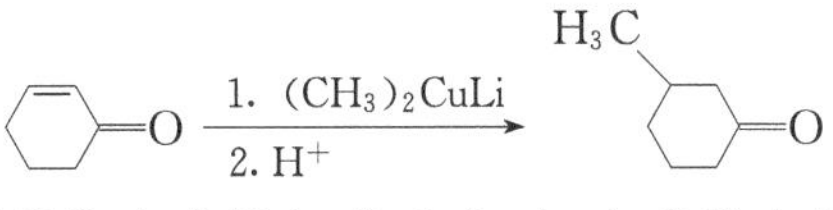

此外,如果亲核试剂和羰基发生亲核加成反应时,生成的产物不稳定,这样最终会生成共轭加成的产物。和半缩醛一样,乙硫醇和羰基加成的产物也不稳定,因而乙硫醇和环戊烯酮得到共轭加成产物。

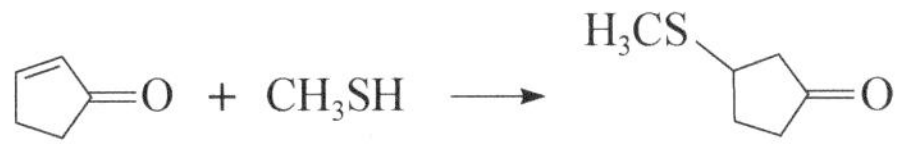

当羰基和位阻较大的基团相连时,亲核加成受阻,因而反应会以共轭加成为主。丙烯醛和格氏试剂主要发生亲核加成反应,但是当在羰基的 α-位引入苯环后,主要发生共轭加成反应。

$$\text{(acrolein)} \xrightarrow[\text{2. H}^+]{\text{1. CH}_3\text{MgBr}} \text{(allylic alcohol with OH, CH}_3)$$

$$\text{(phenyl vinyl ketone)} \xrightarrow[\text{2. H}^+]{\text{1. CH}_3\text{MgBr}} \text{H}_3\text{C—CH}_2\text{—C(=O)—Ph}$$

反应的选择性也与反应条件有关。环己烯酮在被硼氢化钠还原时,同时得到烯丙醇和饱和酮。但是当加入路易斯酸后,路易斯酸会和羰基络合增加羰基的亲核性,只得到烯丙醇。

$$\text{(cyclohexenone)} \xrightarrow{\text{NaBH}_4} \text{(—OH)} \; + \; \text{(=O)}$$
烯丙醇　　　　饱和酮

$$\text{(cyclohexenone)} \xrightarrow{\text{NaBH}_4\text{,CeCl}_3} \text{(—OH)}$$
烯丙醇

11.3.4　氧化和还原反应

1. 醛、酮的氧化

醛和酮对氧化剂的敏感程度有很大差别。醛很容易被氧化,在室温下可以被空气中的氧气氧化为酸,而酮不易被氧化。

$$\underset{R \;\; H}{\text{O}} \xrightarrow{\text{O}_2} \underset{R \;\; OH}{\text{O}}$$

类似的差别在土伦(Tollen)试剂和费林(Fehling)试剂上进一步得到了体现。它们都能把醛氧化为羧酸,却不能氧化酮。

土伦试剂是银氨离子络合物,它能在碱性条件下把醛氧化为羧酸,同时自身被还原为银,形成银镜附着在反应器皿上,因而这个反应又称为银镜反应。

$$\underset{R \;\; H}{\text{O}} + \text{Ag(NH}_3)_2^+ + \text{OH}^- \xrightarrow{\triangle} \underset{R \;\; O^-}{\text{O}} + \text{Ag} \downarrow + \text{NH}_3 \uparrow + \text{H}_2\text{O}$$

费林试剂是碱性铜络离子的溶液,硫酸铜的二价铜离子在碱性酒石酸钾中成为深蓝色的络离子。反应时,铜离子被还原为红的氧化亚铜沉淀。

$$\underset{R \;\; H}{\text{O}} + \text{Cu}^{2+} \xrightarrow[\triangle]{\text{NaOH}} \underset{R \;\; O^-}{\text{O}} + \text{Cu}_2\text{O} \downarrow$$

此外,醛很容易被铬酸和高锰酸钾氧化为羧酸。

$$\underset{R \;\; H}{\text{O}} \xrightarrow{\text{KMnO}_4\text{,H}_2\text{SO}_4} \underset{R \;\; OH}{\text{O}}$$

$$\underset{R \;\; H}{\text{O}} \xrightarrow{\text{CrO}_3\text{,H}^+} \underset{R \;\; OH}{\text{O}}$$

酮一般不易被氧化,而且被氧化时常得到两种羧酸,没有合成意义。然而,硝酸可以将环状酮氧化为二酸。生产尼龙-66所需的己二酸可以用环己酮氧化制备。

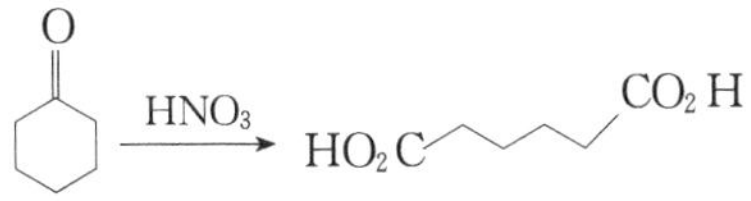

酮能够被过酸氧化得到酯,其中三氟过乙酸是最好的氧化剂。这个反应称为拜尔-维利格(Baeyer-Villiger)反应,环状酮反应后得到内酯。

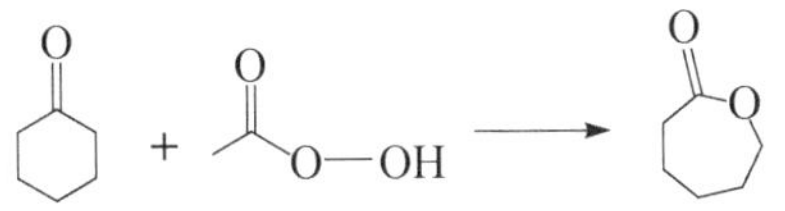

不对称酮两旁的基团在迁移时有一定的选择性,迁移能力的顺序为

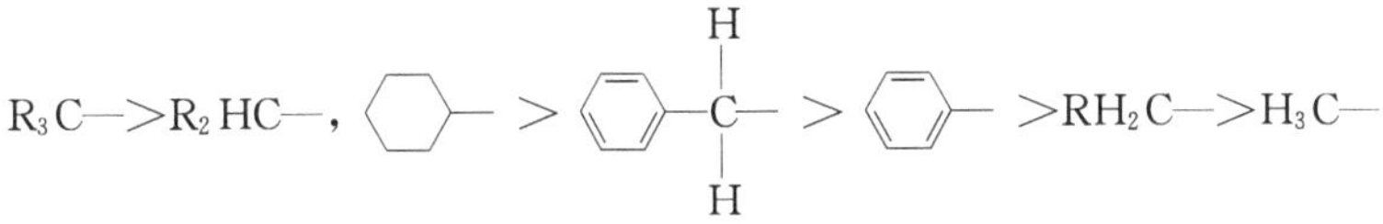

$$R_3C-> R_2HC-, \quad \text{环己基} > \text{苯CH} > \text{苯} > RH_2C-> H_3C-$$

值得注意的是,如果迁移基团是手性的,迁移过程中手性中心保持构型不变。

问题 11 重氮甲烷与环酮反应会发生环扩张,得到增加一个碳的环酮。请为下列反应提出合理的机理。

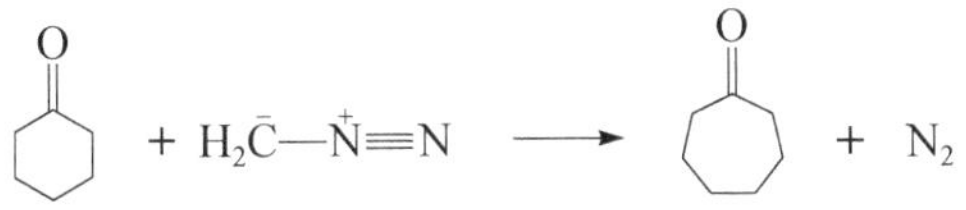

---

2. 醛、酮的还原

醛、酮的羰基可以被还原为醇,也可以被还原为亚甲基。

1) 还原为醇

催化加氢是一种常用的还原方法,其中醛被还原为伯醇,酮被还原为仲醇。

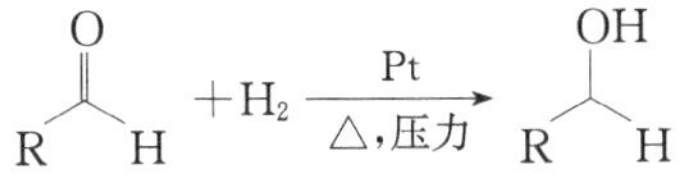

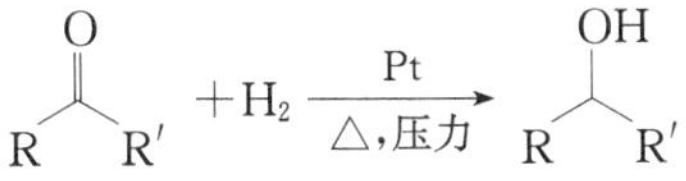

在氢化还原羰基时,氢会从位阻小的一侧进攻。

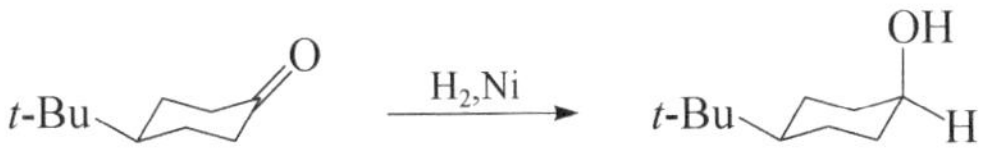

Noyori 因为在不对称氢化领域的卓越贡献而和 Sharpless、Knowles 获得了 2001 年的诺贝尔化学奖。Noyori 发现,二价钌的二膦二胺络合物能够高选择性地催化芳香酮的不对称氢化反应,反应具有很高的活性。

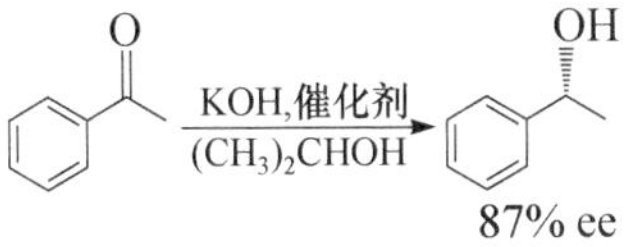

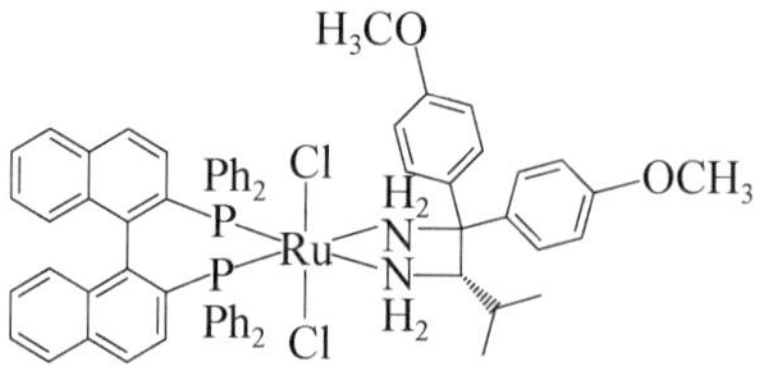

催化剂

　　四氢铝锂和硼氢化钠也可以将羰基还原为醇。反应的实质是负氢与羰基的亲核加成反应，其中硼氢化钠和 α,β-不饱和酮反应时，只还原羰基。

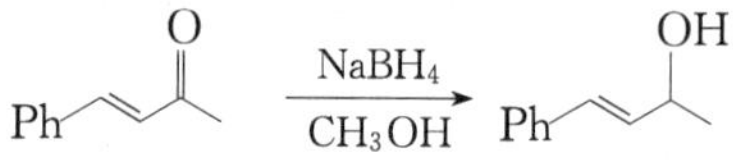

　　如果羰基旁边的立体环境不同，有两种不同的还原方式。还原按哪种方式进行，取决于取代基 R 的大小。如果 R 位阻较小，还原按照 a 方式进行，得到比较稳定的产物 **a**，其中羟基处于平伏键。如果 R 基团较大，则从位阻小的一侧进攻，得到产物 **b**。

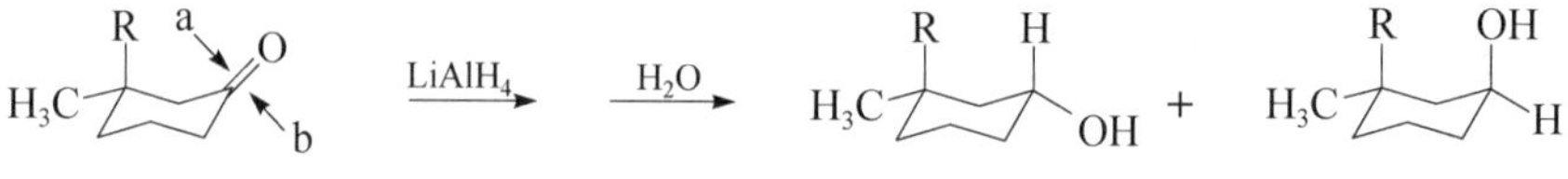

　　异丙醇是一个选择性很高的醛酮还原剂。异丙醇将氢负离子转移给羰基，自身氧化为丙酮，丙酮沸点很低，很容易蒸馏除去，使反应向产物方向进行。这个反应是奥盆诺尔(Oppenauer)氧化的逆反应，称为米尔文-庞道夫(Meerwein-Ponndorf)反应。

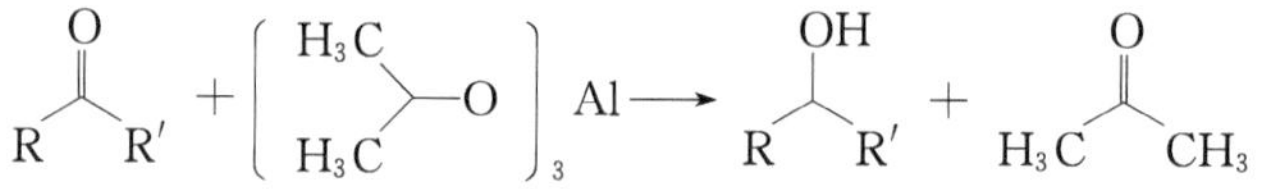

　　活泼金属如钠、铝、镁与质子性溶剂(如醇、羧酸)等作用，可以将醛还原为醇。但是同样的条件下，酮发生双分子还原，生成邻二醇。反应是按照自由基机理进行的。

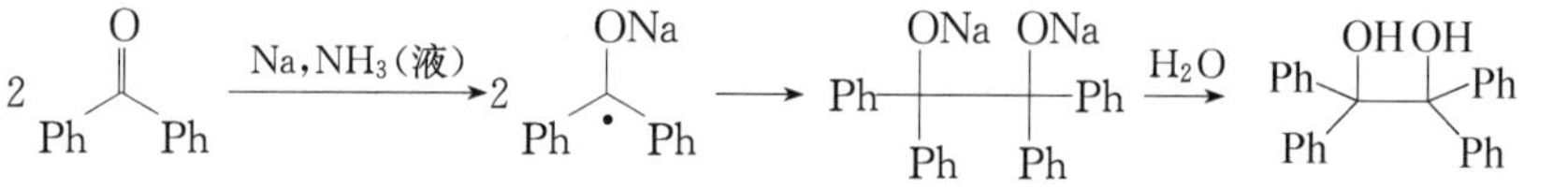

　　2) 还原为亚甲基

　　在浓盐酸中，将醛或者酮和锌汞齐一起回流，可以把羰基还原为亚甲基，称为克莱门森(Clemmensen)还原法。

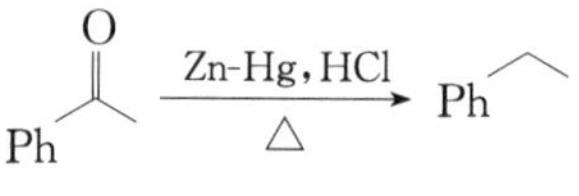

　　克莱门森还原法要用到浓盐酸，因而不适用对酸敏感的底物。对酸不稳定的羰基化合物可以用沃尔夫(L. Wotff)-吉斯尼尔(N. M. Kishner)还原法。

　　我国化学家黄鸣龙院士改进了这个方法，他发现将羰基化合物、氢氧化钠、肼的水溶液加入一个高沸点的溶剂(如一缩乙二醇)中一起加热回流即可。改进后的方法称为沃尔夫-吉斯尼尔-黄鸣龙反应。

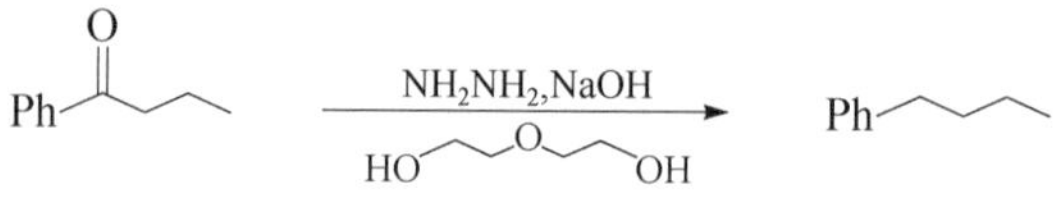

问题 12　请解释为什么一缩乙二醇是很好的溶剂?

3. 坎尼扎罗反应

坎尼扎罗(Cannizzaro)反应是 α-位不含活泼氢的醛,在强碱作用下发生的歧化反应。其中一分子醛被氧化为羧酸,一分子醛被还原为醇。

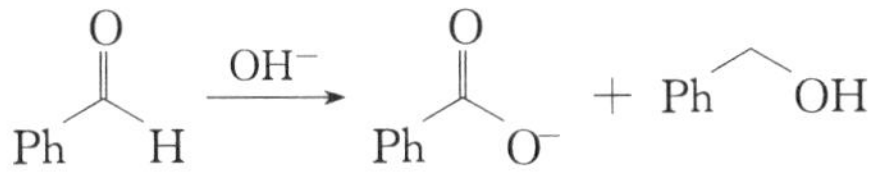

在反应过程,分子间发生了负氢转移,从而一分子被氧化,一分子被还原。

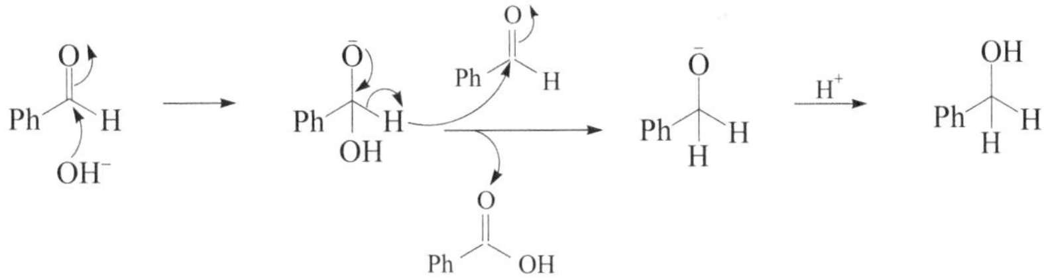

由于甲醛还原能力最强,因此当其他醛和甲醛混合时,总是甲醛被氧化为酸。工业上利用这一性质和乙醛进行混合的羟醛缩合反应,可以制备季戊四醇,它是含有五个碳原子的四元醇。

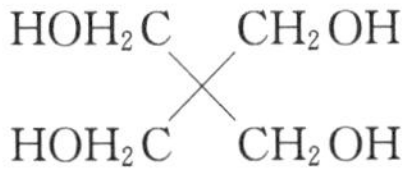

问题 13　试写出乙醛和甲醛反应制备季戊四醇的详细过程。

11.4　醛和酮的制法

11.4.1　炔烃的水合

在汞盐催化下,炔烃和水生成羰基化合物。

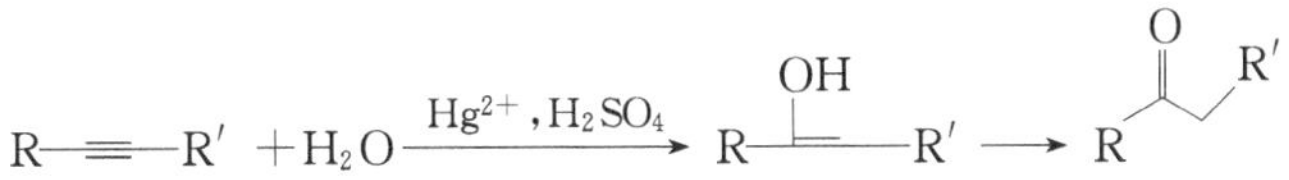

乙炔水合生成乙醛,其他炔烃水合都生成酮。

11.4.2　同碳二卤化物的水解

同碳二卤化合物水解能生成相应的羰基化合物。由于芳环侧链上的 α-氢容易被卤代,因此这个方法主要是芳香醛和酮的制备方法。

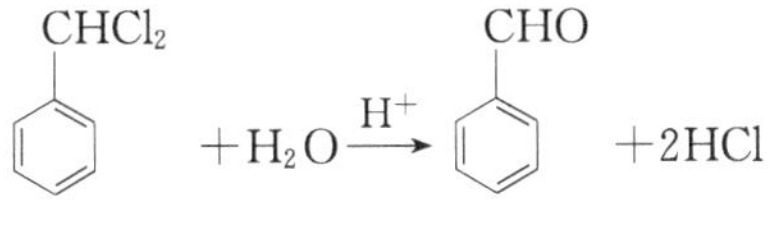

11.4.3　醇的氧化和脱氢

仲醇可以被重铬酸钾(重铬酸钠)和硫酸体系氧化为酮,反应的产率很高。

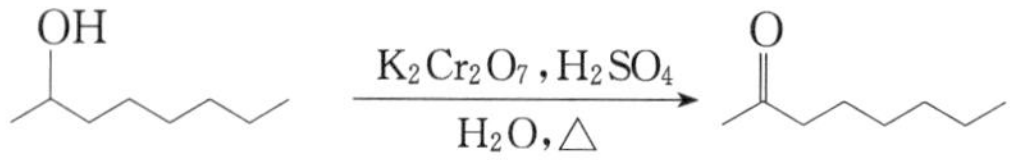

伯醇容易被氧化为酸,因此对氧化剂有较高的要求。由三氧化铬和吡啶组成的土伦试剂能够将伯醇氧化为醛,反应的产率很高。

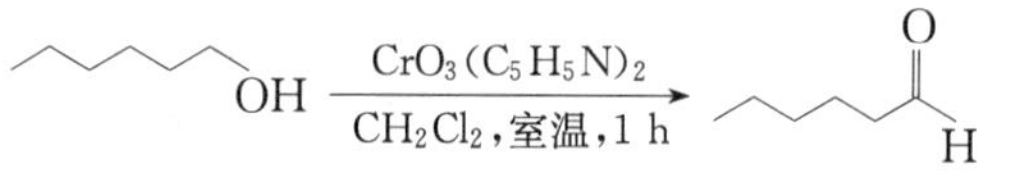

如果醇中含有碳碳双键(C═C)时,这时会有双键被氧化的副反应产生,为了避免双键被氧化,可以用丙酮-异丙醇铝为氧化剂。这时醇发生奥盆诺尔氧化得到羰基化合物。前面提到的土伦试剂也可以选择性地氧化羟基而双键不受影响。

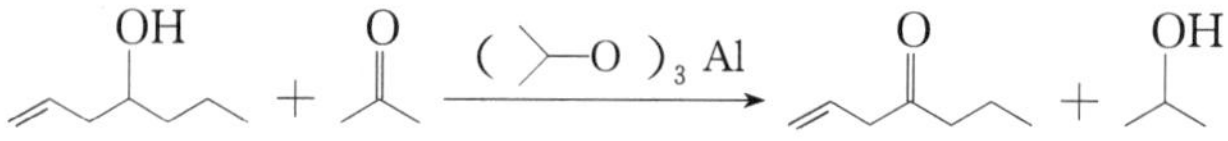

醇能够在高温下脱氢生成羰基化合物,伯醇能够生成醛,仲醇能够生成酮。常用铜或者铜铬氧化物作脱氢试剂,银和镍也可以作为催化剂。

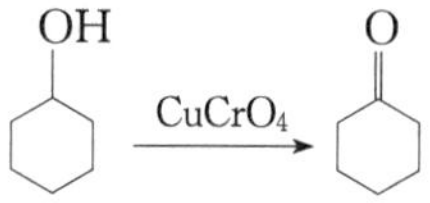

11.4.4　傅-克酰基化反应

在路易斯酸的催化下,酰氯可以和芳环发生傅-克反应,得到芳香酮。发生取代的芳香环不能含有强吸电子基团,常用三氯化铝作催化剂。

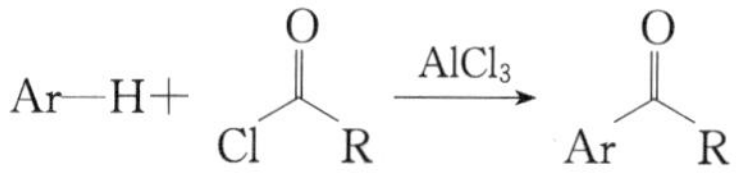

傅-克反应的实质是一个芳环的亲电取代反应。三氯化铝先和酰氯反应生成亲电试剂酰基正离子,后者和芳环发生亲电取代反应得到酮。

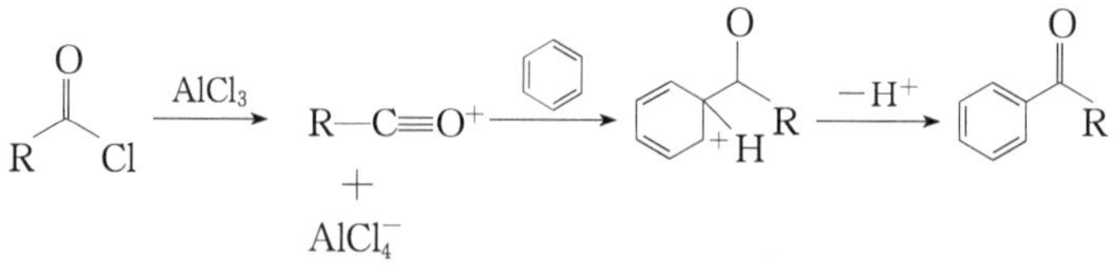

当酰基和芳环结合后,钝化了苯环,因而不会发生进一步的取代反应。

11.4.5　芳基侧链的氧化

芳环 α-碳原子容易被氧化,控制好反应条件,反应可以停留在醛的阶段。

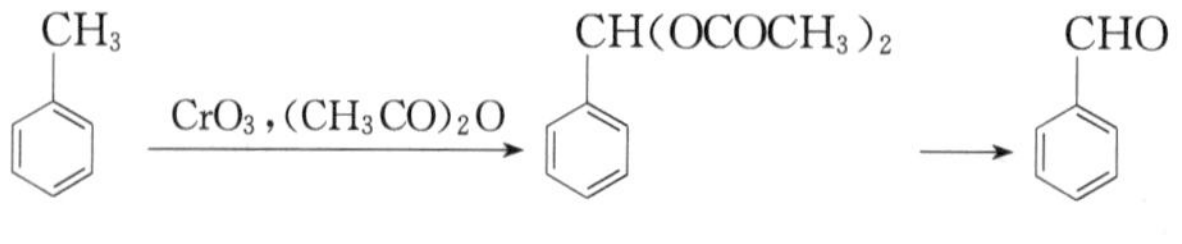

11.4.6　羰基合成

格氏试剂和酰氯反应主要生成醇,但是格氏试剂先和氯化镉反应生成有机镉试剂,后者和酰氯反应得到酮。

$$2RMgX + CdCl_2 \longrightarrow R_2Cd$$

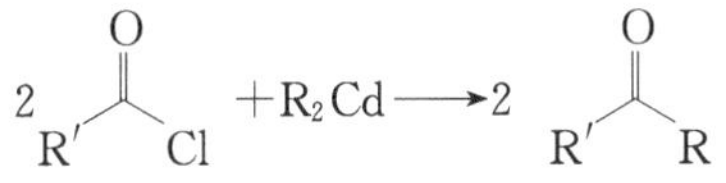

有机镉化合物相对较低的活性扩大了这个方法的适用范围。很多和格氏试剂反应的官能团不和有机镉化合物反应,如硝基、氰基、羰基和羧基。

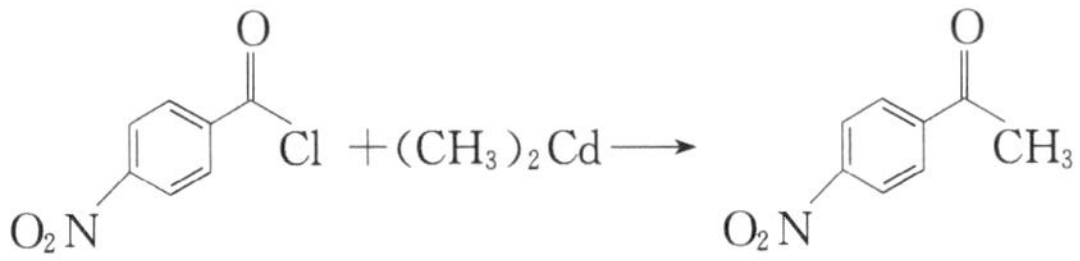

11.5　重要的醛和酮

11.5.1　甲醛

甲醛在室温下是无色的有刺激性气味的气体,沸点为 $-21℃$,易溶于水。含甲醛 $30\% \sim 40\%$、甲醇 8% 的水溶液称为"福尔马林"(formalin),常作为杀菌剂和防腐剂。甲醛易氧化,在室温下长期放置易自动聚合成三聚体。

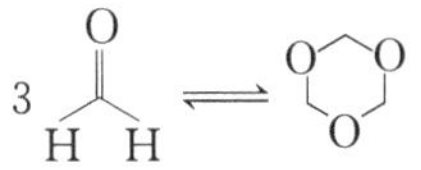

三聚甲醛

三聚甲醛常温下为白色晶体,在酸性介质中加热,三聚甲醛解聚再生为甲醛。

甲醛在水中很容易和水加成,生成甲醛的水合物。在水中,甲醛与水合物呈平衡状态存在。实验室常用的是 40% 的甲醛水溶液。甲醛的水溶液储存过久会生成白色固体,这是甲醛水合物分子间脱水形成的聚合物。

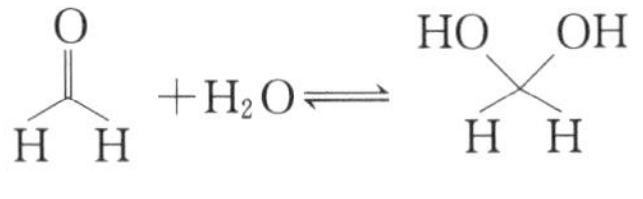

11.5.2　乙醛

乙醛是无色有刺激性气味的液体,沸点很低。与甲醛一样,乙醛也容易形成环状三聚体。

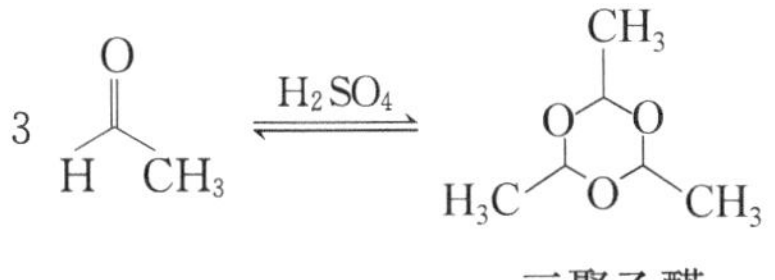

三聚乙醛

乙醛常以三聚体形态保存,三聚乙醛是液体,沸点是 $124℃$,在酸存在下加热会解聚。

11.5.3　丙酮

丙酮也是一种低沸点的液体,具有一定的香味。丙酮是常用的有机溶剂和合成原料,实验室常用工业丙酮作为洗涤剂,因为丙酮能够溶解大多数有机物。在高分子工业中可以制备有机玻璃和环氧树脂等。

习　题

1. 不考虑对映异构体,请画出下列化合物的结构式,并用系统命名法命名。

   (1) 分子式为 $C_5H_{10}O$ 的七个羰基化合物。

   (2) 分子式为 C_8H_8O 并含有一个苯环的五个羰基化合物。

2. 写出苯甲醛和下列试剂反应的产物。

   (1) 土伦试剂　(2) CrO_3/H_2SO_4　(3) $KMnO_4, H^+$,加热　(4) H_2,Ni,高压　(5) $LiAlH_4$

   (6) $NaBH_4$　(7) $PhMgBr$,然后 H_2O　(8) $NaHSO_3$　(9) $NaCN, H^+$　(10) 羟胺　(11) 苯肼

   (12) 氨基脲　(13) 乙醇,干燥 HCl 气体

3. 写出环己酮和习题 2 中试剂反应的产物,如果没有反应,请写明无反应。

4. 指出下列化合物哪一个可以和亚硫酸氢钠反应,如果可以发生反应,哪一个反应快?

   (1) 苯乙酮　(2) 丁醛　(3) 二苯甲酮　(4) 环戊酮

5. 请用合适的叶立德试剂和羰基化合物合成下列烯烃。则相应的叶立德试剂如何制备?

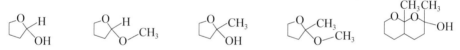

6. 指出下列化合物中半缩醛、缩醛、半缩酮和缩酮的碳原子,并说明属于哪一类。

7. 试写出用丁醛合成下列化合物所有步骤的方程式,可使用其他任何需要的试剂。

   (1) 正丁醇　(2) 丁酸　(3) α-羟基戊酸　(4) 1-苯基-1-丁醇

   (5) 甲丙酮　(6) 丁酸正丁酯　(7) 2-甲基-2-戊醇

8. 预测下列每组化合物中哪个烯醇结构所占比例较大。

   (1)

   (2)

9. 请将下列化合物按他们的酸性排列成序。

   (1)

   (2) CH_3NO_2　CH_3CN　CH_3COCH_3　CH_3CHO

10. 请按亲核加成反应活性的顺序排列下列化合物。

11. 完成下列反应,写出主要产物。

(1)

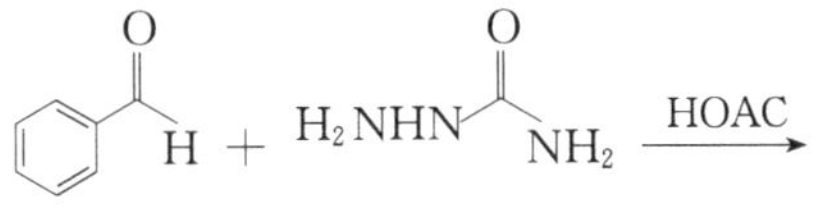

(2)

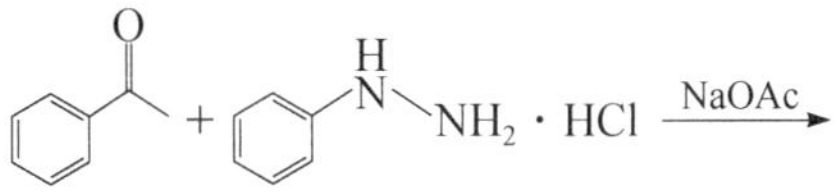

(3)

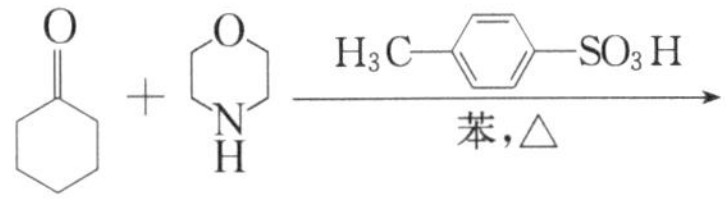

(4)

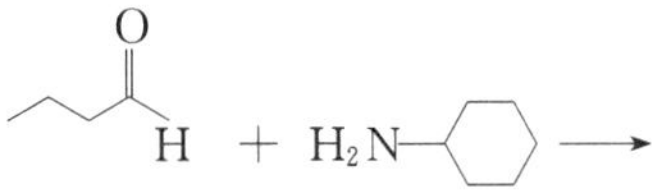

(5)

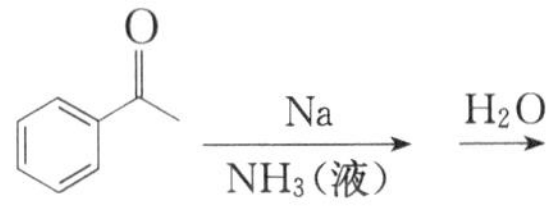

(6)

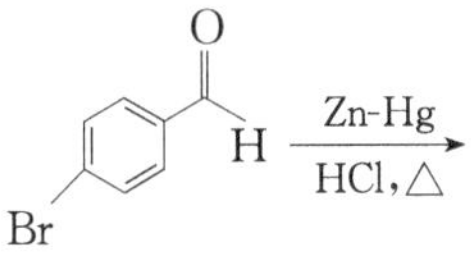

(7)

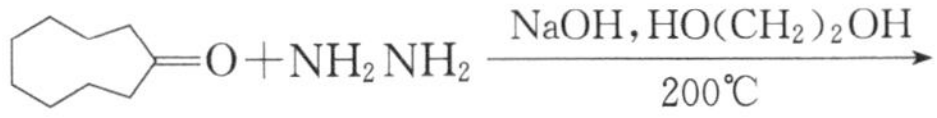

(8)

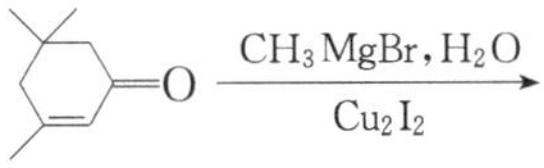

12. 预测下列反应的主要产物。

(1)

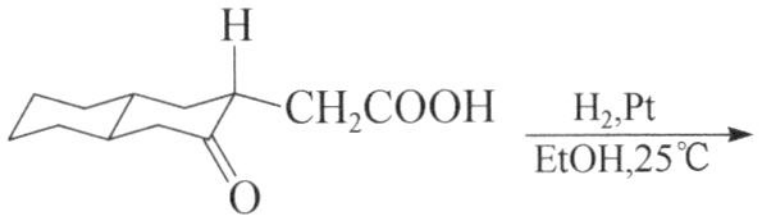

(2)

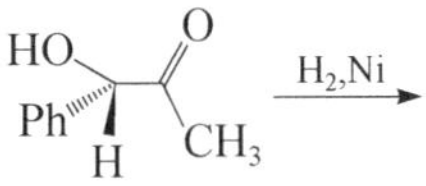

(3)

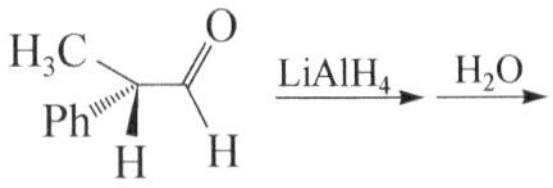

(4)

13. 从指定原料出发,用四个碳以下的有机物及无机试剂制备下列化合物。

(1)

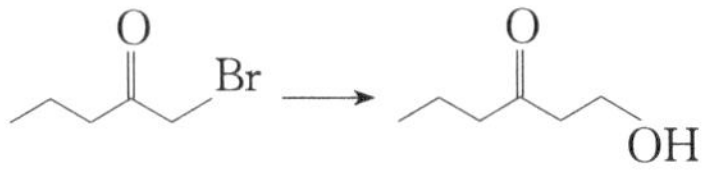

(2)

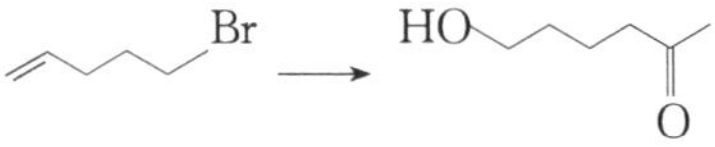

(3)

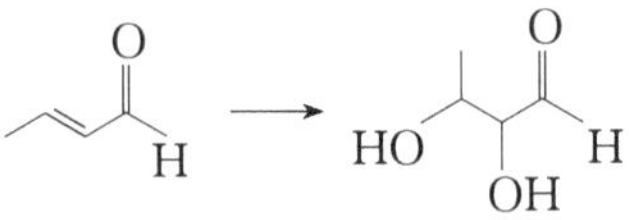

14. 乙烯烷基醚($RCH \!=\! CHOR'$)能很快被稀酸水解成醇($R'OH$)和醛(RCH_2CHO)。在 $H_2^{18}O$ 中水解时,产生的醇不含 ^{18}O。请给这个反应提出一个合理的机理,并解释为什么乙烯烷基醚很容易发生水解反应。

15. 有一化合物 A($C_6H_{12}O$),与 2,4-二硝基苯肼反应,但是不能和 $NaHSO_3$ 加成。A 催化加氢得到 B($C_6H_{14}O$),B 与浓硫酸加热得到 C(C_6H_{12}),C 与臭氧反应后用 $Zn+H_2O$ 处理,得到两个化合物 D 和 E,分子式均为 C_3H_6O。E 能使铬酸变绿,而 D 不能。请写出 A、B、C、D、E 的构造式和反应式。

第 12 章　羧酸及其衍生物

12.1　羧　　酸

12.1.1　羧酸的分类、构造和命名

1. 羧酸的分类

羧酸是分子中含有羧基(—COOH)官能团的化合物,除甲酸外,羧酸可以看成是烃的羧基衍生物,其通式为 R—COOH。按照与羧基相连的烃基的不同,羧酸可分为脂肪族羧酸和芳香族羧酸,脂肪族羧酸又可分为饱和羧酸与不饱和羧酸。例如

CH₃COOH　　　CH₂＝CH—COOH

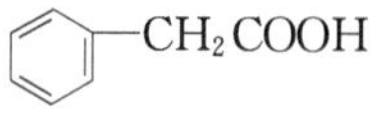

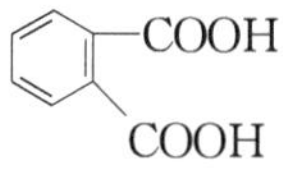

乙酸	丙烯酸
(饱和羧酸)	(不饱和羧酸)
脂肪酸	

苯乙酸　　邻苯二甲酸

芳香酸

若按照分子中羧基的数目不同来分类,则可分为一元羧酸、二元羧酸和三元羧酸等。二元及二元以上的羧酸统称为多元羧酸。例如

CH₃CH₂COOH　　HOOC—CH₂—COOH　　HOOCCH₂CH₂CHCH₂COOH
　　　　　　　　　　　　　　　　　　　　　　　　　　　|
　　　　　　　　　　　　　　　　　　　　　　　　　　COOH

丙酸　　　　丙二酸　　　　3-羧基-1,6-己二酸

2. 羧酸的构造和命名

羧基是由羰基和羟基组成的,似乎应表现出酮和醇的性质,但并非如此。这是由于在羧酸分子中,羧基碳原子是以 sp² 杂化轨道分别与烃基和 2 个氧原子形成 3 个 σ 键,这 3 个 σ 键在同一平面上。剩余的 1 个 p 轨道与羰基氧原子的 p 轨道经侧面重叠形成 π 键,结果是羟基氧原子上的未共用电子对与羰基的 π 键形成 p-π 共轭体系。

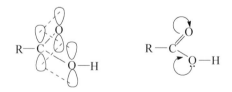

p-π 共轭效应使羧基中的羟基氧原子上的电子云向羰基移动,结果是羟基氧原子上电子密度有所降低,而羰基碳上电子密度有所增加。这样使 ＼C＝O 基团失去了羰基的典型性质,也使—OH 基团上的氢原子比相应的醇羟基上的氢原子更活泼。所以,不能简单地认为羧酸的性质就是羰基和羟基化合物性质的加合。

问题 1 以戊酸为例,根据羧酸的分子结构分析解释羧酸类化合物可能具有的物理性质和化学性质。

脂肪族羧酸早就被人们所熟悉,其普通名称常根据其来源命名。例如,甲酸最初是蒸馏蚂蚁得到的,所以称为蚁酸;乙酸存在于食醋中,所以也称为醋酸;其他如草酸、苹果酸和柠檬酸等都是根据其最初来源而得名。

脂肪族羧酸的系统命名是选择分子中含羧基的最长碳链为主链,根据主链上碳原子数目称为某酸,主链上碳原子的编号从羧基的碳原子开始,用阿拉伯数字表示(也可用希腊字母表示,即与羧基直接相连的碳原子为 α,其余的依次为 β、$\gamma\cdots$)。例如

$$
\begin{array}{ccc}
\text{HCOOH} & \text{CH}_3\text{COOH} & \underset{\gamma\quad\beta\quad\alpha}{\overset{6\quad5\quad4\quad3\quad2\quad1}{\text{H}_3\text{C}-\text{CH}_2-\overset{\overset{\text{CH}_3}{|}}{\text{CH}}-\text{CH}_2-\text{CH}_2-\text{COOH}}}
\end{array}
$$

甲酸　　　　　　乙酸　　　　　　　　　　4-甲基己酸

(蚁酸)　　　　(醋酸)　　　　　　　　(γ-甲基己酸)

$$\text{CH}_3(\text{CH}_2)_7\text{CH}{=}\text{CH}(\text{CH}_2)_7\text{COOH}$$

9-十八碳烯酸

(油酸)

脂肪族二元羧酸的命名是选择分子中含有 2 个羧基的最长碳链为主链,称为某二酸。例如

$$
\begin{array}{ccc}
\text{HOOC}-\text{COOH} & \underset{\overset{|}{\text{C}_2\text{H}_5}\ \overset{|}{\text{CH}_3}}{\text{HOOCCH}-\text{CHCOOH}} & \text{HOOCCH}{=}\text{CHCOOH}
\end{array}
$$

乙二酸(草酸)　　　2-甲基-3-乙基丁二酸　　　　丁烯二酸

芳香族羧酸和脂环族羧酸可作为脂肪酸的芳基或脂环基的取代物来命名。例如

苯甲酸　　　　邻苯二甲酸　　　3-苯丙烯酸　　　　　环戊基甲酸

(安息香酸)　　　　　　　(β-苯丙烯酸,肉桂酸)

12.1.2 羧酸的物理性质

在室温下,10 个碳原子以下的饱和一元羧酸是液体。低级脂肪酸(如甲酸、乙酸)有强烈酸味和刺激性。含 4~9 个碳原子的脂肪酸具有腐败恶臭以及动物的汗液和奶油发酸变坏的气味,是含有游离正丁酸的缘故。含 10 个以上碳原子的羧酸为石蜡状固体,挥发性很低。脂肪族二元羧酸和芳香酸均是结晶形固体(表 12-1)。

表 12-1　羧酸的物理常数

名称	构造式	熔点 /℃	沸点 /℃	溶解度 /[g·(100 gH$_2$O)$^{-1}$]	pK_a	相对密度 (d_4^{20})
甲酸(蚁酸)	HCOOH	8.4	100.7	∞	3.77	1.220
乙酸(醋酸)	CH$_3$COOH	16.6	118	∞	4.76	1.049
丙酸(初油酸)	CH$_3$CH$_2$COOH	−21	141	∞	4.88	0.992

続表

名称	构造式	熔点/℃	沸点/℃	溶解度/[g·(100 gH₂O)⁻¹]	pKₐ	相对密度(d₄²⁰)
丁酸(酪酸)	CH₃(CH₂)₂COOH	−5	164	∞	4.82	0.0959
戊酸(缬草酸)	CH₃(CH₂)₃COOH	−34	186	3.7	4.86	0.939
己酸(羊油酸)	CH₃(CH₂)₄COOH	−3	205	1.0	4.85	0.929
十二酸(月桂酸)	CH₃(CH₂)₁₀COOH	44	131 (133 Pa)	不溶	—	—
十四酸(豆蔻酸)	CH₃(CH₂)₁₂COOH	54	251 (1.33×10⁴ Pa)	不溶	—	—
十六酸(软脂酸)	CH₃(CH₂)₁₄COOH	63	3 100	不溶	—	—
十八酸(硬脂酸)	CH₃(CH₂)₁₆COOH	71.5	360(分解)	不溶	6.37	—
丙烯酸(败脂酸)	H₂C=CH—COOH	13	141.6	溶	4.26	
乙二酸(草酸)	HOOC—COOH	1 810.5	157 (升华)	溶 10	pK₁ 1.23 pK₂ 4.19	—
顺丁烯二酸(马来酸)	CH—COOH ‖ CH—COOH	130.5	135 (分解)	易溶 78.8	pK₁ 1.83 pK₂ 6.07	1.590
反丁烯二酸(富马酸)	HOOC—CH ‖ HC—COOH	286~287	290 (升华)	溶于热水 0.70	pK₁ 3.03 pK₂ 4.44	1.635
己二酸(肥酸)	HOOC—(CH₂)₄—COOH	153	330.5 (分解)	微溶 2	pK₁ 4.43 pK₂ 4.41	
苯甲酸(安息香酸)	⬡—COOH	122.4	100 (升华)	0.34	4.19	—

　　饱和一元羧酸的沸点高于相对分子质量相近的醇。例如,甲酸与乙醇的相对分子质量相同,但乙醇的沸点为 78.5℃,而甲酸为 100.7℃。这是由于羧酸中的氢键较强,使羧酸分子不仅能以线状缔合,还能以环状缔合,其缔合体有较高的稳定性。

$$\cdots O=C-OH\cdots O=C-OH\cdots O=C-OH \qquad R-C\overset{O\cdots HO}{\underset{OH\cdots O}{\big\backslash}}C-R$$
$$\quad\ \ |\qquad\qquad\ \ |\qquad\qquad\ \ |$$
$$\quad\ \ R\qquad\qquad\ \ R\qquad\qquad\ \ R$$

　　羧酸不仅在固态和液态时以二聚体缔合,即使在气态和烃的溶液中也是如此,在高温时才分解成单体。

　　饱和一元羧酸的熔点随分子中碳原子数目的增加呈锯齿状变化。含偶数碳原子羧酸的熔点比邻近两个奇数碳原子的熔点高。这是由于含偶数碳原子链中,链端的甲基和羧基分别在链的两侧,而在奇数碳原子链中,则在碳链的同一侧。前者有较大的对称性,可使羧酸的晶格更紧密地排列,它们之间具有较大的吸引力,致使熔点较高。低级脂肪酸易溶于水,但随相对分子质量的增加,溶解度逐渐降低。

12.1.3　羧酸的化学性质

1. 羧酸的酸性

　　羧基 p-π 共轭体系使羟基氧原子的电子云密度降低,增强了 O—H 键的极性,有利于解离出 H⁺ 而显酸性。

　　X 射线衍射分析已经证明,羧酸盐负离子中两个碳氧键是完全等同的。例如,甲酸盐负离子的两个碳氧键键长都是 0.127 nm,没有双键和单键的差别。它的结构可以用 3 种式子表示:①电子移动方向式;②共振结构式;③均等的键式。

①   ②   ③

电子的离域作用(或形成共振杂化体)使得羧酸负离子能量降低而稳定,因此有利于质子的解离,这就是羧酸的酸性比水和醇强的原因。

羧酸在水中有如下平衡。

$$R\text{—}COOH + H_2O \Longrightarrow R\text{—}COO^- + H_3O^+$$

羧酸的酸性强度可用解离常数 K_a 表示。

$$K_a = \frac{[H_3O^+][R\text{—}COO^-]}{[R\text{—}COOH]}$$

一般羧酸的 K_a 为 $10^{-5}\sim10^{-4}$,属于弱酸。大多数羧酸 pK_a 值为 3.5~5。

羧酸能够与碱、碱性氧化物和活泼金属作用生成盐。

$$R\text{—}COOH + NaOH \longrightarrow RCOONa + H_2O$$
$$2R\text{—}COOH + MgO \longrightarrow (R\text{—}COO)_2Mg + H_2O$$
$$2R\text{—}COOH + Mg \longrightarrow (R\text{—}COO)_2Mg + H_2$$

羧酸的酸性比碳酸强,所以能与碳酸氢钠作用生成羧酸盐。

$$R\text{—}COOH + NaHCO_3 \longrightarrow RCOONa + CO_2 + H_2O$$

羧酸的钠盐具有盐的一般性质,在水中能完全解离为离子,当加入硫酸或盐酸酸化后又游离出羧酸。

$$R\text{—}COONa + HCl \longrightarrow R\text{—}COOH + NaCl$$

利用上述性质,可使羧酸与其他不溶于水的中性有机物或易挥发的物质分离。例如,可用碳酸钠将苯甲酸与乙醚的混合溶液分离。羧酸与酚的分离则可利用碳酸氢钠,原因是羧酸的酸性比酚强,酚的酸性比碳酸弱。

不同构造羧酸的酸性强度各不相同。表 12-2 列出了几种羧酸和氯代羧酸的 pK_a。

表 12-2　几种羧酸和氯代羧酸的 pK_a

构造式	pK_a	构造式	pK_a
HCOOH	3.77	$Cl_2CHCOOH$	1.210
CH_3COOH	4.76	Cl_3COOH	0.65
CH_3CH_2COOH	4.88	$CH_3CH_2ClCOOH$	2.84
$(CH_3)_3CCOOH$	5.05	$CH_3CHClCH_2COOH$	4.06
$ClCH_2COOH$	2.86	$ClCH_2CH_2CH_2COOH$	4.52

由表 12-2 可见,乙酸的酸性比甲酸弱。乙酸分子中的 α-氢原子被氯原子取代后,其酸性增强。引入氯原子的数目越多,酸性越强;氯原子距羧基位置越近,酸性越强。这是由烷基的给电子诱导效应和氯原子的吸电子诱导效应引起的。

例如,乙酸中甲基的给电子诱导效应,使得羧基的 O—H 之间的电子云密度升高,因此乙酸的酸性较甲酸弱。

当乙酸分子中引入氯原子后,氯的吸电子诱导效应使得羧基的 O—H 之间的电子云密度降低,促进了质子的解离,使分子显示出更强的酸性。

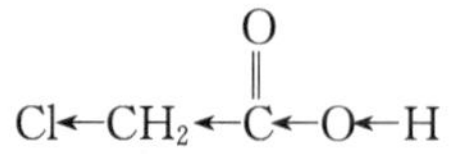

$$Cl \leftarrow CH_2 \leftarrow \overset{\displaystyle O}{\underset{\displaystyle \parallel}{C}} \rightarrow O \leftarrow H$$

显然,卤原子越多,影响也越大,因而酸性也越强。羧酸分子中存在诱导效应、共轭效应以及氢键等作用,使其酸性产生不同程度的差异。此外,空间静电效应(场效应)对酸性也会产生一定的影响。

问题 2　丙二酸 $HOOCCH_2COOH$ 的一级解离平衡常数 $K_{a1}=1.49\times10^{-2}$ 远大于二级解离平衡常数 $K_{a2}=2.03\times10^{-6}$。请说明原因。

---

2. 羧酸衍生物的生成

羧酸与五卤化磷、五氧化二磷、醇和氨等试剂分别作用,可使羧基中的羟基分别被卤素(—X)、酰氧基 $\left[\begin{array}{c} O \\ \parallel \\ R-C-O- \end{array} \right]$、烷氧基(—OR)及氨基(—NH$_2$)取代生成酰卤、酸酐、酯和酰胺等羧酸衍生物,其分子中都存在酰基 $\left[\begin{array}{c} O \\ \parallel \\ R-C- \end{array} \right]$。

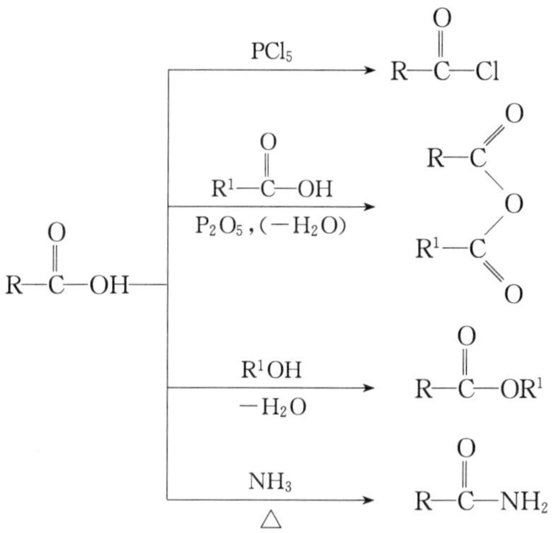

这些衍生物的性质将在第 12.2 节羧酸衍生物中讨论。

3. 羧酸的还原

羧酸在通常情况下,不易被化学还原剂所还原,但可以被特别强的还原剂(四氢铝锂)还原成伯醇。用四氢铝锂还原羧酸,不但产率高,而且只还原羧基而不还原碳碳双键,所以,四氢铝锂可将不饱和羧酸还原为相应的不饱和醇。例如

$$CH_3(CH_2)_7CH=\!\!=\!\!CH(CH_2)_7COOH \xrightarrow[\text{2. } H_3O^+]{\text{1. LiAlH}_4} CH_3(CH_2)_7CH=\!\!=\!\!CH(CH_2)_7CH_2OH$$

羧酸在高温(300～400℃)和高压(20～30 MPa)下,用锌、铜、亚铬酸镍等作催化剂加氢也能生成相应的醇。用乙硼烷作还原剂,反应在室温下进行,只还原羧基,硝基不被还原。

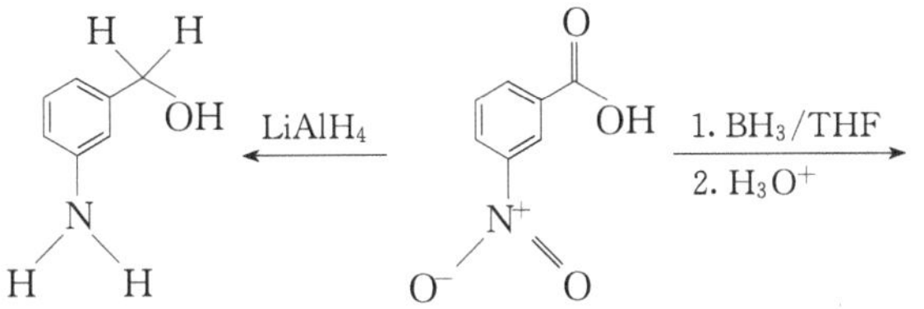

用 $NaBH_4/I_2$ 体系还原，双键不被还原，羧基和酯基共存时只有羧基被还原，即使二者取代位置距离很近时也是如此。

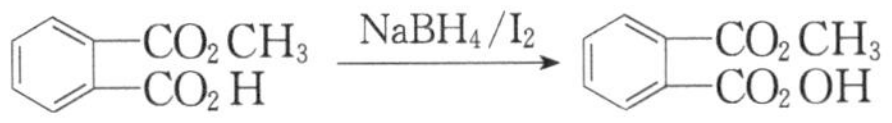

4. 脱羧反应

羧酸分子中脱去羧基而放出二氧化碳的反应称为脱羧反应。除甲酸外，乙酸的同系物直接加热都不容易脱去羧基，但在特殊条件下也可以发生脱羧反应。例如，羧酸的碱金属盐与碱石灰(NaOH-CaO)共同加热，则失去羧基生成烃。

$$C_6H_5COONa + NaOH(CaO) \xrightarrow{\triangle} C_6H_6 + Na_2CO_3$$

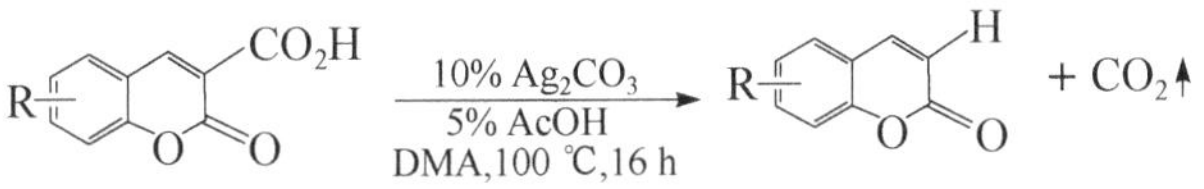

还可以发生脱羧偶联反应。例如

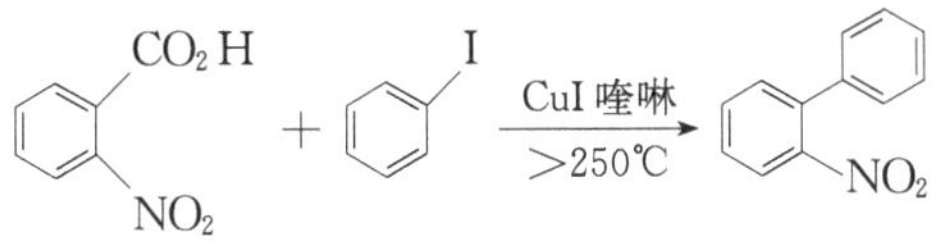

<20%

羧酸的钙、钡、铅盐强烈加热时，发生部分脱羧作用生成酮。例如

$$CH_3-\overset{\overset{\large O}{\|}}{C}-O-Ca-O-\overset{\overset{\large O}{\|}}{C}-CH_3 \xrightarrow{\triangle} CH_3-\overset{\overset{\large O}{\|}}{C}-CH_3 + CaCO_3$$

将羧酸的蒸气通过加热至 400～500℃的钍、锰或镁的氧化物，则羧酸也能脱羧生成酮。例如

$$2CH_3COOH \xrightarrow[400\sim500℃]{ThO_2 \text{ 或 } MnO_2} CH_3-\underset{\underset{\large O}{\|}}{C}-CH_3 + CO_2\uparrow + H_2O$$

当羧酸的 α-碳原子连接有强吸电子基团时，使羧基变得不稳定。当加热到 100～200℃时，很容易脱酸。例如

$$CH_3-\overset{\overset{\large O}{\|}}{C}-CH_2-COOH \xrightarrow{\triangle} CH_3-\overset{\overset{\large O}{\|}}{C}-CH_3 + CO_2\uparrow$$

$$Cl_3C-COOH \xrightarrow{\triangle} CHCl_3 + CO_2\uparrow$$

一些二元羧酸如乙二酸、丙二酸等在受热时也容易发生脱羧反应。

$$HOOC-COOH \xrightarrow{\triangle} HCOOH + CO_2\uparrow$$

$$HOOC-CH_2-COOH \xrightarrow{\triangle} CH_3COOH + CO_2\uparrow$$

丁二酸、戊二酸在高温下则脱水生成环状酸酐。

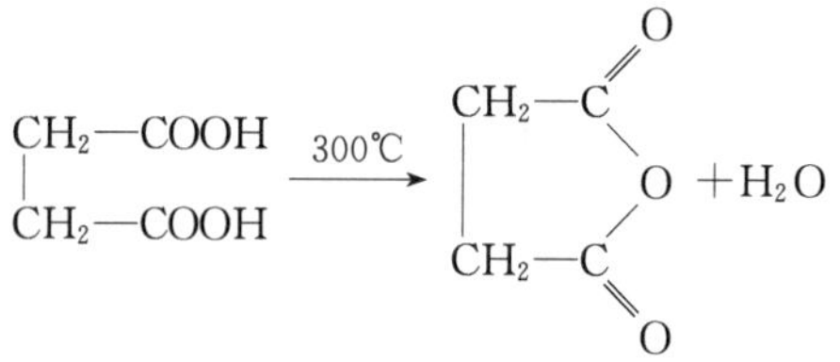

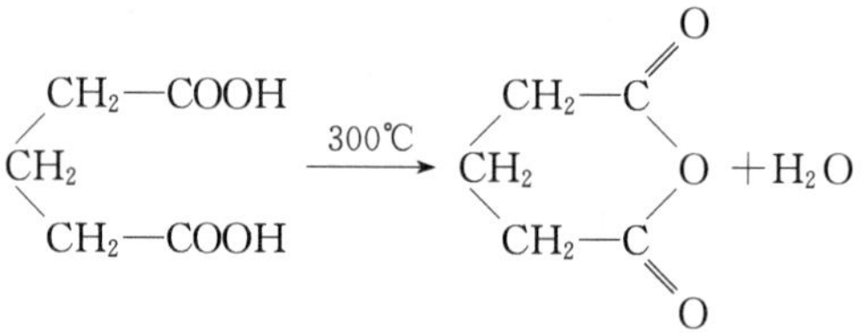

$$CH_2-COOH \atop CH_2-COOH \xrightarrow{300℃} {CH_2-C \atop CH_2-C} {\Large O} +H_2O$$

$$CH_2-COOH \atop CH_2 \atop CH_2-COOH \xrightarrow{300℃} CH_2 \atop CH_2-C \atop CH_2-C {\Large O} +H_2O$$

己二酸和庚二酸在碱性条件下高温加热,会同时发生失水和脱酸反应,生成环酮。

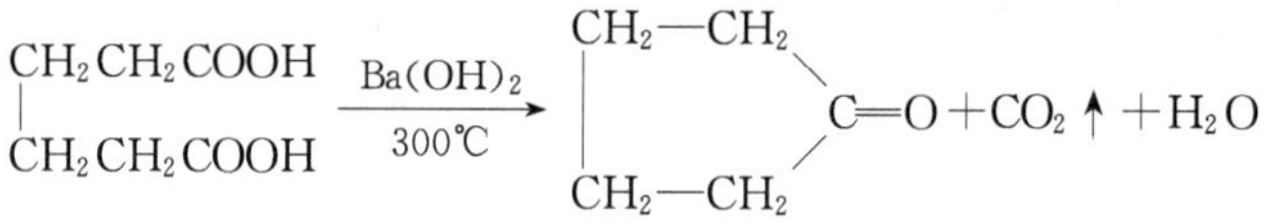

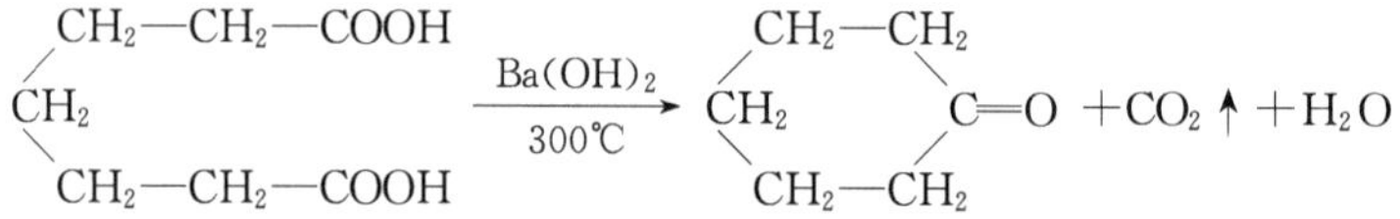

$$CH_2CH_2COOH \atop CH_2CH_2COOH \xrightarrow[300℃]{Ba(OH)_2} {CH_2-CH_2 \atop CH_2-CH_2} C=O +CO_2\uparrow +H_2O$$

$$CH_2-CH_2-COOH \atop CH_2 \atop CH_2-CH_2-COOH \xrightarrow[300℃]{Ba(OH)_2} CH_2 \atop CH_2-CH_2 \atop CH_2-CH_2 C=O +CO_2\uparrow +H_2O$$

庚二酸以上的二元酸,高温时发生分子间脱水,形成高分子的酸酐,不形成大于六元的环状化合物。

某些芳香族羧酸较脂肪族羧酸也易脱羧。例如

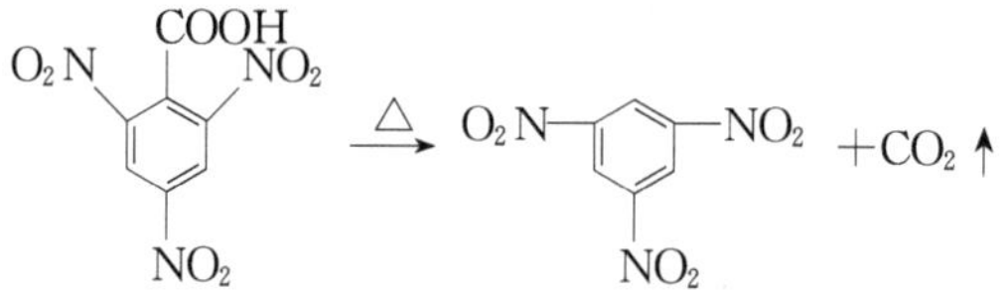

$$O_2N-{COOH \atop }-NO_2 \atop NO_2 \xrightarrow{\triangle} O_2N-{}-NO_2 \atop NO_2 +CO_2\uparrow$$

在酶催化下可以于非常温和中性的条件下立体选择性脱羧。例如

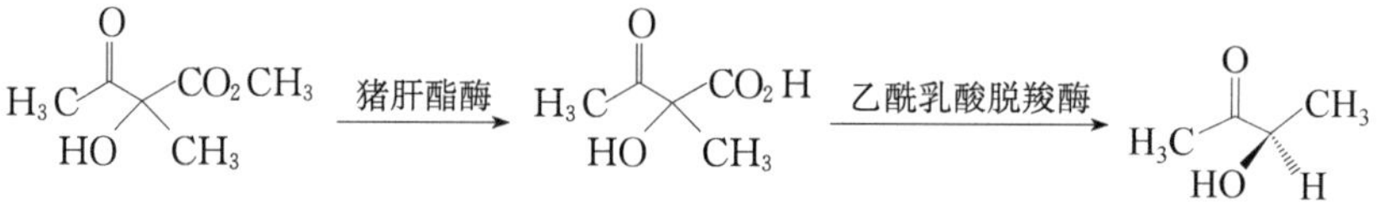

（±）-乙酰乳酸甲酯　　　　　　（±）-乙酰乳酸　　　　　　(R)-3-羟基-2-丁酮
　　　　　　　　　　　　　　　　　　　　　　　　　　　　　　>98% ee

问题 3　芳香羧酸 2,4,6-三硝基苯甲酸受热容易发生脱羧反应生成 1,3,5-三硝基苯。请从分子结构和电子效应方面进行解释。

---

5. α-氢的卤代反应

脂肪酸 α-碳原子上的氢原子与醛、酮相似,可与羧基发生超共轭效应而显得较活泼,可被卤素取代。一般来说,羧酸中的 α-氢原子不如醛、酮的活泼,卤代反应需要在日光、碘、硫或红磷等催化下进行,这个反应称为赫尔-乌尔哈-泽林斯基(Hell-Volhard-Zelinsky)反应。例如

$$CH_3CH_2CH_2CH_2-COOH+Br_2 \xrightarrow[70℃]{PCl_3} CH_3CH_2CH_2CH-COOH + HBr \atop \qquad\qquad\qquad Br$$
$$80\%$$

α-卤代酸中的卤原子活性和 RX 相似,易发生双分子亲核取代反应,因此可以用来制备 α-羟基酸、α-氨基酸和 α,β-不饱和酸。

12.1.4 羧酸的制法

1. 由伯醇和醛制备

由伯醇或醛氧化可以生成相应的羧酸,这是制备羧酸的最常用的方法。伯醇先氧化生成醛,然后进一步氧化生成羧酸。例如

$$CH_3CH_2CH_2OH \xrightarrow[\triangle]{KMnO_4, H_2SO_4} CH_3CH_2CHO \xrightarrow[\triangle]{KMnO_4, H_2SO_4} CH_3CH_2COOH$$

可选用弱氧化剂氧化不饱和醇或醛生成相应的羧酸。例如,土伦试剂能将不饱和醛选择氧化成为不饱和羧酸。特别是当醛较羧酸容易获得时,该氧化反应很有价值。

$$RCH\!=\!CH\!-\!CHO \xrightarrow[\text{2. } H_2O, H^+]{\text{1. } Ag(NH_3)_2^+} RCH\!=\!CHCOOH + Ag\downarrow$$

银氨络离子不氧化共存的碳碳双键,不论碳碳双键与碳氧双键是否共轭。

2. 由烃氧化制备

近代工业以高级烷烃的混合物,如以石蜡($C_{20}\sim C_{30}$)为原料,在催化剂(脂肪酸的锰盐)存在下,用空气氧化制得高级脂肪酸的混合物,作为制皂原料。例如

$$R\!-\!CH_2\!-\!CH_2\!-\!R' \xrightarrow[\text{锰盐, } 1.5\sim 3 \text{ MPa}]{O_2, 120℃} RCOOH + R'COOH$$

芳烃的侧链烷基含有 α-H 的芳烃,用强氧化剂氧化,不论烷基大小均变为羧基。例如

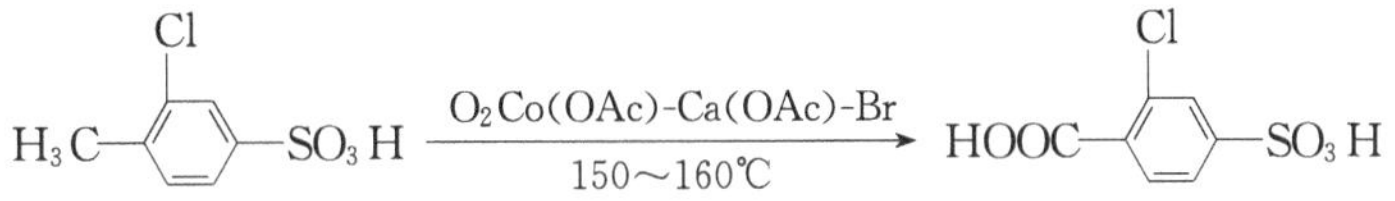

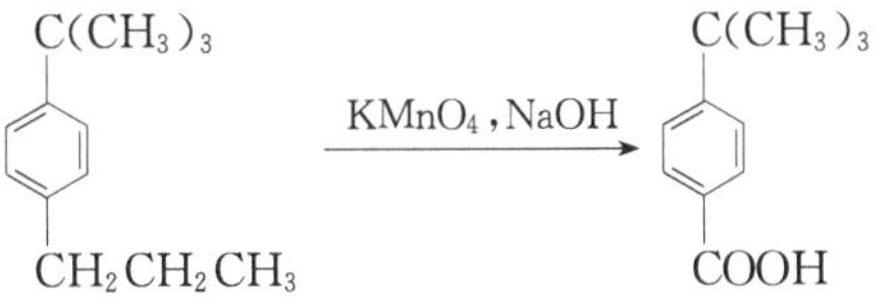

问题 4 强氧化剂难氧化叔丁基苯成为苯甲酸,却易氧化仲丁基苯成为苯甲酸。这是什么原因?

---

3. 由腈、羧酸酯的水解制备

1) 由腈水解

在中性溶液中水解腈制备羧酸的反应很慢,为加速水解反应通常加酸或碱催化。

$$R\!-\!C\!\equiv\!N + H_2O \xrightarrow[\triangle]{\text{酸或碱}} RCOOH$$

例如

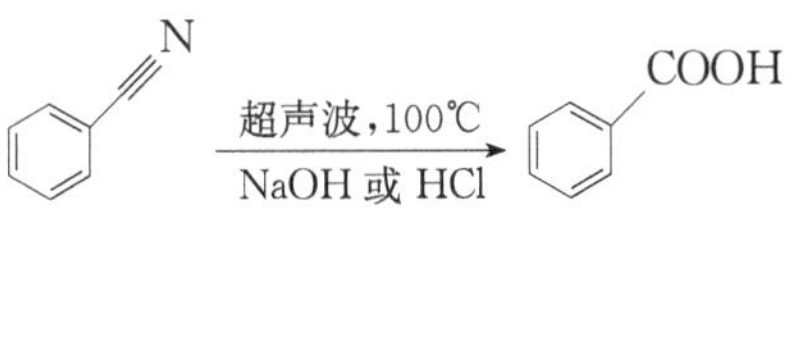

$$CH_3CH_2CH_2CH_2CH_2CN \xrightarrow[H_2O,乙二醇]{KOH} \xrightarrow{H^+} CH_3CH_2CH_2CH_2CH_2COOH$$

$$90\%$$

反应分两步进行:第一步水解得到中间体酰胺,第二步再水解生成羧酸。

2) 由油脂水解

油脂为高级脂肪酸的甘油酯,水解得到高级脂肪酸和丙三醇。

$$\begin{matrix} R^1COOCH_2 \\ R^2COOCH \\ R_3COOCH_2 \end{matrix} + 3H_2O \xrightarrow{H^+} R^1COOH + R^2COOH + R^3COOH + \begin{matrix} CH_2OH \\ CHOH \\ CH_2OH \end{matrix}$$

碱性水解得到高级脂肪酸盐,即为肥皂。

4. 由格氏试剂制备

格氏试剂与 CO_2 作用也可制备羧酸,生成的羧酸比格氏试剂分子中的烷基增加一个碳原子。

$$R{-}MgX + CO_2 \xrightarrow[低温]{无水醚} RCOOMgX \xrightarrow{H_2O,H^+} RCOOH$$

例如

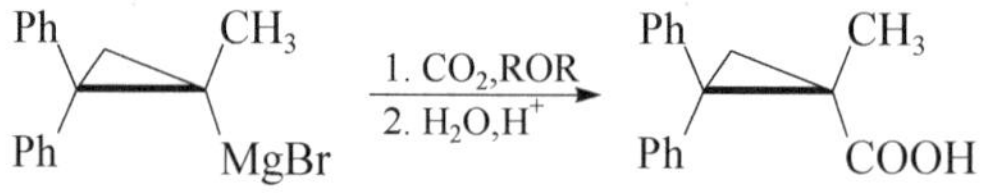

12.1.5 重要的羧酸

1. 丁烯二酸

丁烯二酸有顺、反两种几何异构体。顺式异构体称为马来酸,反式异构体称为富马酸或延胡索酸。在高温、酸、碱、硫脲催化或光照下两种丁烯二酸可相互转化,而顺式更易变成反式。

1) 顺丁烯二酸

工业上生产是在五氧化二钒催化下,于 $450 \sim 500℃$ 用空气氧化苯,先生成顺丁烯二酸酐(顺酐),经水解即得。因此,工业上常用顺丁烯二酸酐代替顺丁烯二酸。马来酸酐由于其空间位阻作用,过去被高聚物专家认为,它只能进行共聚而不能进行均聚。高聚物学者在 1961 年首先证实了马来酸酐能进行均聚反应。

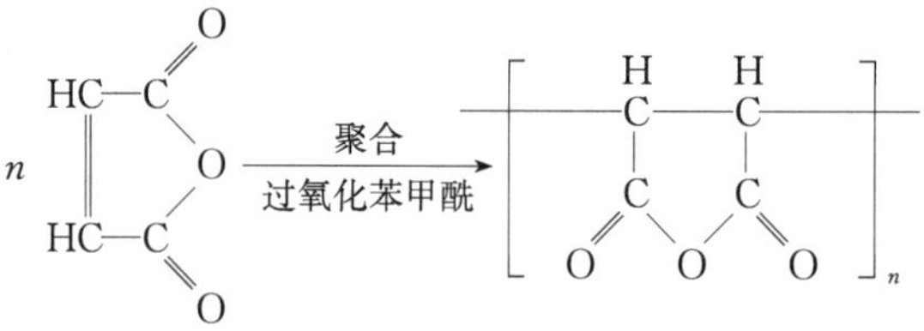

现在,聚马来酸酐应用已较广泛,该聚合物可以应用于闪蒸法淡化海水装置中作为阻垢剂,用作金属表面处理剂、扩散剂和清净剂的组分,还用作水质稳定剂、油田化学添加剂和日用化学品等,已进入精细化工品领域。

2) 反丁烯二酸

富马酸的化学合成法主要包括顺丁烯二酸酐异构法和糠醛氧化法。

顺酐异构法:

$$\begin{array}{c} \text{HC—COOH} \\ | \\ \text{HC—COOH} \end{array} \xrightarrow{\text{KBr-H}_2\text{O}_2} \begin{array}{c} \text{HC—COOH} \\ || \\ \text{HOOC—CH} \end{array}$$

该法不腐蚀设备和用量较少,但是需要石油资源,工艺条件要求苛刻。

糠醛氧化法:

$$\begin{array}{c} \text{O} \\ \diagdown \text{CHO} \end{array} \xrightarrow[\text{V}_2\text{O}_5]{\text{KClO}_3} \begin{array}{c} \text{HC—COOH} \\ || \\ \text{HOOC—CH} \end{array} + \text{KCl}$$

该法无工业污染,且副产物 KCl 可回收用作农用化肥,但生产成本较高。

工业级富马酸主要用于生产不饱和聚酯树脂和醇酸树脂,以及用作生产电泳漆的原料。作为一种重要的四碳平台化合物,可采用酶催化转化、酯化、加氢等工艺生产 L-天冬氨酸、苹果酸、琥珀酸、马来酸、1,4-丁二醇、丁内酯和四氢呋喃等四碳化合物等。富马酸是一种具有生物活性的物质,添加到饲料中可防霉、抑菌、提高饲料利用率和畜禽生产性能等。还可作为酸味调味品,用于粉末清凉饮料(水果罐头、冷食、果子酱、果子冻等),还可作为媒染剂的合成材料。

问题 5　在盐酸存在和加热条件下,顺丁烯二酸可以转化为反丁烯二酸。请提出该异构化反应较合理的机理。

---

2. 苯甲酸

苯甲酸俗称安息香酸,因最初由安息香胶制得而得名。它是白色具有光泽的单斜晶鳞片状或针状晶体,具有苯或甲醛的臭味。易燃。熔点 122℃,沸点 249℃,升华温度 100℃,加热至 370℃分解为苯和二氧化碳。工业上主要有三种制备方法:甲苯氧化法、邻苯二甲酸酐脱羧法和次苄基三氯水解法。

$$\begin{array}{c} \text{CH}_3 \\ \diagup \diagdown \end{array} + \text{O}_2 \xrightarrow{\text{MnO}_2} \text{C}_6\text{H}_5\text{COOH} + \text{H}_2\text{O}$$

$$\begin{array}{c} \text{O} \\ || \\ \diagup \diagdown \\ \diagdown \diagup \text{O} \\ || \\ \text{O} \end{array} + \text{H}_2\text{O} \longrightarrow \begin{array}{c} \text{COOH} \end{array}$$

$$\xrightarrow{\text{副反应}} \begin{array}{c} \text{COOH} \\ \text{COOH} \end{array}$$

$$\text{C}_6\text{H}_5\text{CH}_3 + 3\text{Cl}_2 + 2\text{H}_2\text{O} \longrightarrow \text{C}_6\text{H}_5\text{COOH} + 6\text{HCl}$$

苯甲酸的用途极为广泛。首先,苯甲酸具有杀菌和抑制细菌生长的作用,且低毒无味。因此,在食品工业中可用作防腐剂,其用量为 0.1%(质量分数),pH 为 2.5～4.5 作用效果最明显。还可作为金属的防锈剂、树脂的改性剂和增塑剂,还可用于制造各类药物以及作为染料的载体等。

问题 6　邻甲基苯甲酸($K_a = 12.4 \times 10^{-5}$)的酸性较苯甲酸($K_a = 6.3 \times 10^{-5}$)的酸性高,请从电子效应和分子的空间结构等方面进行解释。

---

3. 水杨酸

水杨酸又称柳酸,学名为邻羟基苯甲酸。常压下急剧加热分解为苯酚和二氧化碳。熔点157～159℃,沸点约 211℃(2.67 kPa),76℃升华。在光照下逐渐变色。相对密度 1.44。工业上主要以苯酚为原料制备水杨酸。

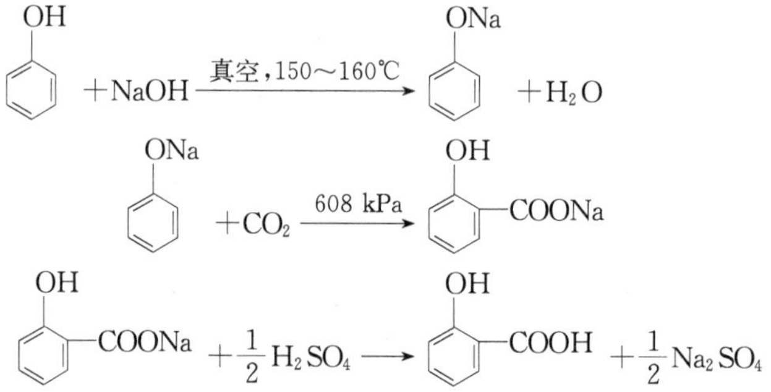

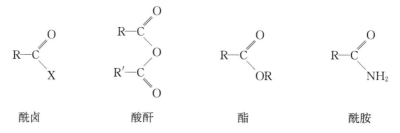

水杨酸是重要的精细化工中间体,用于合成香料、医药、农药、染料和精细化工中间体。

12.2 羧酸衍生物

12.2.1 羧酸衍生物的构造和命名

1. 羧酸衍生物的构造

羧酸分子中羧基上的羟基被其他原子或基团取代后所得到的化合物称为羧酸衍生物。酰基与卤原子相连的化合物称为酰卤,两个酰基通过氧原子相连的称为酸酐,酰基和烷氧基相连的称为酯,酰基和氨基相连的称为酰胺。

酰卤	酸酐	酯	酰胺

2. 羧酸衍生物的命名

酰卤和酰胺一般按照相应的酰基来命名。例如

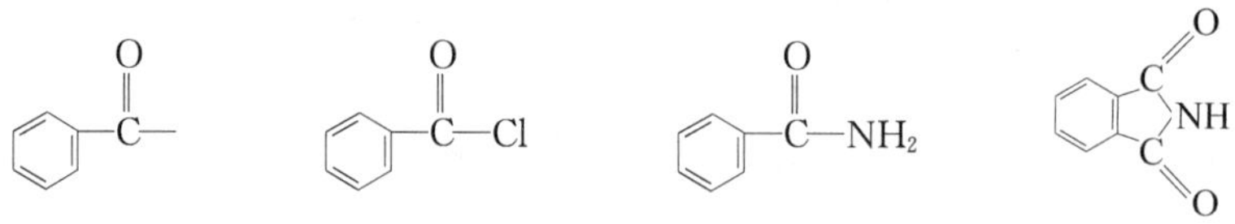

苯甲酰基　　　　苯甲酰氯　　　　苯甲酰胺　　　　邻苯二甲酰亚胺

酰胺分子中氮原子上的氢原子被烃基取代后生成的取代酰胺,称为 N-烃基"某"酰胺;含

有 —C—NH— 基的环状结构的酰胺,称为内酰胺。例如

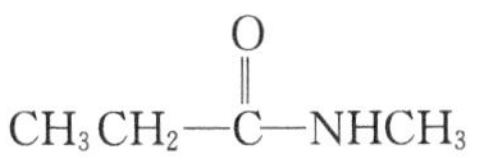

N-甲基丙酰胺 　　　　　N,N-二甲基甲酰胺 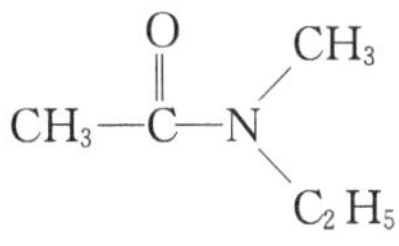　　　N-甲基-N-乙基乙酰胺 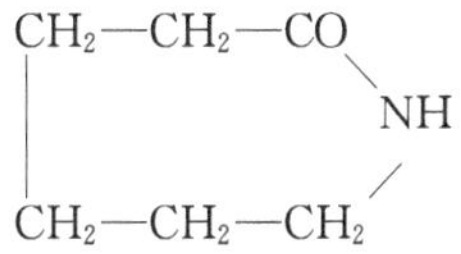　　　ε-己内酰胺

酸酐常根据相应的羧酸来命名。例如

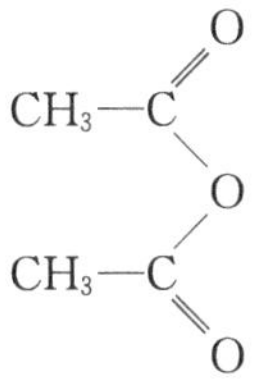

乙酸酐(醋酐) 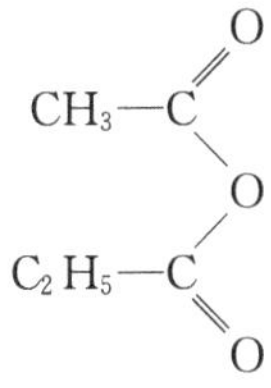　　　　　　　乙丙酐 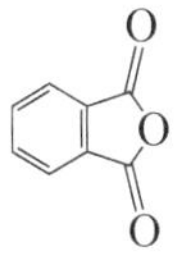　　　　　　邻苯二甲酸酐(苯酐)

酯常根据相应的羧酸和醇来命名,"醇"字一般可省略,称为"某酸某酯"。对于多元醇的酯一般把"酸'名放在后面,称为"某醇某酸酯"。例如

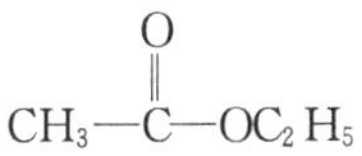

乙酸乙酯 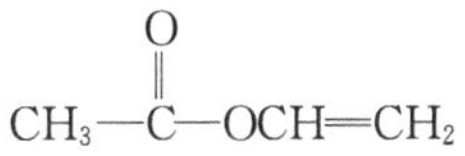　　　　　　乙酸乙烯酯 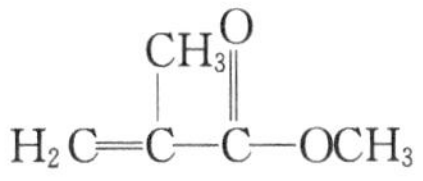　　　　α-甲基丙烯酸甲酯 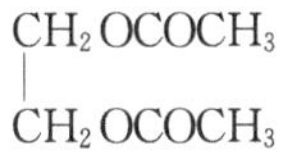　　　乙二醇二乙酸酯

12.2.2 羧酸衍生物的物理性质

酰氯和酸酐都是对黏膜有刺激性的物质,而大多数酯却有令人愉快的香味,自然界中许多花果的香味就是由酯引起的。大部分酰胺为固体,没有气味。

酰氯、酸酐和酯的沸点比相对分子质量相近的羧酸要低得多,而酰胺的沸点却比相应的羧酸要高得多(表 12-3)。

其原因在于酰氯、酸酐和酯的分子中没有酸性的氢原子,分子间没有氢键的缔合作用。而在酰胺分子中氨基上的氢原子能在分子间形成强的氢键,加之酰胺分子的极性较大,两者都能使其沸点升高。

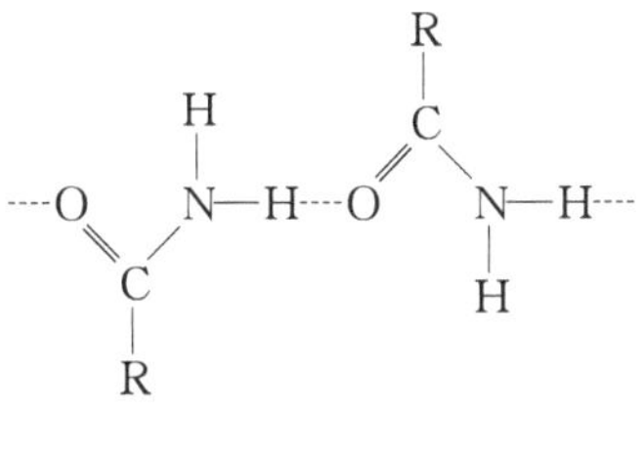

表 12-3 某些化合物的沸点比较

化合物	丁酰氯	乙酸乙酯	乙酸酐	丁酰胺	丁酸	戊酸
相对分子质量	78.5	88	102	87	88	102
沸点/℃	102	77	139.6	216	164	186

当氨基上的氢原子被烃基取代后,就不能发生氢键缔合而使沸点降低。例如,乙酰胺的沸点为 221℃,而 N,N-二甲基乙酰胺的沸点却为 165℃。

酰氯和酸酐遇水即分解为羧酸;酯因没有缔合作用,在水中的溶解度比相应的羧酸低,而酰胺则易溶于水中。一些羧酸衍生物的物理常数见表 12-4。

表 12-4　羧酸衍生物的物理常数

类别	名称	构造式	沸点/℃	熔点/℃	相对密度(d_4^{20})
酰卤	乙酰氯	CH_3COCl	51	−112	1.104
	乙酰溴	CH_3COBr	76.7	−96	1.52
	乙酰碘	CH_3COI	108		1.98
	丙酰氯	CH_3CH_2COCl	80	−94	1.065
	丁酰氯	$CH_3CH_2CH_2COCl$	102	−810	1.028
	苯甲酰氯	C_6H_5COCl	197	−1	1.212
酯	甲酸甲酯	$HCOOCH_3$	32	−99.8	0.974
	乙酸甲酯	CH_3COOCH_3	57.5	−98	0.924
	乙酸乙酯	$CH_3COOC_2H_5$	77	−84	0.901
	乙酸丁酯	$CH_3COO(CH_2)_3CH_3$	126	−77	0.882
	乙酸戊酯	$CH_3COO(CH_2)_4CH_3$	147.6	−70.8	0.8710
	甲基丙烯酸甲酯	$H_2C=CCOOCH_3$ $\quad\;\; CH_3$	100		0.936
	邻苯二甲酸二丁酯	$C_6H_4[COO(CH_2)_3CH_3]_2$	340		1.045
酸酐	乙酸酐	$(CH_3CO)_2O$	139.6	−73	1.082
	丁二酸酐		261	119.6	1.104
	顺丁烯二酸酐		200	60	1.48
	邻苯二甲酸酐		284	131	1.527
酰胺	甲酰胺	$HCONH_2$	200(分解)	3	1.139
	乙酰胺	CH_3CONH_2	221	82	1.159
	丙酰胺	$CH_3CH_2CONH_2$	213	80	1.042
	丁酰胺	$CH_3(CH_2)_2CONH_2$	216	116	1.032
	乙酰苯胺	$CH_3CONHC_6H_5$	305	114	1.21(4℃)
	N-甲基甲酰胺	$HCONHCH_3$	180		
	N,N-二甲基甲酰胺	$HCON(CH_3)_2$	153	−61	0.9484(22.4℃)

12. 2. 3　羧酸衍生物的化学性质

　　酰氯、酸酐、酯和酰胺的分子中都具有酰基,酰基都直接与带有未共用电子对的原子或基团相连，因此分子中存在 p-π 共轭体系。

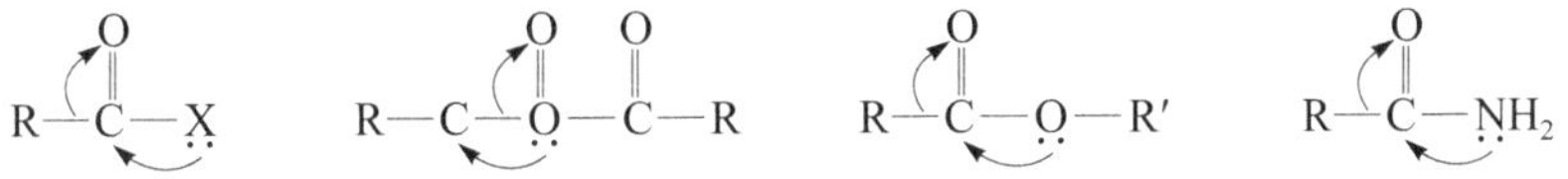

结构上的这种相似，决定了它们性质上的相似，但酰基所连接的原子或基团性能上的差别，使这几种化合物在性质上又各表现出一些特殊性。

1. 取代反应

1）水解

酰氯、酸酐、酯和酰胺都能与水作用生成相应的羧酸。

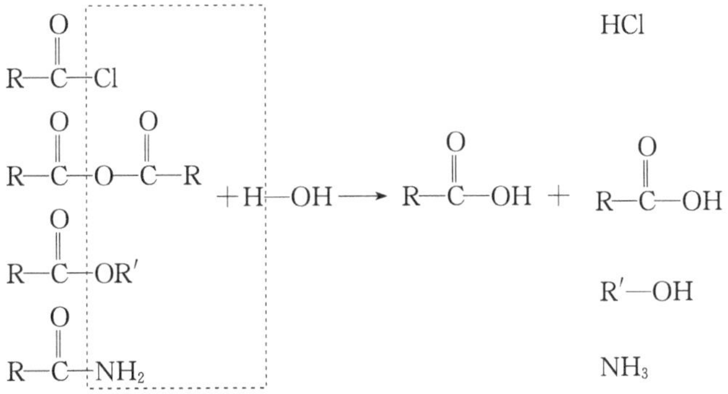

水解反应进行的难易顺序是：酰氯＞酸酐＞酯＞酰胺。例如，乙酰氯与水发生猛烈的放热反应；乙酸酐则与热水较易反应；没有催化剂时酯的水解进行得很慢，常需用酸或碱作催化剂；而酰胺的水解常需在酸或碱的催化下，经长时间的回流才能完成。

酯在酸催化下的水解，是酯化反应的逆反应，但水解不完全。反应机理如下：

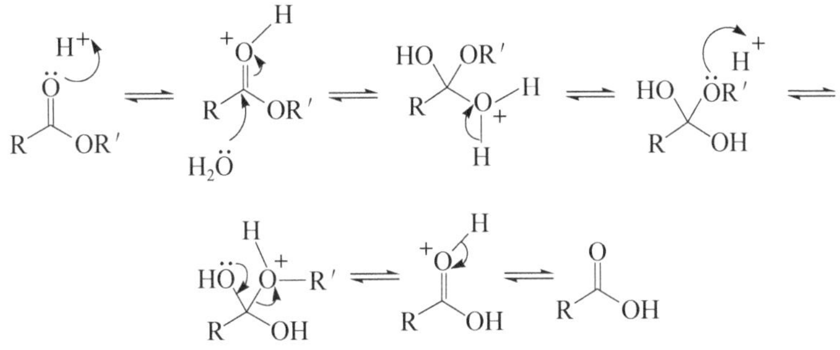

在碱作用下水解则产生的酸可与碱生成盐而使平衡移动，所以只要碱是足够的，水解就能进行到底。酯类在碱性溶液中的水解又称皂化反应。例如，油脂在碱性溶液中水解时得到肥皂。

$$R-\overset{\overset{\displaystyle O}{\|}}{C}-OR' + H_2O \xrightarrow{NaOH} R-\overset{\overset{\displaystyle O}{\|}}{C}-ONa + R'OH$$

问题 7 乙酸三苯甲酯是位阻很大的酯，但在酸性条件下仍然能顺利进行水解生成乙酸和三苯甲醇。请推测该反应的机理。

酰胺在酸性溶液中水解得到羧酸和铵盐，在碱作用下水解得到羧酸盐并放出氨气。

$$R-\overset{\displaystyle O}{\overset{\|}{C}}-NH_2 + H_2O \begin{cases} \xrightarrow{\text{HCl}} R-COOH + NH_4Cl \\ \xrightarrow{\text{NaOH}} R-COONa + NH_3\uparrow \end{cases}$$

2) 醇解

酰氯、酸酐、酯和酰胺都能与醇作用生成酯。

$$\left.\begin{array}{l} R-\overset{O}{\overset{\|}{C}}-Cl \\ R-\overset{O}{\overset{\|}{C}}-O-\overset{O}{\overset{\|}{C}}-R \\ R-\overset{O}{\overset{\|}{C}}-O-R' \\ R-\overset{O}{\overset{\|}{C}}-NH_2 \end{array}\right\} + H-OR'' \longrightarrow R-\overset{O}{\overset{\|}{C}}-OR'' + \begin{array}{l} R-\overset{O}{\overset{\|}{C}}-OH \\ \\ R'-OH \\ \\ NH_3 \end{array} \qquad \begin{array}{l} HCl \end{array}$$

酰氯和酸酐可以直接与醇作用生成相应的酯和酸。酰胺的醇解则是可逆的,需要用过量的醇才能生成酯。酯醇解生成另一种酯和醇,这类反应称为酯交换反应,也是可逆反应。酯交换反应在有机合成中可用于从低级醇酯制取高级醇酯(反应后蒸出低级醇),或从廉价易得的低级醇制取高级醇。

$$R^1-\overset{\displaystyle O}{\overset{\|}{C}}-OCH_3 + R^2OH \longrightarrow R^1-\overset{\displaystyle O}{\overset{\|}{C}}-OR^2 + CH_3OH$$

酯交换反应要在酸或碱的催化下才能进行,但若反应中能形成五元环或六元环,则酯交换反应较易进行。例如

3) 氨解

酰氯、酸酐和酯与氨作用都生成酰胺。酰胺与胺作用是可逆反应,需用过量的胺才能得到N-烷基酰胺。

$$\left.\begin{array}{l} R-\overset{O}{\overset{\|}{C}}-Cl \\ R-\overset{O}{\overset{\|}{C}}-O-\overset{O}{\overset{\|}{C}}-R \\ R-\overset{O}{\overset{\|}{C}}-O-R' \end{array}\right\} + H-NH_2 \longrightarrow R-\overset{O}{\overset{\|}{C}}-NH_2 + \begin{array}{l} R-\overset{O}{\overset{\|}{C}}-ONH_4 \\ \\ R'-OH \end{array} \qquad \begin{array}{l} NH_4Cl \end{array}$$

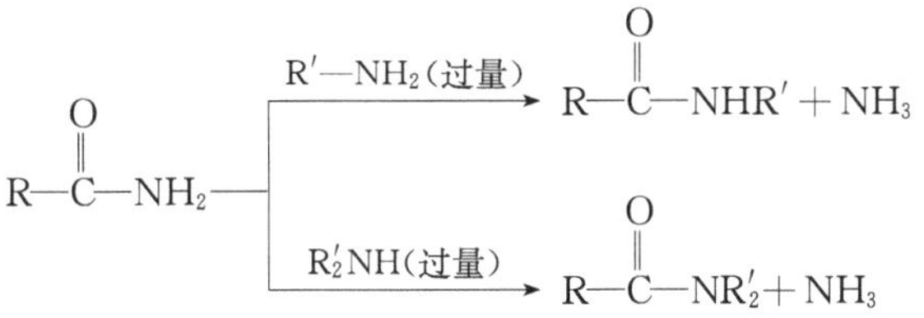

总之,不论是水解、醇解还是氨解,对于水、醇和氨来说,都是其中的活泼氢原子被酰基所取代的反应。像这类在分子中引入酰基的反应称为酰化反应,所用试剂称为酰化剂。羧酸衍生物的酰化能力强弱顺序为:酰卤>酸酐>酯>酰胺。

问题 8 以丙烯醛和 1-溴丁烷为主要原料设计合成路线,合成如下的化合物。

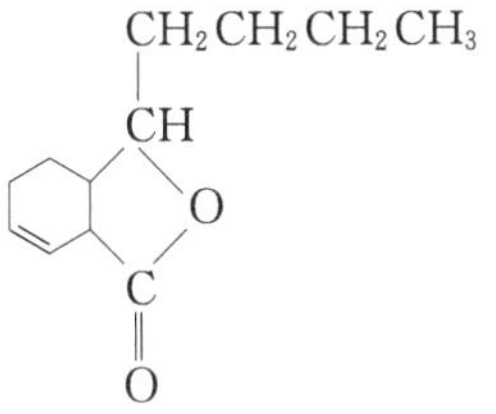

---

2. 与格利雅试剂的反应

酰氯、酸酐、酯和酰胺都能与格氏试剂发生反应,按照不同的反应条件可生成酮或叔醇。在合成上常用的是酰氯或酯。

酰氯与格氏试剂作用可得到酮或叔醇。在反应中首先生成酮,由于酰氯与格氏试剂的作用较酮与格氏试剂的作用要快些,因此用 1 mol 的格氏试剂,慢慢滴入含有 1 mol 酰氯的溶液中,可使反应停留在酮的一步。若格氏试剂过量则得到叔醇。

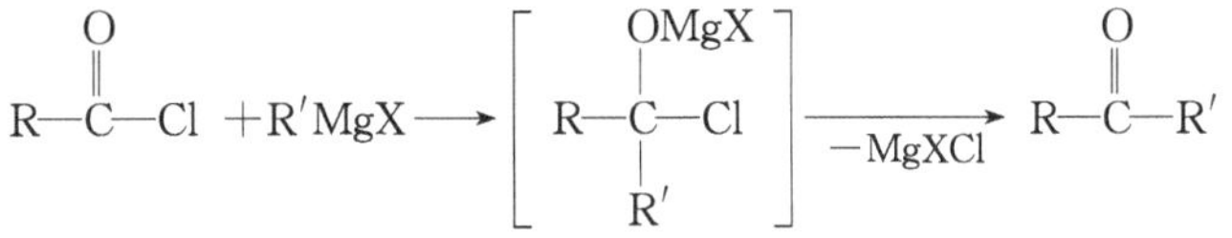

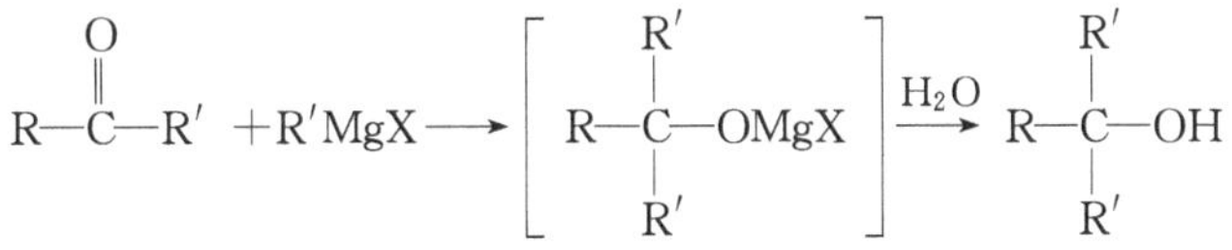

酯与格氏试剂作用生成叔醇。虽然反应首先生成酮,但格氏试剂与酮反应比酯快,反应很难停留在酮的阶段。

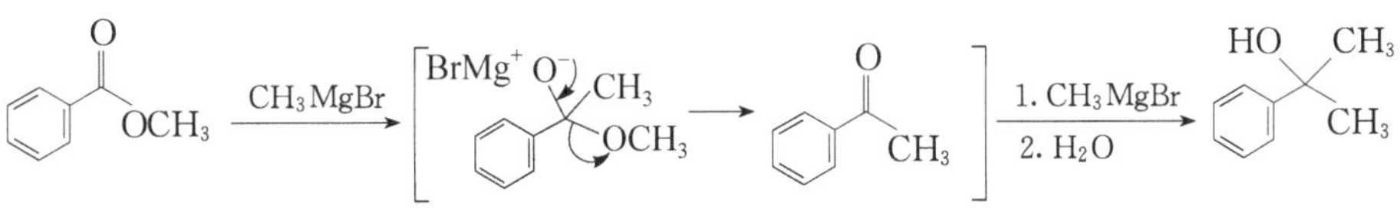

酸酐与格氏试剂在低温时作用也可以得到酮。例如

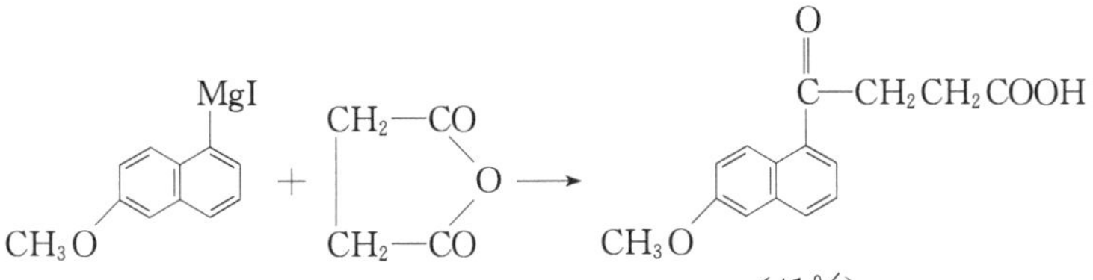

(41%)

酰胺中含有活泼氢，可使格氏试剂分解。需用 3～4 mol 格氏试剂与 1 mol 酰胺长时间共热，才能得到酮。例如

$$C_6H_5CONH_2+C_6H_5CH_2MgCl \longrightarrow \underset{77\%}{C_6H_5COCH_2C_6H_5}$$

3. 还原反应

羧酸衍生物的羰基比羧酸的羰基活泼，所以羧酸衍生物比羧酸更易还原。还原的方法较多，常用的有以下几种。

1）金属氢化物还原法

四氢铝锂、硼氢化锂和硼氢化钠中的四氢铝锂的还原性最强，可以把酰氯、酸酐和酯还原成伯醇，酰胺还原成伯胺，N-烃基酰胺或 N,N-二烃基酰胺还原成仲胺或叔胺，因此可用于各种羧酸衍生物的还原。例如

$$\begin{array}{lcl}
R-\overset{O}{\overset{\|}{C}}-Cl & & R-CH_2OH \\
R-\overset{O}{\overset{\|}{C}}-O-\overset{O}{\overset{\|}{C}}-R & & 2R-CH_2OH \\
R-\overset{O}{\overset{\|}{C}}-OR' & \xrightarrow{LiAlH_4} & R-CH_2OH+R'OH \\
R-\overset{O}{\overset{\|}{C}}-NH_2 & & R-CH_2NH_2 \\
R-\overset{O}{\overset{\|}{C}}-NHR' & & R-CH_2-NH-R' \\
R-\overset{O}{\overset{\|}{C}}-NR'_2 & & R-CH_2-NR'_2
\end{array}$$

2）鲍维特-勃朗克还原法

以金属钠-乙醇还原酯得到一级醇，称为鲍维特-勃朗克（Bouveault-Blanc）还原，优点是双键不受影响。若回流需要较高的温度，也可用金属钠-丁醇。例如

$$\underset{\text{油酸丁酯}}{CH_3(CH_2)_7CH=CH(CH_2)_7COOC_4H_9} \xrightarrow[C_4H_9OH]{Na} \underset{\text{油醇}}{CH_3(CH_2)_7CH=CH(CH_2)_7CH_2OH}+C_4H_9OH$$

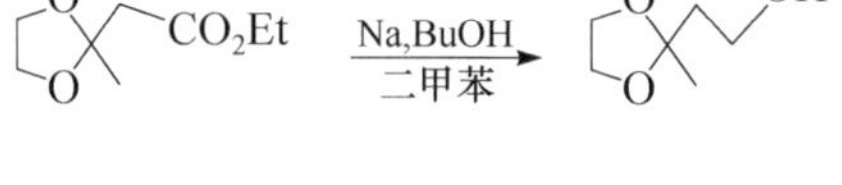

3）罗森蒙德还原法

酰氯在活性降低的钯催化剂存在下（$Pd/BaSO_4$）可选择性还原成醛，称为罗森蒙德（Rosenmund）还原法。

$$RCOCl\text{ 或 }ArCOCl \xrightarrow[\text{喹啉}]{H_2,\,Pd\text{-}BaSO_4} RCHO\text{ 或 }ArCHO$$

例如

$$
\underset{O}{\overset{N(Boc)_2}{\underset{CO_2Bu\text{-}t}{Cl}}} \xrightarrow[\text{THF,2 h,78\%}]{\substack{H_2,5\% Pd/C \\ 2,6\text{-二甲基吡啶}}} \underset{O}{\overset{N(Boc)_2}{\underset{CO_2Bu\text{-}t}{H}}}
$$

4）酯的还原缩合反应

脂肪羧酸酯和金属钠在甲苯、乙醚或二甲苯中，在剧烈搅拌和回流下，通过纯氮气的保护可以发生双分子还原，得到 α-羟基酮，反应被称为酮醇缩合。例如

$$
2CH_3CH_2CH_2COC_2H_5 \xrightarrow[Et_2O,\triangle]{Na,N_2} \xrightarrow[H^+]{H_2O} CH_3CH_2CH_2\underset{O}{\overset{O}{C}}\underset{OH}{CH}CH_2CH_2CH_3
$$

工业上则是用催化加氢的方法将酯还原成醇。

4. 酯缩合反应

1）酯缩合

两分子乙酸乙酯在乙醇钠作用下，脱去一分子的乙醇，生成乙酰乙酸乙酯。这个反应称为克莱森（Claisen）（酯）缩合反应。

$$
CH_3-\overset{O}{\overset{\|}{C}}-\boxed{O-C_2H_5 + H}-CH_2-\overset{O}{\overset{\|}{C}}-OC_2H_5 \xrightarrow[\text{2. }CH_3COOH]{\text{1. }C_2H_5ONa} CH_3-\overset{O}{\overset{\|}{C}}-CH_2-\overset{O}{\overset{\|}{C}}-OC_2H_5 + C_2H_5OH
$$

凡是 α-碳上有氢原子的酯，在乙醇钠或其他碱性催化剂（如 $NaNH_2$）的作用下，都能进行克莱森（酯）缩合反应。

$$
R-CH_2-\overset{O}{\overset{\|}{C}}-\boxed{O-C_2H_5 + H}-\underset{R}{CH}-\overset{O}{\overset{\|}{C}}-OC_2H_5 \xrightarrow{C_2H_5ONa} R-CH_2-\overset{O}{\overset{\|}{C}}-\underset{R}{CH}-\overset{O}{\overset{\|}{C}}-OC_2H_5 + C_2H_5OH
$$

2）交叉酯缩合

若用两个不同的都含有 α-H 的酯混合起来进行酯缩合反应，那么在理论上得到四种 β-酮酸酯的混合物，除特殊情况外一般没有大的应用价值。

$$
\underset{Ph}{\overset{O}{\overset{\|}{Bn_2N-\overset{\|}{C}-OBu\text{-}t}}} + \overset{O}{\overset{\|}{\underset{}{Bu\text{-}Ot}}} \xrightarrow[\text{2. }H^+]{\text{1. }OH^-,THF} \underset{Ph}{\overset{O\ \ O}{Bn_2N-\overset{\|\ \|}{\underset{}{}}-OBu\text{-}t}}
$$

因此通常只用一个含 α-H 的酯与另一个不含 α-H 的酯进行缩合。例如

$$
\overset{O}{\overset{\|}{HCOC_2H_5}} + \overset{O}{\overset{\|}{CH_3COC_2H_5}} \xrightarrow[\text{2. }H^+,H_2O]{\text{1. }NaOH,EtOH} \overset{O}{\overset{\|}{HCCH_2}}\overset{O}{\overset{\|}{COC_2H_5}}
$$

3）分子内酯缩合

分子中的两个酯基被四个或四个以上的碳原子隔开时，就会发生分子内的缩合反应，形成五元环或更大环的 β-酮酸酯，这种反应称为迪克曼（Dieckmann）缩合反应。例如

$$
(\ )_n\underset{CO_2R}{\overset{CO_2R}{}} \xrightarrow[\text{MeOH,过氧化氢酶}]{SmI_2\text{-}Sm} (\ )_n\underset{O}{\overset{CO_2R}{}}
$$

4) 酮酯缩合

一个有 α-H 的酮和一个无 α-H 的酯在碱的作用下,也可以发生缩合反应,根据所用酯的不同,得到的产物是 β-酮酸酯或 β-二酮。例如

$$CH_3OCOC_2H_5 \ + \ CH_3CCH_3 \xrightarrow[\text{2. } H_2O]{\text{1. NaH}} CH_3OCCH_2CCH_3$$

$$Ar-C-O-CH_3 + H_3C-C-R \xrightarrow[\text{2. } H_2O]{\text{1. NaH}} Ar-C-\underset{H_2}{C}-C-R$$

问题 9　在碱性条件下,3,3-二丙基-2-酮戊二酸部分转变为具有醇羟基的化合物。请解释发生变化的原因。

---

5. 酰胺的特殊反应

1) 弱酸性和弱碱性

一般来说,酰胺是中性化合物(它不能使石蕊试剂显色)。但是,在一定的条件下却表现出弱酸性和弱碱性。例如,乙酰胺能与强酸作用生成盐。

$$CH_3-\overset{O}{\overset{\|}{C}}-NH_2 + HCl \longrightarrow CH_3-\overset{O}{\overset{\|}{C}}-\overset{+}{N}H_3 \cdot Cl^-$$

这类盐极不稳定,遇水即分解为原来的酰胺和酸。

酰胺与金属钠(或钾)在乙醚溶液中也能生成盐,因而又显示出一定的弱酸性。

$$CH_3-\overset{O}{\overset{\|}{C}}-NH_2 + Na \longrightarrow CH_3-\overset{O}{\overset{\|}{C}}-NHNa + \frac{1}{2}H_2$$

这类盐也极不稳定,遇水即生成原来的酰胺和氢氧化钠。

酰胺的两性是因为其分子中存在 p-π 共轭效应,使氮原子上的电子云密度降低,减弱了它接受质子的能力,因此碱性比氨弱。与此同时,N—H 键的电子云更向氮原子偏移,氢原子变得较为活泼,增加了氢原子质子化的能力,从而表现出一定的酸性。

$$R-\overset{O}{\overset{\|}{C}}-N\overset{H}{\underset{H}{<}}$$

当氨分子上的 2 个氢原子同时被酰基取代生成酰亚胺时,则此化合物不显碱性,而表现出明显的酸性,可溶于强碱中。例如

$$\begin{array}{c} CH_2-\overset{O}{\overset{\|}{C}} \\ | \qquad\quad NH \\ CH_2-\overset{}{\underset{\|}{C}} \\ \qquad\quad O \end{array} + KOH \xrightarrow{\text{无水乙醇}} \begin{array}{c} CH_2-\overset{O}{\overset{\|}{C}} \\ | \qquad\quad NK \\ CH_2-\overset{}{\underset{\|}{C}} \\ \qquad\quad O \end{array} + H_2O$$

丁二酰亚胺　　　　　　　　　　丁二酰亚胺钾

2) 脱水反应

酰胺对热比较稳定,在一般加热情况下不会脱水,但与强的脱水剂,如 P_2O_5、$SOCl_2$ 等一

起加热,则脱水生成腈,这是制备腈的方法之一。例如

$$C_6H_5-\overset{O}{\overset{\|}{C}}-NH_2 + P_2O_5 \xrightarrow{\triangle} C_6H_5-CN + 2H_3PO_4$$

（约 73%）

3）霍夫曼降级反应

酰胺与溴或氯在碱性溶液中作用时,脱去羧基生成伯胺。在反应中碳链减少 1 个碳原子,通常称为霍夫曼(Hofmann)降级反应。含 8 个碳以下的酰胺,采用此法,产率较高。

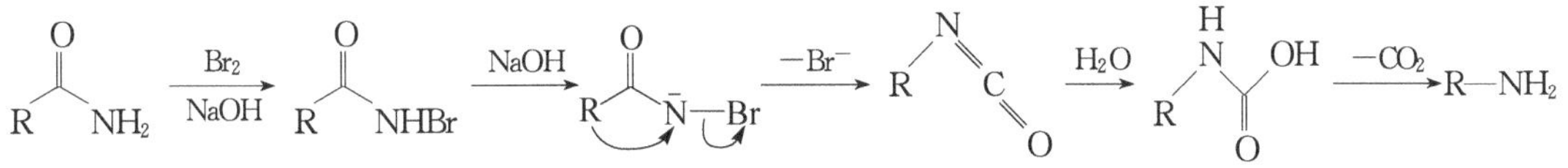

用 NBS 和 DBU 代替 Br$_2$ 和 NaOH,用甲醇代替水,生成的异氰酸盐中间体被甲醇捕获,形成氨基甲酸酯。

73%

NBS 为 N-溴代丁二酰亚胺,DBU 为 1,8-二氮杂双环[5.4.0]十一碳-7-烯

12.2.4　羧酸衍生物的制法

1. 酰卤的制备

用羧酸和无机酰卤反应制备酰卤。例如,用亚硫酰氯、三氯化磷、五氯化磷与羧酸作用制得酰氯。

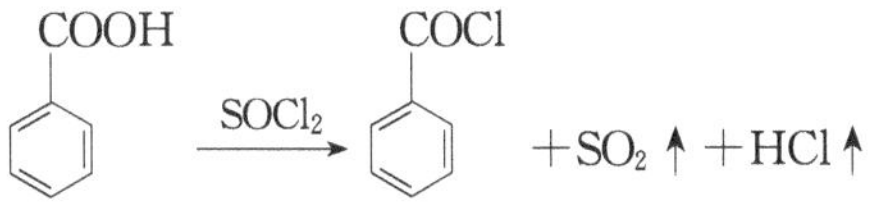

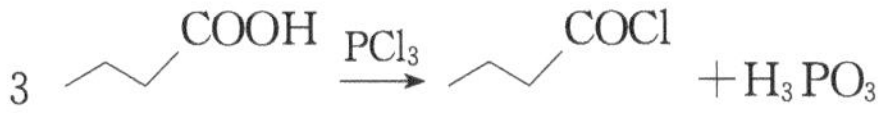

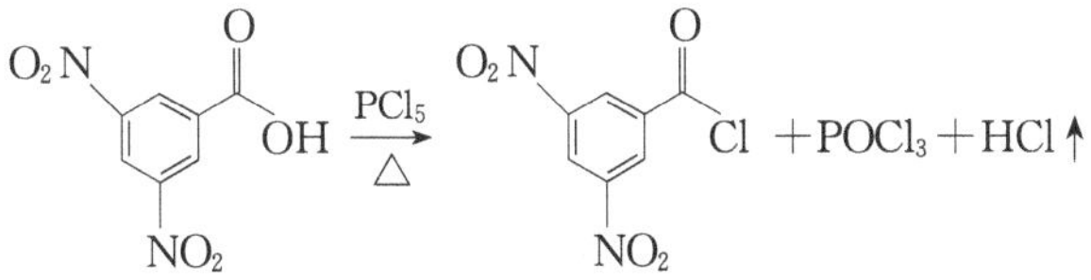

这三种方法可相互补充。但酰氯非常容易水解,所含无机杂质不能用水洗去,因而它的提纯方法一般是通过蒸馏将它与其他产物或未反应的反应物分离。那么就要求反应物、各种产物、试剂的沸点有一定的差距,才能通过蒸馏方法分离。

使用亚硫酰氯的优点是反应条件温和,产物一般不需要提纯即可使用,纯度好,产率高。羧酸与亚硫酰氯反应过程如下:

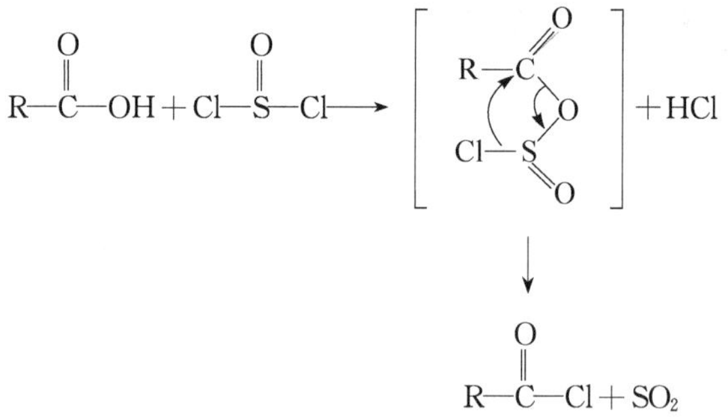

$$R-\overset{\overset{\displaystyle O}{\|}}{C}-OH+Cl-\overset{\overset{\displaystyle O}{\|}}{S}-Cl \longrightarrow \left[\begin{array}{c} R-\overset{\overset{\displaystyle O}{\|}}{C} \\ | \quad \quad O \\ Cl-\overset{\underset{\displaystyle O}{\|}}{S} \end{array}\right]+HCl$$

$$\downarrow$$

$$R-\overset{\overset{\displaystyle O}{\|}}{C}-Cl+SO_2$$

问题 10 $HC\equiv CCH_2COOH(pK_a=3.32)$ 的酸性大于 $H_2C=CHCH_2COOH(pK_a=4.35)$ 的酸性。请解释为什么有此酸性顺序,并说明它们形成酰卤的难易。

---

2. 酸酐的制备

酸酐中含有两个相同的酰基称为单酐,两个不同的酰基称为混酐。用干燥的羧酸钠盐与酰氯反应,这是实验室制备酸酐特别是制备混酐的一个重要方法。例如

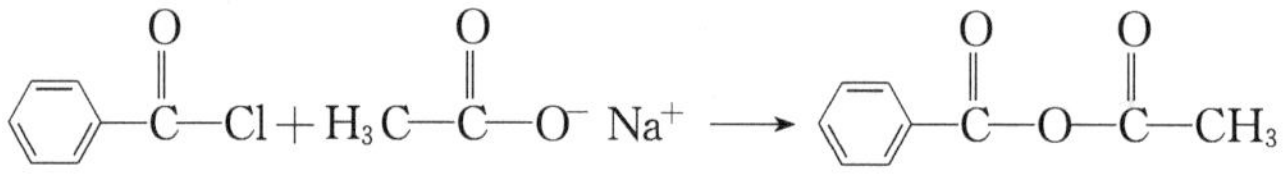

另一种方法是羧酸的失水。除甲酸外,羧酸均可失水形成酸酐。

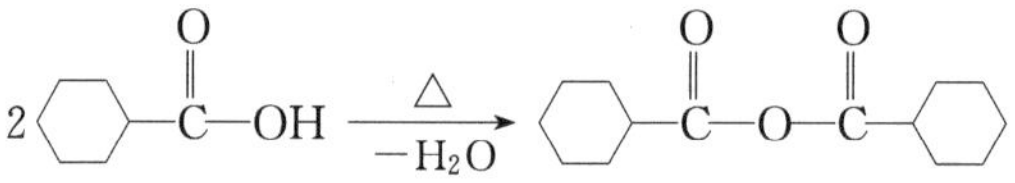

二元酸通过这种方法可合成环状酸酐,反应生成的水常用真空蒸馏法或共沸法除去。例如,五元环、六元环状酸酐的制备。

琥珀酸制备琥珀酐:

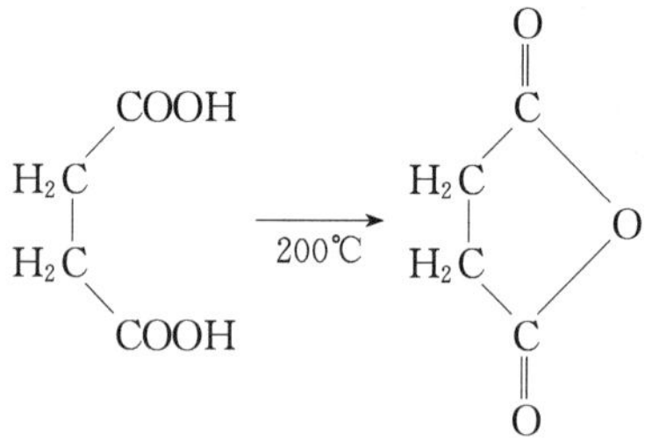

在一些工业生产中,常用芳烃的氧化来制备重要的酸酐,如苯在高温和 V_2O_5 催化氧化为顺丁烯二酸酐,邻二甲苯可氧化为邻苯二甲酸酐。

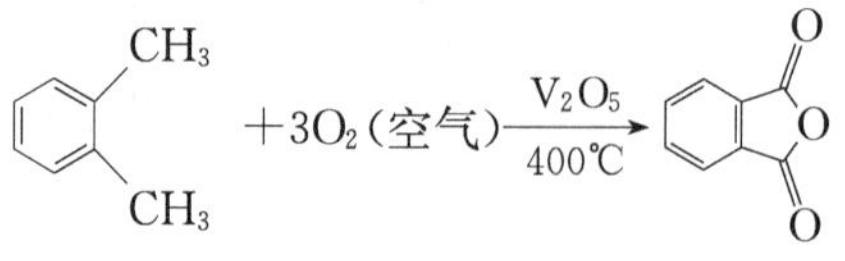

邻苯二甲酸酐,75%

邻苯二甲酸酐也可用萘氧化制得。

乙酸酐是工业上最重要的酸酐,其合成反应如下:

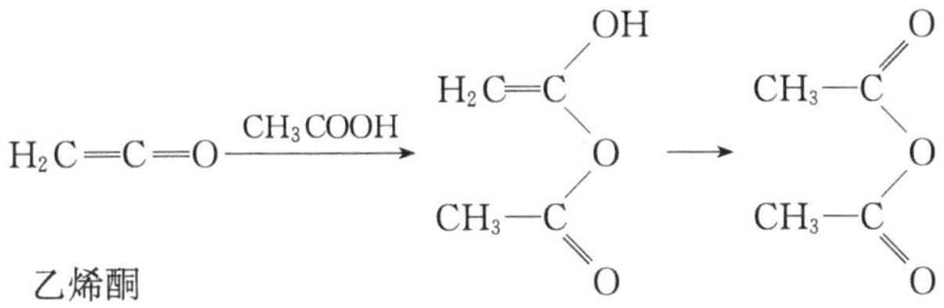

乙烯酮

乙酸酐常用作乙酰化试剂,是工业上制造乙酸纤维、塑料、胶片和油漆等的原料。此外,还可用于染料、医药和香料工业。

3. 酯的制备

酯的制法较多,可以用醇与羧酸在酸的催化作用下进行酯化反应直接制备。例如

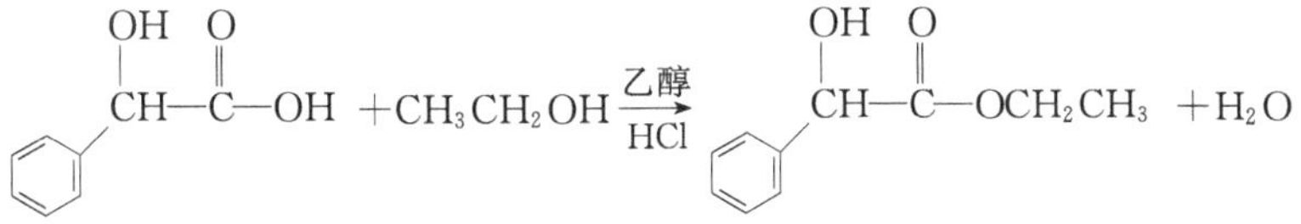

酰氯、酸酐与醇或酚作用可以生成酯。

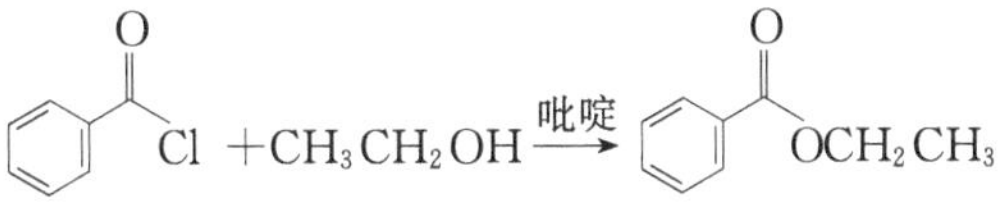

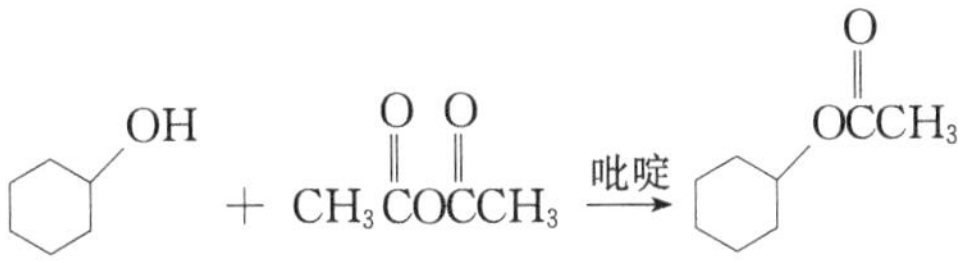

羧酸盐与卤代烃作用能制得羧酸酯。

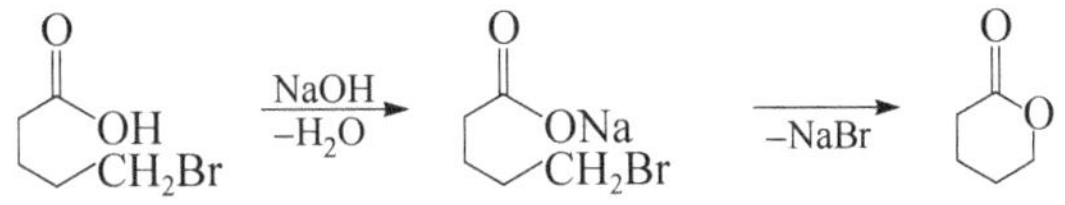

$$CH_3CH_2CH_2CONa + CH_3I \longrightarrow CH_3CH_2CH_2COCH_3 + NaI$$

$$97\%$$

羧酸与烯、炔的加成能制备羧酸酯。例如

$$CH_2(COOH)_2 + 2(CH_3)_2C = CH_2 \xrightarrow[室温]{浓\ H_2SO_4} CH_2(COOCMe_3)_2$$

$$CH_3COOH + HC \equiv CH \xrightarrow[75\sim80℃]{H^+,H_2SO_4} CH_3COOCH = CH_2$$

乙酸乙烯酯(制维尼纶的单体)

问题 11　作为抗菌药使用的头孢氨苄,其口服效果很差。请根据该化合物的分子结构说明原因。

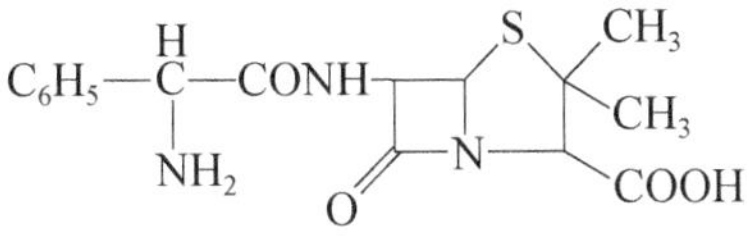

头孢氨苄

4. 酰胺的制备

酰胺可由羧酸衍生物的氨（胺）解制备，也可通过腈部分水解或铵盐的部分失水制备。例如

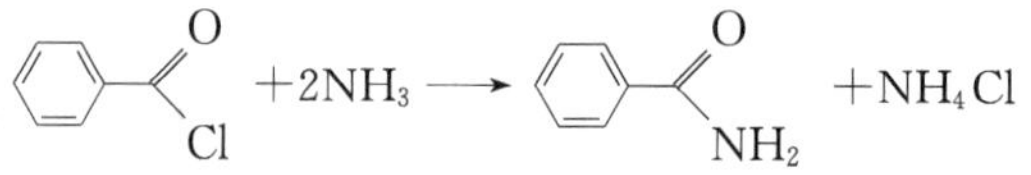

$$CH_3CH_2COOH+NH_3 \rightleftharpoons CH_3CH_2COO^-\overset{+}{N}H_4 \xrightarrow{200℃} CH_3CH_2CONH_2+H_2O$$

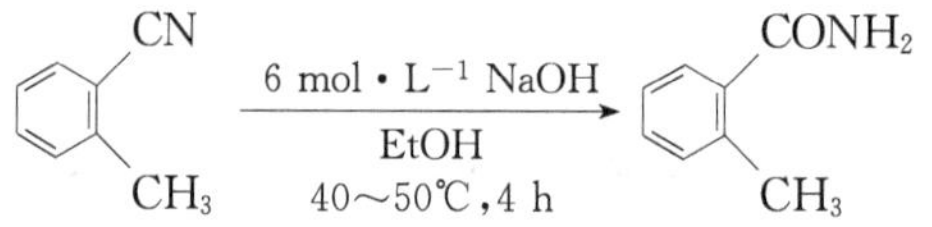

12.2.5　蜡和油脂

蜡和油脂主要存在于动植物中，都属于直链高级脂肪酸的酯。

1. 蜡

蜡的主要成分是高级脂肪酸和高级饱和一元醇所组成的酯，一般由 $C_{24} \sim C_{36}$ 的偶数碳脂肪酸与 $C_{16} \sim C_{36}$ 的偶数碳醇酯化形成。我国出产的几种蜡的主要成分如下：

鲸蜡	$C_{15}H_{31}COOC_{16}H_{33}$	十六酸十六醇酯
蜂蜡（蜜蜡）	$C_{15}H_{31}COOC_{30}H_{61}$	十六酸三十醇酯
白蜡（虫蜡）	$C_{25}H_{51}COOC_{26}H_{53}$	二十六酸二十六醇酯

蜡水解可以得到相应的羧酸和醇。蜡可用来制造蜡烛、蜡纸、香脂、软膏等。

蜡是一个习惯名称。一般把熔点在人的体温与水的沸点之间、物态和物性似蜡的统称蜡，因此有些称为蜡的并不是酯类。例如，石蜡是含 20 个碳原子以上的高级烷烃。

2. 油脂

油脂包括脂肪和油。一般把常温下为固体或半固体的称为脂肪，如牛油和猪油等。常温下为液体的称为油，如花生油、豆油和桐油等。

1）组成和结构

油脂的主要成分一般是含偶数碳原子的高级脂肪酸的甘油酯。脂肪的主要成分为高级饱和脂肪酸的甘油酯，而油的主要成分为高级不饱和脂肪酸的甘油酯。它们的结构表示如下：

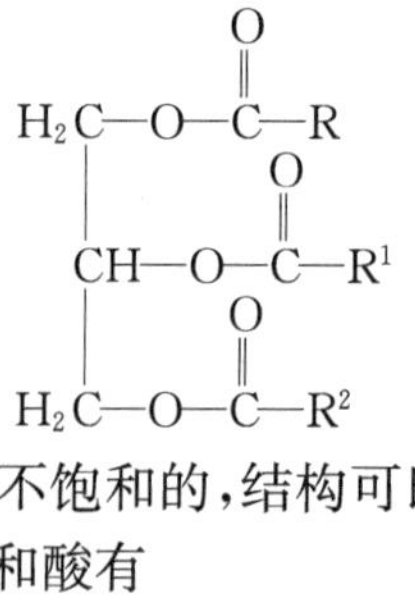

R、R^1、R^2 可以是饱和的也可以是不饱和的，结构可以相同，也可以不同。

从油脂得到的脂肪酸中常见的饱和酸有

丁酸	$CH_3(CH_2)_2COOH$
己酸	$CH_3(CH_2)_4COOH$
辛酸	$CH_3(CH_2)_6COOH$
癸酸	$CH_3(CH_2)_8COOH$

十二酸(月桂酸)	$CH_3(CH_2)_{10}COOH$
十四酸(豆蔻酸)	$CH_3(CH_2)_{12}COOH$
十六酸(软脂酸)	$CH_3(CH_2)_{14}COOH$
十八酸(硬脂酸)	$CH_3(CH_2)_{16}COOH$
二十酸(花生酸)	$CH_3(CH_2)_{18}COOH$

常见的不饱和酸有

顺-9-十八碳烯酸(油酸)　　　　　　　　　　　　　　$CH_3(CH_2)_7CH=CH(CH_2)_7COOH$

顺,顺-9,12-十八碳二烯酸(亚油酸)　　　　　$CH_3(CH_2)_4CH=CHCH_2CH=CH(CH_2)_7COOH$

顺,顺,顺-9,12,15-十八碳三烯酸(亚麻酸)

$CH_3CH_2CH=CHCH_2CH=CHCH_2CH=CH(CH_2)_7COOH$

顺,反,反-9,12,13-十八碳三烯酸(桐油酸)　　　　　$CH_3(CH_2)_3(CH=CH)_3(CH_2)_7COOH$

顺,顺,顺,顺-6,9,12,15-二十碳四烯酸(花生四烯酸)

$CH_3(CH_2)_3(CH=CH)CH_2(CH=CH)CH_2(CH=CH)CH_2(CH=CH)(CH_2)_4COOH$

顺-9-二十二碳烯酸(芥酸)　　　　　　　　　　　$CH_3(CH_2)_{11}CH=CH(CH_2)_7COOH$

顺,顺,顺,顺,顺-3,6,9,12,15-二十二碳四烯酸(鲸鱼酸)

$CH_3(CH_2)_5(CH=CH)CH_2(CH=CH)CH_2(CH=CH)CH_2(CH=CH)CH_2(CH=CH)CH_2COOH$

顺-9-二十四碳烯酸(神经酸)　　　　　　　　　　$CH_3(CH_2)_{13}CH=CH(CH_2)_7COOH$

2) 油脂的性质

油脂比水轻,其相对密度为 $0.100\sim0.105$,不溶于水,易溶于乙醚、汽油、苯等有机溶剂。油脂的化学性质主要为水解、加成、酸败和干化等。

油脂易水解,人体内某些酶(如胰脂酶)易使油脂水解生成3分子脂肪酸和1分子甘油。

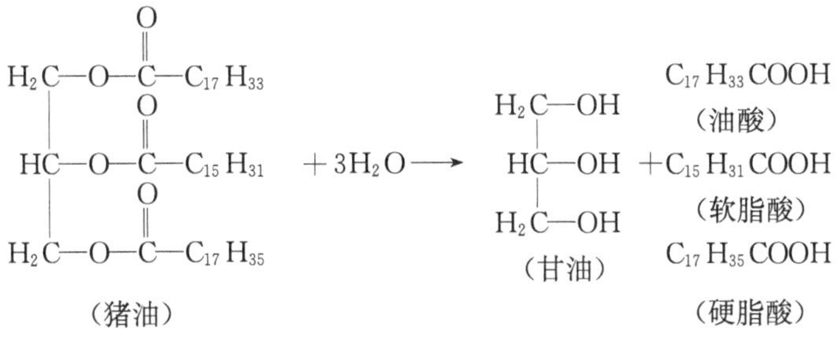

若油脂的水解作用在碱性溶液中进行,则生成物为甘油和高级脂肪酸盐。

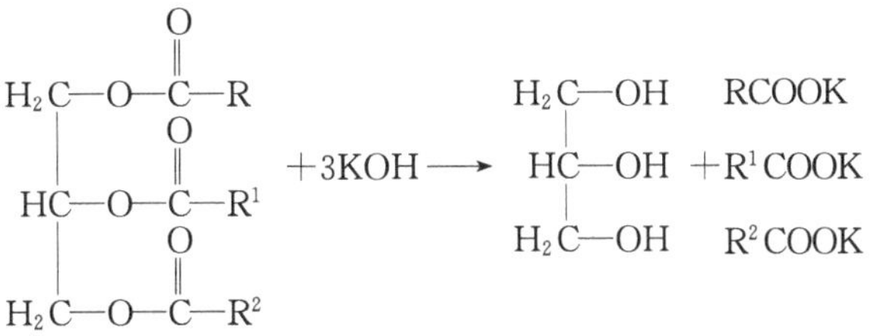

所生成的高级脂肪酸盐就是肥皂,工业上把 1 g 油脂皂化时所需的氢氧化钾质量数(mg)称为皂化值。

问题 12　设计制备聚乙烯醇的合成路线。

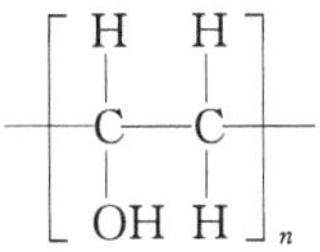

不饱和脂肪酸甘油酯能发生加成反应。油的催化加氢称为"油的氢化"或"油的硬化",其产品称为"硬化油"。可以用油脂与碘的加成检查油脂的不饱和程度,工业上把 100 g 油脂吸收的碘的质量数(g)称为碘值。

油脂久放后会产生异味或异臭,这类现象称为酸败。这是由于油脂中的不饱和键在空气或微生物的作用下,被氧化和水解而生成醛、酮或酸等化合物,使油脂产生异味或异臭。

一些油类在空气中可生成一层具有弹性且坚硬的薄膜,这类现象称为油的干化。根据各种油的干化程度的不同,可将油类分为干性油、半干性油和不干性油。

12.2.6　过酸

过酸是一类含有过氧基(—O—O—)的含氧酸,可用作氧化剂、杀菌剂、消毒剂,还可用于合成环氧化物和羟基化合物等。过氧酸的结构如下:

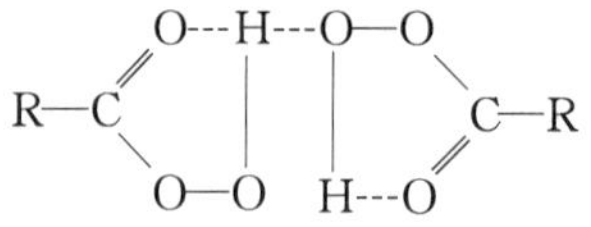

固态下 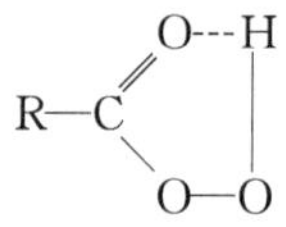　　　　　　　　　　　　　液态下

过酸的酸性比相应的羧酸弱。

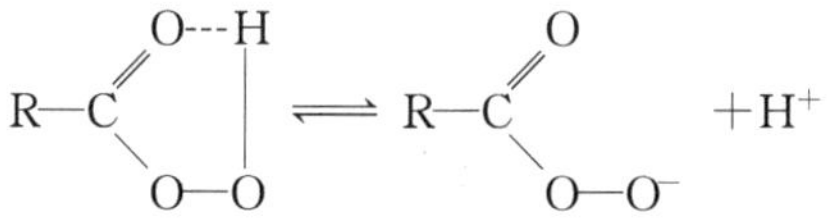

1. 过酸的制备

过酸可以通过以下方法制备。

$$RCOOH + H_2O_2 \xrightarrow{H^+} RCOOOH + H_2O$$

$$RCOCl + NaHO_2 \xrightarrow{H^+} RCOOOH + NaCl$$

2. 过酸的反应

1) 烯烃的氧化

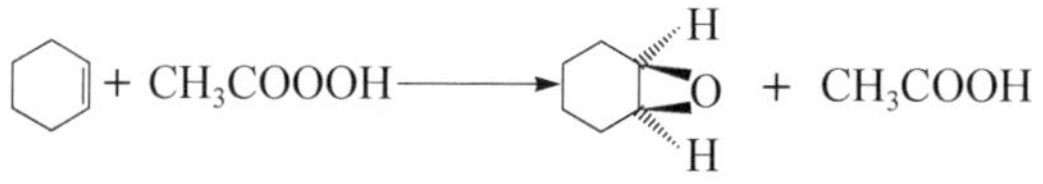

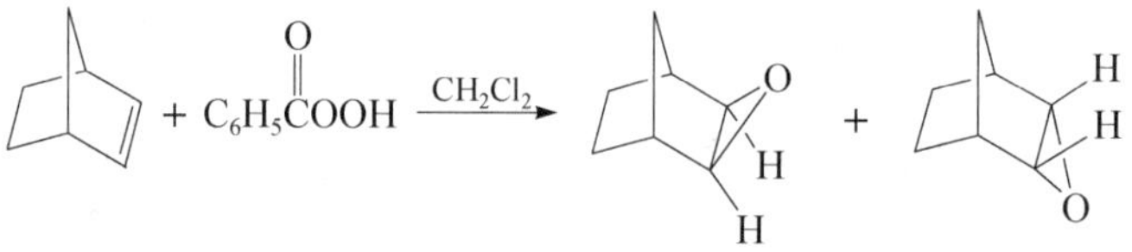

2) 醛、酮的氧化(拜尔-维利格氧化)

过酸能使醛氧化为羧酸,使酮氧化为酯。反应机理如下:

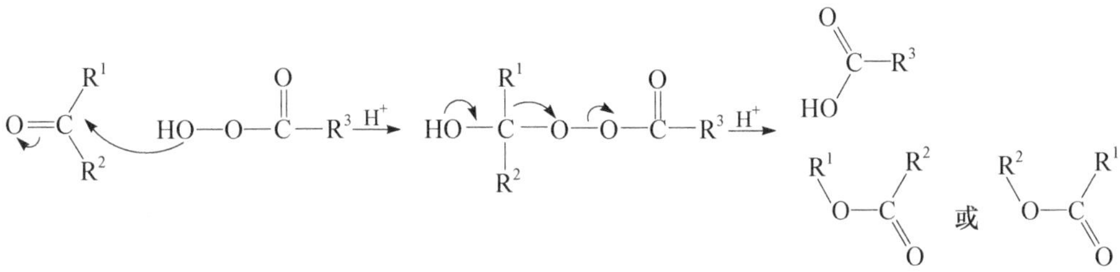

对于不对称酮，重排过程中 R^1 和 R^2 两个烃基都可能迁移，迁移的活性次序为：H＞叔烷基＞环己基＞仲烷基，苯基＞伯烷基＞甲基。例如

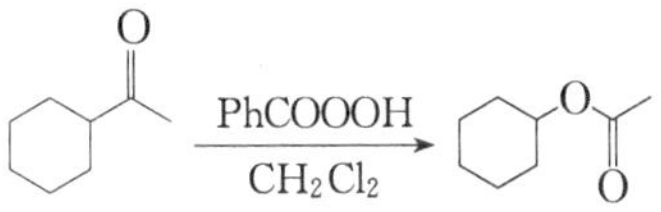

习　题

1. 命名下列化合物。

(1) 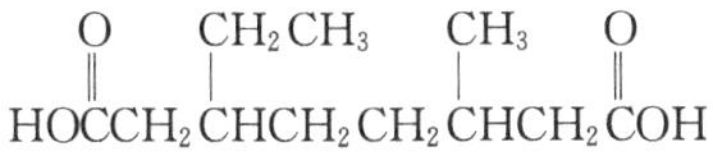
(2) 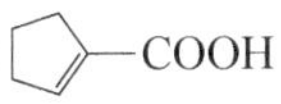
(3) 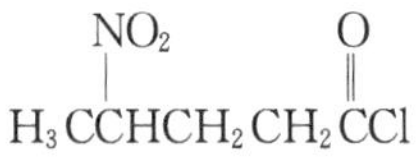

(4) 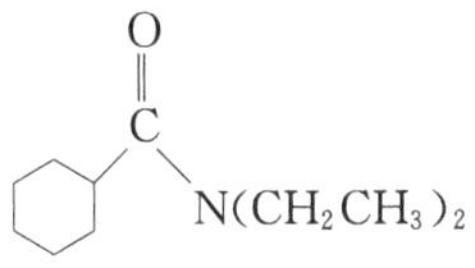
(5) 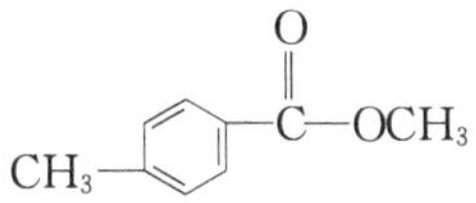
(6) 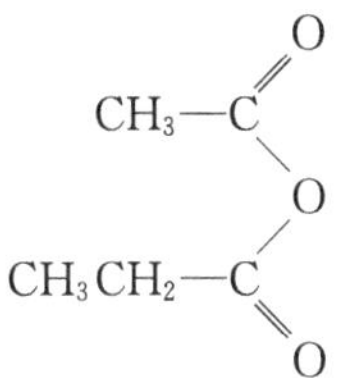

2. 写出下列化合物的结构式。

(1) 顺，顺-9，12-十八碳二烯酸（亚油酸）　(2) 顺丁烯二酸酐
(3) 氯乙酸异戊酯　(4) α-甲基丙烯酸甲酯
(5) 缩二脲　(6) β-丁酮酸乙酯
(7) α-甲基丙酰氯　(8) N-甲基-2，3-二氨基苯甲酰胺

3. 比较下列各组化合物的酸性强弱。

(1) 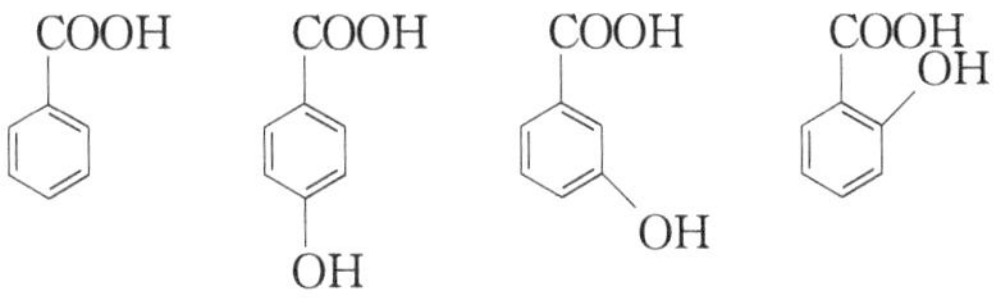

(2) 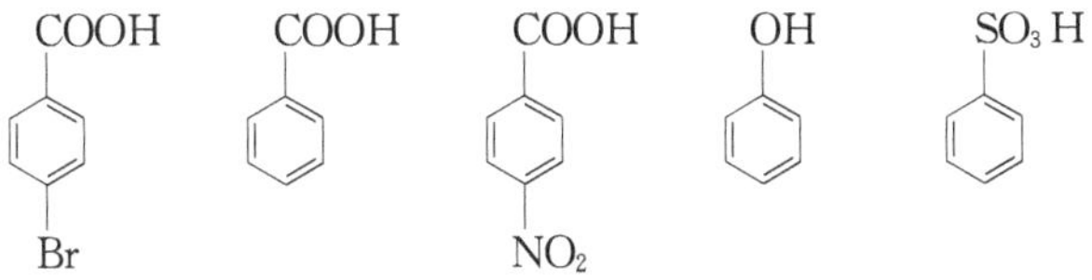

(3) 乙酸、丙二酸、乙二酸、苯酚、氯乙酸

(4) H_2O　$CH_3CHClCOOH$　CH_3CCl_2COOH　C_2H_5OH　CH_3CH_2COOH　CH_2ClCH_2COOH

4. 用化学方法区别下列各组化合物。

(1) 甲酸、乙酸、β-丁酮酸乙酯、丁酸乙酯
(2) 邻甲基苯胺、N-甲基苯胺、苯甲酸、对羟基苯甲酸
(3) 乙酰乙酸乙酯、丙二酸二乙酯、丙酮、3-戊酮

(4) 乙酰胺、乙酰氯、乙酸酐、氯乙烷

5. 完成下列反应式。

(1) 邻氨基苯甲酸-NH$_2$, CO$_2$H + ClCCl(O) $\longrightarrow$

(2) 四氢萘 $\xrightarrow{\text{KMnO}_4, \text{NaOH}}$

(3) H$_2$C=CHCHCH$_2$CO$_2$CH$_3$ (CH$_3$) $\xrightarrow[\text{2. H}_2\text{O}]{\text{1. LiAlH}_4}$

(4) 二氢萘 $\xrightarrow{\text{KMnO}_4, \text{H}_2\text{SO}_4}$

(5) 环己基-CO$_2$H $\xrightarrow{\text{Br}_2, \text{P}}$

(6) CH$_2$=CH$_2$ $\xrightarrow{\text{(A)}}$ CH$_3$CH$_2$OH $\xrightarrow{\text{(B)}}$ CH$_3$COOH $\xrightarrow{\text{(C)}}$ (D) $\xrightarrow{\text{(E)}}$ CH$_3$C(O)—NH$_2$

6. 推测下列反应的机理。

环戊酮 CH$_3$, COOEt $\xrightarrow[\text{H}_3\text{O}^+]{\text{EtONa,EtOH}}$ EtOOC 环戊酮 CH$_3$

7. 写出苯乙酰胺与下列试剂反应的主要产物。

(1) H$_2$O/H$^+$ (2) H$_2$O/OH$^-$

(3) C$_2$H$_5$OH/H$^+$ (4) P$_2$O$_5$，△

(5) LiAlH$_4$/乙醚，加水   (6) Br$_2$/NaOH

8. 设计分离苯甲醛、苯乙酮、N,N-二甲基苯胺混合物的步骤，并写出有关反应式。

9. 写出实现下列变化的反应式。

(1) 由苯合成 苯基-CH$_2$CH$_2$CNHCH$_3$(O)

(2) 由 1,3-环戊二烯合成 HOOC HOOC 环戊烷 H H H H COOH COOH

(3) 由乙酰乙酸乙酯合成 CH$_3$COCHCH$_2$CH$_2$CH$_3$ CH$_3$

(4) (CH$_3$)$_3$CCH$_2$COOCH$_3$ $\longrightarrow$ (CH$_3$)$_3$CCH$_2$CH$_2$Br

(5) (CH$_3$)$_2$C=O $\longrightarrow$ (CH$_3$)$_2$C—COOH OH

10. 从指定原料出发合成下列各化合物。

(1) 以环己醇及两个碳的有机物为原料合成 环己基 COOC$_2$H$_5$ C$_2$H$_5$

(2) 以环氧乙烷及甲醇为原料合成 CH$_3$CH$_2$CO—N(CH$_3$)$_2$

(3) 以乙烯和丙烯为原料合成 3-甲基丁酸

(4) 以丙二酸二乙酯为原料合成环戊烷羧酸

11. 化合物 A(C$_8$H$_{14}$O$_3$)与 Na、NH$_2$OH、FeCl$_3$ 都显正反应,但对 NaHSO$_3$ 无反应。A 与稀 NaOH 作用后,再酸化得 B (C$_6$H$_{10}$O$_3$)。B 加热得 C(C$_5$H$_{10}$O),C 对 NH$_2$OH 呈正反应,但对 Na、FeCl$_3$ 无反应。试推测 A、B、C 的结构。

12. 化合物 A、B、C 的分子式均为 C$_4$H$_6$O$_4$,A、B 都可溶于 NaOH 水溶液,可与碳酸氢钠反应放出二氧化碳。A 加热失水成酐(C$_4$H$_4$O$_3$),B 加热时生成丙酸并放出 CO$_2$。C 不溶于 NaOH 水溶液,也不与 NaHCO$_3$ 作用,但若与氢氧化钠共煮后中和得到 D 和 E。D 有酸性,E 为中性。在 D 和 E 中加酸和 KMnO$_4$,再加热,则都氧化放出 CO$_2$。试推测化合物 A、B、C 的结构,并写出各步反应式。

第13章 取 代 酸

羧酸分子中烃基上的氢原子被其他原子或基团取代后所形成的有机化合物称为取代酸,包括卤代酸、羟基酸、羰基酸和氨基酸等。为了进一步说明有机化合物中官能团之间的相互影响,下面重点学习含有羟基、羰基、氨基等双官能团取代酸的分类、结构、性质及其制备方法。

13.1 羟 基 酸

13.1.1 羟基酸的分类

羟基酸分子中同时含有羟基和羧基两种官能团。根据分子中羟基的位置不同分为醇酸和酚酸,其中,饱和碳原子上有羟基的羧酸分子称为醇酸,芳环上直接连有羟基的羧酸分子称为酚酸。根据羟基和羧基的相对位置不同,羟基酸又可分为 α-羟基酸、β-羟基酸、γ-羟基酸等。

羟基酸的系统命名,以羧酸为母体,羟基作为取代基,选择含有羧基和羟基的最长碳链为主链。以希腊字母编号时,从连有羟基的碳原子开始,按照 α、β、γ、…、ω 排列顺序;以阿拉伯数字编号时,从羧基的碳原子开始,按照 1、2、3、… 顺序排列。其中,ω 是希腊字母中最后一个字母,常用来表示碳链末端的碳原子。酚酸除可用阿拉伯数字编号外,也常用邻、间、对位来表示羟基的位置。另外,由于许多羟基酸存在于自然界中,也可以根据它们的来源命名。例如

$$\overset{6}{\underset{\zeta}{CH_3}}\overset{5}{\underset{\delta}{CH_2}}\overset{4}{\underset{\gamma}{CH_2}}\overset{3}{\underset{\beta}{CH_2}}\overset{2}{\underset{\alpha}{CH}}\overset{1}{COOH}$$
$$|$$
$$OH$$

2-羟基己酸

α-羟基己酸

$$CH_3CH_2CHCH_2CH_2COOH$$
$$|$$
$$OH$$

4-羟基己酸

γ-羟基己酸

$$\overset{\delta}{CH_3}CHCH_2CH_2CH_2COOH$$
$$|$$
$$OH$$

5-羟基己酸

δ-羟基己酸

$$\overset{\omega}{CH_2}CH_2CH_2CH_2CH_2COOH$$
$$|$$
$$OH$$

6-羟基己酸

ω-羟基己酸

$$\overset{3}{CH_3}\overset{2}{CH}\overset{1}{COOH}$$
$$\underset{\alpha}{|}$$
$$OH$$

2-羟基丙酸

α-羟基丙酸

乳酸

2-羟基苯甲酸

邻羟基苯甲酸

水杨酸

3,4,5-三羟基苯甲酸

没食子酸

在脂肪族取代二元羧酸中,碳链的编号可从两端开始,分别以 α、β 和 α'、β' 相对应地进行表示。例如

$$
\begin{array}{ccc}
1\mathrm{COOH} & 1\mathrm{COOH} & 1 \\
| & | & 2\alpha\mathrm{CH_2COOH} \\
\alpha\,2\mathrm{CHOH} & \alpha\,2\mathrm{CHOH} & | \\
| & | & 3\beta\mathrm{C(OH)COOH} \\
\alpha'3\mathrm{CHOH} & 3\mathrm{CH_2} & | \\
| & | & 4\mathrm{CH_2COOH} \\
4\mathrm{COOH} & 4\mathrm{COOH} & \\
\end{array}
$$

2,3-二羟基丁二酸　　　　2-羟基丁二酸　　　　3-羟基-3-羧基戊二酸
α,α'-二羟基丁二酸　　α-羟基丁二酸　　β-羟基-β'-羧基戊二酸
　　酒石酸　　　　　　　苹果酸　　　　　　柠檬酸

13.1.2 羟基酸的物理性质

羟基酸一般为白色晶体或黏稠液体。由于羟基酸分子中的羟基和羧基均能与水作用生成氢键,因此,羟基酸在水中的溶解度比相应的醇和羧酸都大,熔点也比相应的羧酸高。低级羟基酸可与水混溶。许多羟基酸还具有旋光性。

13.1.3 羟基酸的化学性质

羟基酸兼有醇和羧酸的反应,并且由于羧基和羟基间的相互影响,还表现出一些羟基酸特有的化学性质。这些性质又常根据羧基和羟基的相对位置而有所不同。

1. 酸性

在羟基酸分子中,由于羟基对羧基有吸电子诱导效应,因此,羟基酸的酸性比相应的羧酸强。如果羟基距羧基越近,则对酸性的影响越大。表 13-1 列出了羟基对羧酸酸性的影响。

表 13-1　羟基对羧酸酸性的影响

构造式	pK_a	构造式	pK_a	构造式	pK_a
CH_3COOH	4.76	CH_2COOH | OH	3.85	$PhCOOH$	4.17
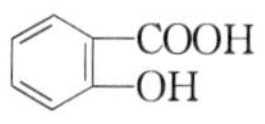 ⬡—COOH —OH	2.98	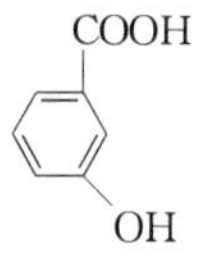 COOH ⬡ OH	4.08	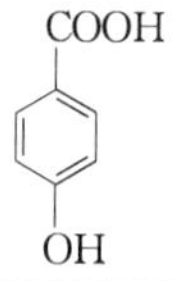 COOH ⬡ OH	4.57

在酚酸中,邻位羟基苯甲酸的酸性比间位或对位羟基苯甲酸的酸性都强,这是由于邻位羟基苯甲酸容易形成分子内氢键,羧基中羟基上的氢原子更易解离,形成的羧酸负离子更稳定,因此,邻位羟基苯甲酸的酸性较强。

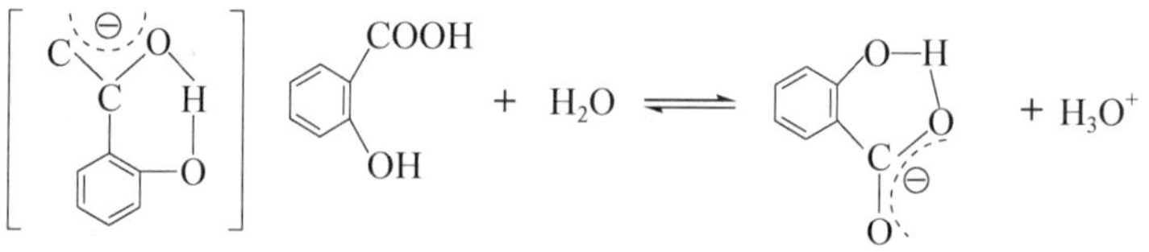

邻羟基苯甲酸负离子

问题 1　根据电子效应理论,解释酚酸中邻、间、对位羟基苯甲酸的酸性强弱顺序。

2. 脱水反应

由于羟基和羧基的相对位置不同，羟基酸进行脱水反应的产物也会不同。例如，α-羟基酸受热时，容易发生分子间相互酯化脱水生成交酯。

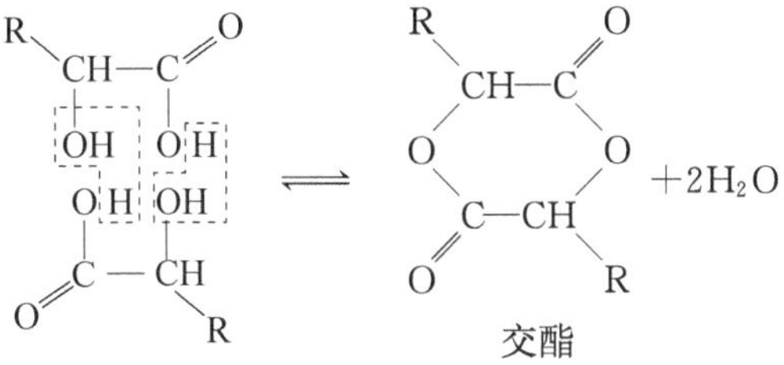

交酯

β-羟基酸受热时，容易发生分子内脱水，主要生成 α,β-不饱和羧酸。

$$\underset{\substack{|\\OH}}{R\text{—}CH}\text{—}\underset{\substack{|\\H}}{CH}COOH \xrightarrow[\triangle]{\text{稀 }H^+\text{或稀 }OH^-} R\text{—}CH{=}CHCOOH + H_2O$$

γ-和 δ-羟基酸受热时，容易发生分子内脱水，主要生成五元环内酯和六元环内酯。

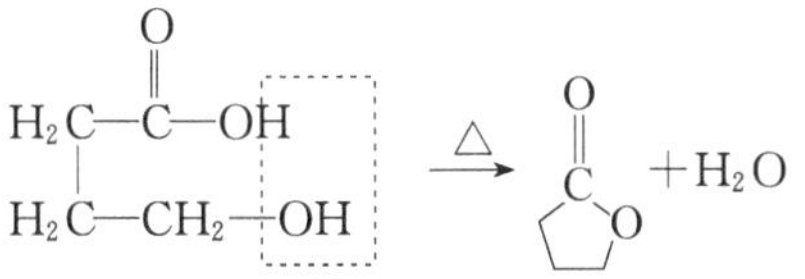

γ-丁内酯

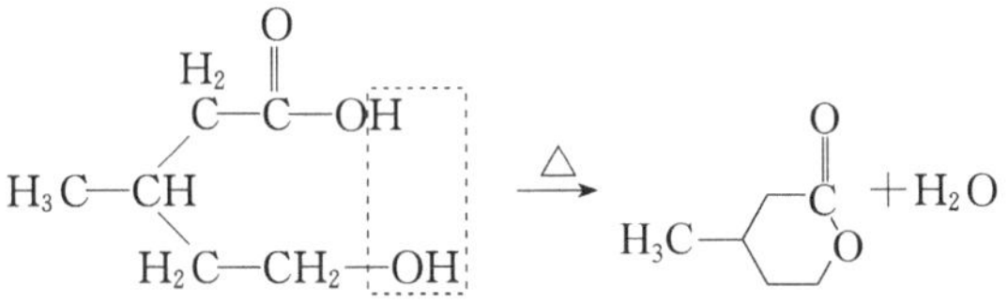

3-甲基-δ-戊内酯

在羟基和羧基之间相隔五个或五个以上碳原子的羟基酸受热时，容易发生分子间的酯化脱水，生成相应的链状结构聚酯。

$$m\,HO(CH_2)_nCOOH \longrightarrow H\text{⁅}O(CH_2)_nCO\text{⁆}_m OH + (m-1)H_2O \quad (n>4)$$

3. 脱羧反应

α-羟基酸与稀硫酸或酸性高锰酸钾共热，则分解脱酸生成醛、酮或羧酸。

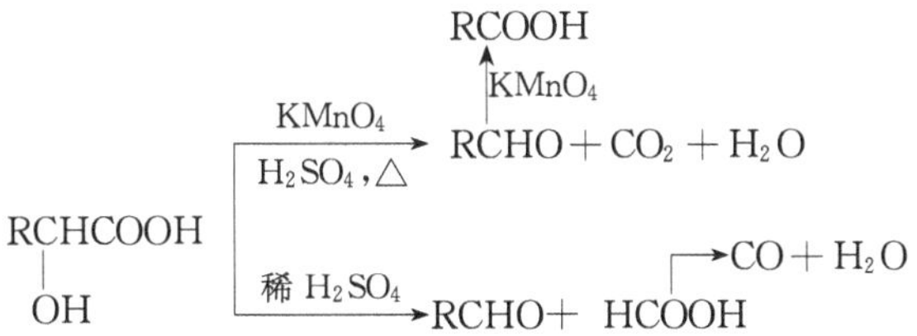

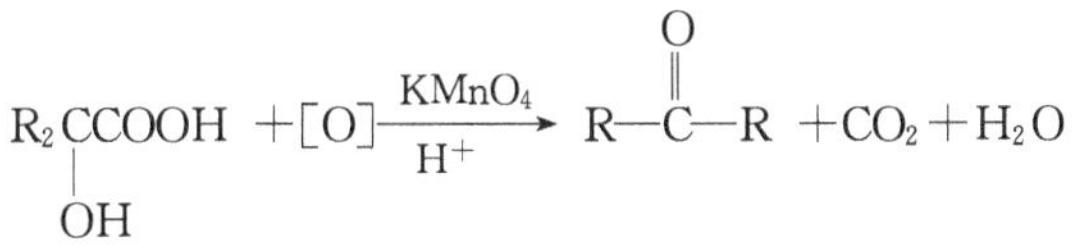

这个反应在有机合成上可用来合成减少一个碳的高级醛。例如

$$RCH_2COOH \xrightarrow{Br_2,P} \underset{Br}{RCHCOOH} \xrightarrow{OH^-,H_2O} \underset{OH}{RCHCOOH} \xrightarrow[\triangle]{稀\ H_2SO_4} \underset{O}{RCH} + HCOOH\ (R > C_{10})$$

β-羟基酸用碱性高锰酸钾作用生成酮。

$$\underset{OH}{RCHCH_2COOH} \xrightarrow[OH^-]{KMnO_4} \underset{O}{RCCH_2COOH} \xrightarrow{-CO_2} \underset{O}{R-C-CH_3}$$

邻、对羟基酚酸受热不稳定,当加热到熔点以上就可以脱去羧基生成酚。

水杨酸 $\xrightarrow{200\sim220℃}$ 苯酚 $+CO_2$

没食子酸 $\xrightarrow{200℃}$ 连苯三酚 $+CO_2$

13.1.4　羟基酸的制法

1. 羟基腈的水解

可利用羰基化合物与氰化氢加成先制得 α-羟基腈,然后水解得到 α-羟基酸。

$$RCHO + HCN \longrightarrow \underset{OH}{R-\overset{H}{\underset{|}{C}}-CN} \xrightarrow[H^+]{H_2O} \underset{OH}{R-\overset{H}{\underset{|}{C}}-COOH}$$

$$\underset{R}{\overset{R^1}{C}}=O + HCN \longrightarrow \underset{OH}{R-\overset{R^1}{\underset{|}{C}}-CN} \xrightarrow[H^+]{H_2O} \underset{OH}{R-\overset{R^1}{\underset{|}{C}}-COOH}$$

　　　　　　　　　　　　　　　　α-羟基腈　　α-羟基酸

可利用烯烃依次与次氯酸和氰化钾作用制得 β-羟基腈,然后水解得到 β-羟基酸。

$$RCH=CH_2 \xrightarrow{HOCl} \underset{OH\ \ Cl}{RCH-CH_2} \xrightarrow{KCN} \underset{OH\ \ CN}{RCH-CH_2} \xrightarrow[H^+]{H_2O} \underset{OH\ \ COOH}{RCH-CH_2}$$

　　　　　　　　　　　　　　　　　β-羟基腈　　　β-羟基酸

可利用苯甲醛制备芳香族羟基酸。

苯甲醛 $\xrightarrow{NaHSO_3,NaCN}$ α-羟基苯乙腈 $\xrightarrow[100℃]{浓\ HCl}$ α-羟基苯乙酸

2. 卤代酸的水解

α-卤代酸在碱性条件下水解,可得到 α-羟基酸,产率很高。

$$\underset{X}{R-CHCOOH} + OH^- \longrightarrow \underset{OH}{R-CHCOOH} + X^-$$

虽然使用碱或氢氧化银处理 β、γ、δ 等卤代酸可生成对应的羟基酸,但 β 羟基酸可继续脱水生成 α,β 不饱和酸;γ 和 δ- 卤代酸水解后则主要生成相应的内酯。因此,利用这个方法只能制备 α-羟基酸。

3. 环酮的氧化

环酮首先氧化生成内酯,然后再经水解得到羟基酸。例如

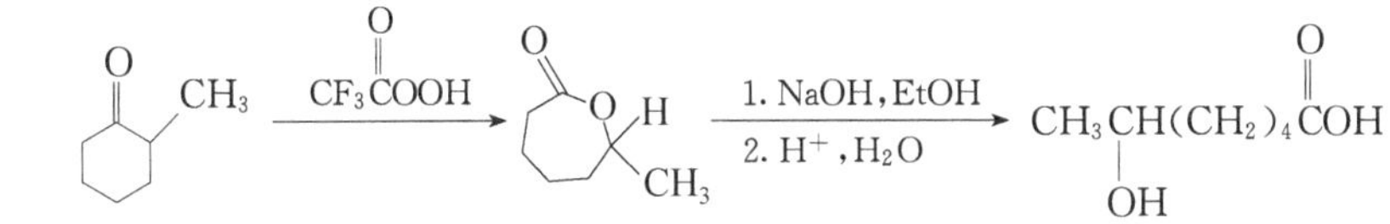

2-甲基环己酮　　　　　　　　　　　　　　　　　　6-羟基庚酸

4. 雷佛马茨基反应

在惰性溶剂(如醚、苯)中,首先,α-溴代酸酯与锌粉作用生成有机锌化合物;其次,有机锌化合物与醛或酮发生反应得到 β-羟基酸酯,这个反应称为雷佛马茨基(Reformatsky)反应。β-羟基酸酯水解生成 β-羟基酸。

$$Zn+BrCH_2COOC_2H_5 \xrightarrow{Et_2O} BrZnCH_2COOC_2H_5 \xrightarrow{RCHO} \underset{OZnBr}{RCHCH_2COOEt}$$

$$\xrightarrow[HCl]{H_2O} \underset{OH}{RCHCH_2COOC_2H_5} \xrightarrow{H_2O} \underset{OH}{RCHCH_2COOH} +C_2H_5OH$$

脂肪族或芳香族醛、酮均可以发生这个反应。注意,不能用镁代替锌,这是由于镁太活泼,生成的烯醇盐容易和酯基中的羰基发生缩合反应,不利于生成 β-羟基酸。

问题 2 利用雷佛马茨基反应,举例说明以乙烯为主要原料可能合成哪几种 β-羟基酸。

13.1.5 重要的羟基酸

1. 乳酸

α-羟基丙酸,因来自酸牛乳中而得名乳酸。肌肉活动后也会分解出乳酸,工业上的乳酸是由葡萄糖在乳酸菌的作用下发酵制得。

$$C_6H_{12}O_6 \xrightarrow[35\sim40℃]{乳酸菌} 2CH_3\overset{OH}{\underset{}{CH}}COOH$$

葡萄糖　　　　　　　　　　乳酸

乳酸是无色黏稠液体,吸水性很强,能溶于苯、乙醇和乙醚中,难溶于氯仿。乳酸分子中含有一个手性碳原子,有两个对映异构体,具有旋光性。

从肌肉中或葡萄糖在乳酸菌的作用下发酵所得乳酸的熔点为 53℃,但从牛乳发酵所得乳酸的熔点为 18℃,由此说明它们的旋光性不同。乳酸是最早用于研究立体化学的有机化合物之一。

乳酸的用途非常广泛。在食品行业,乳酸有很强的防腐保鲜功效,可用于果酒、饮料、肉类、蔬菜等的储藏;在医药方面广泛用作防腐剂、载体剂、助溶剂、药物制剂、pH 调节剂等;在制革工业中,乳酸可脱去皮革中的石灰和钙质,使皮革柔软细密;乳酸还可作为保湿剂用于各种化妆品中。

2. 水杨酸

邻羟基苯甲酸,因来自水杨柳中而得名水杨酸。工业上可由苯酚钠为原料,在加压、加热下与二氧化碳反应制得水杨酸。这个方法又称科尔柏-施密特法。

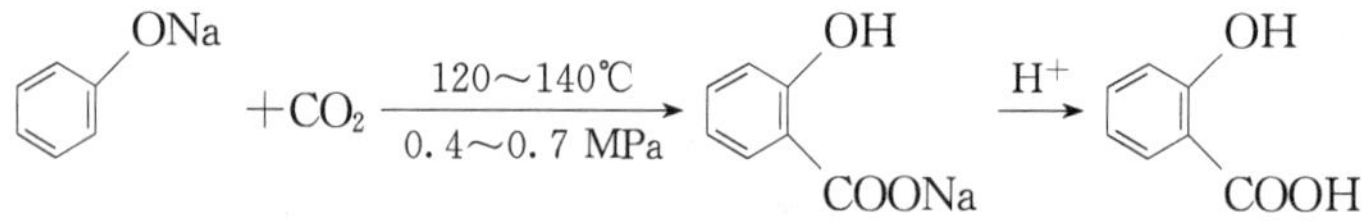

如果上述反应在 220℃时进行,则主要生成对羟基苯甲酸。

水杨酸是白色针状晶体或结晶粉末,熔点为 159℃,微溶于冷水,易溶于热水、乙醇和乙醚,在 76℃时升华,水溶液呈酸性($pK_a = 2.96$)。

水杨酸具有酚和羧酸的性质,能够与羧酸或酸酐作用生成酚酯,与醇或酚作用生成相应的羧酸酯。水杨酸的水溶液与三氯化铁作用呈紫色。将水杨酸加热至熔点以上,能脱羧生成苯酚。

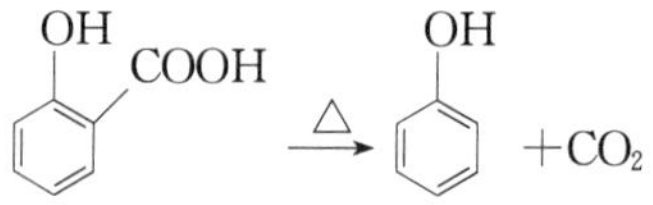

水杨酸的用途很广,可用作消毒剂、防腐剂,也可以用于燃料和药物的合成中,其钠盐具有抑菌作用。乙酰水杨酸(阿司匹林)是由水杨酸和乙酸酐在吡啶存在下加热制得,可以作为退热止痛剂;对氨基水杨酸(PAS)具有抗结核功效。

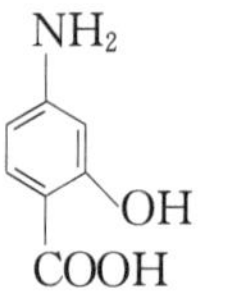

PAS

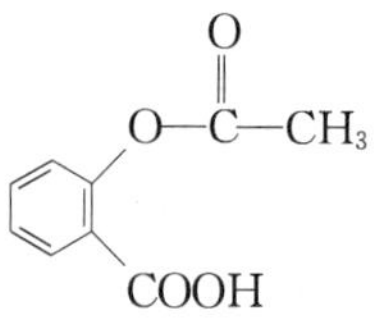

阿司匹林

3. 酒石酸

2,3-二羟基丁二酸,因来自葡萄制酒时所产生的酒石(酸性酒石酸钾)而得名酒石酸。酒石酸广泛存在于植物果实中,也可用各种人工合成方法制得。例如,将丁烯二酸用高锰酸钾碱溶液氧化制得酒石酸。

$$\begin{array}{c} \text{CHCOOH} \\ \| \\ \text{CHCOOH} \end{array} \xrightarrow[\text{OH}^-,\text{KMnO}_4]{[\text{O}]} \begin{array}{c} \text{CH(OH)COOH} \\ | \\ \text{CH(OH)COOH} \end{array}$$

酒石酸

酒石酸是透明菱形晶体,易溶于水、乙醇和乙醚。由于酒石酸分子中含有两个手性碳原子,因此具有三种旋光异构体。

酒石酸最大的用途是饮料添加剂,或是药物工业原料;可以用来制备许多手性催化剂,以及作为手性源来合成复杂的天然产物分子;也是一种抗氧化剂,常用于食品工业中。

4. 苹果酸

β-羟基丁二酸,因最初来自苹果而得名苹果酸。由于苹果酸分子中含有一个手性碳原子,因此具有 D-苹果酸和 L-苹果酸两种旋光异构体。而自然界最常见多为 L-苹果酸(左旋体),主要存在于不成熟的山楂、苹果和葡萄果实的浆汁中。L-苹果酸的相对密度 1.595、熔点 100℃,易溶于水、乙醇、丙酮苯。

由于苹果酸的亚甲基上氢原子较活泼,因此能以 β-羟基酸的形式失水而成丁烯二酸。丁烯二酸经水合后,又可得到苹果酸,这一反应是工业上制备苹果酸常用的方法。

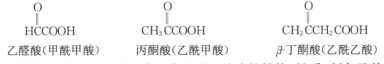
苹果酸

L-苹果酸作为性能优异的食品添加剂和功能性食品广泛应用于食品、化妆品、医疗和保健品等领域。例如,L-苹果酸可用于药物制剂、片剂、糖浆中,有助于治疗肝病、贫血、尿毒症、高血压、肝衰竭等多种疾病;可用于制备和合成驱虫剂、抗牙垢剂等;还可以作为工业清洗剂、树脂固化剂、合成材料增塑剂和饲料添加剂等。

13.2　羰　基　酸

分子中含有羰基和羧基的化合物称为羰基酸。羰基酸又称氧代酸,按羰基在碳链中的位置不同,可以分为醛酸和酮酸。根据羰基与羧基的不同位置关系,酮酸又可分为 α、β、γ、δ、…… 酮酸。

羰基酸的命名,把含有羰基和羧基的最长碳链作为主链,酸作为母体,称为某酮(或醛)酸。用阿拉伯数字或希腊字母标出羰基的位置,放在主链名称之前。也可用酰基法命名,称为"某酰某酸"。例如

$$\underset{\text{乙醛酸(甲酰甲酸)}}{\overset{\displaystyle O}{\overset{\|}{\text{HCCOOH}}}} \qquad \underset{\text{丙酮酸(乙酰甲酸)}}{\overset{\displaystyle O}{\overset{\|}{\text{CH}_3\text{CCOOH}}}} \qquad \underset{\beta\text{-丁酮酸(乙酰乙酸)}}{\overset{\displaystyle O}{\overset{\|}{\text{CH}_3\text{CCH}_2\text{COOH}}}}$$

下面重点学习醛酸、酮酸、乙酰乙酸乙酯和丙二酸酯的结构、性质、制备及其应用。

13.2.1　醛酸

乙醛酸是最简单的醛酸,它存在于未成熟的水果中,当果实成熟时,随着糖分的增加,乙醛酸即消失。乙醛酸是一种白色晶体;无水乙醛酸熔点98℃,水合物熔点 70～75℃,一水合物熔点 50℃左右;其水溶液呈黄色;难溶于乙醚、乙醇和苯等。乙醛酸有腐蚀性,对皮肤和黏膜有强刺激作用,沾及皮肤时要用大量清水冲洗。

乙醛酸是一种基本有机化工原料。由乙醛酸制成的乙基香兰素,广泛用于化妆品的调香剂和定香剂、日用化学品香精,食品的赋香。由乙醛酸制成的尿囊素,用作皮肤创伤的良好愈

合剂、高档化妆品的添加剂以及植物生长调节剂等。在医药方面,乙醛酸用于制备对羟基苯甘氨酸(羟氨苄青霉素及头孢氨青霉素的原料)、对羟基苯乙酰胺及对羟基苯乙酸等医药产品。

在工业上,乙醛酸是由乙二醛的控制氧化和乙二酸的电解还原制得,也可以由二卤乙酸或水合三氯乙醛的水解制得。

$$HOOCCOOH + 2H^+ \xrightarrow{\text{电解}} \underset{\displaystyle HC-COOH}{\overset{\displaystyle O}{\parallel}} + H_2O$$

$$\underset{\displaystyle HC-CHO}{\overset{\displaystyle O}{\parallel}} \xrightarrow{[O]} \underset{\displaystyle HC-COOH}{\overset{\displaystyle O}{\parallel}}$$

$$Cl_2CHCOOH \xrightarrow{H_2O} (HO)_2CHCOOH \longrightarrow \underset{\displaystyle HC-COOH}{\overset{\displaystyle O}{\parallel}} + H_2O$$

$$Cl_3CCH(OH)_2 \xrightarrow{H_2O} HOOCCH(OH)_2 \xrightarrow{-H_2O} \underset{\displaystyle HC-COOH}{\overset{\displaystyle O}{\parallel}}$$

乙醛酸作为化工原料,也可用于香兰素(食用香料)的合成。

乙醛酸具有羰基的特征反应,能够发生加成反应、银镜反应、生成苯腙以及自身氧化还原反应等。

$$\underset{\displaystyle HCCOOH}{\overset{\displaystyle O}{\parallel}} + H_2O \xrightarrow[\triangle]{\text{土伦试剂}} HOOCCOOH + Ag$$

$$\underset{\displaystyle HCCOOH}{\overset{\displaystyle O}{\parallel}} \xrightarrow[\triangle]{NaOH} HOCH_2COOH + HOOCCOOH$$

乙醛酸在酸性条件下被金属镁还原生成羟基乙酸和酒石酸。

$$\underset{\displaystyle HC-COOH}{\overset{\displaystyle O}{\parallel}} \xrightarrow{Mg,H^+} \underset{\displaystyle \underset{HOCHCOOH}{\overset{HOCHCOOH}{|}}}{} + HOCH_2COOOH$$

问题3　从羰基和醛基的结构特征,说明分析乙醛酸可能的化学性质。

13.2.2　酮酸

1. α-酮酸

α-酮酸的制备方法:由酰氯与氰化钠反应再水解制得;由醛与氢氰酸加成再氧化后水解制得;由酒石酸与 $NaHSO_4$ 共热制得。

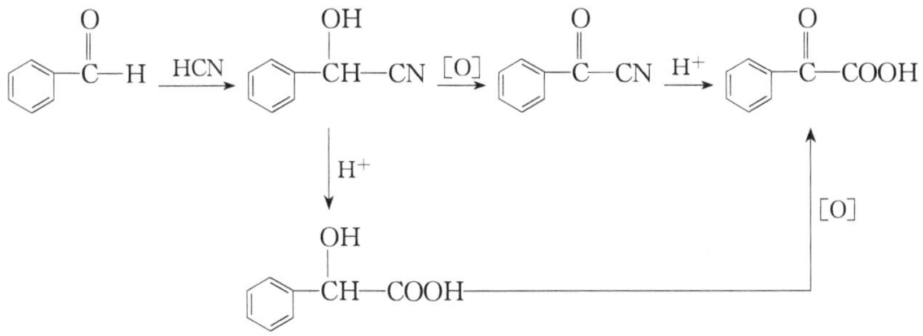

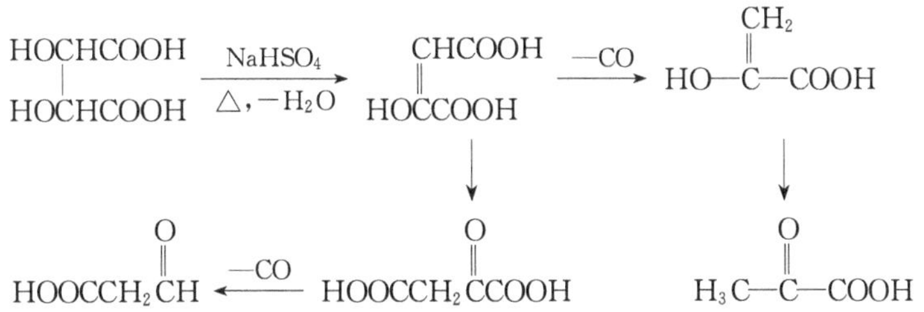

α-酮酸中羰基与羧基直接相连，使羰基与羧基碳原子间的电子云密度降低，此碳碳键容易断裂，使得α-酮酸与稀硫酸共热时脱羧生成醛，与浓硫酸共热时脱羰基生成羧酸。

$$R-\overset{O}{\overset{\|}{C}}-COOH \xrightarrow[150℃]{\text{稀硫酸}} RCHO + CO_2\uparrow$$

$$R-\overset{O}{\overset{\|}{C}}-COOH \xrightarrow[\text{加热}]{\text{浓硫酸}} RCOOH + CO\uparrow$$

丙酮酸是最简单的α-酮酸，它有刺激性臭味，沸点165℃，能与水混溶。丙酮酸是糖类化合物在动物体内进行代谢作用和植物体内由光合作用生成糖类的重要中间产物。生物体内，丙酮酸在缺氧时发生脱羧反应生成乙醛，然后加氢还原为乙醇，这是导致水果开始腐烂或饲料开始发酵时常有酒味的重要原因。

丙酮酸在脱羧的同时可被弱氧化剂氧化生成二氧化碳和乙酸。例如

$$CH_3\overset{O}{\overset{\|}{C}}COOH \xrightarrow{Fe^{2+}, H_2O_2} CH_3COOH + CO_2$$

2. β-酮酸

最简单的β-酮酸为乙酰乙酸，它是脂肪酸的代谢产物，与丙酮一起存在于糖尿病患者的血液和尿中，由于其脱羧反应，可以从患者的尿液中检测出丙酮的存在。

在有机合成中，β-酮酸可由β-卤代酮与NaCN作用再水解制得。

$$R\overset{O}{\overset{\|}{C}}CH_2Cl + NaCN \longrightarrow R\overset{O}{\overset{\|}{C}}CH_2CN \xrightarrow[H_2O]{H^+} R\overset{O}{\overset{\|}{C}}CH_2COOH$$

β-酮酸是不稳定的化合物，在高于室温的情况下，就可以脱去羧基生成酮。

$$H_3C-\overset{O}{\overset{\|}{C}}-CH_2COOH \xrightarrow{\triangle} H_3C-\overset{O}{\overset{\|}{C}}-CH_3 + CO_2$$

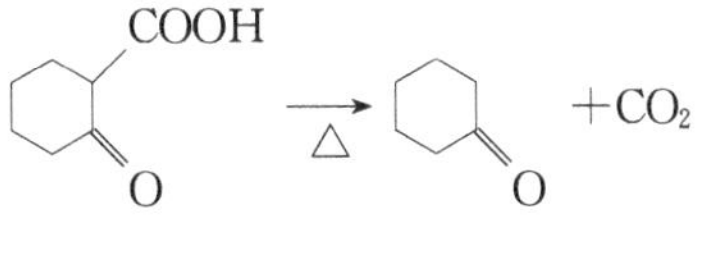

$$H_3C-\overset{\overset{O}{\|}}{C}-\underset{\underset{\bigcirc}{|}}{C}HCOOH \xrightarrow{\triangle} H_3C-\overset{\overset{O}{\|}}{C}-CH_2-\bigcirc +CO_2$$

问题 4 如何由二乙烯酮与乙醇反应制备乙酰乙酸? 说明其反应机理。

---

3. γ-酮酸

最简单的 γ-酮酸为 4-戊酮酸,它为无色晶体,熔点为 $34℃$,易溶于水。

γ-酮酸受热时可脱水生成 γ-不饱环内酯;γ-戊酮酸与 PCl_5 或 $SOCl_2$ 作用时,生成氯代 γ-戊内酯。

$$\underset{H_3C\ \ \ OHO\ \ \ O}{C\ \ \ \ \ \ \ C} \rightleftharpoons \underset{H_3C\ \ OHO\ \ \ O}{C\ \ \ \ \ C} \xrightarrow{\triangle} \underset{H_3C\ \ \ O\ \ \ O}{C\ \ \ \ \ C}$$

$$\underset{H_3C\ \ \ OHO\ \ \ O}{C\ \ \ \ \ \ \ C} \xrightarrow{PCl_5\ 或\ SOCl_2} \underset{H_3C\ \ \ Cl\ \ \ O}{C\ \ \ \ \ \ C}$$

常用浓盐酸处理蔗糖或果糖制取 γ-戊酮酸。

$$C_{12}H_{22}O_{11} \xrightarrow{浓盐酸} 2CH_3\overset{\overset{O}{\|}}{C}CH_2CH_2COOH +2HCOOH+H_2O$$

芳香羧酸酯与含有 α-H 的 α、β-不饱和酯的可以进行交叉缩合反应。

$$\bigcirc-COOC_2H_5 +CH_3CH=CHCOOC_2H_5 \xrightarrow[2.\ H_2O,H^+]{1.\ NaOEt} \bigcirc-\overset{\overset{O}{\|}}{C}CH_2CH=CHCOOC_2H_5$$

13.2.3　乙酰乙酸乙酯

乙酰乙酸乙酯是一种无色且具有香味的液体,沸点 $180℃$,微溶于水,易溶于乙醇、乙醚等有机溶剂。乙酰乙酸乙酯具有特殊的化学性质,能发生多种反应,是一种十分重要的有机合成原料。

1. 互变异构现象

乙酰乙酸乙酯是 β-酮酸酯,除了具有酮和酯的典型反应外,还能发生一些特殊的反应。例如,能与金属钠反应放出氢气,能与乙酰氯作用生成酯,能使溴的四氯化碳溶液褪色,能和三氯化铁作用呈紫红色,由此说明分子中有烯醇式结构存在。

进一步研究表明,它是酮式与烯醇式两种结构以动态平衡同时存在的互变异构体。在室温下的乙醇溶液中,乙酰乙酸乙酯能形成酮式和烯醇式的互变平衡体系。

$$H_3C-\underset{\underset{O}{\|}}{C}-CH_2COOC_2H_5 \rightleftharpoons H_3C-\underset{\underset{OH}{|}}{C}=CHCOOC_2H_5$$

$$酮式(92.5\%) \qquad\qquad 烯醇式(7.5\%)$$

乙酰乙酸乙酯之所以能形成稳定的烯醇型结构,一方面是由于亚甲基上的氢受羰基和酯基的影响变得比较活泼;另一方面是由于烯醇型可以通过分子内氢键,形成一个较稳定的六元闭合环,使体系能量降低。

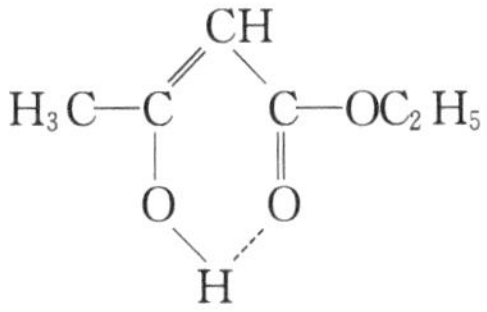

$$H_3C-C=CH-C-OC_2H_5$$

2. 乙酰乙酸乙酯的合成

乙酸乙酯分子中的 α-氢有微弱酸性,其 pK_a 为 15,在醇钠作用下,能生成烯醇盐,烯醇盐进攻另一分子乙酸乙酯中的羰基,生成乙酰乙酸乙酯。

$$2CH_3COOC_2H_5 \xrightarrow{C_2H_5ONa} CH_3COCH_2COOC_2H_5 + C_2H_5OH$$

由乙酸乙酯合成乙酰乙酸乙酯的反应机理如下。

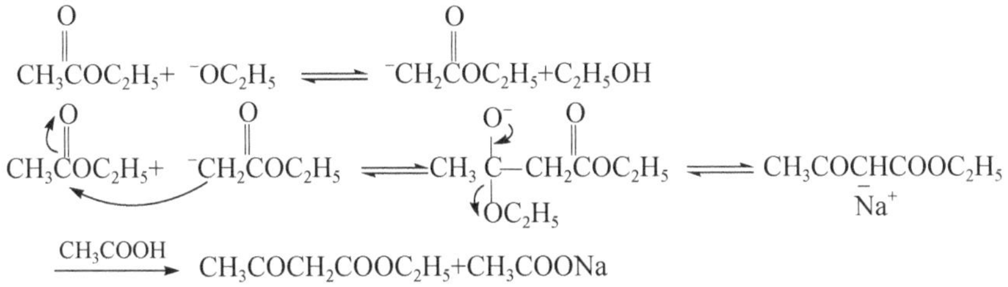

$$CH_3COC_2H_5 + {}^-OC_2H_5 \rightleftharpoons {}^-CH_2COC_2H_5 + C_2H_5OH$$

$$CH_3COC_2H_5 + {}^-CH_2COC_2H_5 \rightleftharpoons CH_3\overset{O^-}{\underset{OC_2H_5}{C}}-CH_2COC_2H_5 \rightleftharpoons CH_3COCHCOOC_2H_5 \quad Na^+$$

$$\xrightarrow{CH_3COOH} CH_3COCH_2COOC_2H_5 + CH_3COONa$$

乙酸乙酯的酸性强度与乙醇接近,因此,用乙醇钠作碱性试剂时,只有很小一部分乙酸乙酯变成烯醇盐,即平衡偏向左边。而乙酰乙酸乙酯分子中,活性亚甲基上的氢具有较强的酸性($pK_a=11$),乙醇钠能使它几乎完全变成烯醇盐,这样就使缩合反应能够继续进行,直到乙酸乙酯全部缩合为止。另外,含 α-活泼氢的酯在强碱性试剂(如 Na、NaH 或格氏试剂)存在下,能与另一分子酯发生克莱森(酯)缩合反应,生成 β-羰基酸酯。

问题 5 设计以乙烯为原料合成乙酰乙酸乙酯的合成路线。

---

3. 乙酰乙酸乙酯在有机合成中的应用

乙酰乙酸乙酯分子中亚甲基上的 α-H,因受相邻 2 个羰基的影响很活泼。把它与醇钠作用得到的钠盐,再与卤代烃或酰卤作用便得到 α-烃基取代物。α-烃基取代物再进行酮式或酸式分解,可制得甲基酮、二酮、一元或二元羧酸等。因此,乙酰乙酸乙酯在有机合成上应用很广。

1) 合成甲基酮

在稀酸的作用下(或先用稀碱处理,然后再酸化),其可分解为甲基酮,并放出二氧化碳。

$$CH_3COCH_2COOC_2H_5 \xrightarrow{\text{稀酸}} CH_3COCH_2COOH \xrightarrow{-CO_2} CH_3COCH_3$$

$$\downarrow \text{稀碱} \qquad H^+ \uparrow H_2O$$

$$CH_3COCH_2COONa$$

$$CH_3COCH_2COOC_2H_5 \xrightarrow{NaOC_2H_5} Na^+[CH_3COCHCOOC_2H_5]^- \xrightarrow{C_2H_5Br}$$

$$\overset{C_2H_5}{\underset{|}{CH_3COCHCOOC_2H_5}} \xrightarrow{\text{稀 NaOH}} \overset{C_2H_5}{\underset{|}{CH_3COCHCOONa}} \xrightarrow{H^+}$$

$$\overset{C_2H_5}{\underset{|}{CH_3COCHCOOH}} \xrightarrow[\triangle]{-CO_2} CH_3COCH_2CH_2CH_3$$

2) 合成酮酸

先用稀碱处理,然后酸化,再加热脱羧生成酮酸。

$$CH_3COCH_2COOC_2H_5 \xrightarrow{NaOC_2H_5} Na^+[CH_3COCHCOOC_2H_5]^- \xrightarrow{BrCH_2CH_2COOC_2H_5}$$

$$\overset{CH_2CH_2COOC_2H_5}{\underset{|}{CH_3COCHCOOC_2H_5}} \xrightarrow{\text{稀 NaOH}} \overset{CH_2CH_2COONa}{\underset{|}{CH_3COCHCOONa}} \xrightarrow[\triangle,-CO_2]{H^+} CH_3COCH_2CH_2CH_2COOH$$

3) 合成一元羧酸

在浓碱作用下,先在 α-碳与 β-碳原子间发生键的断裂,生成两分子酸的盐,经酸化得到相应的酸。

$$CH_3COCH_2COOC_2H_5 \xrightarrow{NaOC_2H_5} Na^+[CH_3COCHCOOC_2H_5]^- \xrightarrow{C_2H_5Br}$$

$$\overset{C_2H_5}{\underset{|}{CH_3COCHCOOC_2H_5}} \xrightarrow{NaOC_2H_5} Na^+\left[\overset{C_2H_5}{\underset{|}{CH_3COCHCOOC_2H_5}} \right]^- \xrightarrow{CH_3I}$$

$$\overset{C_2H_5}{\underset{|}{CH_3COCCOOC_2H_5}}\underset{CH_3}{} \xrightarrow[H^+]{40\% \text{ NaOH}} \underset{CH_3}{CH_3CH_2CHCOOH}$$

乙酰乙酸乙酯钠除了可与伯、仲卤代烷反应外,还可与其他含有卤素的化合物(如卤代丙酮等)作用,生成各种相应的化合物。

问题 6 从不同反应条件的影响,说明乙酰乙酸乙酯的酮式和酸式分解反应机理。

---

4) 迈克尔加成反应

由于乙酰乙酸乙酯易于形成碳负离子,因此可以与 α,β-不饱和羰基化合物发生迈克尔加成反应,用于合成 δ-羰基酸酯。

$$CH_3COCH_2COOC_2H_5 + HC \equiv C-CO_2C_2H_5 \xrightarrow[HOC_2H_5]{NaOC_2H_5} \overset{O}{\overset{\|}{H_3CC}}\underset{|}{CHCO_2C_2H_5}\\ \qquad\qquad\qquad\qquad\qquad\qquad\qquad\qquad\qquad\qquad HC=CHCO_2C_2H_5$$

$$\xrightarrow[2.\ H^+,\triangle]{1.\ \text{稀碱}} CH_3COCH_2CH=CHCOOH$$

13.2.4　丙二酸酯

1. 丙二酸酯的合成

丙二酸二乙酯简称丙二酸酯,是一种无色且有香味的液体,沸点 199℃,微溶于水。

由于丙二酸很活泼,受热易失去二氧化碳,因此使丙二酸的应用受到一定的限制。不能从丙二酸直接酯化来制丙二酸酯,通常是以氯乙酸为原料经下列反应制得。

$$ClCH_2COOH \xrightarrow[H_2O]{NaOH} ClCH_2COONa \xrightarrow[H_2O]{NaCN} \underset{CN}{CH_2COONa} \xrightarrow[H_2SO_4]{C_2H_5OH} \underset{COOC_2H_5}{\overset{COOC_2H_5}{CH_2}}$$

2. 丙二酸酯在有机合成中的应用

1) 合成烷基取代羧酸

由于丙二酸酯相当稳定,受热也不分解,因此在有机合成上是一个很重要的化合物。丙二酸酯分子中亚甲基上的氢原子受到相邻两个羰基的影响变得很活泼。

$$-\overset{O}{\overset{\|}{C}} + CH_2 + \overset{O}{\overset{\|}{C}} -$$

因此,丙二酸酯具有微弱的酸性($pK_a = 13$),与乙醇钠作用时,生成丙二酸酯的衍生物。

$$CH_2(COOC_2H_5)_2 + C_2H_5ONa \longrightarrow Na^+[CH(COOC_2H_5)_2]^- + C_2H_5OH$$

这个化合物与卤代烷作用发生取代反应,在分子中引入 1 个烷基生成烷基丙二酸酯,经水解生成烷基丙二酸,再受热脱羧得到烷基取代乙酸。

$$Na^+[CH(COOC_2H_5)_2]^- \xrightarrow{RX} RCH(COOC_2H_5)_2 \xrightarrow[H_2O]{NaOH}$$

$$RCH(COONa)_2 \xrightarrow{H^+} RCH(COOH)_2 \xrightarrow[\triangle]{-CO_2} RCH_2COOH$$

如果得到的烷基丙二酸酯先不水解,重复进行上述反应,还能引入第 2 个烷基,最后可以制得二烷基取代乙酸。

$$CH_2(COOC_2H_5)_2 \xrightarrow{C_2H_5ONa} Na^+[CH(COOC_2H_5)_2]^- \xrightarrow[RX]{R'X} \underset{R'}{\overset{R}{C}}(COOC_2H_5)_2$$

$$\xrightarrow[H_2O]{NaOH} \underset{R'}{\overset{R}{C}}(COONa)_2 \xrightarrow{H^+} \underset{R'}{\overset{R}{C}}(COOH)_2 \xrightarrow[\triangle]{-CO_2} \underset{R'}{\overset{R}{CH}COOH}$$

用丙二酸酯及适当的卤代物为原料,通过上述合成法可以制得很多有用的化合物。例如,通过下列步骤可以制得二元羧酸。

$$\underset{CH_2Br}{\overset{CH_2Br}{|}} + \underset{Na^+[CH(COOC_2H_5)_2]^-}{\overset{Na^+[CH(COOC_2H_5)_2]^-}{}} \longrightarrow \underset{H_2C-CH(COOC_2H_5)_2}{\overset{H_2C-CH(COOC_2H_5)_2}{|}} \xrightarrow[H_2O]{NaOH}$$

$$\underset{H_2C-CH(COONa)_2}{\overset{H_2C-CH(COONa)_2}{|}} \xrightarrow{H^+} \underset{CH_2-CH(COOH)_2}{\overset{CH_2-CH(COOH)_2}{|}} \longrightarrow \underset{H_2C-CH_2-COOH}{\overset{H_2C-CH_2-COOH}{|}}$$

问题 7　从电子效应分析说明乙酰乙酸乙酯和丙二酸酯中亚甲基上氢原子的相对反应活性。

2）合成氨基酸

酰基丙二酸酯法：丙二酸酯依次经亚硝基化、催化还原、乙酰化即得乙酰氨基丙二酸二酯，然后与 3-亚甲基吲哚发生迈克尔加成反应，产物经水解脱羧后得色氨酸。

$$EtOOCCH_2COOEt + HNO_2 \longrightarrow EtOOCC\overset{\overset{NOH}{\|}}{C}COOEt \xrightarrow[乙酸酐]{H_2/Pt} EtOOCC\overset{NHCOCH_3}{H}COOEt$$

$$\longrightarrow \underset{H}{吲哚}CH_2C\overset{COOEt}{\underset{COOEt}{NHCOCH_3}} \xrightarrow[2.-CO_2]{1.H_2O} \underset{H}{吲哚}CH_2\overset{+}{C}H(NH_3)COO^-$$

色氨酸，81%

溴化丙二酸酯法：先溴化丙二酸酯，然后用盖布瑞尔（Gabriel）方法可以合成甲硫氨酸、苯丙氨酸、丝氨酸、天冬氨酸等多种氨基酸。

$$CH_2(COOEt)_2 \xrightarrow{Br_2,CCl_4} BrCH(COOEt)_2$$

$$苯二甲酰\text{-}NK \xrightarrow{BrCH(CO_2Et)_2} 苯二甲酰\text{-}NCH(CO_2Et)_2$$

$$\xrightarrow{NaOC_2H_5} \xrightarrow{ClCH_2CH_2SCH_3} 苯二甲酰\text{-}NC(CO_2Et)_2(CH_2CH_2SCH_3) \xrightarrow{NaOH}$$

$$\underset{CONHCCH_2CH_2SCH_3}{COO^-/COO^-/COO^-} \xrightarrow{HCl} CH_3SCH_2CH_2\overset{+}{C}H(NH_3)COO^-$$

甲硫氨酸，50%

苯二甲酰亚氨基丙二酸二乙酯与 1,3-二溴丙烷反应，可以制备脯氨酸。

$$苯二甲酰\text{-}NCH(CO_2Et)_2 \xrightarrow{NaOEt} \xrightarrow{Br(CH_2)_3Br} 苯二甲酰\text{-}NC(CO_2Et)_2(CH_2)_3Br$$

$$\xrightarrow[EtOH]{NaOH} \left[Br\underset{H_2N}{\text{-}}\overset{CO_2^-}{\underset{CO_2^-}{C}}\right] \longrightarrow \left[\underset{H}{环}\overset{COO^-}{\underset{COO^-}{C}}\right] \xrightarrow{H^+} \left[\underset{H}{环}\overset{COO^-}{\underset{H}{\overset{+}{N}}}\right]$$

脯氨酸，70%

13.3　氨　基　酸

13.3.1　氨基酸的分类

氨基酸是指羧酸分子中烃基上的一个或几个原子被氨基取代后的化合物，根据氨基酸分子中氨基和羧基的相对位置不同，分为 α、β、γ 等氨基酸，其中 α-氨基酸在自然界中广泛存在。

$$CH_3—CH—COOH$$
$$\quad\quad\;|$$
$$\quad\quad NH_2$$
α-氨基丙酸

$$CH_2—CH_2—COOH$$
$$\;\;|$$
$$NH_2$$
β-氨基丙酸

$$CH_2—CH_2—CH_2—COOH$$
$$\;\;|$$
$$NH_2$$
γ-氨基丁酸

氨基酸按其化学结构可分为脂肪族氨基酸和芳香族氨基酸。

$$CH_3—CH—COOH$$
$$\quad\quad\;|$$
$$\quad\quad NH_2$$
丙氨酸

$$—CH_2—CH—COOH$$
$$\quad\quad\quad\;|$$
$$\quad\quad\quad NH_2$$
苯丙氨酸

色氨酸

按照系统命名法,把氨基酸中的氨基作为取代基,以羧酸为母体来命名。

$$CH_3—CH—COOH$$
$$\quad\quad\;|$$
$$\quad\quad NH_2$$
2-氨基丙酸

$$H_3C—CH—CH—COOH$$
$$\quad\quad\;|\quad\;\;|$$
$$\quad\quad OH\;\;NH_2$$
2-氨基-3-羟基丁酸

然而,天然氨基酸则多用俗名,即往往是根据来源或性质进行命名。例如,甘氨酸是因为具有甜味而得名,丝氨酸是因为蚕丝的组成部分而得名,胱氨酸是因为它最先来自膀胱中的尿结石。

蛋白质水解可得到各种 α-氨基酸的混合物,不同的蛋白质水解后得到产物的种类和数量也不相同。氨基酸分子中可以含多个氨基或多个羧基,且两种基团的数目也可以不相等。氨基和羧基数目相等的为中性氨基酸,由于氨基的碱性与羧基的酸性并不是完全抵消,因此它们是接近中性的氨基酸,如丙氨酸、甘氨酸等;羧基数目多于氨基的为酸性氨基酸,如天冬氨酸、谷氨酸等;氨基数目多于羧基的为碱性氨基酸,如精氨酸、赖氨酸等。绝大多数蛋白质水解后生成的氨基酸见表 13-2。

表 13-2　蛋白质中存在的氨基酸

名称	缩写	构造式	等电点(pI)	熔点/℃
* 缬氨酸(valine)	Val	$(CH_3)_2CHCHCOOH$ $\qquad\qquad\;\;\;\|$ $\qquad\qquad\;\;NH_2$	5.97	315(分解)
* 亮氨酸(leucine)	Leu	$(CH_3)_2CHCH_2CHCOOH$ $\qquad\qquad\qquad\;\|$ $\qquad\qquad\qquad NH_2$	6.02	337(分解)
* 异亮氨酸(isoleucine)	Ile	$CH_3CH_2CHCHCOOH$ $\quad\;\;H_3C\;\;NH_2$	5.98	285(分解)
* 甲硫氨酸(methionine)	Met	$\qquad\qquad\qquad NH_2$ $\qquad\qquad\qquad\;\;\|$ $CH_3SCH_2CH_2CHCOOH$	5.74	283
* 苯丙氨酸(phenylalanine)	Phe	$C_6H_5CH_2CHCOOH$ $\qquad\qquad\;\;\|$ $\qquad\qquad NH_2$	5.48	283
* 色氨酸(tryptophan)	Trp	$\qquad\qquad NH_2$ $\qquad\qquad\;\|$ $\qquad CH_2CHCOOH$	5.89	283
* 苏氨酸(threonine)	Thr	$CH_3CHCHCOOH$ $\;\;HO\;\;NH_2$	5.60	253(分解)

续表

名称	缩写	构造式	等电点(pI)	熔点/℃
* 赖氨酸(lysine)	Lys	$H_2NCH_2CH_2CH_2CH_2\underset{\underset{NH_2}{\vert}}{CH}COOH$	9.74	224
甘氨酸(glycine)	Gly	H_2NCH_2COOH	5.97	292（分解）
丙氨酸(alanine)	Ala	$CH_3\underset{\underset{NH_2}{\vert}}{CH}COOH$	6.00	297（分解）
丝氨酸(serine)	Ser	$HOCH_2\underset{\underset{NH_2}{\vert}}{CH}COOH$	5.68	228（分解）
半胱氨酸(cysteine)	Cys	$HSCH_2\underset{\underset{NH_2}{\vert}}{CH}COOH$	5.02	—
胱氨酸(cystine)	Cys-Cys	$\begin{array}{l}S-CH_2CH(NH_2)COOH\\S-CH_2CH(NH_2)COOH\end{array}$	5.06	258
酪氨酸(tyrosine)	Tyr	$HO-\!\!\left\langle\!\!\bigcirc\!\!\right\rangle\!\!-CH_2\underset{\underset{NH_2}{\vert}}{CH}COOH$	5.66	342
谷氨酸(glutamine)	Glu	$HOOCCH_2CH_2\underset{\underset{NH_2}{\vert}}{CH}COOH$	5.70	184
脯氨酸(proline)	Pro	环状结构—COOH	6.30	220
羟基脯氨酸(hydroxyproline)	Hyp	环状结构 OH—COOH	6.33	270
天冬酰胺(asparagine)	Asn	$H_2NCOCH_2\underset{\underset{NH_2}{\vert}}{CH}COOH$	5.41	236
天冬氨酸(aspartic acid)	Asp	$HOOCCH_2\underset{\underset{NH_2}{\vert}}{CH}COOH$	2.77	269
谷氨酸(glutamic acid)	Glu	$HOOCCH_2CH_2\underset{\underset{NH_2}{\vert}}{CH}COOH$	3.22	247
组氨酸(histidine)	His	咪唑环—$CH_2\underset{\underset{NH_2}{\vert}}{CH}COOH$	7.59	287
羟基赖氨酸(hydroxylysine)	Hyl	$H_2NCH_2\underset{\underset{OH}{\vert}}{CH}CH_2CH_2\underset{\underset{NH_2}{\vert}}{CH}COOH$	9.15	—
精氨酸(arginine)	Arg	$\underset{H_2N}{\overset{HN}{>}}CNCH_2CH_2CH_2\underset{\overset{\vert}{NH_2}}{CH}COOH$	10.75	230～244（分解）

注:带有 * 的 8 个氨基酸称为"必需氨基酸",这是由于这些氨基酸必须从食物得到,人体自身不能合成。若缺少这些氨基酸,就会发生由于营养不良而引起的病症。

13.3.2 氨基酸的构型

由蛋白质水解分离出的 α-氨基酸,除甘氨酸外,其他 α-氨基酸至少含有 1 个手性碳原子,都具有旋光性,它们的构型都是属于 L 型。当 L-乳酸中的—OH 被—NH$_2$ 取代便得到 L-丙氨酸。若氨基酸含有不止一个手性碳原子,这种氨基酸的构型则取决于 α-碳原子。如果某氨基酸的 α-碳原子的构型与 L-丙氨酸相当,这就是 L-氨基酸,可以用通式表示。例如

$$
\begin{array}{ccc}
\text{COOH} & \text{COOH} & \text{COOH} \\
\text{HO—C—H} & \text{H}_2\text{N—C—H} & \text{H}_2\text{N—C—H} \\
\text{CH}_3 & \text{CH}_3 & \text{R}
\end{array}
$$

R 可代表—CH$_3$、(CH$_3$)$_2$CH—、HSCH$_2$—等

L-乳酸　　　　　　L-丙氨酸　　　　　L 型氨基酸的通式

如果采用 R、S 标记法,天然的 L 型氨基酸大多是 S 型。不过,氨基酸的构型习惯上仍沿用 D,L 标记法。

13.3.3 氨基酸的性质

氨基酸为无色晶体,熔点一般为 200～300℃,能溶于水,不溶于苯、四氯化碳和乙醚等非极性溶剂。

氨基酸分子中既含有氨基又含有羧基,所以具有氨基和羧基的典型性质。同时,由于官能团的相互影响,又表现出一些特殊的性质。

1. 两性和等电点

由于氨基酸分子中氨基和羧基的同时存在,因此既可以与酸反应,又可以与碱反应。

$$
\begin{array}{c}
\text{H}_2\text{N—CH—COOH} + \text{HCl} \longrightarrow \text{Cl}^-\overset{+}{\text{H}_3}\text{N—CH—COOH} \\
| \qquad\qquad\qquad\qquad\qquad\qquad | \\
\text{R} \qquad\qquad\qquad\qquad\qquad\qquad \text{R}
\end{array}
$$

$$
\begin{array}{c}
\text{H}_2\text{N—CH—COOH} + \text{NaOH} \longrightarrow \text{H}_2\text{N—CH—COONa} + \text{H}_2\text{O} \\
| \qquad\qquad\qquad\qquad\qquad\qquad\qquad | \\
\text{R} \qquad\qquad\qquad\qquad\qquad\qquad\qquad \text{R}
\end{array}
$$

实验证明,氨基酸在水溶液中或在晶体状态时都以内盐形式存在,这是氨基酸分子内的氨基和羧基相互作用的结果。

$$
\begin{array}{c}
\text{RCHCOOH} \longrightarrow \text{RCHCOO}^- \\
| \qquad\qquad\qquad | \\
\text{NH}_2 \qquad\qquad \overset{+}{\text{NH}_3}
\end{array}
$$

内盐(两性离子或称偶极离子)

氨基酸以内盐的形式存在,极性较大,因此在水中有一定的溶解度,不溶于有机溶剂;其偶极矩数值都很大,由于两性离子间静电力引力较强,因此其熔点很高,多数受热分解而不熔融。

在水溶液中,氨基酸的偶极离子通过结合一个 H$^+$ 或失去一个 H$^+$ 形成下列动态平衡体系。

$$
\begin{array}{c}
\text{RCHCOOH} \\
| \\
\text{NH}_2 \\
\Updownarrow \\
\end{array}
$$

$$
\begin{array}{ccc}
\text{RCHCOO}^- & \rightleftharpoons \text{RCHCOO}^- \rightleftharpoons & \text{RCHCOOH} \\
| & | & | \\
\text{NH}_2 & \overset{+}{\text{NH}_3} & \overset{+}{\text{NH}_3} \\
\text{负离子} & \text{偶极离子} & \text{正离子}
\end{array}
$$

将溶液调至酸性时. 氨基酸主要以阳离子的形式存在,这时在外加电场中,氨基酸向负极移动;将溶液调至碱性时,氨基酸主要以阴离子的形式存在,这时在外加电场中,氨基酸向正极移动。当用酸或碱调整氨基酸水溶液至某一 pH 时,正离子和负离子浓度相等,在外加电场中氨基酸不移动,这时溶液的 pH 就称为该氨基酸的等电点 ,常以 pI(isoelectric point)表示。在等电点时,氨基酸主要以偶极离子的形式存在,其溶解度最小,可以结晶析出。

各种氨基酸分子中氨基和羧基的数目不同,相对电离强度不同,等电点也不同,因此可用等电点来鉴别氨基酸。如表 13-2 所示,中性氨基酸的等电点为 5.0~6.5;酸性氨基酸的等电点为 2.8~3.2;碱性氨基酸的等电点为 7.6~10.8。

问题 8　分析说明甘氨酸正离子的酸性远比甘氨酸两性离子强。

---

2. 脱水反应

由于不同氨基酸分子中氨基和羧基相对位置不同,受热发生反应得到的产物也不同。α-氨基酸受热时,两分子之间的氨基和羧基脱水生成环状的交酰胺。

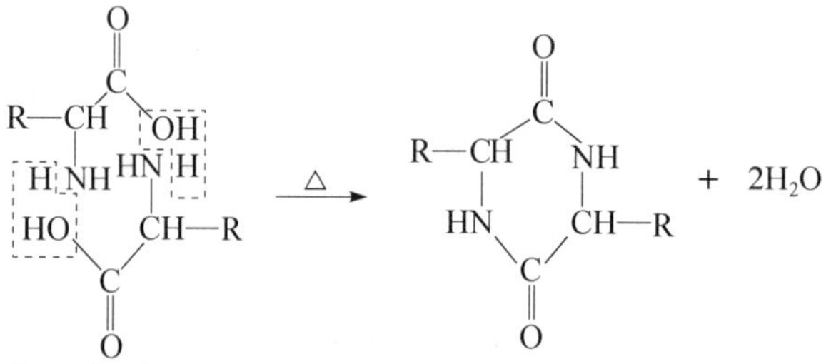

$$R-CH \quad C-OH \quad HN-H \quad \xrightarrow{\triangle} \quad R-CH \quad NH \quad + \quad 2H_2O$$

β-氨基酸受热时,分子内脱氨生成 α、β-不饱和羧酸。

$$\underset{RCHCH_2COOH}{\overset{NH_2}{|}} \xrightarrow{\triangle} RHC\!=\!CHCOOH + NH_3\uparrow$$

γ 或 δ-氨基酸受热时,分子内脱水生成环状的 γ-内酰胺或 δ-内酰胺。

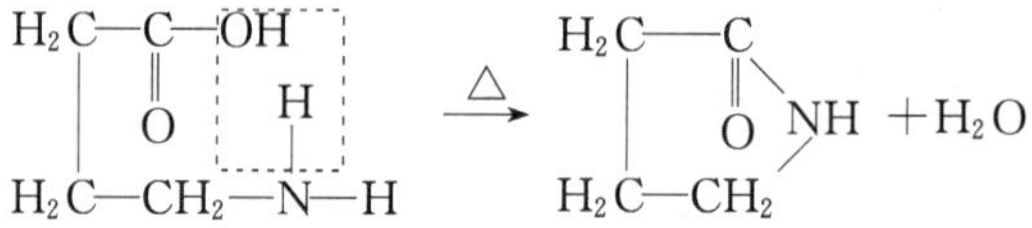

$$\xrightarrow{\triangle} \quad + H_2O$$

γ-丁内酰胺

$$\xrightarrow{\triangle} \quad + H_2O$$

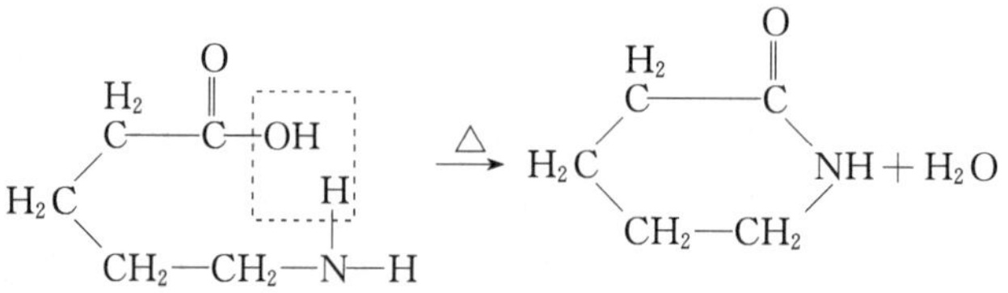

δ-戊内酰胺

当氨基酸分子中的氨基和羧基相对位置距离更远时,受热后脱水生成链状的聚酰胺。

$$n\mathrm{H_2N(CH_2)}_x\mathrm{COOH} \xrightarrow{\triangle} \mathrm{H_2N(CH_2)}_x\mathrm{CO}\!\!\left[\mathrm{NH(CH_2)}_x\mathrm{CO}\right]_{(n-2)}\mathrm{NH(CH_2)}_x\mathrm{COOH} + (n-1)\mathrm{H_2O}$$
$$(x\!>\!4)$$

聚酰胺

3. 脱羧反应

氨基酸与氢氧化钡共热,脱去羧基形成伯胺。

$$H_2N-CH-COOH \xrightarrow[\triangle]{Ba(OH)_2} R-CH_2-NH_2+CO_2\uparrow$$
$$|$$
$$R$$

脱羧反应也可因某些细菌的存在或酶的作用而发生。

4. 与亚硝酸反应

α-氨基酸能与亚硝酸作用,放出氮气,得到羟基酸。

$$H_2N-CH-COOH+HNO_2 \longrightarrow HO-CH-COOH+H_2O+N_2\uparrow$$
$$|\qquad\qquad\qquad\qquad\qquad\qquad |$$
$$R\qquad\qquad\qquad\qquad\qquad\qquad R$$

该反应是定量完成的,只要测量放出氨气的体积,便可计算出氨基酸分子中氨基的含量,这称为范斯莱克(van Slyke)氨基测定法。

5. 生成金属盐的反应

氨基酸含有羧基,可与某些金属或金属氧化物一起反应生成络合物。例如,氨基酸与二价铜离子作用生成深蓝色的针状结晶,可用来鉴别氨基酸。其产物的构造式为

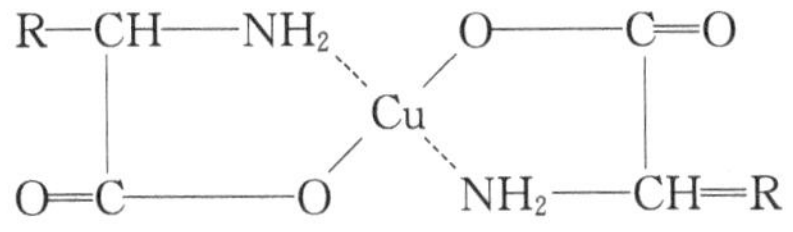

它不溶于水,与硫化氢作用生成硫化铜沉淀,可用来精制氨基酸。

6. 与水合茚三酮反应

α-氨基酸与水合茚三酮反应,生成蓝紫色的物质。

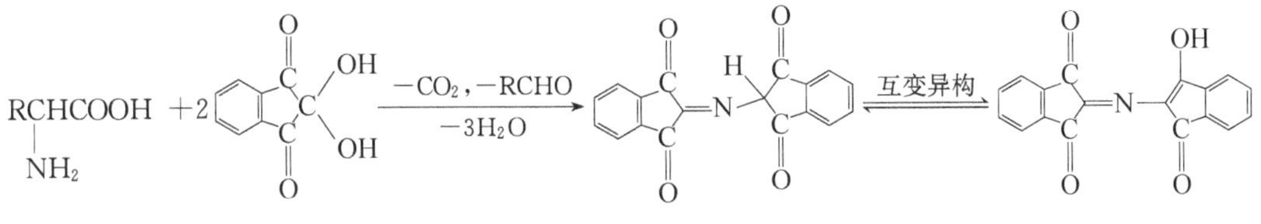

紫色物质

反应十分灵敏,这是鉴别 α-氨基酸通常用的方法,也常用作 α-氨基酸的比色测定和纸上层析的显色。但 N 取代的 α-氨基酸(如脯氨酸、β-氨基酸、γ-氨基酸等)却不与水合茚三酮发生此类反应。

13.3.4 重要的氨基酸

1. 甘氨酸

氨基乙酸(H_2NCH_2COOH)又称甘氨酸,为无色晶体,有独特的甜味,能掩盖食品中添加糖精的苦味并增强甜味。人体若摄入甘氨酸的量过多,不仅不能被人体吸收利用,而且会打破人体对氨基酸的吸收平衡而影响其他氨基酸的吸收,导致营养失衡。以甘氨酸为主要原料生产的含乳饮料,对青少年及儿童的正常生长发育很容易带来不利影响。甘氨酸是最简单的且

无旋光性的氨基酸,存在于多种蛋白质中,并以酰胺的形式存在于马尿酸和谷胱甘肽中。甘氨酸在医药上可用于治疗胃酸过多及肌肉萎缩。它的一些衍生物是新近发展的药物。例如,下面是甘氨酸衍生物 D-对羟苯基甘氨酸的工业化途径。

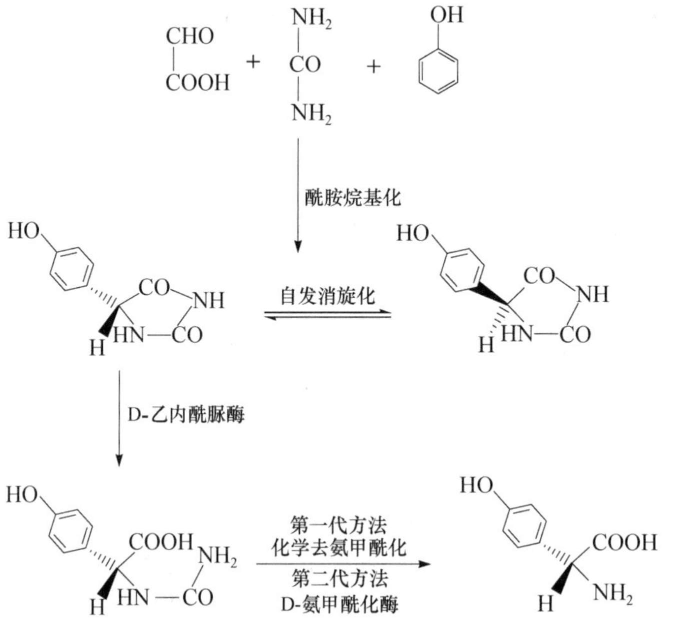

D-对羟苯基甘氨酸及其衍生物是半合成青霉素及头孢菌素侧链的前体。

2. 色氨酸

色氨酸属于中性氨基酸,其分子中含有吲哚稠环结构。

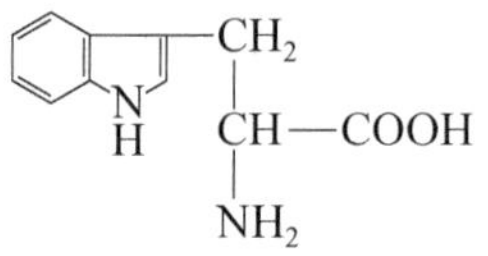

色氨酸是大多数蛋白质的组分,为白色或微黄色结晶,味微苦,微溶于水,不溶于氯仿中,在甲酸中易溶,熔点为283℃。

色氨酸是植物体内生长素生物合成重要的前体物质,在高等植物中普遍存在。在动物的大肠中因细菌作用分解色氨酸而生成甲基吲哚,色氨酸也是植物激素(吲哚乙酸)的来源。

3. 谷氨酸

谷氨酸 $\begin{bmatrix} & & NH_2 \\ & & | \\ HOOCCH_2CH_2CHCOOH \end{bmatrix}$ 为结晶固体,难溶于水,熔点为247℃。

谷氨酸大量存在于谷类蛋白质中,动物脑中含量也较多。谷氨酸在生物体内的蛋白质代谢过程中占重要地位,参与动物、植物和微生物中的许多重要化学反应。作为调味品的味精就是左旋谷氨酸的钠盐。医学上谷氨酸主要用于治疗肝性昏迷,还用于改善儿童智力发育,谷氨酸的盐可用于降血压。

4. 半胱氨酸和胱氨酸

半胱氨酸和胱氨酸都为 L 型,存在于动物的毛发、角、指甲中,通过氧化、还原可使两者相互转化。

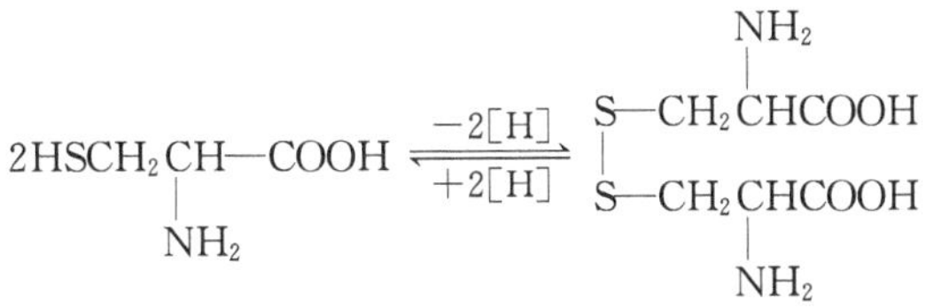

$$2HSCH_2CH{-}COOH \underset{+2[H]}{\overset{-2[H]}{\rightleftharpoons}} \begin{array}{c} S{-}CH_2CHCOOH \\ | \\ S{-}CH_2CHCOOH \end{array}$$

半胱氨酸　　　　　　　　　　胱氨酸

它们都可以由毛发水解得到。半胱氨酸是一种天然产生的氨基酸,在食品加工中具有许多用途,作为面团改良剂的必需成分;在医药上,半胱氨酸可用于治疗肝炎、放射性药物中毒及重金属解毒,胱氨酸可用于治疗脱发症等。

问题 9 比较羟基羧酸、羰基羧酸和氨基酸的化学性质,说明官能团的相互影响。

习　题

1. 命名下列各化合物。

(1)

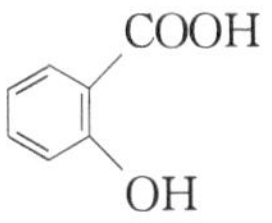

(2)

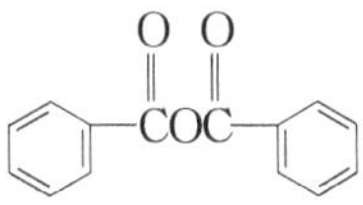

(3) 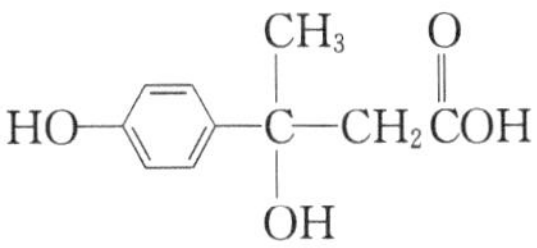 HO—⟨⟩—C(CH₃)(OH)CH₂COOH

(4) 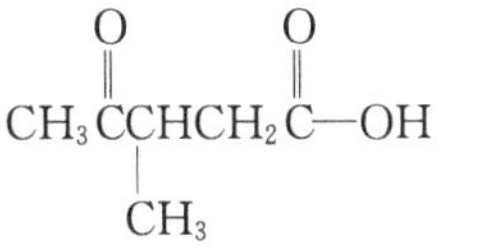 CH₃CCHCH₂C—OH

(5) 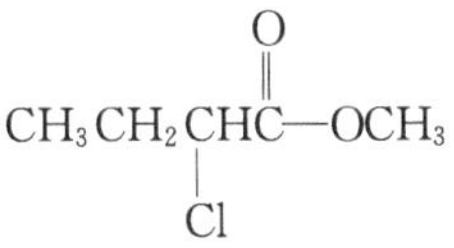 CH₃CH₂CHC—OCH₃
　　　　　　Cl

(6) 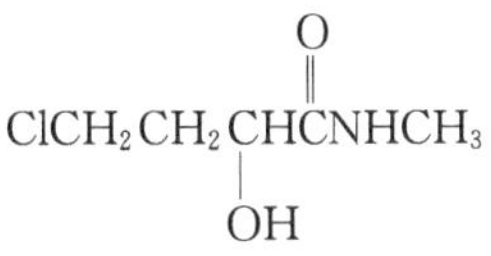 ClCH₂CH₂CHCNHCH₃
　　　　　　OH

2. 选择合适的原料合成下列化合物。

(1)

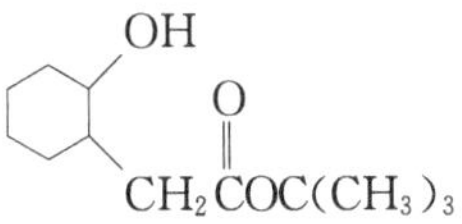

(2)

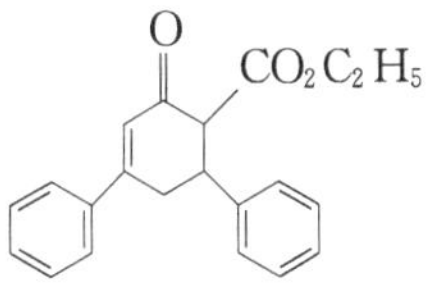

(3) 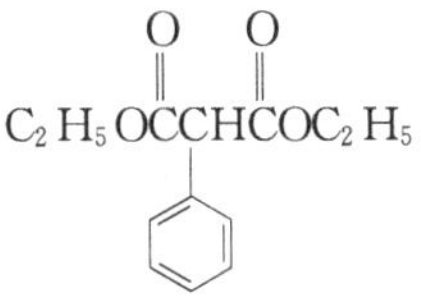 C₂H₅OCCHCOC₂H₅

(4) 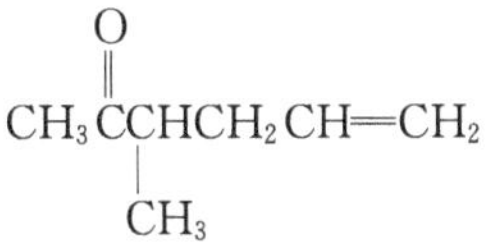 CH₃CCHCH₂CH=CH₂
　　　　CH₃

(5) CH₃COCH₂COC₆H₅

(6)  HOOC—⟨⟩—COOH

(7)

(8) $\underset{\overset{|}{COOH}}{\overset{\overset{|}{OH}}{C(CH_3)_2}}$

(9) $\underset{\overset{|}{CH_3CH_2CHCOOC_2H_5}}{CH_2OH}$

(10) $\underset{\overset{|}{OH}}{CH_3CHCH_2COOC_2H_5}$

3. 写出下列反应的产物。

(1) $\underset{OH}{\overset{COOH}{\bigcirc}} \xrightarrow{\triangle} ?$

(2) $\underset{\overset{|}{OCH_3}}{\overset{\overset{CH_3}{|}}{H_2C-C-COOH}} \xrightarrow[\triangle]{H^+} ?$

(3) $\underset{H_3C-CH-CH_2COOH}{CH_2CH_2COOH} \xrightarrow{300℃} ? \xrightarrow{HCN} ? \xrightarrow{H_2O,H^+} ? \xrightarrow[\triangle]{H^+} ?$

(4) $\bigcirc-CH_2COOH \xrightarrow[\triangle]{P,Br_2} ? \xrightarrow{OH^-,H_2O} ? \xrightarrow[\triangle]{H^+} ?$

(5) $\underset{\overset{|}{Cl}}{CH_3CHCH_2CH_2COOH} \xrightarrow{\underset{H_2O}{Na_2CO_3}} ?$

(6) $\bigcirc-COOH \xrightarrow[Br_2,CH_4]{HgO,\triangle} ?$

(7) $\underset{\overset{\parallel}{O}}{\overset{\overset{\parallel}{O}}{\bigcirc}}O+C_2H_5OH \longrightarrow ?$

(8) $\bigcirc-\overset{\overset{\parallel}{O}}{C}OC_2H_5 + CH_3(CH_2)_3OH \xrightarrow{C_2H_5Na} ?$

(9) $CH_3CH_2CHO+BrCH_2COOC_2H_5+Zn \xrightarrow{苯} \xrightarrow{H_2O} ?$

4. 比较下列物质的酸性强弱。

(1)
A: $\underset{NO_2}{\overset{COOH}{\bigcirc}}$　　B: $\underset{CH_3}{\overset{COOH}{\bigcirc}}$　　C: $\overset{COOH}{\bigcirc}$

(2)
A: $\overset{COOH}{\underset{}{\bigcirc}}OH$　　B: $\underset{OH}{\overset{COOH}{\bigcirc}}$　　C: $\overset{COOH}{\bigcirc}$　　D: $\underset{OH}{\overset{COOH}{\bigcirc}}$

(3)
A: $\underset{\overset{|}{NO_2}}{CH_3CHCH_2COOH}$　　B: $\underset{\overset{|}{NO_2}}{CH_3CH_2CHCOOH}$　　C: $\underset{\overset{|}{NO_2}}{CH_2CH_2CH_2COOH}$

(4)
A: $\underset{COOH}{HC\equiv C-\bigcirc}$　　B: $\underset{COOH}{F-\bigcirc}$　　C: $\underset{COOH}{\overset{OCH_3}{\bigcirc}}$　　D: $\underset{COOH}{\overset{N(CH_3)_2}{\bigcirc}}$

5. 某有机化合物分子为 $C_7H_6O_3$，可溶于 $NaHCO_3$ 水溶液中，与 $FeCl_3$ 有颜色反应，在碱性条件下与乙酸酐反应生成 $C_9H_8O_4$，在酸催化下与甲醇反应生成 $C_8H_8O_3$，硝化后主要得到两种一元硝化产物。试推测该化合物的结构并写出各步反应式。

6. 把下列氨基酸分别溶在水中，使之达到等电点应当加酸还是加碱？

　　(1) 赖氨酸　　　　　　(2) 甘氨酸　　　　　　(3) 谷氨酸

7. 写出下列条件下各氨基酸的主要存在形式。

　　(1) 甘氨酸在 pH＝8 时　　　　　　(2) 赖氨酸在 pH＝10 时

　　(3) 丝氨酸在 pH＝1 时　　　　　　(4) 谷氨酸在 pH＝3 时

8. 用苯和丙二酸酯作为主要原料合成下列物质。

　　(1) 亮氨酸　　(2) 异亮氨酸　　(3) 苯丙氨酸

第 14 章　有机含氮化合物

有机含氮化合物可看成是烃分子中的氢原子被含氮的官能团取代的衍生物。这类化合物种类繁多,多数与人类生命活动有密切关系。前面已经讨论过酰胺、腈、肟、肼、腙、缩氨脲等有机含氮化合物。本章主要讨论硝基化合物、胺、重氮和偶氮化合物。

14.1　硝基化合物

硝基化合物是指烃分子中的氢原子被硝基取代后的产物,用 RNO_2 或 $ArNO_2$ 表示。

14.1.1　硝基化合物的分类、命名和结构

根据硝基连接的不同烃,硝基化合物可分为脂肪族和芳香族硝基化合物;根据分子中所连硝基的多少可分为一硝基化合物和多硝基化合物。

物理方法测得,硝基中的两个 N—O 键等长,均为 122 pm,说明两个 N—O 键是等同的。硝基化合物中的氮原子以 sp^2 方式杂化形成三个杂化轨道,其中一个与碳原子形成 σ 键,另外的两个分别与两个氧原子形成一个 σ 键和一个配位键。未参与杂化的 p 轨道与两个氧的 p 轨道形成 p-π 共轭体系,电子离域的结果使得两个 N—O 键等长。

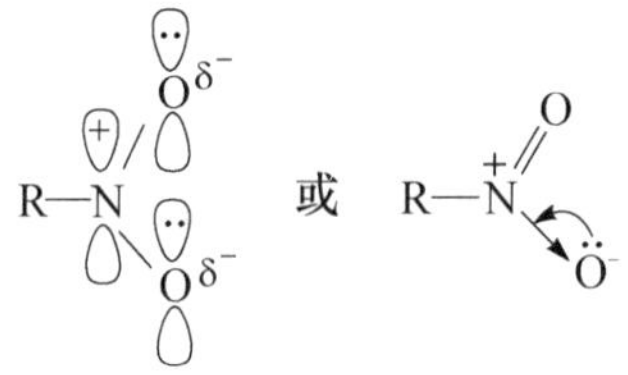

用共振式表示为

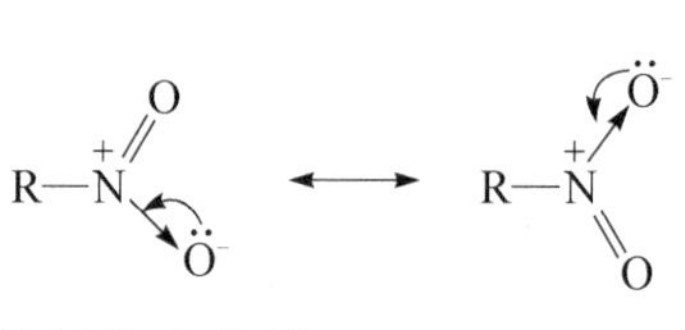

命名时一般以烃为类名,硝基只作取代基。

14.1.2　硝基化合物的制法

脂肪族硝基化合物可由烷烃的自由基取代制备。

$$CH_4 + HNO_3 \xrightarrow{400℃} CH_3NO_2 + H_2O$$

芳香族硝基化合物可用混酸(HNO_3/H_2SO_4)硝化芳烃而制得(第 8 章)。

14.1.3　硝基化合物的性质

1. 物理性质

脂肪族硝基化合物一般为无色或略带黄色的液体,微溶于水,易溶于有机溶剂和浓

硫酸。单硝基化合物一般是高沸点的液体,能溶解大多数有机物,常作为溶剂使用,如硝基乙烷等。多硝基化合物一般为无色或黄色的晶体,具有爆炸性,常用作炸药,如 2,4,6-三硝基甲苯(TNT)(俗称苦味酸)等。单硝基烷烃一般毒性不大,但许多芳香族硝基化合物能与血液中的血红蛋白作用而使其变性,过多的接触或吸入可引起中毒。有些多硝基化合物具有类似于天然麝香的气味,常被用来作化妆品、香水的定香剂和修饰剂等。例如

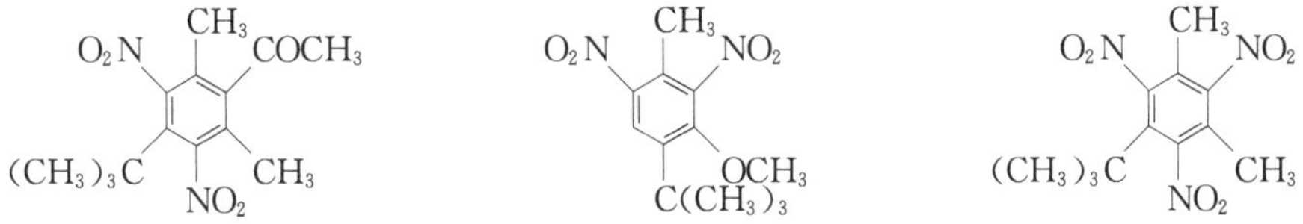

酮麝香　　　　　　葵子麝香　　　　　　二甲苯麝香

硝基化合物的极性较强,分子间作用力较大,沸点比相对分子质量相近的卤代烃高,如氯丙烷的沸点为 46.2℃,而硝基乙烷为 115.8℃。

2. 化学性质

1)还原反应

采用催化氢化、金属(如 Zn、Fe、Sn 等)加氢还原以及金属氢化物还原等方法可将脂肪族硝基化合物还原为伯胺。

$$R—NO_2 \xrightarrow{[H]} R—NH_2$$

芳香硝基化合物的还原,在不同介质中会得到不同产物。在酸性介质中最终还原产物为苯胺,有许多中间产物生成,依次为下列化合物。

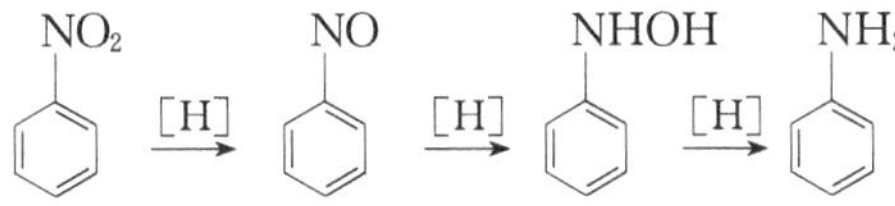

硝基苯　　　亚硝基苯　　　N-羟基苯胺　　　苯胺

在酸性介质中,中间产物亚硝基苯和 N-羟基苯胺都比硝基苯更易还原,不能被分离出来,主要得到苯胺。但在中性介质中,容易停留在 N-羟基苯胺这一步。

在碱性介质中,采用不同的还原剂,可得到不同的还原产物。

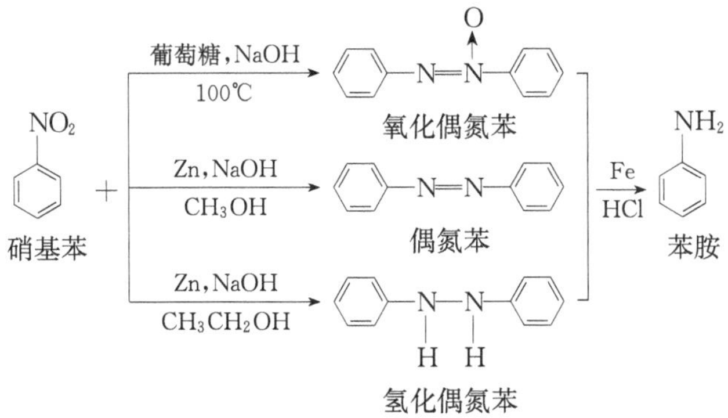

芳香族多硝基化合物,采用不同的还原剂可选择性还原其中一个硝基为氨基。例如,采用钠或铵的硫化物、硫氢化物或多硫化物(Na_2S、$NaSH$ 等)以及 $SnCl_2/HCl$ 等作还原剂。

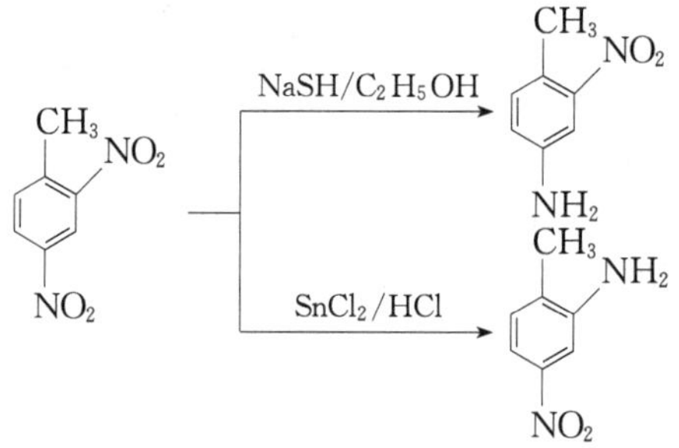

　　硝基芳香烃是重要的化工原料。硝基的存在使苯环上的电子云密度降低,生物降解性差。近年来,随着对这类化学品的需求上升,它们进入环境的数量也逐渐增多。美国环境保护局(EPA)在 1985 年将其列为优先控制的环境污染物,这类化合物也是国家严格控制排放的有毒物质。硝基芳烃可以被零价铁还原成亚硝基化合物、偶氮苯、氢化偶氮苯及芳胺等,进而改善它们的可生物降解性来减小它们对环境的污染。

　　2) α-氢的反应

　　在脂肪族硝基化合物中,硝基的强吸电子性,使其 α-氢具有酸性。含有 α-氢的硝基化合物能溶解于氢氧化钠溶液生成钠盐。

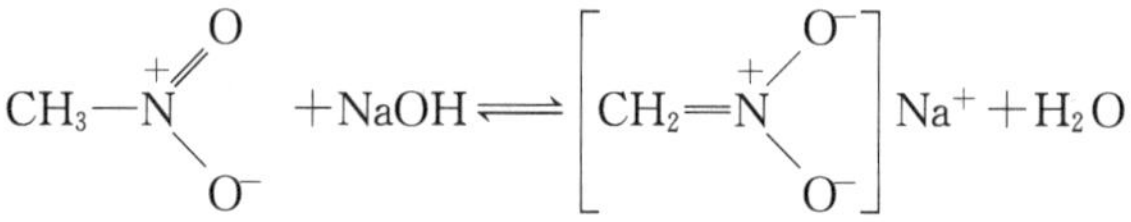

　　可以写出生成的负离子的共振式:

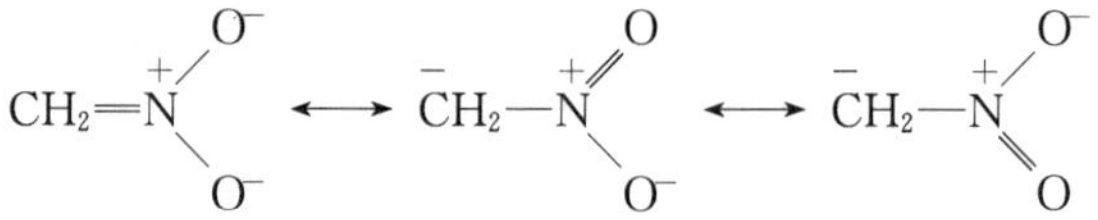

　　含有 α-氢的硝基化合物存在酸式和硝基式的互变异构体:

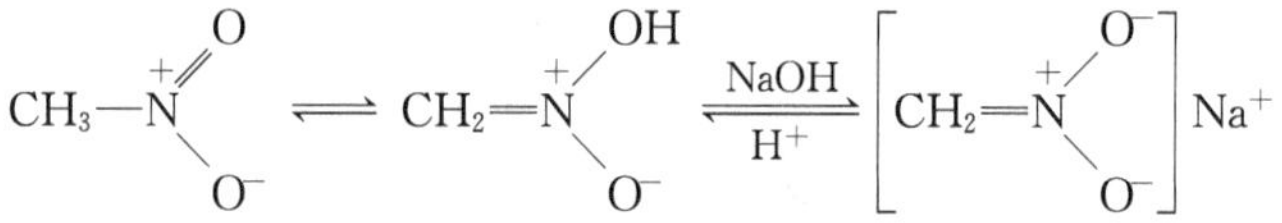

硝基式　　　　　　酸式

　　当有碱溶液时,碱与酸式硝基化合物作用而生成盐,破坏了平衡,硝基式不断地转变为酸式,以致全部与碱作用而生成盐。

　　3) 硝基对芳环亲电取代反应的影响

　　硝基是一个强吸电子基,使芳环的电子云密度降低,致钝芳环。环上要引入新的基团,需要较强烈的条件,新基团主要进入硝基的间位。

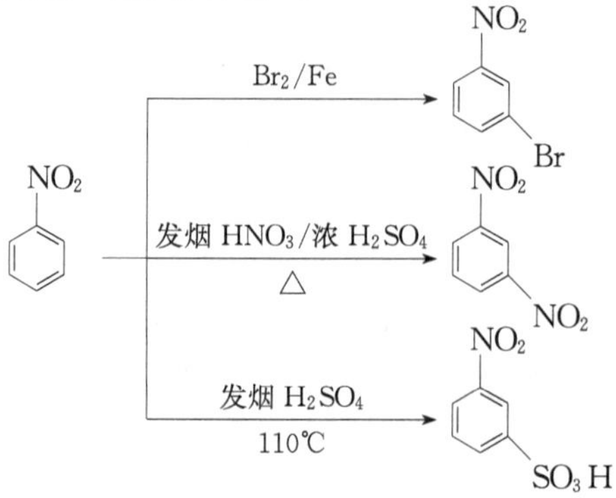

由于硝基苯不能进行傅-克反应，硝基苯可用作傅-克反应的溶剂。

4）硝基对芳环取代基的影响

在第 9 章介绍过，卤苯型的卤代芳烃由于 p-π 共轭加强了碳卤键，因此芳环上的卤原子很难被取代，需在较高温度或压力下才能进行。例如

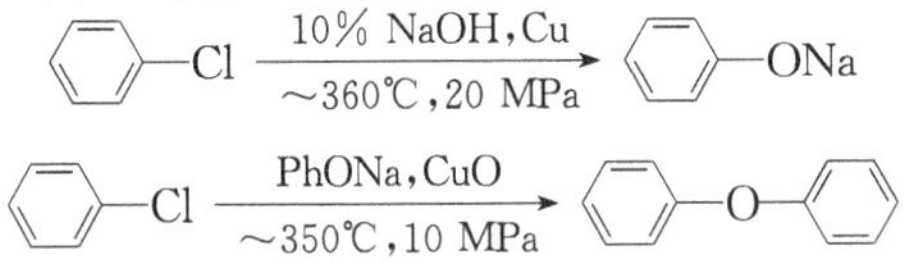
Cl
10% NaOH, Cu
~360℃, 20 MPa
ONa
Cl
PhONa, CuO
~350℃, 10 MPa
O

在卤苯的卤原子的邻、对位引入硝基后，则易发生亲核取代反应。硝基能使与它处于邻、对位的卤素致活。

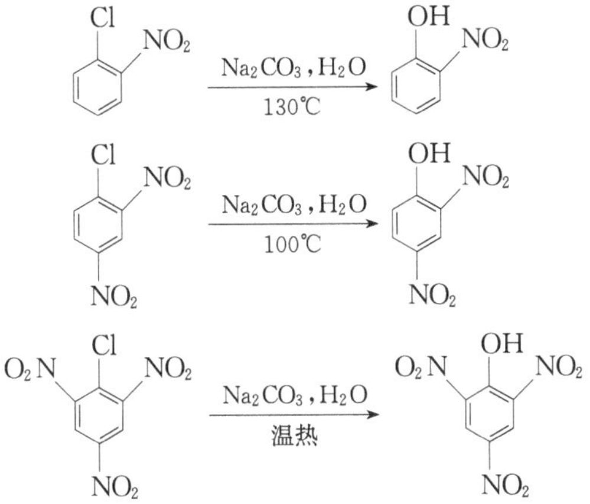
Cl
NO2
Na2CO3, H2O
130℃
OH
NO2
Cl
NO2
Na2CO3, H2O
100℃
NO2
OH
NO2
NO2
O2N
Cl
NO2
Na2CO3, H2O
温热
NO2
O2N
OH
NO2
NO2

14.2　胺

14.2.1　胺的分类、命名和结构

胺类化合物广泛存在于生物体内，具有重要的生理作用。例如，氨基酸、核糖核酸、许多生物碱、抗生素等都属于胺类化合物或胺的衍生物。

氨分子中的氢原子被烃基取代后的衍生物称为胺。烃基为脂肪族烃基称为脂肪胺，烃基为芳基称为芳香胺。简单的胺命名时以"胺"为类名，复杂的胺一般以烃基为母体作为类名，而氨基作为取代基。例如

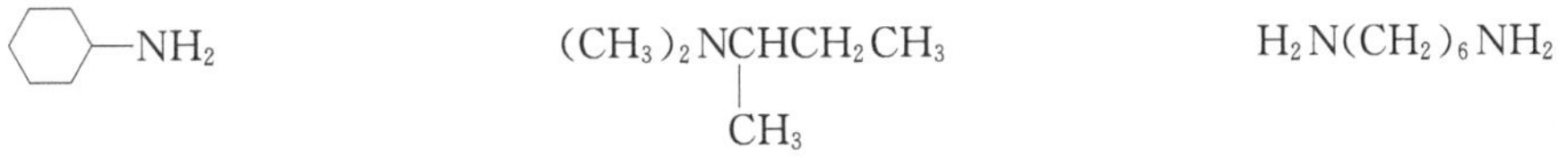
NH2
(CH3)2NCHCH2CH3
CH3
H2N(CH2)6NH2

环己胺　　二甲基仲丁基胺　　1,6-己二胺

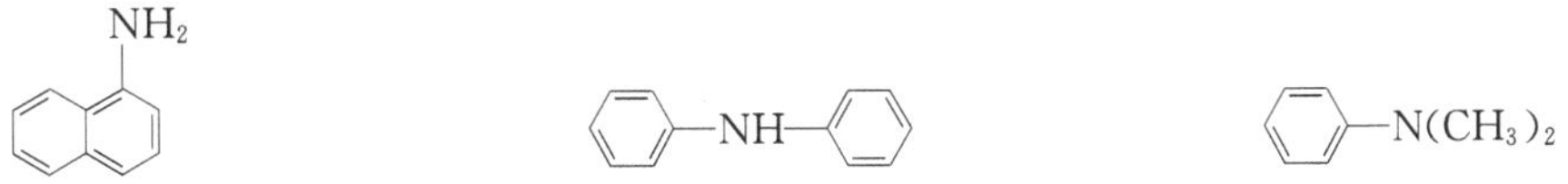
NH2
NH
N(CH3)2

α-萘胺　　二苯胺　　*N*,*N*-二甲苯胺

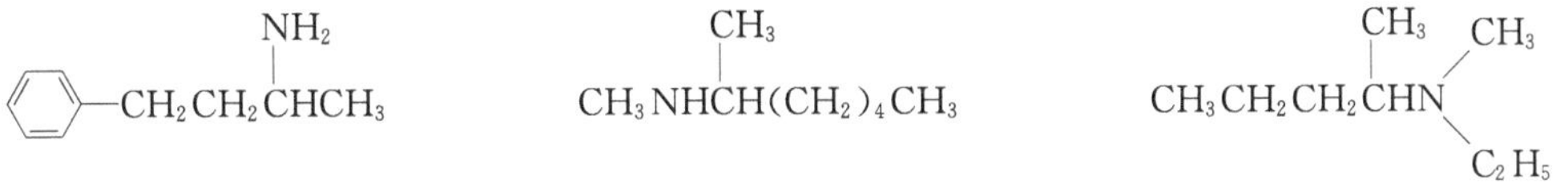
NH2
CH2CH2CHCH3
CH3
CH3NHCH(CH2)4CH3
CH3
CH3
CH3CH2CH2CHN
C2H5

1-苯基-3-氨基丁烷　　2-甲氨基庚烷　　2-甲乙氨基戊烷

氨分子中的一个、两个或三个氢原子被取代后的生成物，分别称为伯胺(1°胺)、仲胺(2°

胺)或叔胺($3°$胺)。芳香仲胺和叔胺在烃基前加上"N",以表示烃基连在氮原子上。

伯胺(RNH_2)	CH_3NH_2	⬡—NH_2
	甲胺	苯胺
伯胺(R_2NH)	$(CH_3)_2NH$	⬡—NHC_2H_5
	二甲胺	N-乙基苯胺
叔胺(R_3N)	$(CH_3)_3N$	⬡—$N(C_2H_5)_2$
	三甲胺	N,N-二乙基苯胺

最简单的甲胺与氨的结构相似,氮原子以 sp^3 不等性杂化,其中三个 sp^3 不等性杂化轨道与一个碳原子和两个氢原子分别形成三个 σ 键,还有一个 sp^3 轨道被一对未共用电子对占据,分子呈棱锥体。

苯胺的分子也是棱锥形结构,它的 H—N—H 键角为 $113.9°$,这表明苯胺的氮原子上未共用电子对所处的杂化轨道具有更多的 p 成分,该杂化轨道与苯环上的 π 轨道重叠形成共轭体系,苯环电子云密度增大,氨基使苯环活化。

14.2.2 胺的性质

1. 物理性质

低级胺为气体,如甲胺、二甲胺、三甲胺和乙胺;丙胺以上的低级胺为液体;高级胺为固体。低级胺具有鱼腥味,有些还具有腐肉的臭味。

$$NH_2(CH_2)_4NH_2 \qquad NH_2(CH_2)_5NH_2$$
1,4-丁二胺(腐胺)　　　1,5-戊二胺(尸胺)

芳胺为无色的高沸点液体或低熔点固体,具有臭味,吸入其蒸气或与皮肤接触都可能中毒。β-苯胺、联苯胺有强致癌作用。

胺是中等极性的分子,伯胺和仲胺可形成分子间氢键,其沸点比相对分子质量相近的烃和卤代烃的高,但比醇和羧酸小,因为氮的电负性小于氧,伯胺或仲胺分子间形成的 N—H···N 氢键比醇分子中的 O—H···O 弱。相对分子质量相同的胺,沸点为伯胺＞仲胺＞叔胺。胺与水可以形成氢键,六个碳以下的低级胺有较好的水溶性。胺可溶于醚、醇、苯等有机溶剂。一些胺的物理常数见表 14-1。

表 14-1　胺的物理常数

名称	熔点/℃	沸点/℃	溶解度/[g·(100 g 水)$^{-1}$]	相对密度(d_4^{20})	pK_b
甲胺	-94	-6	易溶	0.7961(-10℃)	3.36
二甲胺	-92	7	易溶	0.6604(0℃)	3.28
三甲胺	-117	2.9	易溶	0.7229(25℃)	4.30
乙胺	-81	17	易溶	0.706(0℃)	3.25

续表

名称	熔点/℃	沸点/℃	溶解度/[g·(100 g 水)$^{-1}$]	相对密度(d_4^{20})	pK_b
二乙胺	−48	56	易溶	0.705	3.02
三乙胺	−115	90	14	0.756	3.24
正丙胺	−83	49	易溶	0.719	3.33
异丙胺	−101	33	易溶	—	3.27
丁胺	−51	78	易溶	0.740	3.39
异丁胺	−86	68	易溶	—	3.51
苯胺	−6	184	3.7	1.022	9.42
N-甲基苯胺	−57	196	微溶	0.989	9.3
二苯胺	53	302	不溶	1.159	13.20

问题 1　三甲胺的相对分子质量比二甲胺的大,但三甲胺的沸点比二甲胺低。请解释之。

问题 2　乙胺的相对分子质量与乙醇的相对分子质量相近,乙胺的沸点为 17℃,比乙醇的沸点(78.4℃)低得多。为什么?

2. 化学性质

伯胺、仲胺、叔胺的氮原子上都具有未共用电子对,所以胺与氨相似,具有碱性和亲核性。在芳香胺中,氨基与苯环的 p-π 共轭效应,使芳环电子云密度增大,致活芳环。

1) 碱性

胺与氨类似,都是弱碱。其水溶液呈弱碱性,能使石蕊变蓝。

$$R—\overset{..}{N}H_2+HCl \Longleftrightarrow R—\overset{+}{N}H_3\overset{-}{Cl}$$

胺的碱性强弱可用解离常数 K_b 或 pK_b 度量。K_b 越大,则 pK_b 越小,其碱性越强。反之碱性越弱。同理,也可用胺的共轭酸的解离常数度量,K_a 越大,则 pK_a 越小,其碱性越弱。

脂肪胺的碱性比氨强,这是因为烷基的给电子诱导效应使氮原子上的电子云密度增大,更易与质子结合。在气相或某些非水溶剂中,胺的碱性强弱顺序如下:

叔胺＞仲胺＞伯胺＞氨

但在水溶液中,叔胺的碱性反而变弱,碱性强弱顺序如下:

仲胺＞伯胺＞叔胺＞氨

这是因为胺在水溶液中的碱性不仅与电子效应有关,而且与溶剂化效应、立体效应有关。

伯胺与质子结合生成的共轭酸含有三个氮氢键,可与水形成三个氢键,即与水的溶剂化作用较强而稳定性增大,所以碱性较强;而叔胺与质子结合形成的共轭酸含有一个氮氢键,只与水形成一个氢键,即与水的溶剂化作用较弱而稳定性较弱,所以碱性较弱。

伯胺的共轭酸与水形成的氢键　　　　　叔胺的共轭酸与水形成的氢键

另外,立体效应也会影响溶剂化效应。叔胺的三个烃基会阻碍其共轭酸的溶剂化作用。胺在水溶液中的碱性强弱要受到电子效应、空间效应和溶剂化效应等综合因素的影响。例如

$$(CH_3)_2NH > CH_3NH_2 > (CH_3)_3N > NH_3$$

$$pK_b \qquad 3.27 \qquad 3.38 \qquad 4.21 \qquad 4.76$$

芳胺的碱性比脂肪胺弱得多,以致不能使石蕊变蓝。这是由于芳胺氮原子上的未共用电子对与芳环形成 p-π 共轭,从而使氮原子上的电子云密度降低,碱性减弱。芳环上连接的取代基会影响芳胺的碱性强弱,给电子基将使氮原子的电子云密度增大,碱性增强;而吸电子基将使氮原子的电子云密度减小,碱性减弱。取代基在氨基的邻、对位比间位影响大,因为邻、对位可能同时存在共轭效应和诱导效应,而间位只有诱导效应。下面列出了几个化合物的碱性强弱顺序。

另外,下列三种苯胺的衍生物,硝基在间位与氨基间只有吸电子诱导效应,而硝基在氨基对位时,除了吸电子诱导效应,还有吸电子共轭效应,两种效应的加合,使氨基的氮原子电子云密度降低较多,所以间硝基苯胺的碱性比对硝基苯胺强。

氮原子上连接的芳环增加将使其碱性降低,这是由于 p-π 共轭效应和空间效应的共同作用。

$$pK_a \qquad 9.42 \qquad\qquad 13.20 \qquad\qquad 中性$$

胺是弱碱,可与强酸反应生成铵盐。铵盐溶于水,遇强碱时分解。

$$R{-}\ddot{N}H_2 \underset{}{\overset{HCl}{\rightleftharpoons}} R{-}\overset{+}{N}H_3\overset{-}{Cl} \xrightarrow{NaOH} R{-}NH_2 + NaCl + H_2O$$

利用此性质可鉴别、提纯胺类化合物;也可把胺从非碱性有机物中分离出来;还可在有机合成中用于保护和钝化氨基。

2) 烃基化反应

伯胺或仲胺与烃基化剂发生亲核取代反应,在胺的氮原子上引入烃基,称为胺的烃基化反应。

烃基的给电子效应使脂肪胺的亲核性比氨强,因此烃基化反应很难停留在单烃基化阶段,通常得到的是伯、仲、叔胺和季铵盐的混合物。

$$R\ddot{N}H_2 \xrightarrow{R'X} RR'\overset{+}{N}H_2X^- \xrightarrow{OH^-} RR'\ddot{N}H \xrightarrow{R'X} RR'_2\overset{+}{N}HX^- \xrightarrow{OH^-} RR'_2\ddot{N} \xrightarrow{R'X} RR'_3\overset{+}{N}X^-$$

工业上常用甲醇与氨在三氧化二铝催化下生产甲胺、二甲胺和三甲胺。醇作烷基化试剂时,反应条件较苛刻,一般需加热至 250℃ 以上。

由于产物是混合物,在合成上的应用受到限制,但一些特殊试剂的合成仍用此法。例如,

乙二胺四乙酸(EDTA)的合成。

$$ClCH_2CH_2Cl + 4NH_3 \longrightarrow NH_2CH_2CH_2NH_2 + 2\overset{+}{N}H_4\overset{-}{Cl}$$

$$NH_2CH_2CH_2NH_2 + 4ClCH_2COOH \longrightarrow \begin{array}{c} HOOCCH_2 \\ \diagdown \\ HOOCCH_2 \end{array} NCH_2CH_2N \begin{array}{c} CH_2COOH \\ \diagup \\ CH_2COOH \end{array}$$

EDTA 是重要的金属络合剂。在分析化学中用于络合滴定。在医疗上可作解毒剂,它能与铅、镭等元素络合生成无毒化合物。

问题 3　解释下列实验事实:苯胺的 $pK_a = 4.60$,苯胺 N,N-二甲基化后,其碱性增至 $pK_a = 5.15$;邻甲苯胺($pK_a = 4.44$)的碱性稍弱于苯胺,而 N,N-二甲基邻甲苯胺($pK_a = 6.11$)碱性远强于 N,N-二甲基苯胺。

---

3) 酰基化反应

伯胺或仲胺可与酰卤或酸酐等酰基化剂反应,生成 N-取代或 N,N-二取代酰胺。

$$C_2H_5NH_2 \xrightarrow{CH_3COCl} CH_3\overset{\displaystyle O}{\overset{\|}{C}}NHC_2H_5$$

工业上有时用酯作酰化剂。

$$(CH_3)_2NH \xrightarrow{HC-OCH_3} HC-N(CH_3)_2$$
$$N,N\text{-二甲基甲酰胺(DNF)}$$

DMF 是一种具有氨味的无色液体,沸点为 153℃,也是一种重要的极性非质子有机溶剂。

羧酸的酰化能力较弱,在反应过程中需加热并不断除去反应中生成的水。例如,工业上采用下面反应制备乙酰苯胺。

$$\text{〈苯基〉}-NH_2 \xrightarrow[160℃]{CH_3COOH} \text{〈苯基〉}-NH-\overset{\displaystyle O}{\overset{\|}{C}}CH_3$$

有机合成中常将芳胺的氨基酰化后再进行其他反应,然后水解使酰基还原回氨基,以此来保护或钝化氨基,避免发生一些副反应。酰胺是结晶固体,具有固定熔点,可通过其熔点测定来确定胺的结构,鉴别不同的胺。

苯胺的乙酰化反应是合成许多药物时常用的反应。例如,对羟基乙酰苯胺,又称为扑热息痛,是一种解热镇痛药物。

$$Cl-\text{〈苯环〉}-NO_2 \xrightarrow[\text{2. }H_2O,H^+]{\text{1. }NaOH,H_2O} HO-\text{〈苯环〉}-NO_2 \xrightarrow{H_2,Ni}$$

$$HO-\text{〈苯环〉}-NH_2 \xrightarrow{(CH_3CO)_2O} HO-\text{〈苯环〉}-NHCOCH_3$$

4) 磺酰化反应

伯胺或仲胺可与磺酰卤反应,生成磺酰胺。叔胺氮上无氢原子,因此不与磺酰氯反应。常用的磺酰化剂是苯磺酰氯或对甲苯磺酰氯。

$$CH_3-\!\!\!\langle\;\rangle\!\!\!-\overset{\overset{\displaystyle O}{\|}}{\underset{\underset{\displaystyle O}{\|}}{S}}-NHR \downarrow \xrightarrow{\ NaOH\ } CH_3-\!\!\!\langle\;\rangle\!\!\!-\overset{\overset{\displaystyle O}{\|}}{\underset{\underset{\displaystyle O}{\|}}{S}}-\overset{-\;+}{N}Na$$

（结晶溶于NaOH）

$$\begin{array}{c}RNH_2\\R_2NH\\R_3N\end{array}\Big\}+CH_3-\!\!\!\langle\;\rangle\!\!\!-\overset{\overset{\displaystyle O}{\|}}{\underset{\underset{\displaystyle O}{\|}}{S}}-Cl$$

$\xrightarrow{\ NaOH\ } CH_3-\!\!\!\langle\;\rangle\!\!\!-\overset{\overset{\displaystyle O}{\|}}{\underset{\underset{\displaystyle O}{\|}}{S}}-NR_2 \downarrow$

结晶（不溶于NaOH）

$\xrightarrow{\ NaOH\ }$ 不反应（溶于酸）

可利用磺酰化反应来鉴别、分离和提纯伯、仲、叔胺。由伯胺生成的苯磺酰胺氮上的氢原子受苯磺酰基（较强的吸电子基）的影响具有一定的酸性，能与氢氧化钠溶液反应生成溶于水的盐；而仲胺生成的苯磺酰胺氮上没有氢原子，不能与氢氧化钠溶液反应生成溶于水的盐。叔胺氮上无氢原子，因此不与磺酰氯反应。该反应又称兴斯堡（Hinsberg）实验。

5）与亚硝酸的反应

不同结构的胺与亚硝酸反应的产物不同。

（1）脂肪胺与亚硝酸的反应。

脂肪族伯胺与亚硝酸反应，生成的重氮盐极不稳定，即使在低温下也会自动分解放出氮气生成碳正离子。最后可得到醇、烯、卤代烃等。例如

$$CH_3CH_2CH_2NH_2+NaNO_2\xrightarrow{\ HCl\ }[CH_3CH_2CH_2\overset{+}{N}\!\!=\!\!NCl]\longrightarrow CH_3CH_2\overset{+}{C}H_2+Cl^-+N_2\uparrow$$

$$CH_3CH_2CH_2\!\!-\!\!\overset{+}{}\begin{cases}\xrightarrow{H_2O}CH_3CH_2CH_2OH\\\xrightarrow{Cl^-}CH_3CH_2CH_2Cl\\\xrightarrow{-H^+}CH_3CH=\!\!CH_2\\\xrightarrow{重排}CH_3\overset{+}{C}HCH_3\end{cases}$$

$CH_3\overset{+}{C}HCH_3\begin{cases}\xrightarrow{H_2O}CH_3\overset{\overset{\displaystyle OH}{|}}{C}HCH_3\\\xrightarrow{Cl^-}CH_3\overset{\overset{\displaystyle Cl}{|}}{C}HCH_3\end{cases}$

该反应产物是混合物，对合成意义不大。但因放出的氮气可以定量，可用于伯胺的定量检测。

脂肪族仲胺与亚硝酸反应，生成难溶于水的黄色油状或固体 N-亚硝基胺。

$$R_2NH\xrightarrow{\ HNO_2\ }R_2N\!\!-\!\!NO$$

脂肪族叔胺的氮原子上无氢原子，不与亚硝酸反应。

（2）芳香胺与亚硝酸的反应。

芳香族伯胺在低温和过量的强酸中与亚硝酸反应，生成的芳香重氮盐在低温下可稳定溶解于强酸中，此反应称为重氮化反应。

$$\langle\;\rangle\!\!\!-NH_2+NaNO_2+HCl\xrightarrow{0\sim5℃}\langle\;\rangle\!\!\!-\overset{+}{N_2}\overset{-}{Cl}$$

芳香族仲胺与亚硝酸反应，生成黄色油状或固体 N-亚硝基胺。

$$\langle\;\rangle\!\!\!-NHCH_3+NaNO_2+HCl\longrightarrow\langle\;\rangle\!\!\!-\overset{\overset{\displaystyle CH_3}{|}}{N}\!\!-\!\!NO$$

N-甲基-N-亚硝基苯胺（黄色油状）

芳香叔胺中基团 R_2N— 是强致活基,使弱亲电试剂亚硝基可在其对位发生亲电取代反应——亚硝化反应,生成对硝基取代苯。

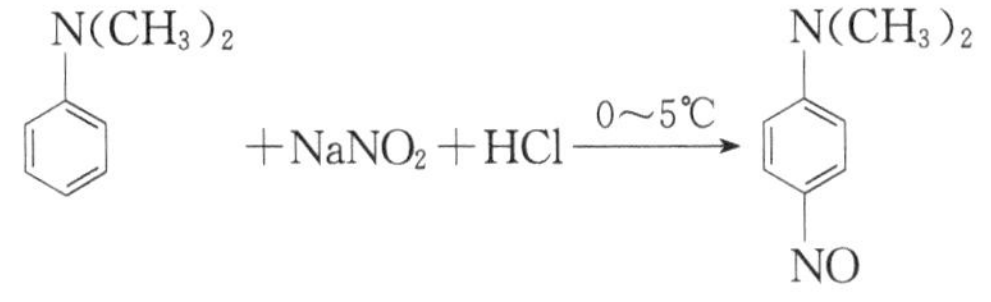

对亚甲基-N,N-二甲基苯胺(绿色晶体)

问题 4　写出下列反应的机理。

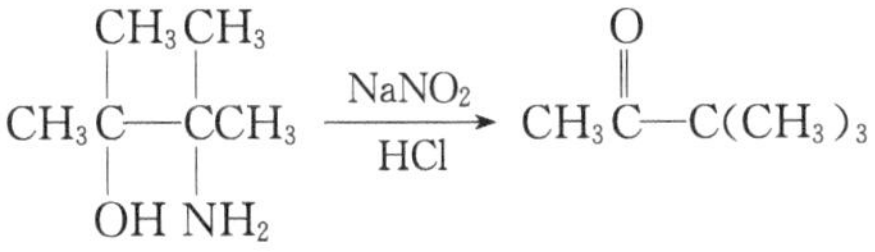

---

6) 氧化反应

脂肪胺及芳香胺均易被氧化,脂肪族伯胺的氧化产物很复杂,无合成意义。仲胺的氧化产物为羟胺;叔胺氧化则生成 N-氧化叔胺。

$$RNH_2 + H_2O_2 \longrightarrow RNH—OH \xrightarrow{[O]} R—NO \xrightarrow{[O]} R—NO_2$$
伯胺　　　　　　　　　羟胺　　　　亚硝基化合物　　硝基化合物

$$R_2NH + H_2O_2 \longrightarrow R_2N—OH$$
仲胺　　　　　　　　羟胺

$$R_3N + H_2O_2 \longrightarrow R_3N—O$$
叔胺　　　　　　　N-氧化叔胺

芳香胺比脂肪胺更易被氧化,苯胺在空气中就可发生自动氧化反应。

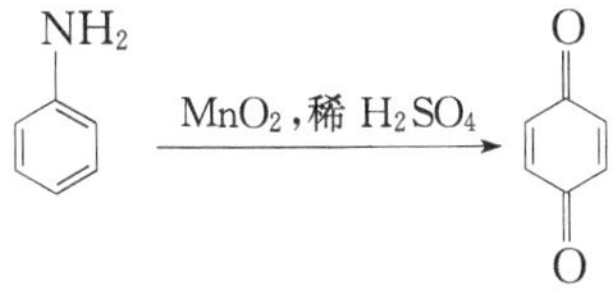

芳香胺的氧化反应比较复杂,产物随反应条件而不同。

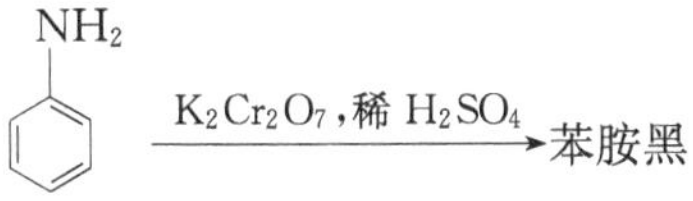

苯胺黑的结构复杂,是一种黑色染料。

7) 芳胺环上的亲电取代反应

氨基使芳环强烈致活,亲电取代反应比苯容易。

(1) 卤化。

芳胺很容易发生卤代反应,并生成多卤代苯。例如

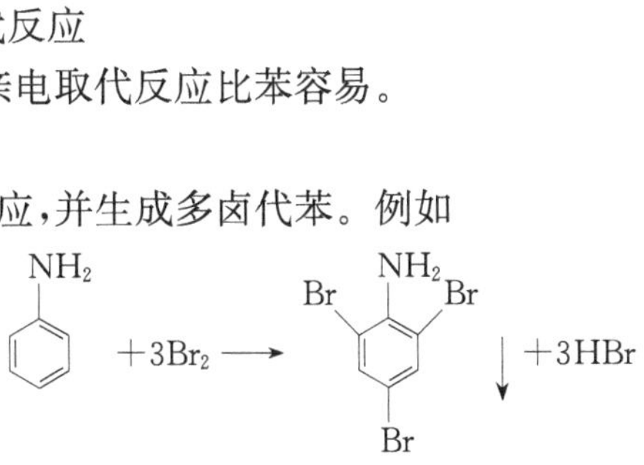

白色

该反应非常灵敏,且定量完成,可用于苯胺的定性和定量分析。若要得到一卤代芳胺,则需将氨基先钝化后再卤代,钝化氨基通常采用酰化氨基或成盐的方法。

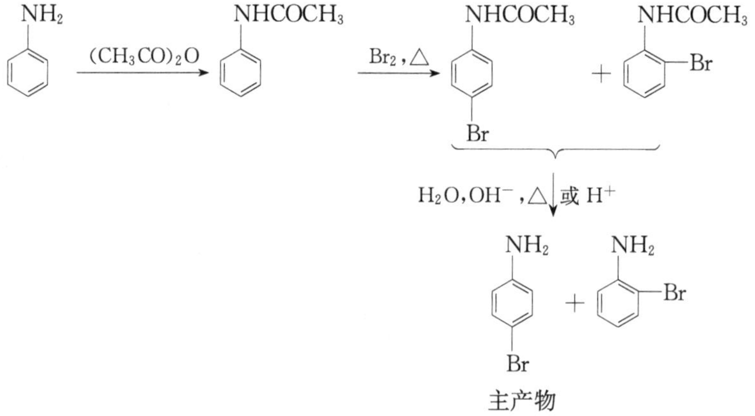

酰胺基对苯环的致活作用小于氨基,且体积较大,所以主产物为对位产物。如果成盐,主产物为间位产物。

（2）硝化。

如果采用混酸硝化,常有氧化产物生成。因为硝酸是氧化剂,且芳胺易被氧化。通常将芳胺溶于浓硫酸,生成盐钝化苯环,得到的主产物是间硝基苯胺。

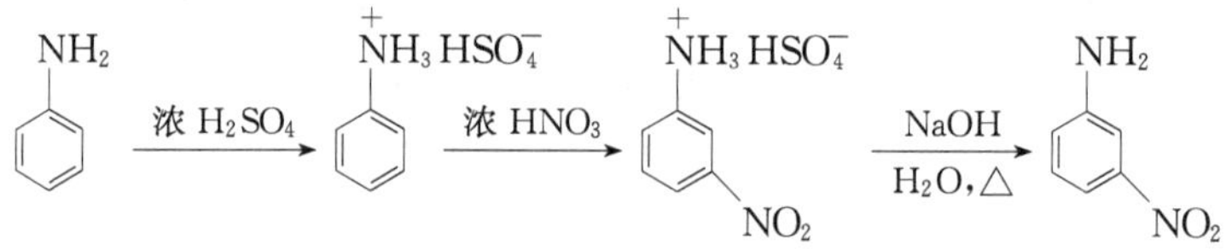

用乙酰化保护氨基后,再硝化,主要得到对硝基苯胺;若乙酰化后的苯胺经磺化后,再硝化,可得到邻位硝基苯胺。

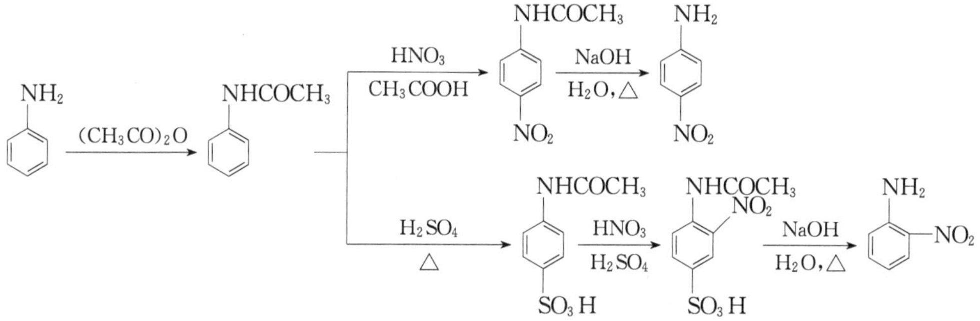

（3）磺化。

苯胺与浓硫酸反应,先生成苯胺硫酸氢盐,然后高温烘焙苯胺硫酸氢盐,得到对氨基芳磺酸。

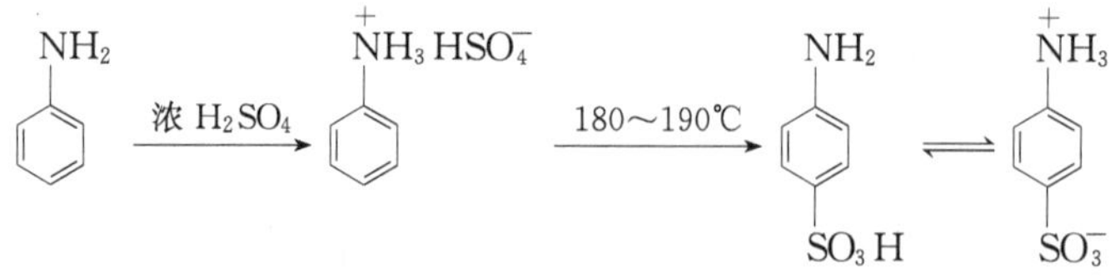

对氨基芳磺酸分子中同时具有碱性的氨基和酸性的磺酸基,分子内可生成盐,这种盐称为内盐,它是一种白色晶体,是合成染料和磺胺类药物的重要中间体。

14.2.3　胺的制法

1. 氨的烃基化反应

胺可通过卤代烃或醇氨解反应制备,得到的最终产物是伯、仲、叔胺和季铵盐的混合物。当氨过量时,可得到伯胺为主的产物。

2. 含氮化合物的还原

常通过芳香族硝基化合物的还原反应制备芳胺。工业上用腈和酰胺的还原反应制备胺。

$$NC(CH_2)_4CN + H_2 \xrightarrow{Ni} H_2N(CH_2)_6NH_2$$

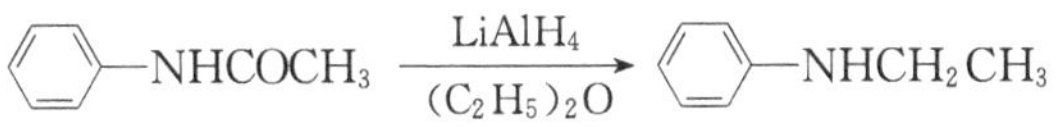

$$\text{\Large\bigcirc}-NHCOCH_3 \xrightarrow[(C_2H_5)_2O]{LiAlH_4} \text{\Large\bigcirc}-NHCH_2CH_3$$

3. 醛、酮的还原氨化

醛、酮与氨(或伯胺)缩合生成不稳定的亚胺,亚胺在还原剂作用下,可被还原为胺。

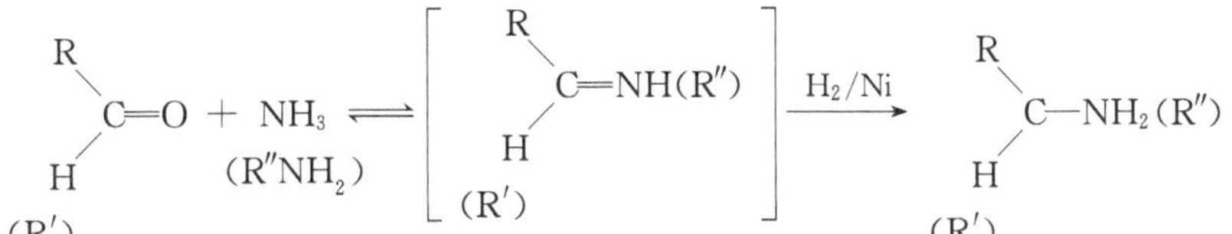

还原氨化法已经用于工业上或实验室制备胺。

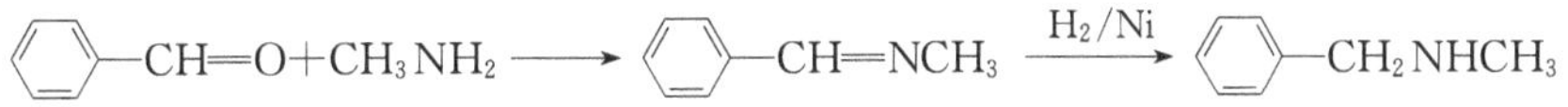

$$\text{\Large\bigcirc}-CH{=}O + CH_3NH_2 \longrightarrow \text{\Large\bigcirc}-CH{=}NCH_3 \xrightarrow{H_2/Ni} \text{\Large\bigcirc}-CH_2NHCH_3$$

由仲卤代烷氨(胺)解反应因易发生消去反应,所以很难得到仲烷基胺,而还原氨化法可实现。

4. 伯胺的制法

1) 霍夫曼酰胺降级反应

酰胺在碱性条件下与卤素(氯或溴)反应,生成少一个碳原子的伯胺。

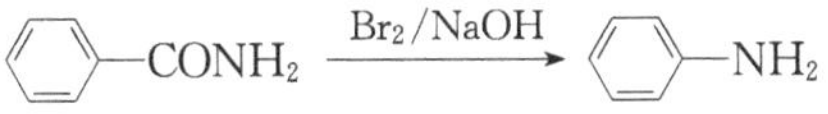

$$\text{\Large\bigcirc}-CONH_2 \xrightarrow{Br_2/NaOH} \text{\Large\bigcirc}-NH_2$$

2) 盖布瑞尔合成法

邻苯二甲酸酐与氨反应生成邻苯二甲酰亚胺,酰亚胺氮原子上的氢原子受两个羰基的吸电子效应影响而酸性较强($pK_a = 8.3$),可与碱生成盐。盐的负离子是亲核试剂可与卤代烃反应,如与伯卤代烃反应,生成 N-烷基邻苯二甲酰亚胺,再碱性水解可得伯胺。

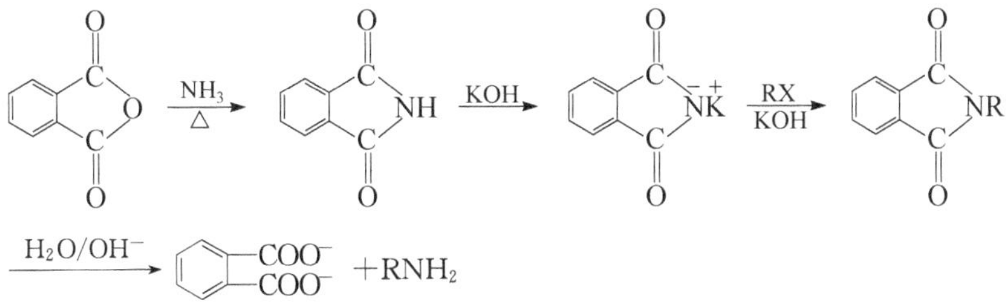

该反应产率较高,产物纯度较高。但因叔卤代烷在此条件下易发生分解反应而不用。

14.2.4　季铵盐和季铵碱

叔胺与卤代烃作用生成铵盐,称为季铵盐,季铵盐是氨彻底烃基化的产物。

$$R_3N+RX \longrightarrow R_4\overset{+}{N}X^-$$

季铵盐的结构和性质与胺有很大差别,它是一种白色的结晶固体,具有盐的性质,易溶于水,不溶于非极性的有机溶剂;有较高的熔点,加热到熔点时易分解成叔胺和卤代烃。

$$R_4\overset{+}{N}X^- \overset{\triangle}{\longrightarrow} R_3N+RX$$

季铵盐因结构中有亲水的铵正离子($-N^+$),又有亲油的长链(R—基),可作为相转移催化剂(PTC)。在非均相反应中,它可起一个"中转"的作用,把溶在水相里的反应物带入有机相,从而加快反应速率,提高反应产率。例如,卤代烷与氰化钠反应制备腈,由于卤代烷不溶于水,而氰化钠不溶于有机溶剂,当两种反应物在有机溶剂中混合时会产生不溶的两相,不能很好地接触而反应,如果加入很少的季铵盐作相转移催化剂,反应可有效地进行。

$$\begin{matrix} 有机相 & RCl+R_4\overset{+}{N}CN^- \longrightarrow RCN+R_4\overset{+}{N}Cl^- & 有机相 \\ & -\,-\,-\,-\,-\,-\,-\,-\,-\,-\,-\,-\,-\,- & \\ 水相 & NaCl+R_4\overset{+}{N}CN^- \Longleftarrow NaCN+R_4\overset{+}{N}Cl^- & 水相 \end{matrix}$$

季铵盐把水相中的氰基(—CN)以离子对($R_4N^+CN^-$)的形式不断带入有机相中与卤代烃反应,而反应后生成的氯化四烷基铵又进入水相,再转变成 $R_4N^+CN^-$,如此反复,使反应速率大大提高。

具有长链烷基的季铵盐还可作为阳离子表面活性剂,用于选矿和医药上,如溴化二甲基苄基十二烷基铵就是"新洁尔灭"的主要成分。

用碱处理季铵盐生成季铵碱和季铵盐的平衡混合物。

$$R_4\overset{+}{N}X^-+KOH \Longleftrightarrow R_4\overset{+}{N}OH^-+KX$$

若用湿的氢氧化银(AgOH),则由于生成的卤化银难溶于水,反应能顺利进行:

$$R_4\overset{+}{N}X^-+AgOH \longrightarrow R_4\overset{+}{N}OH^-+AgX\downarrow$$

季铵碱是强碱,其碱性强度与氢氧化钠、氢氧化钾相当,易溶于水,易吸收空气中的二氧化碳。

季铵碱受热发生分解反应。不含有 β-氢的季铵碱分解时,发生 S_N2 反应,生成叔胺和甲醇。

$$(CH_3)_3\overset{+}{N} - CH_3+OH^- \longrightarrow (CH_3)_3N+CH_3OH$$

含有 β-氢的季铵碱受热分解时,主要发生 E2 反应,生成叔胺和烯烃。

$$(CH_3)_3\overset{+}{N}-CH_2CH_3\ \overset{-}{O}H \overset{\triangle}{\longrightarrow} (CH_3)_3N+CH_2=CH_2+H_2O$$

在上述消去反应中,OH^- 是进攻 β-氢的碱,而 $(CH_3)_3N$ 作为离去基团离去。

$$\overset{OH^-\curvearrowright H}{\underset{\overset{|}{\underset{N(CH_3)_3}{\downarrow}}}{-\overset{\beta}{C}-\overset{\alpha}{C}-}} \longrightarrow >C=C< \ + \ (CH_3)_3N \ + H_2O$$

当季铵碱分子中有两种或两种以上不同的 β-氢可被消除时,与卤代烷消去反应的查依采夫规律相反,该反应主要从含氢较多的 β-碳上消去氢原子,生成双键碳上所连烷基较少的烯烃,这称为霍夫曼规律。

$$CH_3\overset{\beta'}{C}H_2-\underset{\underset{N(CH_3)_3}{|}}{\overset{\alpha}{C}H}-\overset{\beta}{C}H_3OH \overset{\triangle}{\longrightarrow} \underset{5\%}{CH_3CH=CHCH_3} + \underset{95\%}{CH_3CH_2CH=CH_2} + (CH_3)_3N$$

β-碳上连有三个氢原子,而 β'-碳上连有两个氢原子,消去 β-碳上的氢是主产物。

通过测定烯烃的结构,可利用季铵碱的热消去反应来推测胺的结构。例如,测定一个未知的胺,可用过量的碘甲烷与之作用生成季铵盐(彻底甲基化反应),然后与湿的氧化银反应转化为季铵碱,再进行热分解。

$$\underset{\underset{NH_2}{|}}{CH_3CHCH(CH_3)_2} \xrightarrow{足量\ CH_3I} \underset{\underset{N(CH_3)_3I^-}{|}}{CH_3CHCH(CH_3)_2} \xrightarrow{Ag_2O/H_2O} \underset{\underset{N(CH_3)_3OH^-}{|}}{CH_3CHCH(CH_3)_2}$$

$$\overset{\triangle}{\longrightarrow} \underset{主产物}{(CH_3)_2CHCH=CH_2} + (CH_3)_2C=CHCH_3 + (CH_3)_3N + H_2O$$

14.3　重氮化合物和偶氮化合物

14.3.1　重氮化反应和芳香重氮化合物的结构

芳香族伯胺在低温(0~5℃)和过量强酸溶液(通常为盐酸和硫酸)中与亚硝酸钠作用,生成芳香重氮盐,称为重氮化反应。

$$\underset{氯化重氮苯}{\text{〈〉}-NH_2 + NaNO_2 + HCl \xrightarrow{0\sim5℃} \text{〈〉}-\overset{+}{N_2}\overset{-}{Cl} + NaCl + H_2O}$$

重氮盐具有盐的性质,绝大多数重氮盐溶于水,生成 ArN_2^+ 及 X^-。干燥的重氮盐极不稳定,受热或撞击易发生爆炸。在低温和水溶液中较稳定,所以重氮化反应得到的重氮盐不需分离,在酸性水溶液中即可用于有机合成反应。

前面介绍过脂肪族重氮盐,一旦生成后便立即分解,而芳香族重氮盐之所以在低温下可稳定存在,这是因为芳香重氮盐正离子中苯环的 π 轨道与重氮基的 π 轨道形成共轭体系。结构如下所示。

14.3.2　重氮盐的性质及其在合成上的应用

芳香重氮盐在一定条件下可发生一系列反应,一般可归纳为两大类:失去氮的反应(重氮基被取代)和保留氮的反应(还原和偶联)。

1. 失去氮的反应

重氮盐在一定条件下分解,重氮基可被取代放出氮气。该反应可间接将芳伯胺的氨基转变为其他基团,且取代位置专一。避免苯环上的亲电取代反应生成异构产物,还可以用于合成通过亲电取代反应不能直接合成的某些芳香化合物,如氟苯。

1) 被羟基取代

重氮盐在硫酸溶液中受热分解,放出氮气生成酚,该反应又称为重氮盐的水解反应。

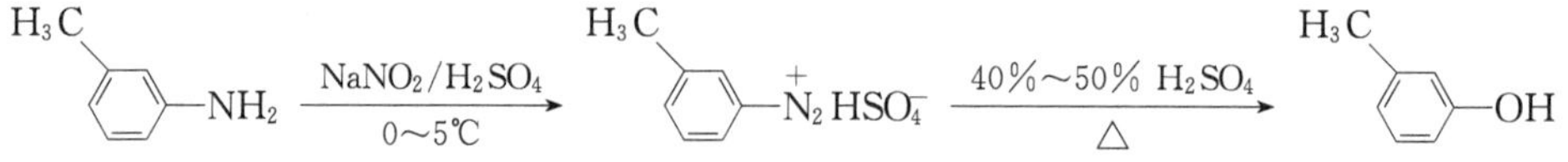

上述反应不用重氮盐在盐酸中水解,因为重氮盐与盐酸溶液共热时,有氯代芳烃副产物生成。

2) 被氰基取代

重氮盐与氰化亚铜和氰化钾水溶液共热即放出氮气,生成重氮基被氰基取代的产物。

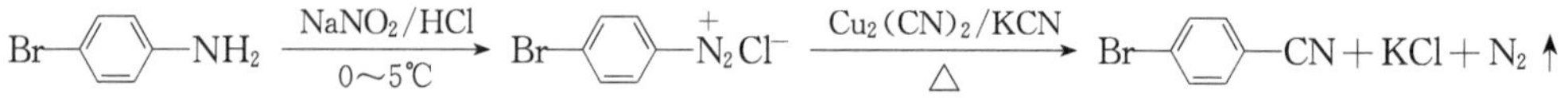

产物中的氰基经水解可转变为羧基,这也是在苯环上间接引入羧基的方法。

为避免逸出剧毒的氢氰酸,在氰化钾与重氮盐反应之前,需先将重氮盐中和至中性。

3) 被卤素取代

重氮盐在氯化亚铜或溴化亚铜的催化作用下与相应的氢卤酸共热,放出氮气,重氮基被氯原子或溴原子取代生成相应的芳卤化合物,称为桑德迈尔(Sandmeyer)反应。

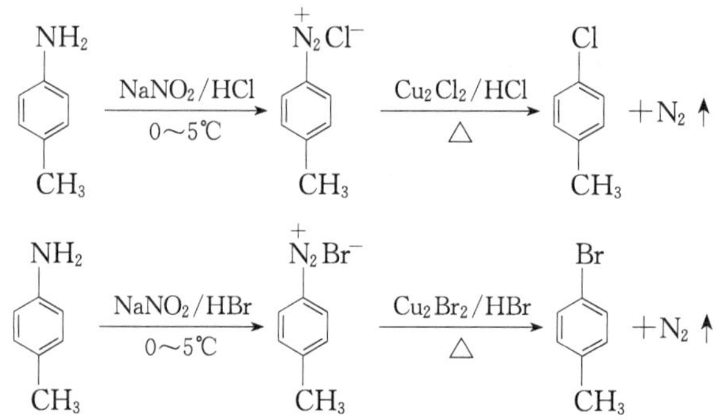

用铜粉代替氯化亚铜或溴化亚铜,加热重氮盐,也会发生上述反应,称为伽特曼(Gattermann)反应。

芳环上的直接碘化反应较困难。由于碘负离子(I⁻)是强亲核试剂,重氮基比较容易被 I⁻ 取代,不需催化剂,即可生成相应的碘化物,产率较高。

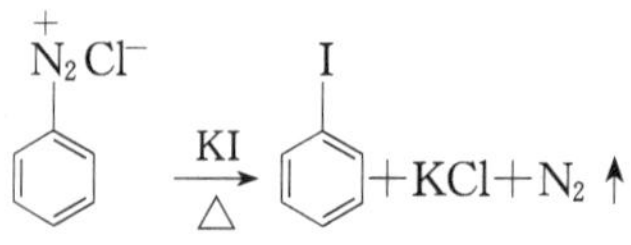

用氟直接与芳烃进行亲电取代反应制备氟代芳烃,极难控制,一般不采用。由重氮盐可制备氟代芳烃。通常是把重氮盐转变成氟硼酸重氮盐,再过滤、干燥,将氟硼酸重氮盐固体加热分解生成氟代芳烃,该反应称为席曼(Schiemann)反应。

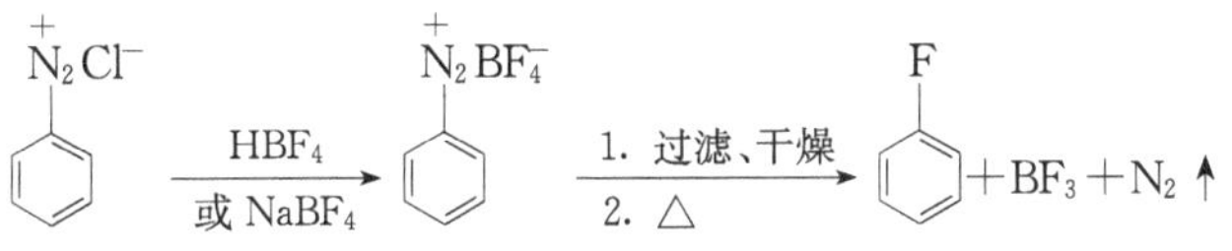

4）被氢原子取代

当重氮盐用次磷酸或乙醇处理时，重氮基可被氢原子取代，称为去氨基反应。

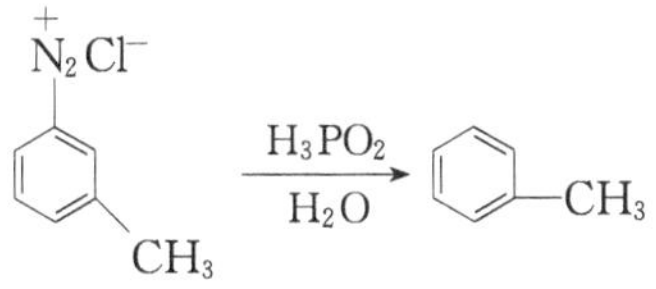

该反应常用于有机合成中，即首先在苯环上引入氨基占位，借助氨基的定位效应引导其他基团进入苯环的某个目标位置，然后再用此法去除氨基。

2. 保留氮的反应

1）还原反应

在重氮盐的盐酸溶液中加入二氯化锡，得到苯肼的盐酸盐，再用碱处理，可游离出苯肼。亚硫酸氢钠、亚硫酸钠、二氧化硫也可使重氮盐还原为苯肼。

苯肼

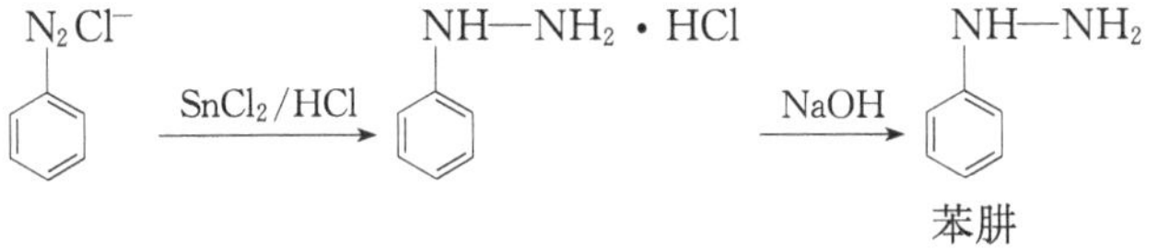

苯肼是重要的羰基试剂，也是合成药物和染料的原料。苯肼是无色油状液体，沸点242℃，不溶于水，有毒，易被空气氧化变为黄色、最后变为黑色。

如果用较强的还原剂，重氮基可被还原为氨基。

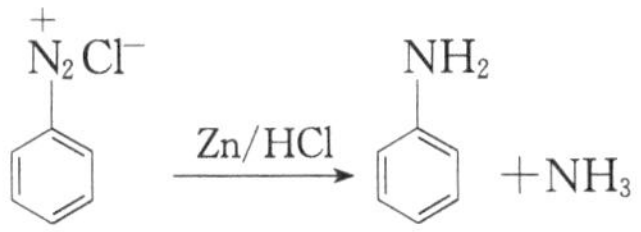

2）偶联反应

在适当的酸或碱性条件下，重氮盐能与芳环上连有强给电子基的芳香族化合物如酚或芳胺等发生亲电取代反应，生成分子中含有偶氮基的偶氮化合物，称为偶联反应或偶合反应，参加偶合反应的重氮盐称为重氮组分，酚或苯胺称为偶合组分。偶氮化合物一般都带有颜色。

对羟基偶氮苯（橘红色）

对二甲氨基偶氮苯（黄色）

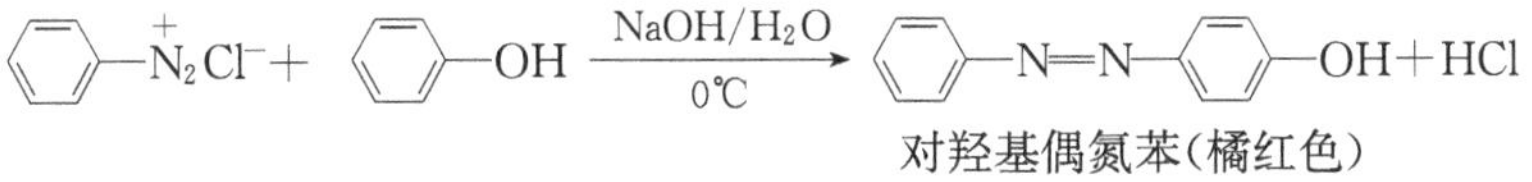

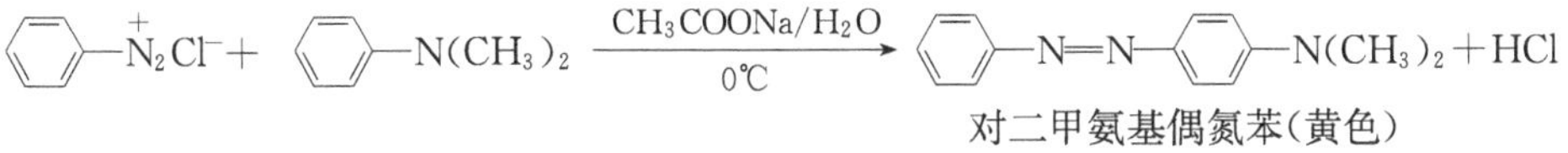

偶联反应是苯环上的亲电取代反应，重氮正离子作为亲电试剂。可以写出重氮正离子的共振式。

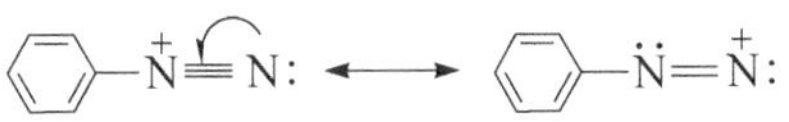

重氮正离子中氮原子上的正电荷可以离域到苯环上，它是一个很弱的亲电试剂，所以只有高度活化的苯环（如苯胺、苯酚等）才能发生偶合反应。当重氮组分的苯环上连有吸电子基时，有利于反应的进行；由于电子效应和空间效应的影响，反应主要发生在强给电子基（如羟基、氨

基)的对位。当其对位已被其他基团占据时,则主要发生在邻位。

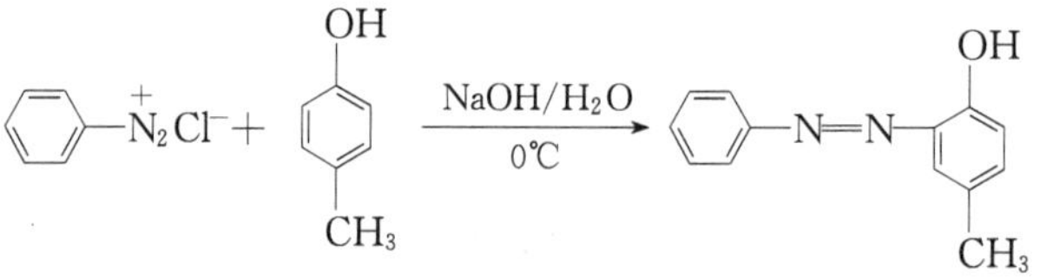

重氮盐和酚的偶联反应一般在弱碱溶液(pH 为 8~9)中进行有利,因为在碱性溶液中酚成为酚氧负离子(ArO^-),氧负离子比羟基活化苯环的强度更大。重氮盐与芳胺的偶联反应在弱酸(pH 为 5~7)或中性溶液中有利,因为强酸会将氨基转化成钝化苯环的氨基正离子($—^+NH_3$)。

重氮盐与萘酚或萘胺反应时,偶联反应发生在羟基或氨基的同环上,偶联反应的位置用箭头标示如下:

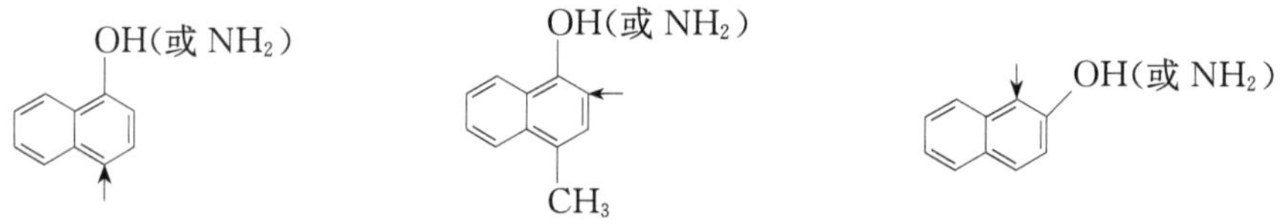

如果是 2-萘酚或 2-萘胺的 1-位已被其他基团占据,则不发生偶联反应。

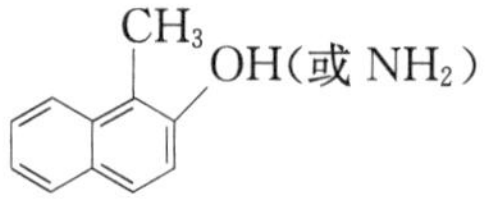

14.3.3 偶氮化合物和偶氮染料

偶氮化合物的通式为 Ar—N＝N—Ar,它们都含有偶氮基(—N＝N—),一般都有颜色,偶氮基称为发色团。发色团除偶氮基外,还有硝基、亚硝基、对苯醌基等,它们一般是不饱和基团,与苯环或其他共轭体系相连。

很多偶氮化合物是很好的染料,偶氮染料约占染料的一半以上,可用于棉、麻、丝和化学纤维等纺织物的染色,还可用于皮革、塑料和橡胶等的着色。

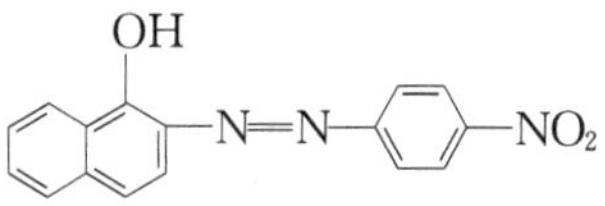

对位红(红色染料) 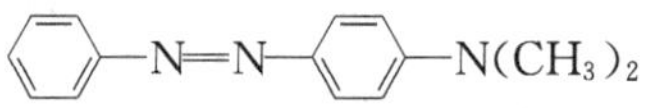　　　　甲基黄

有些偶氮化合物的颜色可随 pH 不同而变化,而且很灵敏,如甲基橙可作为酸碱指示剂。

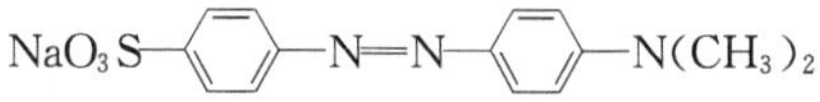

甲基橙

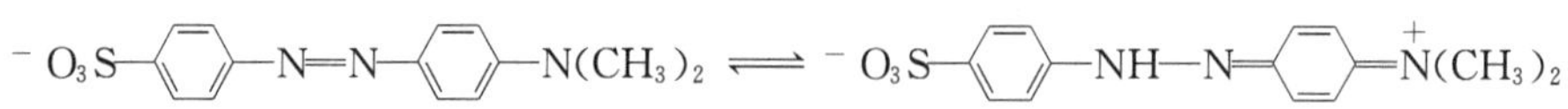

pH＞4.4 黄色　　　　　　　　pH＜3.1 红色

问题 7 排列下列重氮盐与苯酚发生偶联反应的活性顺序:

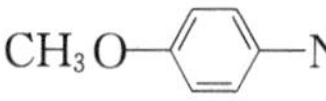

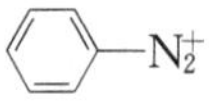

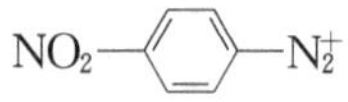

习　题

1. 命名下列化合物。

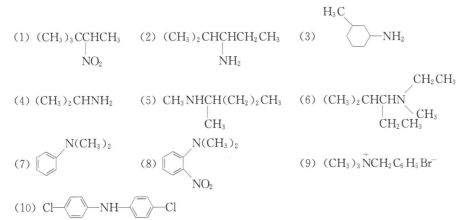

(1) $(CH_3)_3CCHCH_3$
　　　　　NO_2

(2) $(CH_3)_2CHCHCH_2CH_3$
　　　　　NH_2

(3) （含 H_3C 取代的环己胺 $-NH_2$ 结构）

(4) $(CH_3)_2CHNH_2$

(5) $CH_3NHCH(CH_2)_2CH_3$
　　　　　CH_3

(6) $(CH_3)_2CHCH N$ （连 CH_2CH_3、CH_3、CH_2CH_3）

(7) （苯环连 $N(CH_3)_2$）

(8) （苯环连 $N(CH_3)_2$ 与 NO_2）

(9) $(CH_3)_3 \overset{+}{N}CH_2C_6H_5Br^-$

(10) $Cl-$（苯环）$-NH-$（苯环）$-Cl$

2. 写出下列化合物的构造式。

(1) 间硝基苄胺　　　(2) 氯化三甲基丙基铵　　　(3) (R)-溴化甲基乙基烯丙基苄基铵

(4) 对甲氨基偶氮苯　(5) 偶氮二异丁腈　　　　(6) 三甲基-β-羟乙基氢氧化铵（胆碱）

3. 用化学方法区别下列化合物。

(1) A. $(CH_3)_2CH_2CH_2NO_2$　　B. $(CH_3)_3CNO_2$　　C. $HO-$（苯环）$-CH_2NO_2$

(2) A. 对甲基苯胺　　　　　　B. N-甲基苯胺　　　　C. N,N-二甲基苯胺

(3) A. 苯胺　　　　　　　　　B. 苯酚　　　　　　　　C. 苯甲酸

4. 按碱性强弱次序排列下列各组化合物。

(1) A. $CH_3CONHC_6H_5$　B. $CH_3(CH_2)_5NH_2$　C. NH_3　　D. $(CH_3CH_2)_2NH$

(2) A. （苯环连 NH_2、NO_2）　B. （苯环连 NH_2，间位 NO_2）　C. （苯环连 NH_2）　D. （苯环连 NH_2，对位 NO_2）

(3) A. 苯胺　　　　　　　　　B. 氢氧化铵　　　　　C. 氨　　　　D. 乙胺

(4) A. 乙酰胺　　　　　　　　B. 乙酰苯胺　　　　　C. 氨　　　　D. 环己胺

(5) A. 　　B. 　　C. （四氢萘连 NH_2）　　D. （四氢萘连 $NHCOCH_3$）

(6) A. 苯胺　　　　　　　　　B. 对硝基苯胺　　　　C. 对氯苯胺　　D. 对甲基苯胺

(7) A. （哌啶 NH）　　　　　B. NH_3　　　　C. （苯环）$-NH_2$　　　D. （苯环）$-NH-$（苯环）

5. 完成下列反应。

(1)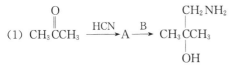

CH_3CCH_3 （含 O 双键）$\xrightarrow{HCN}$ A $\xrightarrow{B}$ CH_3CCH_3 （连 CH_2NH_2、OH）

(2) O_2N-（苯环连两个 Cl）$\xrightarrow[CH_3OH]{CH_3ONa}$

(3) $CH_2=CHCH=CH_2 \xrightarrow[\triangle]{Br_2(1\ mol)} A \xrightarrow[2.\ H_2,Ni]{1.\ NaCN} B$

(4) $\xrightarrow[\triangle]{NH_3} A \xrightarrow{KOH} B \xrightarrow[DMF]{PhCH_2Br} C \xrightarrow[\triangle]{NaOH, H_2O} D+E$

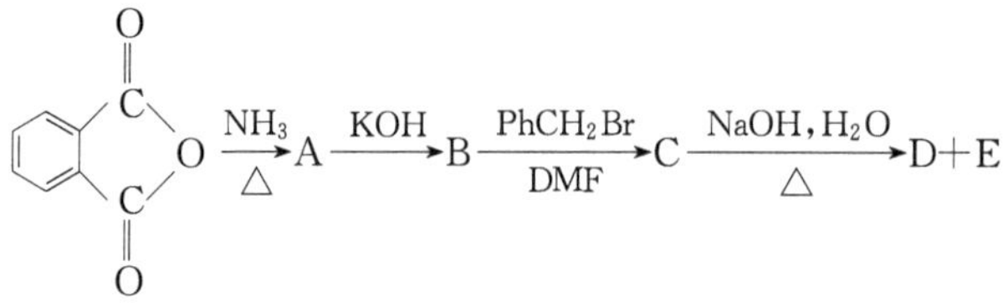

(5) $\xrightarrow{(CH_3CO)_2O} A \xrightarrow{Br_2, \triangle} B \xrightarrow{H_2O, H^+} C$

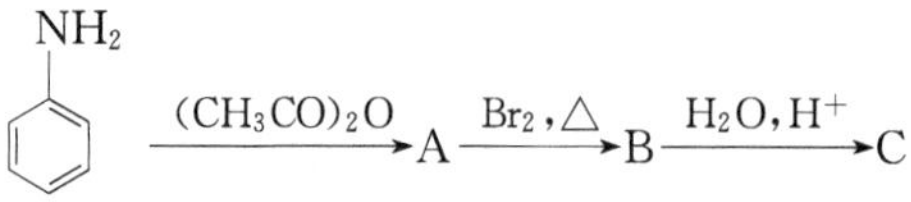

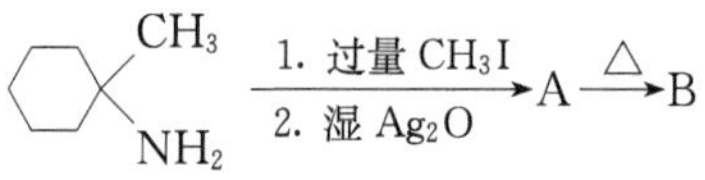

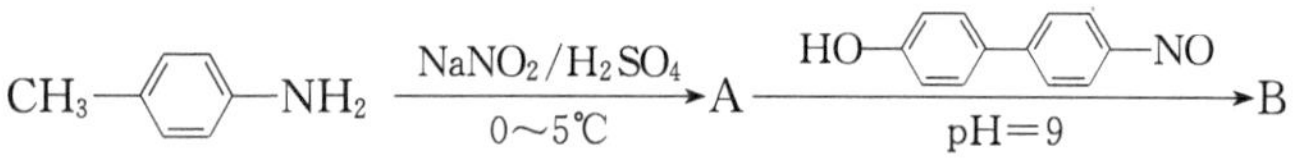

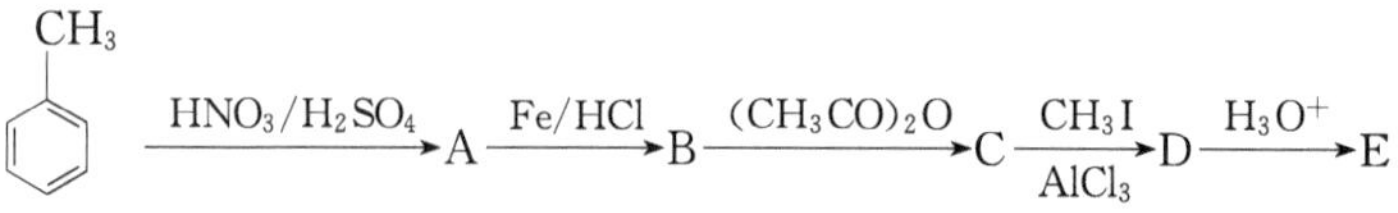

(6) $\xrightarrow[2.\ 湿\ Ag_2O]{1.\ 过量\ CH_3I} A \xrightarrow{\triangle} B$

(7) $CH_3-$$-NH_2 \xrightarrow[0\sim5℃]{NaNO_2/H_2SO_4} A \xrightarrow[pH=9]{HO-\text{〈〉}-\text{〈〉}-NO} B$

(8) $\xrightarrow{HNO_3/H_2SO_4} A \xrightarrow{Fe/HCl} B \xrightarrow{(CH_3CO)_2O} C \xrightarrow[AlCl_3]{CH_3I} D \xrightarrow{H_3O^+} E$

(9) $-NHCH_3 \xrightarrow{(CH_3CO)_2O} A \xrightarrow[2.\ H_2O]{1.\ LiAlH_4} B \xrightarrow[pH\ 为\ 5\sim7]{\text{〈〉}-N_2^+Cl^-} C$

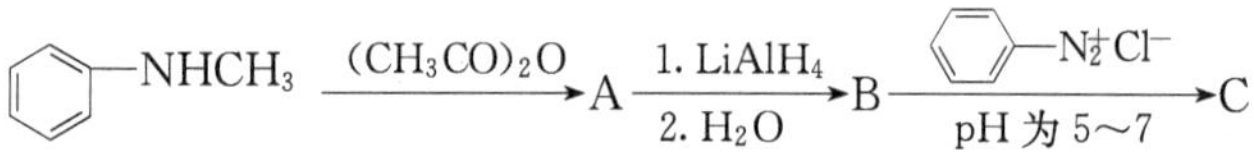

6. 写出正丁胺与下列物质反应的主要产物。

(1) 稀盐酸　　　　　　　　　(2) 乙酸

(3) 乙酸酐　　　　　　　　　(4)稀硫酸

(5) 苯磺酰氯＋NaOH　　　　(6)邻苯二甲酸酐

(7) 乙酰氯　　　　　　　　　(8)溴乙烷

(9) 过量碘甲烷,然后加湿 Ag_2O　(10)$NaNO_2+HCl$

7. 完成下列转变。

(1)

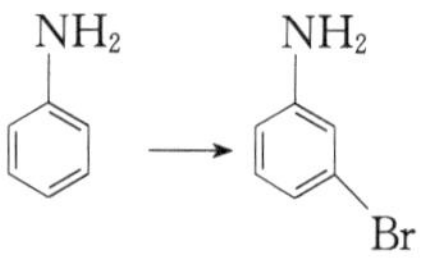

(2)

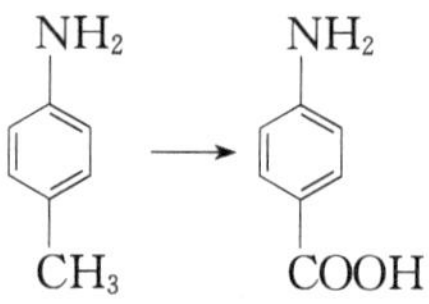

(3)

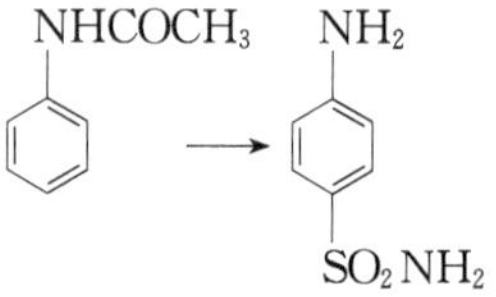

(4) $CH_3CH_2OH \longrightarrow CH_3CH_2NH_2$

(5)

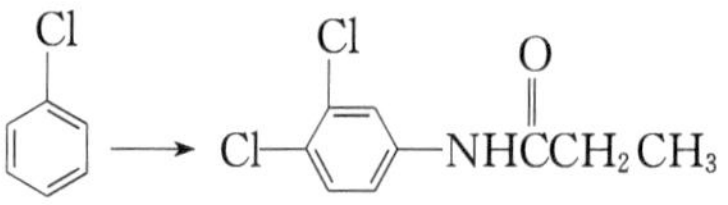

(6) $CH_2=CH_2 \longrightarrow H_2NCH_2CH_2CH_2CH_2NH_2$

(7)

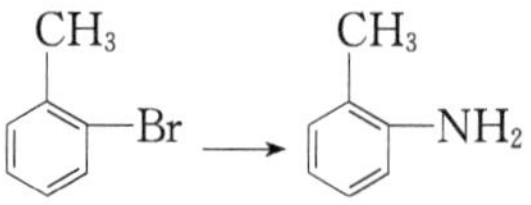

8. 由苯、甲苯或萘合成下列化合物(其他试剂任选)。

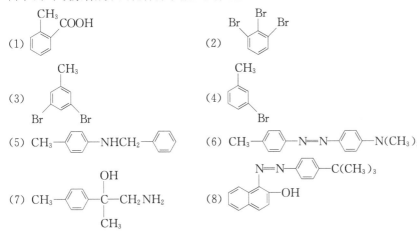

9. (1) 有机化合物 A($C_7H_7NO_2$)为黄色固体,不溶于稀酸、稀碱。A 被酸性高锰酸钾氧化后生成产物 B($C_7H_5NO_4$),B 可溶于 NaOH 水溶液。在酸性条件下,以 Fe 为还原剂,A 生成具有弱碱性的化合物 C,C 可与亚硝酸发生重氮化反应。A 的一元硝化产物主要有一种 D。试推测化合物 A、B、C 和 D 的构造式并写出相关的反应式。

(2) 将某个有旋光性的伯胺进行彻底甲基化和霍夫曼消除反应。再将所得到的烯进行臭氧分解,结果得到甲醛和丁醛等物质的量的混合物。写出该伯胺的结构式及有关的反应式。

(3) 化合物 A($C_5H_{13}N$),能溶于稀盐酸。A 与亚硝酸在 $-5 \sim 0℃$ 可放出氮气,得到几种有机物的混合物,其中一种化合物 B 能发生碘仿反应。B 与浓硫酸共热得化合物 C(C_5H_{10}),C 在臭氧氧化、锌粉还原水解后生成产物乙醛和丙酮。试推测化合物 A、B 和 C 的构造式并写出相关的反应式。

第 15 章　杂环化合物

组成环的原子除了碳原子外还有其他原子,这种有机环状化合物称为杂环化合物。除碳以外的其他元素的原子统称杂原子,最常见的杂原子是氧、硫和氮。

根据上面的定义,在前几章遇到过的环氧乙烷、顺丁烯二酸酐和己内酰胺等都可作为杂环化合物。但因为这些化合物的环容易形成也容易开环,与脂肪族化合物的性质相似,一般放在脂肪族化合物中讨论。本章讨论的是环比较稳定、不容易开环而且具有不同程度芳香性的化合物。

15.1　杂环化合物的分类和命名

杂环化合物的成环规律与碳环一样,五元杂环和六元杂环是最稳定和最常见的。环上含1 个杂原子、多个杂原子或多种杂原子。一般按环的大小把杂环化合物分为五元杂环、六元杂环及其稠杂环等类型,每一大类再按杂原子的数目进一步分类。

15.1.1　音译命名法

音译命名法是根据英文的音译来确定杂环化合物的名称,选用同音汉字,并以"口"字旁表示为杂环化合物。例如

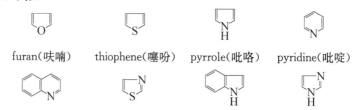

furan(呋喃)　　thiophene(噻吩)　　pyrrole(吡咯)　　pyridine(吡啶)

quinoline(喹啉)　　thiazole(噻唑)　　indole(吲哚)　　imidazole(咪唑)

环上有取代基的杂环化合物,以杂环为母体进行命名,从杂原子开始对环上的原子编号。当环上含有两个或两个以上相同杂原子时,要使杂原子的位次最小。当环上有不同的杂原子时,则按 O、S、N 的次序编号。例如

2-呋喃甲醛　　　3-吡啶甲酸　　　4-甲基咪唑　　　5-甲基噻唑

当环上只有一个杂原子时,一般把靠近杂原子的位置依次称为 α-位、β-位和 γ-位。五元杂环有 α 和 β 位,六元杂环有 α、β 和 γ 位。例如

α,α'-二甲呋喃　　　β-吲哚乙酸　　　γ-甲基吡啶

(2,5-二甲基呋喃)　　(3-吲哚乙酸)　　(4-甲基吡啶)

15.1.2　系统命名法

系统命名法是根据相应的碳环来命名,即把杂环看成是碳环中的一个或多个碳原子的杂原子取代物,命名时在相应的碳环化合物名称前加上"某杂"。为了命名,有些碳环母体如环戊二烯和环己二烯分别被给予特定的名称,称为"茂"和"芑"。于是呋喃、噻吩、吡咯又分别称为氧杂茂、硫杂茂、氮杂茂,可略去"杂"字,简称氧茂、硫茂、氮茂。同理,吡喃、吡啶、喹啉又分别称氧杂芑、氮杂苯、氮杂萘,简称氧芑、氮苯、氮萘(表 15-1 和表 15-2)。

音译法是根据国际通用名称音译的,使用方便,所以我国目前一般采用此命名法。

表 15-1　五元杂环化合物分类及名称

类别	碳环母核	含 1 个杂原子			含 2 个杂原子		
单环	环戊二烯茂	呋喃 furan (氧茂)	噻吩 thiophene (硫茂)	吡咯 pyrrole (氮茂)	噻唑 thiazole (1,3-硫氮茂)	咪唑 imidazole (1,3-二氮茂)	噁唑 oxazole (1,3-氧氮茂)
二环	茚	苯并呋喃 benzofuran (氧茚)	苯并噻吩 thionaphthene (硫茚)	苯并吡咯(吲哚) indole (氮茚)	苯并噁唑 benzoxazole	苯并噻唑 benzothiazole	苯并咪唑 benzimidazole

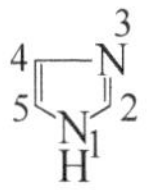

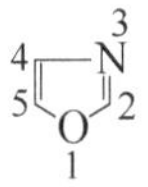

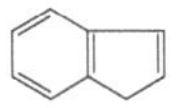

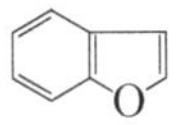

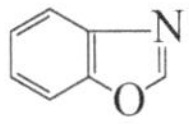

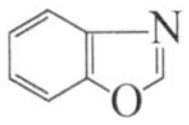

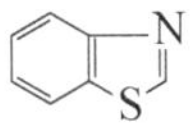

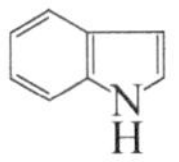

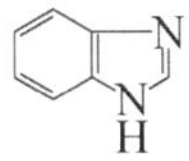

表 15-2　六元杂环化合物分类及名称

类别	碳环母核	含 1 个杂原子		含 2 个杂原子	
单环	 苯　环己二烯芑	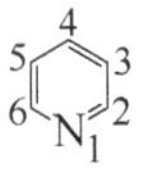 吡啶 pyridine (氮苯)	吡喃 pyran (氧芑)	 哒嗪 pyridazine (1,2-二氮苯)	
二环	萘	喹啉 quinoline (1-氮萘)	异喹啉 isoquinoline (2-氮萘)	嘧啶 pyrimidine (1,3-二氮苯)	吡嗪 pyrazine (1,4-二氮苯)

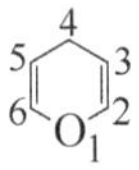

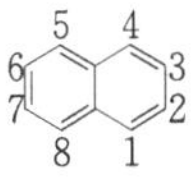

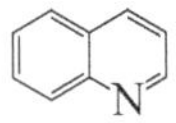

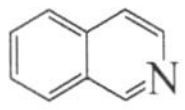

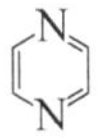

15.2　五元杂环化合物

五元杂环化合物中比较重要的是含有 1 个和 2 个杂原子的化合物。我们只讨论含有 1 个杂原子的典型五元杂环化合物——呋喃、噻吩、吡咯。这 3 种简单杂环母核的衍生物种类繁多,有些为重要的工业原料,有些为具有重要生理作用的物质。

15.2.1　呋喃、噻吩、吡咯的结构

呋喃、噻吩、吡咯组成环的 5 个原子都处于同一平面,1 个杂原子和 4 个碳原子都为 sp^2 杂化状态,彼此以 σ 键连接;每个碳原子都还有 1 个电子在各自的 p 轨道上,杂原子的未共用电子对也在 p 轨道上,这 5 个 p 轨道都垂直于环所在的平面并相互平行重叠形成闭合的共轭体系。这个共轭体系是一个闭合的大 Π_5^6 键,其 p 电子数符合休克尔 $4n+2$ 规则。所以具有芳香性,如图 15-1 所示。

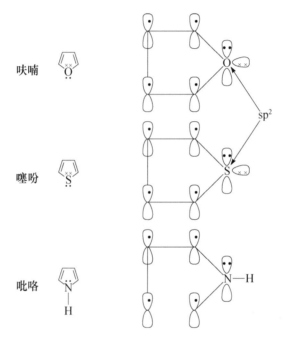

图 15-1　呋喃、噻吩、吡咯的原子轨道示意图
圆点代表参加共轭的电子;×代表未参加共轭的电子,其轨道与环共平面

经物理方法测定,这 3 个五元杂环化合物的键长数据见表 15-3。

表 15-3　五元杂环化合物的键长

化合物	键长/nm		
	$X—C_2$	$C_2—C_3$	$C_3—C_4$
呋喃	0.1371	0.1354	0.1440
吡咯	0.1383	0.1371	0.1429
噻吩	0.1718	0.1352	0.1455

其中 X—C 键长都比相应的饱和化合物短(在饱和化合物中,C—O,C—N 和 C—S 键长相应为 0.143 nm、0.147 nm 和 0.182 nm);$C_2—C_3$ 键长一般比 C=C 键键长 (0.134 nm)长;$C_3—C_4$ 键长则都比一般的 C—C 键键长(0.154 nm)短。这些数据说明它们的键长有所平均化,但由于杂原子氧、硫和氮的电负性与碳不同,环上电子密度分布不如苯那样均匀,因此芳香

性都没有苯强。呋喃、吡咯和噻吩的离域能分别为 66.9 kJ·mol^{-1}、87.9 kJ·mol^{-1} 和 117.2 kJ·mol^{-1}。它们的芳香性大小顺序是:苯>噻吩>吡咯>呋喃。

吡咯的芳香性比呋喃稍强,是由于氧原子的电负性(3.5)比氮原子的电负性(3.0)大,氧原子 p 轨道上的电子对参与共轭体系的离域程度较小。硫原子的电负性(2.5)比氧和氮的电负性都小,较易向环上提供电子,因而噻吩的芳香性较强。

呋喃、吡咯和噻吩的芳香结构还可以用下列形式表示。

由于杂原子上的 p 电子对与环上碳原子的 p 轨道发生共轭,环上碳原子的电子密度有所增加。因此,这 3 个杂环化合物都比苯更易发生亲电取代反应。取代反应一般发生在 α 位(2-或 5-位),这是因为 α 位上的电子密度更高。若 2-或 5-位被取代基占据,则发生在 β 位(3-或 4-位)。

15.2.2 呋喃、吡咯和噻吩的性质

呋喃为无色液体,沸点为 32℃,具有与氯仿类似的气味,微溶于水,易溶于乙醇、乙醚等有机溶剂。噻吩与苯共存于煤焦油中,为无色而有特殊气味的液体,沸点为 84℃。吡咯存在于煤焦油和骨焦油中,为无色液体,沸点为 131℃,在空气中迅速变色,具有弱的苯胺气味。

呋喃、吡咯和噻吩的化学性质主要是环状共轭体系发生加成及亲电取代的难易程度以及对氧化剂的敏感性。

1. 颜色反应

呋喃可使浸过盐酸的松木片显绿色,此现象可检验呋喃的存在。

噻吩与靛红(吲哚满二酮)在硫酸作用下呈蓝色,此反应很灵敏,可检验噻吩的存在。其反应方程式如下:

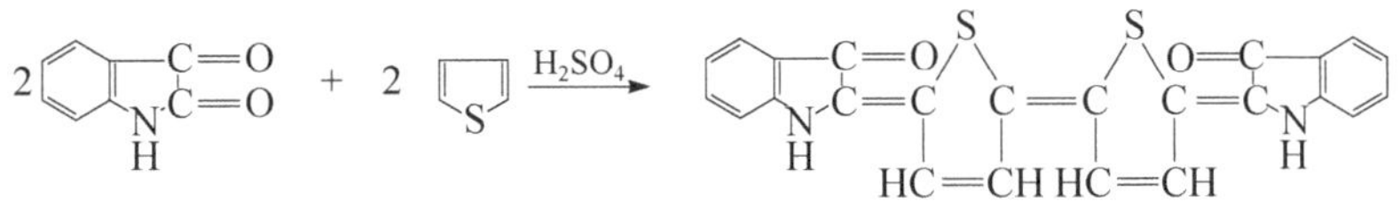

吡咯蒸气遇到浸过盐酸的松木片则呈红色,吡咯及其低级同系物均可用此法检验。

2. 环的稳定性

呋喃和吡咯对氧化剂(甚至空气中的氧)不稳定,尤其是呋喃可被氧化成树脂状物,噻吩对氧化剂却比较稳定。

3 种杂环化合物对碱是稳定的,但对酸的稳定性则不同。噻吩对酸较稳定,而吡咯与浓酸作用可聚合成树脂状物。呋喃对酸则很不稳定,稀酸就可使其生成不稳定的二醛,然后聚合成树脂状物。

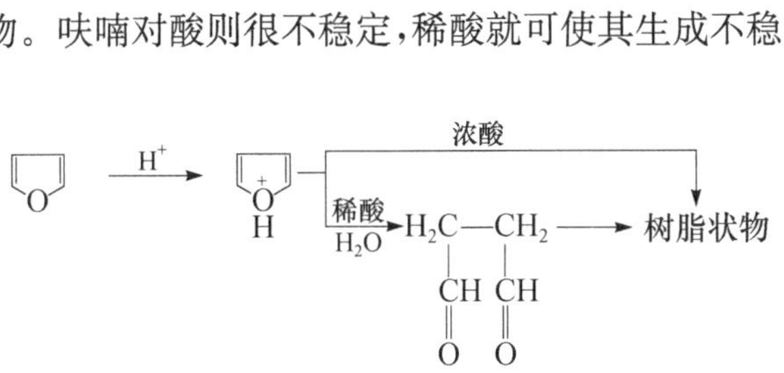

3. 加成反应

呋喃、噻吩和吡咯都可通过催化加氢生成相应的四氢化物。

$$\text{（呋喃）} \xrightarrow[125℃,10\text{ MPa}]{H_2,Ni} \text{（四氢呋喃）}$$

四氢呋喃

$$\text{（吡咯）} \xrightarrow[180℃,\sim16\text{ MPa}]{H_2,Ni} \text{（四氢吡咯）}$$

四氢吡咯

$$\text{（噻吩）} \xrightarrow[200℃,20\text{ MPa}]{H_2,MoS_2} \text{（四氢噻吩）}$$

四氢噻吩

呋喃经下列反应可制得己二酸和己二胺。己二胺与己二酸经缩合便得到聚己二酰己二胺，又称尼龙-66。

$$\text{（呋喃）} + 2H_2 \xrightarrow{Ni} \text{（四氢呋喃）} \xrightarrow[140℃,0.4\text{ MPa}]{浓HCl} \begin{array}{l} CH_2—CH_2Cl \\ | \\ CH_2—CH_2Cl \end{array}$$

$$\xrightarrow{2NaCN} \begin{array}{l} CH_2—CH_2—CN \\ | \\ CH_2—CH_2—CN \end{array}$$

$$\xrightarrow[Ni]{H_2} H_2N{-}(CH_2)_6{-}NH_2$$

己二胺

$$\xrightarrow{H_3O^+} HOOC{-}(CH_2)_4{-}COOH$$

己二酸

$$nH_2N{-}(CH_2)_6{-}NH_2 + nHOOC{-}(CH_2)_4{-}COOH \xrightarrow[缩聚]{催化剂}$$

$$H{-}[NH{-}(CH_2)_6{-}NHCO{-}(CH_2)_4{-}CO]_n{-}OH + (2n-1)H_2O$$

聚己二酰己二胺（尼龙-66）

噻吩和吡咯也可用化学还原剂（如 Na＋醇，Zn＋乙酸）局部还原为二氢化物。呋喃则因其芳香性最小而表现出环状共轭二烯的特性，能与活泼的亲双烯体发生双烯合成反应。此外，在有足够活泼的亲核试剂存在下容易发生 1,4-加成反应。

$$\text{（吡咯）} \xrightarrow[室温]{Zn,乙酸水溶液} \text{（2,5-二氢吡咯）}$$

2,5-二氢吡咯

$$\text{（噻吩）} \xrightarrow{Na,CH_3CH_2OH} \text{（2,5-二氢噻吩）} + \text{（2,3-二氢噻吩）}$$

2,5-二氢噻吩　2,3-二氢噻吩

$$\text{（呋喃）} + Br_2 \xrightarrow[CH_3OH]{CH_3COOK} \left[\begin{array}{c} H\ \ \ \ \ H \\ Br\ \ \ O\ \ \ Br \end{array} \right] \xrightarrow{CH_3OH} \begin{array}{c} H\ \ \ \ \ \ H \\ H_3CO\ \ \ O\ \ \ OCH_3 \end{array}$$

呋喃容易发生第尔斯-阿尔德反应，呋喃与乙炔的亲双烯试剂加成，得到的产物用酸化处理转化为 2,3-二取代苯酚。若进行选择性催化氢化，还原产物经逆向第尔斯-阿尔德反应可转化为呋喃-3,4-二羧酸酯，这是制备呋喃-3,4-二羧酸酯的好方法。

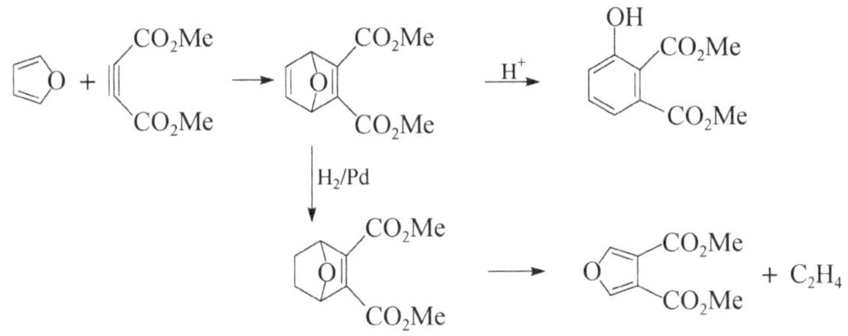

问题 1　根据化合物卟吩的分子结构,推测卟吩可能的性质和功能。

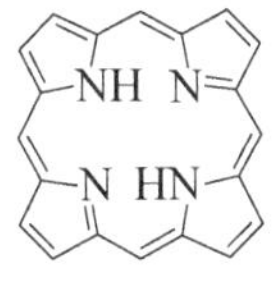

4. 取代反应

呋喃、吡咯和噻吩与苯相似,易发生亲电取代反应。但因为呋喃和吡咯对酸不稳定,所以反应条件与苯不同。

1) 磺化反应

呋喃、吡咯的磺化在特殊条件下才能进行,常用吡啶的三氧化硫加成物作为磺化剂,反应如下:

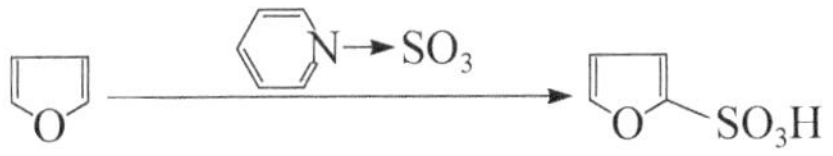

α-呋喃磺酸

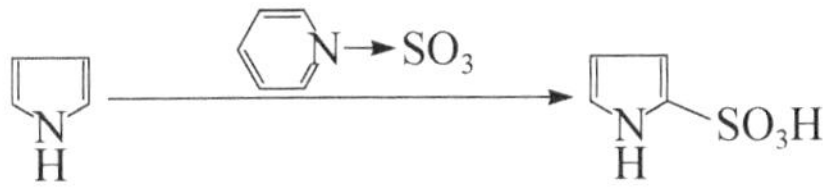

α-吡咯磺酸

噻吩的磺化比苯容易,在室温下就可进行。

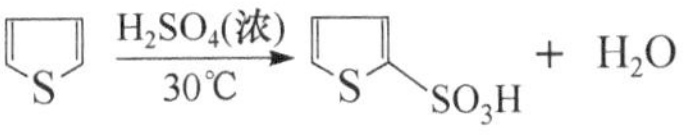

α-噻吩磺酸

利用此性质可以用浓硫酸来分离噻吩与苯的混合物。石油馏分中的苯和噻吩沸点接近(苯 80.1℃,噻吩 84℃)而难以分离,则可用浓硫酸与粗苯在室温下振荡数小时,粗苯中所含噻吩基本被磺化,生成 α-噻吩磺酸溶于硫酸中而沉于下层;而苯只有少量被磺化,未磺化的苯浮在上层,如此便可除去噻吩。α-噻吩磺酸水解后仍可得到噻吩。

2) 硝化反应

呋喃、吡咯和噻吩必须在特殊条件下才能发生硝化反应,即用酸酐和硝酸于低温下进行硝化,生成相应的 α-硝基化合物。

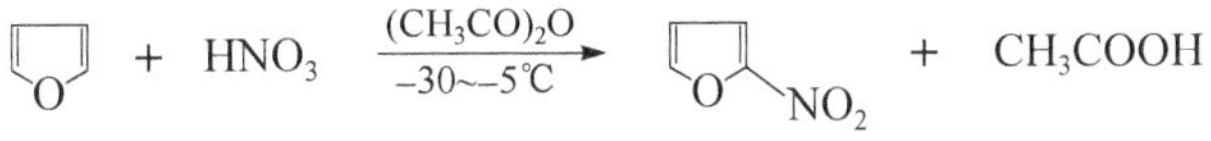

α-硝基呋喃

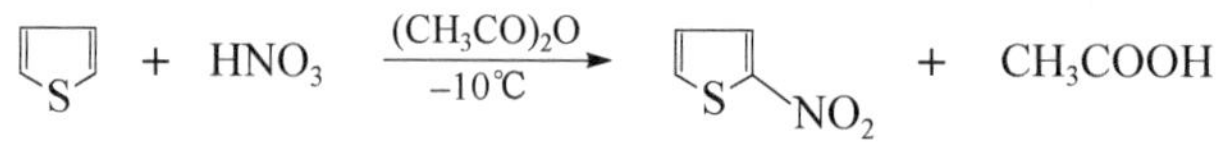

α-硝基噻吩

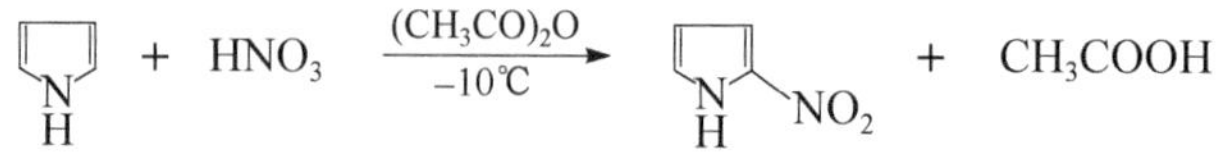

α-硝基吡咯

3）卤代反应

呋喃、吡咯和噻吩的卤代反应都比苯容易。例如，呋喃的芳香性比吡咯小，氯代和溴代时在室温下即发生反应，控制反应条件可生成 α-溴呋喃，但与碘不反应；噻吩与氯的反应在室温和乙酸溶液中较苯快 10^7 倍，与溴反应快 10^9 倍，即使在黑暗中 $-30\,^{\circ}\!C$ 也可迅速进行卤化，控制反应条件可得 α-溴噻吩；吡咯卤代反应的活性与苯酚或苯胺类似，不控制反应条件则得到四卤代物，控制反应条件可生成 2-溴吡咯和 2,5-二溴吡咯。

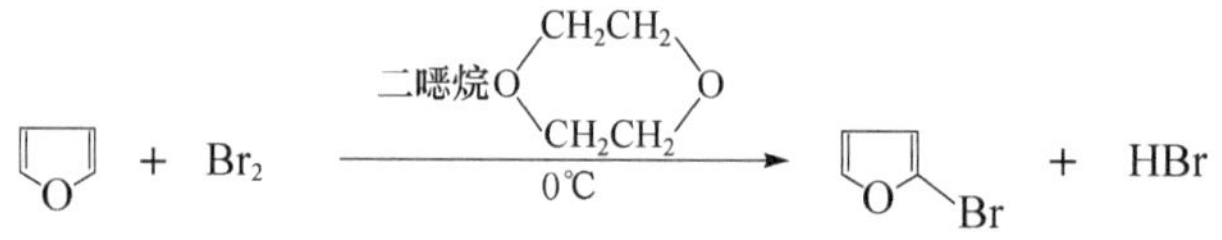

α-溴呋喃

α-溴噻吩

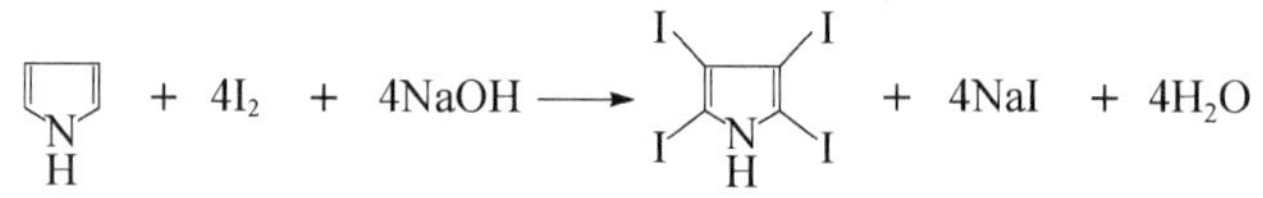

四碘吡咯

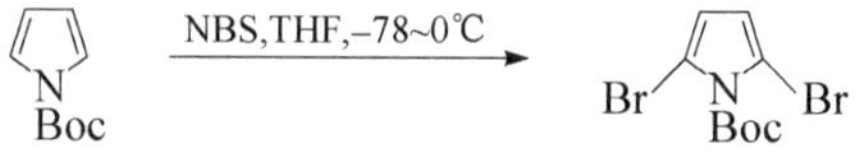

Boc 为叔丁氧羰基

问题 2 将热的磷酸加入噻吩中会生成噻吩的三聚体，请推测该反应的机理。

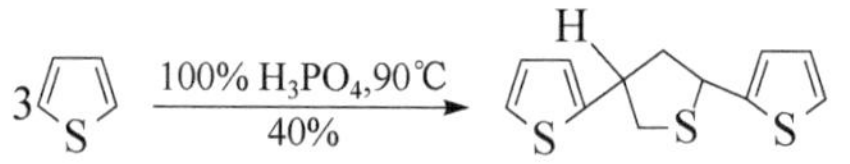

4）酰基化反应

吡咯的烷基化反应很难得到一烷基取代物，一般得到多烷基取代的混合物，甚至产生树脂状物质，所以用处不大，但酰基化反应的单取代产物产率较高。例如

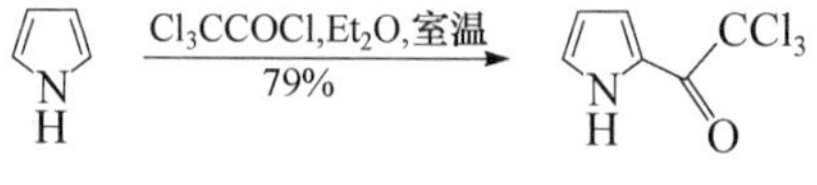

吡咯也可以用 DMF（N,N-二甲基甲酰胺）和 POCl$_3$ 为试剂进行甲酰化。

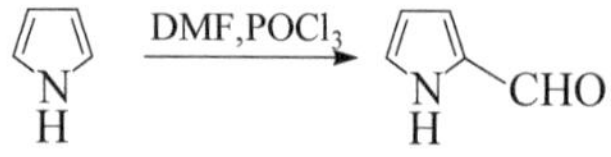

2-吡咯甲醛

呋喃在路易斯酸的催化下可用酸酐进行酰基化。

$$\text{呋喃} + (CH_3CO)_2O \xrightarrow{BF_3} \text{O-COCH}_3$$

$$75\% \sim 92\%$$

噻吩的酰基化是应用广泛的一个反应,但三氯化铝和噻吩反应生成焦油,因此改用四氯化锡作催化剂。

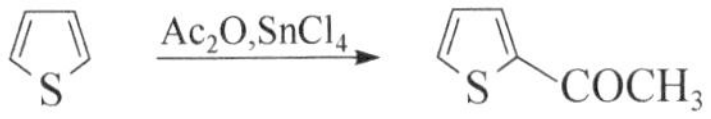

$$\text{噻吩} \xrightarrow{Ac_2O, SnCl_4} \text{S-COCH}_3$$

亲电取代的反应活性如下:

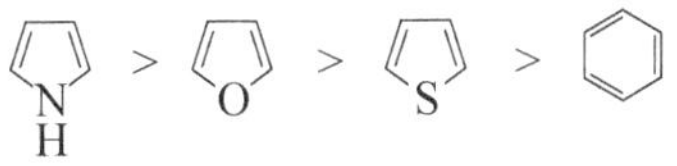

$$\text{吡咯(N-H)} > \text{呋喃(O)} > \text{噻吩(S)} > \text{苯}$$

问题 3 试设计以噻吩、RCOOH 和乙酸酐为主要原料合成化合物 $RCH_2(CH_2)_4COOH$ 的路线。

---

5. 吡咯的弱碱性和弱酸性

从结构上看,吡咯似环状仲胺,但其氮原子上的未共用电子对参与了环的共轭体系,使氮原子上的电子云密度降低,减弱了氮原子对 H^+ 的结合能力。因此吡咯的碱性极弱,不仅比一般的仲胺要弱得多,甚至比苯胺也弱得多(二甲胺 $pK_b=3.27$,苯胺 $pK_b=9.28$,吡咯 $pK_b=13.6$)。它不能与酸形成稳定的盐,只能缓慢地溶解在冷而稀的酸溶液中,此溶液稍微加热则生成吡咯红(一种吡咯聚合物),浓酸则使吡咯树脂化。同时,由于这种共轭作用,氮上的氢容易解离成 H^+,因此吡咯又呈弱酸性。它能与金属钠或钾、固体氢氧化钠或氢氧化钾作用生成盐。

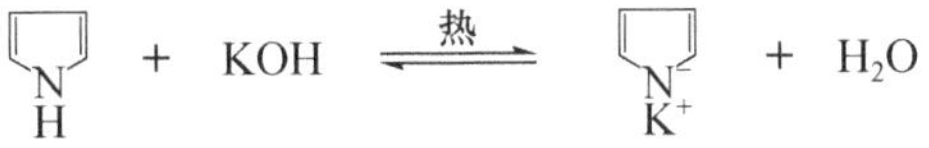

$$\text{吡咯(N-H)} + KOH \underset{}{\overset{热}{\rightleftharpoons}} \text{吡咯(N}^-\text{K}^+\text{)} + H_2O$$

与格氏试剂作用放出 RH 而生成吡咯卤化镁:

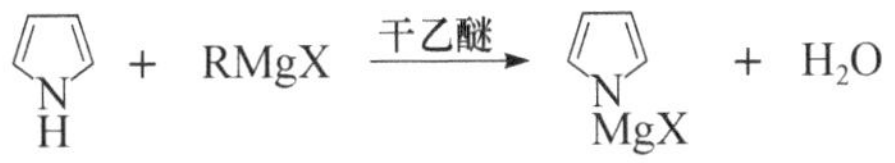

$$\text{吡咯(N-H)} + RMgX \xrightarrow{干乙醚} \text{吡咯(N-MgX)} + H_2O$$

吡咯经加氢饱和后,芳香性消失而碱性增强。例如

吡咯	四氢吡咯	2-乙基四氢吡咯
$pK_b=13.6$	$pK_b=2.7$	$pK_b=3.6$

问题 4 吡咯具有弱酸性,请利用共振论进行解释。

15.2.3 糠醛

糠醛的学名为 α-呋喃甲醛,是呋喃衍生物中最重要的一个。因为最初是用米糠与稀酸共热制得的,所以称为糠醛。

1. 糠醛的制法

糠醛在工业上是由农副产品甘蔗渣、棉籽壳、花生壳、高粱秆和玉米芯等与稀硫酸共热蒸馏制取。这些原料都含有碳水化合物多缩戊糖，在酸的作用下，多缩戊糖先解聚变成戊醛糖，戊醛糖脱水而成糠醛。

$$(C_5H_8O_4)_n + H_2O \xrightarrow[\triangle]{稀\ H_2SO_4} nC_2H_{10}O_5$$

戊醛糖

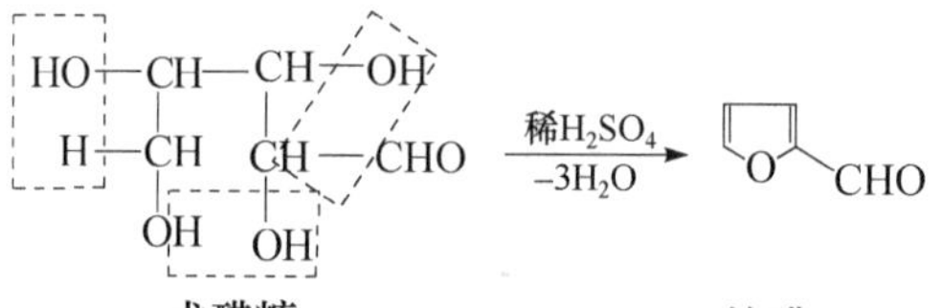

戊醛糖　　　　　　　　　　糠醛

2. 糠醛的性质和用途

糠醛是无色透明液体，沸点 162℃，熔点 -36.5℃，相对密度为 1.160。在空气中逐渐变为黄色至棕色，能溶于水中，可与乙醇、乙醚混溶。在盐酸存在下糠醛与苯胺作用呈深紫色，可用来定性检验糠醛。

糠醛表现出无 α-氢的醛及呋喃杂环的双重性质，主要反应如下。

1）坎尼扎罗反应和佩金反应

糠醛无 α-氢，与苯甲醛相似，可发生坎尼扎罗反应和佩金反应。

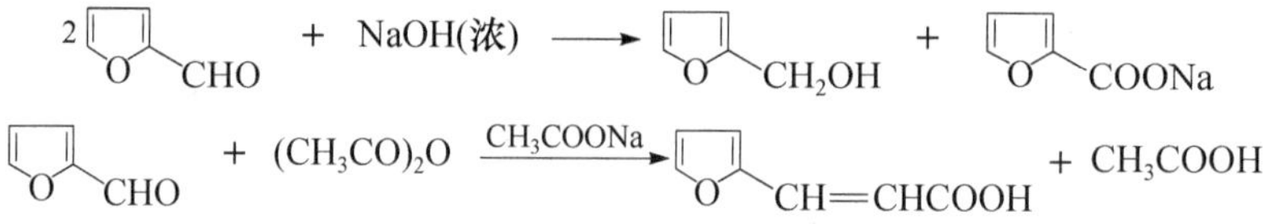

α-呋喃丙烯酸

问题 5　盐酸存在时，1 分子糠醛与 2 分子苯胺作用呈深紫色，可用来检验糠醛的存在。请解释原因，写出相关反应方程式，指出发色基团和助色基团。

2）脱羰反应

糠醛和水蒸气混合物在高温时通过混合催化剂，可脱去羰基生成呋喃。

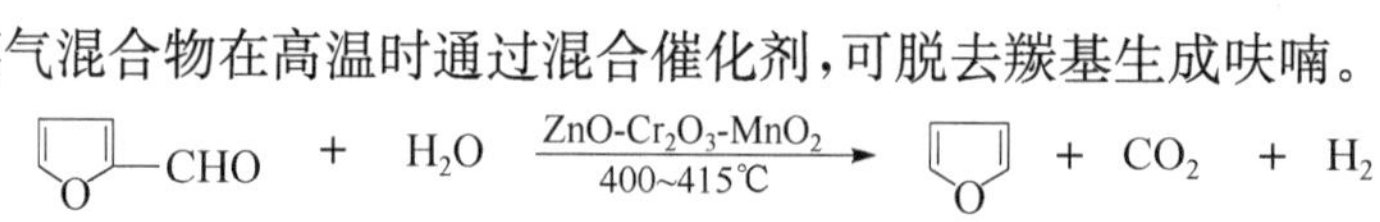

3）氧化反应

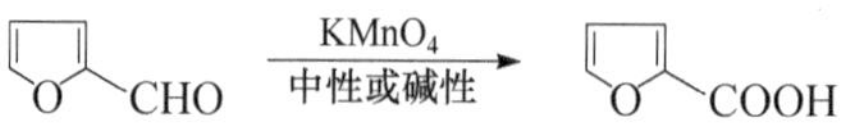

糠酸

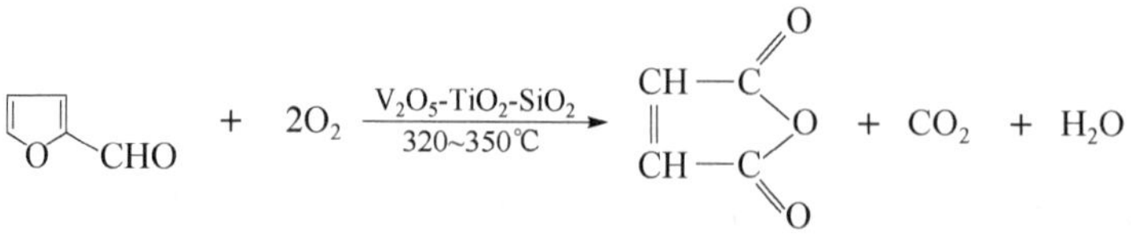

顺丁烯二酸酐

4）催化加氢

$$\text{（呋喃）CHO} + H_2 \xrightarrow[150\text{℃},10\text{ MPa}]{\text{CuO,Cr}_2\text{O}_3} \text{（呋喃）CH}_2\text{OH}$$

糠醇

$$\text{（呋喃）CHO} + 3H_2 \xrightarrow[170\sim180\text{℃},7\sim10\text{ MPa}]{\text{瑞尼镍}} \text{（四氢呋喃）CH}_2\text{OH}$$

四氢糠醇

5）安息香缩合反应

$$2\text{（呋喃）CHO} \xrightarrow{\text{KOH-醇溶液}} \text{（呋喃）CH—C（呋喃）}$$

此反应中,虽同为醛分子,但一个是给出氢的给体,另一个是接受氢的受体。

糠醛为常用的优良溶剂,又是有机合成上的重要原料。例如,它与苯酚缩合生成类似电木的酚糠醛树脂。糠醇也是优良溶剂,工业上用来制造糠醇树脂,该树脂具有耐酸碱、抗有机溶剂和对热稳定等优良性能,因此可用作化工设备的防腐涂料、胶合剂及制造玻璃钢。糠酸可作防腐剂及制造增塑剂等的原料。四氢糠醇也是一种优良的溶剂和原料。

15.3　六元杂环化合物

六元杂环化合物中含 1 个和 2 个杂原子的化合物比较重要,常见的杂原子是氧和氮。这里介绍含 1 个氮原子的吡啶和喹啉。

15.3.1　吡啶

1. 吡啶的结构

吡啶环与苯环相似,其氮原子与碳原子处于同一平面上,原子间是以 sp^2 杂化轨道相互重叠形成 6 个 σ 键,键角 120°。环上每个原子的 p 轨道还有一个电子,6 个 p 轨道都垂直于环平面,相互平行重叠形成包括 6 个原子在内的闭合共轭体系。氮原子上的孤对电子占据 sp^2 杂化轨道,它与环共平面,所以不参与环系的共轭,如图 15-2 所示。

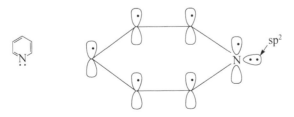

图 15-2　吡啶原子轨道示意图

吡啶环上共轭的 p 电子数符合休克尔 $4n+2$ 规则,因此有芳香性。氮原子电负性较强,导致环上的电子云密度分布不均。它的键长数据为

0.14 nm
0.139 nm
0.134 nm

吡啶的碳碳键长与苯(0.140 nm)近似,碳氮键长比一般的 C—N 单键(0.147 nm)短,比一般的 C=N 键(0.130 nm)长。吡啶的电偶极矩为 6.74×10^{-30} C·m,负端在氮原子上。

问题 6 排列苯、吡啶、呋喃、噻吩、吡咯发生环上亲电取代反应的难易顺序,指出取代基进入的位置,并解释原因。

2. 吡啶的性质

吡啶存在于煤焦油、页岩油和骨焦油中。吡啶为具有特殊臭味的无色液体,熔点 42℃,沸点 115℃,相对密度 0.982。吡啶可混溶于水、乙醇和乙醚等,是一种良好的溶剂,能溶解多种有机物和无机物。其主要化学性质如下。

1) 碱性

由于吡啶环上氮原子的 1 对孤对电子处于 sp^2 杂化轨道上,不参与共轭体系,因此可与质子结合,表现出弱碱性。它的碱性($pK_b = 8.8$)比吡咯($pK_b = 13.6$)和苯胺($pK_b = 9.20$)强。在结构上吡啶似环状叔胺,但其碱性比脂肪族叔胺(如三甲胺 $pK_b = 4.21$)弱。这是因为吡啶的氮原子处于 sp^2 杂化态,而一般脂肪胺的氮原子处于 sp^3 杂化态,这样,吡啶氮原子上 sp^2 孤对电子的 s 成分比脂肪胺氮原子上的 sp^3 孤对电子多,受氮原子核的束缚力较强,所以碱性较弱。吡啶可与无机酸作用生成盐,在有机合成中常作缚酸剂。例如

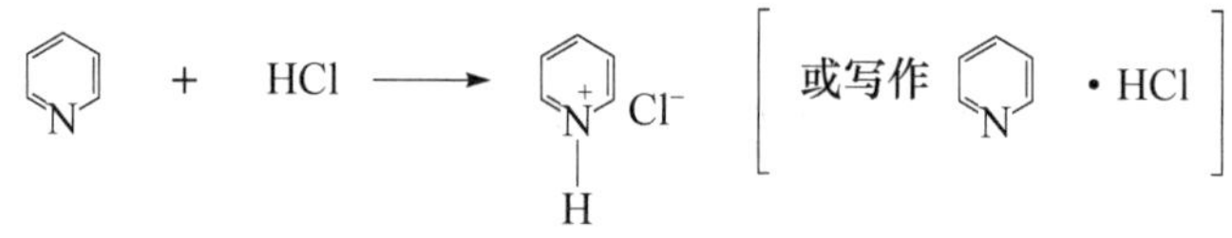

吡啶与三氧化硫作用,生成的 N-磺酸吡啶可作缓和的磺化剂。

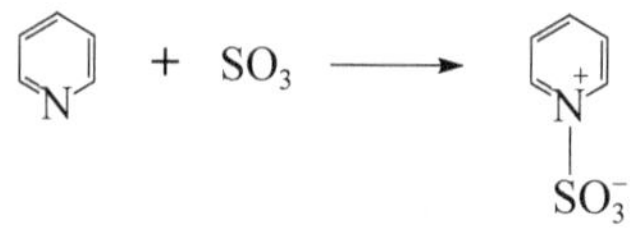

吡啶与叔胺相似可与卤代烷结合生成类似季铵盐的产物。该盐受热发生分子重排,生成吡啶的同系物。例如

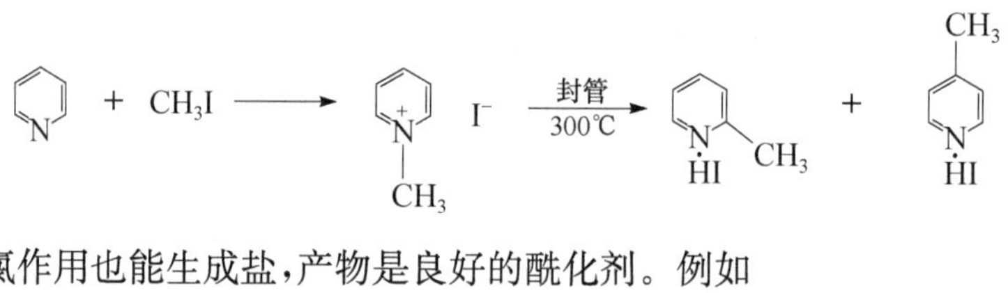

吡啶与酰氯作用也能生成盐,产物是良好的酰化剂。例如

2-甲基吡啶与四氟硼酸硝酰阳离子作用,产物可用作硝化剂。

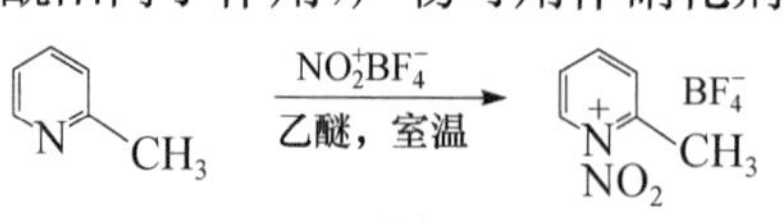

对于许多在硫酸或硝酸中不稳定的化合物就可以用这个方法硝化。例如

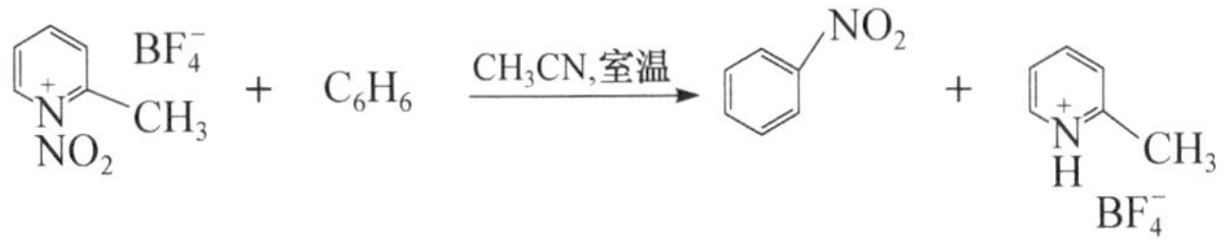

2）取代反应

吡啶分子中氮原子的电负性比碳原子大,氮原子附近电子密度较高,环上碳原子的电子密度则有所降低。所以吡啶与硝基苯相似,亲电取代比苯困难,并且主要发生在 β-位上,反应条件要求也较高。吡啶不能进行傅-克反应。例如

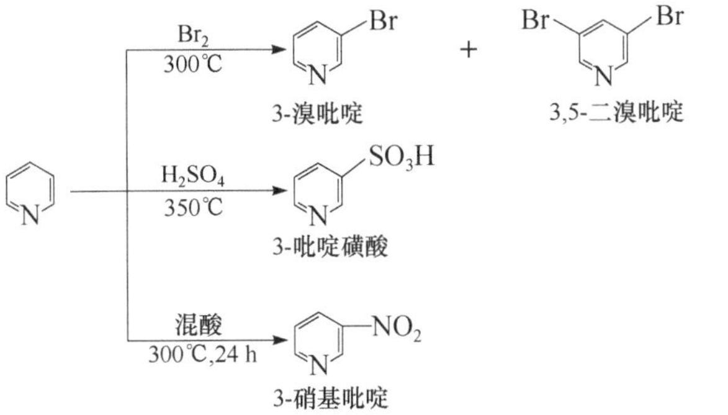

吡啶环上若有活化基团,反应较易进行。例如

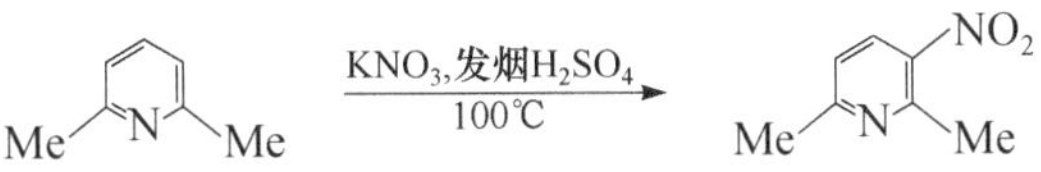

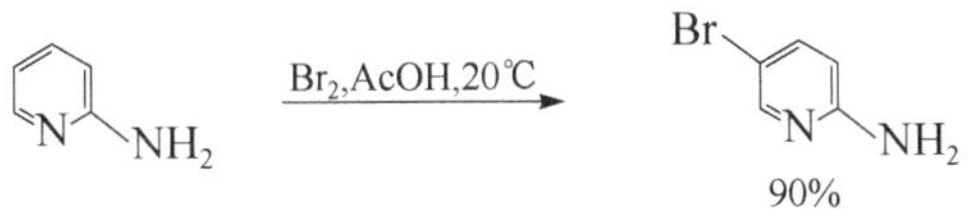

但吡啶却较容易发生亲核取代反应,主要生成 α-取代物。例如,吡啶的氨基化反应,称为齐齐巴宾(Chichibabin)反应。

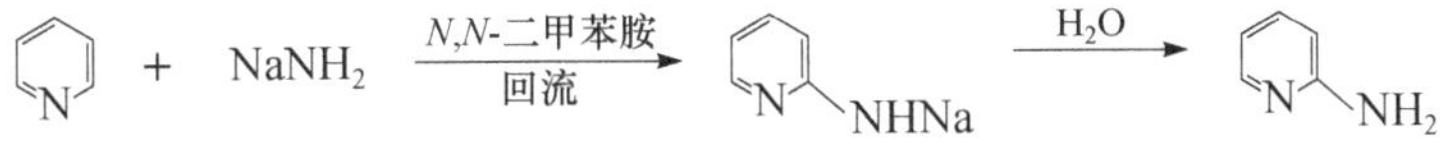

还可以发生烷基锂或芳基锂反应生成 α-取代物,该反应分两步进行,先进行加成再消去。

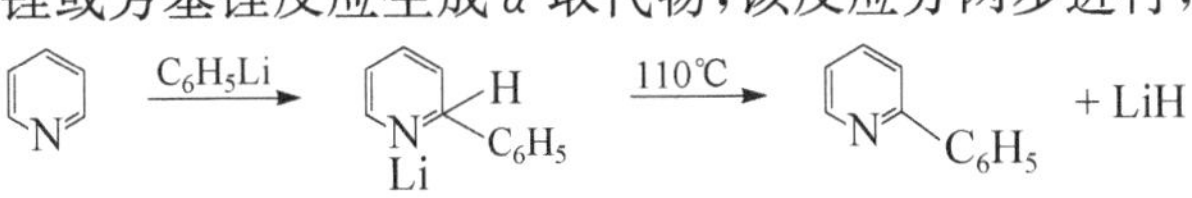

如果有良好的离去基团,也可生成 γ-取代物。

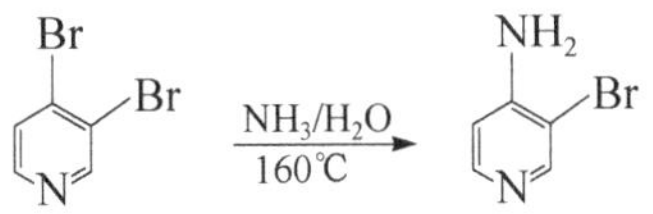

问题 7　α-氨基吡啶有氨基吡啶和吡啶酮亚胺两种互变异构体,该互变异构平衡偏向于氨基吡啶,为什么?

3）氧化和还原反应

吡啶较苯稳定,铬酸或硝酸都不能氧化吡啶环。氧化吡啶的同系物时,总是侧链先氧化,生成的产物为吡啶甲酸。例如

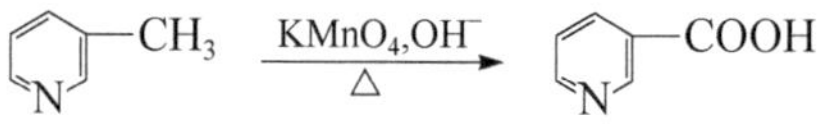

3-吡啶甲酸(烟酸)

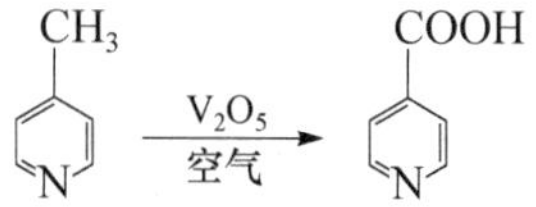

4-吡啶甲酸(异烟酸)

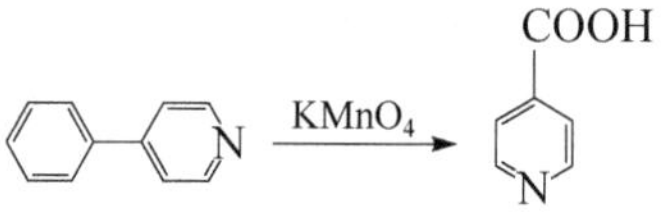

吡啶与过氧化氢作用生成 N-氧化物, N-氧化物不仅增强了吡啶的亲电取代反应活性, 而且改变了取代的位置, 主要得到 4-取代产物。吡啶-N-氧化物很容易与 PCl_3 反应脱去氧, 这是一个合成 4-取代吡啶的简便方法。

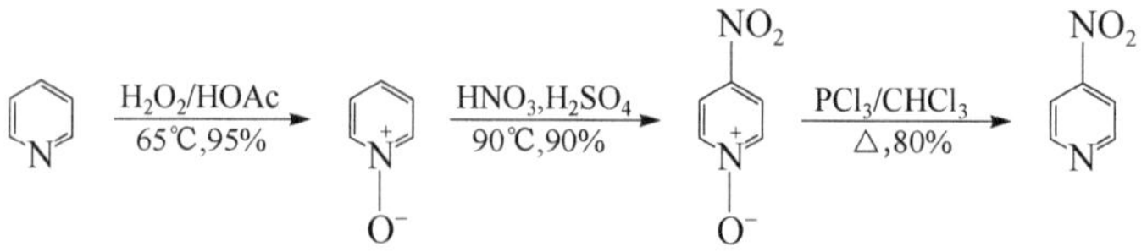

3-吡啶甲酸(烟酸)和它的衍生物烟酰胺都是维生素, 用于治疗癞皮病。在工业上, 由烟碱(尼古丁)制备烟酰胺。

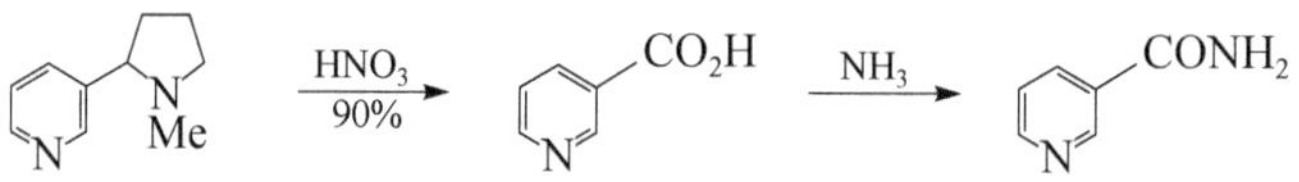

烟碱　　　　　　烟酸　　　　　　烟酰胺

4-吡啶甲酸(异烟酸)的衍生物异烟酰肼(也称异烟肼), 商品名为"雷米封", 是较好的抗结核菌药。通过下列反应可制得异烟酰肼。

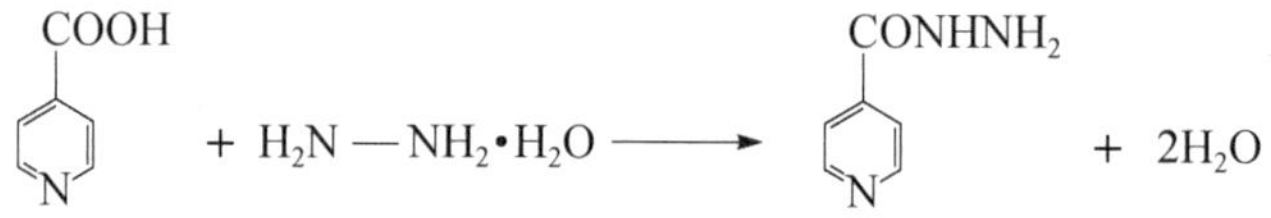

异烟肼

经催化氢化或用乙醇和钠还原吡啶可得六氢吡啶。例如

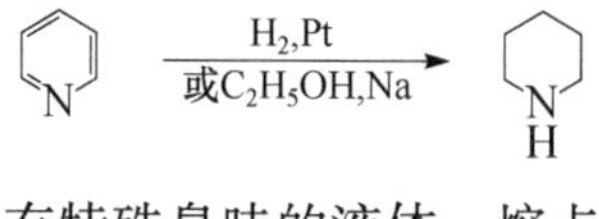

六氢吡啶又称哌啶, 是无色且有特殊臭味的液体。熔点 $-7℃$, 沸点 $106℃$, 易溶于水。其性质与脂肪族胺相似, 碱性比吡啶强, 常作为溶剂和有机合成原料。3-(3,4,5-三甲氧基苯甲酰胺基)吡啶在催化剂作用下可氢化为相应的六氢吡啶衍生物, 后者为治疗消化道溃疡的药物, 商品名为曲昔派特。

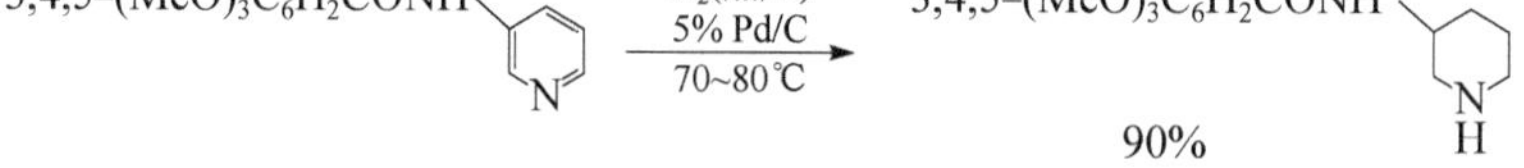

问题 8　请用简单化学方法区别 3-甲基吡啶和 2-甲基吡啶。

15.3.2 喹啉

1. 喹啉的物理性质

喹啉为无色油状液体,具有特殊气味,沸点 238℃,相对密度 1.095,难溶于水,易溶于乙醚等有机溶剂。空气中放置,喹啉逐渐变成黄色。

2. 喹啉的化学性质

1) 弱碱性

喹啉与吡啶很相似,也具有弱碱性($pK_b = 9.1$),其碱性比吡啶($pK_b = 8.8$)弱。喹啉与酸作用生成盐,它与重铬酸作用生成难溶于水的复盐$(C_8H_7N)_2 \cdot H_2Cr_2O_7$,可用此法精制喹啉。喹啉与卤代烷作用形成季铵盐。

2) 取代反应

喹啉可发生亲电取代反应,由于吡啶环难发生亲电取代反应,因此取代基一般进入苯环(5-或 8-位)。喹啉和吡啶类似,能发生亲核取代反应,取代基主要进入吡啶环(2-或 4-位)。例如

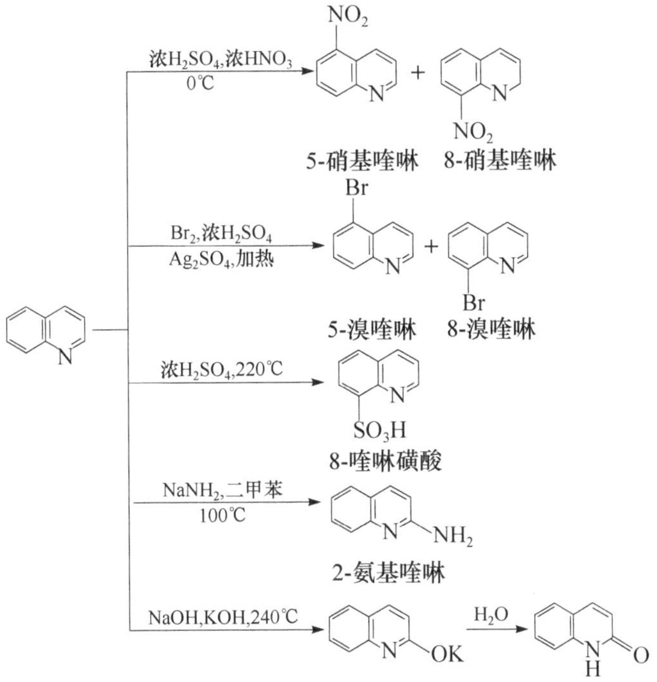

5-硝基喹啉　8-硝基喹啉

5-溴喹啉　8-溴喹啉

8-喹啉磺酸

2-氨基喹啉

8-喹啉磺酸与氢氧化钠共熔可以得到 8-羟基喹啉。

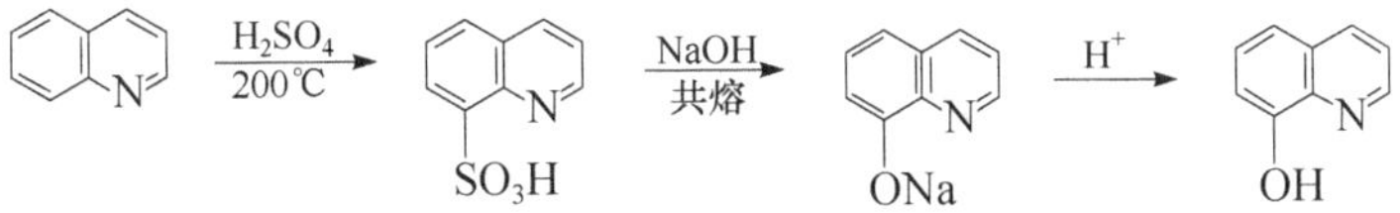

这个化合物能与 Mg、Fe、Cd、Ni、Al、Mn 和 Cu 等形成螯合物,可应用于分析测定和萃取分离中。例如

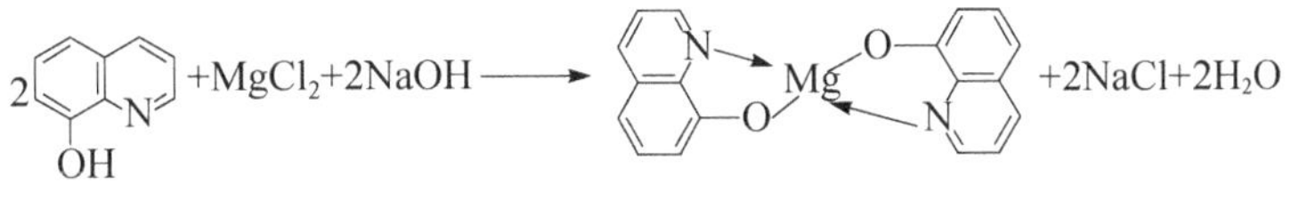

3）氧化和还原反应

喹啉对氧化剂较稳定，用高锰酸钾氧化时，通常是苯环破裂，生成 2,3-吡啶二甲酸。

$$\text{喹啉} \xrightarrow{\text{KMnO}_4} \begin{array}{c}\text{COOH}\\\text{COOH}\end{array}\text{吡啶}$$

2,3-吡啶二甲酸受热脱羧生成烟酸。

$$\begin{array}{c}\text{—COOH}\\\text{—COOH}\end{array} \xrightarrow[140℃]{-\text{CO}_2} \text{—COOH}$$

用二乙基氢铝作还原剂时，喹啉的吡啶环加氢生成 1,2-二氢喹啉。用锡和盐酸或金属钠和乙醇作还原剂以及用瑞尼镍或钯作催化剂进行加氢时，吡啶环加氢生成 1,2,3,4-四氢喹啉。用更活泼的催化剂时，喹啉加氢生成十氢喹啉。

$$\text{喹啉} \xrightarrow[\text{Et}_2\text{O}]{\text{Et}_2\text{AlH}} \text{1,2-二氢喹啉}$$

$$\xrightarrow[\text{或 H}_2+\text{Pd}]{\text{Sn}+\text{HCl 或 Na}+\text{C}_2\text{H}_5\text{OH}} \text{1,2,3,4-四氢喹啉}$$

$$\xrightarrow[\text{CH}_3\text{COOH,40℃}]{\text{H}_2,\text{Pt}} \text{十氢喹啉}$$

15.4　金属杂环化合物

近 20 年来，杂环化学最重要的发展是在金属有机化学领域，尤其是过渡金属催化的反应和锂衍生物的反应，反映了有机化学此领域的发展。

锂杂环化合物是最有用的金属有机衍生物，可与各种亲电试剂反应，反应方式和芳基锂相似。锂杂环化合物可由直接金属化制备，也可由卤素杂环化合物和烷基锂交换卤素来制备。这里主要介绍金属锂和镁杂环化合物。

15.4.1　金属五元杂环化合物

杂原子的诱导作用可以很大程度上从它的邻位碳上吸引电子，这种作用使所有五元杂环化合物的 α-位可以直接锂化。烷基锂可有选择性地在呋喃的 2-位发生金属取代，可以由下面的例子得到确证。3-溴呋喃在 −78℃发生金属/卤素互换得到 3-锂化呋喃，如果温度上升至 −40℃以上，它就会转化为更稳定的 2-锂化呋喃，温度再高得到 2,5-二锂化呋喃。

$$\text{呋喃} \xrightarrow[\text{Et}_2\text{O,回流}]{n\text{-BuLi}} [\text{O—Li}] \xrightarrow[\substack{\text{TMEDA}\\\text{己烷,回流}}]{n\text{-BuLi}} \text{Li—O—Li}$$

$$\big\uparrow {>-40℃}$$

$$\text{3-溴呋喃} \xrightarrow[\text{THF,}-78℃]{n\text{-BuLi}} [\text{3-锂呋喃}]$$

锂与卤代呋喃上的卤素互换可得到 2- 和 3-锂呋喃，但 2,3-二溴呋喃的单互换会有选择地发生在 2-溴的位置上。

$$\begin{array}{c}\text{Br}\\\text{Br}\end{array}\text{O} \xrightarrow{n\text{-BuLi,Et}_2\text{O}} \begin{array}{c}\text{Br}\\\text{Li}\end{array}\text{O} \xrightarrow{\text{DMF}} \begin{array}{c}\text{Br}\\\text{OHC}\end{array}\text{O}$$

如果环上有定位基,则定位基会影响正常情况下 α-位锂化的趋势。例如

但是如果把锂化剂换成二异丙基氨基锂(LDA),则进行正常的锂化。

许多 2-和 3-锂呋喃可以与各种亲电试剂反应,如醛、酮和卤化物等。例如,2-锂呋喃可以与三烷基硼反应生成硼酸盐,接着再与卤素反应,此法提供了一个在呋喃 2-位上引入烷基的非常好的方法。

2-和 3-锂噻吩也可以通过锂与 2-和 3-位上的溴或碘互换得到,并且 2-溴和 2-碘噻吩易与格氏试剂反应生成噻吩基格氏试剂。

但是 3-碘噻吩则需用 Rieke 镁得到噻吩基格氏试剂。

对噻吩基格氏试剂及锂化噻吩的应用很多,如二噻吩并[3,2-b:2′,3′-d]噻吩的合成:

N-取代吡咯通过锂化作用生成 2-锂吡咯衍生物,如

2-锂吡咯衍生物用于在 2-位上引入基团是非常有效的,既可以与亲电试剂反应,又可以通过与硼化合物反应进行偶合。

没有 N-取代的吡咯与烷基格氏试剂反应得到吡咯基格氏试剂,可与烃基化和酰基化试剂进行反应。例如

问题 9　请推测如下反应的机理。

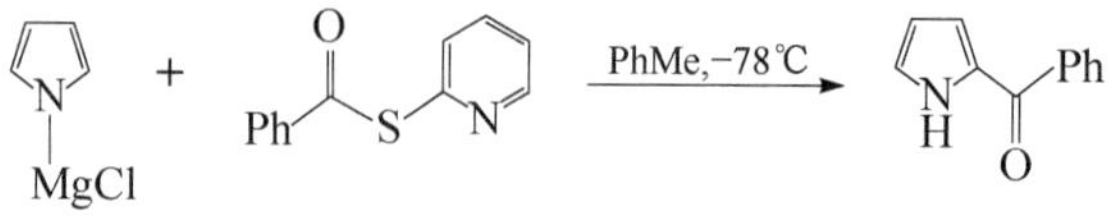

需要注意的是五元杂环体系的 β-锂化过程中会发生杂环裂解,温度升高的话,杂原子可以作为一个离去基,从而使杂环发生裂解。

15.4.2　金属六元杂环化合物

相对于五元环化合物的锂化,吡啶的直接金属取代很难也很复杂,但是可以用很强的碱,如正丁基锂/叔丁氧基钾。但是通过卤素交换,吡啶的锂衍生物容易制备,表现为典型的有机金属亲核试剂。3-和 4-锂吡啶可由 3-和 4-溴吡啶与正丁基锂反应,通过锂与溴的交换制备。

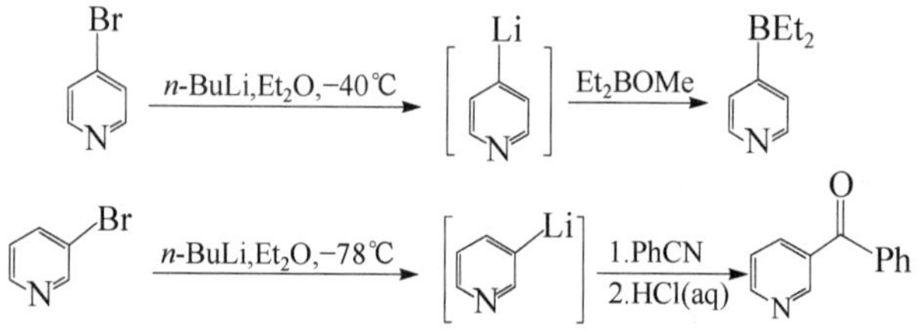

2-锂吡啶可直接由吡啶利用复合碱来制备,复合碱由丁基锂和 2-二甲基氨基乙醇的锂盐混合而成,反应机理较复杂。

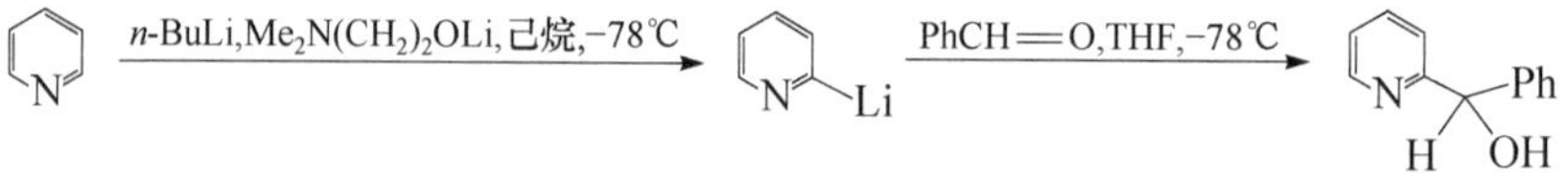

如果卤代吡啶和 LDA 反应,则不发生锂和卤素的交换,而是使卤素邻位的氢去质子化而发生锂化反应,3-卤代吡啶主要在 C_4 上锂化,2-和 4-卤代吡啶必然在 C_3 上锂化。此反应可以和随后的以亲核试剂置换卤素的反应结合起来应用。

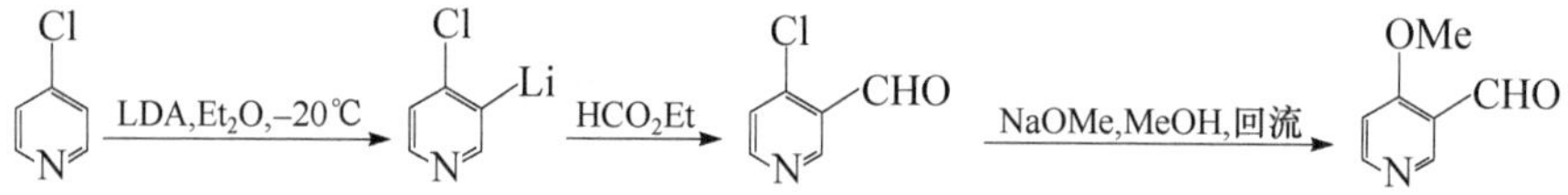

溴代和碘代物也能直接锂化,但异构化可能是个问题,下面的反应表明了如何利用这种异构化合成更稳定的锂衍生物。

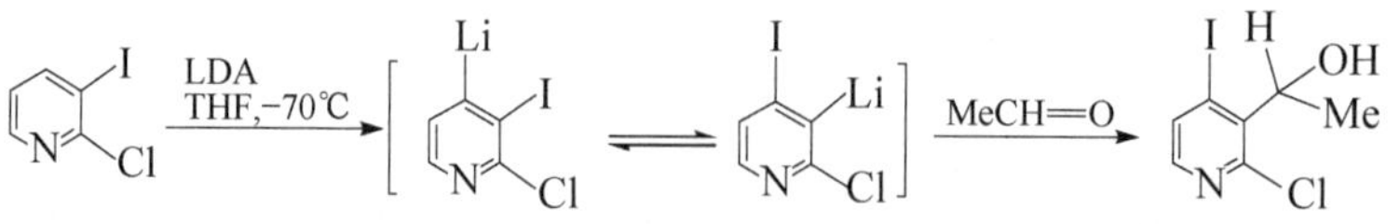

金属-卤素交换与定位取代基的存在结合起来可使位置选择性的交换成为可能。例如

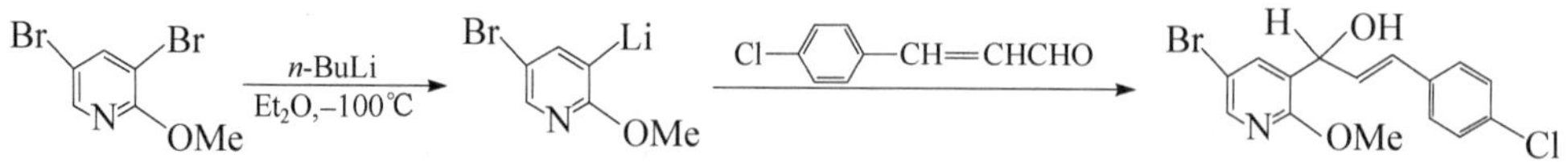

吡啶锡试剂可由锂代吡啶制得,吡啶锡试剂提供了吡啶酰基化的有效方法,这是传统的

傅-克反应所不能实现的。例如,2-叔丁氧基酰基化反应:

锂代喹啉的制备也可以通过金属和卤素之间的交换反应,但喹啉中苯环的锂化需要2 mol 的丁基锂,其中 1 mol 丁基锂与氮结合成络合物。

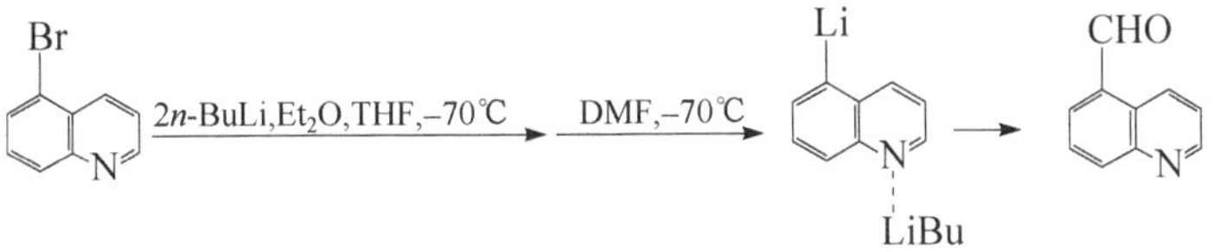

15.5　杂环化合物的制法

15.5.1　呋喃、噻吩和吡咯的制法

工业上通过糠醛脱羰基制备呋喃。

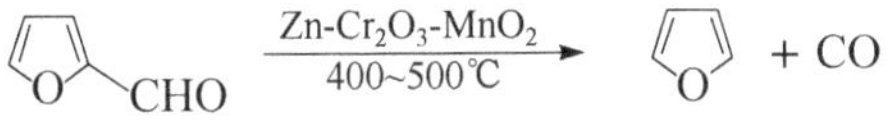

噻吩可用丁烷与硫,丁烯与二氧化硫在高温下反应制备。

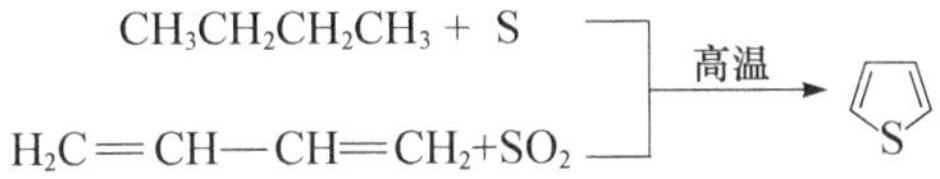

吡咯及其衍生物可用氨或伯胺与 1,4-二羰基化合物反应制得,称为帕耳-克诺尔(Paal-Knorr)合成法:

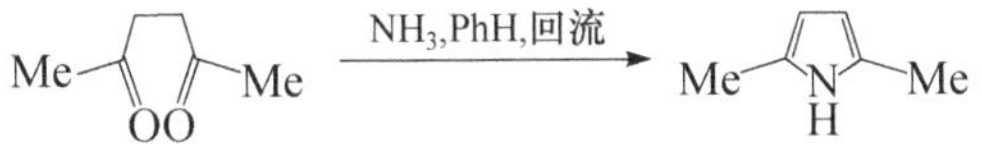

合成吡咯衍生物最广泛的方法是克诺尔法:α-氨基酮与一个含有活泼 α-亚甲基的羰基化合物反应。例如

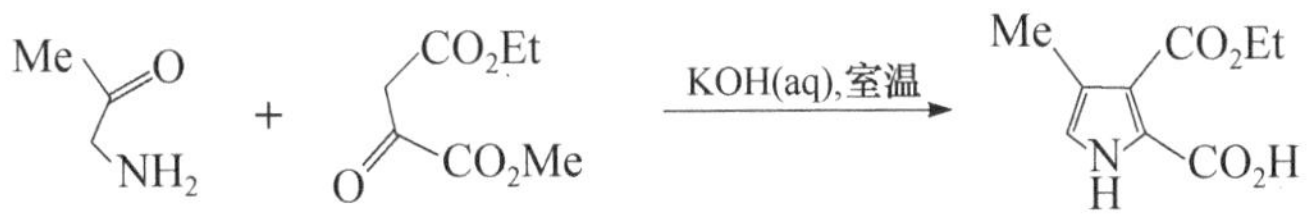

15.5.2　吡啶和喹啉的制法

吡啶环的合成方法很多,最重要最广泛的是汉木西(Hantzsch)合成法,即用 2 分子的 β-羰基酸酯(如乙酰乙酸乙酯)、1 分子的醛和 1 分子的氨发生缩合。

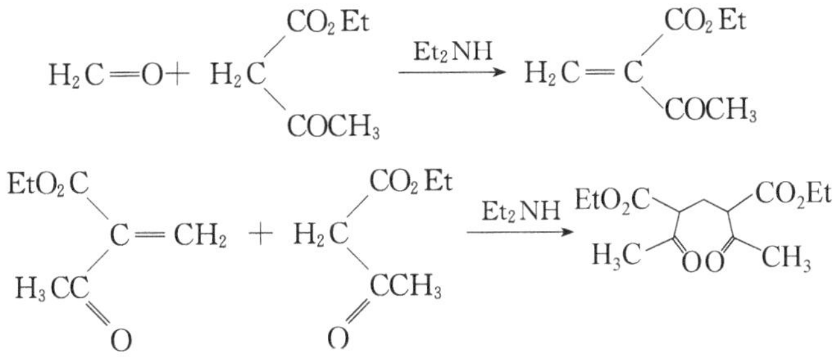

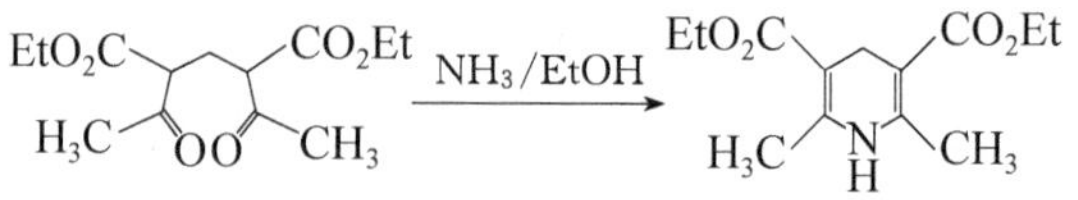

生成的二氢吡啶系的化合物脱氢即得吡啶衍生物。

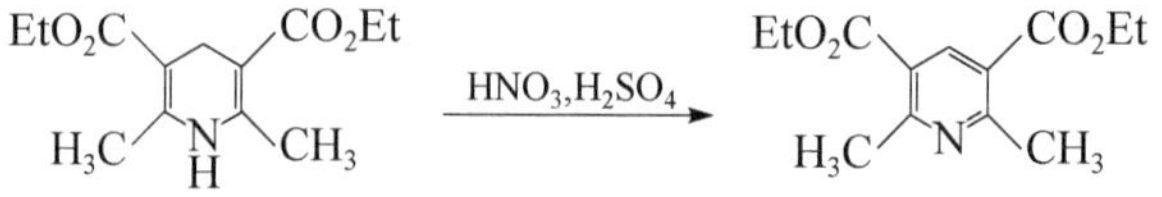

吡啶的衍生物还可以通过呋喃制备,如 2-呋喃基甲胺可以通过开环-闭环过程转变为 3-羟基吡啶。

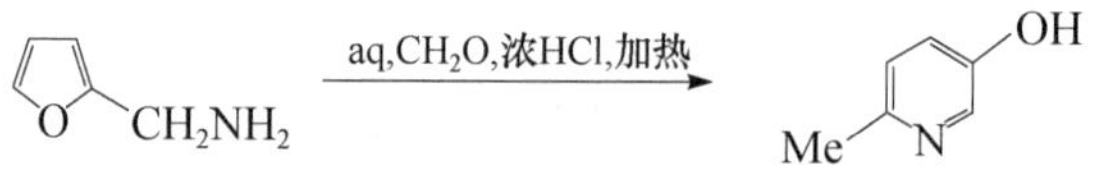

喹啉是苯环与吡啶环稠合而成,存在于煤焦油和骨焦油中,可用稀硫酸提取,也可用合成方法制备。合成喹啉及其衍生物常用的方法是斯克洛浦(Skraup)合成法,用苯胺、丙三醇、浓硫酸和硝基苯共热制备。首先丙三醇脱水生成丙烯醛,后者与苯胺发生 1,4-加成生成 β-苯胺基丙醛,再经环化和脱水得到二氢喹啉,最后被硝基苯氧化成喹啉。

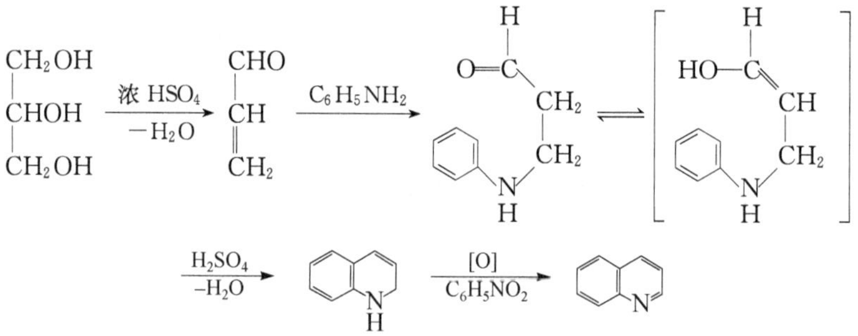

二氢喹啉　　　　喹啉

问题 10 请写出斯克洛浦合成法制备喹啉全过程的反应机理。

如果用其他芳胺或不饱和醛代替苯胺或丙烯醛,则可制备各种喹啉的衍生物。例如,喹啉环的多布纳-米勒(Döebner-Miller)合成法是用 α,β-不饱和醛酮代替了上述方法中的丙三醇,并用盐酸或氯化锌作催化剂。

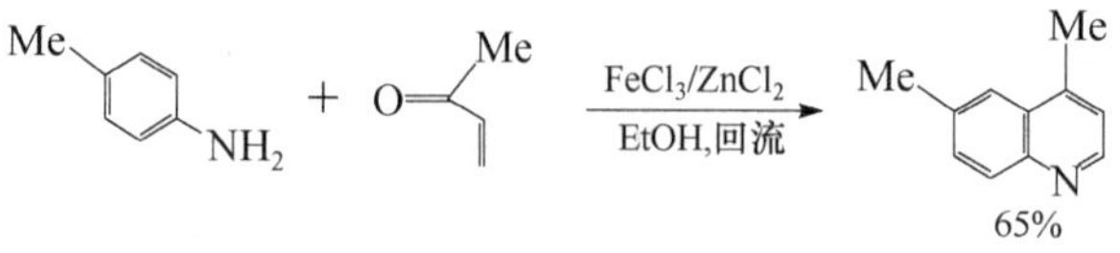

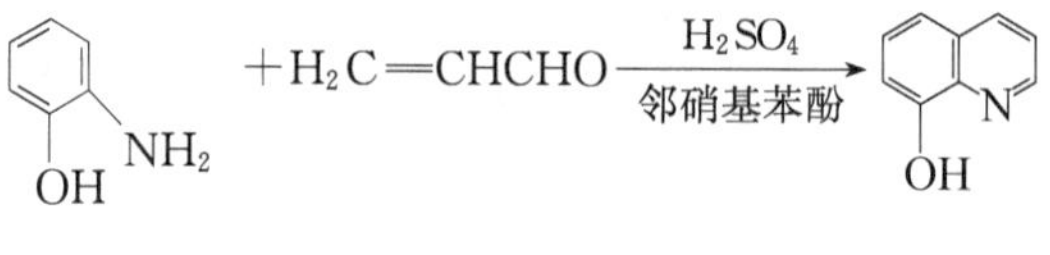

15.6 重要的杂环化合物

15.6.1 哒嗪、嘧啶和吡嗪

含两个氮杂原子的六元杂环称为二嗪,二嗪包括哒嗪、嘧啶和吡嗪。二嗪中最重要的天然产物是嘧啶碱,它们组成了核酸。真菌的代谢物中含有哒嗪环体系,吡嗪环系物质是重要的选择性植物生长调节剂。三种二嗪环体系的衍生物都已在合成药物方面得到了广泛研究,如AZT(叠氮胸腺嘧啶脱氧核苷)被广泛用于抗艾滋病药物,LAM($2'$,$3'$-双脱氧-$3'$-硫代胞嘧啶核苷的异构体)被用来治疗乙肝和艾滋病,2,3-二氮杂萘肼用来降血压等。三种二嗪的结构如下:

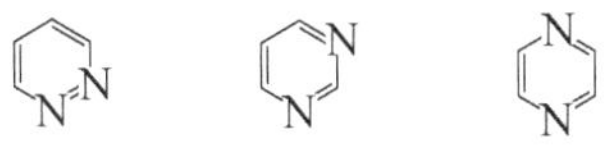

哒嗪　　嘧啶　　吡嗪

二嗪都具有芳香性,但共轭能小于苯,所以化学性质与苯相似较少。二嗪是稳定、无色、易溶于水的化合物。有一个非常显著的物理特性:沸点很高,哒嗪(207℃)沸点比嘧啶(123℃)和吡嗪(118℃)高 80~90℃,原因在于 N—N 结构单元产生的极性导致了它在液态时产生强的缔合作用。

两个氮原子在环碳上吸电子能力要比在吡啶中大,因此没有取代基的二嗪在亲电取代中比吡啶更显惰性,只有卤化反应可以进行。

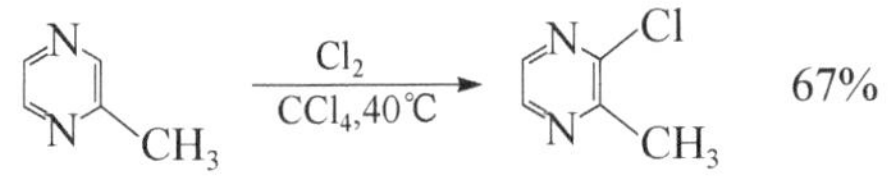

3-氯-2-甲基吡嗪

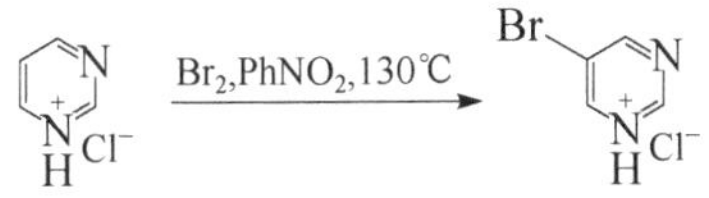

它们更容易和亲核试剂反应,如烷基化和芳基化反应。

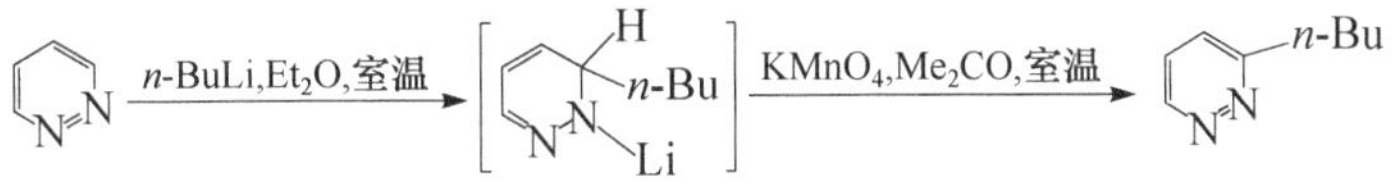

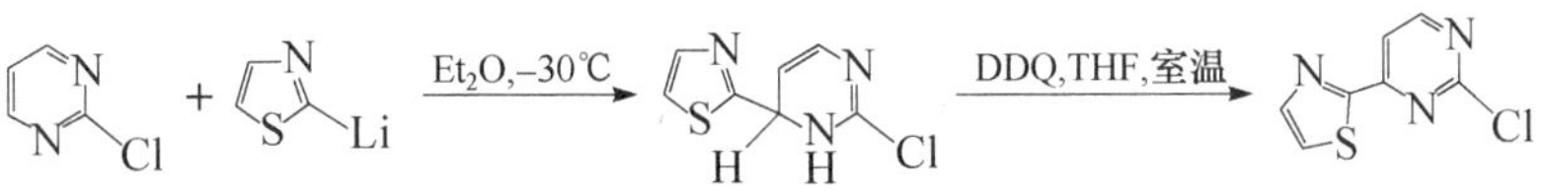

DDQ:2,3-二氯-5,6-二氰基对苯醌

哒嗪、嘧啶和吡嗪实际上是一类一元弱碱,它们的碱性比吡啶要弱很多,可以与卤代烷反应得到单季盐,尽管不如吡啶容易。如果用更活泼的盐则和三种二嗪都可以反应生成双季盐。

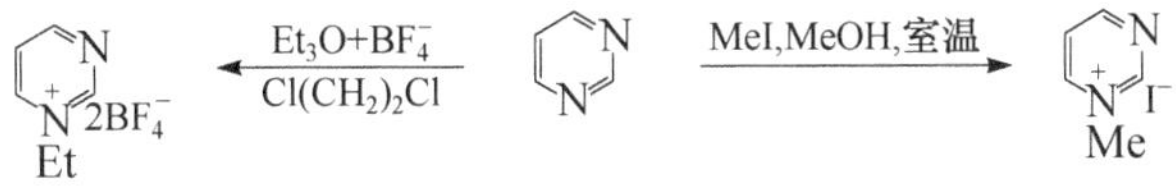

二嗪环对氧化剂比较稳定,不易被氧化,如苯并衍生物氧化,一般是苯环被氧化破坏。

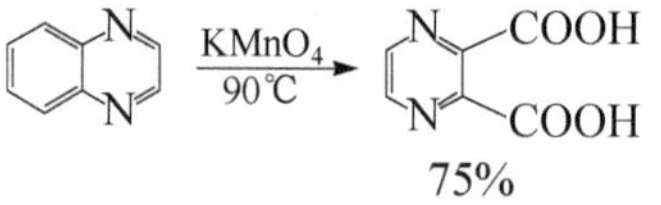

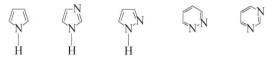

75%

问题 11 请排列含氮杂环化合物的碱性大小顺序,并从结构和电子效应方面解释原因。

15.6.2 吲哚、苯并噻吩和苯并呋喃

吲哚可能是自然界中分布最广的杂环化合物,仅发现的吲哚类生物碱就有上千种。例如,色氨酸和 3-吲哚基乙酸,前者是一种必需氨基酸,后者是植物生长调节激素。吲哚本身呈片状结晶,具有极臭的气味。粪便的臭味就是由 3-甲基吲哚引起的,但吲哚在极稀的溶液时则有香味,可用作香料。苯并噻吩和苯并呋喃分别是硫和氧的结构类似物,对它们的研究还很不充分,含氧体系存在于天然植物和微生物中。苯并噻吩存在于煤焦油的萘馏分及油页岩中,是工业上的重要中间体,且在染料、农药,医药等方面有一定的使用价值。

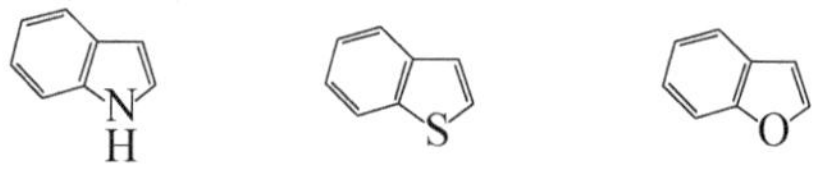

吲哚   苯并噻吩   苯并呋喃

吲哚的化学性质主要是非常容易发生亲电取代反应。两个环中杂环比苯环更富电子,除了特殊情况,亲核进攻通常发生在杂环上。可以和吡咯一样发生硝化、磺化、卤化、酰基化等亲电取代反应,通常只生成 β-取代物。

吲哚可用非酸性硝化剂(如硝基苯甲酰)硝化。

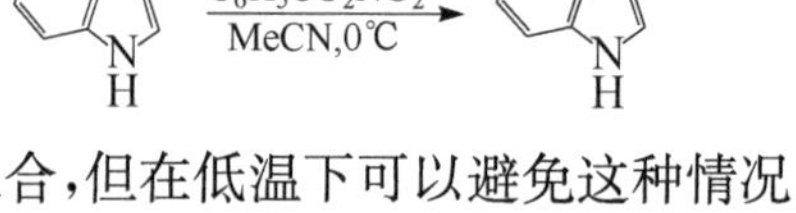

通常用硝酸硝化会发生聚合,但在低温下可以避免这种情况。

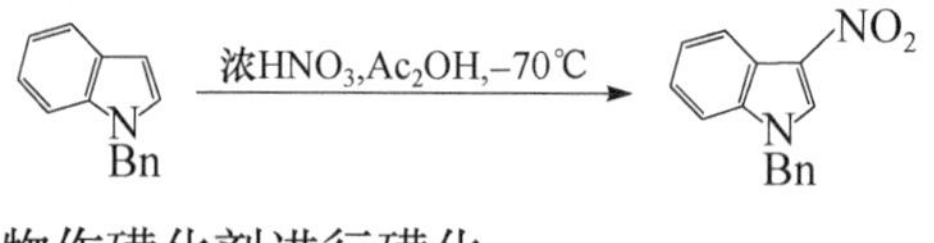

用吡啶-三氧化硫络合物作磺化剂进行磺化。

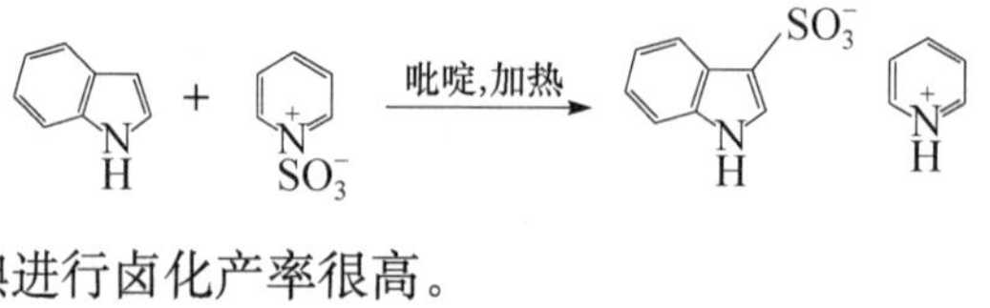

在 DMF 中用溴或碘进行卤化产率很高。

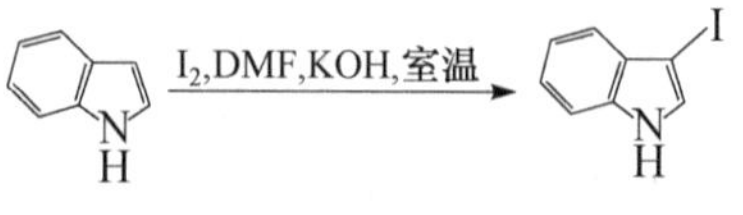

卤代吲哚不稳定,一经制备出来必须马上使用。

一个特别有用和高产率的吲哚酰基化反应是吲哚与乙二酰氯反应生成氯代酮-酸,它可转化为色胺,如 5-羟基色胺(复合胺)。

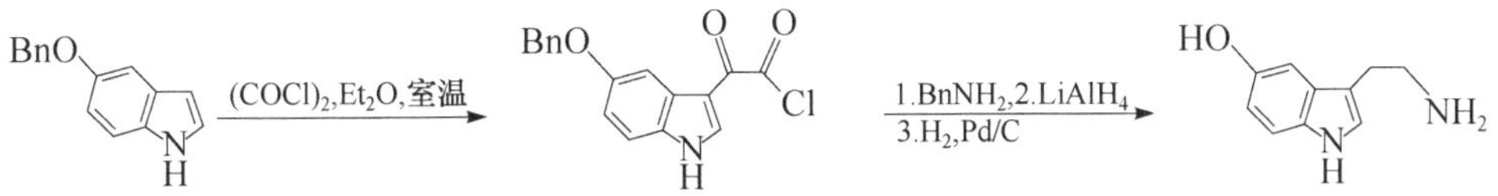

复合胺

吲哚的酸性比苯胺强,在强碱作用下完全转化为盐。

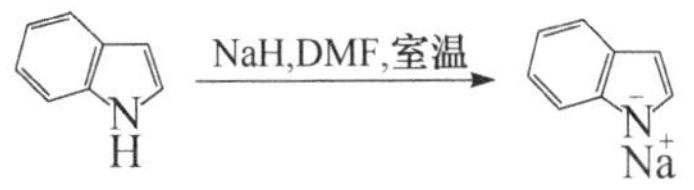

苯并噻吩与吲哚相比,亲电取代反应的选择性稍差,同时有其他位置的取代物生成,但是溴代和碘代反应中只有 β-取代物生成。

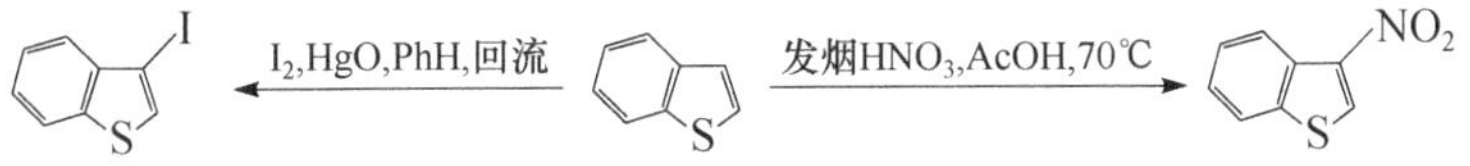

硝化产物还有 2-、4-、6-、7-硝基苯并噻吩。

而苯并呋喃的 β-取代选择性更弱,如甲酰化生成 2-甲酰基衍生物。

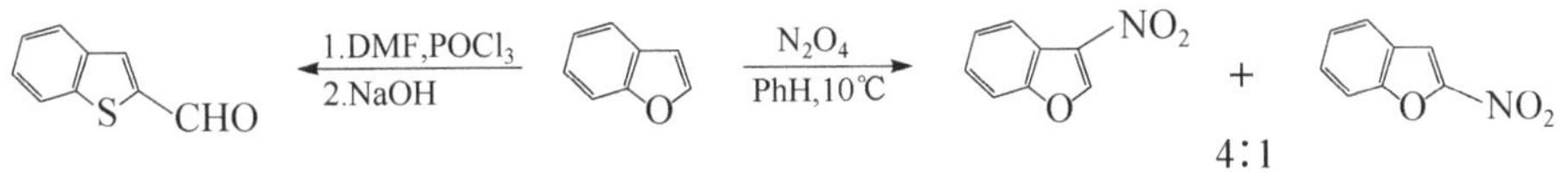

4:1

15.7 生 物 碱

生物碱是一类含氮的碱性有机化合物,存在于生物体内。因为它们主要存在于植物中,所以又称为植物碱。

生物碱对人体很重要,因为它们具有很强的生理作用,如麻黄碱有止咳平喘效作用,吗啡碱有镇静作用,喹啉碱能治疗疟疾等。但它们的毒性大,适量能治病,量大则会使人中毒,甚至死亡。

生物碱的结构一般都为较复杂的多环化合物,分子中存在含氮的杂环,如吡啶、吲哚、喹啉、嘌呤等杂环。因此,生物碱的分类以其所含的杂环为依据,分为吲哚类、吡啶类、喹啉类等。

生物碱是研究得最早且最多的一类中草药有效成分,迄今已从各种植物和部分动物中分离出几千种生物碱,其中结构已经确定且具有良好疗效和投产的有 100 多种。

15.7.1 生物碱的物理性质

1. 生物碱的性状

生物碱大多数为无色或白色晶体,有些是非结晶形粉末。少数生物碱在常温时为液体,如烟碱、槟榔碱等。少数含有较长共轭体系的生物碱带有颜色。例如,小檗碱、木兰花碱、蛇根碱等均为黄色,血根碱为红色。个别有挥发性,如麻黄碱。极少数有升华性,如咖啡因。无论生物碱本身或其盐类,多具苦味,有些味极苦而辛辣,有些刺激唇舌而有焦灼感。

大多数生物碱具有旋光性,自然界中存在的一般为左旋体。

2. 生物碱的溶解性

大多数叔胺碱、仲胺碱和酰胺碱为亲脂性,如秋水仙碱。一般可溶于有机溶剂,更易溶于亲脂性有机溶剂,如苯、乙醚,特别易溶于氯仿。能溶于酸水,不溶或难溶于水和碱水。

含有季铵、胍基或氮氧化物的生物碱可溶于水、甲醇、乙醇,难溶于亲脂性有机溶剂,如氧化苦参碱。小分子、极性强的生物碱以及液体生物碱也可溶于水,如麻黄碱。

两性生物碱是具有羧基(槟榔次碱)、酚羟基(吗啡、青藤碱)等酸性基团的生物碱,可溶于酸水也能溶于碱水,但在 pH 为 8~9 时溶解性最差,容易产生沉淀。

含有内酯基的生物碱(如喜树碱),在碱水中可开环成盐而溶解,在酸水中又可闭环而析出。具有内酰基的生物碱也可溶于碱水。

生物碱成盐后一般易溶于水,能溶于醇类,难溶于亲脂性有机溶剂。生物碱的无机酸盐的水溶性大于有机酸盐,无机酸盐中的含氧酸盐的水溶性大于卤代酸盐。

15.7.2 生物碱的化学性质

1. 弱碱性

生物碱分子中的氮原子通常结合在环状结构中,有仲胺、叔胺和季铵碱 3 种形式,呈弱碱性,可与酸作用生成盐。

生物碱的盐遇碱还能变为不溶于水的生物碱。这个性质可表示如下:

$$\text{生物碱} \equiv N \underset{\text{NaOH}}{\overset{\text{HCl}}{\rightleftharpoons}} [\text{生物碱} \equiv N : H]^+ Cl^-$$

（水中析出）　　　　　　　　　　　　　（溶于水中）

通常生物碱的提取、分离和精制都是利用这个性质。

生物碱的碱性取决于分子中氮原子的电子云密度,电子云密度升高,碱性增强。

(1) 氮原子的杂化方式对碱性的影响。碱性为 $sp^3 > sp^2 > sp$。杂化轨道中 p 轨道的成分增多、能量升高,成对电子的能量也随之升高,易接受质子,碱性增强。

(2) 诱导效应对碱性的影响。氮原子连接给电子基碱性增强,连接吸电基碱性减弱。

(3) 共轭效应对碱性的影响。吸电子共轭效应使氮原子上的电子云密度降低,碱性减弱;给电子共轭效应使碱性增强。例如,含胍基生物碱呈强碱性。

(4) 空间效应对碱性的影响。如果氮原子周围的取代基分子较大,对氮原子构成屏蔽作用,使氮原子难于接受质子,则碱性减弱。

(5) 氢键效应对碱性的影响。生物碱的共轭酸盐若生成稳定的分子内氢键(与含氧基团),则共轭酸的酸性较弱,而其共轭碱的碱性较强。

生物碱结构中的碱性基团与碱性强弱之间的关系为:胍基>季铵碱>脂肪胺和脂杂环>芳胺和吡啶环>多氮同环芳杂环>酰胺基和吡咯环。

2. 氧化反应

生物碱能够发生氧化反应生成相应的氧化产物。例如

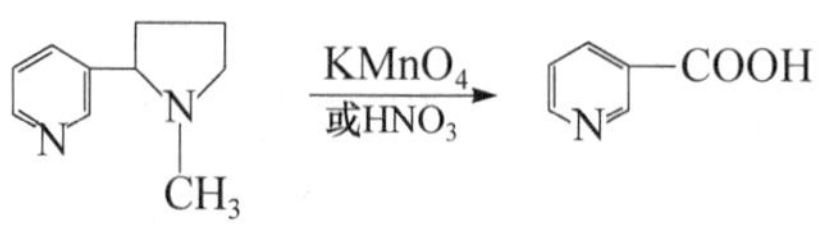

烟碱　　　　　　　　　烟酸(β-吡啶甲酸)

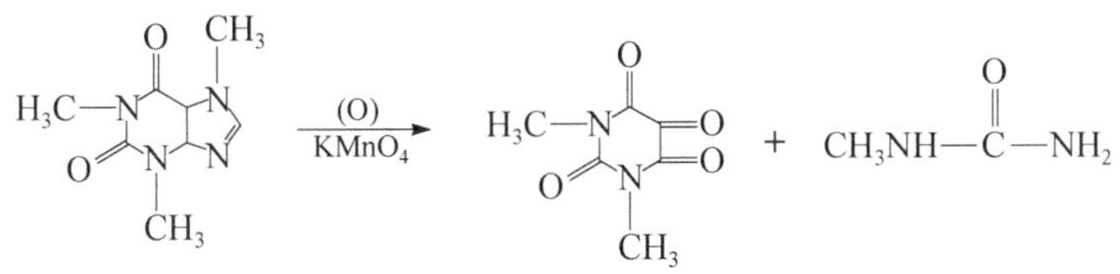

咖啡碱

3. 颜色反应

一些生物碱单体能与浓无机酸等试剂反应,生成不同颜色的化合物,这类试剂称为生物碱显色试剂,常用于鉴定和区别某些生物碱。

可与生物碱产生颜色反应的有浓硫酸、硝酸、甲醛和氨水等。例如,用浓硝酸氧化尿酸后,加入浓氨水呈紫红色,称为红紫酸铵反应,十分灵敏。用于鉴定尿酸、咖啡碱和黄嘌呤等嘌呤衍生物。反应式如下:

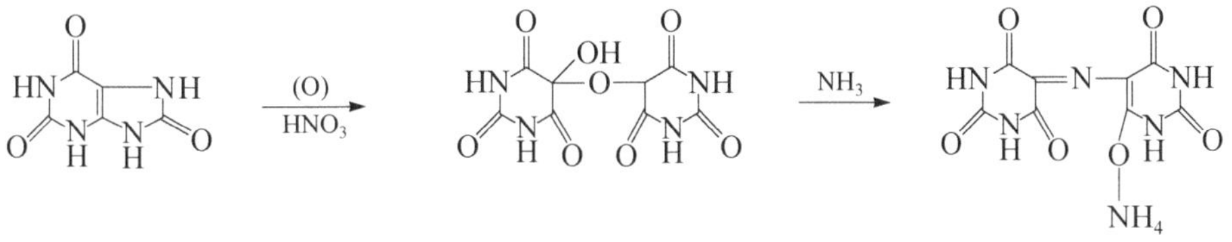

尿酸 红紫酸铵(紫红色)

尿酸超标,可能引起剧痛。

常见的显色试剂有矾酸铵-浓硫酸溶液[曼得灵(Mandelin)试剂],钼酸铵-浓硫酸溶液[弗德(Frohde)试剂],甲醛-浓硫酸试剂[马尔基(Marquis)试剂]。

问题 12 人体内若嘌呤代谢紊乱会使血尿酸升高,这将引起痛风性关节炎。请写出尿酸分子较不稳定的异构体。

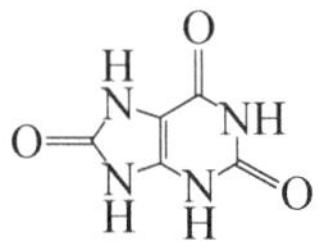

尿酸

---

4. 沉淀反应

生物碱在酸水中或稀醇中与某些试剂生成难溶于水的配合物或复盐的反应,称为生物碱沉淀反应。大多数生物碱都能发生沉淀反应,而咖啡碱、麻黄碱不反应。根据生成物不同可把生物碱沉淀试剂分为三种类型:一是生成不溶性盐类,属于该类试剂有苦味酸试剂、硅钨酸试剂、磷钼酸试剂等;二是生成疏松的配合物,如碘-碘化钾试剂;三是生成不溶性的加成物,如碘化汞钾、碘化铋钾等一些重金属盐类。

$$\overset{|}{—}NH^+ + KBiI_4 \longrightarrow \overset{|}{—}NH^+BiI_4^- \downarrow + K^+$$

生物碱盐 碘化铋钾

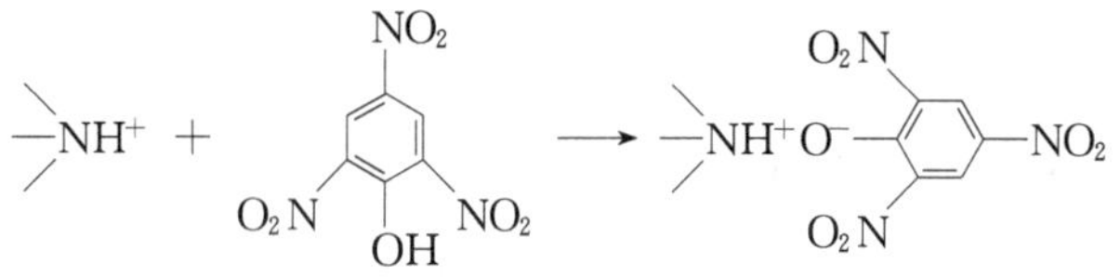

生物碱盐   苦味酸

通常在酸性水溶液中生物碱成盐状态下进行沉淀反应。在稀醇或脂溶性溶液中进行时，含水量需大于 50％，否则醇含量大于 50％时，沉淀可能溶解。沉淀试剂也要加入过量，否则也可能使产生的沉淀溶解。

15.7.3　重要的生物碱

1. 小檗碱

小檗碱为黄连的主要成分，存在于黄连、黄柏等小檗科植物中。其分子中含有异喹啉环，为黄色晶体，味很苦，不溶于乙醚，易溶于热水和热乙醇。具有很强的抗菌作用，常用于治疗菌痢、胃肠炎等疾病。小檗碱构造式如下：

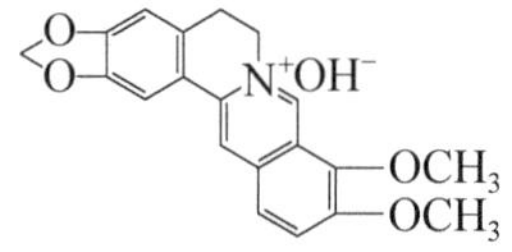

小檗碱

2. 烟碱

烟碱又称尼古丁，存在于烟叶中，分子中含有吡啶环。烟碱呈微黄色液体，沸点 246℃，可溶于水。摄入少量烟碱有兴奋中枢神经、升高血压的作用，量大则能抑制中枢神经系统，使心脏停搏致死（40 mg）。所以，吸烟有害健康。烟碱可作为杀虫剂，杀灭木虱、蚜虫等害虫。其构造式如下：

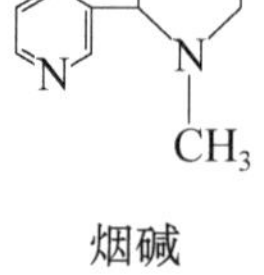

烟碱

3. 奎宁

奎宁又称金鸡纳碱，存在于金鸡纳树中。分子内含有喹啉环，为针状结晶，熔点 177℃，微溶于水，易溶于乙醚、乙醇等有机溶剂。奎宁是使用最早的一种抗疟疾药。

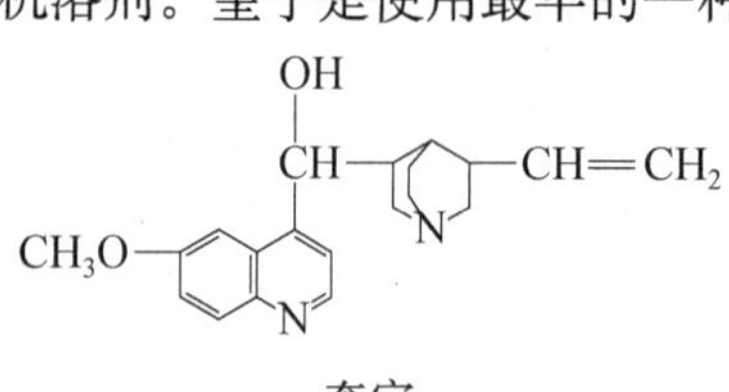

奎宁

由于受到产量的限制，不能满足医药上的需求，又因为奎宁只有抵抗疟原虫的作用，却没有杀灭作用，因此人们一直在寻找合成方便、疗效更好的抗疟药物。目前已从几万种化合物中筛选出以下几种作为临床治疗疟疾的新药。

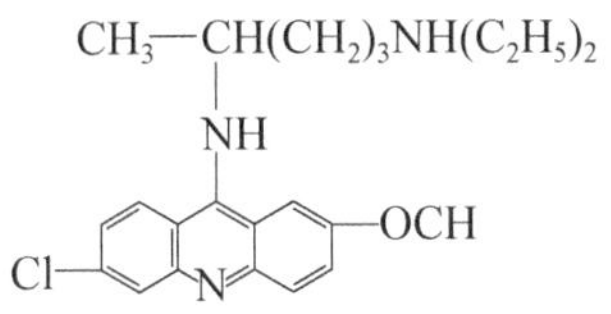

阿的平

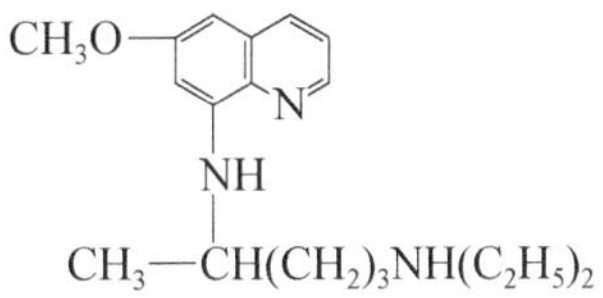

扑疟母星

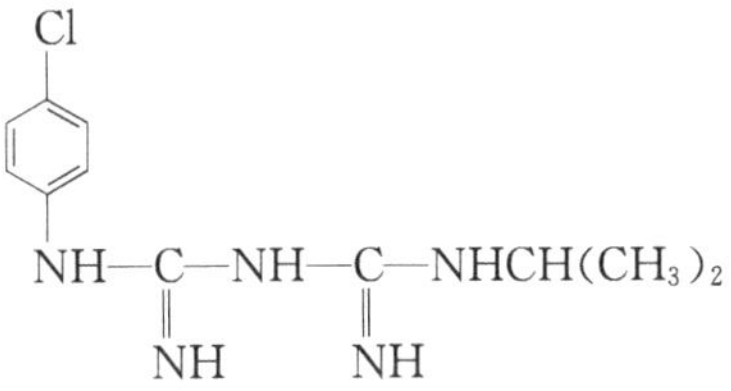

百乐君

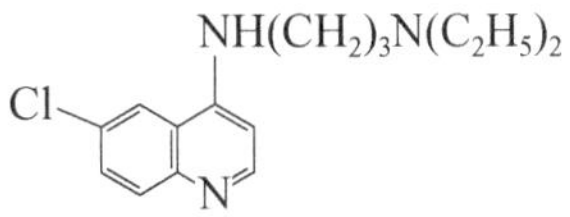

氯奎宁

4. 吗啡

吗啡是鸦片中主要的生物碱，1806 年由德国化学家泽尔蒂纳分离出。纯净的吗啡为无色或白色结晶或粉末，难溶于水，易吸潮。随着杂质含量的增加颜色逐渐加深，粗制吗啡则为棕褐色粉末。鼻闻有酸味，但吸食时有浓烈香甜味。吗啡具有镇痛及催眠作用，其镇痛作用是自然存在的化合物中无可匹敌的，且镇痛范围广泛，几乎适用于各种严重疼痛包括晚期癌变的剧痛。医学上，吗啡为麻醉性镇痛药，药用为其盐酸盐、硫酸盐、乙酸盐和酒石酸盐。

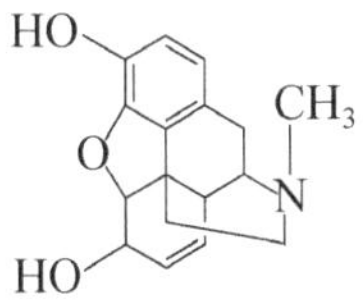

吗啡

由于吗啡容易成瘾，人们在吗啡的结构基础上合成出来一系列类似结构的镇痛药，如哌替啶、芬太尼、喷他佐辛等。

5. 茶碱

茶碱为白色无臭的结晶性粉末，在空气中比较稳定。微溶于冷水、乙醇、氯仿，难溶于乙醚，稍溶于热水，易溶于酸和碱溶液，是存在于茶叶和咖啡中的一种生物碱成分。

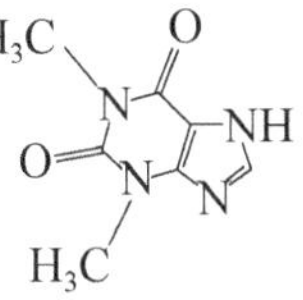

茶碱

茶碱可以直接松弛支气管及肺部血管的平滑肌，药理作用是抑制平滑肌内磷酸二酯。还可以刺激内生性物质儿茶酚胺的释放，达到冠状动脉的血管扩张作用。临床上较为常用的有氨茶碱、二羟丙茶碱、胆茶碱、茶碱乙醇胺和思普菲林等。

习　题

1. 写出下列化合物的构造式。

　(1) 2,5-二氢吡咯　　(2) α-噻吩磺酸　　(3) 2,3-吡啶二甲酸

　(4) 2-苯基苯并吡喃　　(5) β-吲哚乙酸　　(6) 碘化 N,N-二甲基四氢吡咯

　(7) 烟碱　　(8) α-氨基吡啶　　(9) 8-羟基喹啉

2. 命名下列化合物。

　(1) 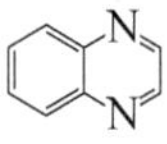　(2) 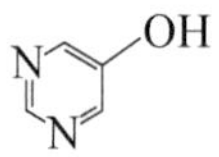　(3) 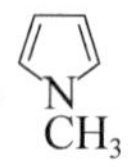

　(4) 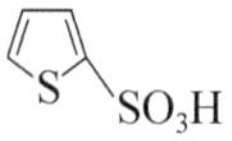　(5) 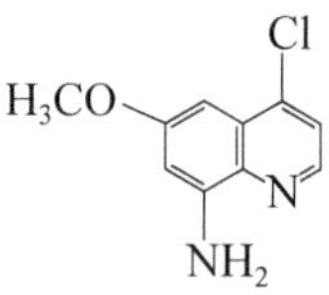　(6) 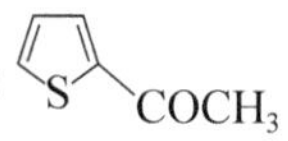

3. 完成下列各反应。

　(1) 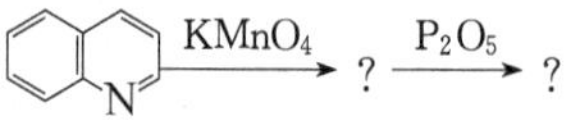

　(2) 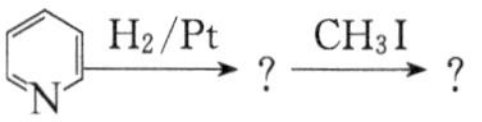

　(3) 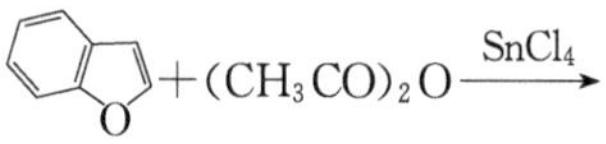

　(4) β-甲基吡啶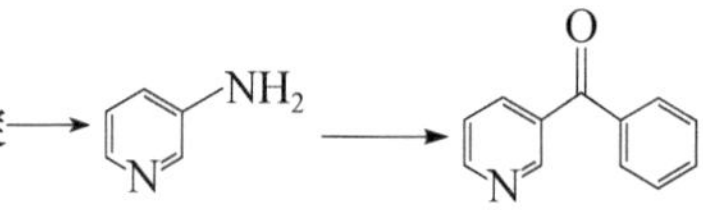

　(5) 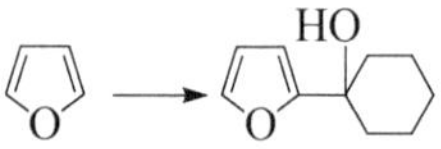

4. 从指定原料出发合成下列化合物。

　(1) 由糠醛合成 1,4-丁二醇　　(2) 由 $CH_3COOC_2H_5$ 合成 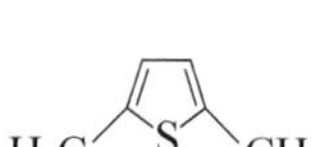

　(3) 由噻吩合成 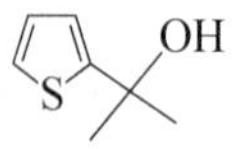

　(4) $H_2C\begin{cases}CH_2CH_2COOC_2H_5\\CH_2CH_2COOC_2H_5\end{cases}$，$H_2C{=}\overset{CH_3}{\overset{|}{C}}CH_2Cl$ ⟶ 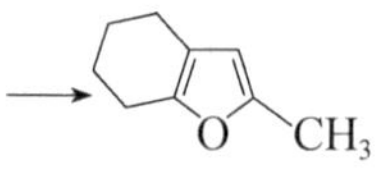

　(5) 糠醛⟶尼龙-66

5. 用化学方法区别下列化合物。

　(1) 苯和噻吩　(2)吡啶和 8-羟基喹啉　(3)2-吡啶甲酸和 3-吡啶甲酸

　(4) 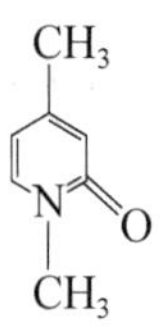　和　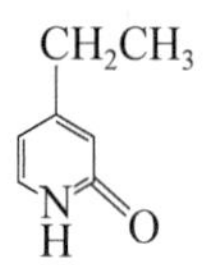

6. 按照环上电子云密度大小排列下列化合物。

苯　吡咯　呋喃　噻吩　吡啶

7. 用化学方法除去下列化合物中的少量杂质。

(1) 甲苯中混有少量吡啶。

(2) β-吡啶乙酸乙酯中含有少量 β-吡啶乙酸。

8. 有一 B 族维生素，其分子式为 $C_6H_6ON_2$，能被酸水解转化为烟酸(3-吡啶甲酸)，水解时有氨气生成。烟酸与碱石灰共热得吡啶，推测该维生素的结构式，并写出每一步反应的反应方程式。

9. 化合物 A($C_9H_{17}N$)，在铂的催化下不吸收氢，A 与 CH_3I 作用后，用湿润的 Ag_2O 处理并加热，得到 B($C_{10}H_{19}N$)；B 用同样的方法处理后得到 C($C_{11}H_{21}N$)；C 再用以上方法处理得 D。D 不含甲基，紫外吸收显示含有双键，它的 ^1H NMR 谱显示双键碳上有 8 个质子。试推测化合物 A、B、C、D 的构造式，并用反应式推导反应过程。

第16章 周环反应

16.1 周环反应的分类

周环反应(pericyclic reaction)是一类通过环状过渡态进行并同时有超过一个键在环内生成或断裂的协同反应。化学键的断裂和形成同步完成的反应称为协同反应,该反应一般是通过由电子重新组织经过四或六电子中心环的过渡态而进行的。

周环反应具有如下特点:

(1) 反应过程中,化学键的断裂和形成是相互协调地同时发生于过渡状态结构中,为多中心的一步反应。

(2) 反应过程中没有自由基或离子这一类活性中间体。

(3) 反应不受溶剂极性的影响、不需要酸碱催化剂和化学试剂引发。

(4) 反应条件一般只需要加热或光照。

(5) 反应有高度的立体选择性。

周环反应主要包括电环化反应(electrocyclic reaction)、环加成反应(cycloaddition reactions)和 σ 迁移反应(sigmatropic reaction)。各类周环反应的典型范例如图 16-1 所示。

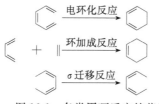

图 16-1 各类周环反应的范例

16.2 周环反应的机理

16.2.1 轨道和成键

1926 年,薛定谔(Schrodinger)基于电子有粒子及波的二象性,提出了以波的形式描述分子或原子中电子运动状态的数学表达式,即波动方程。波动方程有一系列解,这些解称为波函数,通常将描述原子或分子中电子运动状态的波函数以 Φ 或 ψ 表示,通过波函数可以计算原子核外一定区域内电子出现的概率,并在解波动方程得到波函数的同时,也得到相应于每一个波函数,即相应于每一个电子运动状态的能量,或者说电子所处的能级。

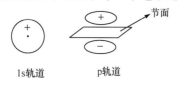

图 16-2 s 与 p 轨道的形状

对于化学家来说,常把单电子波函数称为轨道。同时,为了能直观叙述,常用如图 16-2 所示的一些图形表示不同的原子轨道。根据几个不同的量子数,可以导出原子核外的 s、p、d、f 等不同轨道的形状、分布及能量。对于多电子原子来说,原子核外的电子按照能量最低原理、泡利(Pauli)不相容原理及洪德(Hund)规则分别填入上述不同的轨道。

将波的特点应用于电子的波性时,其相似点是电子波也有位相及节点而且可以相互加强或抵消。如图 16-2 所示,1s 轨道的波函数 Φ 的符号为"+"。p 轨道由相同的两瓣组成,根据量子力学计算,两瓣为压扁了的球形,但常习

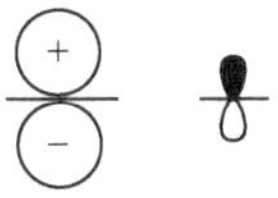

图 16-3　p 轨道的几种表示方法

惯用两个球形或"8"字形来表示,如图 16-3 所示;这两瓣分别以"+"、"—"标记,当中被一节面分开,原子核位于节面上。

必须指出的是符号的"+"或"—"与电荷无关,与电子出现的概率大小也无关,而只是波函数的一个符号,表示不同的位相。例如,对于 p 轨道来说,在符号为"+"或"—"的部分,电子出现的概率是相同的。但"+"与"—"的意义在由原子轨道组合成分子轨道时是十分重要的,在一定情况下,只有符号相同,即位相相同,才能组合成键。有时可用不同颜色或其他方法代表不同的位相,相同的位相则用相同的颜色或相同的表示方法,如图 16-3 所示。

在主量子数相同的电子层中,轨道的节面越多,能量越高。"电子云"这个术语,是用统计学的方法描述电子在核外空间出现概率的一种形象化的名词。电子出现概率大的地方,称为电子云的密度大。

了解共价键形成的理论,对于了解分子的性质,如分子的光谱性质、相对稳定性、化学反应的进程、立体化学等是十分重要的。用来阐明共价键的本质而采用的近似方法不止一种,目前最常用的有两种,即价键法及分子轨道法。

1. 价键法

价键法(valence bond theory,VB 法)是将量子力学对氢分子处理的结果推广到其他分子体系,从而形成的一种量子力学的近似方法。价键法认为相邻原子间形成的键是由这两个原子各由一个自旋相反的电子形成的原子轨道重叠而成的,原子轨道重叠程度越高,形成的共价键越稳定。以上两点导致共价键具有饱和性与方向性。

由于原子轨道重叠方式不同,共价键有 σ 键与 π 键之分。为了说明某些多原子分子所表现的某些性质及它们的立体形状,如碳的四价及甲烷的四面体结构等,在价键法的基础上又发展了关于轨道杂化的理论。

在前面几章中关于烷烃、烯烃、炔烃等的结构都是用价键法来处理的。但价键法有一定的局限性,如它不能解释氧分子的顺磁性、共轭体系的特性等,而分子轨道法则能较好地说明这些问题。

2. 分子轨道法

分子轨道法(molecular orbital theory,MO 法)认为,在分子中,组成分子的所有原子的电子,不再只从属于相邻的原子,而是分布于整个分子内的不同能级的分子轨道中,这就像孤立的原子以原子核为中心有不同能级的原子轨道一样;所不同的是,分子轨道是以分子中所有的原子核为中心的。

通过量子力学计算,可以知道一个分子有多少分子轨道,它们的相对能量关系如何,以及电子如何分布于这些轨道中。

分子轨道的导出最常采用的近似方法称为原子轨道的线性组合法(linear combination of atomic orbital,LCAO 法),所谓原子轨道的线性组合就是由原子轨道函数相加或相减而导出分子轨道。一个分子的分子轨道数目等于组成该分子的所有原子的原子轨道数目的总和;在

这些分子轨道中,其中部分分子轨道的能量低于孤立原子轨道的能量,称为成键轨道,而另一些分子轨道,其能量高于孤立原子轨道的能量,称为反键轨道。

例如,氢分子由两个氢原子组成,每个氢原子有一个原子轨道,分别以 Φ_A、Φ_B 表示。如以波函数 ψ 表示分子轨道,则氢分子应有两个分子轨道 ψ_1 及 ψ_2:

$$\psi_1 = N_1(\Phi_A + \Phi_B) \quad 成键轨道(bonding\ orbital)$$
$$\psi_2 = N_2(\Phi_A - \Phi_B) \quad 反键轨道(antibonding\ orbital)$$

其中,N_1、N_2 为归一化系数。

由两个原子轨道函数相加所得的分子轨道称为成键轨道,它的能量低于孤立原子轨道的能量。两个原子轨道函数相减所得的是反键轨道,它的能量高于孤立原子轨道的能量。氢分子的分子轨道可用图 16-4 表示。

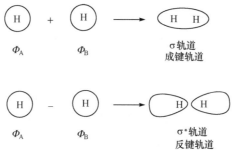

图 16-4　氢分子的分子轨道

原子轨道相加,表示成键组合中,波函数 Φ 的符号相同,就相当于波的位相相同,表示核间重叠区相互加强,通常就称为两个轨道的最大重叠,组合成成键轨道。原子轨道相减则表示成键组合中波函数 Φ 的符号相反,位相相反,表示重叠区互相抵消,或说两个轨道没有重叠,也就是在两个核间出现节面,电子在两个核之间出现的概率为零,因此核间的斥力最大,这就组成反键轨道。反键轨道由于有节面,因此能量高于成键轨道。

总的来说,两个原子轨道 Φ_A 及 Φ_B 只有在满足下列三条原则时,才能组合成能量比孤立原子轨道能量低的稳定的分子轨道。这三条原则是:①最大重叠;②能量相近;③轨道对称性相同。"轨道对称性相同"指的是轨道的位相相同才能有效地成键。

分子轨道也同样有 σ 轨道与 π 轨道之分,氢分子的两个分子轨道都是 σ 轨道,反键轨道以右上标加"＊"表示。例如,氢分子中的成键轨道为 σ 轨道,反键轨道以 σ^* 表示。成键轨道中的电子能将原子拉在一起,或者说使原子间结合加强,电子如进入反键轨道,则使原子间结合减弱。

分子中的电子也遵循能量最低原理、泡利不相容原理及洪德规则而分布于分子轨道中,所以在基态时,氢分子中的两个电子位于成键轨道中。

通常用分子轨道能级图来表示分子中各分子轨道的能量及电子分布,如图 16-5 所示。

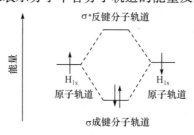

图 16-5　氢分子轨道能级图

除成键轨道及反键轨道外,还有另一种类型的轨道,称为非键轨道(nonbonding orbital)。电子如占据非键轨道,则对原子间的成键作用既不加强也不减弱,也就是对成键不起作用,如未共用电子对所占据的轨道就是非键轨道。

对于氢以外的原子(第二周期及其他周期的原子)组成的分子来说,分子轨道的数目将很多,但决定分子化学行为的主要是原子外层的价电子,因此计算分子轨道时,只需考虑由原子的外层价电子组成的分子轨道。对于有机化合物来说,由未经杂化的 p 轨道组成的 π 分子轨道常赋予化合物特殊的性质。

16.2.2　分子轨道对称守恒原理

1965 年,美国有机化学家伍德沃德(R. B. Woodward)在维生素 B_{12} 的研究中发现,在加热和光照条件下电环化反应具有不同的立体选择性,他和量子化学家霍夫曼一起探索这类反应的规律性,发现分子轨道对称性是控制这类反应的关键因素,提出了"分子轨道对称守恒原理"。

分子轨道对称守恒原理认为:化学反应是分子轨道进行重新组合的过程,在一个协同反应中,分子轨道对称性守恒;从反应物分子到产物分子,分子轨道对称性始终保持不变,分子轨道对称性控制整个反应过程。当反应物和生成物的轨道对称性一致时,反应就能很快地进行,反应过程中分子轨道的对称性始终不变,因为只有这样,才能用最低的能量形成反应中的过渡态。因此,分子轨道的对称性控制着整个反应的进程,而反应物总是倾向于保持其轨道对称性不变的方式发生反应,从而得到轨道对称性相同的产物。

16.2.3　前线轨道理论

在应用分子轨道对称性守恒原理分析周环反应时,有几种表达方式,如前线轨道法、轨道相关理论及芳香过渡态理论等,这些表达方式虽然在处理形式上不同,但结论是一致的,其中前线轨道法较为简单而且形象,容易接受。

前线轨道理论最早是由日本化学家福井谦一提出的。1952 年,福井谦一以量子力学为基础提出了前线分子轨道和前线电子概念:分子轨道中的最高占有轨道(highest occupied molecular orbital,HOMO)和最低空轨道(lowest unoccupied molecular orbital,LUMO)称为前线分子轨道(frontier molecular orbital,FMO);分布在前线分子轨道中的电子称为前线电子。

前线轨道理论认为:在反应中,起关键作用的是前线电子和前线分子轨道。这与原子之间的反应类似,原子之间的化学反应起关键作用的是外层轨道和电子,即价电子和价轨道,原子中的价电子和价轨道实际上是最高占有原子轨道中的电子和最低空原子轨道。

16.3　电环化反应

在光或热的作用下,开链的共轭烯烃两端形成 σ 键并环合转变为环状烯烃,以及它的逆反应——环状烯烃开环变成共轭烯烃的反应,称为电环化反应,如(Z,E)-2,4 己二烯和(Z,Z,E)-2,4,6-辛三烯的环化和逆反应(图 16-6)。

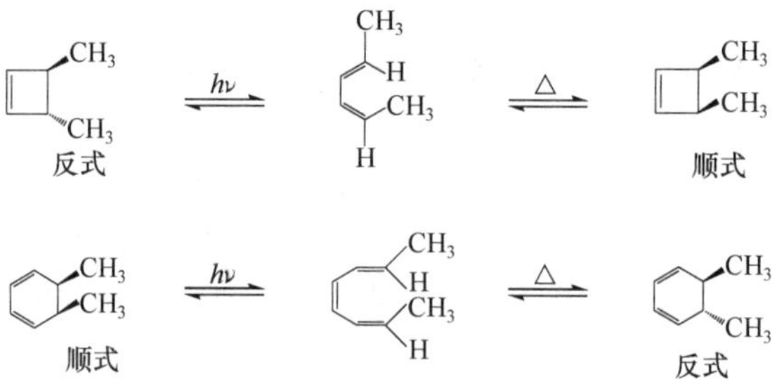

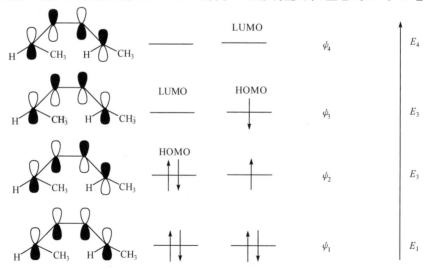

图 16-6 (Z,E)-2,4己二烯和(Z,Z,E)-2,4,6-辛三烯的环化和逆反应

由前面论述已知,共轭多烯的电环化反应具有高度选择性,它是单分子反应,属于分子内环合或开环反应。根据前线轨道理论和分子轨道对称守恒原理,这类反应中起关键作用的分子轨道是最高占有轨道,共轭多烯的 π 键两端原子的 p 轨道旋转形成 σ 键时,这两个 p 轨道要保持对称性相同。电环化反应常用顺旋和对旋来描述不同的立体化学过程。顺旋(conrotatory)是指两个碳碳 σ 键键轴向同一个方向旋转;对旋(disrotatory)是指两个碳碳 σ 键键轴向相反方向旋转。下面具体讨论 $4n$ 型和 $4n+2$ 型电环化反应机理。

16.3.1 含 $4n$ 个 π 电子体系的电环化

电环化反应是可逆的,根据微观可逆性原则,正反应和逆反应所经过的途径是相同的。因为 2,4-己二烯的成环反应比较容易理解,分析的结果也适用于开环反应,下面就以 2,4-己二烯为例,分析 $4n$ 型电环化反应。

在电环化反应中二烯烃分子中的一个 π 键变成环烯烃分子中的 σ 键。因此,必须考虑 π 轨道的对称性。2,4-己二烯分子的 π 轨道与 1,3-己二烯相似,如图 16-7 所示。在下面及以后部分的叙述中,用"＋"(正)号表示轨道中黑体部分的位相,"－"(负)号表示空白部分的位相。

热反应只与分子的基态有关,2,4-己二烯为 $4n$ 型共轭多烯,基态时,4 个 π 电子填充 ψ_1、

图 16-7 2,4-己二烯的分子前线轨道示意图

ψ_2 两个能级最低的分子轨道，E_2 能量比 E_1 高，在反应中起关键作用的是最高占有轨道（HOMO）ψ_2，正如原子在反应中起关键作用的是能级最高的价电子一样。

2,4-己二烯要变成 3,4-二甲基环丁烯，必须在 C_2 与 C_5 之间生成 σ 键，这就要求 2,4-己二烯分子的两端分别围绕 C_2—C_3 和 C_4—C_5 键旋转，同时 C_2 和 C_5 上的 p 轨道逐渐变成 sp^3 轨道，互相重叠生成 σ 键。C_2—C_3 和 C_4—C_5 的旋转有两种可能的方式，如图 16-8 所示，一种是顺旋，就是向同一方向旋转；另一种是对旋，就是分别向不同方向旋转。

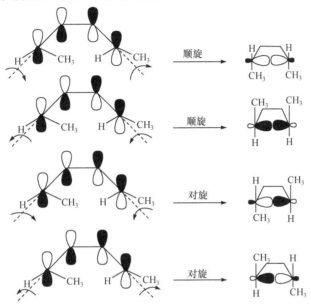

图 16-8　(Z,E)-2,4-己二烯加热变成顺-3,4-二甲基环丁烯

所谓轨道对称性守恒是指协同反应中从原料到产物轨道的对称性保持不变。根据对称守恒性原则，2,4-己二烯分子中 C_2 和 C_5 上的 p 轨道变成 3,4-二甲基环丁烯分子中的 sp^3 轨道，其对称性仍保持不变，p 轨道位相为（＋）的一瓣，仍变成 sp^3 轨道位相为（＋）的一瓣。从图 16-8 可以看出：在顺旋时，C_2 上 p 轨道或 sp^3 轨道的一瓣始终接近 C_5 上 p 轨道或 sp^3 轨道位相相同的一瓣，它们可以重叠成键，p 轨道逐渐转变为 sp^3 轨道，重叠程度逐渐增加，最后生成 σ 键，π 键开始断裂，σ 键也开始生成，这时反应的活化能降低，使原料能顺利地变成产物。因此，顺旋是轨道对称性允许的途径。在对旋时，C_2 上 p 轨道或 sp^3 轨道的一瓣始终接近 C_5 上 p 轨道或 sp^3 轨道位相相反的一瓣，不能重叠成键。因此，对旋是轨道对称性禁阻的途径。(Z,E)-2,4-己二烯顺旋成环应当得到顺-3,4-二甲基环丁烯，顺-3,4-二甲基环丁烯顺旋开环应当得到 (Z,E)-2,4-己二烯。

在光照下，2,4-己二烯分子中一个电子从 ψ_2 激发到 ψ_3，最高占有轨道为 ψ_3，两种可能的旋转方向如图 16-9 所示。

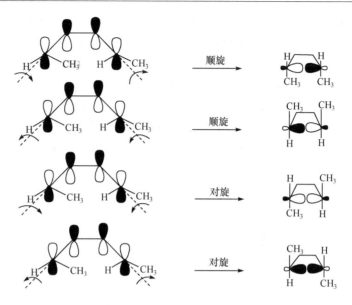

图 16-9　(Z,E)-2,4-己二烯在光照下转变为反-3,4-二甲基环丁烯

从图 16-9 可以看出:在对旋时 C_2 和 C_5 可以成键,是轨道对称性允许的,在顺旋时,C_2 和 C_5 之间不能成键,是轨道对称性禁阻的,因此(Z,E)-2,4-己二烯在光照下应对旋生成反-3,4-二甲基环丁烯。

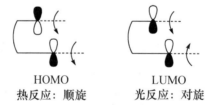

含 $4n$ 个 π 电子的共轭体系,其最高占有轨道和最低空轨道两端的位相(只画出 HOMO 和 LUMO 部分,其他部分忽略)分别为

HOMO 　　　　　　　　　　 LUMO
热反应:顺旋　　　　　　　 光反应:对旋

因此,$4n$ 个 π 电子体系的电环化反应的立体选择性规则见表 16-1。

表 16-1　$4n$ 型共轭多烯电环化反应的立体选择性规则

π电子数	$4n$
顺旋	加热允许
	光照禁阻
对旋	加热禁阻
	光照允许

问题 1　(Z,E)-1,3-环辛二烯在加热时发生电环化反应,正反应生成的四元环张力大,但反应仍能进行,试解释原因。

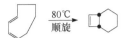

16.3.2　含 $4n+2$ 个 π 电子体系的电环化

以 2,4,6-辛三烯为例,其电环化反应规则为加热条件下对旋允许,光照条件下顺旋允许。下面我们用前线轨道理论和分子轨道对称守恒原理讨论 2,4,6-辛三烯的电环化反应规律。图 16-10 是 2,4,6-辛三烯的分子前线轨道示意图。

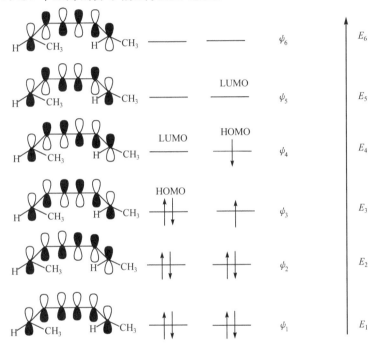

分子轨道图形　　　基态电子分布　激发态电子分布　分子轨道符号　分子轨道能级

图 16-10　2,4,6-辛三烯的分子前线轨道示意图

2,4,6-辛三烯为 $4n+2$ 型共轭多烯,有 6 个 π 电子,6 个 π 分子轨道。基态下,6 个 π 电子分布在 ψ_1、ψ_2 和 ψ_3 三个分子轨道,ψ_3 是 HOMO,ψ_3 两端的 p 轨道对称性决定电环化反应的立体选择性。从 ψ_3 两端的 p 轨道符号可以看出,对旋情况下,C_2 和 C_7 的 p 轨道正正重叠或负负重叠,对称性相符合,形成 σ 键,反应允许;而顺旋时,C_2 和 C_7 的 p 轨道则正负重叠或负正重叠,对称性不符合,不能成键,反应禁阻。

从图 16-10 还可以看出,光照条件下,2,4,6-辛三烯的一个 π 电子从 ψ_3 被激发到 ψ_4,ψ_4 是 HOMO,ψ_4 两端的 p 轨道对称性决定电环化反应取向。从 ψ_4 两端的 p 轨道符号容易看出,顺旋时,C_2 和 C_7 的 p 轨道为正正重叠或负负重叠,对称性相符合,形成 σ 键,反应允许;而对旋时,C_2 和 C_7 的 p 轨道则正负重叠或负正重叠,对称性不符合,不能成键,反应禁阻。

上述分析得到的结论是:2,4,6-辛三烯的电环化反应为加热对旋允许,顺旋禁阻;光照则顺旋允许,对旋禁阻。这与实验结果完全相符合。

实验证明,(E,Z,E)- 2,4,6-辛三烯在140℃下成环,得到的顺-5,6-二甲基-1,3-环己二烯的纯度在99.5％以上。

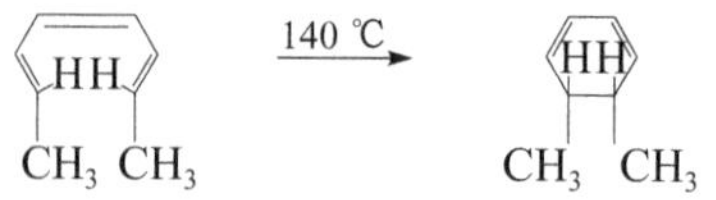

(E,Z,E)-2,4,6-辛三烯 　　　顺-5,6-二甲基-1,3-环己二烯

含 $4n+2$ 个 π 电子的共轭体系,其最高占有轨道和最低空轨道两端的位相(只画出HOMO和LUMO部分,其他部分忽略)分别为

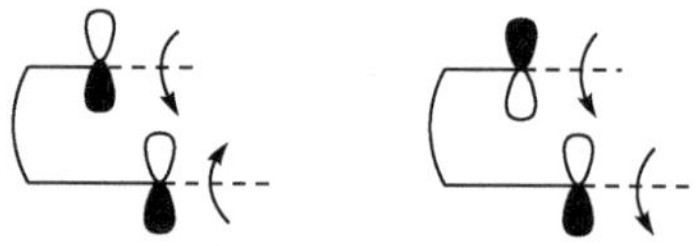

HOMO　　　　　LUMO
热反应:对旋　　光反应:顺旋

因此,$4n+2$ 个 π 电子体系的电环化反应的立体选择性规则见表 16-2。

表 16-2　　4n+2 型共轭多烯电环化反应立体选择性规则

π电子数	4n+2
顺旋	加热禁阻
	光照允许
对旋	加热允许
	光照禁阻

共轭多烯电环化反应立体选择性规则已经被实验证实,这个规则不但适用于关环反应,也适用于开环反应。但要得到预期的产物,还要注意空间位阻的影响。例如

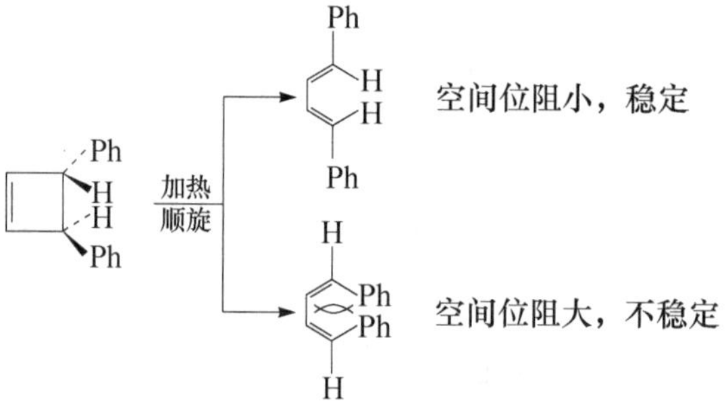

空间位阻小,稳定

空间位阻大,不稳定

16.4　环加成反应

两个 π 电子共轭体系的两端同时生成两个 σ 键而闭合成环的反应,称为环加成反应(cycloaddition)。

环加成反应可以根据两个 π 电子体系中参与反应的 π 电子数目分类。例如,由两分子乙烯生成环丁烷为[2+2]环加成,参与环加成的 π 电子之和为4,属于 $4n\pi$ 电子体系;由一分子丁二烯和一分子乙烯生成环己烯为[4+2]环加成,参与环加成的 π 电子之和为6,属于 $4n+2\pi$ 电子体系。

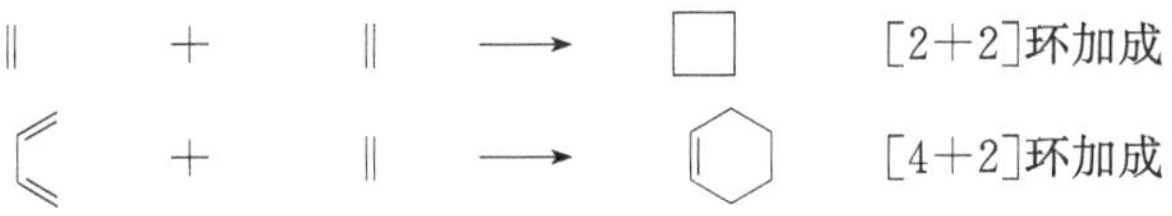

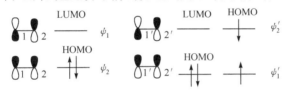

$$[2+2]环加成$$

$$[4+2]环加成$$

环加成反应的选择性规则列于表 16-3。

表 16-3 环加成反应的选择性规则

π 电子之和	反应条件	反应结果
$4n$	加热	禁阻
	光照	允许
$4n+2$	加热	允许
	光照	禁阻

16.4.1 [2+2]环加成

在光的作用下,两个乙烯加成,形成环丁烷,也称光二聚合反应,是制备四元环的一个好方法。但是,这个反应在加热条件下不能进行。

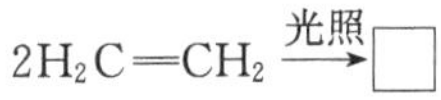

$$2H_2C=CH_2 \xrightarrow{光照} \square$$

图 16-11 分别给出了乙烯的基态分子前线轨道及激发态分子前线轨道示意图。

图 16-11 乙烯分子基态以及激发态分子前线轨道及其符号

1. 加热

加热条件下,不发生电子激发,两个分子的基态前线轨道相互作用,一个乙烯分子的 HOMO 与另一个乙烯分子的 LUMO 作用,如图 16-11 所示:ψ_1 与 ψ_2' 作用,ψ_2 与 ψ_1' 作用。以 ψ_2 与 ψ_1' 作用为例,如图 16-12 所示,从图 16-12 可见,C_1 和 $C_{1'}$ 原子上的 p 轨道为正正作用,对称性允许;而 C_2 和 $C_{2'}$ 原子上的 p 轨道是负正作用,对称性不符合,不能形成化学键。ψ_1 与 ψ_2' 作用结果与 ψ_2 与 ψ_1' 作用结果相同。因此环加成反应禁阻。

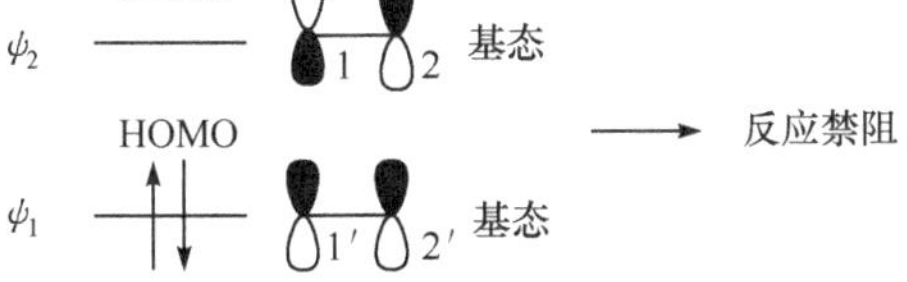

图 16-12 两个乙烯分子的基态前线轨道作用(加热)

问题 2 简单的烯烃在加热时不能生成环丁烷衍生物,复杂的烯烃在加热时能否生成环丁烷衍生物? 其反应机理是否都相同?

2. 光照

光照条件下,一个乙烯的激发态分子前线轨道与另一个乙烯的基态分子前线轨道作用。图 16-13 分别给出了乙烯的基态与另一乙烯的激发态的前线轨道作用。从图 16-13 可见,ψ_2 与 ψ_2' 作用时,C_1 和 $C_{1'}$ 原子上的 p 轨道为负负作用,对称性允许;C_2 和 $C_{2'}$ 原子上的 p 轨道是正正作用,对称性也允许。因此,光照条件下乙烯环加成反应允许。

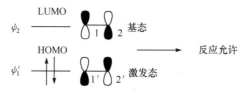

图 16-13　乙烯分子的基态与激发态前线轨道作用(光照条件)

16.4.2　[4+2]环加成

第尔斯-阿尔德反应是最重要的一类环加成反应,是制备六元环最重要的一种方法。值得注意的是,这个反应在加热条件下进行,而在光照条件下,这个反应反而不能进行。下面以丁二烯和乙烯的环加成为例阐释其机理。

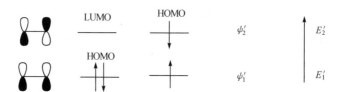

图 16-14 和图 16-15 分别是丁二烯和乙烯的分子前线轨道示意图。

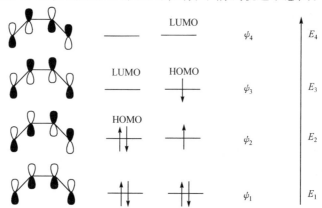

分子轨道图形　基态电子分布　激发态电子分布　分子轨道符号　分子轨道能级

图 16-14　丁二烯的分子前线轨道示意图

分子轨道图形　基态电子分布　激发态电子分布　分子轨道符号　分子轨道能级

图 16-15　乙烯的分子前线轨道示意图

1. 加热

加热条件下,丁二烯和乙烯都处于基态,环加成反应是两个分子的基态前线分子轨道作用。HOMO 与 LUMO 作用分两种情况:一种是丁二烯的 HOMO 与乙烯的 LUMO 作用;另一种是乙烯的 HOMO 与丁二烯的 LUMO 作用。

第一种情况:丁二烯的 HOMO 与乙烯的 LUMO 作用。丁二烯的 HOMO 是 ψ_2,乙烯的 LUMO 是 ψ_2',ψ_2 两端的 p 轨道位相和 ψ_2' 两端的 p 轨道位相符号相同,对称性相符合,反应允许,彼此正正重叠或负负重叠形成两个 σ 键,如图 16-16 所示。

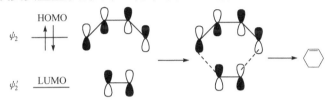

图 16-16　丁二烯与乙烯环合反应示意图

第二种情况:乙烯的 HOMO 与丁二烯的 LUMO 作用。乙烯的 HOMO 是 ψ_1',丁二烯的 LUMO 是 ψ_3。ψ_1' 两端的 p 轨道位相和 ψ_3 两端的 p 轨道位相符号相同,对称性相符合,反应允许,形成两个 σ 键,如图 16-17 所示。

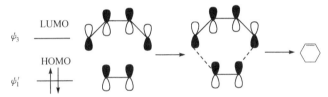

图 16-17　丁二烯与乙烯环合反应示意图

因此,加热条件下,丁二烯与乙烯的环加成反应允许。

2. 光照

第一种情况:丁二烯激发,乙烯不激发。从图 16-14 和图 16-15 可以看到,当乙烯的基态 HOMO 与丁二烯的激发态 LUMO 作用时,即 ψ_1' 与 ψ_4 作用,轨道对称性不符合,不形成化学键,反应禁阻;当丁二烯的激发态 HOMO 与乙烯的基态 LUMO 作用时,即 ψ_3 与 ψ_2' 作用,轨道对称性也不符合,不形成化学键,反应禁阻。

第二种情况:乙烯激发,丁二烯不激发。同样从图 16-14 和图 16-15 可以看到,当乙烯的激发态 HOMO 与丁二烯基态 LUMO 作用时,即 ψ_2' 与 ψ_3 作用,轨道对称性也不符合,不形成化学键,反应禁阻。反应示意图如图 16-18 所示。

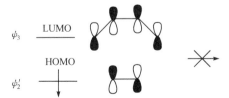

图 16-18　丁二烯与乙烯环反应示意图

因此,光照条件下,丁二烯与乙烯环加成反应禁阻。

问题 3　1,3-偶极化合物具有一个三原子四电子的 π 体系,它与烯丙基负离子具有类似的分子轨道,它的 HOMO 的对称性和普通的双烯相同,因此,1,3-偶极化合物和烯烃、炔烃或相应衍生物发生五元杂环的环加成反应,这与第尔斯-阿尔德反应十分类似。试分析下列化合物的 1,3-偶极体和亲偶极体各是什么。

(1) 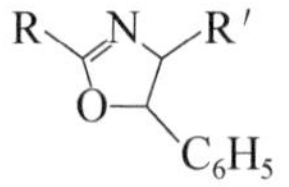
(2) 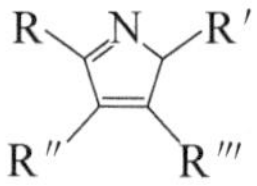

(3) 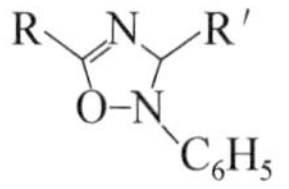
(4) 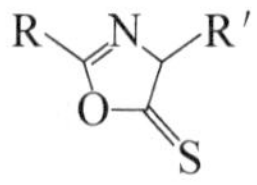

16.5　σ 键迁移反应

在化学反应中,一个 σ 键迁移到新的位置,同时伴随有 π 键转移的协同反应称为 σ 迁移反应(sigmatropic)。

σ 迁移反应在反应机理上与电环化反应相似,通过环状过渡态,旧键的断裂和新键的生成协同一步完成。迁移的基团经常是氢原子、烷基或芳基等。σ 迁移的系统命名法如下:

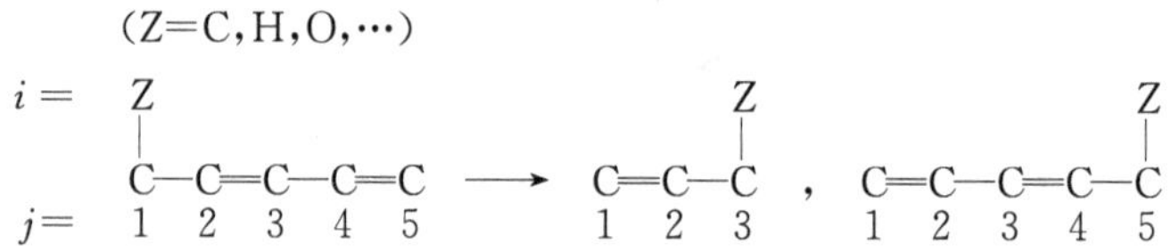

[1,3]迁移　　[1,5]迁移

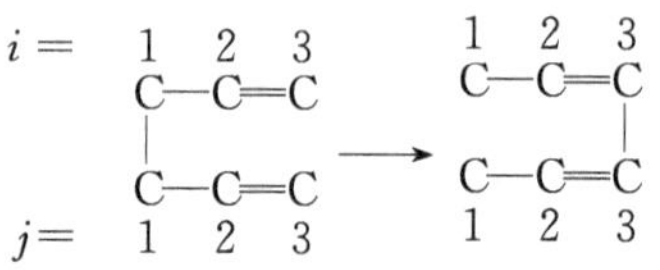

[3,3]迁移

方括号中的数字[i,j]表示迁移后 σ 键所连接的两个原子的位置,i、j 的编号分别从作用物中以 σ 键所连接的两个原子开始进行。

16.5.1　[1,j]σ 键迁移

[1,j]σ 键迁移反应是单分子反应,体系最高占有轨道的对称性控制反应。下面以[1,5]σ 迁移为例,用分子轨道理论分析。用氘标记的 1,3-戊二烯在加热时,C_5 上的一个氢原子迁移到 C_1 上,π 键也随着移动。

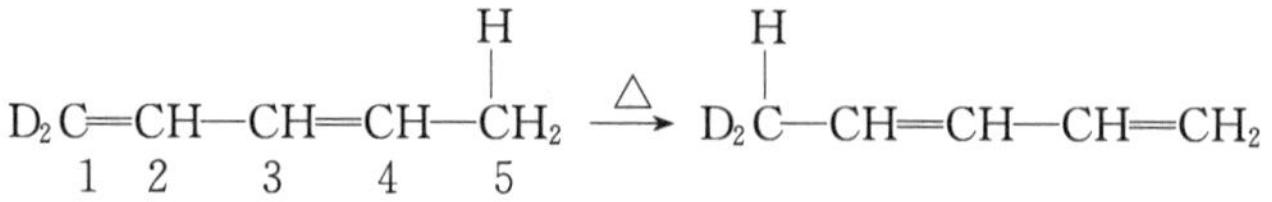

图 16-19 给出了 1,3-戊二烯发生 σ 迁移的过渡态分子轨道图形、基态电子分布、分子轨道符号和分子轨道能级。

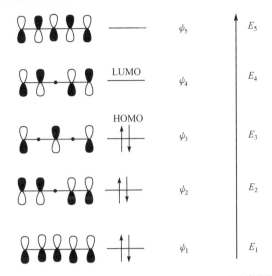

图 16-19　1,3-戊二烯的[1,5]σ迁移分子前线轨道示意图

　　对于 1,3-戊二烯,当发生 σ迁移反应时,形成环状过渡态。用分子轨道理论分析,过渡态的 π 共轭体系是五个碳原子,而不是四个碳原子。对于[1,j]σ 迁移反应,是与双键相邻的α-碳原子上的基团发生迁移,α-碳原子属于体系内,因此体系是奇数,而不是偶数。

　　从图 16-19 可以看出,1,3-戊二烯过渡态的最高占有轨道是 ψ_3,ψ_3 的对称性决定反应。图 16-20 给出了[1,3]和[1,5]σ 氢迁移的示意图。从图 16-20 可见,[1,3]σ 迁移在异面发生,即异面迁移(迁移基团在迁移后移向 π 体系的反面)对称性是允许的,而同面迁移(迁移基团在迁移的前后保持在共轭 π 体系平面的同一面)对称性是禁阻的;[1,5]σ 迁移在同面发生,即同面迁移对称性是允许的。异面迁移在几何上是不利的,因此在加热条件下,主要发生[1,5]σ氢迁移。

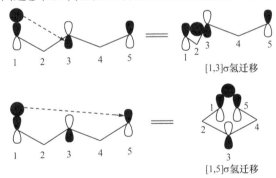

图 16-20　1,3-戊二烯的[1,3]和[1,5]σ 氢迁移的分子前线轨道示意图

　　从上面的讨论可知,给出过渡态的最高占有轨道的图形,容易找出[1,j]σ 迁移反应的规律性。

　　问题 4　5-氘代-5-甲基环戊二烯在加热条件下可以得到几个异构体? 指出得到这些异构体的反应途径,写出这些异构体的名称。

16.5.2 [1,*j*]σ键烷基迁移

当迁移基团是碳而不是氢时,迁移基团的 HOMO 不再是球形对称的 s 轨道,而是 sp^3 杂化轨道,因此,迁移基团本身也有一个同面和异面的问题。

同面迁移是指迁移的碳原子用 sp^3 杂化轨道的同一半叶与 π 骨架的两端成键,这时,迁移基团的构型保持不变;异面迁移是指迁移的碳原子用 sp^3 杂化轨道的两个不同半叶与 π 骨架的两端成键,这时,迁移基团的构型发生了转变,如图 16-21 所示。

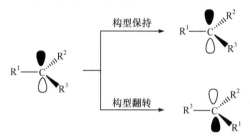

图 16-21 碳 σ 迁移的立体选择

对于迁移基团构型保持的情况,可以将迁移的碳原子看成是一个氢原子,这时的迁移规律如同氢迁移。也就是说,在加热情况下,[1,3]同面迁移是对称性禁阻的,而[1,5]同面迁移是对称性允许的,[1,3]或[1,5]的异面迁移则由于要求 π 骨架发生很大的扭曲,难以进行。光照条件下,规律正好相反。

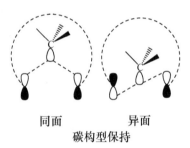

同面   异面
碳构型保持

当迁移的碳原子的构型发生翻转时,情况就完全不同了。由于碳原子的 sp^3 杂化轨道的两个不同的半页的对称性是相反的,因此,迁移时所遵从的规律也与构型保持的情况相反,即在加热条件下,[1,3]同面迁移是对称性允许的,而[1,5]同面迁移是对称性禁阻的。

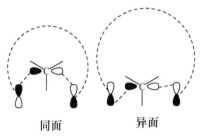

同面   异面
碳构型翻转

如前所述,[1,3]和[1,5]碳原子的异面迁移,受制于几何形状的局面而难以发生。因此只能是同面迁移,这样便可以预测:在加热条件下,[1,3]和[1,5]迁移都可以是对称性允许的,只是在[1,3]迁移时将伴有迁移碳原子的构型转变,而[1,5]迁移时碳原子的构型保持不变。

例如

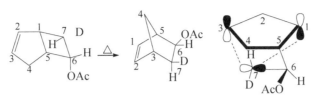

碳的[1,3]同面迁移，碳的构型翻转

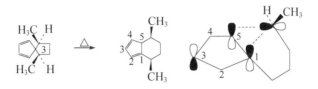

碳的[1,5]同面迁移，碳的构型不变

16.5.3 [3,3]σ 键迁移

[3,3]σ 键迁移是一个单分子反应,过渡态体系最高占有轨道的对称性控制反应。我们以 1,5-己二烯为例,用分子前线轨道理论和分子轨道对称性原理讨论[3,3]σ 键迁移。图 16-22 给出了 1,5-己二烯发生[3,3]σ 迁移的过渡态示意图。

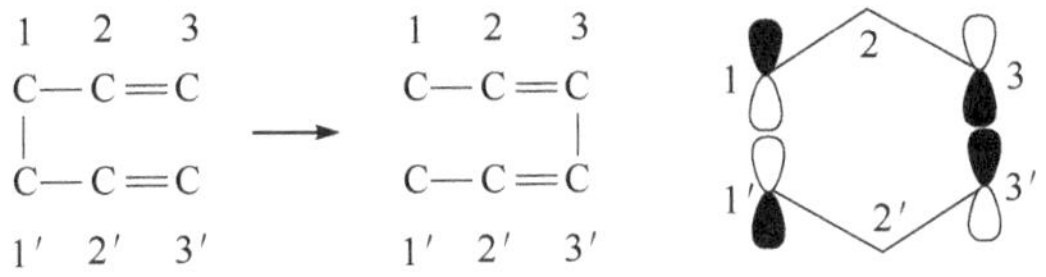

图 16-22　1,5-己二烯[3,3]σ 迁移及其过渡态分子轨道示意图

从图 16-22 可以看出,C_3 原子上的 p 轨道与 $C_{3'}$ 原子上的 p 轨道为正正作用,轨道对称性允许,形成 σ 键,因此反应允许。

问题 5　试写出下面反应的机理,并指出其中哪一步为[3,3]σ 迁移反应。

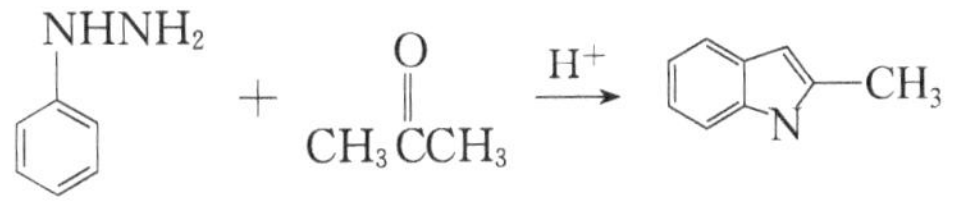

---

1. [3,3]σ 键柯普重排

柯普(Cope)重排是[3,3]碳 σ 键迁移重排。例如

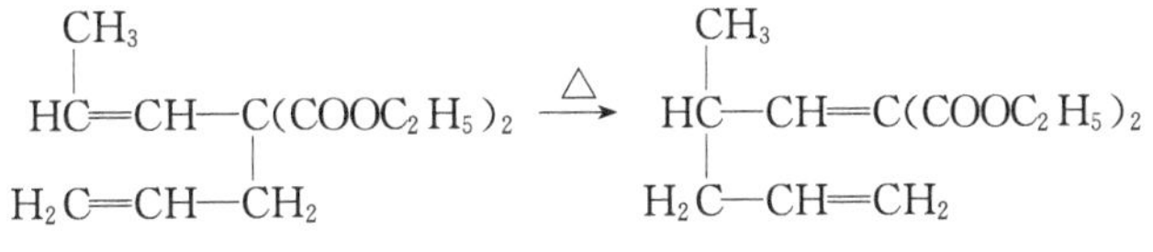

2. 克莱森重排

克莱森重排也是[3,3]σ 键迁移,与柯普重排不同的是,它是碳氧键之间的[3,3]σ 键迁移。

例如,苯酚的烯丙醚在加热时,烯丙基迁移到邻位碳原子上。

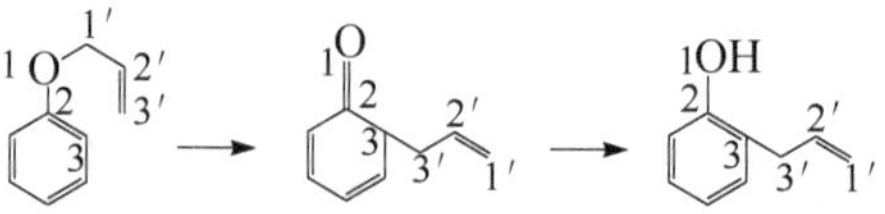

在克莱森重排中,如果邻位被占据,得到的则是对位产物,它可能是由于两次[3,3]σ键迁移所得到的。第一步是烯丙基先迁移至邻位,第二步烯丙基通过柯普重排再迁移至对位。

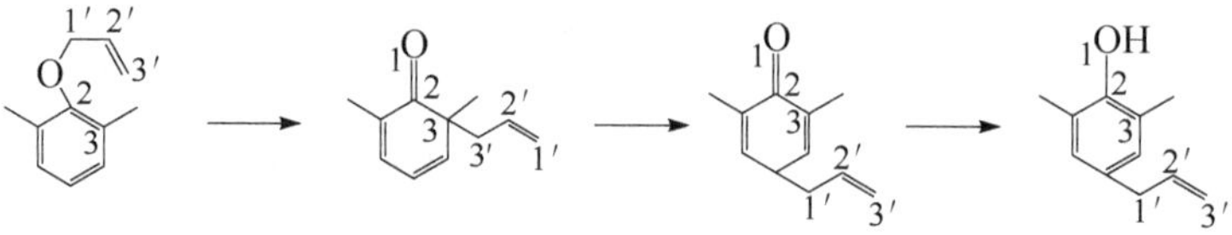

习 题

1. 试画出乙烯、1,3-丁二烯、烯丙基自由基的 π 电子在基态时分子轨道能级图。

2. 顺-3,4-二甲基环丁烯在光照下是对旋开环,因而预测应得到(Z,Z)-2,4-己二烯。

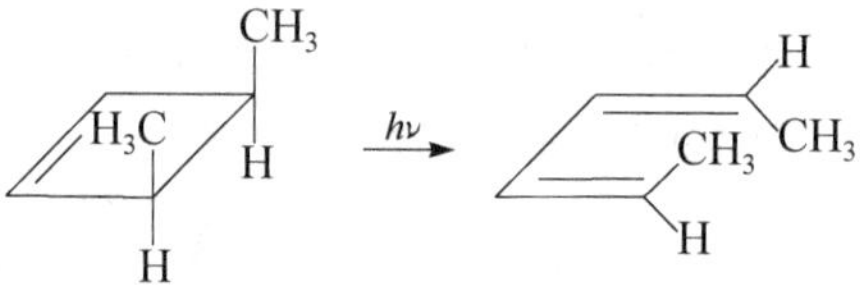

以上判断是否正确?为什么?

3. 下列反应在什么条件下进行?

(1)

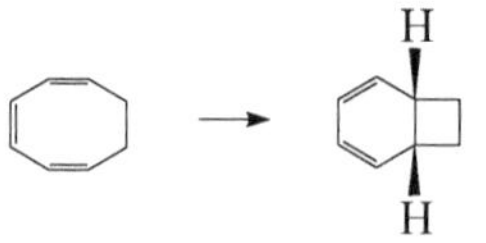

(2)

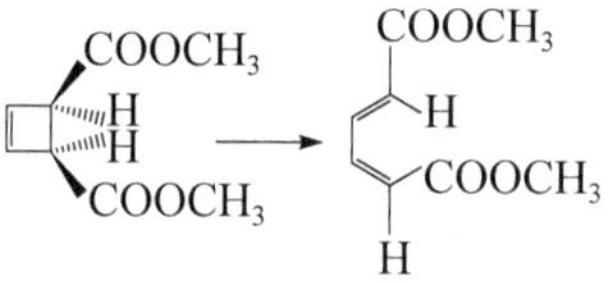

4. 写出下列电环化反应产物的结构,并指出是顺旋还是对旋。

(1) 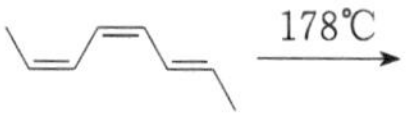 $\xrightarrow{178℃}$

(2) 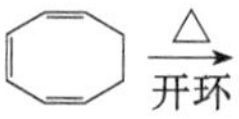 $\xrightarrow[开环]{\triangle}$

(3) 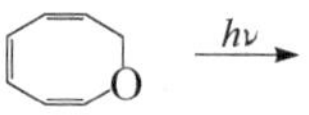 $\xrightarrow{h\nu}$

(4) 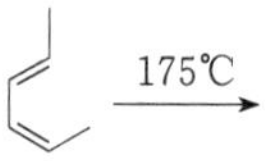 $\xrightarrow{175℃}$

(5) 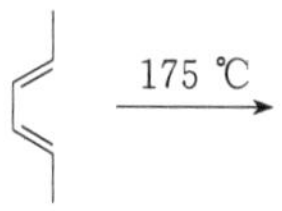 $\xrightarrow{175℃}$

(6) 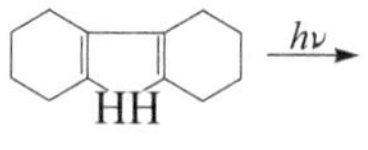 $\xrightarrow{h\nu}$

5. 写出下列环加成反应的主要产物,并指出环加成类型。

(1) 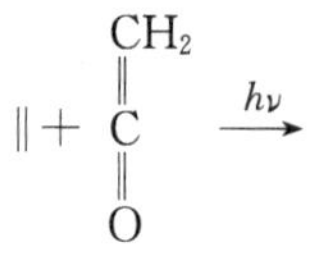 $\xrightarrow{h\nu}$

(2) 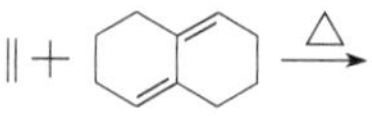 $\xrightarrow{\triangle}$

(3) 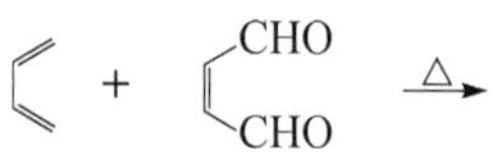 $\xrightarrow{\triangle}$

(4)

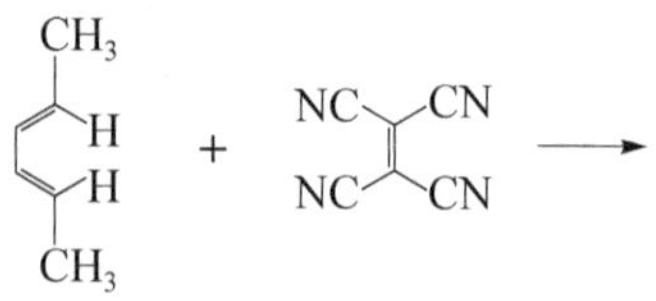

6. 根据下述反应结果,指出是什么反应类型的 σ 迁移反应。

(1)

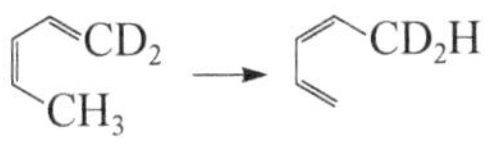

(2)

(3)

(4)

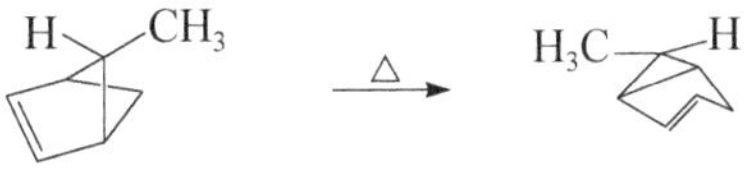

7. 如何实现下列转化?

(1)

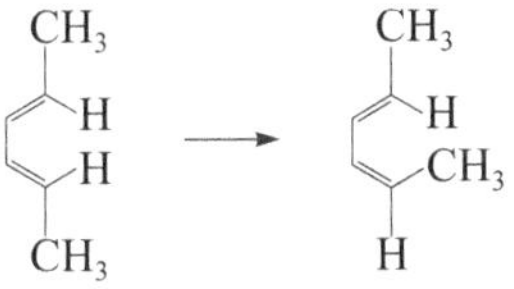

(2)

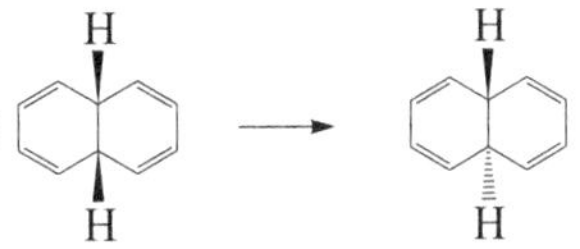

8. 指出下列反应为何种类型的周环反应,并指出反应以何种方式进行(顺旋还是对旋,同面还是异面)。

(1)

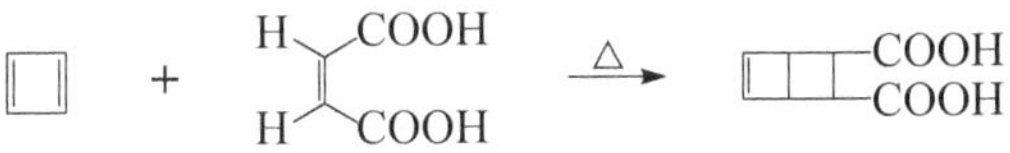

(2)

(3)

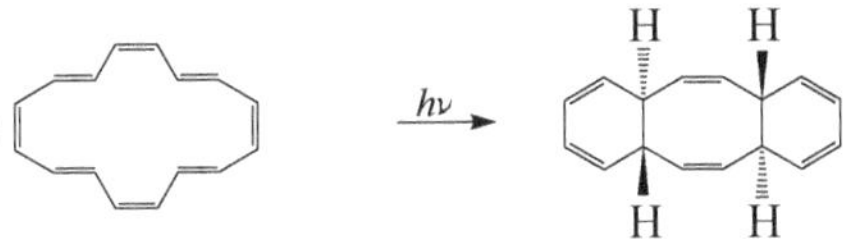

9. 以苯、甲苯、苯胺、环戊二烯及四个碳以下有机物为原料和必要的无机试剂合成下列化合物。

(1)

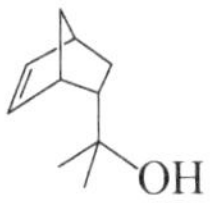

(2)

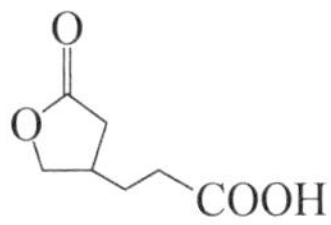

第 17 章　碳水化合物

　　碳水化合物又称为糖类,是自然界中存在最多、分布最广的一类天然有机化合物。化学家们最初发现碳水化合物都是由碳、氢、氧三种元素所组成,而且分子中除碳原子之外,氢原子数与氧原子数之比为 2∶1,与水分子相同,通式为 $C_n(H_2O)_m$(n、m 为正整数)。从形式上看,好像是由碳和水组成的,因此称为碳水化合物。虽然在这类化合物中氢和氧并不以水分子的形式存在,并且有些同类化合物的分子式也不符合 $C_n(H_2O)_m$ 的通式,例如,鼠李糖 $C_6H_{12}O_5$,分子中 H 和 O 的比例就不是 2∶1,而甲醛 CH_2O 符合该通式但又无糖的性质。由于"碳水化合物"这一名称沿用已久,所以至今仍普遍使用。

　　从化学结构上来看,碳水化合物是多羟基醛或多羟基酮,或者是通过水解能生成多羟基醛(或酮)的一类化合物。

　　自然界中存在的碳水化合物都具有旋光性。并且对映体中只有其中一个异构体天然存在。例如,在自然界中只存在右旋的葡萄糖,不存在左旋的葡萄糖。

　　碳水化合物与人类的关系十分密切,它与蛋白质、脂肪一起组成营养基础。例如,纤维素、淀粉、葡萄糖、果糖、肝糖等(碳水化合物多根据其来源而用俗名,如葡萄糖最初是从葡萄中得到的)都广泛存在于动植物中。此外,碳水化合物还是许多工业(如纺织、造纸、发酵、食品等)的原料。

　　碳水化合物根据其能否水解及水解产物的情况可以分为单糖、低聚糖和多糖三类。

　　(1) 单糖。单糖是不能水解成更简单的多羟基醛(或酮)的碳水化合物。例如,葡萄糖、果糖都是单糖。单糖一般为无色晶体,且具有甜味,能溶于水。

　　(2) 低聚糖。低聚糖又称寡糖,是水解后能生成 2～10 个单糖分子的碳水化合物。能生成两分子单糖的是二糖,能生成三分子单糖的是三糖等。例如,蔗糖(水解后生成一分子葡萄糖和一分子果糖)、麦芽糖(水解后生成两分子葡萄糖)都是二糖。低聚糖一般也是晶体,仍具有甜味,且易溶于水。

　　(3) 多糖。多糖是水解后每一分子能生成 10 个以上单糖分子的碳水化合物。天然多糖一般由100～300个单糖单元构成。例如,淀粉、纤维素等都是多糖。多糖大多是无定形固体,没有甜味,难溶于水。

　　低聚糖和多糖都是由单糖构成的。

17.1　单　　糖

　　自然界中,单糖以游离状态或者以衍生物的形式广泛存在着。单糖按分子中所含的是醛基或酮基可分为醛糖和酮糖两类;按分子中所含碳原子的数目可分为丙糖、丁糖、戊糖和己糖等。

　　戊糖和己糖是自然界中常见的单糖。戊糖中最重要的是核糖和脱氧核糖。而核糖或脱氧核糖是核酸的组成之一,凡有生命的地方,都有核酸存在。己糖中最重要的是葡萄糖和果糖,葡萄糖存在于葡萄汁和其他果汁,以及植物的根、茎、叶、花等部位。葡萄糖也存在于动物与人的血液里,它是体内新陈代谢不可缺少的营养物质。天然的葡萄糖是右旋的,因此又称右旋糖。工业上,可由淀粉或纤维素水解制备葡萄糖。它除用作营养剂外,也是合成维生素 C 的原料,工业上还用作缓和的还原剂;水果和蜂蜜中则存在相当丰富的果糖。果糖是常见糖类中最甜的糖,可用作营养剂、防腐剂等。天然果糖都是左旋糖。

现以葡萄糖和果糖为例讨论单糖的结构、构型、构象和性质。

17.1.1　葡萄糖的结构

1. 葡萄糖的开链式结构

葡萄糖的分子式为 $C_6H_{12}O_6$。通过以下的实验事实可以确认其化学结构。

(1) 用钠汞齐还原葡萄糖可以生成己六醇(山梨醇);用氢碘酸和磷进一步还原,则得到正己烷。这说明葡萄糖的碳链骨架是 6 个碳原子构成的直链。

(2) 葡萄糖可以与土伦试剂、费林试剂和羟胺等羰基试剂作用,说明它含有羰基。葡萄糖用溴水氧化后,生成的葡萄糖酸仍有 6 个碳原子(碳链未断裂),这说明葡萄糖碳链的一端含有一个醛基。

(3) 葡萄糖与乙酸酐作用,可以生成五乙酰基衍生物,这说明它含有 5 个羟基。

由于两个羟基在同一个碳上的结构是不稳定的,因此这 5 个羟基应是分别连在五个碳原子上的。

由此推知,葡萄糖是开链的五羟基己醛,属于己醛糖。

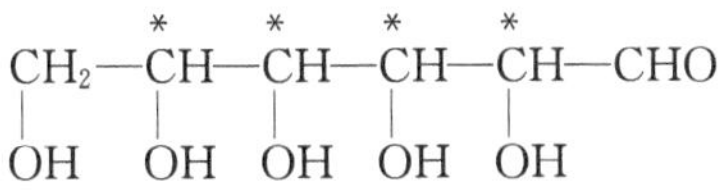

$$CH_2\overset{*}{-}CH\overset{*}{-}CH\overset{*}{-}CH\overset{*}{-}CH-CHO$$
$$\ \ \ OH\ \ \ OH\ \ \ OH\ \ \ OH\ \ \ OH$$

醛糖分子中含有 4 个手性碳原子,有 $2^4 = 16$ 个立体异构体,自然界存在的右旋葡萄糖只是其中之一。

常用费歇尔投影式表示单糖的开链构造式,一般将碳链竖写,将羰基放在上方,从靠近羰基的一端给碳原子进行编号。为了书写方便还可使用简式,将手性碳原子上的氢省去,甚至羟基也可以不写而用一短横线表示。例如,葡萄糖的构造式可以表示成下列形式。

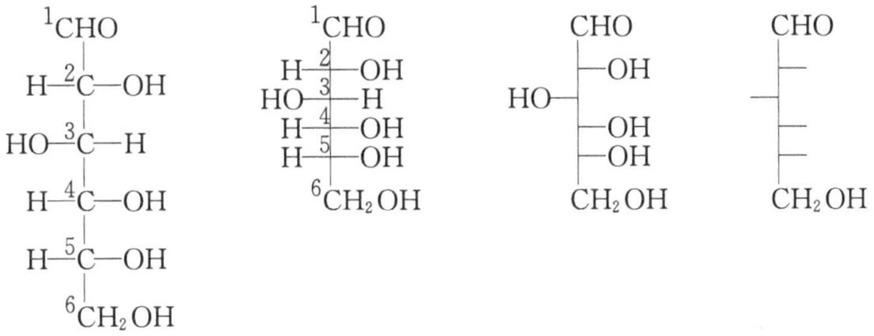

2. 葡萄糖的构型

确定碳水化合物的构型有 D、L 标记法和 R、S 标记法两种方法,这里仅介绍常用的 D、L 标记法,即以甘油醛(最简单的单糖)为标准,凡单糖分子中距离羰基最远的手性碳原子与 D-甘油醛手性碳原子的构型相同时,其构型属于 D 型;与 L-甘油醛手性碳原子的构型相同时,其构型属于 L 型。天然葡萄糖的 C-5 构型与 D-甘油醛的相同,所以它是 D-葡萄糖。

必须注意的是,构型和旋光方向没有必然联系,即 D 型不一定是右旋光,L 型不一定是左旋光。上述 D-(＋)-甘油醛和 D-(＋)-葡萄糖、L-(－)-甘油醛和 L-(－)-葡萄糖只是一种巧合而已。

天然存在的单糖大多数是 D 型的,并且是右旋光的。例如,己醛糖的 16 个立体异构体中,D 型和 L 型各有 8 个。其中 D-(+)-葡萄糖、D-(+)-甘露糖和 D-(+)-半乳糖存在于自然界中,其余都是人工合成的。

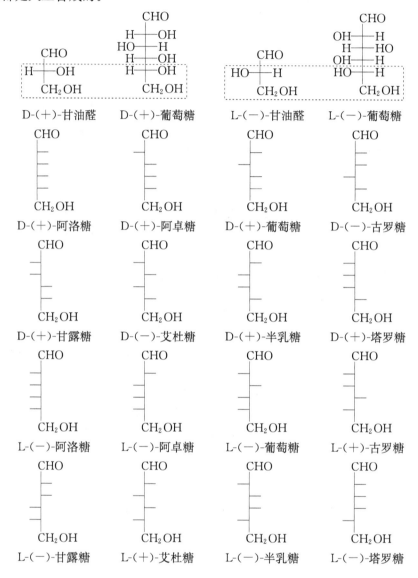

3. 葡萄糖的环状结构和变旋光现象

从一些实验事实可以推导出葡萄糖的开链式结构,因此这种结构式可以说明葡萄糖的许多化学性质。但是,还有一些性质却与这种结构式不相符。

(1) 葡萄糖不能与 $NaHSO_3$ 饱和水溶液反应。

(2) 葡萄糖只能与 1 mol 乙醇作用生成缩醛,而其他醛都是与 2 mol 乙醇作用生成缩醛。

(3) D-(+)-葡萄糖存在 2 种不同的晶体:一种熔点为 146 ℃,25 ℃时在水中的溶解度是 82 g·(100 g 水)$^{-1}$,比旋光度为+112°;另一种熔点为 150℃,25℃时在水中的溶解度是 154 g·(100 g 水)$^{-1}$,比旋光度为+19°。如果将这两种葡萄糖的水溶液放置一段时间后,比旋光度都会逐渐发生变化,前者下降,后者上升,直到+52.7°后才不再变化。像葡萄糖这样新配制的单糖溶液,随着时间的变化,其比旋光度逐渐增加或减小,最后达到恒定值的现象,称为变旋光现象。

变旋光现象是糖类化合物的普遍现象。

1) 葡萄糖的氧环式结构和构型

变旋光现象用开链式结构无法解释。经过深入研究，并且受到醛可以与醇作用生成半缩醛这一反应的启示，因此提出了葡萄糖具有分子内的醛基与醇羟基形成半缩醛的环状结构。D-(＋)-葡萄糖的环状结构是 C_1 醛基和 C_5(δ 位)羟基形成半缩醛的结果。

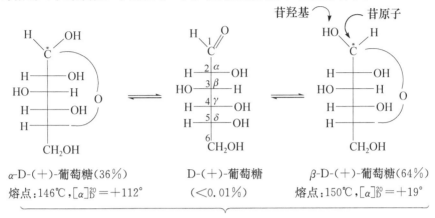

α-D-(＋)-葡萄糖(36%)   D-(＋)-葡萄糖 β-D-(＋)-葡萄糖(64%)

熔点:146℃,$[\alpha]_D^{20}=+112°$ (<0.01%)   熔点:150℃,$[\alpha]_D^{20}=+19°$

平衡状态时 $[\alpha]_D^{20}=+54.7°$

这个半缩醛具有六元环，组成环的原子除碳外，还有一个氧。所以糖的这种环状半缩醛结构又称氧环式结构或 δ-氧环式结构。δ-氧环式结构与杂环化合物吡喃相似，是由 5 个碳原子和 1 个氧原子组成的。因此，人们将具有六元环结构的糖称为吡喃糖。

对比开链式结构和氧环式结构，可知氧环式结构比开链式结构多 1 个手性碳原子。这个手性碳原子称为苷原子，与苷原子连接的羟基称为苷羟基。苷羟基与 C_5 的羟基都处于氧环式结构的同侧称为 α-型;若处于异侧则称为 β-型。α-型和 β-型葡萄糖的苷原子的构型不同，其他手性碳原子的构型则完全相同，两者互为差向异构体。在糖类中，这种差向异构体称为异头物，而苷原子称为异头碳。

α-型和 β-型葡萄糖在水溶液中，通过开链式结构互变并达到平衡，形成一个互变平衡体系。在此体系中，α-型约占 36%，β-型约占 64%，开链式极少(<0.01%)。虽然开链式在平衡体系所占比例极少，但 α-型与 β-型之间的互变必须通过它才能实现。由此可见，α-型和 β-型两种异构体通过开链式结构互变，并逐渐达到平衡是产生变旋光现象的原因。

氧环式结构还可以解释葡萄糖为什么只能与 1 mol 乙醇作用生成缩醛。这是因为葡萄糖的氧环式本身就是半缩醛结构，因而只能与 1 mol 乙醇作用生成缩醛。此外，在葡萄糖的氧环式结构和开链式结构的平衡体系中，开链式所占的比例极少，因此与 $NaHSO_3$ 饱和水溶液的作用难于觉察，呈现不发生反应的现象。

2) 环状结构的哈沃斯式构象

用费歇尔投影式表示的葡萄糖氧环式结构，虽然能够解释葡萄糖的变旋光现象，但不能反映出原子和基团在空间的排列情况;再从环的稳定性来看，氧环式这种长的氧桥键也是不合理的;书写起来也不方便。哈沃斯(Haworth)将直立的环状结构改写为平面的环状结构——哈沃斯式，较好地反映出原子和基团的空间排列。现以葡萄糖为例来说明哈沃斯式的写法:先将碳链成水平放置，此时各手性碳上的氢原子和羟基分别在碳链的上方或下方。然后将碳链在水平位置向后弯成六边形，再将 C_5 按箭头所指，绕 C_4—C_5 键轴旋转 120°，使 C_5 上的羟基与羰基接近。成环时 C_5 上的羟基可以从羰基平面结构的上下两边加上去，生成 C_1 构型不同的两种氧环式结构；成环后，与 C_5 相连的羟甲基在环的上面。整个过程可表示如下。

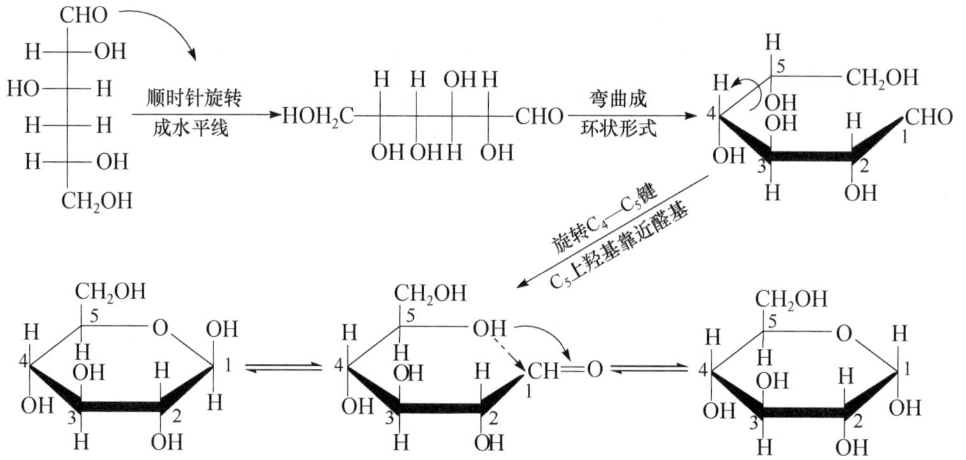

β-D-(+)-葡萄糖　　α-D-(+)-葡萄糖

在 D-葡萄糖的 2 个异头物中，C_1 上的苷羟基与 C_5 上的羟甲基处在环的异侧时称为α-型；而处在环的同侧时称为 β-型。当不需要表示出异头碳的构型是 α 还是 β 时，D-葡萄糖的氧环式可如下表示。

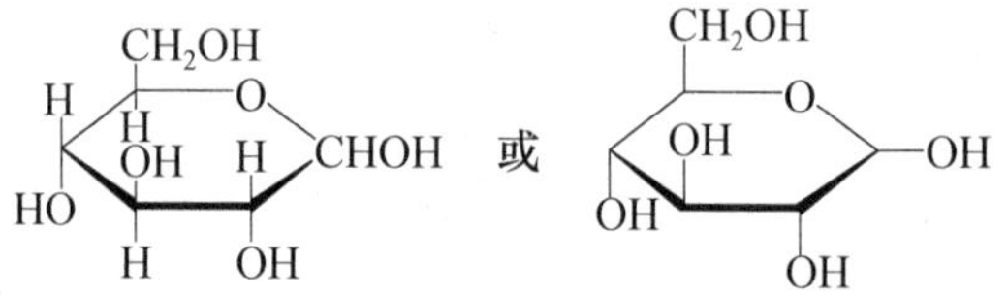

但是，哈沃斯式把环视为平面，把原子和基团垂直排布在环的上下方，仍然不能很好地反映葡萄糖的环状立体结构，因为六元环并不是平面型的。实际上，六元环的氧环式结构在空间的排布与环己烷类似，也是椅式构象为主。吡喃糖的六元环中虽然有一个氧原子，但环的形状与环己烷类似，稳定的吡喃环构象主要是椅式的。例如，D-(＋)-葡萄糖的开链式、氧环式、哈沃斯式、α-型和 β-型构象可以表示如下：

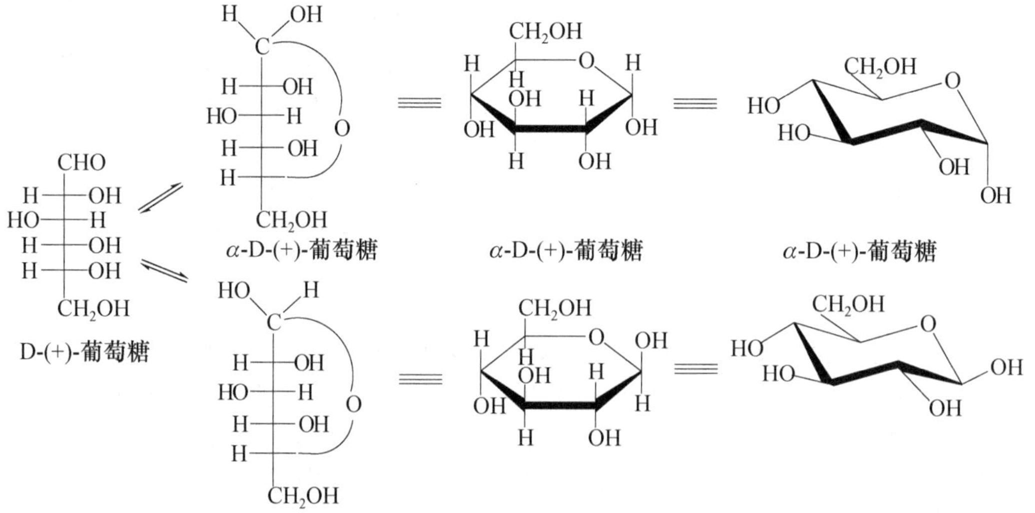

D-(+)-葡萄糖
α-D-(+)-葡萄糖　　α-D-(+)-葡萄糖　　α-D-(+)-葡萄糖
β-D-(+)-葡萄糖　　β-D-(+)-葡萄糖　　β-D-(+)-葡萄糖
开链式　　氧环式　　哈沃斯式　　构象式

在 β-D-(＋)-葡萄糖分子中，所有大基团(—CH_2OH、—OH)都处在平伏键(e 键)上，而在

α-D-（＋）-葡萄糖分子中，则有一个羟基（苷羟基）处在直立键（a 键）上，由于羟基处在平伏键上的能量比处在直立键上的要低一些，因此 β-D-（＋）-葡萄糖比 α-D-（＋）-葡萄糖稳定。这就解释了葡萄糖在水溶液中，当开链式、α-型和 β-型达到动态平衡时，β-异构体（约占 64％）比 α-异构体（约占 36％）多的原因。

前面提到天然存在的单糖大都是 D 型的。在所有 D 型己醛糖中，只有葡萄糖能有五个取代基全在 e 键上，因此构象很稳定。由此可见，单糖中葡萄糖在自然界存在量最多，分布也最广，并不是偶然的，而是由葡萄糖的分子结构所决定的。

问题 1 在自然界所有的糖中，葡萄糖是存在最多的糖。试分析原因。

17.1.2 果糖的结构

1. 果糖的开链式结构

果糖分子式为 $C_6H_{12}O_6$，是一个己酮糖，与葡萄糖互为异构体。它的羰基在 C_2 上，分子中有 3 个手性碳原子，所以有 $2^3＝8$ 个立体异构体，其中 D-（－）-果糖的开链式结构如下：

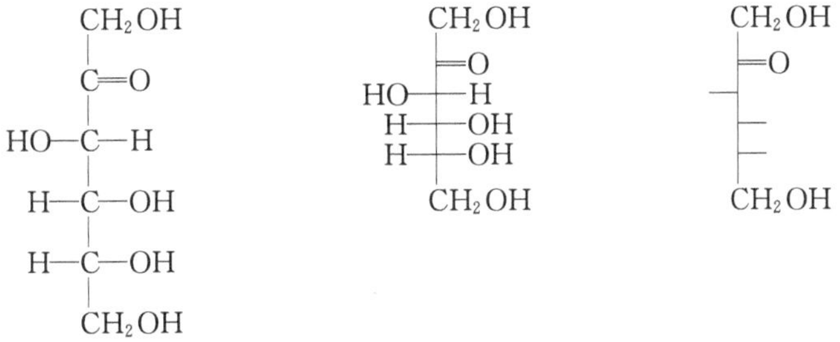

2. 果糖的环状结构和构型

果糖开链式结构中 C_5 上的羟基可与羰基形成环状的缩酮结构，因此果糖 C_2 也有 α 和 β-两种构型。由于它的五元环结构与杂环化合物呋喃相似，因此称为呋喃糖。

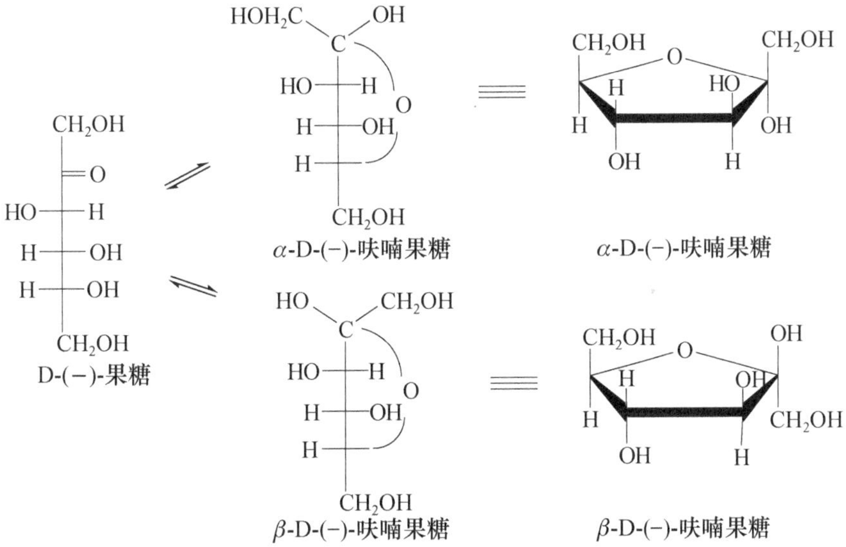

| 开链式 | 氧环式 | 哈沃斯式 |

果糖开链式结构中 C_6 上的羟基也可与羰基形成 α-和 β-两种构型，这种六元环的结构称为吡喃果糖。

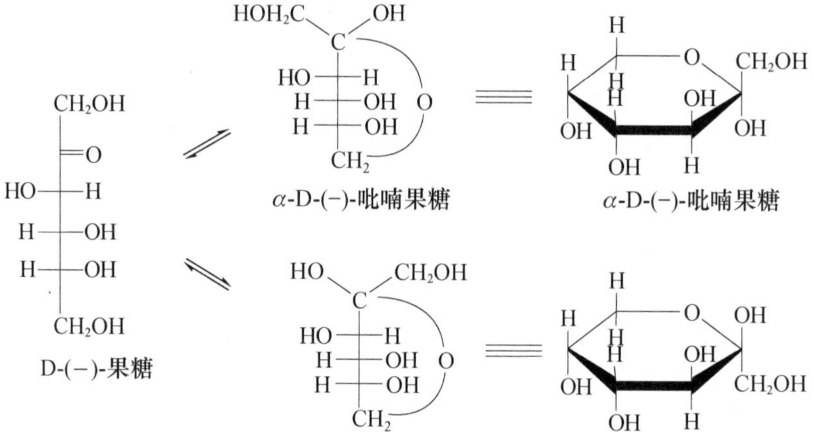

D-(−)-果糖　　α-D-(−)-吡喃果糖　　α-D-(−)-吡喃果糖　　β-D-(−)-吡喃果糖　　β-D-(−)-吡喃果糖

开链式　　氧环式　　哈沃斯式

在水溶液中，上述 α-和 β-两种果糖也可以通过开链式结构互变形成一个互变平衡体系，因此，果糖也有变旋光现象，达到平衡时 $[\alpha]_D^{20} = -92.4°$。

17.1.3　单糖的化学性质

单糖分子具有羟基和羰基，能够发生这些功能基的特征反应。其醇羟基可以生成醚和酯；其羰基可以进行加成、氧化和还原等反应。又由于这两种功能基的相互影响，也表现出羟基醛(酮)的特殊反应。

1. 氧化反应

1）土伦试剂、费林试剂氧化(碱性氧化)

单糖易被氧化剂氧化，所用的氧化剂不同，氧化产物也不一样。醛糖和酮糖都能被弱氧化剂土伦试剂和费林试剂氧化，前者生成银镜，后者生成砖红色的氧化亚铜沉淀。

$$\begin{array}{l} CHO \\ | \\ (CHOH)_4 \\ | \\ CH_2OH \end{array} + 2Ag^+ + 2OH^- \longrightarrow \begin{array}{l} COOH \\ | \\ (CHOH)_4 \\ | \\ CH_2OH \end{array} + 2Ag\downarrow + H_2O$$

$$\begin{array}{l} CHO \\ | \\ (CHOH)_4 \\ | \\ CH_2OH \end{array} + Cu(OH)_2 \longrightarrow \begin{array}{l} COOH \\ | \\ (CHOH)_4 \\ | \\ CH_2OH \end{array} + 2Cu_2O\downarrow \quad \text{砖红色}$$

一般把与费林试剂和土伦试剂呈正反应的糖称为还原糖，与这些试剂呈负反应的称为非还原糖。单糖的氧环式结构都有苷羟基，其溶液中都存在开链结构，因此单糖都是还原糖。分子结构中没有苷羟基的糖，则是非还原糖。在医疗中利用此性质可以检查糖尿病患者尿中的葡萄糖含量。

酮糖也能与土伦试剂和费林试剂发生反应，这是因为这两种氧化剂都是碱性试剂，在碱性条件下，酮糖和醛糖之间发生烯醇式互变异构。

酮糖(部分结构)　　烯醇式　　醛糖(部分结构)

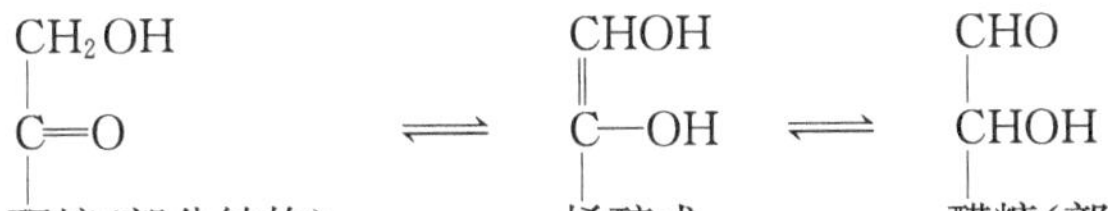

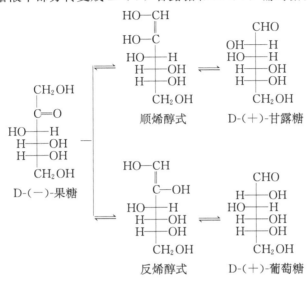

互变异构的结果，酮基不断地变为醛基，所以酮糖能被土伦试剂和费林试剂氧化。例如，D-(－)-果糖在碱性溶液中部分转变成 D-(＋)-甘露糖和 D-(＋)-葡萄糖。

D-(－)-果糖　　顺烯醇式　　D-(＋)-甘露糖　　反烯醇式　　D-(＋)-葡萄糖

问题 2　在 D-(＋)-葡萄糖的碱性溶液中，发现有 1 个具有酮基官能团的化合物，试解释之。

2）溴水氧化(酸性氧化)

溴水能氧化醛糖，但不能氧化酮糖，因为酸性条件下，不会引起糖分子的异构化作用。可用此反应来区别醛糖和酮糖。

D-葡萄糖　　D-葡萄糖酸

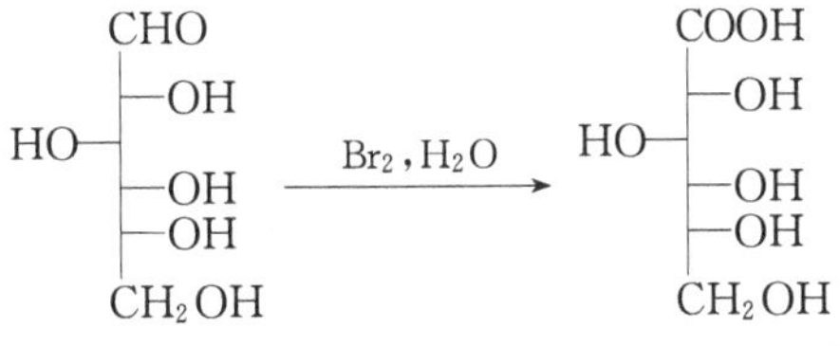

3）硝酸氧化

用强氧化剂硝酸氧化，醛糖生成糖二酸。例如

D-(＋)-葡萄糖酸　　D-(＋)-葡萄糖　　D-(＋)-葡萄糖二酸

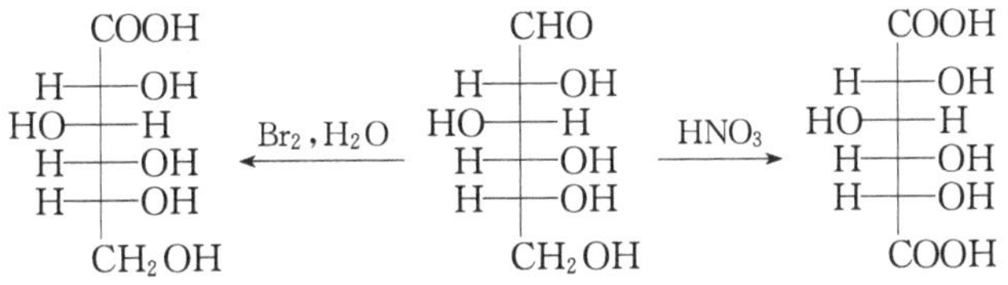

D-(＋)-葡萄糖酸呈弱酸性，溶于水，其钙盐、亚铁盐和铋盐等广泛用作治疗药物，其 δ-葡萄糖酸内酯用作豆浆的凝聚剂，食用安全。

酮糖比醛糖较难氧化，若用强氧化剂如 HgO 氧化，则碳链断裂生成三羟基丁酸和羟基乙酸。

$$\begin{array}{c}\text{CH}_2\text{OH}\\\text{O}\\\text{HO}\!-\!\!\!-\text{H}\\\text{H}\!-\!\!\!-\text{OH}\\\text{H}\!-\!\!\!-\text{OH}\\\text{CH}_2\text{OH}\end{array}\xrightarrow[\text{Ba(OH)}_2]{\text{HgO}}\begin{array}{c}\text{CH}_2\text{OH}\\|\\\text{COOH}\end{array}+\begin{array}{c}\text{COOH}\\(\text{CHOH})_2\\\text{CH}_2\text{OH}\end{array}$$

4) 高碘酸氧化

糖类像其他有两个或更多地在相邻的碳原子上有羟基或羰基的化合物一样,也能被高碘酸所氧化,碳碳键发生断裂。反应是定量的,每破裂一个碳碳键消耗 1 mol 高碘酸。因此,此反应是研究糖类结构的重要手段之一。

$$\begin{array}{c}\text{CHO}\\\text{H}\!-\!\!\!-\text{OH}\\\text{HO}\!-\!\!\!-\text{H}\\\text{H}\!-\!\!\!-\text{OH}\\\text{H}\!-\!\!\!-\text{OH}\\\text{CH}_2\text{OH}\end{array}+5\text{HIO}_4\longrightarrow\begin{array}{c}\text{HCOOH}\\+\\\text{HCOOH}\\+\\\text{HCOOH}\\+\\\text{HCOOH}\\+\\\text{HCOOH}\\+\\\text{HCHO}\end{array}$$

问题 3　试推测高碘酸氧化糖类的反应机理。

2. 还原反应

单糖用化学还原剂或用催化加氢的方法,都能把分子中的羰基还原成羟基。例如

$$\begin{array}{c}\text{CHO}\\\text{H}\!-\!\!\!-\text{OH}\\\text{HO}\!-\!\!\!-\text{H}\\\text{H}\!-\!\!\!-\text{OH}\\\text{H}\!-\!\!\!-\text{OH}\\\text{CH}_2\text{OH}\end{array}\xrightarrow[\text{或 H}_2,\text{Pt}]{\text{NaBH}_4}\begin{array}{c}\text{CH}_2\text{OH}\\\text{H}\!-\!\!\!-\text{OH}\\\text{HO}\!-\!\!\!-\text{H}\\\text{H}\!-\!\!\!-\text{OH}\\\text{H}\!-\!\!\!-\text{OH}\\\text{CH}_2\text{OH}\end{array}$$

　　　　D-葡萄糖　　　　　　　　　　D-葡萄糖醇(D-山梨醇)

3. 成脎反应

单糖与苯肼作用,开链结构的羰基发生反应,生成苯腙。单糖苯腙能继续再与两分子苯肼反应,生成含有两个苯腙基团的化合物。糖与过量苯肼作用生成的这种衍生物称为糖脎。例如,D-葡萄糖生成脎的反应可表示如下:

$$\begin{array}{c}\text{CHO}\\\text{H}\!-\!\!\!-\text{OH}\\\text{HO}\!-\!\!\!-\text{H}\\\text{H}\!-\!\!\!-\text{OH}\\\text{H}\!-\!\!\!-\text{OH}\\\text{CH}_2\text{OH}\end{array}\xrightarrow{\text{C}_6\text{H}_5\text{NHNH}_2}\begin{array}{c}\text{CH}\!=\!\text{NNHC}_6\text{H}_5\\\text{H}\!-\!\!\!-\text{OH}\\\text{HO}\!-\!\!\!-\text{H}\\\text{H}\!-\!\!\!-\text{OH}\\\text{H}\!-\!\!\!-\text{OH}\\\text{CH}_2\text{OH}\end{array}\xrightarrow[-\text{C}_6\text{H}_5\text{NH}_2,-\text{NH}_3,-\text{H}_2\text{O}]{2\text{C}_6\text{H}_5\text{NH}\!-\!\text{NH}_2}\begin{array}{c}\text{CH}\!=\!\text{NNHC}_6\text{H}_5\\|\\\text{NNHC}_6\text{H}_5\\\text{HO}\!-\!\!\!-\text{H}\\\text{H}\!-\!\!\!-\text{OH}\\\text{H}\!-\!\!\!-\text{OH}\\\text{CH}_2\text{OH}\end{array}$$

D-(＋)-葡萄糖　　　　　　　D-(＋)-葡萄糖苯腙　　　　　　　　　　D-(＋)-葡萄糖脎

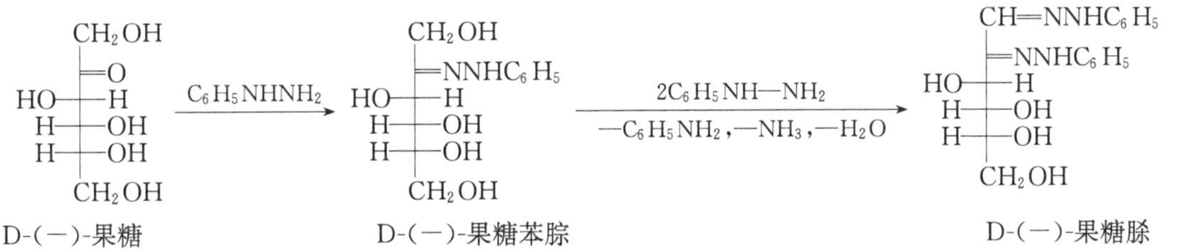

D-(−)-果糖　　　　　　　D-(−)-果糖苯腙　　　　　　　D-(−)-果糖脎

由上述反应可知,脎的生成只发生在 C_1 和 C_2 上,其他碳原子不参与反应,因此只是 C_1 和 C_2 不同的糖将会生成相同构型的糖脎。所以 D-葡萄糖、D-果糖、D-甘露糖生成的糖脎都是相同的。但是,不同的糖一般会生成不同的糖脎,即使能生成相同的糖脎,但生成糖脎所需时间也不相同,一般来说单糖生成糖脎比二糖快些。糖脎是难溶于水的亮黄色晶体。不同的糖脎具有不同的晶形和熔点,因此可用成脎反应来鉴别不同的糖。

问题 4　化合物 A 与过量苯肼作用生成糖脎的结构如下,写出化合物 A 的结构。

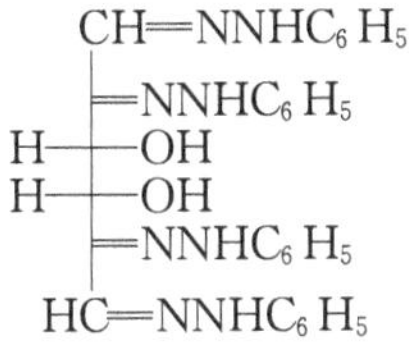

---

4. 递升和递降

(1) 递升。将低一级的糖与 HCN 加成而增加一个碳原子后,再水解、还原生成高一级糖的方法称为递升。

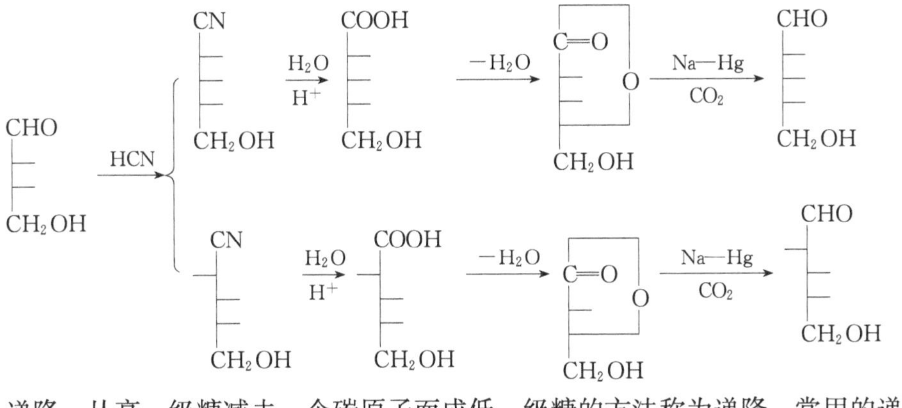

(2) 递降。从高一级糖减去一个碳原子而成低一级糖的方法称为递降。常用的递降法为沃尔(Wohl)递降法。

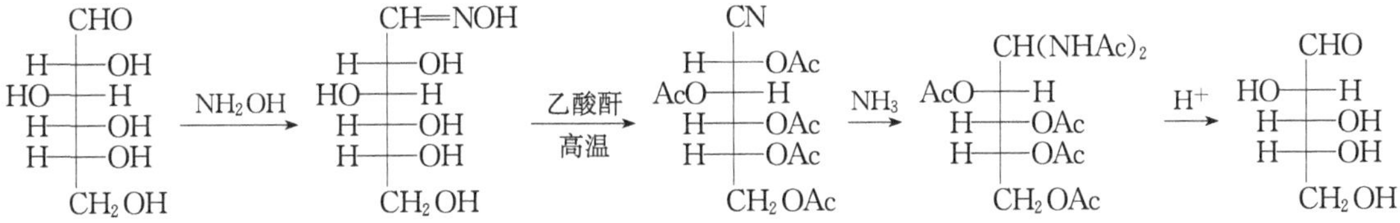

5. 苷的生成(生成配糖物)

在糖分子中,苷羟基上的氢原子被其他基团取代后的产物称为苷。例如,在氯化氢存在下,D-(＋)-葡萄糖与甲醇反应,生成 D-(＋)-甲基葡萄糖苷。

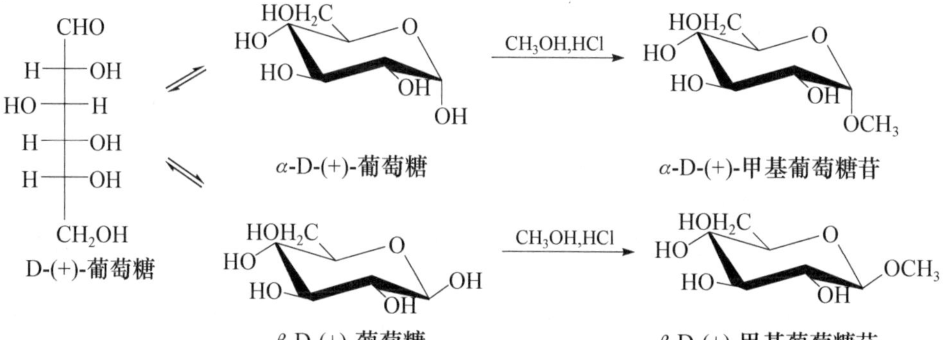

α-D-(+)-葡萄糖　　　　　　α-D-(+)-甲基葡萄糖苷

D-(+)-葡萄糖

β-D-(+)-葡萄糖　　　　　　β-D-(+)-甲基葡萄糖苷

　　从结构上看,苷是缩醛或缩酮,在碱中比较稳定。糖形成苷后,苷羟基已不存在,因此不能再转变成开链式,α 和 β 两种异构体之间的相互转变也不能再进行。所以苷与单糖在性质上不同,苷不能还原土伦试剂和费林试剂,不能生成糖脎,也无旋光现象。但在稀酸和酶的作用下,苷可水解为原来的糖和醇,这时又表现出糖的性质。例如,下面的 β-D-葡萄糖苷在 β-D-葡萄糖水解酶催化下不仅得到了 D-葡萄糖,还得到了较高光学纯度的(R)-氰醇。

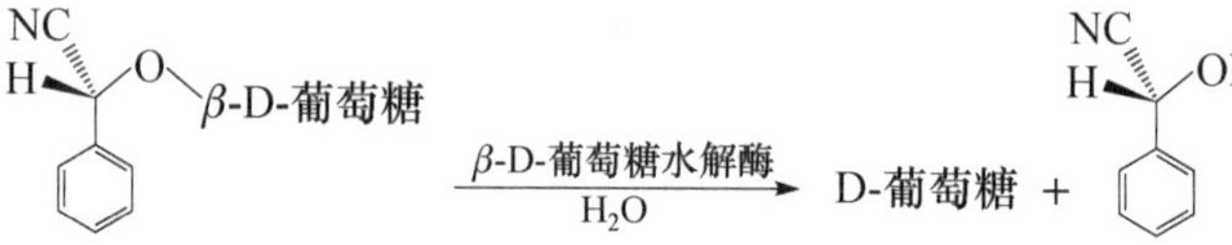

6. 甲基化反应(醚和酯的生成)

　　单糖分子中的羟基除苷羟基外,其余都是醇羟基,能与适当试剂作用生成醚和酯。例如,D-葡萄糖与硫酸二甲酯或碘甲烷作用得到五甲基葡萄糖。此反应可用于推测糖的环的大小。

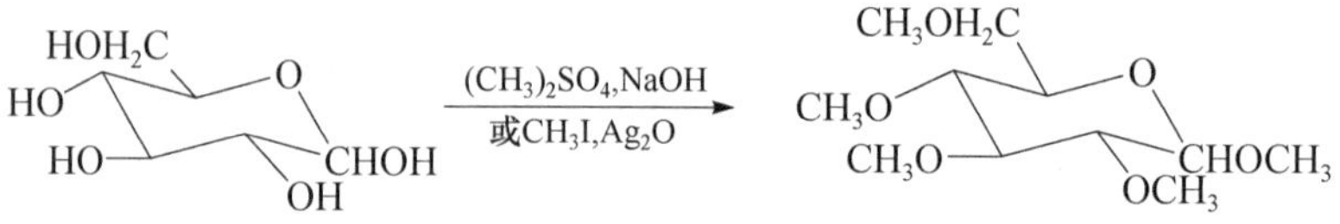

D-葡萄糖　　　　　　　　　五甲基-D-葡萄糖

D-葡萄糖与乙酸酐或乙酸作用,则发生酯化反应,生成五乙酸葡萄糖酯。

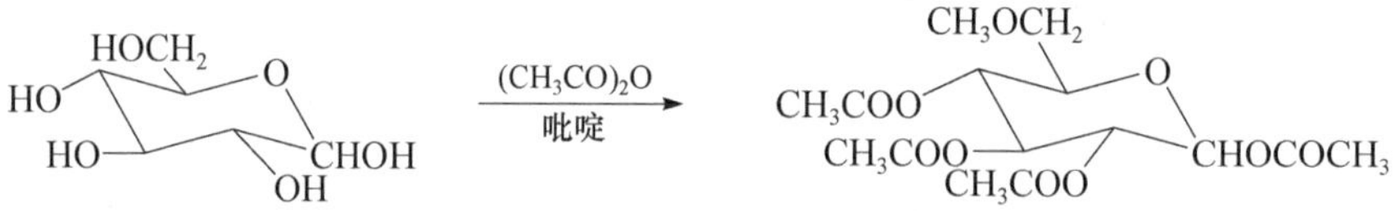

D-葡萄糖　　　　　五乙酸-D-葡萄糖脂(五乙酰基-D-葡萄糖)

　　碳水化合物的磷酸酯在生命活动中有特殊的重要性。它们是许多代谢过程的中间体。例如,在肝糖的生物合成和降解过程中,都含有 α-D-吡喃葡萄糖基磷酸酯和 6-磷酸-D-葡萄糖酯。

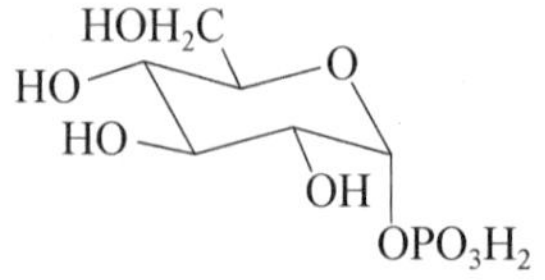

1-磷酸-D-葡萄糖酯　　　　　6-磷酸-D-葡萄糖酯
(或α-D-吡喃葡萄糖基磷酸酯)

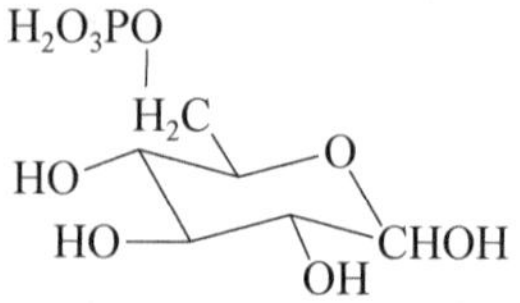

7. 葡萄糖的分解

在微生物或酶的作用下葡萄糖可以分解,其分解产物与外界条件有关,概括起来有两种情况:①有氧分解,就是分解时有氧存在;②无氧分解,就是分解时无氧存在。

$$C_6H_{12}O_6 + 6O_2 \longrightarrow 6CO_2 + 6H_2O$$

$$C_6H_{12}O_6 \xrightarrow{\text{乙醇发酵}} 2CH_3CH_2OH + 2CO_2$$

$$C_6H_{12}O_6 \xrightarrow{\text{乳酸发酵}} 2CH_3CH(OH)COOH$$

$$C_6H_{12}O_6 \xrightarrow{\text{丁酸发酵}} CH_3CH_2CH_2COOH + 2CO_2 + 2H_2$$

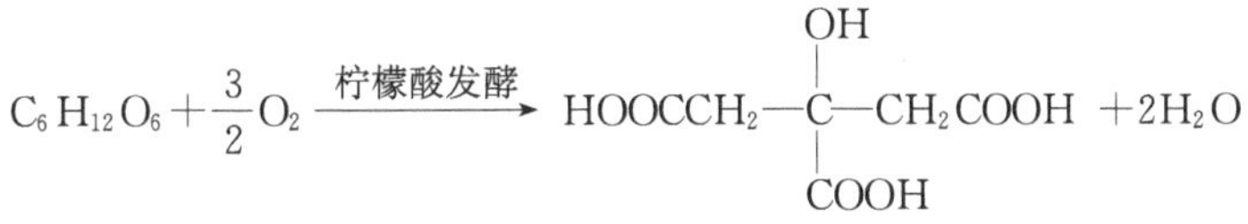

$$C_6H_{12}O_6 + \frac{3}{2}O_2 \xrightarrow{\text{柠檬酸发酵}} HOOCCH_2 - \overset{\overset{\displaystyle OH}{|}}{\underset{\underset{\displaystyle COOH}{|}}{C}} - CH_2COOH + 2H_2O$$

柠檬酸

分解时都能放出热量,若在动物体内,放出的热量用于肌肉活动和保持正常的体温,葡萄糖转变为乳酸,这就是在剧烈活动之后或费力时肌肉僵硬的原因。

问题 5 己醛糖 A 用 $NaBH_4$ 还原得到糖醇 B,B 无光学活性。己醛糖 A 降解后得到戊醛糖 C,C 用 HNO_3 氧化则生成糖二酸 D,D 有光学活性。化合物 A、B、C、D 都为 D 型,试推测它们的结构。

17.1.4　重要的单糖及其衍生物

1. 戊糖

自然界中存在的戊糖都是醛糖,核糖和 2-脱氧核糖是重要的戊醛糖。核糖为结晶固体,熔点 87℃,构型为 D-型,左旋光,故称为 D-(一)-2-脱氧核糖。它们与磷酸及某些杂环碱化合物结合而存在于核蛋白中,是核酸的重要组成部分,其结构为

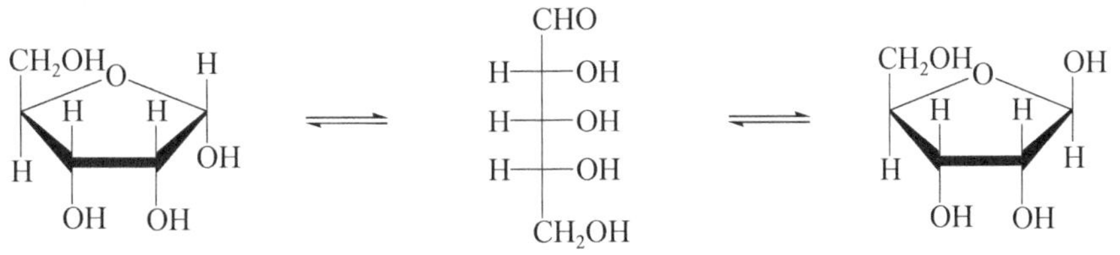

α-D-呋喃核糖　　　　　　D-(−)核糖　　　　　　β-D-呋喃核糖

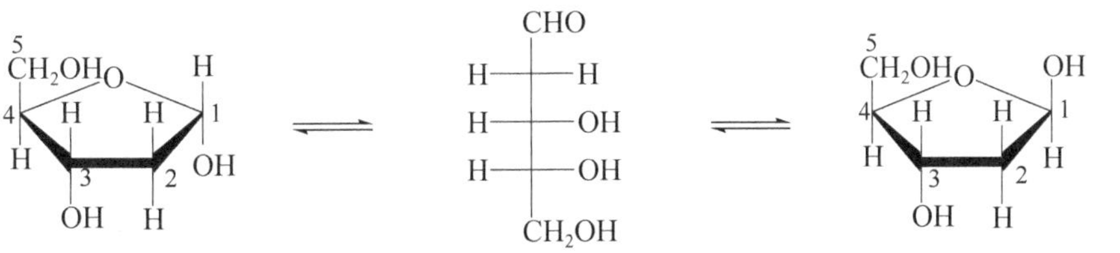

α-D-2-脱氧呋喃核糖　　　D-(−)-2-脱氧核糖　　　β-D-2-脱氧呋喃核糖

2. 葡萄糖

葡萄糖为无色结晶,熔点146℃,甜度为蔗糖的70%,易溶于水,稍溶于乙醇,不溶于乙醚

等有机溶剂。在自然界分布很广,存在于蜂蜜、葡萄及植物的种子、根、茎、叶和花中,动物体内和人的血液中也有少量的葡萄糖。天然的葡萄糖是右旋的,因此又称右旋糖。将蔗糖、淀粉、纤维素水解都可得到葡萄糖,工业上一般是由马铃薯、玉蜀黍水解而得。

葡萄糖在医药上用作营养剂,并有强心、利尿、解毒之功效。在食品工业中用于制糖浆、糖果等。在印染、制革工业中用作还原剂。它也是制造葡萄糖酸钙和维生素 C 的原料。

3. 果糖

果糖为无色结晶,熔点 102℃,易溶于水。它是最甜的一种糖。自然界中果糖是左旋的,因此也称左旋糖,存在于蜂蜜、水果及植物的种子中。果糖与间苯二酚的盐酸溶液经水浴加热后显红色,是鉴别果糖的常用方法。果糖与氢氧化钙生成络合物 $C_6H_{12}O_6 \cdot Ca(OH)_2 \cdot H_2O$,难溶于水,也可用来检验果糖。

4. 维生素 C

维生素 C 不属于糖类,是糖的一种重要衍生物。工业上制备维生素 C 是以 D-葡萄糖为原料,先经还原、微生物氧化制取 L-山梨糖,再经氧化、内酯化和烯醇化便可制得维生素 C。

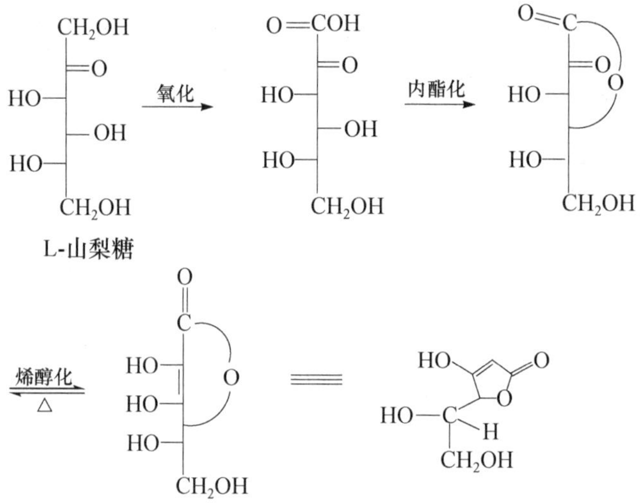

L-山梨糖

维生素C(抗坏血酸)

维生素 C 又称抗坏血酸,存在于新鲜蔬菜、番茄及橘子等水果中。很多动物体内能从葡萄糖合成维生素 C,而人类却无这种能力,只能从膳食中获得。人体内若缺乏维生素 C 便能引起坏血病,因此在医药中常用维生素 C 治疗坏血病。

5. 氨基糖

氨基糖是单糖的衍生物,它是单糖分子中 1 个醇羟基被取代而得。2 个最重要的代表物是 β-D-氨基葡萄糖和 β-D-氨基半乳糖。

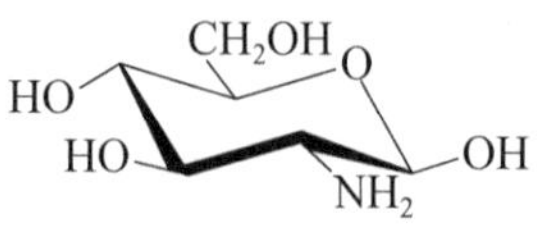

β-D-氨基葡萄糖 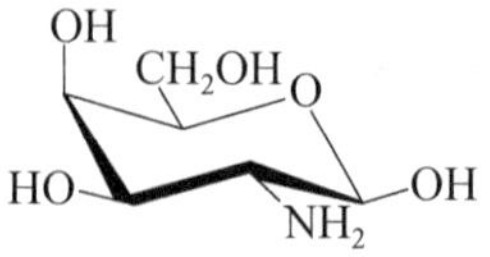   β-D-氨基半乳糖

氨基糖广泛存在于自然界中,D-氨基葡萄糖主要存在于多糖甲壳质中,D-氨基半乳糖以 N-乙酰衍生物存在于黏多糖中。由于氨基糖广泛存在,又有一些特殊性能,因而对它应用方面的研究就显得更为重要了。

17.2　低　聚　糖

低聚糖中最重要的是二糖。二糖是由两个单糖单元构成的。可以将其看成是一个单糖分子的苷羟基与另一个单糖分子的某一个羟基(醇羟基或苷羟基)之间脱水缩合的产物,即构成二糖的两个单糖是通过苷键互相连接而成。有些二糖由两个相同的单糖构成,有些二糖由不相同的单糖构成。蔗糖、麦芽糖、纤维二糖和乳糖是重要的二糖。一分子单糖的苷羟基与另一分子糖的羟基缩合而成的二糖称为还原性二糖,麦芽糖、纤维二糖和乳糖都是还原性二糖。一分子单糖的苷羟基与另一分子糖的苷羟基缩合而成的二糖称为非还原性二糖。非还原性二糖主要是蔗糖。

17.2.1　蔗糖

1. 蔗糖的结构

蔗糖(食用白糖)是自然界中分布最广泛的二糖,广泛存在于光合植物中,在甘蔗和甜菜中含量最多,因此得名蔗糖,又称甜菜糖。例如,甘蔗含蔗糖 14% 以上,北方甜菜含蔗糖 16% ~ 20%。动物体内一般不存在蔗糖。粗蔗糖呈棕色,在粗蔗糖脱色和结晶过程中得到的深色物质可作为红糖销售。纯蔗糖是无色结晶固体,熔点 180℃,比旋光度为 +66.5°,易溶于水,甜味超过葡萄糖,次于果糖。

$$
蔗糖
\begin{cases}
\xrightarrow[\text{H}_2\text{O}]{\text{H}^+} & \text{D-(+)-葡萄糖 + D-(−)-果糖} \\
\xrightarrow{\text{Ag(NH}_3)_2^+} & \text{无反应,说明两个糖的苷羟基都参与成苷。} \\
\xrightarrow[\text{HCl}]{\text{CH}_3\text{OH}} \xrightarrow[\text{NaOH}]{(\text{CH}_3)_2\text{SO}_4} \xrightarrow[\text{H}_2\text{O}]{\text{H}^+} & \begin{matrix} 2,3,4,6\text{-四-}O\text{-甲基葡萄糖} \\ 1,3,4,6\text{-四-}O\text{-甲基果糖} \end{matrix} \\
\xrightarrow{\text{麦芽糖酶(}\alpha\text{-糖酶)}} & \alpha\text{-D-(+)-葡萄糖} \\
\xrightarrow{\text{蔗糖酶(}\beta\text{-呋喃果糖酶)}} & \beta\text{-D-(−)-果糖}
\end{cases}
$$

蔗糖分子式为 $C_{12}H_{22}O_{11}$,从结构上看,它是由一分子 α-D-吡喃葡萄糖 C_1 上的苷羟基和另一分子 β-D-呋喃果糖 C_2 上的苷羟基脱水缩合而成。因此,蔗糖既是 α-D-葡萄苷,又是 β-D-果糖苷。

β-D-呋喃果糖基-α-D-吡喃葡萄糖苷

或 α-D-吡喃葡萄糖基-β-D-呋喃果糖苷

2. 蔗糖的性质

蔗糖是一个非还原糖,其分子中没有苷羟基,在水溶液中不能转变为开链式,因此没有还原性,既不能还原土伦试剂和费林试剂,不能生成糖脎,也无变旋光现象。

蔗糖水解后生成等量的 D-(+)-葡萄糖和 D-(−)-果糖的混合物。蔗糖是右旋的,水解后混合物中果糖是左旋的,葡萄糖是右旋的。因果糖的比旋光度绝对值比葡萄糖大,所以蔗糖水解后的混合糖是左旋的。蔗糖在水解过程中,比旋光度由右旋逐渐变到左旋,所以常把蔗糖水解称为转化反应,而把蔗糖水解后生成的混合糖称为转化糖。转化糖具有还原糖的一切性质。

$$C_{12}H_{22}O_{11} + H_2O \xrightarrow{H^+} C_6H_{12}O_6 + C_6H_{12}O_6$$

蔗糖   D-(+)-葡萄糖   D-(−)-果糖

$[\alpha]_D^{20} = +66.5°$ $[\alpha]_D^{20} = +52.5°$ $[\alpha]_D^{20} = -92.4°$

转化糖

$[\alpha]_D^{20} = -20°$

蜜蜂体内含有蔗糖酶,可将蔗糖水解,所以蜂蜜的主要组分是转化糖,因此蜂蜜很甜。

17.2.2 麦芽糖

淀粉经淀粉酶作用,部分水解生成麦芽糖。麦芽糖为白色结晶体,熔点 $160\sim165℃$,易溶于水。麦芽中含有淀粉糖化酶,因此常用麦芽使淀粉部分水解成麦芽糖。"麦芽糖"这一俗名即由此而得。

1. 麦芽糖的结构

麦芽糖分子式也是 $C_{12}H_{22}O_{11}$,用无机酸水解一分子麦芽糖得到二分子 D-葡萄糖。从麦芽糖的结构上看,它是由一分子 α-D-葡萄糖 C_1 上的苷羟基与另一分子 D-葡萄糖 C_4 上的醇羟基脱水缩合而成,它是 α-葡萄糖苷,形成的键是 α-1,4-苷键。

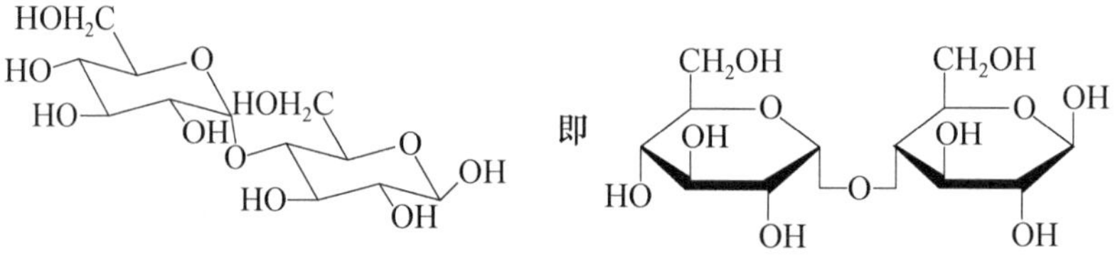

D-麦芽糖(β-异头物)

4-O-(α-D-吡喃葡萄糖基)-β-D-吡喃葡萄糖苷

2. 麦芽糖的性质

麦芽糖分子中还存在苷羟基,在水溶液中它可转变成开链式,因而具有还原性,即能与土伦试剂、费林试剂反应,与苯肼作用成脎,有变旋光现象,所以它是还原糖。

麦芽糖中的苷羟基可以是 α-型,也可以是 β-型,因此麦芽糖有 α 和 β 两种异构体。它的 α-异头物的比旋光度为 $+168°$,β-异头物的比旋光度为 $+112°$,达到平衡时,其比旋光度为 $+136°$。

麦芽糖是饴糖的主要成分,甜度约为蔗糖的 40%。在微生物实验中用作培养基。

17.2.3　纤维二糖

纤维素部分水解得到纤维二糖。纤维二糖的分子式也是 $C_{12}H_{22}O_{11}$，和麦芽糖一样，也是由两分子 D-葡萄糖组成的，不同的是麦芽糖是 α-葡萄糖苷，而纤维二糖是 β-葡萄糖苷，形成的键是 β-1,4-苷键。

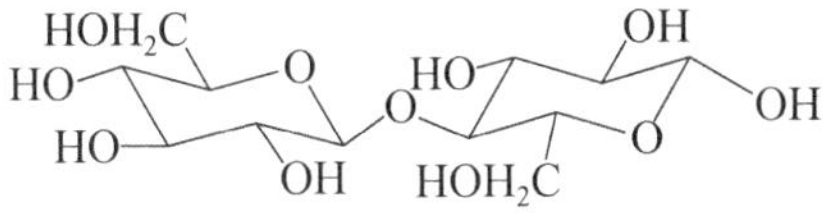

即

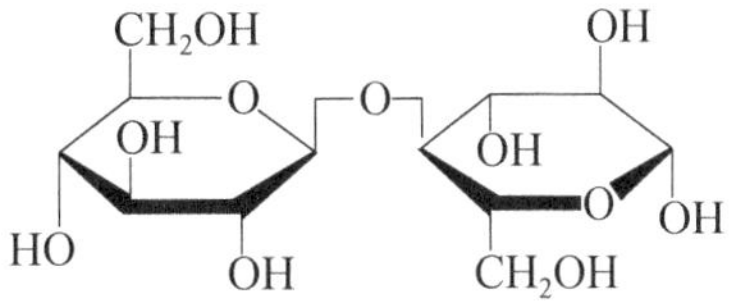

β-纤维二糖

4-O-(β-D-吡喃葡萄糖基)-β-D-吡喃葡萄糖苷

纤维二糖为白色结晶，熔点 225℃，可溶于水，右旋光。纤维二糖含有苷羟基，也是还原糖，其化学性质与麦芽糖相似。纤维二糖和麦芽糖一样都有 α 和 β 两种异构体。纤维二糖和麦芽糖互为异构体，由于分子中苷键构型不同（一个是 β-型，一个是 α-型），在生理活性上差别很大。例如，苦杏仁酶能水解纤维二糖而不能水解麦芽糖；麦芽糖酶只能水解麦芽糖而不能水解纤维二糖。这就是所谓酶的专一性。这也正是人体能分解消化麦芽糖，而不能分解消化纤维二糖的原因。

17.2.4　乳糖

乳糖存在于乳汁中，人乳中含量为 5%～8%，牛乳中含量为 4%～5%，牛奶变酸是因为其中所含的乳糖受细菌作用变成了乳酸。

乳糖分子式也是 $C_{12}H_{22}O_{11}$，它是由 β-D-半乳糖 C_1 上苷羟基与 D-葡萄糖 C_4 上的醇羟基脱水缩合而成，形成的键是 β-1,4-苷键。

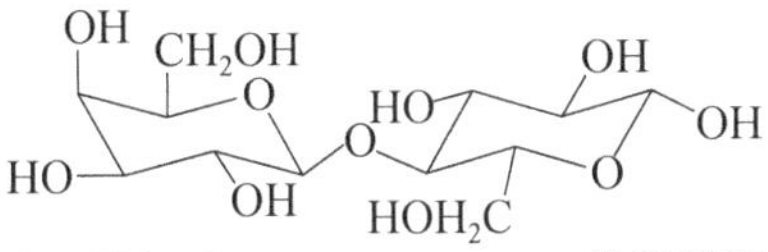

半乳糖部分　　　　葡萄糖部分

乳糖（β-异构物）

乳糖为白色结晶，熔点 202℃，溶于水，味微甜。在乳糖分子中也还存在 1 个苷羟基，可以转变为开链式，能与土伦试剂、费林试剂反应，所以它也是一个还原糖，也有变旋光现象，乳糖的 α 和 β 两种异构体在水溶液中达到平衡时的比旋光度为 +53.5°。

问题 6　试比较麦芽糖、纤维二糖、乳糖的构象和性能。

17.3　多　　糖

多糖是高分子化合物，广泛存在于动植物体中，如纤维素、甲壳质等，有些多糖是动植物体内的储备养料，如淀粉、肝糖等，当需要时它们会在有关酶的影响下，分解成单糖。

多糖完全水解后都得到单糖。水解产物是一种单糖时，称为均多糖，如淀粉和纤维素等；

水解产物不止一种单糖时,称为杂多糖,如阿拉伯胶。

多糖是由数百至数千个单糖分子的苷羟基和醇羟基脱水缩合而成。多糖与单糖、低聚糖的理化性质不同,多糖一般不溶于水,个别和水形成胶体溶液,无甜味,不显还原性,不变旋光。最重要的多糖是淀粉、纤维素和糖原。

17.3.1 淀粉

淀粉是人类的主要食物。它存在许多植物的种子、茎和块根中,如马铃薯中淀粉含量为20%(质量分数,下同)、大米中含量为75%～80%、玉米中含量为65%、小麦中含量为60%～65%、白薯中含量为13%～38%。

淀粉的分子式为$(C_6H_{10}O_5)_n$,淀粉在淀粉酶作用下可部分水解得到麦芽糖,而在酸的作用下,可完全水解,最终产物为D-(+)-葡萄糖。

$$(C_6H_{10}O_5)_n \xrightarrow[H^+]{H_2O} (C_6H_{10}O_5)_m \xrightarrow[H^+]{H_2O} C_{12}H_{22}O_{11} \xrightarrow[H^+]{H_2O} C_6H_{12}O_6$$

　　　　淀粉　　　　　　糊精　　　　　　麦芽糖　　　　D-(+)-葡萄糖

　　　　　　　　　　$(n>m)$

淀粉由直链淀粉和支链淀粉组成。直链淀粉可溶于热水,又称可溶性淀粉,占10%～20%。支链淀粉也称不溶性淀粉,占80%～90%。

1. 直链淀粉

直链淀粉是由 α-D-(+)-葡萄糖以 α-1,4-苷键结合而成的链状高聚物,其结构如下:

即

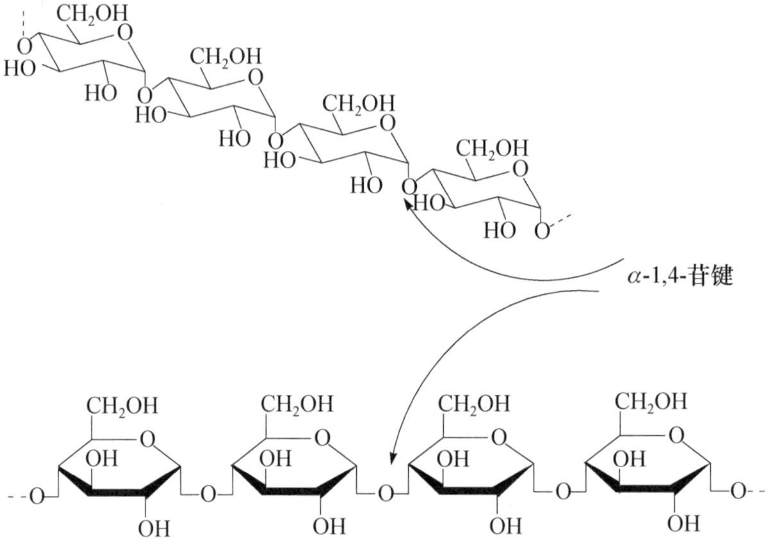

直链淀粉

直链淀粉不溶于冷水,不能发生还原性糖的一些反应,遇碘显深蓝色,可用于鉴定碘的存在。原因是直链淀粉是一种线形聚合物,分子呈螺旋状。

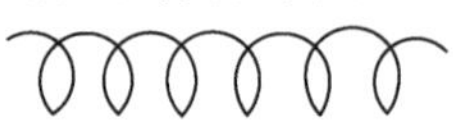

每一螺圈约含
六个葡萄糖单位

螺旋状空穴正好与碘的直径相匹配,允许碘分子进入空穴中,形成络合物而显色。淀粉-碘络合物呈深蓝色,加热解除络合,则蓝色褪去。

问题 7　直链淀粉与碘分子作用形成一个蓝色的络合物,请说明作用原理。

2. 支链淀粉

支链淀粉由 α-D-葡萄糖通过 α-1,4-苷键和 α-1,6-苷键连接而成,其结构如下:

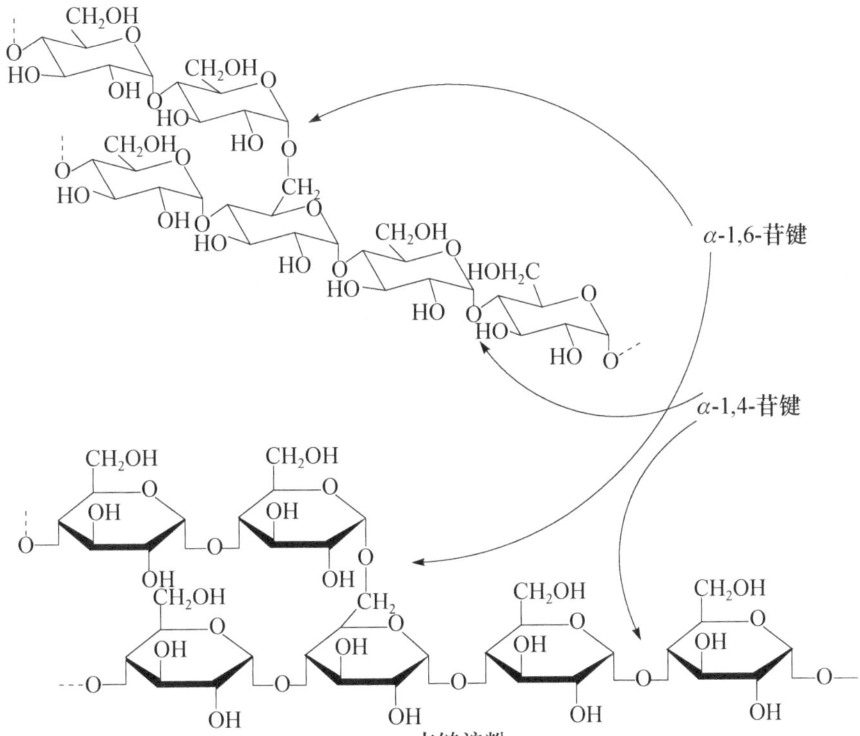

支链淀粉

支链淀粉是带有许多支链的线型高分子化合物,能溶于水,遇碘呈紫红色。

淀粉是人类所需碳水化合物的主要来源,主要用作食物,作为原料可用来制造葡萄糖和酿酒。淀粉在水解过程中可生成各种糊精和麦芽糖等中间产物,其中糊精是相对分子质量较小的多糖,能溶于水,水溶液有黏性,医药上可用于配制散剂和片剂,在纺织工业上用于浆纱和布。

问题 8　为什么葡萄糖是还原糖,但由葡萄糖单位构成的淀粉却没有还原性?

17.3.2　纤维素

纤维素是自然界中分布最多的多糖。它是植物骨架和细胞的主要成分。棉花含纤维素 93%～98%(质量分数,下同),脱脂棉花和滤纸几乎全部是纤维素,亚麻约含 80% 的纤维素,一般木材含纤维素 40%～50%,而稻草含 30% 的纤维素。

1. 纤维素的结构

纤维素是由 β-D-葡萄糖通过 β-1,4-苷键结合而成的高分子化合物,其结构如下:

即

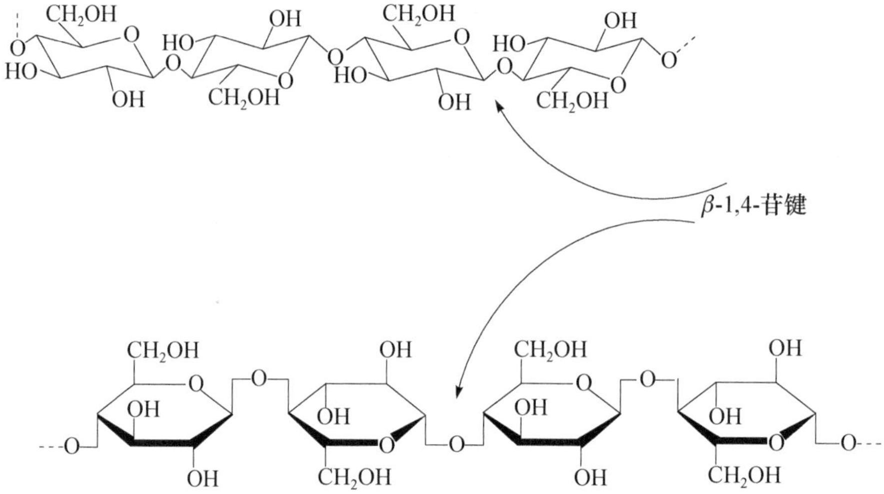

纯的纤维素无色、无味、无臭、无还原性,不溶于水和有机溶剂,但能溶于氢氧化铜的氨溶液中。纤维素的分子式也是$(C_6H_{10}O_5)_n$,但纤维素的相对分子质量比淀粉大得多,不同来源的各种纤维素其相对分子质量是不同的,棉花纤维素分子约为3000个葡萄糖单位组成。纤维素难水解,一般需要在浓酸中或用稀酸并在加压、加热下进行,中间水解产物为纤维四糖、纤维三糖、纤维二糖,最终水解产物为D-(+)-葡萄糖。

纤维素虽然也是由葡萄糖组成的,但不能作为人的营养物质,可作为食草动物(如牛、马、羊等)的营养饲料。这是因为人体内只存在能水解α-1,4-苷键的酶,不存在能水解β-1,4-苷键的酶,所以人不能消化纤维素,纤维素不能作为人的营养物质。而食草动物的消化道中有一些微生物可分泌出能水解β-1,4-苷键的酶,用来消化纤维素,因此纤维素能作为食草动物的营养饲料。

2. 性质与用途

纤维素用于纺织、造纸工业中,由于纤维素分子中存在醇羟基,因此表现出醇的一些特性,能与某些试剂作用,生成用途广泛的纤维素的衍生物。

1) 纤维素硝酸酯

纤维素硝酸酯也称硝酸纤维素酯,俗名硝化纤维。它是由纤维素与浓硝酸和浓硫酸发生酯化反应得到的,酸的浓度和反应条件决定纤维素的酯化程度,如果纤维素分子中所有的羟基都被酯化,则可得到三硝酸纤维素酯,含氮量理论值为17.4%。

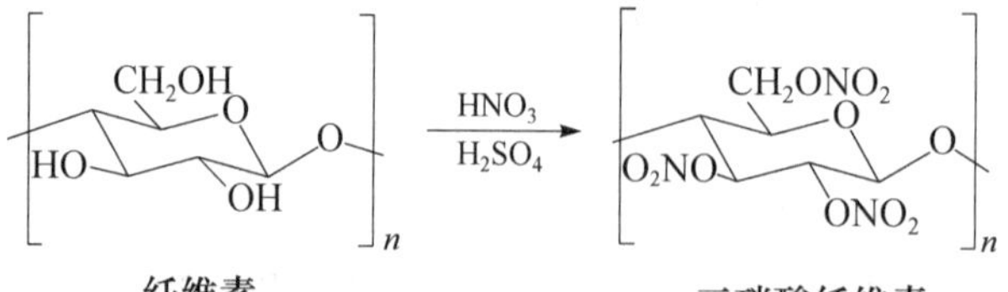

纤维素 三硝酸纤维素

实际上纤维素分子中每个葡萄糖单位的3个羟基不可能都被酯化,工业上酯化程度常以生成酯的含氮量高低表示。一般含氮量13%左右的称为火棉;火棉易燃、易爆,是制造无烟火药的原料。含氮量11%左右的称为胶棉;胶棉易燃,无爆炸性,将它溶于乙醇-乙醚后得到火棉胶(或称珂罗酊),工业上用来封瓶口。火棉胶与樟脑等一起加热处理后就得到赛璐珞,它是最早的人造材料,用来制乒乓球、儿童玩具等。

2）乙酸纤维素酯

乙酸纤维素酯也称纤维素乙酸酯。纤维素与乙酸酐在少量硫酸存在下作用，生成三乙酸纤维素酯。

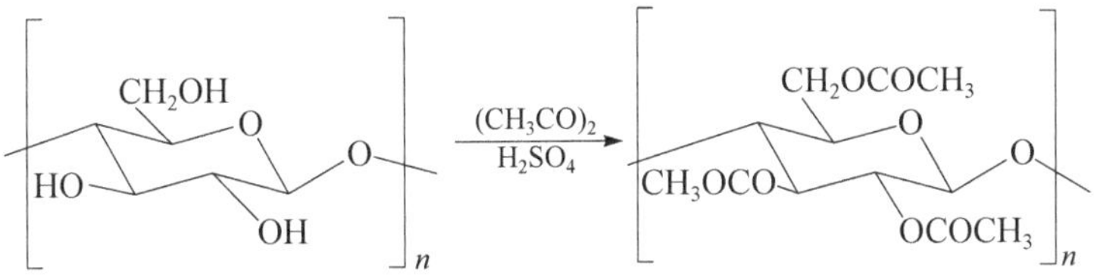

纤维素　　　　　　　　　　三乙酸纤维素酯

三乙酸纤维素酯部分水解后生成二乙酸纤维素酯，后者溶于丙酮和乙醇中，经细孔纺丝即得人造丝。二乙酸纤维素酯还可用来制胶片、塑料等，在水处理工程中用作制反渗透膜的原料。乙酸纤维素酯和硝酸纤维素酯比较，它具有不易着火、不易变色的优点。

3）纤维素黄原酸钠

纤维素与氢氧化钠和二硫化碳作用，生成纤维素黄原酸钠。

$$-\overset{|}{\underset{|}{C}}-OH + CS_2 + NaOH \longrightarrow -\overset{|}{\underset{|}{C}}-O-\underset{\underset{S}{\|}}{C}-S^-\ Na^+ + H_2O$$

纤维素部分　　　　　　　　纤维素黄原酸钠

将少量水加入纤维素黄原酸钠中便形成黏稠溶液，再经细孔压入稀酸中，即分解为黏胶纤维，经抽丝获得的人造丝成为黏胶丝。若将黏稠溶液经狭缝压入稀酸中，并用甘油作软化剂处理得再生纤维素，便得玻璃纸。

$$-\overset{|}{\underset{|}{C}}-O-\underset{\underset{S}{\|}}{C}-S^-\ Na^+ \xrightarrow{H^+} -\overset{|}{\underset{|}{C}}-OH + CS_2 + Na^+$$

纤维素黄原酸钠　　　再生纤维素

这是古老的生产人造丝和玻璃纸的方法，工艺简单，但是造成严重环境污染。新的方法是将纤维素溶于尿素碱溶液中，形成黏稠液，再压入稀酸中得到黏胶丝。

4）羧甲基纤维素

纤维素在氢氧化钠溶液中与一氯乙酸作用，羟基中的氢原子被羧甲基取代生成羧甲基纤维素的钠盐。

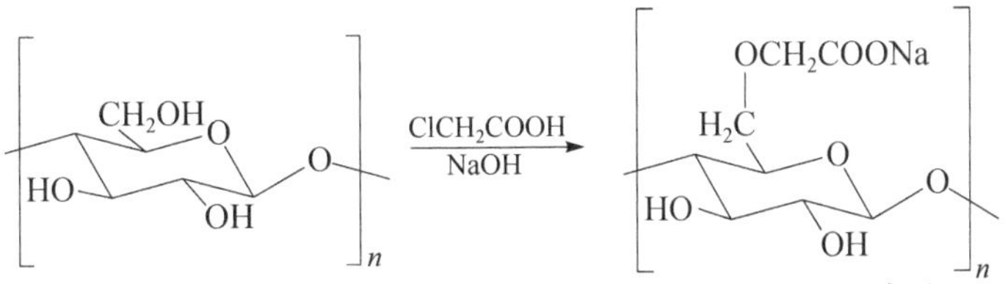

羧甲基纤维素钠

羧甲基纤维素钠盐为白色粉末，在水中形成透明具有黏胶性的胶状物质，俗称化学糨糊粉。在造纸工业中用作胶料；在医药中用作乳化剂；在纺织、印染中用作经纱上浆。

17.3.3　糖原

糖原是动物体内储藏的碳水化合物，也称动物淀粉，主要存在于肝脏和肌肉中，因而又称肝糖。

糖原也是由 α-D-葡萄糖组成的,结构与支链淀粉相似,但它的支链更短、更多、更密,含有 α-1,4-苷键和 α-1,6-苷键。2 个分支之间大约有 6 个葡萄糖结构单位,分子中含葡萄糖的数目随来源不同而异,为 6000～24 000 个,相对分子质量高达 1×10^8。

糖原为无定形粉末,不溶于冷水,在热水中较易溶,水溶液与碘作用呈红色或紫蓝色。

糖原是动物体内能量的主要来源,成人体内约含糖 400 g,一旦肌体需要(如血糖浓度低于正常水平或突然需要能量),糖原即可在酶的催化下分解为 D-葡萄糖供肌体利用。

习　题

1. 指出下列化合物中,哪个能还原费林溶液,哪个不能,为什么?

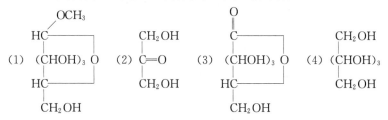

2. 为什么蔗糖是一个葡萄糖苷,同时又是一个果糖苷?

3. 写出下列糖的构型式。

　(1) α-呋喃果糖(哈沃斯式)。

　(2) D-(+)-葡萄糖的 C_2 差向异构体。

　(3) β-D-甲基吡喃甘露糖苷(稳定构象式)。

4. 写出下列各化合物的旋光异构体的投影式(开链式)。

　(1) 丁醛糖　　　(2) 戊醛糖　　　(3) 丁酮糖

5. 下列两异构体分别与过量苯肼作用,结果有什么不同?

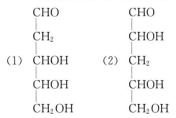

6. 用简单化学方法鉴别下列各组化合物。

　(1) 葡萄糖和蔗糖　　　(2) 纤维素和淀粉　　　(3) 麦芽糖和淀粉

7. 写出核糖与下列试剂的反应式和产物的名称。

　(1) 甲醇(干燥 HCl)　　(2) 苯肼　　(3) 溴水　　(4) 稀硝酸

8. 下列哪些糖是还原糖? 哪些是非还原糖?

　(1) 甲基-β-D-葡萄糖苷　　(2)淀粉　　(3)果糖　　(4)蔗糖　　(5) 纤维素

9. 什么是变旋光现象? 为什么 D-(+)-葡萄糖水溶液在平衡状态时 β-异构体(64%)比 α-异构体(36%)多?

10. 回答下列问题。

　(1) 葡萄糖和果糖在结构上的主要差别。

　(2) 葡萄糖和果糖在化学性质上的异同点。

　(3) 蔗糖和麦芽糖的分子式都是 $C_{12}H_{22}O_{11}$,为什么蔗糖没有还原性,而麦芽糖则有还原性?

　(4) 葡萄糖是还原糖,但由葡萄糖单位构成的淀粉却没有还原性。

11. D-(＋)-葡萄糖有 α 和 β 两种异构体,它们的熔点和比旋光度不同,分别为

　　α-D-(＋)-葡萄糖　　　熔点 146℃　　　$[\alpha]_D^{20}=+112°$

　　β-D-(＋)-葡萄糖　　　熔点 150℃　　　$[\alpha]_D^{20}=+19°$

然而将 α 或 β-葡萄糖溶于水放置一段时间后,其比旋光度最后都会变为 $[\alpha]_D^{20}=+52.5°$。

（1）试解释原因。

（2）计算在达到平衡后,α-和 β-异构体各占的摩尔分数。

第18章 多肽、蛋白质和核酸

18.1 多   肽

多肽一般是由 10 个以上氨基酸形成的肽链。它们广泛存在于自然界,在生物体内起着重要的生理作用。例如,由胰脏 α-细胞分泌的胰高血糖素,它是 29 肽,可调节肝糖原降解产生葡萄糖,以维持血糖平衡。

18.1.1 多肽的分类和命名

一分子 α-氨基酸中—COOH 与另一分子 α-氨基酸中的—NH_2 之间脱水,通过酰胺键连接形成的化合物称为肽。其中酰胺键 $-\overset{\overset{O}{\|}}{C}-NH-$ 称为肽键。由 2 个氨基酸组成的肽称为二肽,由 3 个氨基酸组成的肽称为三肽,由多个氨基酸组成的肽称为多肽。组成肽的氨基酸可以是相同的,也可以是不相同的,但天然存在的多肽都是由不同的氨基酸组成。

问题 1 肽键结构有哪些特点?

最简单的肽是二肽,它是由 2 个氨基酸分子组成的。例如,由甘氨酸与丙氨酸组成的二肽有两种排列组合方式,所以有以下两种结构。

$$H_2N-CH_2-\overset{\overset{O}{\|}}{C}-\boxed{OH+H}-NH-\overset{\overset{CH_3}{|}}{CH}-\overset{\overset{O}{\|}}{C}-OH \xrightarrow{-H_2O} H_2N-CH_2-\overset{\overset{O}{\|}}{C}-\overset{\overset{H}{|}}{N}-\overset{\overset{CH_3}{|}}{CH}-\overset{\overset{O}{\|}}{C}-OH$$

（Ⅰ）甘氨酰丙氨酸

$$H_2N-\overset{\overset{CH_3}{|}}{CH}-\overset{\overset{O}{\|}}{C}-\boxed{OH+H}-HN-CH_2-\overset{\overset{O}{\|}}{C}-H \xrightarrow{-H_2O} H_2N-\overset{\overset{CH_3}{|}}{CH}-\overset{\overset{O}{\|}}{C}-N-CH_2-\overset{\overset{O}{\|}}{C}-OH$$

（Ⅱ）丙氨酰甘氨酸

（Ⅰ）、（Ⅱ）两种结构的区别为:在（Ⅰ）中的肽键由甘氨酸中的羧基与丙氨酸中的氨基脱水形成的;而在（Ⅱ）中的肽键,则由丙氨酸中的羧基与甘氨酸中的氨基脱水形成。在（Ⅰ）中,甘氨酸部分保留了游离氨基(称为 N 端),丙氨酸则部分保留了游离的羧基(称为 C 端)。在（Ⅱ）中,丙氨酸部分保留了 N 端,而甘氨酸保留了 C 端,这两者的结构显然是不同的。

多肽的书写规则为:肽链的排列顺序是将含有 N 端的氨基酸写在左边,含 C 端的氨基酸写在右边。命名是以含 C 端的氨基酸为母体,把肽链中其他氨基酸名称中的"酸"字改成"酰"字,从 N 端叫起。例如

$$\overset{\overset{\displaystyle CH_3}{|}}{}\qquad\overset{\overset{\displaystyle CH_2C_6H_5}{|}}{}$$

$$H_2N-CH_2CONHCHCONHCHCOOH$$

N 端　　　　　　　　　　　　　C 端

甘氨酰丙氨酰苯丙氨酸(简称:甘・丙・苯丙肽)

为了书写简便,可写作甘・丙・苯丙,也可用 Gly-Ala-Phe 表示。

2 个不同的氨基酸组成二肽时,有 2 种不同的组合方式;3 个不同的氨基酸组成三肽时,有 6 种;四肽则有 24 种。组成肽的氨基酸数目越多,可组成肽的方式越多。例如,上述三肽的 6 种组合方式及名称如下:

甘・丙・苯丙　　　丙・苯丙・甘　　　苯丙・甘・丙

甘・苯丙・丙　　　丙・甘・苯丙　　　苯丙・丙・甘

多肽和蛋白质均是由 α-氨基酸组成,它们之间没有严格的区别。与多肽进行比较,蛋白质的肽链更长,平均相对分子质量更大。通常把平均相对分子量小于 10 000,能透过半透膜而且不被三氯乙酸或硫酸沉淀的称为多肽。它是一类性质比蛋白质稳定,而且不易变性,在生物体内起着各种不同的生理功能的重要物质。把平均相对分子质量在 10 000 以上的称为蛋白质(相当于 100 个以上的氨基酸单元)。

问题 2　命名下列肽,并给出简写名称。

(1) $H_2NCHCONHCH_2CONHCHCO_2H$

$\qquad\ CH_2OH\qquad\qquad CH_2CH(CH_3)_2$

$\qquad\qquad\qquad\qquad\qquad\qquad\ CH(OH)CH_3$

(2) $HOOCCH_2CH_2CHCONHCHCONHCHCOOH$

$\qquad\qquad\qquad\ NH_2\qquad\ CH_2C_6H_5$

18.1.2　多肽的结构测定

要了解一个多肽的结构,就必须了解它是由哪些氨基酸组成,这些氨基酸又是按照怎样的次序相互连接。多肽的测定可按下面三个步骤来完成。

(1) 先用超离心法、渗透法和 X 衍射等物理方法测定多肽的相对分子质量,然后通过元素分析从而确认分子式。

(2) 将多肽置于 6 mol・L^{-1} 的盐酸溶液中,在 120℃下加热使其彻底水解,分离可得到各种 α-氨基酸,然后用色谱法测定各种氨基酸的相对含量,从而得出每种氨基酸的数目。

(3) 测定多肽中氨基酸的排列顺序,可采用末端残基分析法,此法可分为 N 端和 C 端两种分析方法。

1) N 端氨基酸的分析方法之一

用 2,4-二硝基氟苯与多肽的 N 端氨基进行反应,得到 N 端带有 2,4-二硝基氟苯基的肽,水解后只有这个含有 2,4-二硝基氟苯基的氨基酸显黄色,容易通过层析法得到比移值(R_f 值)鉴定该 α-氨基酸的结构。这种方法可将多肽从 N 端开始,逐步彻底水解,最终得到全部的氨基酸的连接顺序。

$$O_2N-\underset{NO_2}{\underbrace{\qquad}}-NHCH(\underset{R}{})-\overset{O}{\overset{\|}{C}}-NH-CH(\underset{R'}{})-\overset{O}{\overset{\|}{C}}-NH- \xrightarrow[H_2O]{HCl}$$

$$O_2N-\underset{NO_2}{\underbrace{\qquad}}-NHCH(\underset{R}{})-COOH + H_2N-CH(\underset{R'}{})-\overset{O}{\overset{\|}{C}}-NH- \longrightarrow \cdots$$

（黄色）

2) C 端氨基酸的分析方法之一

在羧肽酶作用下,选择性地将最靠近羧基的肽键水解,生成游离氨基酸,然后再进行末端分析。通过一步步多次重复操作分析,以确定肽链中所有氨基酸连接次序。

$$-NHCH(\underset{R''}{})-\overset{O}{\overset{\|}{C}}-NH-CH(\underset{R'}{})-\overset{O}{\overset{\|}{C}}-NH-CH(\underset{R}{})-COOH \xrightarrow[\text{羧肽酶}]{H_2O}$$

$$-NHCH(\underset{R''}{})-\overset{O}{\overset{\|}{C}}-NH-CH(\underset{R'}{})-COOH + H_2N-CH(\underset{R}{})-COOH$$

游离氨基酸

问题 3　某九肽经部分水解,得到一些三肽:丝-脯-苯丙、甘-苯丙-丝、脯-苯丙-精、精-脯-脯 、脯-甘-苯丙、脯-脯-甘和苯丙-丝-脯。以简写方式排出此九肽中氨基酸的顺序。

18.1.3　多肽的合成

多肽和蛋白质是生命中不可缺少的物质,多肽的合成是生命科学中意义非凡的有机合成。

1. 传统的合成方法

传统的合成方法是将各种氨基酸按照一定的次序在指定的氨基和羧基之间形成肽键。这个复杂的过程需要解决好两个基本问题:一方面是官能团羧基活化,使反应在温和的条件下即可进行;另一方面就是将同一分子中的氨基保护起来,反应完成以后再定量地去掉保护基,同时还不影响分子中已生成的肽键。

例如,甘氨酰丙氨酸的合成过程如下:

$$H_2N-CH_2-COOH + C_6H_5CH_2-O-\overset{O}{\overset{\|}{C}}-Cl \xrightarrow{\text{保护氨基}} C_6H_5CH_2-O-\overset{O}{\overset{\|}{C}}-NH-CH_2-COOH$$

甘氨酸　　　　　　　氯甲酸苄酯　　　　　　　　　苄氧羰酰甘氨酸

$$\xrightarrow[\text{活化羧基}]{SOCl_2} C_6H_5CH_2-O-\overset{O}{\overset{\|}{C}}-NH-CH_2-\overset{O}{\overset{\|}{C}}-Cl \xrightarrow[\text{形成肽链}]{\underset{CH_3CHCOOH}{\overset{NH_2}{}}}$$

$$C_6H_5CH_2-O-\overset{O}{\overset{\|}{C}}-NH-CH_2-\overset{O}{\overset{\|}{C}}-NH-CH(\underset{CH_3}{})-COOH \xrightarrow[\text{去氨基保护基}]{H_2,Pd \text{ 或 } Ni}$$

苄氧羰酰甘氨酰丙氨酸

$$C_6H_5CH_3 + CO_2 + \overset{+}{H_3}NCH_2-\overset{\overset{O}{\|}}{C}-NH-\underset{\underset{CH_3}{|}}{CH}-COO^-$$

甘氨酰丙氨酸

将二肽中的氨基保护起来后,再活化羧基,就可以用来与另一个氨基酸分子作用合成三肽。由此可以看出,合成多肽是比较复杂的,通常需要几十步甚至几百步的反应,每一步骤都需要产物的分离、提纯以及鉴别等。20 世纪 50 年代维格诺德(Vigneaud DU V)成功地合成了八肽催产素,并因此获得 1955 年的诺贝尔化学奖。

2. 固相合成法

传统合成多肽的方法是在溶液里进行的,分离精制需消耗大量的溶剂,产率也随之大为降低。20 世纪 60 年代,美国化学家梅里菲尔德(R. B. Merrifield)发明了一种快速、定量,且能连续地合成多肽的方法——固相合成法。

该方法首先在不溶性树脂(P)表面进行氯甲基化(P—CH_2Cl),并用苄氧羰基

($C_6H_5CH_2-O-\overset{\overset{O}{\|}}{C}-$,以 Q 表示)保护第一个氨基酸中的氨基(如丙氨酸),并按以下反应式反应生成酯:

$$P-CH_2Cl + Et_3\overset{+}{N}H\overset{-}{O}-\overset{\overset{O}{\|}}{C}-\underset{\underset{CH_3}{|}}{CH}-NH-Q \longrightarrow P-CH_2-O-\overset{\overset{O}{\|}}{C}-\underset{\underset{CH_3}{|}}{CH}-NH-Q$$

然后,用稀的溴化氢溶液除去 N 端苄氧羰基保护基,再使用三乙胺中和溴化氢。

$$P-CH_2-O-\overset{\overset{O}{\|}}{C}-\underset{\underset{CH_3}{|}}{CH}-NH-Q \xrightarrow{稀HBr} P-CH_2-O-\overset{\overset{O}{\|}}{C}-\underset{\underset{CH_3}{|}}{CH}-NH_2 \cdot HBr \xrightarrow{Et_3N}$$

$$P-CH_2-O-\overset{\overset{O}{\|}}{C}-\underset{\underset{CH_3}{|}}{CH}-NH_2$$

第二个被保护的氨基酸(如亮氨酸)与在固相新形成的游离氨基在缩合剂(二环己基碳二亚胺,DDC)作用下进行缩合,生成肽键。

$$P-CH_2-O-\overset{\overset{O}{\|}}{C}-\underset{\underset{CH_3}{|}}{CH}-NH_2 + HOOC-\underset{\underset{CH_2CH(CH_3)_2}{|}}{CH}-NH-Q \xrightarrow{DDC}$$

$$P-CH_2-O-\overset{\overset{O}{\|}}{C}-\underset{\underset{CH_3}{|}}{CH}-NH-\overset{\overset{O}{\|}}{C}-\underset{\underset{CH_2CH(CH_3)_2}{|}}{CH}-NH-Q$$

最后,将上述二肽从聚合物(P)上解脱下来,同时脱去 N 端苄氧羰基保护基,从而得到游离的二肽。重复以上合成操作可合成多肽。上述形成肽键是在液相中进行的,但是反应底物是接在固体上的,所以称为固相合成法。梅里菲尔德创立了固相多肽合成法,并首先用此法合

成出世界上第一个由人工合成的蛋白质而荣获 1984 年的诺贝尔化学奖。现在,固相多肽合成法可由仪器自动完成,使合成效率也大大提高。过去需要几年时间才能完成的合成工作在仪器上进行只需要十几天就可以完成。

问题 4　利用苄氧羰基作为氨基的保护基团,写出用氨基酸合成甘-丙-酪三肽的反应式。

18.2　蛋　白　质

不同的蛋白质具有各种不同的生理功能,与多肽一样,蛋白质是由很多种 α-氨基酸通过肽键连接而成的含氮生物高分子化合物,它存在于一切细胞中。例如,肌肉、毛发、指甲、角、蚕丝、血清、血红蛋白等都是由不同的蛋白质组成的。激素、酶和一些病毒也是蛋白质。

蛋白质是生命的物质基础,在机体中承担着各种生理作用和机械功能,在生命过程中起着决定性的作用。

18.2.1　蛋白质的组成和分类

蛋白质虽然是一类结构复杂的含氮生物高分子化合物,种类也很多,但组成蛋白质的元素并不多,且百分含量变化范围也不大。经过分析得知,组成蛋白质的元素有 C、H、O、N 和少量的 S,有些蛋白质还含有微量的磷、碘、金属(铁、锌、锰、钼)等。一般干燥蛋白质元素的含量大致为 C:50%～55%;H:6.5%～7.3%;O:20%～23.5%;N:15%～17.5%;S:0.3%～2.5%。

简单的化学方法难以区分数量庞杂、特性各异的这类大分子化合物,目前只是根据溶解度、组成和功能不同等进行分类。

　　1. 根据溶解度不同分类

　　(1) 不溶于水的纤维状蛋白质,如丝蛋白和角蛋白等。
　　(2) 可溶于水的球状蛋白质,如蛋清蛋白和酪蛋白等。

　　2. 根据化学组成不同分类

　　(1) 单纯蛋白质,仅由 α-氨基酸组成,如球蛋白和谷蛋白等。
　　(2) 结合蛋白质,由单纯蛋白质和非蛋白质组分结合而成。例如,由蛋白质和核酸结合而成的核蛋白,由蛋白质和糖类结合而成的糖蛋白(含糖量高的糖蛋白称为黏蛋白),由蛋白质和脂类结合而成的脂蛋白等。非蛋白质的组分又称辅基,如糖类、脂类、核酸、磷酸及色素等。

　　3. 根据蛋白质的功能不同分类

　　(1) 活性蛋白质,是指在生命运动过程中一切有活性的蛋白质。根据生理作用不同又可以分为:起调节作用的蛋白质,如激素;起催化作用的蛋白质,如酶。
　　(2) 非活性蛋白,是包括一大类对生物起保护作用或支持作用的蛋白质。这类蛋白质一般都没有生物活性,如起保护或提高机械强度作用的角蛋白;起支持及润滑作用的弹性蛋白等。

18.2.2　蛋白质的结构

蛋白质的分子结构可分为一级、二级、三级和四级。一级结构是蛋白质的基本结构,二级、三级、四级结构称为空间结构或构象。蛋白质的各种生物学功能和性质是由其结构所决定的。

1. 一级结构

蛋白质分子中氨基酸的排列顺序称为蛋白质的一级结构。这种排列顺序是遗传信息所决定的。维持一级结构的主要化学键是肽键。各种蛋白质的生物活性,首先是由它的一级结构决定的。胰岛素是世界上第一个被确定一级结构的蛋白质。由动物胰脏中分泌的胰岛素这种最小的蛋白质,它是由 51 个氨基酸形成的两条肽链,一条是由 21 个氨基酸结合而形成的 A 链;另一条是由 30 个氨基酸结合而形成的 B 链,A 链和 B 链由—S—S—键连接起来。示意图如图 18-1 所示。

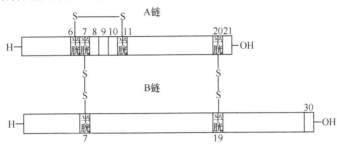

图 18-1　组成胰岛素蛋白质的肽链示意图

图 18-1 中 1 个小方格代表 1 个氨基酸基,根据一般的书写多肽链的方法,含有游离氨基的一端写在左边,含有游离羧基的一端写在右边。在牛胰岛素中,A 链上的 8-9-10 是丙-丝-缬,在猪胰岛素中则是苏-丝-异亮,其余的位置完全相同。我国化学家 1965 年首次合成了具有生物活性的结晶牛胰岛素,在 1971 年又完成了猪胰岛素晶体结构的测定,标志着我国合成化学的水平又达到了一个新的高度,这是对生命科学的一大贡献。

2. 二级结构

蛋白质分子中的肽链并非直线形的,而是排列成盘曲或折叠状,这就是蛋白质的二级结构。蛋白质的二级结构是指多肽链主链原子的局部空间排布,不涉及氨基酸残基侧链的构象。二级结构有两种形式,一种为 α 螺旋形,另一种为 β 折叠形,如图 18-2 和图 18-3 所示。在二级结构里有氢键参与,以维持其稳定性。

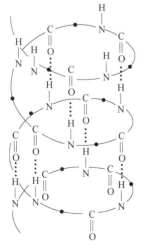

图 18-2　α 螺旋示意图

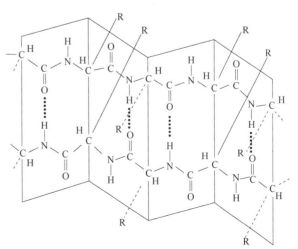

图 18-3　β 折叠式结构示意图

问题 5　维持蛋白质二级结构稳定的主要因素有哪些？

3. 三级结构

蛋白质的三级结构是指整条肽链所有原子的空间排布，它包括主链构象和侧链构象。它是由肽链(二级结构)进一步扭曲折叠形成的复杂的空间结构。例如，核糖核酸酶是由 124 个氨基酸组成，其肽链中第 26、40、58、65、72、84、95 和 110 号氨基酸组成源都是半胱氨酸，它们是通过二硫键(—S—S—)相连而相互扭在一起的，如图 18-4 所示。

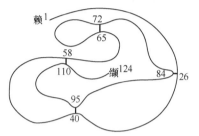

图 18-4　核糖核酸酶的三级结构示意图

4. 四级结构

由两条或两条以上具有三级结构的多肽链聚合而形成有特定三维结构的蛋白质构象称为蛋白质的四级结构。四级结构是由具有一、二、三级结构的几个亚基或亚单位构成，每条肽链就是蛋白质的亚基或原体，单独的亚基并没有活性，亚基之间有的相同，有的不相同。例如，胰岛素的四级结构可由相对分子质量为 6000 或 12 000 的两个以上亚基组成。又如，血红蛋白是由 2 条 α 链和 2 条 β 链构成的四聚体，如图 18-5 所示。有的蛋白质分子中的亚基数目会更多，经聚合形成结构更复杂的多聚体。

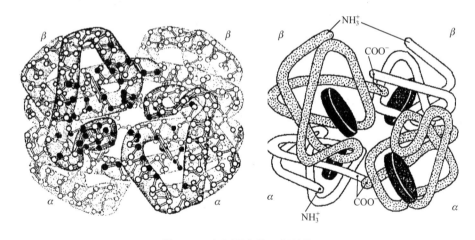

图 18-5　血红蛋白的四级结构

问题 6　举例说明蛋白质的结构与其功能之间的关系。

18.2.3　蛋白质的性质

1. 两性和等电点

蛋白质是由氨基酸组成的，它与氨基酸一样，是两性化合物，与酸或碱作用都可以生成盐。在酸性溶液中，蛋白质以正离子的形式存在；在碱性溶液中则以负离子的形式存在。蛋白质也有等电点,蛋白质的等电点以 pI 表示。

$$P \begin{array}{c} NH_2 \\ COOH \end{array}$$

$$P \begin{array}{c} NH_2 \\ COO^- \end{array} \underset{OH^-}{\overset{H^+}{\rightleftharpoons}} P \begin{array}{c} \overset{+}{N}H_3 \\ COO^- \end{array} \underset{OH^-}{\overset{H^+}{\rightleftharpoons}} P \begin{array}{c} \overset{+}{N}H_3 \\ COOH \end{array}$$

负离子　　　　　　等电点　　　　　　正离子
pH>pI　　　　　　pH=pI　　　　　　pH<pI

式中,$P \begin{array}{c} NH_2 \\ COOH \end{array}$ 代表蛋白质。

不同的蛋白质有着不同的等电点,表 18-1 列出了部分蛋白质的等电点。

表 18-1　部分蛋白质的等电点

名称	pI	名称	pI
胃蛋白酶	1.1	血清蛋白	4.8
卵清蛋白	4.9	胰岛素	5.3

蛋白质是高分子化合物,分子颗粒的大小在胶粒范围内(1~100 nm)呈现出胶体的性质。在等电点时,蛋白质失去作为胶体的稳定条件,溶解度最小,易于沉淀,利用这一性质,可进行蛋白质制剂的分离及纯化等。

2. 盐析

向蛋白质溶液中加入无机盐(如氯化钠、硫酸镁和硫酸铵等)溶液后,可使蛋白质的溶解度明显地降低而从溶液中析出,这种作用称为盐析。盐析出来的蛋白质仍可以溶于水,其结构和性质并无变化,因此盐析是一种可逆过程。所有蛋白质发生盐析作用时,所需盐的最低浓度是不相同的,利用这个性质可以将多种蛋白质进行分离。

用乙醇等有机溶剂处理蛋白质的水溶液,因乙醇对水亲和力较大,导致蛋白质粒子表面水膜被破坏而沉淀出来,在初期也是可逆的。如果用重金属离子(如 Hg^{2+}、Pb^{2+}、Ag^+ 等)来处理蛋白质水溶液时,则可以形成不溶性蛋白质,这是一个不可逆过程。可逆过程蛋白质分子的结构未受影响,不可逆过程则是相反的。因此,含重金属离子的工业废水未经处理而排入江河,将会造成水源污染,人们喝了被重金属离子污染的水以后便会中毒。

3. 变性

蛋白质受热、紫外线照射、超声波冲击等物理因素的影响和硝酸、单宁酸、三氯乙酸、苦味酸、重金属盐(如 Hg^{2+}、Pb^{2+}、Ag^+ 等)和脲等化学因素作用时,蛋白质的结构和性质都会发生变化,溶解度发生降低,甚至凝固,这种现象称为蛋白质的变性。变性后的蛋白质,它原来的可溶性及生理活性都丧失了。蛋白质的变性和人类的生活、生产活动密切相关。例如,种子需要在适当的条件下保存以避免变性而失去发芽能力;疫苗、制剂和免疫血清等蛋白质产品在储存、运输及使用的过程中也要防止变性;延迟和制止蛋白质变性也是人类保持青春、防止衰老的一个有效的过程。另外,我们可以用注入乙醇、加热和辐照等手段使病菌和病毒的蛋白质变性而起到治病、消毒和灭菌等作用。变性后的熟蛋白质更容易被人体所吸收,酸奶是牛奶经发酵而成,其所含的蛋白质变性后也比鲜牛奶更容易消化吸收,营养价值也更高。

4. 颜色反应

蛋白质含有不同的氨基酸,可以和不同的试剂发生特有的颜色反应,这些反应常用来鉴别蛋白质。

1) 缩二脲反应

蛋白质和缩二脲($H_2NCONHCONH_2$)一样,在氢氧化钠溶液中加入硫酸铜稀溶液时出现紫色或紫红色,这种显色反应称为缩二脲反应。该反应可用来检验蛋白质的存在,二肽以上的多肽也可以发生这种显色反应。

2) 黄色反应

有些蛋白质遇浓硝酸后即可显黄色,黄色溶液再用碱处理,则转变为橙色。显黄色是由于蛋白质中含有苯环的氨基酸发生了硝化反应,生成了黄色的硝基化合物,如苯丙氨酸、色氨酸和酪氨酸都可以发生黄色反应。皮肤、指甲遇浓硝酸显黄色就是这个原因。

3) 水合茚三酮反应

蛋白质溶液与水合茚三酮反应,即生成蓝紫色物质。此反应用于蛋白质纸上色层分析。

5. 蛋白质的水解

蛋白质在酸、碱或酶的作用下,可在肽键处发生水解。通过水解,蛋白质逐渐断链,可以得到一系列的中间产物,最终得到各种 α-氨基酸。

$$蛋白质 \longrightarrow 脒 \longrightarrow 胨 \longrightarrow 多肽 \longrightarrow 二肽 \longrightarrow \alpha\text{-氨基酸}$$

脒和胨都是蛋白质的初步水解产物,分子虽然比蛋白质分子要小得多,但仍是 1 个大分子,仍然具有蛋白质的一些特性。胨在微生物实验中用作培养基。

18.2.4　酶

绝大多数酶是一种具有生物活性的蛋白质,也就是生物体内的催化剂,是生命活动的基础。绿色植物和某些细菌能利用太阳能,通过光合作用,二氧化碳和少量的硝酸盐、磷酸盐等极简单的原料合成复杂的有机物质,就是通过酶的催化所完成。所以说,酶在复杂的生物合成中的作用是无法用其他方法所替代的。

1. 酶的组成

酶可以分为单纯酶和结合酶两类。单纯酶仅由蛋白质构成,其催化活性仅由蛋白质结构决定,如脲酶、淀粉酶、溶菌酶等水解类酶。

结合酶由酶蛋白和辅助因子(非蛋白质部分)所组成。若两者分离,往往失去催化活性。酶催化反应的专一性和高效性主要取决于酶蛋白,而辅助因子主要对电子、原子或某些基团起传递作用。通常把辅助因子称为辅酶。

辅酶的种类较多,按其化学组成可分成两类。

(1) 无机的金属元素,如铜、锌和锰。

（2）相对分子质量低的有机物，如血红素、叶绿素、肌醇、烟酰胺、维生素 B_1、维生素 B_2、维生素 B_6 和维生素 B_{12} 等。

医疗上口服或者注射维生素，就是给人体补充辅酶，以提高肌体内某些酶的活性，调节代谢，从而达到治疗和增进健康的目的。

酶蛋白可以由一条肽链或多条肽链组成的。但所有的酶均是球状结构的。

2. 酶催化反应的特性

（1）催化效率高（比一般催化剂高 $10^8 \sim 10^{10}$ 倍）。

（2）选择性强。一是有化学选择性——可以从混合物中挑选特殊的作用物。例如，麦芽糖酶只能使 α-葡萄糖苷键断裂，而不能使 β-葡萄糖苷键发生断裂。二是有立化学选择性——辨别对映体。例如，酵母中的酶只能使天然 D 型糖发酵，而不能使相应的 L 型糖发酵。

（3）反应条件温和，一般是在常温、常压和 pH＝7 左右进行的。

人体内如果缺少某种酶，就会引起疾病或死亡。例如，胆碱酯酶的作用是水解乙酰胆碱，有机磷农药中毒就是破坏了动物体内的胆碱酯酶，使之不能够水解体内有毒的乙酰胆碱，致使中毒而亡。又如，小孩缺乏半乳糖酶时，不能吃奶（因为不能分解半乳糖），一吃就吐。再如，苯丙氨酸与酪氨酸在羟化酶的作用下达成转化平衡，如果此平衡被破坏，则酪氨酸缺乏，酪氨酸缺乏就不能产生黑色素——称为白化病。

问题 7　试从酶的构象说明酶为什么具有催化活性。

---

3. 酶的分类和命名

1）按催化反应类型

（1）氧化还原酶。能够促进作用物氧化还原的酶类，如细胞色素氧化酶等。

（2）转移酶。催化一个底物分子的某一基团转移到另一底物上，如转氨酶。

（3）水解酶。催化水解反应，如淀粉酶、脂肪酶和明蛋白酶等。

（4）裂解酶。能促进一种化合物分裂成两种化合物，或者由两种化合物合成一种化合物的反应，如碳酸酐酶。

（5）异构酶。能促进异构化反应，如磷酸葡萄糖异构酶。

（6）连接酶。能促进两分子连接起来，同时使 ATP（或其他三磷酸核苷）中的高能键断裂，转变成 ADP 和无机磷酸盐或 AMP 和焦磷酸，如谷氨酰胺合成酶。

2）酶的命名

（1）习惯命名法。习惯命名一般依据两个原则。

原则 1　根据所作用的作用物命名。例如，水解淀粉的酶称为淀粉酶，水解蛋白质的酶称为蛋白酶。有时还需要加上来源以区别不同来源的同一类酶，如胃蛋白酶、胰蛋白酶等。

原则 2　根据催化反应的性质及类型命名。例如，水解酶、氧化酶、脱氢酶、转移酶等。

有时也根据上述两条原则综合起来命名。

（2）系统命名法。系统命名是以酶的催化反应为基础进行命名的。规定每种酶的名称要写出作用物的名以及其催化性质，并以"："将两者分开，如醇：NAD 氧化还原酶。这里两种作用物为醇和 NAD，其催化性质为氧化还原反应。系统命名比习惯命名的名称要长（如习惯名称此酶称为醇脱氢酶），尚未广泛使用。

18.3　核　酸

生物所特有的生长和繁殖机能以及遗传与变异的特征都是核蛋白起着主要的作用。无细胞结构的病毒也是核蛋白。核蛋白是由蛋白质及核酸所组成的结合蛋白质。蛋白质是生物体用以表达各项功能的具体工具,而核酸则是生物用来制造蛋白质的模型。没有核酸,就没有蛋白质。因此,核酸是生命最根本的物质基础。所以,核酸是现代科学研究最引人关注的领域之一。

18.3.1　核酸的组成

核酸主要和蛋白质结合成核蛋白的形式存在于细胞和细胞质中,组成核酸的元素有 C、H、O、N、P,个别的还可能含有 S。其中,N:15%～16%,P:9%～10%。

核酸由核蛋白水解得到。核蛋白在无机酸的存在下可完全水解,其逐渐水解产物如下:

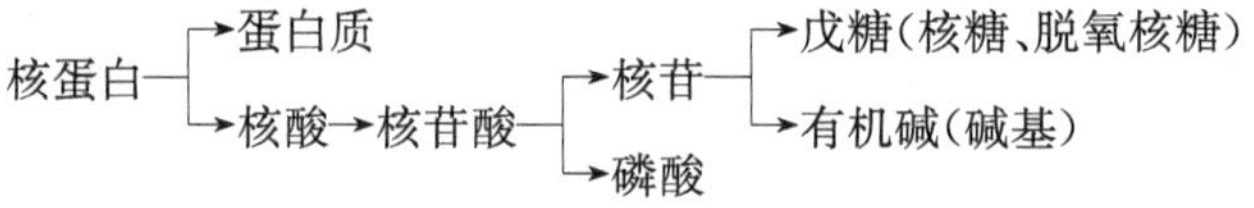

$$
核蛋白
\begin{cases}
蛋白质 \\
核酸 \to 核苷酸
\begin{cases}
核苷
\begin{cases}
戊糖(核糖、脱氧核糖) \\
有机碱(碱基)
\end{cases} \\
磷酸
\end{cases}
\end{cases}
$$

18.3.2　核酸的结构

1. 有机碱

有机碱也称碱基,是嘧啶或嘌呤的羟基或氨基衍生物,常见的有 5 种,其中含嘧啶环的有 3 种,含嘌呤环的有 2 种,这 5 种有机碱的构造式如下:

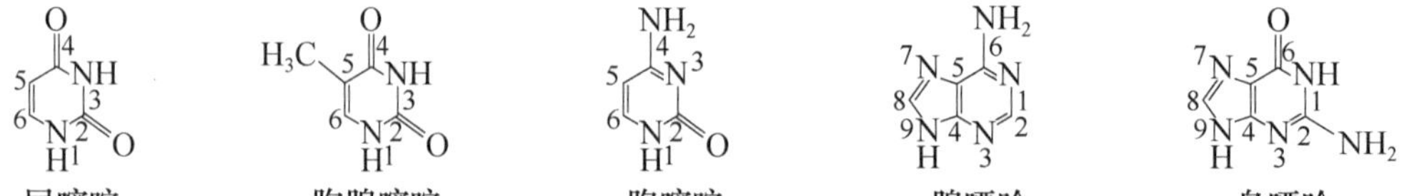

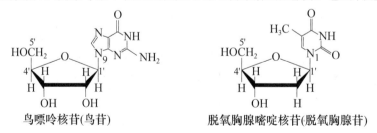

| 尿嘧啶 (uracil,U) | 胸腺嘧啶 (thymine,T) | 胞嘧啶 (cytosine,C) | 腺嘌呤 (adenine,A) | 鸟嘌呤 (guanine,G) |

2. 核苷

核苷是戊糖与碱基缩合而成的一种糖苷[这里的糖苷(核苷)与碳水化合物中的糖苷不同,它是由糖的苷羟基与碱基中的亚胺基缩合脱水而形成的苷]。戊糖分子中 $1'$-位上的碳原子和嘧啶碱 1-位上的氮原子或嘌呤碱 9-位上的氮原子形成碳氮键相连接。它的构造式如下:

鸟嘌呤核苷(鸟苷)　　　　　　　脱氧胸腺嘧啶核苷(脱氧胸腺苷)

3. 核苷酸

核苷中戊糖的 $3'$-位或 $5'$-位上的羟基和磷酸发生酯化反应,脱水生成核苷酸。因此,核苷酸是核苷的磷酸酯。它的构造式如下：

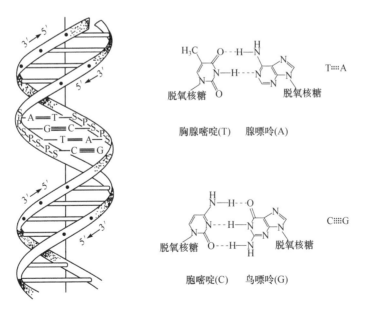

腺苷-3′-磷酸
(核糖核苷酸)

脱氧胸腺苷-5′-磷酸
(脱氧核糖核苷酸)

4. RNA 和 DNA

当核苷酸分子之间分别以糖的 3′-位上的羟基与其 5′-位上的磷酸基进行酯化时，则相互连接成多核苷酸，最后形成的高分子化合物称为核酸。

因为核酸中戊糖部分分为核糖和脱氧核糖，因此核酸也分为核糖核酸（ribonucleic acid，RNA）和脱氧核糖核酸（deoxyribonucleic acid，DNA）。一种核酸含有多种碱基，含有不同碱基的各种核苷酸按照一定的顺序互相连接成核酸链，就形成了核酸的一级结构。这些长链在空间还有一定的排列方式，且盘绕成一定的形态，从而形成了核酸的更高级结构。经过研究证明，DNA 具有双螺旋的二级结构，二条反方向平行的 DNA 链沿着一个轴向右盘旋形成双螺旋体。如图 18-6 所示，在二条链之间嘌呤碱与嘧啶碱两两相对，通过腺嘌呤（A）和胸腺嘧啶（T）配对，鸟嘌呤（G）和胞嘧啶（C）配对，通过碱基之间形成的氢键结合在一起。

图 18-6 DNA 双螺旋结构模型

S. 脱氧核糖；P. 磷酸二酯键

当细胞分裂时，DNA 的两条链可以拆开，分别在两个细胞里复制出一条与母链相同的新链。

这样,就将遗传信息传给了下一代,如图 18-7 所示。图 18-7 中 DNA 的四种碱基的排列顺序代表的是遗传信息。通过 DNA 的复制,父母就将自己所有的 DNA 分子复制了一份传给子女。

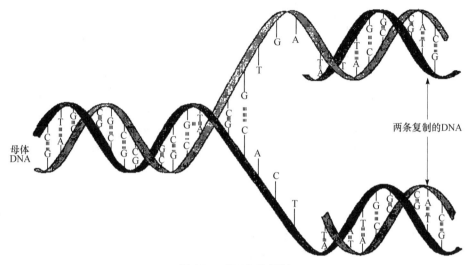

图 18-7　DNA 的复制

　　RNA 的核糖比脱氧核糖多了一个 2′ 位羟基。核糖 2′ 位上的羟基伸入到分子密集的部位,造成 RNA 不像 DNA 双股螺旋那样,RNA 是单链分子(单多聚核苷酸链),分子中并不是严格遵守碱基配对。经常遇到的 RNA 的结构是一条单链在分子的某一段或几段具有两股互补的排列,其他区域则以单股形式存在,如从酵母中分离出的丙氨酸转移核糖体结构(图 18-8)。因其形状像三叶草,因此称为三叶草结构。

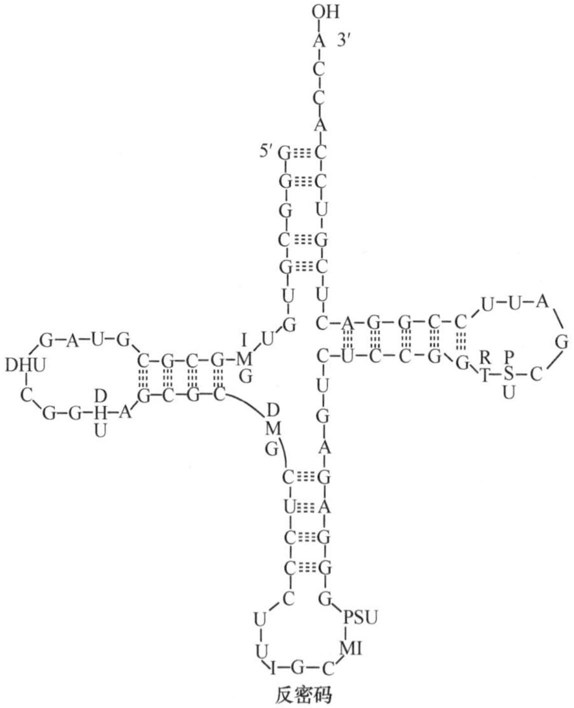

图 18-8　丙氨酸转移 RNA 三叶草结构

问题 8 怎样理解 DNA 分子双螺旋结构的发现可以在分子水平上合理解释生物遗传的机理? 后基因组计划与前基因组计划有什么本质区别?

18.3.3 核酸的生物功能

核酸在生物的遗传变异、生长发育以及蛋白质的合成中起着重要作用。核酸在生物体内主要与蛋白质结合成核蛋白而存在,它既是蛋白质生物合成不可缺少的物质,又是生物遗传的物质基础。

DNA 主要存在于细胞核中,它们是遗传信息的携带者,DNA 的结构决定着生物合成蛋白质的特定结构,并保证将这种遗传特性传给下一代。RNA 主要存在于细胞质中,它们是以DNA 为模板而形成的,并且直接参与蛋白质的生物合成过程。因此,DNA 是 RNA 的模板,而 RNA 又是蛋白质的模板。存在于 DNA 分子上的遗传信息就是这样通过 DNA 传递给RNA,然后传递给蛋白质。通过 DNA 的复制,遗传信息就是这样一代代传下去,正因为有了这样的功能,人们把核酸誉为"生命之源"和"生命之本"。

由于核酸在生物体内的重要作用,核酸化学和生物化学的研究,必将逐步揭开生命的奥妙,为科学技术开拓宏伟的前景并且造福于人类!

18.3.4 DNA 的重组技术和基因工程

伴随着分子生物学的发展,20 世纪 70 年代诞生了 DNA 重组技术。DNA 重组技术包括了四个方面的基本内容:一是通过人工合成法、逆转录法或应用内切酶直接从染色体 DNA 中切割分离法获得符合人们要求的 DNA 片段,这种 DNA 片段称为"目的基因";二是为使外源DNA 片段能够进入细胞内繁殖,将目的基因与适当的载体(一种特殊的 DNA)如质粒或病毒DNA 连接成重组 DNA;三是将重组 DNA 引入某种细胞(称为受体细胞);四是将目的基因能表达的受体细胞挑选出来,在适当的条件下进行繁殖和扩增,最终得到具有新的遗传特征(重组基因)的生物类型。由于这一过程具有连续性和复杂性,因此也称基因工程。

人们利用 DNA 重组技术改变了许多动植物的基因构成,从而大大加快了医学、农业及其他应用科学的发展进程。例如,人体的干扰素无法大量生产,科学家就把制造这种蛋白质的基因,通过基因重组技术植入某种病毒,再在家蚕体内繁殖病毒,获得大量的干扰素。还可以把已知功能的某段 DNA 与载体连接并转入繁殖速率快的生物(如大肠杆菌)内,让大肠杆菌大量复制并分泌出具有疗效的抗生素。目前已有 100 多种基因制品在临床上试用或应用,其中大部分已经正式批准生产。在农业上,可通过基因重组技术改良农作物和家禽品种等。所以说,基因工程使人类能够精确、细致地改变生物的生长,控制生物的生长过程。

习　题

1. 写出下列化合物的构造式。
   (1) 丙氨酰甘氨酸　　(2) 谷·半胱·甘肽
2. 某三肽完全水解后,得到甘氨酸和丙氨酸。若将此三肽与亚硝酸作用后再水解,则得乳酸、丙氨酸及甘氨酸。写出此三肽的可能的简写名称。

3. 什么是蛋白质的一级结构? 蛋白质的一级结构与空间结构有何关系?

4. DNA 分子二级结构有哪些特点?

5. 解释下列各种条件可使蛋白质变性的原因。

　　(1) Pb^{2+} 和 Ag^+　(2) 尿素　(3) 紫外线　(4) 强酸、强碱　(5) 加热

6. 将核酸完全水解后可得到哪些组分? DNA 和 RNA 的水解产物有何不同?

第 19 章 有机化合物的波谱分析

在研究有机化合物的过程中,往往要对未知物的结构加以测定,或要对所合成的目标物进行验证结构。波谱是确定一个有机化合物分子结构的重要方法,其主要分为四种谱学方法(紫外光谱、红外光谱、核磁共振波谱和质谱)。本章将介绍有机化合物发生紫外吸收的原理,可用紫外光谱法进行定性、定量分析含不饱和官能团或具有共轭体系的化合物。有机化合物发生红外特征吸收峰的原因以及各种官能团的特征吸收峰。了解各类氢质子和不同杂化的碳原子在核磁共振谱中的出峰规律。了解质谱的用途和一些官能团常见的裂解途径。

19.1 吸收光谱的产生

光是电磁波,具有波长和频率两个特征,其能量 E 与波长或频率之间的关系为

$$E = h\nu = \frac{hc}{\lambda}$$

可以看出电磁波的能量与频率成正比,与波长成反比。波长越短或频率越高,能级就越大。式中,E 为电磁波能量,J;h 为普朗克常量,6.626×10^{-34} J·s;ν 为频率,s^{-1} 或 Hz;c 为光速,3×10^{17} nm·s^{-1};λ 为波长,nm(1 nm(纳米)$=10^{-9}$ m)。

当电磁波作用于化合物分子时,分子会吸收电磁波,导致其分子从低能级向高能级跃迁。化合物分子对不同波长的电磁波吸收是不同的,把该化合物对不同波长的辐射的吸收(以透过率或吸光度表示)记录下来,就成为该化合物的吸收光谱。与其他物理性质一样,吸收光谱也是化合物的固有性质,可作为鉴定一个化合物的重要依据。

量子理论认为,分子中各种运动状态所对应的能级是量子化的,且能级的能量变化是不连续的。只有当电磁波的能量与分子中两个能级之间的能量差相等时,分子才可能吸收该电磁波的能量,并从较低能级向较高的能级跃迁。如果用 ΔE 表示两个能级 E_1 和 E_2 之间的能级差,当电磁波的频率或波长与 ΔE 符合下述关系时,电磁波才能被原子或分子吸收。表 19-1 列出了不同电磁波段的相应波长范围以及分子吸收不同能量电磁波所能激发的分子能级跃迁。例如,紫外和可见光谱又称电子光谱,而红外光谱又称分子振动光谱。

$$\Delta E = E_2 - E_1 = h\nu = \frac{hc}{\lambda}$$

表 19-1 电磁波区与分子运动跃迁的关系

电磁波	波长	跃迁类型
γ 射线	$10^{-3} \sim 0.1$ nm	核跃迁
X 线	$0.1 \sim 10$ nm	内层电子跃迁
远紫外线	$10 \sim 200$ nm	σ 电子跃迁
近紫外线	$200 \sim 400$ nm	n 及 π 电子跃迁
可见光线	$400 \sim 800$ nm	n 及 π 电子跃迁
红外线	$0.8 \sim 50$ μm	分子转动和振动跃迁

电磁波	波长	跃迁类型
远红外线	$50\sim1000\ \mu m$	分子转动和振动跃迁
微波	$0.1\sim100\ cm$	分子转动和振动跃迁
无线电波	$1\sim100\ m$	核自旋取向跃迁

紫外光谱是分子中最外层价电子在不同能级轨道上跃迁而产生的,它反映了分子中价电子跃迁时的能量变化与化合物所含发色团之间的关系,它主要提供了分子内共轭体系的结构信息。

红外光谱是一种分子振动-转动光谱,它是由于分子的振动-转动能级间的跃迁而产生的。对每种化合物都可测绘出具有自身特征的红外光谱图,反映出整个分子的特性。通过红外光谱图中显示的特征吸收峰的位置,可鉴别分子中所含的特征官能团和化学键的类型,进而确定分子的化学结构。与紫外光谱相比,它具有应用范围广、可靠性高的优点。

核磁共振谱是由分子中具有核磁矩的原子核^{1}H、^{13}C(或^{15}N、^{19}F、^{31}P 等)在外加磁场中,在射频电磁波的照射下吸收一定频率的电磁波能量,由低能量的能级跃迁到高能量的能级而产生的核磁共振信号。从核磁共振谱可以了解化合物分子中氢原子的数目、类型、相对位置和碳的骨架等结构信息。它提供的分子结构信息比红外、紫外光谱图多,已成为有机化合物结构分析中最有效的一种手段。

质谱分析法是用具有一定能量的电子流去轰击被分析物质的气态分子,产生各种阳离子碎片,在外加静电场和磁场的作用下,按质荷比将这些碎片逐一进行分离和检测。在获得的质谱图上,有各种碎片粒子的质荷比数值和相对丰度,结合分子断裂过程的机理,可推测被测物质的分子结构,并确定其相对分子质量、组成元素的种类和分子式。

19.2　紫外-可见吸收光谱(UV-Vis)

19.2.1　紫外-可见吸收光谱的基本原理

1. 朗伯-比尔定律

朗伯-比尔定律是吸收光谱的基本定律,也是吸收光谱定量分析的理论基础。定律指出:被吸收的入射光的分数与光程中吸光物质的分子数目成正比;对于溶液,如果溶液不吸收,则被溶液吸收的光的分数正比于溶液的浓度和光在溶液中经过的距离。

$$A = \lg(I_0/I_1) = \lg(1/T) = \varepsilon c l$$

式中,A 为吸光度,表示单色光通过溶液时被吸收的程度,是入射光 I_0 与透射光 I_1 的比值的对数;T 为透过率,是透过光强度与入射光强度的比值;l 为光在溶液中经过的距离,一般是吸收池(比色皿)的厚度;ε 为摩尔吸光系数,它是浓度为 $1\ mol\cdot L^{-1}$ 的溶液在 1 cm 的吸收池中,在一定波长下测得的吸光度。

ε 表示物质对光能的吸收程度,是各种物质在一定波长下的特征常数,因而是鉴定化合物的重要数据,其变化范围为 $1\sim10^5$。在文献资料中,给出的一般是最大吸收波长及其摩尔吸光系数,可表示为 $\lambda_{max}^{EtOH} 204$ nm(ε 1120)。

此式表示样品在乙醇溶剂中,最大吸收波长为 204 nm,摩尔吸光系数 ε 为 1120。

2. 紫外光谱的产生

紫外-可见吸收光谱简称紫外光谱(ultraviolet spectroscopy)。物质分子吸收一定波长的紫外光时,电子发生跃迁所产生的吸收光谱称为紫外光谱。在紫外光谱中,波长单位通常用纳米(nm)表示。紫外线的波长为 100～400 nm,紫外线根据波长的不同又可分为两个区段:远紫外区(100～200 nm),这种电磁波能被空气中的氧、氮、二氧化碳及水等吸收,为了避免干扰,只能在真空条件下进行研究,因此又称真空紫外区,在有机分析中用处不大;近紫外区(200～400 nm),可被普通玻璃吸收,测定时要用石英玻璃,因此又称石英紫外,在有机结构分析中最有价值。400～800 nm 为可见光谱区。

紫外光谱是电子光谱的一部分,电子光谱是由于电子的跃迁而产生的吸收光谱的总称,它包括紫外光谱(200～400 nm)和可见光谱(400～800 nm)两部分。有机化合物经可见光或紫外光照射时,外层电子就从能量较低的基态跃迁到能量较高的激发态,此时,电子就吸收了与激发能相应波长的某些电磁波(紫外-可见光区),这样产生的光谱称为紫外-可见吸收光谱。

3. 电子跃迁的类型

分子的紫外-可见光谱是由分子中价电子的跃迁而产生的,从化学键的选择看,与电子光谱有关的主要有 σ 成键电子、π 成键电子和非键电子(n 电子)。根据分子轨道理论的计算结果,分子轨道能级的能量以反键 σ* 轨道最高,成键 σ 轨道最低,而 n 轨道的能量介于成键轨道和反键轨道之间,分子中轨道能级的高低次序为:σ* > π* > n > π > σ。

分子中处于能量较低的 σ 成键轨道、π 成键轨道及 n 轨道上的电子,经紫外线照射而吸收能量后,按能级顺序和跃迁规则,电子将从成键轨道跃迁到反键轨道上,或从 n 轨道上跃迁到反键轨道上。电子跃迁方式主要有以下几种:σ→σ*、n→σ*、π→π*、n→π*。跃迁的情况如图 19-1 所示。各种跃迁所需能量的大小次序为:σ→σ* > n→σ* > π→π* > n→π*。

1) σ→σ* 跃迁

饱和有机化合物中的碳碳单键、碳氢键以及其他单键都是 σ 键,双键或叁键中也有一个是 σ 键。由于 σ 键比较牢固,σ 成键轨道能量较低,电子从 σ 轨道跃迁到 σ* 轨道所需能量较大,约 780 kJ·mol^{-1},因此 σ→σ* 跃迁是一种高能跃迁。这类跃迁对应的吸收波长都在真空紫外区。例如,甲烷的跃迁吸收波长为 125 nm,乙烷为 135 nm,环丙烷为 190 nm。由于饱和烃的吸收波长都在真空紫外区,在近紫外无吸收,因此常用作测定紫外吸收光谱的溶剂。

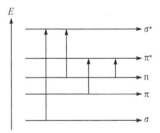

图 19-1　各种电子跃迁的类型

2) n→σ* 跃迁

如果分子中含有氧、氮、硫、卤素等具有孤对电子的原子,则可以产生 n→σ* 跃迁。n→σ* 跃迁的能量比 σ→σ* 跃迁的能量低得多,但这类跃迁所吸收的波长仍低于 200 nm。只有当分子中含有硫、碘等电离能较低的原子时,n→σ* 跃迁的吸收波长才大于 200 nm。例如,甲硫醇和碘甲烷的 n→σ* 跃迁的吸收波长分别为 227 nm 和 258 nm,但 n→σ* 跃迁的吸收强度很弱。

3) π→π* 跃迁

不饱和化合物除了含 σ 电子外,还含有 π 电子。电子从成键 π 轨道跃迁到反键 π* 轨道所需的能量较低。一般含孤立双键的烯烃,其 π→π* 跃迁的吸收波长大多位于远紫外区末端或

200 nm 附近,摩尔吸光系数 ε 一般大于 10^4,属于强吸收峰。

当分子中两个或两个以上双键共轭时(如丁二烯、丙烯醛等),跃迁能量降低,吸收波长向长波方向移动(红移),这类共轭双键的 π→π* 跃迁所产生的谱带常称为 K 带。K 带吸收波长为 210～250 nm,$\varepsilon_{max} > 10^4$($\lg\varepsilon > 4$),随着共轭链的增长,吸收峰红移,并且吸收强度增加。共轭烯烃的 K 带不受溶剂极性的影响,而不饱和醛酮的 K 带吸收随溶剂极性的增大而红移。

芳香族化合物的 π→π* 跃迁,在光谱学上称为 B 带和 E 带,是芳香族化合物的特征吸收。E 带是指在封闭的共轭体系中(如芳环),因 π→π* 跃迁所产生的较强或强吸收带,E 带又分为 E_1 和 E_2 带,两者强度不同,E_1 带的摩尔吸光系数 ε 大于 10^4($\lg\varepsilon > 4$),吸收出现在 184 nm;E_2 带的摩尔吸光系数 ε 约为 10^3,吸收峰在 204 nm。B 带是指在共轭的封闭体系(芳烃)中,由 π→π* 跃迁产生的强度较弱的吸收谱带,B 带的摩尔吸光系数 ε 约为 200,吸收峰出现在 230～270 nm,中心在 256 nm,在非极性溶剂中或气态时,B 带会出现精细结构,但在极性溶剂中时精细结构消失。当苯环上有发色基团取代并和苯环共轭时,E 带和 B 带均发生红移,此时的 E_2 带又称 K 带。例如,苯乙酮 K 带在 240 nm,ε 13 000;B 带出现在 278 nm,ε 1100。

4) n→π* 跃迁

当分子中同时存在 π 电子和 n 电子时,则可产生 n→π* 跃迁(光谱学上称为 R 带)。n→π* 跃迁所需的能量最低,所以这种跃迁的吸收波长最长,一般在近紫外或可见光区,其特点是在 270～350 nm,摩尔吸光系数 ε 一般不超过 100,吸收强度很弱。随着溶剂极性的增加,吸收波长向短波方向移动(蓝移)。例如,丙酮分子中的羰基能产生 n→π* 跃迁,其吸收波长为 280 nm,摩尔吸光系数为 1.5;苯乙酮 R 带在 319 nm,ε 59。

电子跃迁类型与分子结构及其相连的基团有密切的联系,因此可以根据分子结构来预测可能产生的电子跃迁类型。反之,也可以根据紫外吸收带的波长及电子跃迁的类型来判断化合物分子中可能存在的吸收基团。

问题 1 电子跃迁有哪些类型?能在紫外光谱上反映出的电子跃迁有哪几类?

4. 紫外光谱仪和紫外光谱图

紫外光谱仪一般以氢弧灯为光源,它发射出 200～800 nm 各种波长的电磁波。一束平行的电磁波通过待测试样,试样对其中某些波长的电磁波进行选择吸收后,再通过一个旋转着的石英棱镜进行分光。随着棱镜的旋转,分光后的光带依次通过一个狭缝,落在一个光能转换器(如光电池)上,再以一定的装置(如微电动机)得到各个波长电磁波的吸光度 A 的读数。这就是紫外光谱仪的基本原理(图 19-2)。

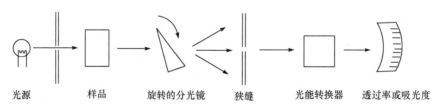

光源　　　样品　　　旋转的分光镜　　狭缝　　　光能转换器　　透过率或吸光度

图 19-2　紫外光谱仪工作原理示意图

紫外光谱仪中都有与棱镜旋转同步的自动记录装置,可以绘出以波长 λ 为横坐标,吸光度 A(ε 或 lgε)为纵坐标的紫外光谱图。图 19-3 是苯的紫外光谱图。

紫外光谱的吸收强度在实验中可用朗伯-比尔定律来描述。这个定律可用下面的数学式来表示：

$$A = \varepsilon c l$$

式中，A 为吸光度；ε 为摩尔吸光系数，简称吸光系数；c 为样品的浓度，$mol \cdot L^{-1}$；l 为样品池的宽度，cm。

可以看出，已知溶液的浓度，可以通过测定吸光度来计算样品的吸光系数 ε；已知样品的吸光系数 ε，也可通过测定吸光度求得样品的浓度。所以，紫外光谱还常用于紫外-可见光区有吸收的化合物的定量分析。

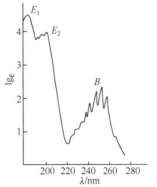

图 19-3　苯的紫外光谱图(溶剂:异辛烷)

19.2.2　影响紫外光谱的主要因素

有机化合物紫外光谱的吸收带波长和吸收强度，往往会受到各种因素的影响而发生改变。影响紫外光谱的主要因素可以归纳为两类：一类是分子内部因素，如分子结构的变化而引起最大吸收波长的改变；另一类是外部因素，如分子间相互作用或分子与溶剂分子之间的作用而引起最大吸收波长或吸收强度的变化。

1. 紫外光谱与分子结构的关系

化合物分子结构的改变将引起紫外光谱发生显著的变化。例如，分子中双键位置或基团排列位置不同，它们的最大吸收波长及吸收强度就有一定的差异，α-和 β-紫罗兰酮分子差别只是环中双键的位置不同，它们的 $\pi \rightarrow \pi^*$ 跃迁吸收波长分别为 227 nm 和 299 nm。

α-紫罗兰酮　　　　　β-紫罗兰酮

在多取代烯烃中，由于取代基排列不同而引起的顺反异构体中，反式异构体的最大吸收波长一般比顺式异构体长。

芳香族化合物具有闭合的共轭体系，其吸收带一般都在近紫外区，苯是最简单的芳香族化合物，它的紫外吸收光谱中有三个吸收带，其吸收带波长分别为 184 nm(ε 60 000)，204 nm (ε 7900) 和 266 nm(ε 200)。当苯环上连有取代基时，绝大多数取代基都使吸收带向长波方向移动。

在共轭体系一端引入含有孤对电子的基团，如—NH_2、—NHR、—NR_2、—OH、—OR、—SR、—Cl、—Br 等，由于发生 p-π 共轭，化合物的最大吸收波长向长波方向移动，这种基团称为助色团。

某些化合物具有互变异构现象，如 β-二酮可以发生酮式和烯醇式异构体的互变。

酮式　　　　　烯醇式

在酮式异构体中两个双键不共轭，$\pi \rightarrow \pi^*$ 跃迁需要较高的能量；而烯醇式异构体中双键与羰基共轭，$\pi \rightarrow \pi^*$ 跃迁能量较低，吸收波长较长。在不同溶剂中酮式与烯醇式含量不同，根据

β-二酮紫外吸收带位置及强度的变化,可以测定两种异构体的相对含量及平衡常数。

2. 分子离子化的影响

如果一个化合物在不同的 pH 介质中能形成阳离子或阴离子,则吸收带会随分子的离子化而改变,如苯胺在酸性介质中会形成苯胺盐正离子:

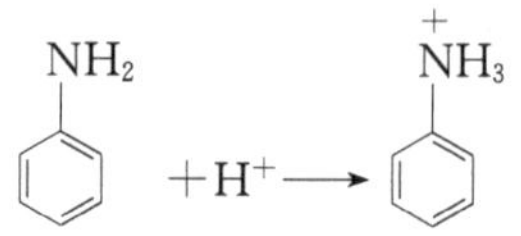

苯胺成盐后,由于氮原子的孤对电子接受质子,氨基的助色作用随之消失,因此苯胺盐的吸收带从 230 nm 和 280 nm 蓝移到 203 nm 和 254 nm。

苯酚在碱性介质中能形成苯酚负离子,其吸收带将从 210 nm 和 270 nm 红移到 235 nm 和 287 nm。这是因为形成苯酚负离子时,氧原子上孤对电子增加到三对,使 p-π 共轭作用进一步增强,从而使吸收带红移,同时吸收强度也增强。

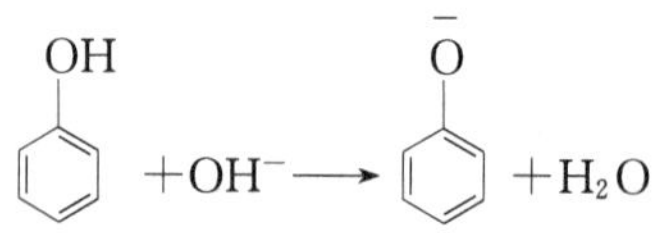

3. 溶剂的影响

溶剂常影响紫外光谱的吸收波长和吸收强度,甚至影响吸收带的形状。一般来说,改变溶剂的极性会引起吸收波长发生变化。增加溶剂极性使 π→π* 跃迁的吸收波长红移,而使 n→π* 跃迁的吸收波长蓝移。因此,在化合物的紫外光谱图和文献报道化合物的最大吸收波长和最大摩尔吸光系数时,应标明所用溶剂。

19.2.3　紫外光谱图的解析

解析紫外光谱图的第一步是观察谱图,观察吸收光谱的特征,如吸收曲线的形状、吸收峰的数目以及各吸收峰的最大吸收波长和摩尔吸光系数,然后根据该化合物的吸收特征作出如下的初步判断。

(1) 220～400 nm 没有吸收带,则说明不存在共轭体系、芳环结构或 π→π*、n→π* 等易于跃迁的基团。

(2) 化合物在 210～250 nm 有强吸收带、摩尔吸光系数 $\varepsilon \geqslant 1000$ 时,则该化合物可能是含有共轭双键的化合物。如果强吸收出现在 260～300 nm 表明该化合物可能含 3 个或 3 个以上共轭双键。如果有多个吸收峰进入可见光区,则该化合物是一个含长的共轭体系的化合物或稠环化合物。

(3) 若化合物在 250～300 nm 有中等强度吸收带、ε 为 100～1000 时,这是苯环 B 吸收带的特征,因此该化合物很可能含有苯环。

按上述规律可以初步确定该化合物的归属范围,与标准谱图对照,两者吸收光谱的特征完全相同,则可考虑两者可能是同一化合物,或者它们具有相同的分子骨架和发色基团。

19.2.4　紫外光谱图的应用

1. 化合物纯度的检测

紫外光谱能测定化合物中含有微量的具有紫外吸收的杂质。例如,一个化合物在紫外-可见光区没有明显的吸收峰,而杂质在紫外区有较强的吸收,就可检出化合物中的杂质,测定杂质的 λ_{max} 和吸光度就可对杂质进行精细定量检测。只要 $\varepsilon > 2000$,检测的灵敏度就达到 0.005%。例如,乙醇在紫外和可见光区没有吸收带,若含有少量苯时,则在 230~270 nm 有吸收带。因此,用这一方法来检验是否存在杂质是很方便的。

2. 有机化合物结构的推测

有机化合物的紫外光谱只有少数几个宽的吸收带,缺乏精细结构,只能反映分子中发色基团和助色基团及其附近的结构特征,而不能反映整个分子的特征,但是紫外光谱对于判别有机化合物中发色基团和助色基团的种类、数目以及区别饱和与不饱和化合物、测定分子中共轭程度等有独特的优点。例如,分子式为 C_4H_6O 的化合物,可能的结构式有 30 多种。若测得它的 $\lambda_{max} = 230$ nm$(\varepsilon > 5000)$,则由此可以推测其结构必含有共轭体系,可把异构体范围缩小到共轭醛或共轭酮。

究竟是哪一种,还需要用红外光谱和核磁共振谱来确定。又如,三氯乙醛在己烷溶液中有一个 $\lambda_{max} = 290$ nm 的吸收峰,这是乙醛的 n→π* 吸收峰。但在水溶液中形成水合三氯乙醛后,这个峰消失了。可见,在水和三氯乙醛分子中已没有羰基了,它的结构是 $CCl_3CH(OH)_2$,而不是 $CCl_3CHO \cdot H_2O$。

问题 2　已知下列数据:258 nm(ε 11 000)、255 nm(ε 3470)是对硝基苯甲酸和邻硝基苯甲酸的 $\lambda_{max}(\varepsilon_{max})$,指出这两组数据分别对应哪个化合物,解释原因。

19.3　红外光谱(IR)

红外光谱是由于物质吸收红外光区的辐射能而产生的,当红外光照射有机化合物时,主要是引起分子振动能级的变化。红外光区的波长范围为 780~5×10^5 nm。根据实验技术应用的不同,又可分为三个区域:近红外(λ 为 780~2500 nm,ν 为 4000~12 820 cm^{-1});中红外(λ 为 2500~25 000 nm,ν 为 400~4000 cm^{-1});远红外(λ 为 25 000~5×10^5 nm,ν 为 20~400 cm^{-1})。一般红外光谱仪使用的波数为 400~4000 cm^{-1},属于中红外区,相当于分子的振动能量,所以,红外光谱也称振动光谱。在有机化合物的结构鉴定与研究工作中,红外光谱是一种重要手段,用它可以确证两个化合物是否相同,也可以确定一个未知化合物中某一化学键或官能团是否存在。

红外光谱多以 λ(nm)或 ν(cm^{-1})作横坐标,表示吸收峰的位置;又以透过率(T)或吸光率(A)作纵坐标,表示吸收强度。有机化合物的红外光谱一般在液态、固态或溶液中测定。固体样品一般与 KBr 粉末混合后压成薄片测定,液体样品或溶液可直接测定。因分子振动所需能量范围在中红外区,故波数范围一般为 $400\sim4000\ \mathrm{cm}^{-1}$。由于吸收强度通常是用 T 来表示,因此吸收越强,曲线越向下,IR 谱图上的"谷",实际上是"吸收峰",又称吸收带。在 IR 谱图中,吸收峰一般不用其绝对吸光强度表示,而是大致分为:强(s)、弱(w)、中强(m);并按形状分为:尖(sh)、宽(b)等,如图 19-4 所示。

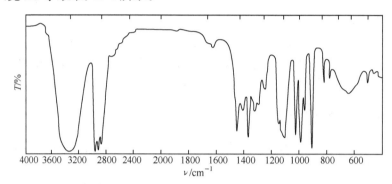

图 19-4　仲丁醇的红外光谱

19.3.1　红外光谱的基本原理

分子是由各种原子通过化学键互相连接而成的。分子的振动是键合的原子通过化学键而引起的伸缩或弯曲运动。可以用不同质量的小球代表原子,以不同硬度的弹簧代表各种化学键,就组成了分子的近似模型。这样就可以根据力学原理来处理分子的振动。

1. 分子的振动类型

物质吸收红外光的能量大小与原子振动能级能量相当时,就产生振动能级跃迁,产生红外光谱。振动能级的大小与化学键的类型和其振动方式有关。

1)伸缩振动

两原子沿着共价键方向的快速往返运动称为伸缩振动,通常用 ν 表示,其特点是振动时只发生键长的变化,而无键角的变化。

双原子分子的伸缩振动可以近似地看成是简谐振动,其振动频率用波数表示为

$$\nu = 1307 \sqrt{k\left(\frac{1}{M_1}+\frac{1}{M_2}\right)}$$

式中,ν 为波数;M_1、M_2 为成键两原子的相对原子质量;k 为键的力常数。

由上式可以看出,该振动方程式把吸收峰的位置与分子结构联系起来了。键的力常数与键能、键长有关。键能越大,键长越短,力常数 k 越大。化学键越强,相对原子质量越小,振动频率越高。同类原子组成的化学键(折合质量相同),力常数大的,基本振动频率就大。由于氢的相对原子质量小,因此含氢原子单键的基本振动频率都出现在红外高频率区。

H—Cl 2892.4 cm^{-1},H—C 2911.4 cm^{-1},C=C 1683 cm^{-1},C—C 1190 cm^{-1}

常见原子对的力常数见表 19-2。

表 19-2　常见原子对的力常数

原子对	力常数 $k/(N \cdot cm^{-1})$	原子对	力常数 $k/(N \cdot cm^{-1})$
C—C	4.5	C=C	9.7
C—O	12.5	C=O	12.1
C—H	12.5	C≡C	15.6
N—H	6.4	O—H	7.7

同一个原子上有几个化学键,这些键之间的振动会互相影响。在 H—C—H 中,两个 C—H键的振动频率相等,振动不是独立的,而是互相偶合的。这两个共价键可以同时伸缩,称为对称伸缩振动(ν_s),也可以一伸一缩,称为不对称伸缩振动(ν_{as}),其频率也发生相应的变化,如图 19-5 所示。

在 C—C—H 中,由于 C—H 键的振动频率(约 2900 cm^{-1})比 C—C 键(约 1000 cm^{-1})大得多,它们的伸缩振动互相影响很小,可以看成是独立的。同样,Y—H 键(主要有 O—H、N—H、C—H)、Y=Z 键(最重要的是羰基 C=O)和 Y≡Z 键(常见的有 C≡N、C≡C 两种键)振动频率比分子骨架的 C—C 键的振动频率高得多,它们与 C—C 键振动互相

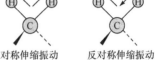

对称伸缩振动
ν_s: 2926 cm^{-1}
(强吸收s)

反对称伸缩振动
ν_{as}: 2853 cm^{-1}

图 19-5　亚甲基的伸缩振动

影响也很小,也可以看成是独立的。因此,官能团的振动受具体分子环境影响较小,可用官能团的伸缩振动光谱表征化合物。

2) 弯曲振动

在亚甲基等有几个键组成的体系中,除伸缩振动外,还有弯曲振动,如图 19-6 所示。弯曲振动是离开键轴进行前后左右的振动,其特点是振动时键长不变化而键角发生变化,因此力常数变化小,振动频率较低。弯曲振动分为面内弯曲振动和面外弯曲振动,面内弯曲振动分为剪式振动和摇摆式振动,面外弯曲振动又有摇摆振动和扭曲振动。

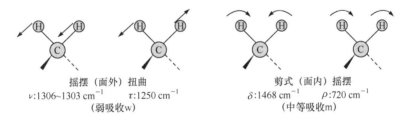

摇摆　(面外)扭曲
ν:1306~1303 cm^{-1}　　τ:1250 cm^{-1}
(弱吸收w)

剪式　(面内)摇摆
δ:1468 cm^{-1}　　ρ:720 cm^{-1}
(中等吸收m)

图 19-6　亚甲基的弯曲振动

2. 红外光谱产生的条件

产生红外光谱需要有两个条件。一是红外辐射光的频率(能量)能满足分子振动能级跃迁需要的能量,即辐射光的频率与分子振动的频率相当,才能被物质吸收从而产生红外光谱。二是在振动过程中能引起分子偶极矩发生变化的分子才能产生红外光谱。例如,H_2、O_2、N_2 等双原子组成的分子,分子内电荷分布是对称的,振动时不会引起分子偶极矩的变化,在实验中观察不到它们的红外光谱。

问题 3 分子的每一个振动是否都能产生一个红外吸收？为什么？

19.3.2 红外光谱与分子结构的关系

红外光谱的最大特点是吸收特征与分子的结构联系起来。红外光谱的吸收特征表现在吸收峰在谱中的吸收位置(频率)、吸收强度和吸收峰的形状等方面。

1. 吸收峰的频率与分子结构的关系

通过研究大量的红外光谱后发现,同一类型的化学键(官能团)的振动频率非常接近,总是出现在某一范围内,不受或很少受分子中其他部分的影响,即吸收峰在谱中的位置,是与特定原子团相联系的。研究大量有机化合物的红外光谱,大体上可以确定各种化学键在哪些频率范围内产生吸收,为了便于谱图解析,可将红外光谱区分为八个主要区段(表 19-3)。

表 19-3　红外光谱的八个重要区段

波数 /cm^{-1}	基团类型
2500~3650	O—H, N—H(伸缩振动)
3000~3300	—C≡C—H, —C=C—H, Ar—H(伸缩振动)
2700~3000	—CH$_3$, —CH$_2$—, ≡C—H, —CHO(伸缩振动)
2100~2400	—C≡C—, —C≡N(伸缩振动)
1650~1900	C=O(伸缩振动)
1500~1690	C=C(伸缩振动),苯环骨架(伸缩振动)
1000~1475	X—H(面内弯曲振动),X—Y(伸缩振动)
650~1000	C—H(面外弯曲振动)

烯烃、芳烃的 C—H 面外弯曲振动在 1000~650 cm^{-1},对结构敏感,可借助这些吸收峰来鉴别各种取代类型的烯烃及芳环上取代基位置等(表 19-4 和表 19-5)。

表 19-4　烯烃的 C—H 面外弯曲振动

烯烃类型	CH 面外弯曲振动吸收位置/cm^{-1}
R^{1}CH=CH$_2$	905~910,985~995
R^{1}R^{2}C=CH$_2$	885~895
R^{1}CH=CHR^2(顺)	650~730
R^{1}CH=CHR^2(反)	965~980
R^{1}R^{2}C=CHR^3	740~840

表 19-5　取代苯的 C—H 面外弯曲振动

取代类型	CH 面外弯曲振动吸收位置/cm^{-1}
苯	670
单取代	690~710,730~770
1,2-二取代	735~770

续表

取代类型	CH 面外弯曲振动吸收位置/cm^{-1}
1,3-二取代	690~710,750~810
1,4-二取代	810~833

2. 吸收强度与分子结构的关系

吸收峰的强度取决于化合物的结构,它与基团本身的偶极矩有关。极性大的化合物分子在吸收红外光后的振动中引起偶极矩的变化较大,对应的吸收峰的吸收强度也较强。例如,极性大的共价键 C=O,C=N,C—O 等振动时引起偶极矩的变化大,红外吸收峰一般都很强,而 C—C,C—H 的吸收峰较弱。C=O 键和 C=C 键的吸收频率都在双键区,差别不大,但吸收强度却相差很大。

3. 红外光谱的分区

按吸收的特征,通常将 400~4000 cm^{-1} 的红外光谱分为官能团吸收区和指纹区。

1) 官能团吸收区

1250~3700 cm^{-1} 区域称为高频区,吸收峰比较稀疏,易于辨认。有机化合物各种官能团的吸收峰都在此区,它主要为某些官能团的伸缩振动所产生的吸收峰,所以称为官能团吸收区。同一种官能团存在于不同的化合物中,它们的红外吸收都出现在比较窄的波数范围,因而可用来鉴定官能团。通过辨认该区的吸收峰,可以确定化合物所含有官能团的类型。

2) 指纹区

指纹区是指频率小于 1250 cm^{-1} 的低频区,主要代表某些分子骨架的特征振动以及 C—C、C—O、C—N 等单键的伸缩振动和各种弯曲振动的吸收。在这一区域内谱带密集,难以辨认。但这个区域中的一部分频率对于整个分子结构环境十分敏感,就是说,在这一区域内化合物结构上的微小变化都会在谱带上有所反应,如同人的指纹那样复杂和具有特征,因此把该区域称为指纹区。在确认化合物结构时,该区的吸收带很有用,只有结构完全相同的化合物,其指纹区才相同。

19.3.3　各类有机化合物的红外光谱

1. 烷烃、烯烃和炔烃的红外光谱

由 C—C 键和 C—H 键振动所产生的吸收谱带将出现在所有有机化合物的红外光谱中。烷烃、烯烃和炔烃的特征谱带如下:

(1) C—C 键的伸缩振动在 700~1400 cm^{-1} 区域有很弱的吸收,吸收峰不明显,对结构分析价值不大。烯烃的 C=C 伸缩振动吸收峰在 1640~1680 cm^{-1} 处;炔烃的碳碳叁键伸缩振动吸收峰在 2100~2200 cm^{-1} 处,但当烯烃或炔烃的结构对称时,就不出现此吸收峰。

(2) C—H 键伸缩振动所产生的吸收峰在高频区。碳原子的杂化状态不同,C—H 键伸缩振动所产生的吸收峰的位置也不同。C_{sp^3}—H 键伸缩振动吸收峰在 2800~3000 cm^{-1} 处,C_{sp^2}—H 键伸缩振动吸收峰在 3000~3100 cm^{-1} 处,而 C_{sp}—H 键伸缩振动吸收峰在 3200~3310 cm^{-1} 处。各种 C—H 键的弯曲振动所产生的吸收峰在低频区,并代表着结构特征。

（3）烷烃的弯曲振动在 1460 cm^{-1} 和 1380 cm^{-1} 处有特征吸收，1380 cm^{-1} 峰对结构敏感，对识别甲基很有用。异丙基在 1370～1380 cm^{-1} 有等强度的双峰。

（4）分子中具有 $\left(CH_2\right)_n$ 链节，$n \geqslant 4$ 时，在 722 cm^{-1} 有一个弱吸收峰。随着 CH$_2$ 个数的减少，吸收峰向高波数方向移动，由此可推断分子链的长短。

2. 芳烃的红外光谱

芳烃的红外吸收主要为苯环上的 C—H 键及环骨架中的 C＝C 键振动所引起。芳烃主要有三种特征吸收。

（1）芳环上芳氢的伸缩振动吸收频率在 3000～3100 cm^{-1} 处，与烯烃双键碳原子上 C—H 键伸缩振动吸收频率相近，特征性不强。

（2）苯环骨架伸缩振动正常情况下有四条谱带，约为 1600 cm^{-1}、1585 cm^{-1}、1500 cm^{-1}、1450 cm^{-1}，这是鉴定有无苯环的重要标志之一。

（3）芳烃的 C—H 键变形振动吸收出现在 650～900 cm^{-1} 处，吸收较强，是识别苯环上取代位置和数目的重要特征峰。

3. 醇、酚和醚的红外光谱

醇和酚类化合物有相同的羟基，其特征吸收为 O—H 和 C—H 键振动频率。

（1）O—H 键伸缩振动吸收峰一般在 3200～3670 cm^{-1} 区域。游离羟基吸收出现在 3610～3640 cm^{-1}，峰形尖锐，无干扰，极易识别。羟基形成氢键的缔合峰出现在 3200～3550 cm^{-1}。

（2）C—O 键伸缩振动在 1100～1410 cm^{-1} 处有强吸收，可利用该吸收峰来了解羟基所连碳原子的取代情况。例如，伯醇在 1050 cm^{-1} 附近；仲醇在 1125 cm^{-1} 附近；叔醇在 1200 cm^{-1} 附近；酚在 1230 cm^{-1} 附近。

醚与醇之间最明显的区别是醚在 3200～3670 cm^{-1} 无吸收峰。醚的特征吸收峰是 C—O—C 不对称伸缩振动，出现在 1060～1150 cm^{-1} 处，强度大。

4. 醛和酮

醛酮结构的共同特点是含有羰基（C＝O），其红外吸收在 1680～1750 cm^{-1} 区域有一个很强的 C＝O 伸缩振动吸收峰，这是鉴别羰基最明显的证据。此外，羧酸、酸酐、酰卤等化合物中都含有羰基，因此在它们的红外光谱中都有 C＝O 伸缩振动吸收峰，位置各有差异，均落在 1600～1900 cm^{-1} 区域。

醛和酮的区别是醛在 2700 cm^{-1}、2800 cm^{-1} 附近各有一个中等强度的吸收峰，而酮没有。

5. 酰胺和胺

酰胺的特征吸收峰有三种，即羰基伸缩振动、N—H 伸缩振动和 N—H 弯曲振动。

（1）N—H 伸缩振动吸收峰位于 3100～3500 cm^{-1}，游离伯酰胺位于 3520 cm^{-1} 和 3400 cm^{-1}，而氢键缔合 N—H 伸缩振动吸收峰位于 3350 cm^{-1} 和 3180 cm^{-1}，均呈双峰。仲酰胺 N—H 伸缩振动吸收峰位于 3440 cm^{-1}，氢键缔合 N—H 伸缩振动吸收峰位于 3100 cm^{-1}，均成单峰。叔酰胺无此峰。

（2）受氨基影响，羰基伸缩振动吸收峰向低波数位移。伯酰胺的羰基伸缩振动吸收峰位于

$1690 \sim 1650 \mathrm{~cm}^{-1}$，仲酰胺吸收峰在 $1655 \sim 1680 \mathrm{~cm}^{-1}$，叔酰胺吸收峰在 $1653 \sim 1670 \mathrm{~cm}^{-1}$。

（3）伯酰胺 N—H 弯曲振动吸收峰位于 $1600 \sim 1640 \mathrm{~cm}^{-1}$，仲酰胺的在 $1530 \sim 1500 \mathrm{~cm}^{-1}$，强度大，特征明显。叔酰胺无此吸收峰。

（4）胺的 N—H 伸缩振动吸收峰位于 $3300 \sim 3500 \mathrm{~cm}^{-1}$，游离和缔合的氨基吸收峰的位置不同。在该区域中出现峰的数目与氨基氮原子上氢原子的数目有关，其规律如同酰胺。

（5）脂肪胺的 C—N 伸缩振动吸收峰位于 $1030 \sim 1230 \mathrm{~cm}^{-1}$，芳香胺在 $1250 \sim 1380 \mathrm{~cm}^{-1}$ 区域。

问题 4　未知物分子式为 $C_4H_6O_5N_4$，其红外光谱在 $3020 \mathrm{~cm}^{-1}$、$3010 \mathrm{~cm}^{-1}$、$2975 \mathrm{~cm}^{-1}$、$2850 \mathrm{~cm}^{-1}$、$1760 \mathrm{~cm}^{-1}$、$1585 \mathrm{~cm}^{-1}$、$1485 \mathrm{~cm}^{-1}$、$1450 \mathrm{~cm}^{-1}$、$1270 \mathrm{~cm}^{-1}$ 等处有强度不同的吸收峰，试推断其结构。

19.3.4　红外光谱图的解析

由于一个有机化合物中存在多个共价键，每个共价键以不同的方式振动，一张红外光谱图会出现数十个吸收峰。在一般情况下只需辨认数个至十几个吸收峰，再结合其他方法就可对化合物进行鉴定，而不需要把每个吸收峰都辨认出来。但对一个新化合物，还是需要逐个辨认吸收峰。识别图谱常用的方法如下：

（1）谱图上某吸收峰不存在，可以确信相对应的官能团不存在（但要注意处于对称位置的双键或叁键的伸缩振动，由于振动过程中偶极矩无变化，不显示吸收峰）。相反，吸收带存在时并不是该官能团存在的确证，应考虑杂质的干扰。

（2）观察特征吸收峰：从高波数移向低波数，依照各吸收峰的位置和强度，与有关各类化合物红外吸收特征对照，确定可能存在的官能团。例如，有 $3300 \sim 3600 \mathrm{~cm}^{-1}$ 的宽峰，就可能有—OH；$2100 \sim 2240 \mathrm{~cm}^{-1}$ 有吸收峰，有可能有碳碳或碳氮叁键；$1660 \sim 1820 \mathrm{~cm}^{-1}$ 的强峰表明有 C═O。

（3）寻找相关峰：判断出化合物可能含有的基团后，进一步观察指纹区内吸收峰的频率，以确证存在的官能团，并推测基团间的结合方式。例如，醇和酚，除—OH 伸缩振动吸收峰外，在 $1000 \sim 1300 \mathrm{~cm}^{-1}$ 处还应存在 C—O 伸缩振动吸收峰，并根据 C—H 伸缩振动吸收峰是否大于 $3000 \mathrm{~cm}^{-1}$ 以及在 $1450 \sim 1600 \mathrm{~cm}^{-1}$ 处有无芳环骨架振动吸收峰来鉴别醇和酚。

（4）确定化合物的类别：如确定化合物分子中含有 C═O 后，在 $2500 \sim 3300 \mathrm{~cm}^{-1}$ 有宽峰的为羧酸，在 $2820 \mathrm{~cm}^{-1}$ 和 $2720 \mathrm{~cm}^{-1}$ 有弱吸收峰的为醛；在 $1000 \sim 1330 \mathrm{~cm}^{-1}$ 有 C—O 伸缩振动吸收峰的为酯。

（5）在一张红外谱图上，并不是所有的吸收带都能指出其归属。因为有些谱带是组合频、偶合共振等引起，有些则是多个基团振动吸收的叠加。

19.3.5　红外谱图解析举例

例 19-1　未知物分子式为 C_8H_{16}，已知其红外图谱，试推测其结构。

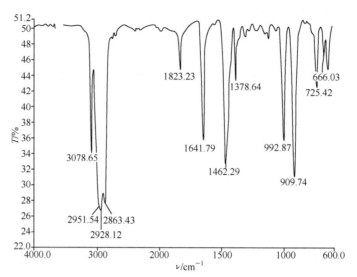

解 由其分子式可计算出该化合物不饱和度为 1,即该化合物可能具有一个烯基或一个环。

3079 cm^{-1} 处有吸收峰,说明存在与不饱和碳相连的氢,因此该化合物肯定为烯,在 1642 cm^{-1} 处还有 C=C 伸缩振动吸收,更进一步证实了烯基的存在。

910 cm^{-1}、993 cm^{-1} 处的 C—H 弯曲振动吸收说明该化合物有端乙烯基,1823 cm^{-1} 的吸收是 910 cm^{-1} 吸收的倍频。从 2928 cm^{-1}、1462 cm^{-1} 的较强吸收及 2951 cm^{-1}、1379 cm^{-1} 的较弱吸收知未知物 CH$_2$ 多,CH$_3$ 少。

综上所述,未知物应为端基取代的烯烃,即 1-辛烯。

例 19-2 某未知物分子式为 C$_8$H$_{10}$,试根据其红外光谱推测其结构。

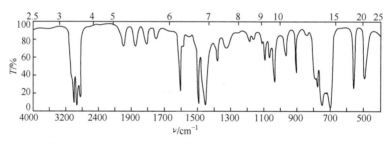

解 由分子式计算出化合物的不饱和度为 4,由此估计该化合物可能含苯环。

谱图中 1600 cm^{-1}、1500 cm^{-1} 为苯环骨架振动的特征吸收带,3100 cm^{-1} 处有吸收带,可能是苯环的 C—H 键的伸缩振动引起的。这些吸收带以及不饱和度都证实了该未知物含有苯环。谱图中 745 cm^{-1}、695 cm^{-1} 的吸收带以及 1700~2000 cm^{-1} 的一组吸收带是苯环的面外弯曲振动以及倍频吸收所引起的,通过查对有关图表,表明为单取代苯。

2800~3000 cm^{-1} 的吸收带为 CH$_3$CH$_2$ 的 C—H 键伸缩振动吸收,1372 cm^{-1} 出的一个吸收带是 CH$_3$ 的对称弯曲振动。

综上所述,结合分子式,推测该化合物为乙基苯。

例 19-3 未知物分子式为 C$_9$H$_8$O,试从其红外谱图推测其结构。

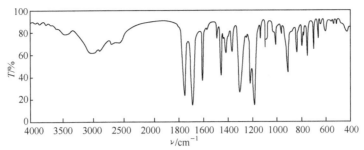

解　由该未知物分子式可计算出其不饱和度为 6，由此可估计该未知物含有苯环，否则难以达到 6 个不饱和度。

3000 cm^{-1} 附近的吸收峰，其底部一直延伸到 2500 cm^{-1} 左右，并且在 2500～2700 cm^{-1} 出现几个连续小峰，这些都是典型的羧酸羟基伸缩振动的吸收峰型。该吸收带很宽，使得其他含氢基团的伸缩振动吸收不明显。

1745 cm^{-1} 处的吸收带是典型的羧酸酯的羰基吸收，从这个吸收带位置来看，这个酯的羰基和其余的不饱和羰基无共轭关系。此外在 1100～1310 cm^{-1} 有酯基的 C—O—C 不对称和对称伸缩振动的两个强吸收带。

1685 cm^{-1} 处的吸收也属于羰基的吸收范围，但其波数较低，一般来说，酰胺的羰基吸收峰在此处，但是未知物不含 N。其他的可能性则为共轭的醛、酮、羧酸的羰基吸收。结合前面对 3000 cm^{-1} 附近吸收峰的分析，表明该未知物含有羧酸官能团，并且该官能团的羰基应和其他的不饱和键共轭。

1600 cm^{-1} 和 1500 cm^{-1} 处的吸收带表明了苯环的存在。苯环是唯一可能与羧酸的羰基共轭的基团，而羧酸酯的羰基不与苯环共轭，再结合分子式，可知羧酸酯为乙酸酯。因此，该未知物的结构为下式。

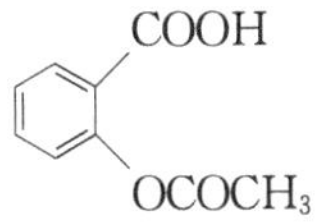

COOH
OCOCH₃

仅由红外谱图的分析，难以确定苯环上两个强极性基团的取代位置，这只能由查对红外标准谱图来解决，结果为邻位二取代。

例 19-4　未知物分子式为 C$_{12}$H$_{24}$O$_2$，已知其红外谱图，试推测其结构。

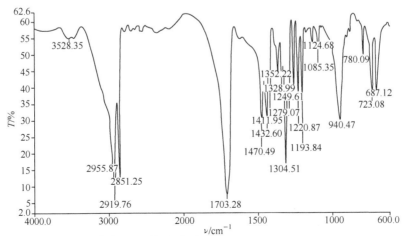

解　由分子式计算出化合物的不饱和度为 1。

1703 cm^{-1}处的强吸收知该化合物含羰基,与一个不饱和度相符。

2920 cm^{-1}、2851 cm^{-1}处的吸收很强而 2956 cm^{-1}处的吸收很弱,这说明 CH$_2$ 的数目远多于 CH$_3$ 的数目,723 cm^{-1} 的显著吸收所证实,说明未知物很可能具有一个正构的长碳链。

2956 cm^{-1}、2851 cm^{-1}的吸收是叠加在另一个宽峰之上的,从其底部加宽可明显地看到这点。从分子式含两个氧知此宽峰来自 —OH ,很强的波数位移说明有很强的氢键缔合作用。结合 1703 cm^{-1}的羰基吸收,可推测未知物含羧酸官能团。940 cm^{-1}、1305 cm^{-1}、1412 cm^{-1}等处的吸收进一步说明羧酸官能团的存在。

综上所述,未知物结构为 CH$_3$—(CH$_2$)$_{10}$—COOH。

19.4　核磁共振(NMR)

具有奇数原子序数或奇数相对原子质量(或两者都有)的元素,如 ^{1}H、^{13}C、^{15}N、^{17}O、^{37}P 等,在磁场的作用下会发生核磁共振现象,简称 NMR。随着电子技术的发展,核磁共振现象已经应用到物质结构的测定上,核磁共振仪已成为物质结构分析不可缺少的工具,所研究的元素有氢、碳、氮、氟、磷等。就仪器的分辨率而言,有分辨率较低的 60 MHz、90 MHz、100 MHz 的核磁共振仪,现在已发展出分辨率相当高的 600 MHz 的核磁共振仪。

如果说红外吸收光谱揭示了分子中官能团的种类、确定了化合物所属类型,那么核磁共振谱则给出了分子中各种氢原子、碳原子等的数目以及所处的化学环境等信息。目前,应用最广的是氢谱,本节仅讨论氢的核磁共振谱。

19.4.1　核磁共振的基本原理

1. 原子核的自旋

原子是由原子核与核外电子组成,而原子核是由带正电荷的质子和中子组成的,与核外电子相似,核也有自旋现象。实验证明,大多数的原子核都围绕某个轴自身做旋转运动,但并非所有元素的同位素的原子核都有自旋运动,不同的原子核有不同的自旋量子数 I。$I=0$ 的原子核没有自旋,$I\neq0$ 的原子核才有自旋运动。有自旋的原子,核自旋时就会产生一个小小的磁场(常用核磁矩来描述),才会在外加磁场作用产生核磁共振吸收。

在无外磁场作用下,自旋磁矩的取向是混乱的。如果将旋转的原子核放到一个均匀的磁场 H_0 中,自旋核就在磁场中进行排列,其自旋取向是量子化的,可用磁量子数 m 来表示核自旋不同的空间取向,其数值可取:$m = I, I-1, I-2, -I$,共有 $2I+1$ 个取向。对于氢核,$I=1/2$ 在外磁场中只有两种可能的取向,如图 19-7 所示。

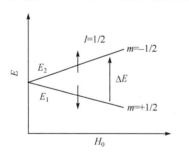

图 19-7　质子在磁场中的自旋取向和能级差

2. 产生核磁共振的条件

核磁共振谱实际上也是一种吸收光谱,它所吸收的光辐射在无线电波区,当质子在磁场中受到不同频率的电磁波照射时,只要能满足两个自旋态能级间的能量差 ΔE,质子就由低自旋态跃迁到高自旋态,发生核磁共振。质子跃迁所需的电磁波频率大小与外磁场强度成正比。根据量子力学计算结果,电磁波辐射的共振频率与外磁场强度关系如下:

$$\Delta E = h\nu = \frac{hr}{2\pi}H_0$$

式中,ν 为电磁波辐射的共振频率,MHz;H_0 为外磁场强度,Gs;r 为磁旋比,是一个常数,质子的磁旋比为 26 750,不同磁核有不同的磁旋比,是核磁的一个特征值;h 为普朗克常量。

根据上式,实现核磁共振的方式有两种。

(1) 保持外磁场强度布点,改变电磁波辐射频率,称为扫频。

(2) 保持电磁波辐射频率(射频)不变,改变外磁场强度,称为扫场。

两种方式的核磁共振仪得到的谱图相同。实验室中使用的核磁共振仪多数是采用固定电磁波辐射频率不变(60 MHz、90 MHz、100 MHz、400 MHz 等),改变外磁场强度的方式。

表面看来,似乎所有的质子都应在同样的 H_0 和 ν 相匹下发生核磁共振,但事实并非如此。质子周围的磁场受分子结构中其他部分的影响,不同分子中的质子发生共振所吸收的能量是不同的。因此,质子的核磁共振谱常用于有机化合物结构的测定。

19.4.2　^{1}H NMR 的化学位移

有机化合物分子中的氢核与裸露的质子不同,它周围还有电子(处于不同化学环境)。在电子的影响下,分子中氢核(质子)与裸露质子的共振信号的位置不同,分子中的质子环境引起核磁共振信号位置的变化称为化学位移。化学位移常用 δ 表示。

1. 屏蔽效应

在有机分子中,任何一个质子都是以 σ 键与碳、氧或其他原子结合的。外加磁场(H_0)会使这些 σ 电子产生一个感应磁场(H_1),感应磁场(H_1)与外加磁场(H_0)方向相反,结果使核实际受到的外磁场强度减少。核外电子对核的这种作用称为屏蔽作用。各种质子在分子内所处的环境不同,核外电子云的密度就不同,屏蔽效应也不同。若氢周围的电子云密度较高,则屏蔽作用也较大,因而在较高磁场强度下才能发生共振吸收。因此,核外电子云密度较大的质子,会在较高的磁场发生共振。

2. 化学位移表示方法

处于不同化学环境的质子,受到的屏蔽作用大小不同,在略有差别的磁场强度下共振,这种小的差别在几十甚至几百兆赫的仪器上,很难测出其精确数值。为了表示方便,通常以四甲基硅烷 $Si(CH_3)_4$(简称 TMS)为标准物。将其化学位移定为零,其他质子的化学位移与其对照,取相对值。

$$\delta = \frac{\nu_{试样} - \nu_{TMS}}{\nu_0} \times 10^6$$

式中,$\nu_{试样}$ 为试样中氢核的信号频率,Hz;ν_{TMS} 为 TMS 的信号频率,Hz;ν_0 为仪器电磁波辐射频率,Hz。在一般情况下,δ 为负值,IUPAC 规定为正值。

以四甲基硅烷 $Si(CH_3)_4$ 为标准物,其优点是 TMS 分子中 12 个氢只产生一个信号,灵敏度高,且该分子中,由于硅的电负性比碳小,氢周围的电子云密度最大,屏蔽作用最大,通常处于最高场,因此一般有机化合物中质子的化学位移均在它的左边。

化学位移值大小直接反映分子的结构特征。质子受化学屏蔽作用后,吸收峰从左向右移,即由低场向高场区移动,具有较低的化学位移值;质子去屏蔽后,吸收峰从右向左移,即由高场区向低场区移动,具有较高的化学位移值。常见的各种质子的化学位移值(δ)范围如图19-8所示。

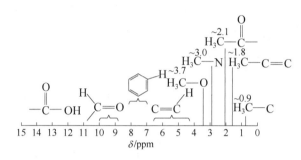

图 19-8　常见质子的化学位移值

3. 影响化学位移的因素

影响化学位移的因素很多,有电负性、杂化态与共振效应、各向异性、氢键、温度、溶剂及溶液浓度等。

1）电负性对化学位移的影响

（1）δ 值随着邻近原子或原子团的电负性的增加而增加,如

　　　　CH₃—H　　　　CH₃—Br　　　　CH₃—Cl　　　　CH₃—NO₂

δ 值　0.23　　　　　2.69　　　　　3.06　　　　　4.29

（2）δ 值随着 H 原子与电负性基团距离的增加而减小,如

　　　　CH₃—CH₂—CH₂—Cl

δ 值　1.06　1.81　3.47

（3）烷烃中 H 的 δ 值按伯、仲、叔次序依次增加,如

　　　　CH₃—H　　　RCH₂—H　　　R₂CH—H　　　R₃C—H

δ 值　0.2　　　1.1±0.1　　　1.3±0.1　　　1.5±0.1

2）各向异性效应

苯环上的质子和烯烃双键碳原子的质子的化学位移比烷烃中的质子大得多,如

δ 值　　　　7.3　　　　　　5.3　　　　　2.8　　　　　0.9

这种现象仅用电负性是无法解释的。产生这种矛盾的现象是因为分子中质子的化学位移不仅与某基团的电负性有关,还与质子和某基团的空间位置有关,即所谓的各向异性效应。由于苯环和烯烃的 π 电子在外加磁场中所产生的感应磁场方向与外加磁场方向相反,且磁力线是闭合的,双键和苯环上的质子正好处于感应磁场与外加磁场方向一致的区域(去屏蔽区),因此信号出现在低场(图 19-9)。

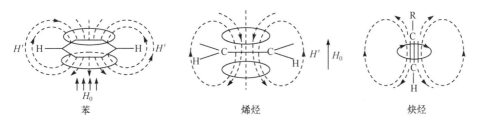

图 19-9　由各向异性效应产生的感应磁场

炔烃 π 电子云绕 C—C 键轴对称分布呈圆柱形,在磁场作用下,π 环电子流促使炔键轴顺外磁场方向排列。感应磁场方向与键轴平行,并与外加磁场方向相反,形成如图 19-9 所示的屏蔽区与去屏蔽区。炔烃叁键碳上的质子处于屏蔽区,因此 δ 值较小。

3) 氢键的影响

键合在电负性大的元素上的氢原子,如 O—H、N—H 等易形成氢键。氢键质子比没有形成氢键的质子有较小的屏蔽效应,因此,在较低场发生共振。形成氢键较强烈,质子受到的屏蔽作用就越小,质子的化学位移就越大。

问题 5　根据化合物中标出的质子,写出化学位移由小到大的顺序。
(1) CH_3Cl　(2) CH_3F　(3) CH_3I　(4) CH_3COCH_3　(5) CH_3CHO

19.4.3　核磁共振信号与分子结构的关系

1. **核磁共振中吸收峰的数目**

在有机化合物分子中,化学环境相同(化学位移相同)的一组质子称为磁等性质子。而化学环境不同(化学位移不同)的质子称为磁不等性质子。所以在核磁共振谱中,吸收峰的数目表示分子中不等性质子的数目,即有几种类型的 H 原子。例如,$CH_3CH_2CH_3$ 有两种不等性质子,NMR 有两个吸收峰;CH_3CH_2Cl 有两种不等性质子,NMR 中有两个吸收峰;CH_3CH_2OH 中有三种不等性质子,NMR 中有三个吸收峰。

等性质子要求在化学环境上等性,那么它们在立体化学上也必须是等性的。因此,2-溴丙烯($CH_3CBr=CH_2$)中双键碳上的两个质子是磁不等性质子,在 NMR 上出现三个吸收峰。

判断两个质子是否等性的最简单的方法,是设想分子中各个质子轮流被一个原子取代后,如能得到相同产物或对映体,则这些质子是等性的;否则,是不等性的。

总之,分子中不等性质子的数目决定该分子在 NMR 中吸收峰的数目。

问题 6　1,1-二甲基环丙烷与反式 1,2-二甲基环丙烷各有几类质子?

---

2. **峰面积与质子的数目**

信号的强度与氢原子的数目有关,一个峰的面积越大,则表示所含的氢原子数越多。各个吸收峰的面积与质子的数目成正比。这对决定结构很有用处。各吸收峰的面积可用积分线高度来表示。峰面积越大,积分线高度就越高(现在的核磁仪出图时,图中积分线不出现,峰面积由软件处理后,图中标出数据,如图 19-10 所示的 N-对甲苯基吗啉氢谱,峰面积比例在各峰下方已标出)。

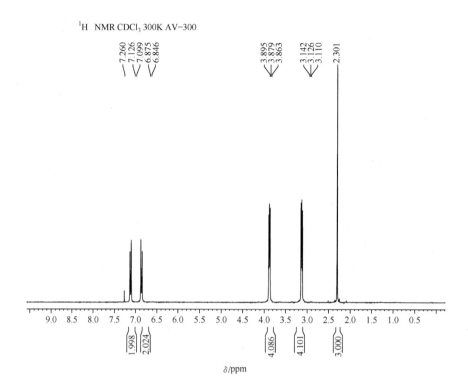

图 19-10　　N-对甲苯基吗啉的^{1}H NMR

3. 自旋偶合和自旋裂分

　　氯乙烷的核磁共振谱图中甲基和亚甲基上质子所产生的吸收分别为三重峰和四重峰,这是由于分子中相邻的磁不等性质子自旋相互作用的结果。把这些相互作用称为自旋-自旋偶合,简称自旋偶合。由自旋偶合作用使一种质子的共振吸收峰分裂成为多重峰的现象称为自旋裂分。

　　一般情况下,NMR 吸收峰的裂分遵循以下规律。

　　(1) $n+1$ 规律:在分子中,某个质子与 n 个磁等性质子自旋偶合,该质子核磁共振信号裂分为 $n+1$ 重峰。

　　(2) 等性质子间不会偶合产生裂分:如甲基上的 3 个质子,彼此互不作用,当甲基的邻近碳(或杂原子)上不连接 H 时,甲基只形成 1 个单峰,如 CH_3—CO—、CH_3—O—等。

　　(3) 活泼质子(如 CH_3CH_2OH 中的 OH 质子)一般为一个尖单峰,这是因为 OH 质子间能快速交换,使 CH_3 与 OH 之间的偶合平均化。

　　(4) 各裂分小峰的相对强度比与二项式$(a+b)^n$展开的系数相同,并大体按峰的中心左右对称分布。例如,二重峰$(n=1)$的强度比为 1∶1;三重峰$(n=2)$的强度比为 1∶2∶1;四重峰$(n=3)$的强度比为 1∶3∶3∶1;依此类推。

4. 偶合常数

　　偶合使得吸收信号裂分为多重峰,多重峰中相邻两个峰之间的距离称为偶合常数(J),单位用 Hz 表示。J 的数值大小表示两个质子间相互偶合(干扰)的大小,与外加磁场无关。

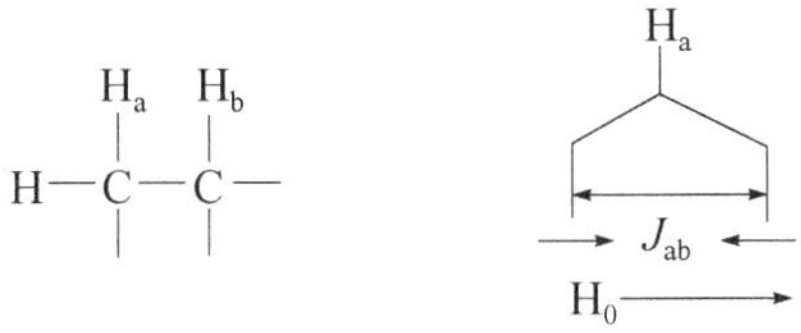

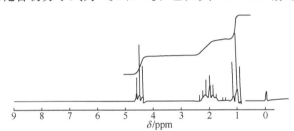

问题 7　C_6H_{12}（无色液体）经 Br_2/CCl_4 处理后，棕黄色消失。^1H NMR 只有一个单峰 $\delta=1.6$，写出结构式。

19.4.4　核磁共振的谱图解析

解析核磁共振谱，主要是从中寻找吸收峰的位置、数目、峰面积、裂分情况等信息。一般包括以下几个步骤。

（1）根据峰面积和分子式中氢原子的总数，求出每组峰所代表的氢原子的数目。

（2）根据每个吸收峰的化学位移值确定属于哪种类型的氢，必要时通过加 D_2O 后吸收峰是否消失来确定其中的活泼氢。

（3）从峰的裂分数和 J 值找出相互偶合的信号，从而确定邻近碳原子上氢原子的数目和相互关联的信息和结构片段。

（4）综合上面给出的信息来推断样品的结构。

下面结合具体例子来说明谱图的解析方法。

例 19-5　已知某化合物分子式为 $C_3H_7NO_2$。已知其 ^1H NMR 谱，推测其结构。

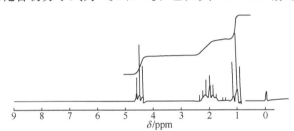

解　计算不饱和度 $U=1$，可能存在双键，1.5 ppm 和 1.59 ppm 有小峰，峰高不大于 1 个质子，因此为杂质峰。由图谱可见有三种质子，总积分值扣除杂质峰按 7 个质子分配。从低场向高场各峰群的积分强度为 $2:2:3$，可能有—CH_2—、—CH_2—、—CH_3 基团。各裂分峰的裂距（J），低场三重峰为 7 Hz、高场三重峰为 8 Hz，所以这两个三重峰没有偶合关系，但它们与中间六重峰有相互作用。这六重峰的质子为 2 个，所以使两边信号各裂分为三重峰。则该化合物具有 CH_3—CH_2—CH_2—结构单元。参考所给定的分子式应为 CH_3—CH_2—CH_2—NO_2，即 1-硝基丙烷。对照已知数据化学位移值相符。此外中间亚甲基信号预计为 $(3+1)(2+1)=12$，即 12 重峰。但实际上，$J_{CH_3-CH_2}$ 和 $J_{CH_2-CH_2}$ 几乎相等。作一级近似，可以认为有五个等价质子，符合 $n+1$ 规律，应为六重峰。其强度比为 $1:5:10:10:5:1$。

例 19-6　已知某化合物分子式为 $C_7H_{16}O_3$，已知其 ^1H NMR 谱，试求其结构。

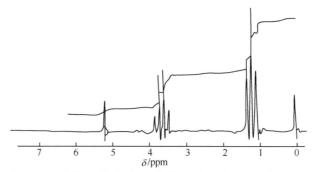

解　计算不饱和度 $U=0$，为饱和化合物。从谱图看出有 3 种质子，其质子比在 1∶6∶9。δ 在 1~4 ppm 有明显 CH_3—CH_2— 的峰形，$\delta_{1.2}$ 为 CH_3—CH_2— 中甲基峰，9 个质子 3 个等价甲基，被邻接—CH_2—分裂为三重峰。$\delta_{3.6}$ 处应为—CH_2—，有 6 个质子 3 个等价亚甲基，可能连接氧原子，所以在较低场共振，同时被邻接甲基分裂为四重峰。更低场 $\delta_{5.2}$ 处为单峰，含有 1 个质子，说明无氢核邻接，是与氧相连的一个次甲基峰。连接各部分结构应为 $CH_3(CH_2—O)_3CH$。

例 19-7　已知某化合物分子式 C_8H_9Br，已知其 ^1H NMR 谱，试求其结构。

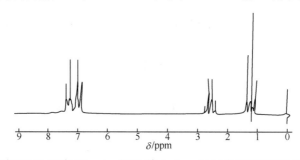

解　由分子式可知不饱和度 $U=4$，在图谱上 $\delta_{7.3}$ 左右有弱强强弱四条谱线属于 $AA'BB'$ 系统，这是对二取代苯中质子的吸收峰形。$\delta_{1.3}$ 为甲基的吸收峰，受相邻碳上二质子的偶合裂分为三重峰。$\delta_{2.6}$ 为—CH_2—的吸收峰，受相邻甲基偶合而裂分为四重峰，所以应存在 CH_3—CH_2—结构片段，另外根据分子式可知还有溴，所以化合物结构式为

$$Br\text{—}\langle\text{苯环}\rangle\text{—}CH_2CH_3$$

19.5　质谱(MS)

质谱(MS)是近年来发展起来的一种快速、简捷、精确地测定相对分子质量的方法。高分辨质谱仪只需几微克样品就可以精确地测定有机化合物的相对分子质量和分子式。1 mol CO、N_2 和 C_2H_4 的质量都是 28 g，精确计算在十分位上才有差别，用一般的测定方法很难区别它们，而用质谱仪则很容易将它们区分。质谱不仅可以给出相对分子质量方面的信息，还可以给出分子结构方面的某些信息，如果用色谱仪和质谱仪联合使用，还可以测出混合物的组成及各组分的相对分子质量和分子结构。质谱已成为有机化学和生命科学工作者了解有机分子结构的有力工具之一。

19.5.1　质谱的基本原理

有机分子在高真空下受高能量电子束轰击时，化合物分子失去一个外层电子而变成分子

离子 M^{+}（"＋"表示正离子，"·"表示不成对电子）。多数分子离子是不稳定的，在这样高能量的电子束作用下，进一步发生键的断裂产生许多碎片，这些碎片也带正电荷。各种正离子的质量与其所带的电荷之比（质核比，m/z）是不同的，在电场、磁场作用下，可按 m/z 的大小分离得到质谱。分子离子的质量即为该化合物的相对分子质量。分析各种图同 m/z 的碎片的种类、质量和强度，结合化合物化学键断裂规律，可以推断化合物的分子结构。

19.5.2　质谱仪和质谱图

1. 质谱仪

普通质谱仪的工作原理如图 19-11 所示，由进样系统、离子源、质量分析器、离子检测器、真空系统等部分组成。测试过程中，仪器保持高真空。从进样系统来的试样在离子化室内受到高能离子束轰击，有机分子失去一个电子生成分子离子，分子离子可继续断裂成各种碎片，带电荷的分子离子和碎片由离子加速器加速后进入质量分析系统。在分析器中，不同 m/z 的正离子在磁场作用下按质量大小顺序通过狭缝进入离子检测器，离子的电荷转变成电信号，经放大得到质谱图。

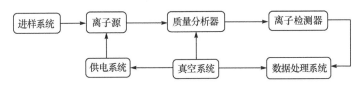

图 19-11　质谱仪的工作原理

2. 质谱图

质谱图是由一条条线构成的，谱线的长度与离子数量成比例。质谱图的横坐标是 m/z，纵坐标则表示各离子的相对丰度，以最强的离子峰（基峰）高度为 100%，而其他离子峰的强度以基峰的百分比表示。图 19-12 是丁酸甲酯的质谱图。

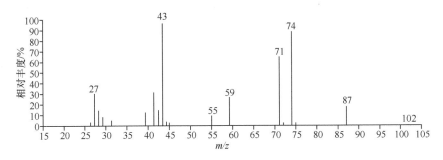

图 19-12　丁酸甲酯的质谱图

19.5.3　质谱图的解析

解析质谱图上出现的峰，就是要说明这些峰是怎么发生的，它的位置和强度与化合物的分子种类和结构的关系。经过大量质谱工作的研究，把质谱峰归纳为分子离子峰、碎片离子峰、同位素离子峰、亚稳离子峰、多电荷离子峰等。下面主要介绍分子离子峰、同位素离子峰、亚稳离子峰和碎片离子峰。

1. 分子离子峰

分子离子峰位于质谱中 m/z 最高的一端,故分子离子峰的 m/z 值就是样品的相对分子质量。在解析质谱图时,确定分子离子峰是非常重要的。分子离子峰的强度与样品的结构有关。各类化合物分子离子的稳定性大致如下:

芳烃>共轭烯烃>烯烃>脂环烃>羰基化合物>直链烃>醚>酯>胺>羧酸>醇

如果了解化合物的结构,对分子离子峰的强弱有一定的预见性,就可利用上述次序来判断分子离子峰。

2. 同位素离子峰

有机化合物一般由 C、H、O、N、S、Cl、Br 等元素组成。这些元素都有稳定的同位素,而在各种同位素中常是最轻的同位素为最普通的同位素,这样在质谱图上可出现比分子离子峰的 m/z 大一个或两个单位的峰,即 $M+1$ 或 $M+2$ 峰。一些组成有机化合物元素的重同位素的丰度见表 19-6。

表 19-6　常见元素的同位素相对丰度

元素	相对丰度/%					元素	相对丰度/%				
碳	^{12}C	100	^{13}C	1.08		磷	^{31}P	100			
氢	^{1}H	100	^{2}H	0.016		硫	^{32}S	100	^{33}S	0.78	^{34}S 4.40
氮	^{14}N	100	^{15}N	0.38		氯	^{35}Cl	100	^{37}Cl	32.5	
氧	^{16}O	100	^{17}O	0.04	^{18}O 0.20	溴	^{79}Br	100	^{81}Br	98.0	
氟	^{19}F	100				碘	^{127}I	100			
硅	^{28}Si	100	^{29}Si	5.10	^{30}Si 3.35						

$M+1$ 峰可以由分子中分别含有一个 ^{13}C、^{15}N、^{17}O 或 ^{33}S 的原子形成。$M+2$ 峰可由分子中含有一个 ^{18}O、^{34}S、^{37}Cl、^{81}Br 或同时含有上述两个重同位素的原子形成。除 ^{81}Br 以外,其他同位素的含量一般都比普通同位素的含量低得多,实际形成的 $M+1$ 或 $M+2$ 峰比一般分子离子峰弱得多。它们之间的强度关系有助于确定分子离子峰和分子式。

问题 8　当分子中含有一个溴原子和一个氯原子时,由卤素同位素提供的 M、$M+2$、$M+4$ 的强度应为多少?

---

3. 亚稳离子峰

在离子源中产生的离子绝大部分都能稳定地到达检测器。亚稳离子指那些不稳定,在从离子源抵达检测器图中会发生裂解的离子。由于质谱仪无法检测到这种中途裂解的母离子,而只能检测到有这种母离子中途产生的子离子,因此将这种子离子称为亚稳离子。亚稳离子在质谱图中显示为一个强度较低的宽峰。虽然亚稳离子与其母离子在正常电子轰击下裂解产生的子离子结构相同,但其被记录在质谱图上的质荷比值却比后者小,且大多不是整数,常用 m^* 表示。

某种母离子 m_1 与其在离子源内裂解产生的子离子 m_2 以及其按亚稳裂解方式产生的亚稳离子 m^* 之间的关系为 $m^* = m_2^2/m_1$。例如,某化合物的质谱图中存在 m/z 136、m/z 121、

m/z 93 质谱峰及 m/z 63.6 亚稳离子峰,可以确定 m/z 136 和 m/z 93 为母离子和子离子的关系,即 m/z 93 离子由 m/z 136 离子裂解而产生。

4. 碎片离子峰

分子离子在电子流轰击下继续开裂生成碎片离子,碎片离子的相对峰度与化合物的分子结构有密切关系,一般情况下几个主要的碎片离子峰就可以代表分子的主要结构。因此,掌握各种类型有机物的开裂方式对确定分子结构是非常重要的。

1) α 开裂和 β 开裂

α 开裂是具有正电荷的基团的碳原子与相连的碳原子之间的化学键的断裂。例如

$$R-\overset{\overset{+}{\overset{\parallel}{O}}}{\underset{}{C}}-\overset{\alpha}{C}-\overset{\beta}{C}-\overset{\gamma}{C} \longrightarrow R-C\overset{+}{\equiv}O$$

β 开裂是 α-碳和 β-碳原子之间的键的断裂,如

$$\overset{+}{C}-\overset{\cdot}{C}-\underset{\alpha}{C}-\underset{\beta}{C}-\underset{\gamma}{C} \longrightarrow \overset{+}{C}-C=C \ + \ \cdot C-C$$

$$CH_3-CH_2-\overset{+}{N}H-CH_3 \longrightarrow H_2C=\overset{+}{N}H-CH_3 \ + \ \cdot CH_3$$

醛、酮、羧酸、酯和酰胺等含有羰基的化合物都发生 α 开裂;烯烃、醇、胺、酯、硫醇、卤化物等易发生 β 开裂、即含有杂原子的化合物,开裂易发生在与杂原子相隔的 $C_\alpha-C_\beta$ 键上。

2) σ 键断裂

分子结构中有金属性较强的杂原子(S,P,Si 等),键的断裂位置在杂原子和其邻近的碳原子上的 σ 键上,正电荷停留在杂原子上。

$$RS-R^1 \overset{e^-}{\longrightarrow} R\overset{+}{S} + \cdot R^1$$

3) i 断裂(诱导断裂)

电负性很大的杂原子或基团容易发生 i 裂解,电子转移到杂原子上,正电荷停留在烷基上。

$$R-CH_2\overset{\cdot +}{X} \longrightarrow R\overset{+}{C}H_2 \ + \ X\cdot$$

4) 脱离中性小分子的开裂

若裂解反应产物包括较稳定的中性游离基,如烯丙基游离基或叔丁基游离基或稳定的小分子,如 H_2、CH_4、H_2O、C_2H_4、CO、CH_3OH、H_2S、HCl 和 CO_2 等,该反应产生的离子丰度随之增大。例如

$$CH_3(CH_2)_3CH_2\overset{\cdot +}{O}H \longrightarrow CH_3(CH_2)_2CHCH_2\rceil^{\overset{+}{\cdot}} + H_2O$$

5) 麦氏重排

麦氏重排的特点是:分子内部原子的重新排列,分子中一定要有双键,通过分子中键断裂丢失一个中性分子,并同时将碳原子上的氢原子通过环状转移至极性基团上,生成重排离子。例如

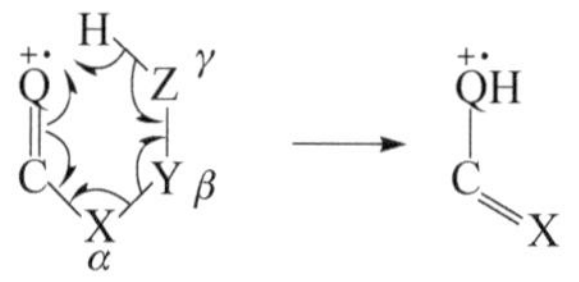

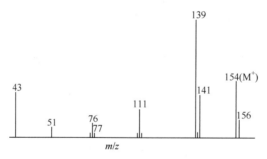

式中,Q,X,Y,Z 为 C、N、O、S 中的任何一种组合。

　　6）逆第尔斯-阿尔德重排

　　逆第尔斯-阿尔德重排是通过断裂两个化学键,丢失一个稳定的中性分子而完成的,没有氢原子的转移,这种重排是骨架的重排,主要发生在环己烯构型的化合物中。例如

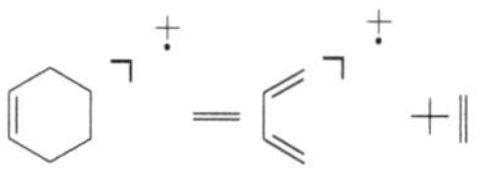

　　问题 9　试写出 2-戊酮的裂解途径。

19.5.4　质谱应用示例

　　例 19-8　已知某化合物的质谱图,亚稳峰表明有如下关系 m/z 154→139→111,求该化合物的结构式。

　　解　(1) 分子离子峰的分析。

　　① 分子离子峰(m/z 154)很强,可能是芳香族;

　　② 相对分子质量为偶数,不含氮或含偶数个氮;

　　③ 同位素峰(m/z 156)与分子离子峰的强度比值,约为 $M:(M+2)=100:32$,看出有一个氯原子。

　　(2) 碎片离子峰的分析。

　　① 质量丢失 m/z 139($M-15$),失去—CH_3;

　　② 有碎片离子峰推测官能团:m/z 43 可能为 C_3H_7 或 CH_3CO;m/z 51、m/z 76、m/z 77 表明有苯环。

　　(3) 结构单元有 Cl、CH_3CO（或 C_3H_7）、C_6H_4（或 C_6H_5）,其余部分的质量等于 $154-35-43-76=0$。

　　(4) 推断结构式为

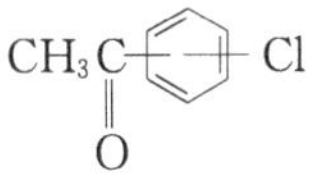

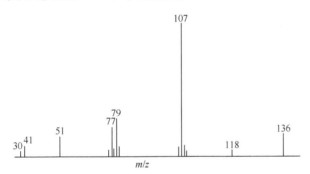

Ⅱ式应发生苄基断裂产生$(M-28)$峰。这两个峰在质谱图中不明显。Ⅲ式应发生苄基断裂产生$(M-15)$峰,谱图中确有此峰,但解释不了 $m/z\ 139\rightarrow111$ 亚稳峰的产生。所以只有Ⅰ式最合理。

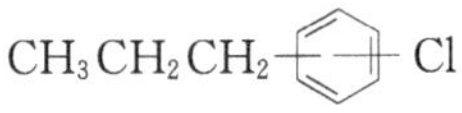

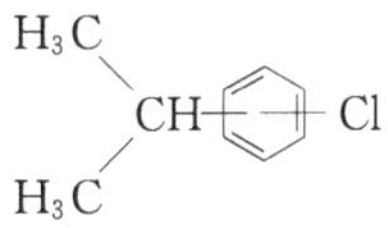

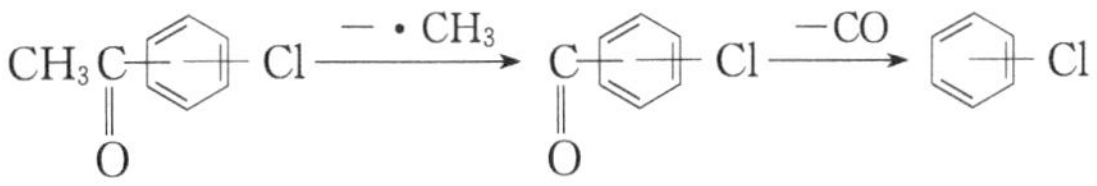

$$CH_3\overset{\|}{\underset{O}{C}}—C_6H_4—Cl \xrightarrow{-\cdot CH_3} \overset{\|}{\underset{O}{C}}—C_6H_4—Cl \xrightarrow{-CO} C_6H_4—Cl$$

$m/z\ 154$　　　　　　$m/z\ 139$　　　　　　$m/z\ 111$

例 19-9　已知某化合物质谱,分子离子峰精确质量为 136.0886。由分子离子峰质量,查得分子式为 $C_9H_{12}O$,其不饱和度 $U=4$。求结构式。

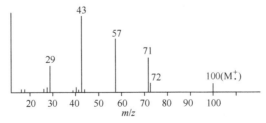

解　碎片离子峰 $m/z\ 118(M-18)$,表明为醇类,$m/z\ 107(M-29)$,表明可能有 C_2H_5,$m/z\ 39$、$m/z\ 51$、$m/z\ 57$ 等表明有芳环。结构单元有 OH、C_2H_5、C_6H_5 等,其余部分的质量等于 $136-17-29-77=13$,应为 CH。

可能结构为

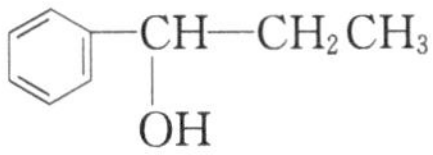

$$\overset{\text{(phenyl)}}{\underset{}{}}—\underset{\underset{OH}{|}}{CH}—CH_2CH_3$$

例 19-10　已知 3-己酮的质谱,试解析各峰值。

解　各碎片离子峰裂解途径如下:

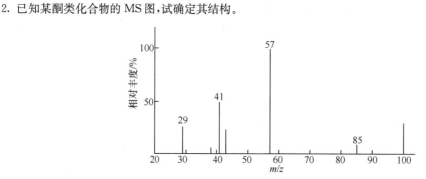

习　　题

1. 指出下列化合物能量最低的跃迁。

　(1) $CH_3CH\!=\!CHCH_3$　　　　　　　　(2) $CH_3CH_2CH(CH_3)NH_2$

　(3) $CH_3CH_2CH_2Br$　　　　　　　　　(4) $CH_3CH_2CH\!=\!CH\!-\!NH_2$

　(5) $H_2C\overset{\displaystyle O}{\overset{\diagup\diagdown}{-\!\!-\!\!-}}CH_2$　　　　　　　　　(6) $CH_3CH_2C\!\equiv\!CH$

　(7) $CH_3\overset{\displaystyle S}{\overset{\|}{C}}CH_3$　　　　　　　　　(8) $CH_3CH_2SCH_2CH_3$

　(9) $CH_3CH_2CH_2CH_2OH$　　　　　　(10) CH_3CH_2CHO

　(11) CH_4

2. 已知某酮类化合物的 MS 图,试确定其结构。

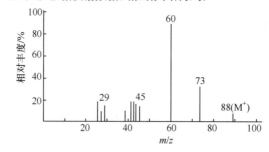

3. 化合物 A(C_9H_{12}),硝化时得到两种一取代产物 B 和 C,其中 B 为优势产物,A 的 IR 谱:3010 cm^{-1}、2980 cm^{-1}、1380 cm^{-1}(双等强峰),NMR 谱:1.25 ppm、2.89 ppm、7.2 ppm,对应的峰裂分情况为:双重峰、多重峰、单峰,试推测化合物 A、B、C 的结构式,并指出光谱数据的归属。

4. 某液体化合物分子式为 $C_4H_8O_2$,根据质谱数据试推断其结构式。

5. 1,3-二甲基-1,3-二溴环丁烷的 NMR 谱化学位移：a (2.3)、b (3.2)，峰面积比和峰裂分情况为：a∶b ＝ 3(单峰)∶2(单峰)，写出该化合物的构型式。如果 NMR 谱化学位移：a (1.88)、b (2.64)、c (3.54)，峰面积比和峰裂分情况为：a∶b∶c ＝ 6(单峰)∶2(双峰)∶2(双峰)，它的构型式又是怎样的？

6. 根据[1]H NMR 谱化学位移数据及峰面积比和裂分情况，判断下列化合物的结构式，并指出波谱数据的归属。

A. C_3H_6BrCl：a 3.35 ppm(三重峰)，b 2.0 ppm(多重峰)，c 3.5 ppm(三重峰)

B. C_2H_4O：a 10 ppm (四重峰)，b 2.1 ppm(双峰)

C. C_9H_{12}：a 0.95 ppm(三重峰)，b 1.65 ppm(多重峰)，c 2.59 ppm(三重峰)，d 7.3 ppm(单峰)

7. 未知物 C_3H_4O，其 IR 数据：3500 cm^{-1}，3300 cm^{-1}，2200 cm^{-1}，2900 cm^{-1}，^{1}H NMR 数据：a 2.8 ppm(单峰)、b 3.4 ppm(单峰)、4.7 ppm(二重峰)，试推测其结构式，并指出波谱数据的归属。

8. 分子式为 $C_5H_{10}O$，IR 在 1690 ～1705 cm^{-1} 处有强吸收峰[1]H NMR 谱：$\delta_1 ＝1.0$ ppm(t,6H)，$\delta_2 ＝2.5$ ppm (m,4H)写出构造式。

9. 有一未知物含 C 68.13%，H 13.72%，O 18.15%，相对分子质量为 88.15；与 Na 反应放出 H_2；^{1}H NMR 谱：$\delta_1 ＝0.9$ ppm(d,6H)，$\delta_2 ＝1.1$ ppm(d,3H)，$\delta_3 ＝1.6$ ppm(m,1H)，$\delta_4 ＝2.6$ ppm(m,1H)，$\delta_5 ＝3.5$ ppm (s,1H)，写出构造式。

10. 化合物 A，分子式为 $C_9H_{10}O$，光谱数据如下：

^{1}H NMR：　δ 1.2 ppm(3H) 三重峰；　δ 3.0 ppm(2H) 四重峰；　δ 7.7 ppm(5H) 多重峰。

IR：1690 cm^{-1} 处有强吸收，试推导化合物 A 的结构。

第 20 章 有 机 合 成

有机化学的发展逐渐形成了三个互相联系和依存的领域:一是具有生理活性天然产物的分离、结构测定及其应用研究;二是以研究反应机理为重点的物理有机化学;三是有机合成。有机合成是指应用有机化学反应合成有机化合物的过程。其任务是利用已有的原料制备新的、更复杂、更有价值的有机化合物。

有机合成是利用简单易得的原料,通过有机化学反应,生成具有特定结构和功能的有机化合物。有机合成的追求是高效、便捷,包括简短的合成路线、高选择性、高产率、原子经济性、环境友好和易行的反应条件等。有机合成既是艺术,又是科学,也是一件非常有趣、非常艰巨的工作,它需要有正确的合成路线和纯熟的实验技巧。在解决实际问题时,常利用的反应都是一些基础反应,通过合理设计、巧妙构建分子骨架、正确引入官能团、恰当解决分子的立体化学,有机合成问题可有效解决。

20.1 逆合成分析

20.1.1 有机合成设计的基本术语及例行程序

1. 基本术语

目标分子——需要合成的分子,常以 TM(target molecular)表示。

切断——想象中的一个键的断裂(用切断符号"⌇"穿过被切断的键表示),使分子裂分成两种可能的起始原料。

官能团转换——主要包括三种方式:官能团的转化(FGI)、官能团的除去(FGR)和官能团的增加(FGA)。在逆合成分析法中可借助于取代、加成、消去、氧化或还原反应进行操作。

逆合成分析——将一个 TM 通过官能团变换(FGI,FGR 或 FGA)和切断(DIS)等方法解剖成易得的起始原料的过程。

合成子——通过切断而产生的一种想象中的结构碎片称为合成子。合成子可以是碳正离子、碳负离子或自由基。通常为正离子和负离子,它们可以是相应反应中的中间体,也可不是。

合成子等价物——实际使用的代表合成子的化合物,如 CH_3I 是合成子 CH_3^+ 的等价物,而 CH_3MgI 是合成子 CH_3^- 的等价物。

2. 有机合成设计的例行程序

首先,进行化合物的结构分析。主要内容包括下述步骤:①认出目标分子中的官能团;②借助已知的可靠方法进行切断,必要时采用 FGI 或 FGA 使其产生合适的官能团以供切断;③切断任何碳-杂原子键,以使其转变为合适的含氧官能团的基本骨架;④切断 C—C 键。

其次,进行合成路线设计。根据分析,选择合适的合成等价物,加上反应条件,写出合成路线。检查是否已选好合理的反应次序;检查是否把化学选择性和区域选择性考虑周全;不要让不该反应的反应发生,必要时,使用保护基;若合成中必须有低产率的一步,则尽量把它安排在合成反应早期步骤。

20.1.2 逆合成分析

逆合成分析(retrosynthetic analysis),也称反合成分析,是一种解决合成设计的思考方法和技巧。以合成子概念和切断法为基础,从目标化合物出发,通过官能团的转换或键的切断,推出前体分子(合成子),直至前体分子为最简单易得的原料。在逆合成分析中,原料主要采用:①直链小分子;②脂肪族多官能团化合物;③五元环或六元环(脂环或杂环)化合物及其单取代衍生物;④苯、甲苯、萘及其直接取代物等芳香族化合物。为保证设计的合成路线具有较高的总产率,其措施主要有:①设计合成路线时应尽可能减少反应步骤;②所采用的单元反应尽可能具有高选择性,副反应少,产率高;③尽可能选择反应条件温和,工艺易控制或易实现的合成反应。

逆合成分析中,常用的方法有以下几种:官能团的转化(FGI)、官能团的除去(FGR)、官能团的增加(FGA),碳链的切断(DIS)、碳链的连接(CON)、碳链的重排(REARR)等。

1. 官能团的转换

官能团的转换是指在不改变目标分子基本碳链骨架的前提下,改变官能团的性质或位置,它包括如下三种变化。

1) 官能团的转化

官能团的转化(FGI)是将目标分子中的一种官能团逆向变化为另一种官能团,而具有此官能团的化合物本身就是原料或制备较容易。例如
芳环上的转化

$$ArOH \xrightarrow{FGI} ArNH_2 \xrightarrow{FGI} ArNO_2$$

链上的官能团的转化

$$RX \xrightarrow{FGI} ROH$$

2) 官能团的除去

官能团的除去(FGR)是在目标分子中有选择的除去一个或几个官能团,使分子简化,这是逆向分析常用的方法。根据具体情况可进行:单官能团的除去、双官能团的除去和三官能团的除去。例如

$$\left.\begin{array}{l} RCOOH \\ RCOOR' \\ RCHO \end{array}\right\} \xrightarrow{[H]} RCH_2OH \xrightarrow{HX} RCH_2X \xrightarrow{Mg/Et_2O} RCH_2MgX \xrightarrow{H_2O} RCH_3$$

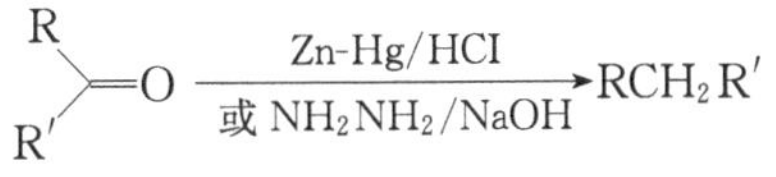

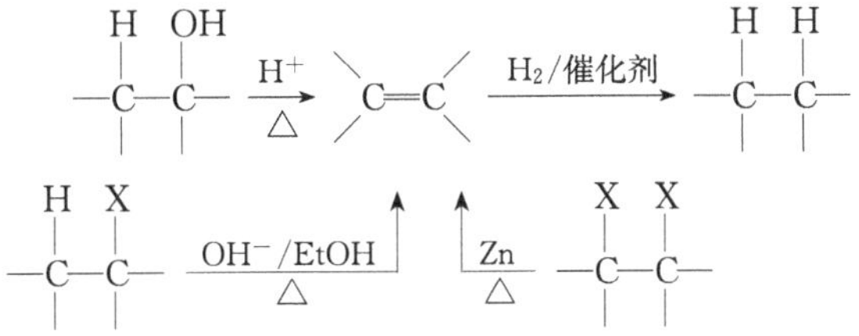

$$Ar-SO_3H \xrightarrow[\triangle]{H_3O^+} ArH + H_2SO_4$$

$$Ar-NO_2 \xrightarrow{Fe/H^+} Ar-NH_2 \xrightarrow{NaNO_2/HCl} \xrightarrow{H_3PO_2} ArH$$

3）官能团的增加

在目标分子的适当位置增加一个官能团：①碳链上的官能团的增加；②芳环上的官能团的增加。

根据具体情况可进行：增加烯基、炔基、羟基、卤素、羰基和酯基。

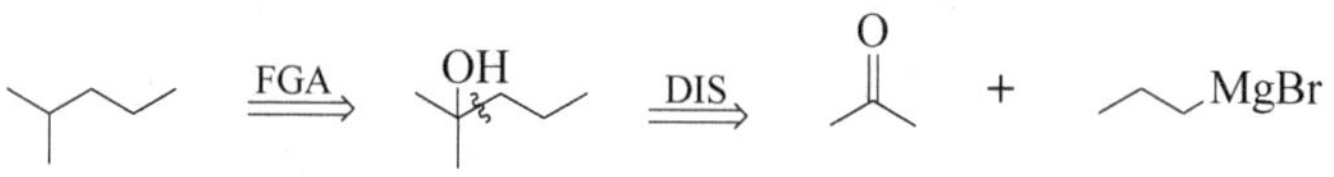

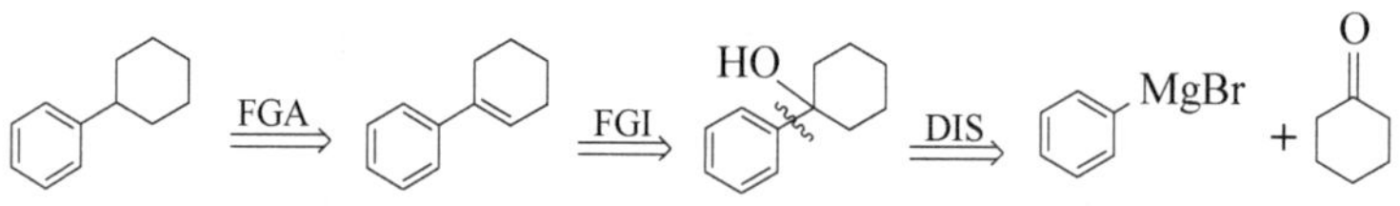

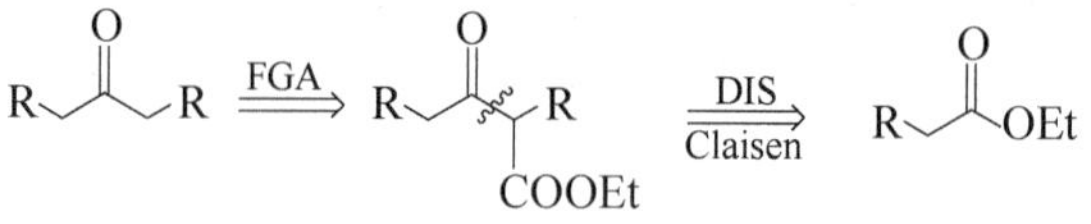

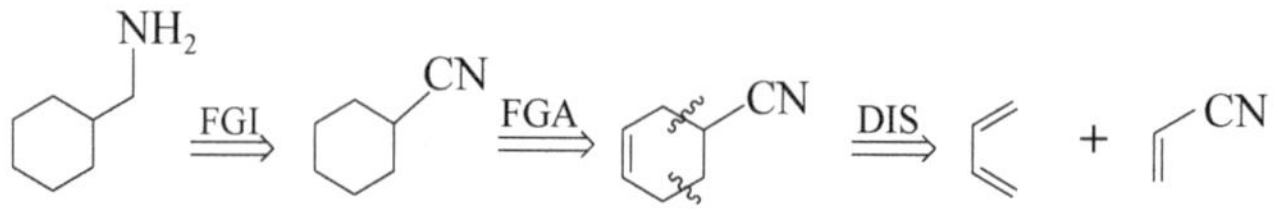

官能团的增加（FGA）是有机合成设计中常采用的手段，在芳环上增加一官能团以活化或钝化苯环来达到定位的目的，常采用的官能团有硝基、氨基、磺酸基等。脂肪链上增加官能团的目的是使逆向分析所得的化合物可通过一些经典的化学反应方便地获得。

2. 碳链的切断

1）切断要诀

官能团是进行切断的指南，极性切断是主要的切断形式。从理论上说，目标分子上的每一个碳碳键都可以被切断，但不是所有的切断都有合成价值，只有那些使切下的碎片能够重新结合成原来的化学键的切断才是成功的切断，不同的切断可以导致不同的合成路线。例如

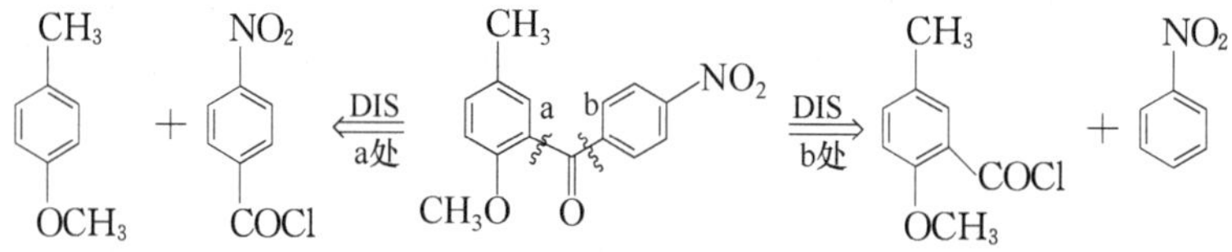

由于硝基是强吸电子基团，不能发生傅-克反应，显然在 b 处切断不合理。

2）指导优良切断的原则

同一个化合物可以有很多切断方法，一般来说，判断一个切断的好坏的标准主要有：①具有合理的反应机理；②使合成步骤尽可能短，选用高产率的反应；③得到有使用价值的原料。

3）可选择的切断方式

逆合成分析中，可根据碳链的形成特点，在切断时可优先考虑以下部位：碳-杂原子键、官能团所在位置、官能团附近的 $C_\alpha-C_\beta$ 和 $C_\beta-C_\gamma$ 键、分子对称部位、多键连接点、支链或碳环所在处。

（1）碳-杂原子键的切断。例如

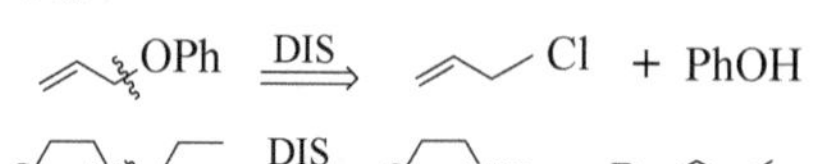

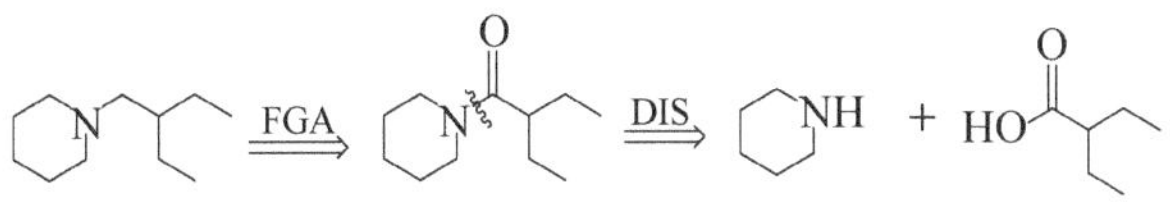

（2）官能团处切断。例如

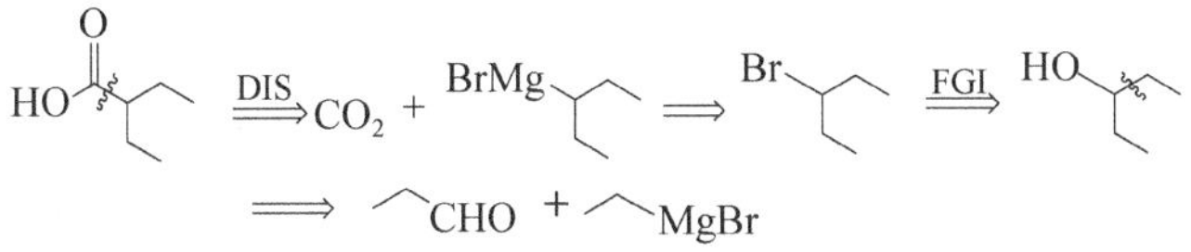

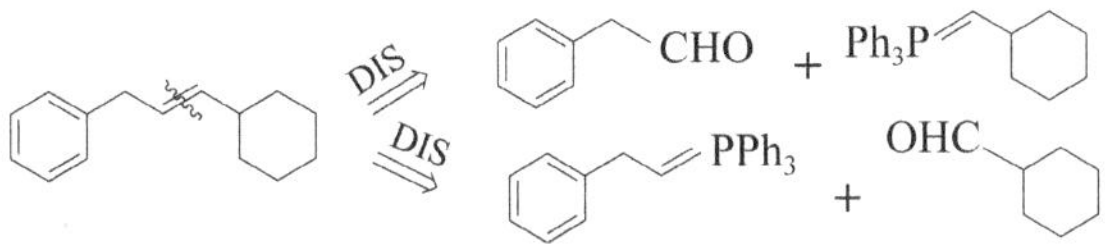

（3）邻近官能团的 C_α—C_β 键和 C_β—C_γ 键的切断。

C_α—C_β 键的切断

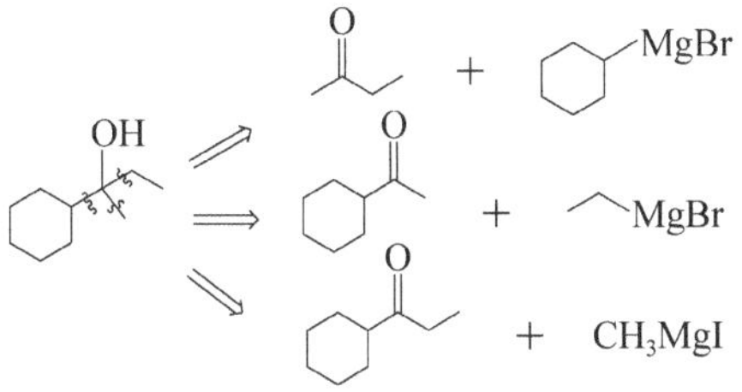

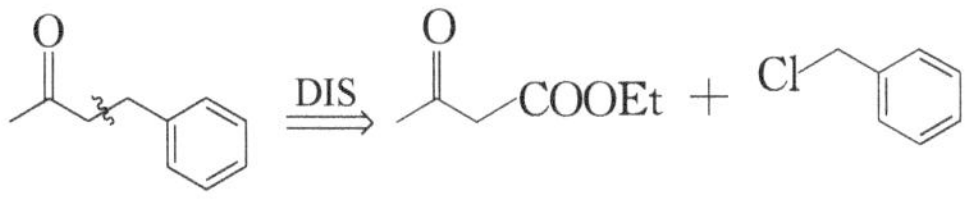

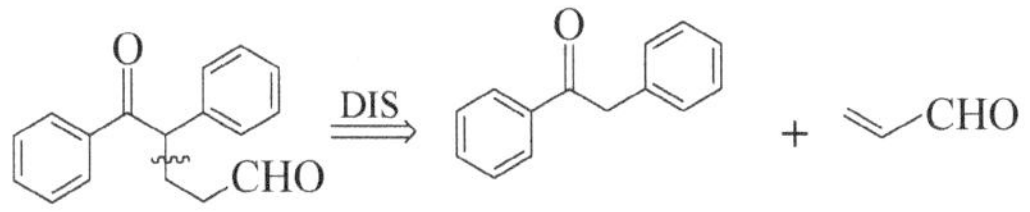

C_β—C_γ 键的切断

上述反应利用了迈克尔加成反应，既可以看成是酮羰基 C_α—C_β 键的切断，也可看成是醛羰基 C_β—C_γ 键的切断。

（4）注意在分子对称部位切断，以使问题简化。例如

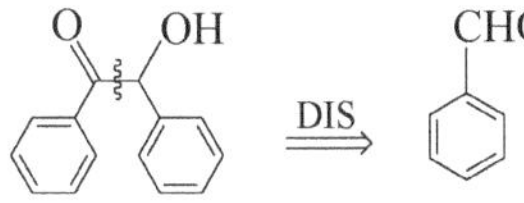

经切断后，可直接利用苯偶姻反应（benzoin reaction）制备目标分子。

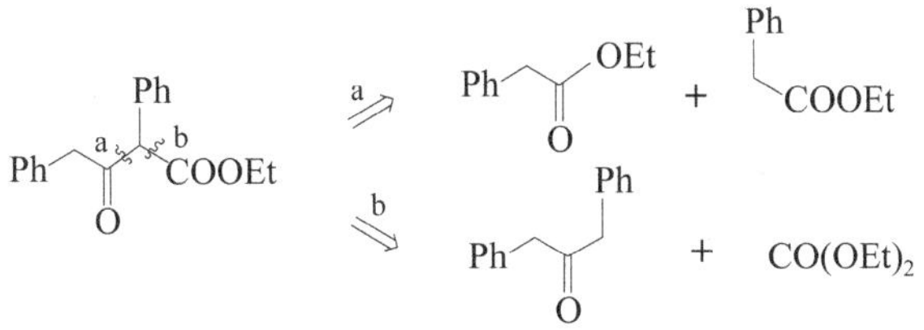

显然 a 法要优于 b 法。

（5）从碳链分支点处切断。

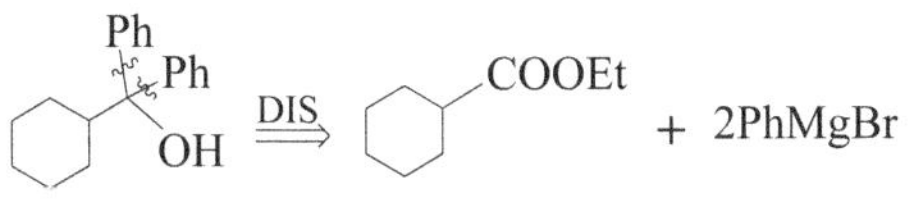

$$H_2N\diagup\diagdown OH \xrightarrow{FGI} NC\diagdown\diagup COOEt \xrightarrow{DIS} NC\diagup\diagdown COOEt + 2CH_3I$$

另外,对双官能团化合物,切断两官能团之间的任意一个键,必要时可重复上述切断以给出认可的原料。

(6) 合成子等价物的选择。由切断而得出的同一个合成子可以有多种合成子等价物,应选择合适的等价物完成需要的成键反应,合成子与合成子等价物之间的转换列于表 20-1。熟悉以后在切断分析中可以越过合成子这一阶段而直接写出合适的合成子等价物。

表 20-1　常用合成子及其等价物

亲电性合成子及其等价物	亲核性合成子及其等价物
$R^+ \Longleftrightarrow RX$	$R^- \Longleftrightarrow RMgX$
$R^+ \Longleftrightarrow ROTs, ROMs$	$R^- \Longleftrightarrow RLi$

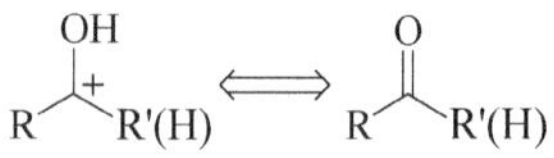

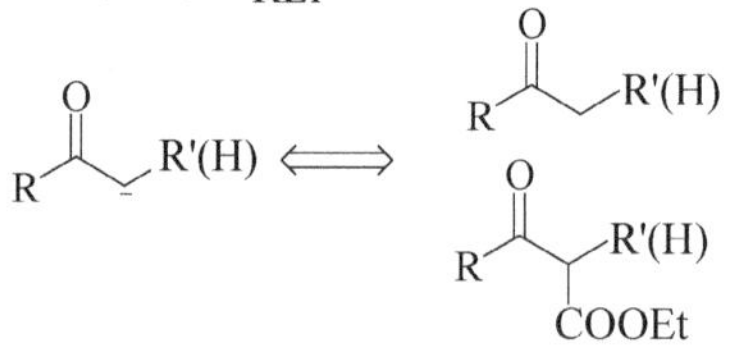

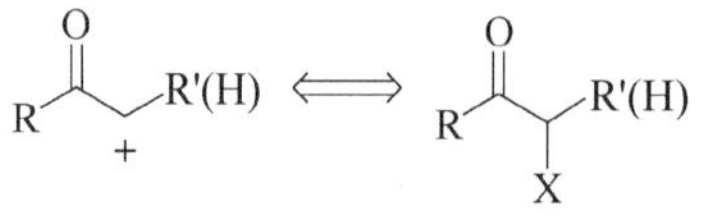

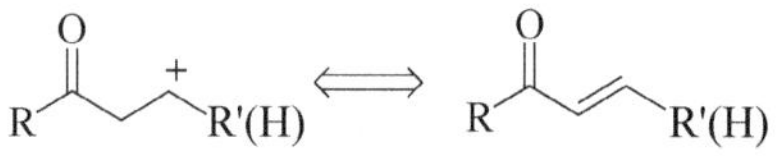

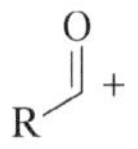

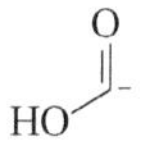

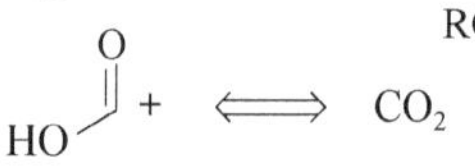

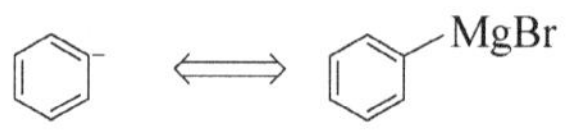

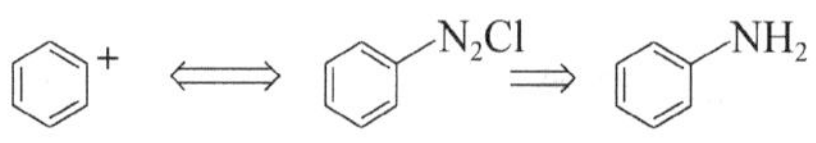

问题 1　试比较将上述亲电性合成子等价物与亲核性合成子等价物结合能够制备出哪些化合物,发生的是哪类反应?

3. 碳链的连接

碳链的连接(CON)是将目标分子中的合适碳原子用新的碳链键把它们连接起来,目的是寻找易得的化合物,这种碳链的连接可以在分子内进行,也可以是分子间的碳碳连接。

分子内的碳碳连接。例如

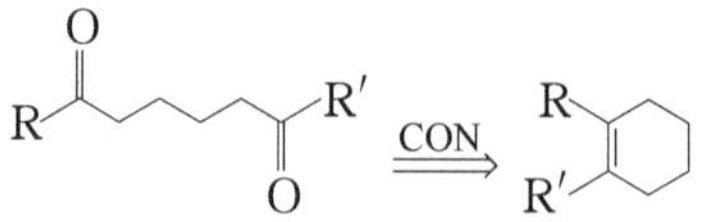

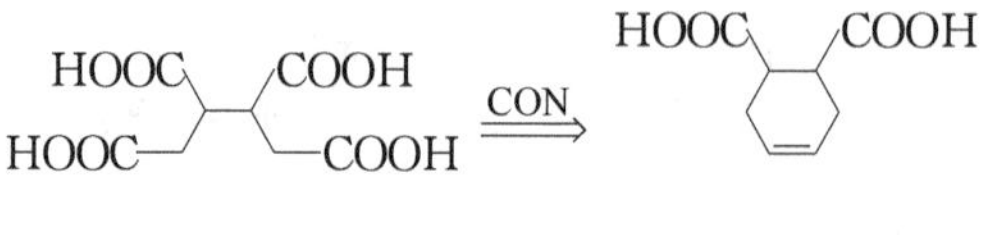

分子间的碳碳连接常见于在羰基的 α-碳原子中引入酯基,以增强 α-碳原子的活性和选择性。例如

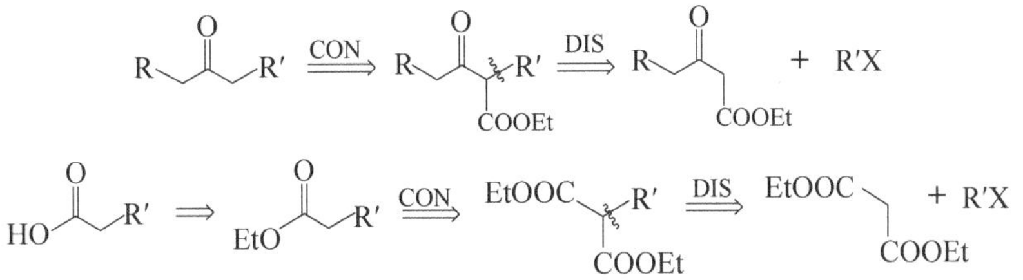

4. 碳链的重排(REARR)

把目标分子的碳链进行局部的重新组合,则为碳链的重排。有些逆向的重排,目标分子和逆推得到的分子式不一样,要正确地进行碳链重排的逆向分析,需对正向的各种重排反应有充分的了解。例如

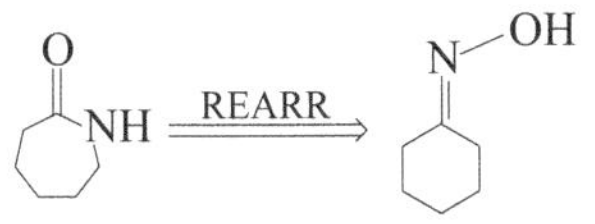

20.2 有机合成设计中的策略

在逆合成分析及合成路线设计中,为了达到选择性、方向性反应的目的,常常需要采取一系列控制措施,如加入或除去一些辅助基团(如保护、致活、阻碍等)。这些措施使用适当与否,往往直接关系到合成工作的成功与失败,下面作一些简单介绍。

20.2.1 官能团的保护

在有机合成中,复杂分子内往往存在不止一个可发生反应的部位,在这种情况下直接反应,不仅常使反应产物复杂,有时还会导致所需反应的失败。例如,当含羟基的酮与格氏试剂反应以制备醇时,反应首先是羟基与格氏试剂反应,导致格氏试剂的分解。

为了克服上述困难,合成中可采用保护基团的策略,即选用合适的保护基将不需要转变的官能团暂时保护起来,待反应结束后,在不影响分子其余部位的温和条件下除去保护基,以恢复原有的基团。因此,保护基团的使用可使分子的敏感部位免遭破坏,它是在反应中缺乏位置选择性时一种有效的应变方法。在选择保护基时应符合以下几个方面的要求。

(1) 保护基的供应来源,经济易得。

(2) 必须易进行保护,且保护效率高。

(3) 保护基的引入对化合物的结构不致增加过量的复杂性,如引入新的手性中心。

(4) 保护后的化合物要能承受得起以后进行的反应和后处理过程。

(5) 保护基团在高度专一的条件下能选择性、高效率地被除去。

(6) 去保护过程的副产物和产物易分离。

常见官能团的保护基与去保护方法如下。

1. 羟基的保护

羟基能分解格氏试剂和其他金属有机化合物,本身易氧化,也易脱水,需要阻止这些反应

时,就得保护羟基。常用的保护方法主要为酯化法和四氢吡喃醚法。

1) 酯化法

由于酯在中性和酸性条件下比较稳定,可用生成酯的方法保护羟基。常用的保护基是乙酰基,反应后可通过碱性水解除去。

$$ROH \xrightleftharpoons[OH^-/H_2O]{CH_3COCl} RO-\overset{\displaystyle O}{\overset{\|}{C}}-CH_3$$

2) 四氢吡喃醚法

醇的四氢吡喃醚能耐强碱、格氏试剂、烃化剂和酰化剂等,因此使用十分广泛。醇与二氢吡喃在酸存在下反应即可引入四氢吡喃基。同样在温和的酸性条件水解,保护基被除去。

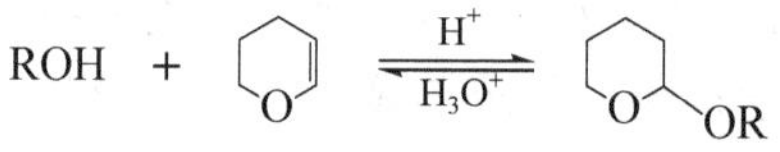

$$ROH + \text{（二氢吡喃）} \xrightleftharpoons[H_3O^+]{H^+} \text{（四氢吡喃醚-OR）}$$

此外,一些具有邻二醇结构的化合物,可采用酮生成缩酮进行保护,保护基可经酸性水解除去。例如

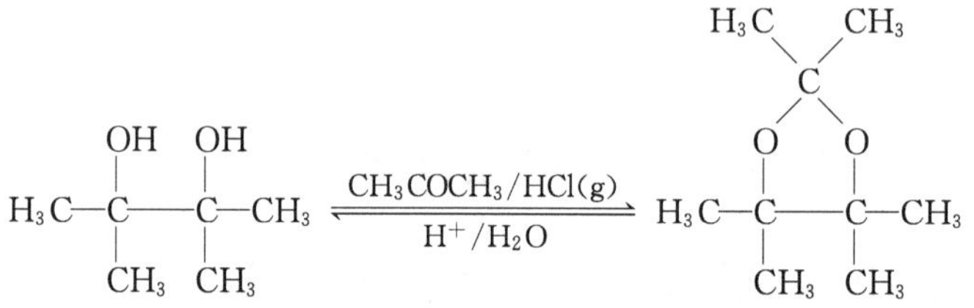

$$\text{（邻二醇）} \xrightleftharpoons[H^+/H_2O]{CH_3COCH_3/HCl(g)} \text{（缩酮）}$$

2. 醛基和酮基的保护

羰基具有多种反应性能,是较活泼的官能团之一,有机合成中常用生成缩醛和缩酮的方法来降低它们的活性。乙二醇和乙二硫醇是常用的羰基保护剂,它们与醛、酮作用生成环缩醛、环缩酮,对还原试剂如钠的醇溶液、钠的液氨溶液、硼氢化钠、四氢铝锂、中性或碱性条件下的氧化剂以及各种亲核试剂都很稳定,因此可在这些反应中保护羰基。缩醛和缩酮对酸敏感甚至很弱的乙二酸水溶液或酒石酸水溶液都能有效地除去保护基。

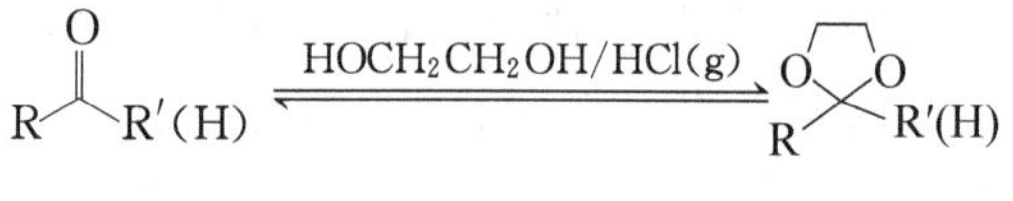

$$R-\overset{\displaystyle O}{\overset{\|}{C}}-R'(H) \xrightleftharpoons{HOCH_2CH_2OH/HCl(g)} \text{（环缩醛/酮）}$$

例如

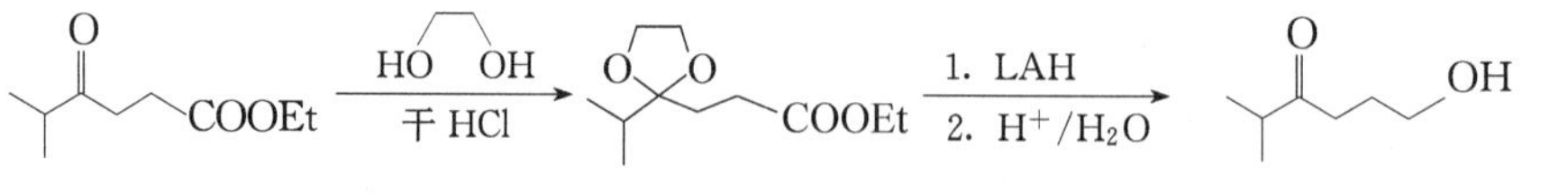

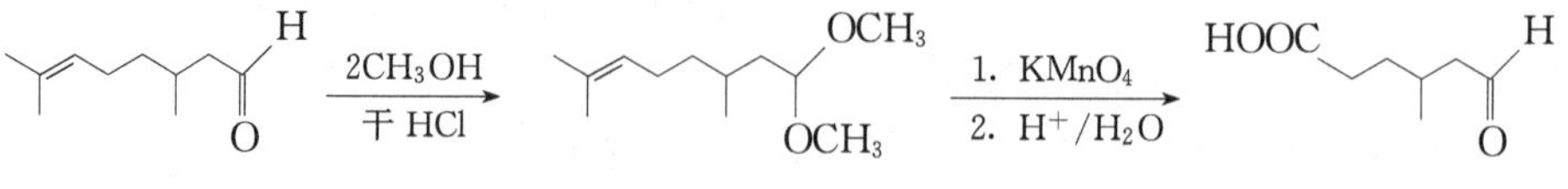

3. 氨基的保护

氨基具有易氧化、烷基化和酰基化的特点。氨基酰化是保护氨基的常用方法,乙酸酐与胺反应生成的乙酰胺在一般情况下起保护作用。但是简单酰基的除去需要较强的酸性或碱性,当对分子的其他部位产生不利影响时,可采用氯甲酸苄酯来保护氨基,然后加氢氢解除去保护

基——苄氧羰基(简写为 Cbz),还可采用氯甲酸叔丁酯或碳酸二叔丁酯(Boc)₂O 来保护氨基,然后在酸性条件下水解除去保护基——叔丁氧羰基(简写为 Boc)。

$$R—NH_2 \xrightarrow{H^+} R—\overset{+}{N}H_3 \xrightarrow{OH^-/H_2O} R—NH_2$$

$$R—NH_2 \xrightarrow{H_3C—\overset{O}{\overset{\|}{C}}—Cl} H_3C—\overset{O}{\overset{\|}{C}}—NHR \xrightarrow[\triangle]{OH^-/H_2O} R—NH_2$$

$$R—NH_2 \xrightarrow[碱]{PhCH_2Cl} RNH—CH_2Ph \xrightarrow{H_2/Pt,HAc} R—NH_2$$

$$R—NH_2 \xrightarrow{Cl—Cbz} RHN—Cbz \xrightarrow{H_2/Pd} R—NH_2 \quad Cbz:—\overset{O}{\overset{\|}{C}}—O—CH_2Ph$$

$$R—NH_2 \xrightarrow{(Boc)_2O} R—NHBoc \xrightarrow{TFA} R—NH_2 \quad Boc:—\overset{O}{\overset{\|}{C}}—O—C(CH_3)_3$$

$$R—NH_2 \longrightarrow N—R \xrightarrow{OH^-/H_2O} R—NH_2$$

4. 羧基的保护

羧基是由羰基和羟基组成的,两个官能团相互影响,使羰基活性降低而羟基活性升高,因此羧基的保护实际上是对羟基的保护,通常用生成酯的形式保护羧基,除去甲酯或乙酯需要较强的酸或碱,可采用生成叔丁酯(用弱酸水解除去)、苄酯(用氢解还原除去)来保护,这些酯可由相应羧酸的酰氯与醇来制备。

5. 碳碳不饱和键的保护

烯烃易被氧化、加成、还原、聚合、移位,是最易发生反应的官能团之一。炔烃反应活性较烯烃稍弱。将烯烃(双键)首先与卤素反应转变为邻二卤化物,随后可用锌粉在甲醇、乙醇或乙酸中脱卤再生出碳碳双键。此反应条件温和生成烯烃时没有异构化及重排等副反应,因此是在氧化分子中其他基团时保护双键的方法。

$$\underset{}{>}C{=}C{<} \underset{Zn,\triangle}{\overset{X_2/CCl_4}{\rightleftharpoons}} \underset{\underset{X}{|}}{\overset{\overset{X}{|}}{—C—C—}}$$

炔烃(叁键)与卤素加成生成四卤化物,用上述方法也可脱卤再生炔烃(叁键)。

20.2.2　导向基团的使用

对有机合成来说,反应发生的部位由其本身的结构或连接的基团决定。有时反应如在常规方法下直接进行,在几个位置都可能发生反应而导致副产物的生成,给以后的分离带来麻烦。因此若希望反应在指定的位置上进行,则需在该反应进行之前,在反应物中先引入一个基团来控制反应进行的方向,这一策略称为导向基团的使用。具有引导反应按所期望位置发生的基团称为导向基。在大多数情况下,当导向基完成任务后即将其除掉,显然,一个好的导向基必须具备"来去自由"的条件,即具有引入时容易,除去时亦容易的特点。常见的导向基团主要有以下几种。

1. 致活导向

例如， 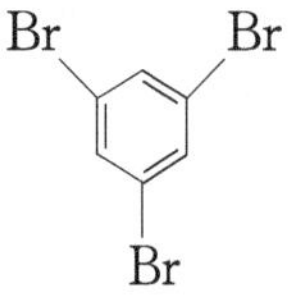 的合成。

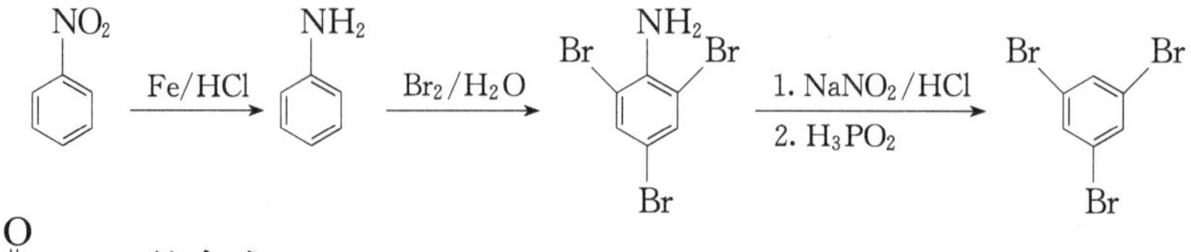

例如， 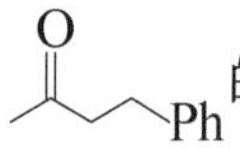 的合成。

分析：

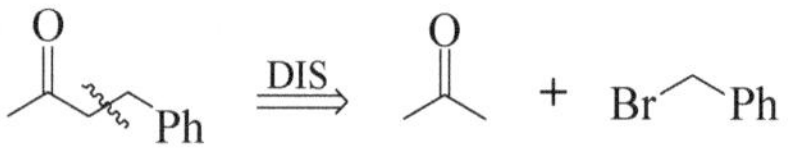

但因丙酮中两侧甲基的 α-H 活性一样，会有如下副反应。

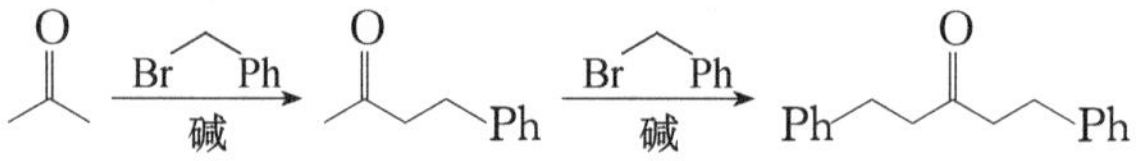

若将一个乙酯基（—COOEt）导入丙酮分子中，则使 α-H 有较大的活性，反应会更具有选择性。

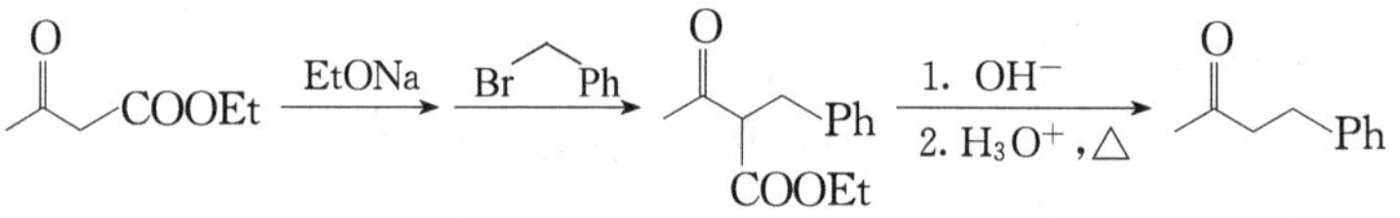

2. 致钝导向

在有机分子中某个官能团的反应活性降低的过程称为钝化。如果一个高活性的官能团干扰所需要进行的反应，就可采用钝化的方法降低这个官能团的活性。通过配位或质子化使其带上正电荷或连上吸电子基，降低电子密度从而达到降低亲核中心的反应活性。

导向基团在取代芳烃中的应用较为常见。芳烃中采用的导向基团有磺酸基、氨基、硝基和叔丁基等。磺酸基是间位定位基，另外，当具有一个邻、对位定位基团的芳烃，需要发生亲电反应时，由于邻位受原有基团的空间效应影响，将主要得到对位取代的产物。为了能制备单一的邻位取代物，可用磺酸基将对位暂时封闭起来，待反应完成后，再利用水解脱去磺酸基。例如，邻硝基苯胺的合成。

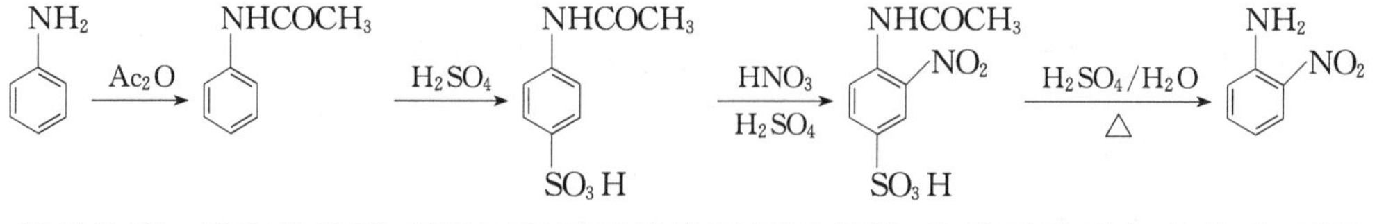

氨基是第一类定位基团，通常可以用硝基的还原而获得，待需要的反应完成后，可通过重氮化除去氨基。例如

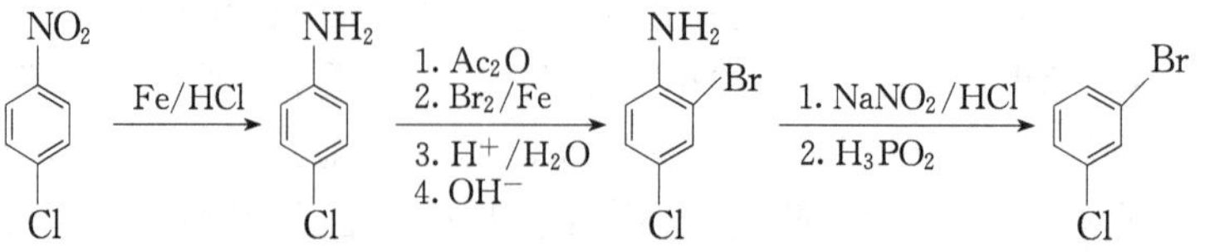

3. 利用封闭特定位置来导向

例如,邻溴苯酚的合成。

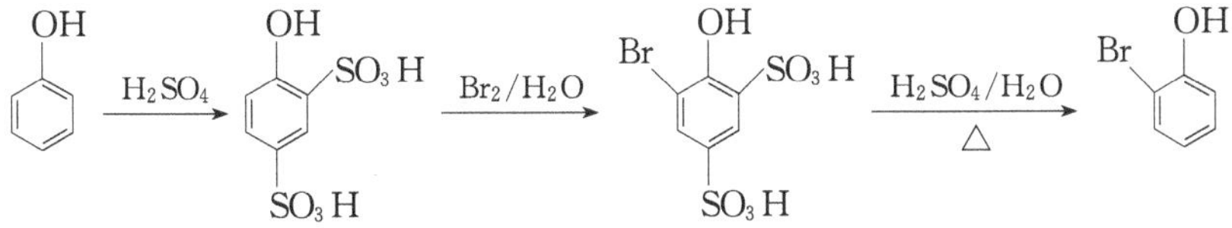

叔丁基的引入也可对对位进行暂时的封闭,然后利用芳环上的傅-克反应是可逆反应的原理除去叔丁基。该方法比磺酸基的优越之处在于烷基是活化基团,使以后的反应更容易进行。

20.2.3 极性反转

在有机分子中,某个原子或基团的反应性(亲电性或亲核性)发生改变的过程称为极性反转。应用极性反转策略,可以根据合成设计的需要改变结构单元的反应性,从而使合成设计更具灵活性。例如,卤代烃的烃基一般用作亲电试剂,如果需要相应的烃基以亲核试剂引入,可将其转变为格氏试剂,此时即实现烃基的极性反转。

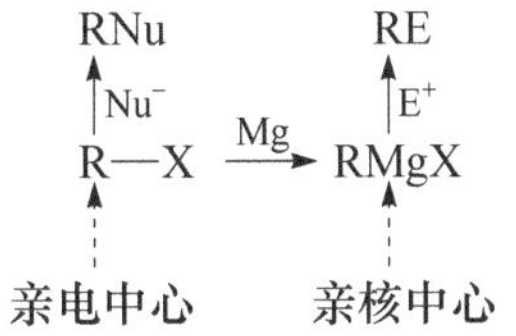

含炔氢的叁键碳一般用作亲核试剂(亲核中心),将其转变成炔基溴后可用作亲电试剂(亲电中心)。

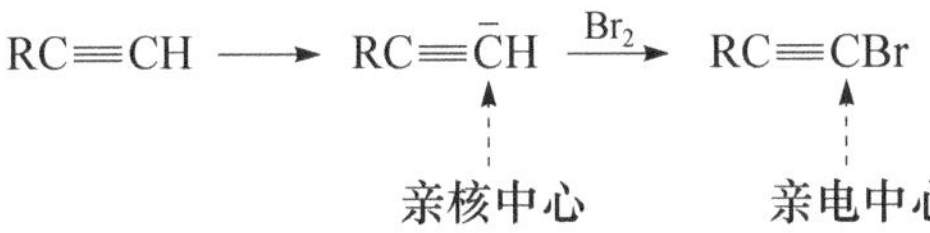

羰基化合物的 α-H 具有酸性易被夺走形成烯醇负离子,因而 α-C 常用作亲核中心,引入电负性大的卤原子后带部分正电荷,可用作亲电试剂。

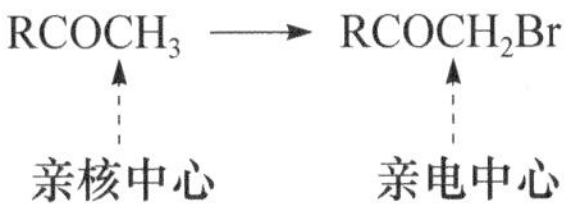

醛基碳一般用作亲电中心,进行如下极性反转后可用作亲核中心。

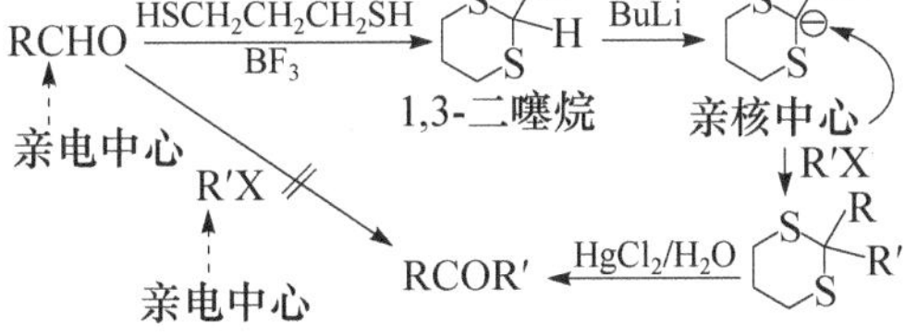

20.2.4 反应选择性的利用

反应选择性(selectivity)是指一个反应可能在底物的不同部位和方向进行,从而形成几种产物时的选择程度。反应的选择性主要是通过控制反应条件,或根据官能团的差异及试剂活性差异,使反应主要在某一部位发生。其主要分为以下三种。

反应的选择性 ┬── 化学选择性:反应发生在何种官能团上
　　　　　　├── 区域选择性:反应发生在该官能团上的什么位置以及反应的取向
　　　　　　└── 立体选择性:发生在该官能团上的反应立体化学如何

1. 反应的化学选择性

不同官能团或处于不同化学环境中的相同官能团,在不利于保护或活化基团时区别反应的能力;或一个官能团在同一反应体系中可能生成不同官能团产物的控制情况。当分子中含有两个(或多个)活性官能团而只想使其中之一起反应时,必须考虑试剂的化学选择性。

(1) 当有两个活性不同的官能团时,通过选择合适的试剂使较活泼的官能团单独起反应。例如

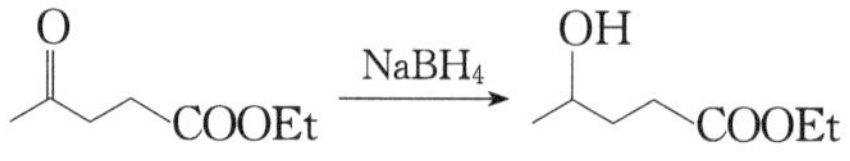

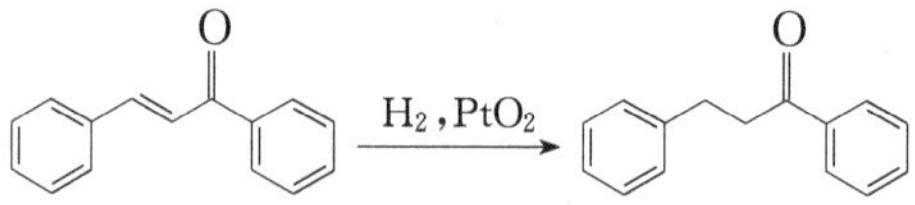

(2) 当一个官能团能起两次反应时,第一产物和原料将与试剂竞争反应。只有当第一产物的活泼性弱于原料时才能制备第一产物,否则将只得到起两次反应的产物。

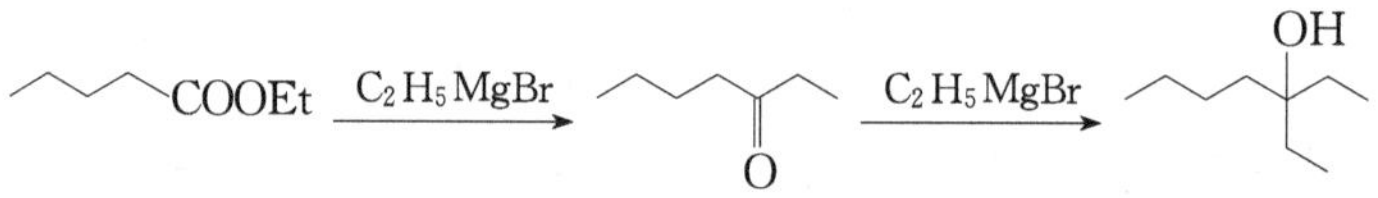

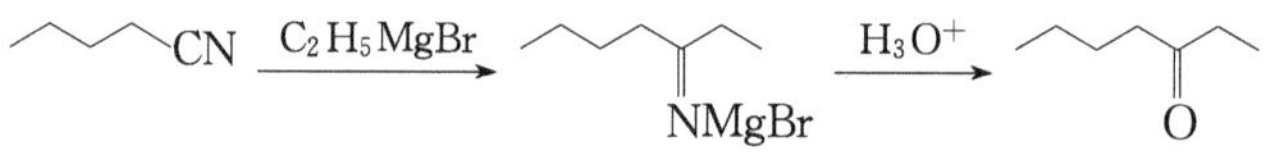

(3) 当需要使较不活泼的官能团起反应,或者当与一个官能团反应所得的产物和原料一样活泼,或更活泼时可以采用保护基的策略。例如

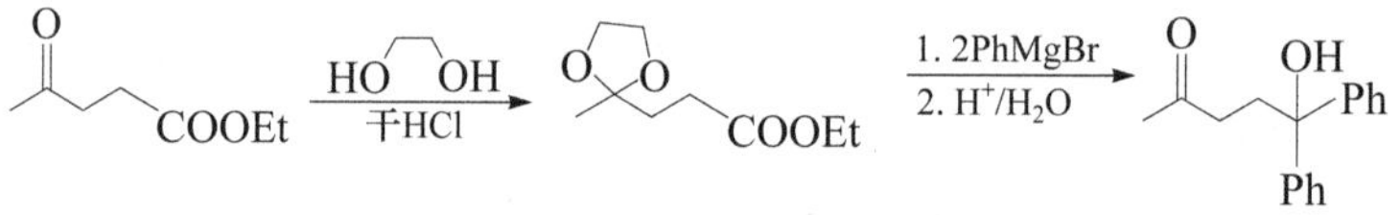

格氏试剂对一些基团的反应活性差异如下。

$$活泼氢 \gg —CHO \gg RCOR' \gg RCOCl \gg —COOR \gg —CH_2X$$

所以若将酯羰基与格氏试剂发生反应,需将较活泼的酮羰基加以保护。

(4) 当两个相同的官能团活性相同或相近时,企图只使其中之一起反应。

例如,K. B. Sharpless 利用 C_2 对称的天然手性分子酒石酸与四氯化钛形成的络合物为催化剂,实现了烯烃的不对称环氧化反应。由于他在不对称催化反应中的突出贡献,他与美国科学家 W. S. Knowles、日本科学家野依良治一起分享了 2001 年的诺贝尔化学奖。

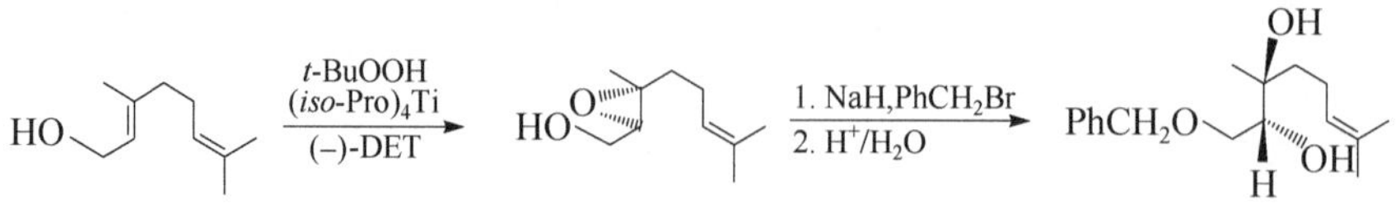

2. 反应的区域选择性

在具有一个不对称的官能团(产生两个不等同的反应部位)的底物上反应,试剂进攻的两

个可能部位及生成两个结构异构体的选择情况。反应的区域选择性即反应的取向是学习有机合成时必须特别注意的问题。

（1）酚负离子中虽然存在 p-π 共轭，但由于氧原子的电子云密度相对较集中，与亲电试剂发生反应一般在氧原子上进行，如酚所发生的威廉姆森醚化反应。

（2）碳碳重键的亲电加成遵守马氏规则。

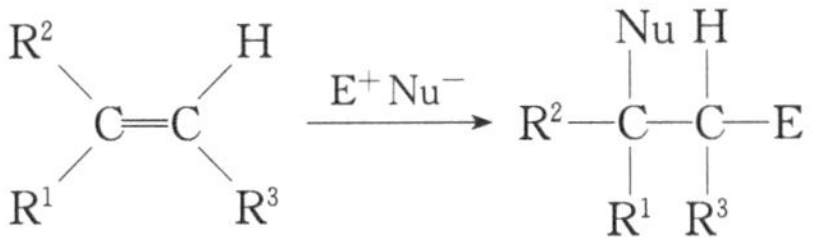

（3）芳环上的亲电取代反应遵守定位效应规律。

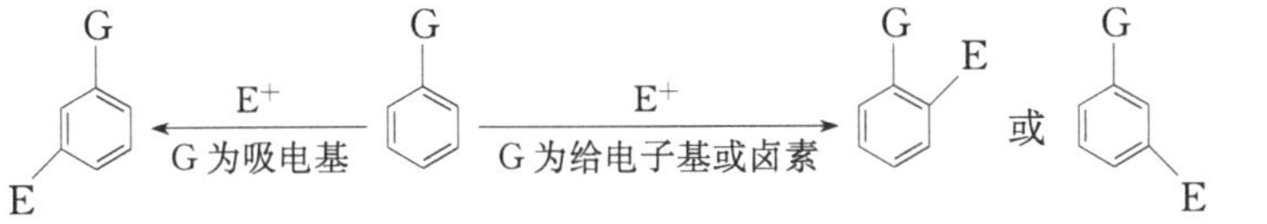

（4）对极性重键的亲核加成反应，试剂的负电性部分应加在带正电荷的碳原子上，如醛酮羰基、氰基的亲核加成反应，具体内容参见醛酮部分。

（5）对 α,β-不饱和化合物的加成。该反应的选择性要受化合物的立体因素和试剂亲核性大小的影响。例如

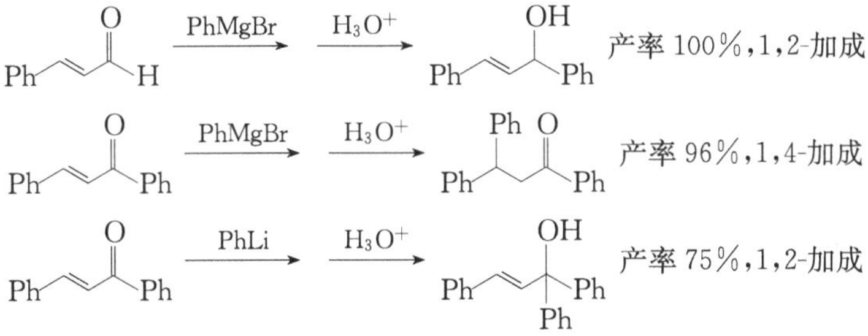

3. 反应的立体选择性

在有机合成中有时产物有一定的立体需求，如顺式、反式，环接点位置上的立体化学及手性中心的构型等。有关官能团上反应的立体化学控制要求是一件非常复杂的工作。就我们已学过的具有立体选择性的反应举例如下。

（1）烯烃的加成反应一般符合马氏规则，烯烃催化氢化为顺式加成，溴化为反式加成；在氧化反应中，烯烃与 OsO_4（或碱性 $KMnO_4$）反应生成顺式邻二醇；与二碘甲烷在金属铜或锌催化下反应生成环丙烷衍生物，烯烃取代基的空间构型保留；烯烃的环氧化碱性开环生成反式邻二醇。

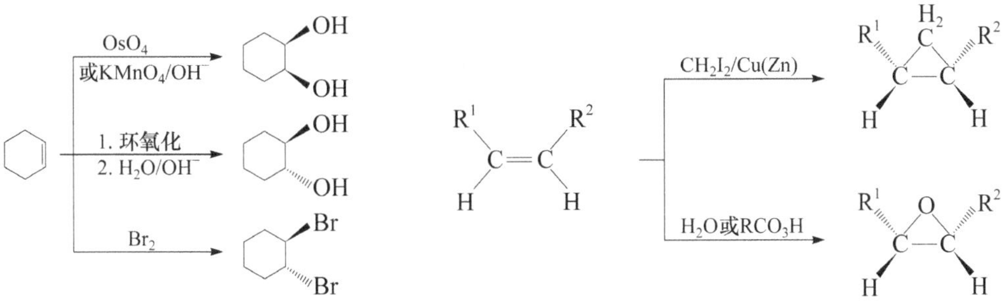

（2）炔烃的选择性还原可获得顺式或反式烯烃。

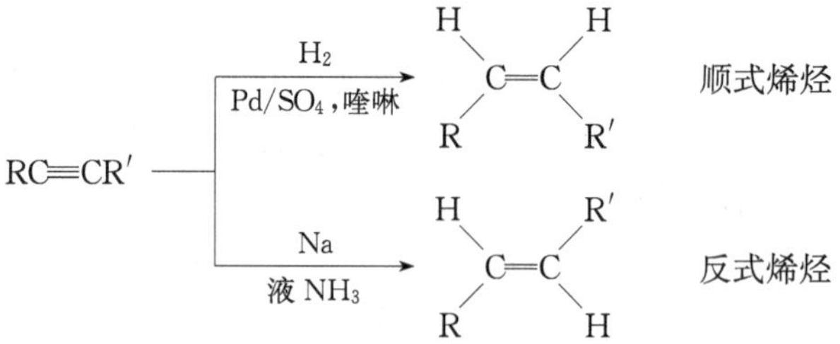

$$RC\equiv CR' \begin{cases} \xrightarrow[\text{Pd/SO}_4,\text{喹啉}]{\text{H}_2} & \text{顺式烯烃} \\ \xrightarrow[\text{液 NH}_3]{\text{Na}} & \text{反式烯烃} \end{cases}$$

（3）卤代烷的 S_N2 反应（构型反转）和 E2 消除反应（反式共平面消除）

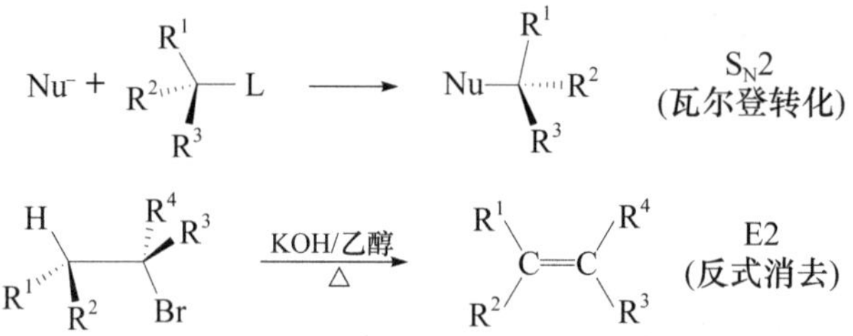

$$Nu^- + \underset{R^3}{\overset{R^1}{R^2-C-L}} \longrightarrow \underset{R^3}{\overset{R^1}{Nu-C-R^2}} \qquad \begin{array}{c} S_N2 \\ (\text{瓦尔登转化}) \end{array}$$

$$\xrightarrow[\triangle]{\text{KOH/乙醇}} \qquad \begin{array}{c} E2 \\ (\text{反式消去}) \end{array}$$

（4）醛酮的 α-碳原子具有手性时，羰基所发生的亲核加成反应遵循克莱姆规则。

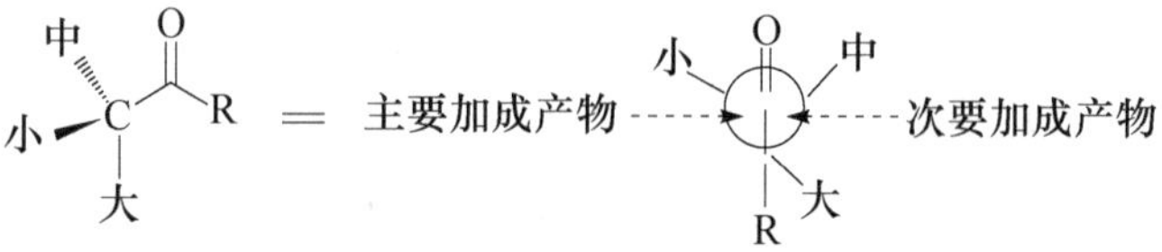

$$\underset{\text{大}}{\overset{\text{中}}{\underset{\text{小}}{}}}\text{C}-\text{R} \quad = \quad \text{主要加成产物} \cdots\cdots \quad \cdots\cdots \text{次要加成产物}$$

（5）周环反应往往具有较强的立体选择性，内容详见第 16 章，如第尔斯-阿尔德的顺式环加成反应：

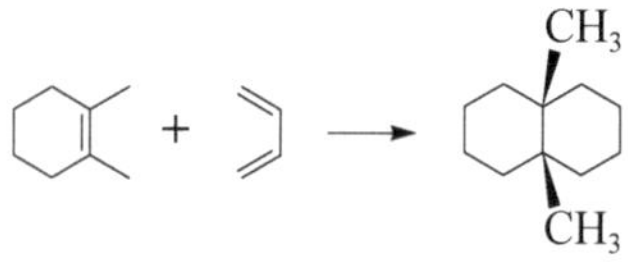

问题 2　下述化合物经 $LiAlH_4$ 还原、水解后生成的主要产物具有何种手性？

$$\underset{\text{Ph}}{\overset{\text{CH}_3}{\text{Et}-\overset{\text{O}}{\text{C}}-\text{H}}} \xrightarrow{\text{LiAlH}_4} \xrightarrow{\text{H}_3\text{O}^+}$$

20.3　分子骨架的构筑

在合成有机化合物时，起始原料的碳骨架并不一定满足目标分子碳骨架的要求，有的需要增长碳链或增加支链；有的要缩短碳链；有的还要求碳环的形成。下面对有关的反应加以总结和讨论。

20.3.1　增长碳链法

通过形成碳碳键的反应达到增长碳链的目的，用于这一目的的主要反应有：科里-豪斯

(Corey-House)反应、格氏反应、瑞弗马斯基(Reformatsky)反应、醇醛缩合(aldol)反应、克莱森反应、迈克尔反应、维悌希反应、LDA 产生的碳负离子与亲电试剂的反应，烯醇负离子等价物(烯胺和烯醇硅醚)与亲电试剂的反应(参见醛酮和羧酸衍生物)。

1. 伯卤烷与氰化物、炔负离子的反应

$$RCH_2-CN \xleftarrow{CN^-} RCH_2X \xrightarrow{NaC\equiv CR} RCH_2-C\equiv CR$$

2. 醛酮与 HCN、炔负离子的加成

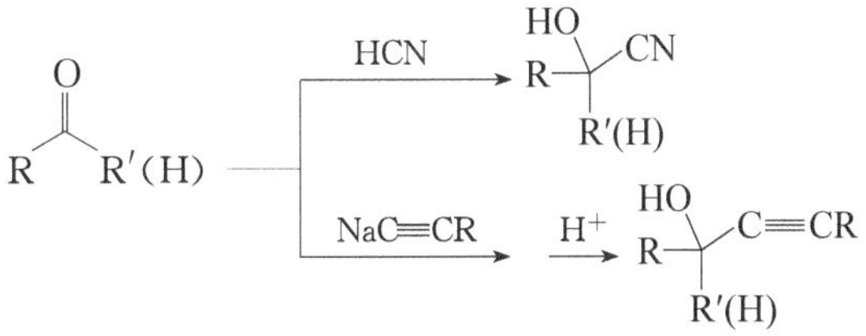

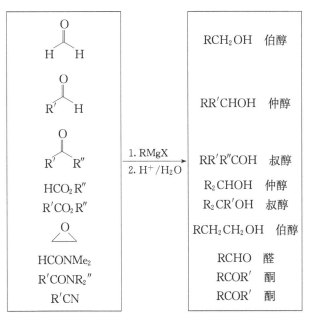

3. 利用科里-豪斯反应

4. 利用格氏反应

使用格氏试剂时，必须注意格氏试剂在制备和应用中的限制。

$$\left.\begin{array}{l} R'C\equiv CH \\ H_2O \\ HOR' \end{array}\right. \xrightarrow{RMgX} \begin{array}{l} R'C\equiv CMgX + RH \\ Mg(OH)X + RH \\ R'OMgX + RH \end{array}$$

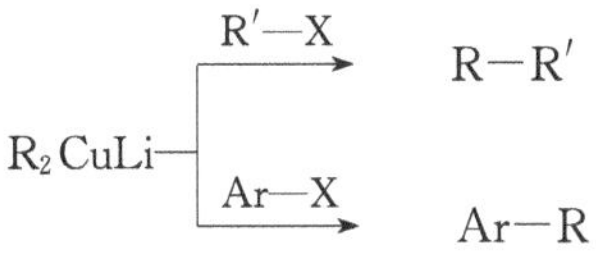

5. 利用 LDA 产生碳负离子与烷基化试剂、醛和酮反应。

$$RCH_2Z \xrightarrow{LDA} \overset{-}{R}CHZ$$

6. 利用烯醇负离子等价物——烯胺与亲电试剂反应

利用烯胺可以实现酮的 α-位烃基化和酰基化。

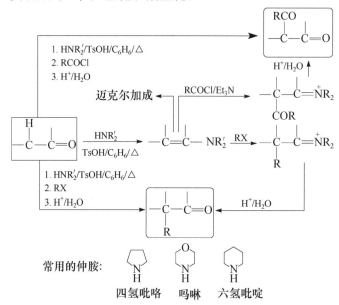

常用的仲胺:

四氢吡咯   吗啉   六氢吡啶

20.3.2 缩短碳链法

通过断裂碳碳键的反应达到缩短碳链的目的,用于这一目的的主要反应有:碳碳重键的氧化降解反应、卤仿反应、邻二醇的氧化降解反应、霍夫曼降级反应、逆克莱森反应和逆第尔斯-阿尔德反应等。举例如下。

1. 碳碳重键的氧化降解反应

$$\begin{array}{l} RCH{=}CH_2 \\ R^1{-}C{\equiv}C{-}H \end{array} \Bigg\} \xrightarrow{KMnO_4/H^+} \begin{cases} RCOOH + CO_2 \uparrow \\ R^1COOH + CO_2 \uparrow \end{cases}$$

2. 卤仿反应

$$(H)R\overset{O}{\underset{CH_3}{\|}} \xrightarrow{X_2/NaOH} (H)RCOONa + CHX_3 \downarrow$$

3. 伯酰胺的霍夫曼降级反应

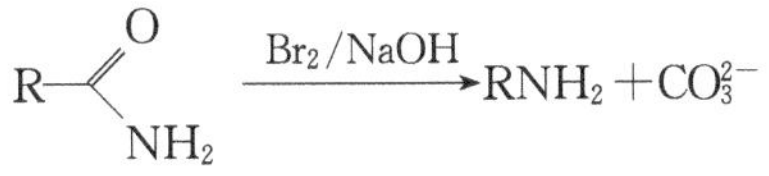

$$R-\overset{\overset{\displaystyle O}{\|}}{C}-NH_2 \xrightarrow{Br_2/NaOH} RNH_2 + CO_3^{2-}$$

20.3.3　碳环的形成

1. 碳烯（卡宾）的加成反应

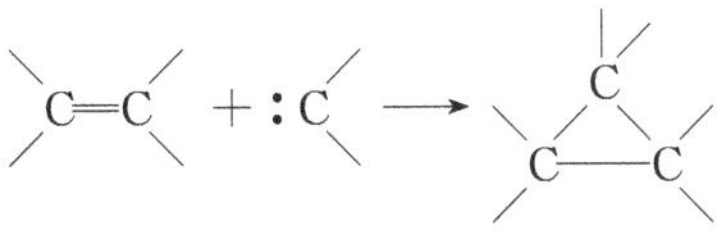

2. 第尔斯-阿尔德反应

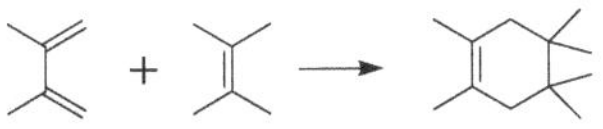

3. β-二羰基化合物的烃化反应

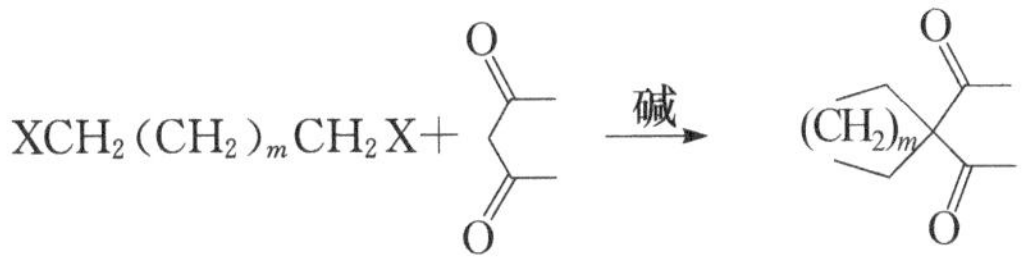

$$XCH_2(CH_2)_m CH_2 X + \text{（二羰基化合物）} \xrightarrow{\text{碱}} \text{（环化产物）}$$

4. 迪克曼缩合反应（分子内酯缩合）

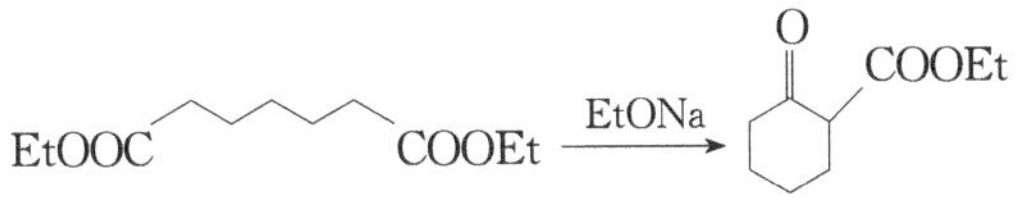

$$EtOOC \text{（链）} COOEt \xrightarrow{EtONa} \text{（环己酮酯）}$$

5. 分子内羟醛缩合

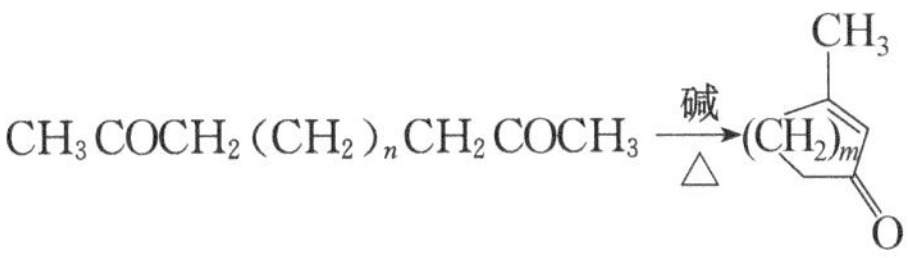

$$CH_3COCH_2(CH_2)_n CH_2COCH_3 \xrightarrow[\triangle]{\text{碱}} \text{（环烯酮）}$$

6. 丙二酸二乙酯

$$CH_2(COOC_2H_5)_2 \xrightarrow[EtOH]{EtONa} \xrightarrow{XCH_2CH_2CH_2X} \text{（二酯）} \xrightarrow{OH^-} \xrightarrow[\triangle]{H^+} \text{（—COOH）}$$

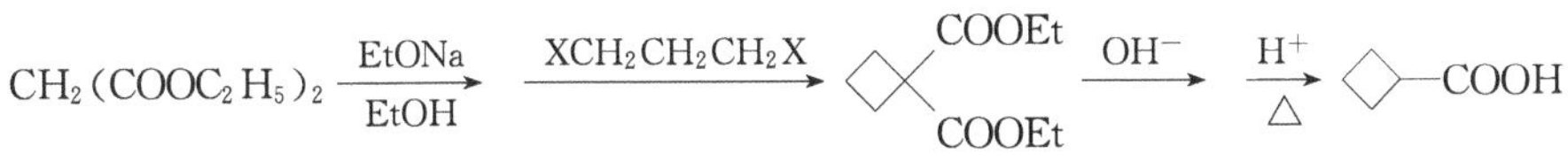

7. 罗宾逊扩环

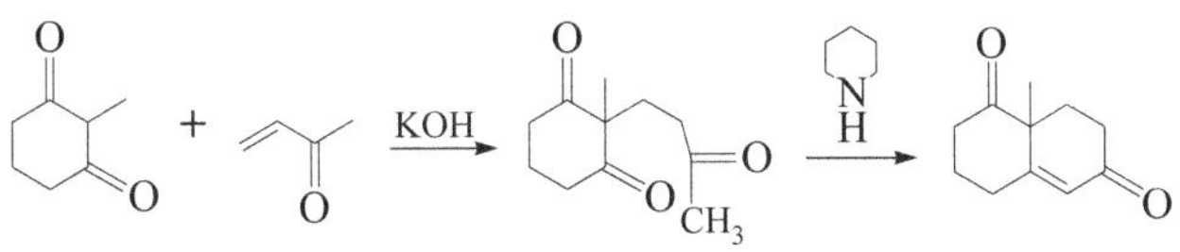

8. 傅-克反应

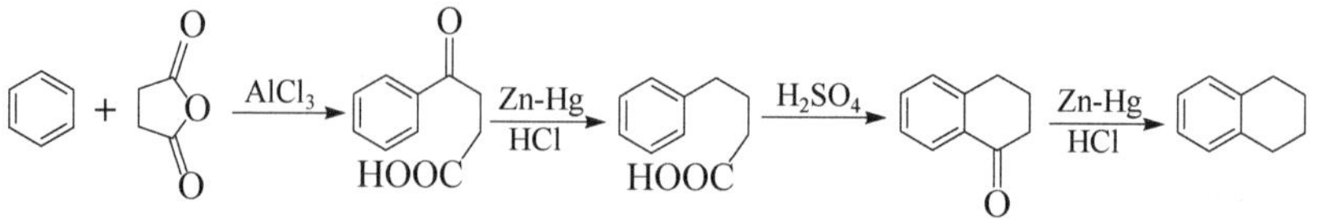

9. 伯奇还原反应

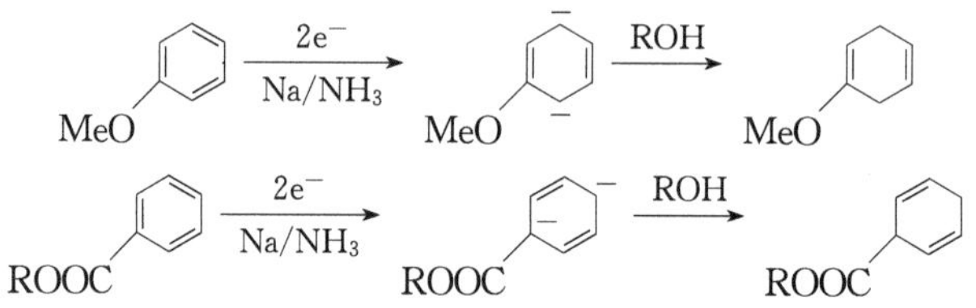

20.4　多步骤有机合成实例

例 20-1　以苯为原料合成

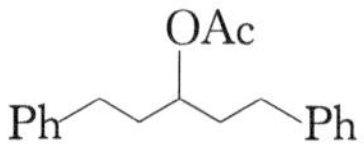

逆合成分析：

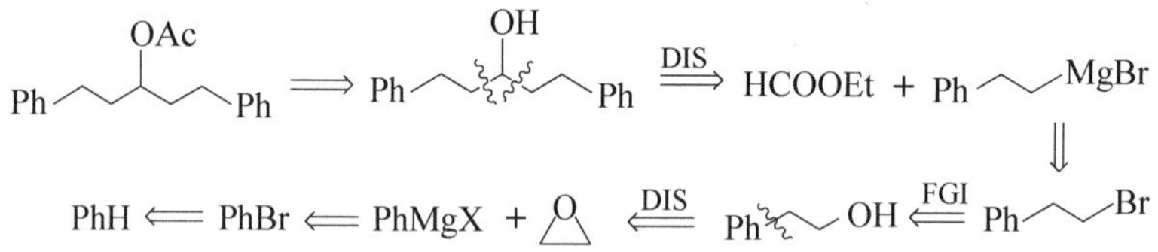

合成路线：

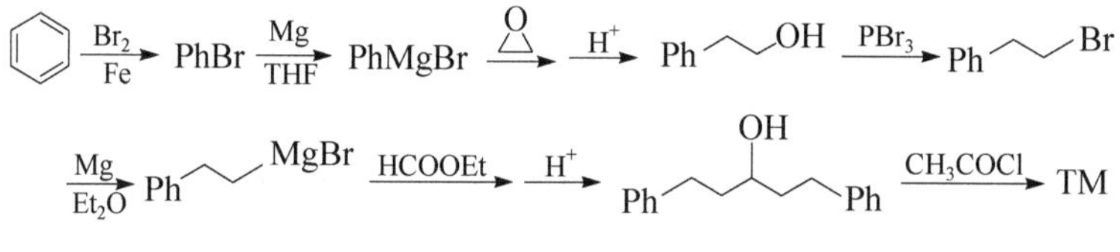

例 20-2　以苯为原料合成

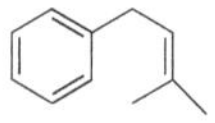

逆合成分析：

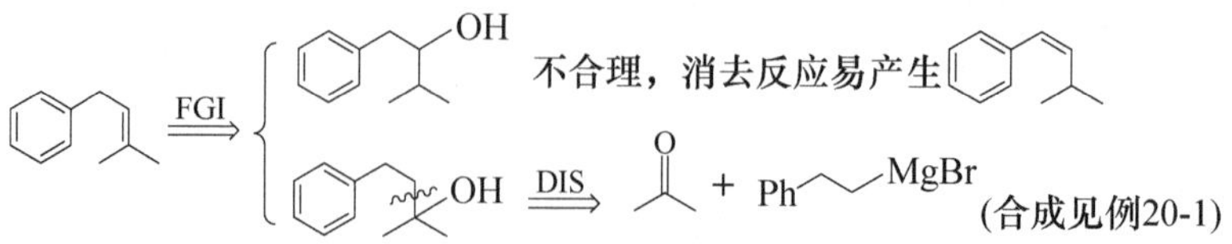

合成路线：

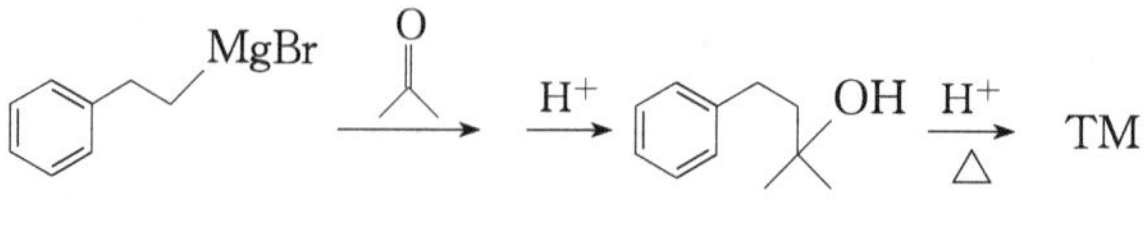

例 20-3　用苯和两个或两个碳以下的有机原料和无机试剂合成

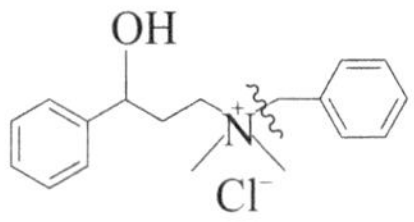

逆合成分析：

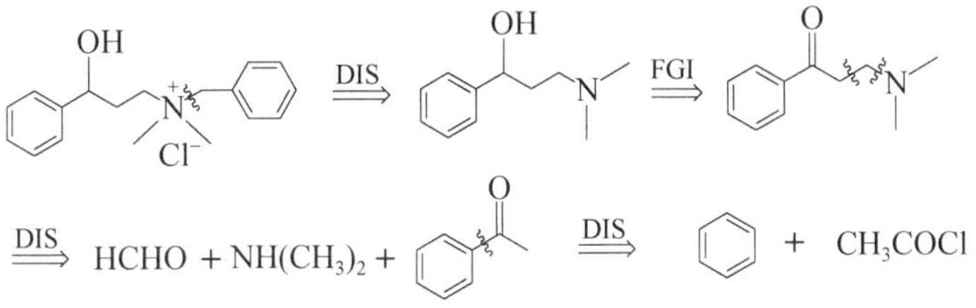

合成路线：

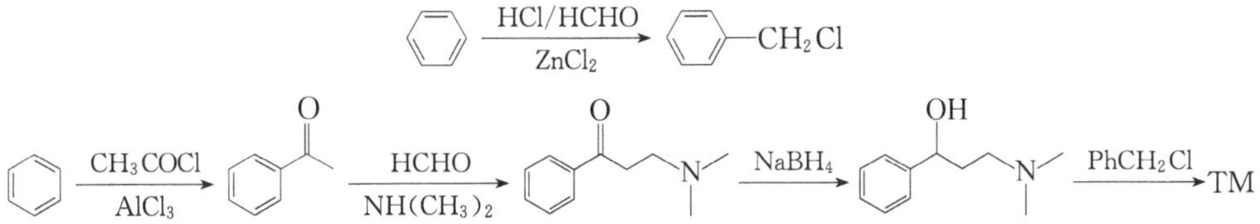

例 20-4　用环己醇为原料合成

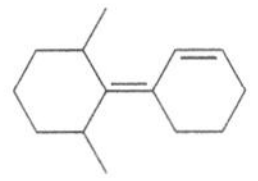

逆合成分析：

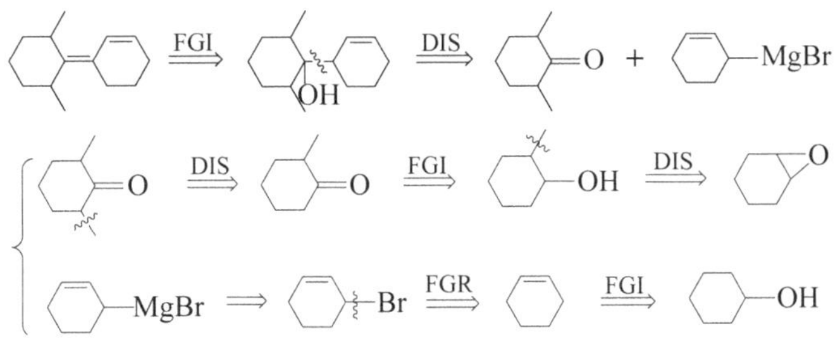

合成路线：

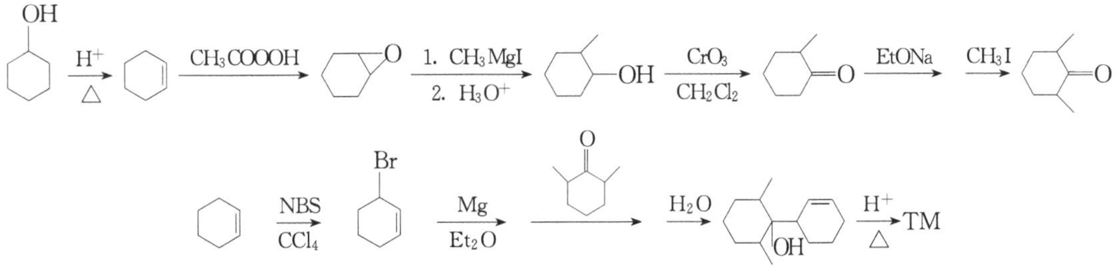

例 20-5　由简单原料合成

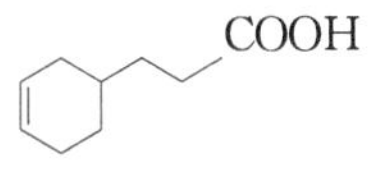

逆合成分析：

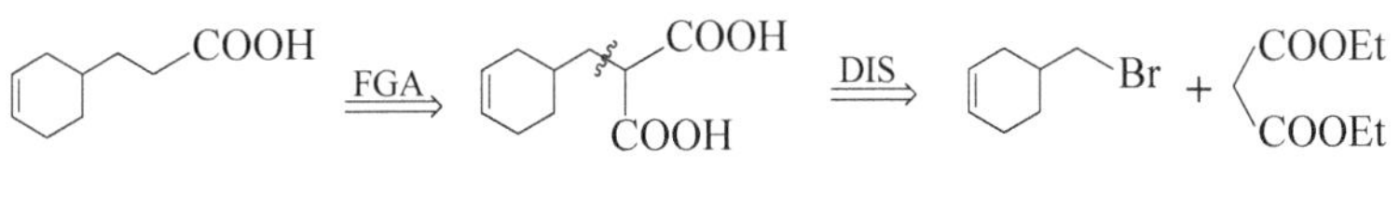

合成路线：

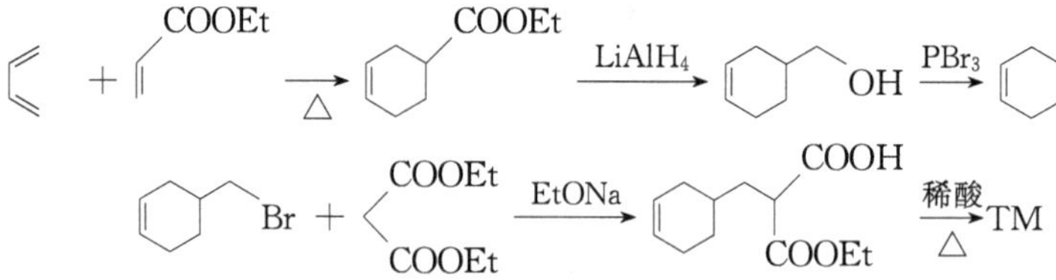

例 20-6 用不超过两个碳的简单化合物或苯合成

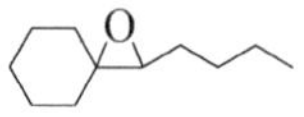

逆合成分析：

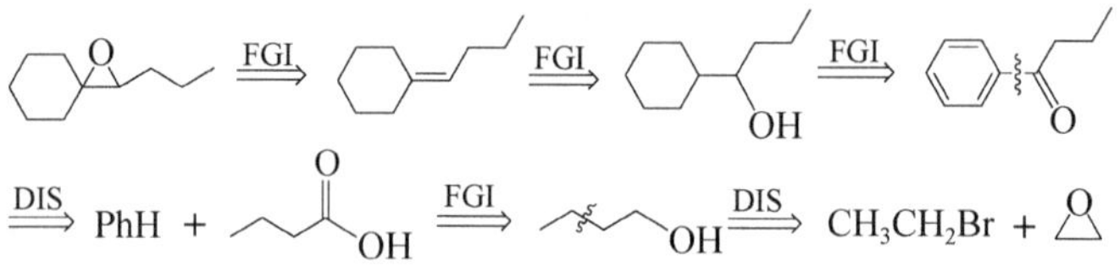

合成路线：

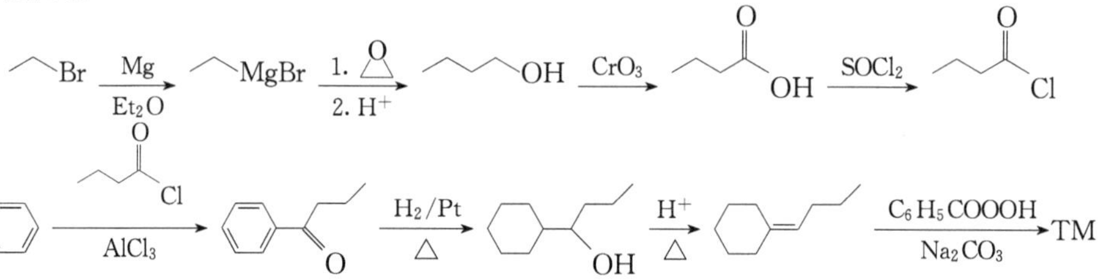

例 20-7 用不超过 4 个碳原子的有机原料合成

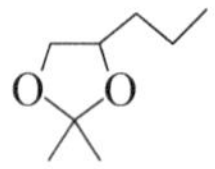

逆合成分析：

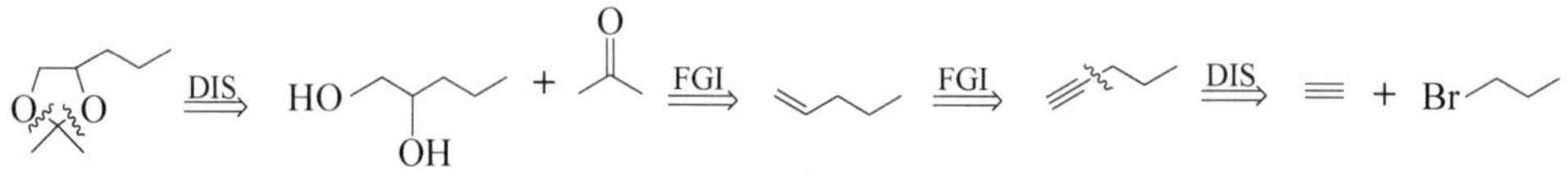

合成路线：

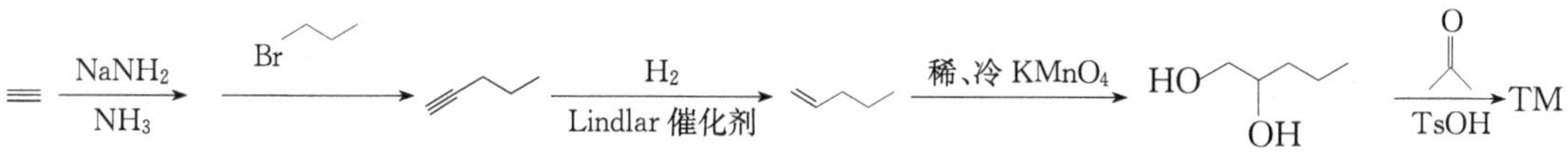

例 20-8 由简单原料合成

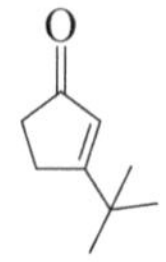

逆合成分析：

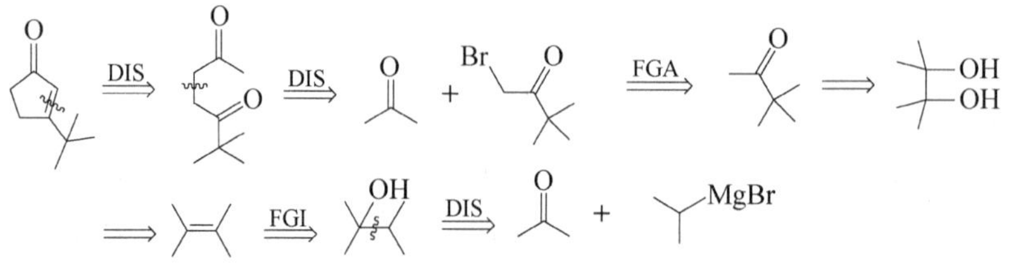

合成路线：

$$\text{(CH}_3\text{)}_2\text{C=O} + \text{(iPr)MgBr} \xrightarrow{\text{H}_3\text{O}^+} \xrightarrow[\triangle]{\text{H}^+} \xrightarrow{\text{稀、冷 KMnO}_4} \xrightarrow{\text{H}^+}$$

$$\xrightarrow{\text{Br}_2/\text{P}} \xrightarrow[\text{OH}^-]{\text{CH}_3\text{COOH}} \xrightarrow[\triangle]{\text{OH}^-} \xrightarrow{\text{H}^+} \text{TM}$$

例 20-9　用环己烯和两个碳的简单有机原料合成

逆合成分析：

$$\xrightarrow{\text{DIS}} \xrightarrow{\text{CON}}$$

$$\xrightarrow{\text{FGI}} \xrightarrow{\text{DIS}} \xrightarrow{\text{FGI}} \xrightarrow{\text{FGI}}$$

合成路线：

$$\xrightarrow[\text{H}_2\text{O}_2/\text{OH}^-]{\text{B}_2\text{H}_6} \xrightarrow[\text{CH}_2\text{Cl}_2]{\text{Cr}_3\text{O}/\text{吡啶}} \xrightarrow{\text{CH}_3\text{CH}_2\text{MgBr}} \xrightarrow{\text{H}_2\text{O}}$$

$$\xrightarrow[\triangle]{\text{H}^+} \xrightarrow{\text{O}_3} \xrightarrow{\text{Zn}/\text{H}_2\text{O}} \xrightarrow[\text{TsOH}]{\text{CH}_3\text{OH}} \text{TM}$$

例 20-10　以甲苯为原料合成

逆合成分析：

$$\xrightarrow{\text{保护}} \xrightarrow{\text{FGI}} \xrightarrow{\text{FGR}} \Longrightarrow \xrightarrow{\text{FGI}} \Longrightarrow$$

合成路线：

$$\xrightarrow[\text{H}_2\text{SO}_4]{\text{HNO}_3} \xrightarrow{\text{H}_2/\text{Ni}} \xrightarrow{(\text{CH}_3\text{CO})_2\text{O}} \xrightarrow[\text{Fe}]{\text{Br}_2}$$

$$\xrightarrow{\text{KMnO}_4} \xrightarrow[\text{H}^+\text{或 OH}^-]{\text{H}_2\text{O}}$$

例 20-11 用苯和四个碳原子以下的简单有机原料合成

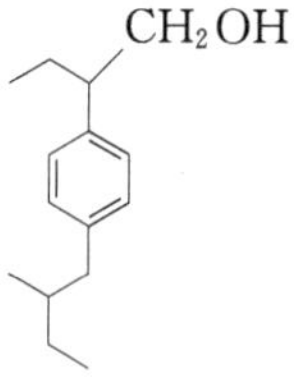

逆合成分析：

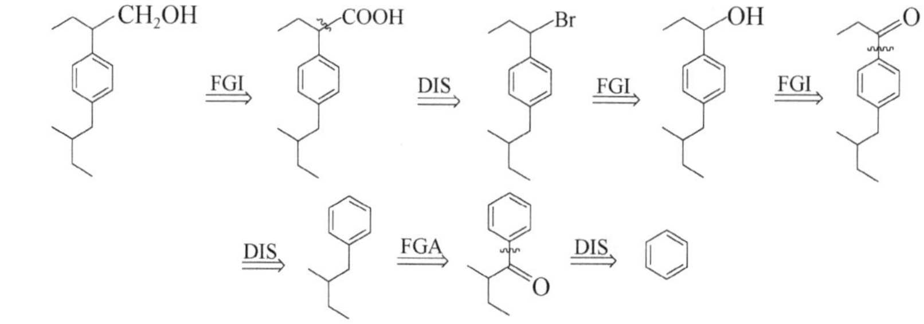

合成路线：

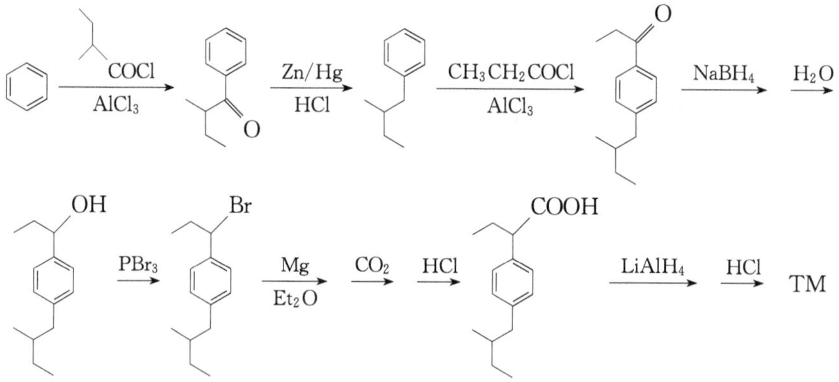

例 20-12 以简单的苯衍生物为原料合成

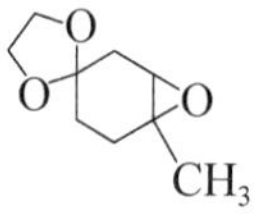

逆合成分析：

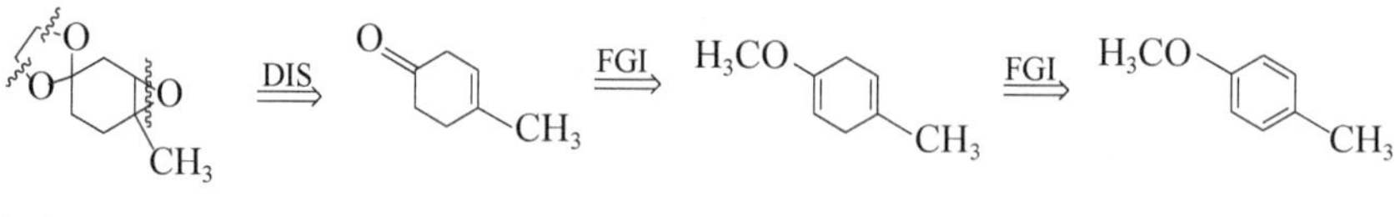

合成路线：

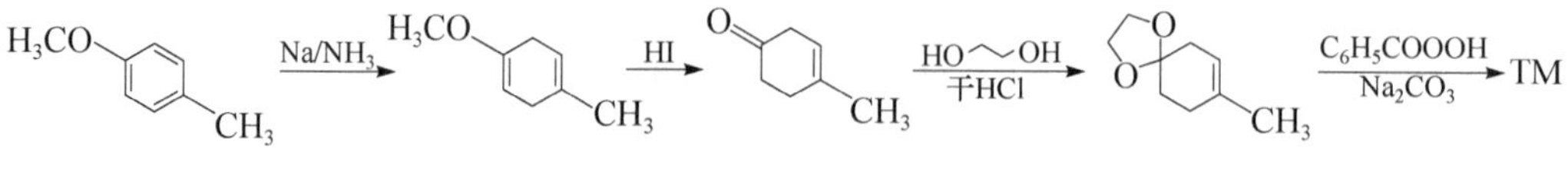

例 20-13 用不超过四个碳原子的简单有机原料合成

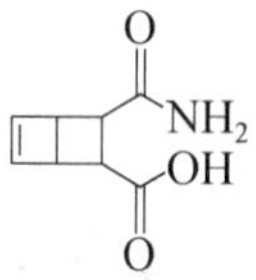

逆合成分析：

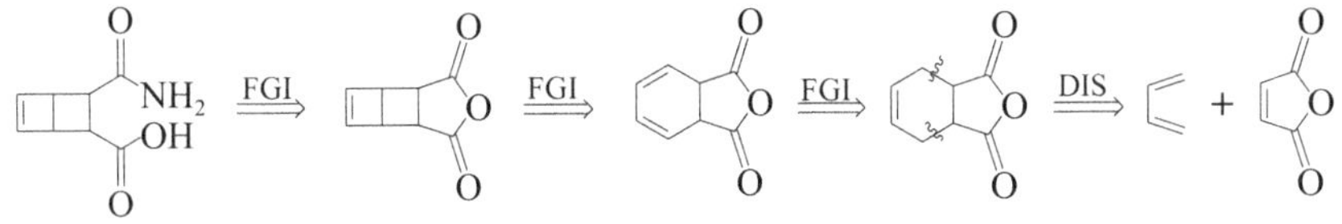

合成路线：

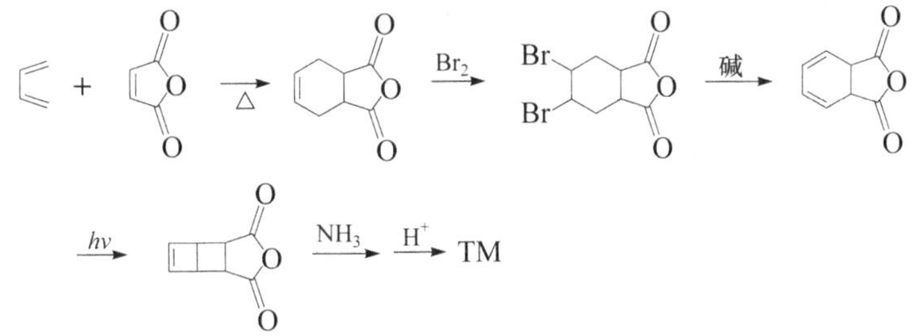

例 20-14 用简单有机原料或苯合成

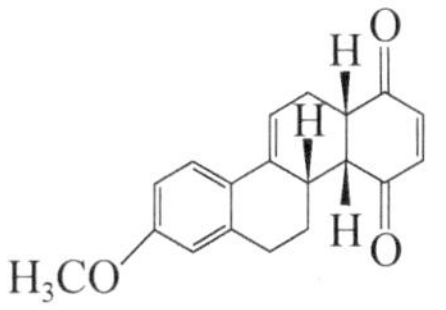

逆合成分析：

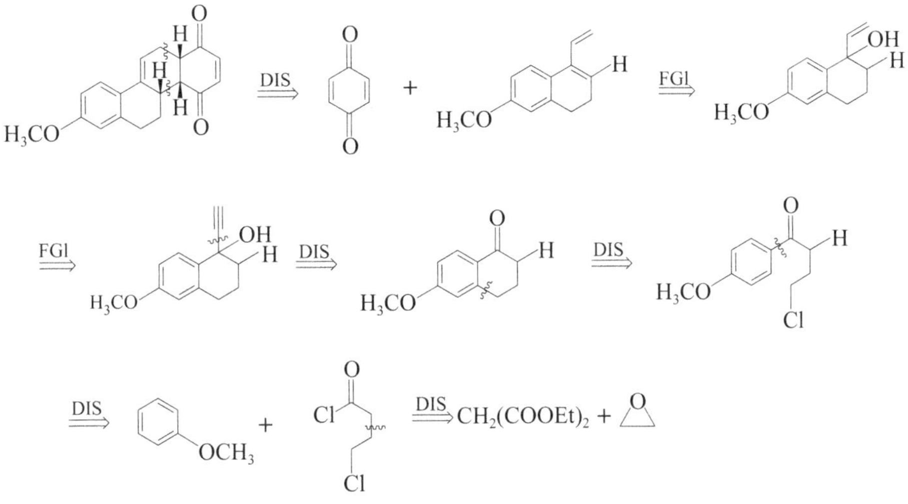

合成路线：

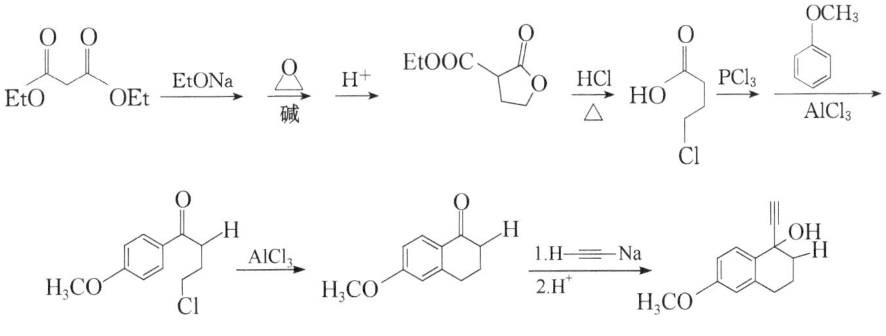

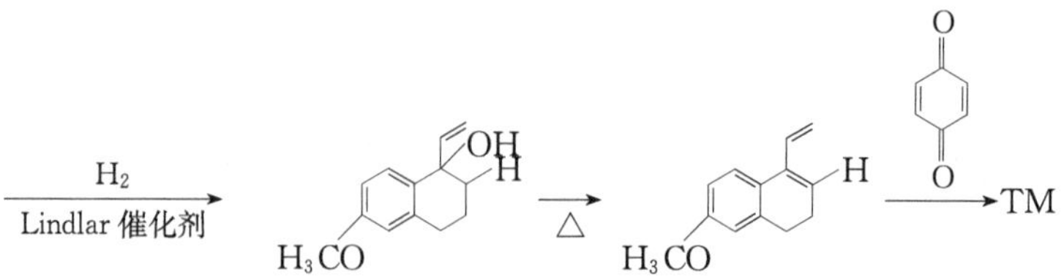

例 20-15 用不超过五个碳原子的简单有机原料合成

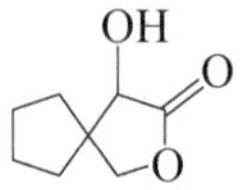

逆合成分析：

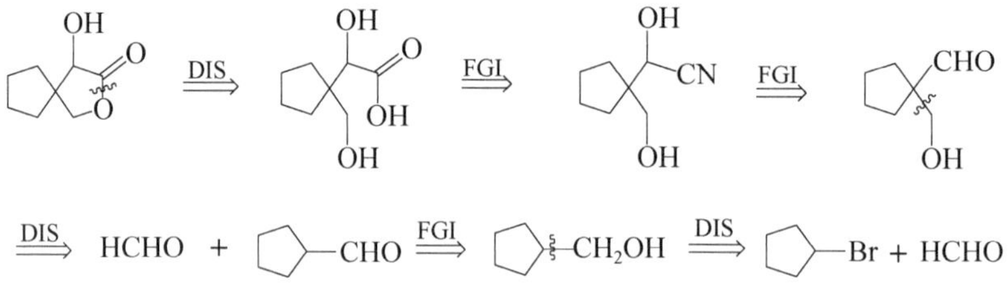

合成路线：

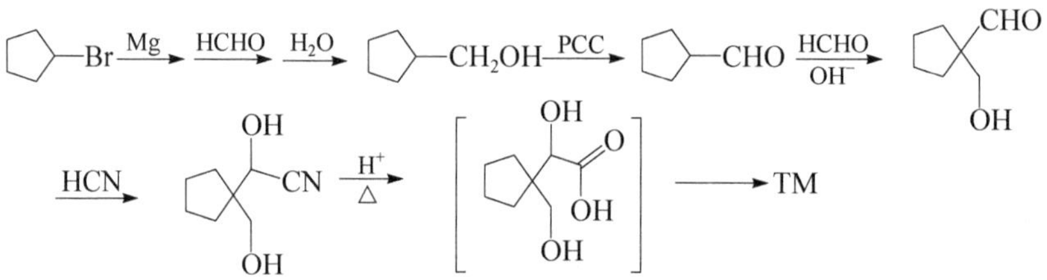

习　　题

1. 名词解释。

(1) 逆合成分析　(2) 合成子　(3) 极性反转　(4) 导向基团　(5) 反应选择性

2. 设计合成下列化合物。

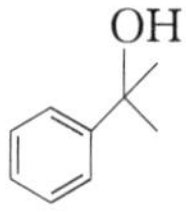

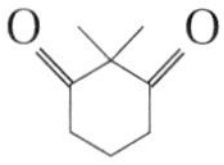

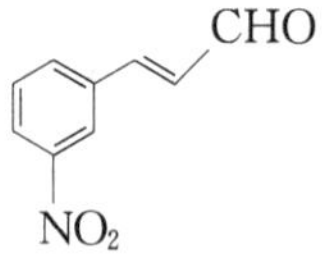

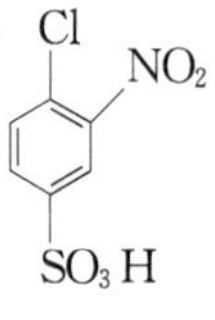

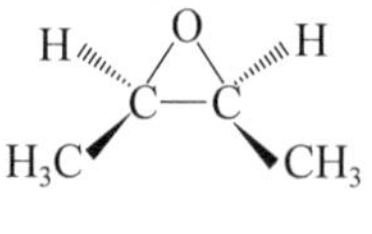

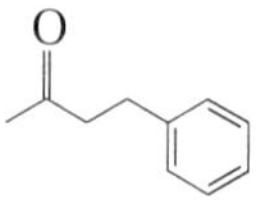

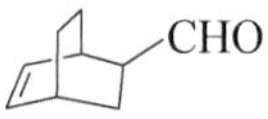

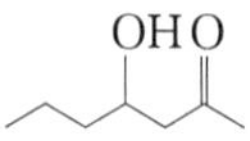

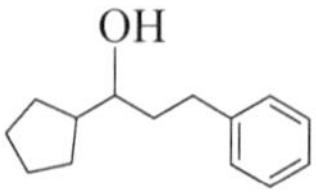

(10) 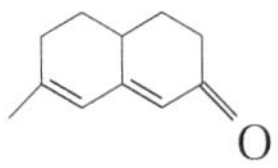

(11) 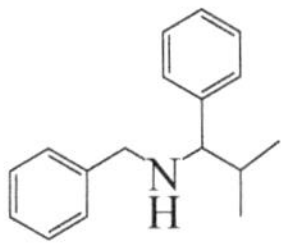

(12) 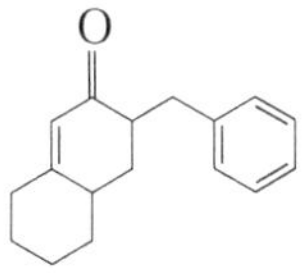

(13) 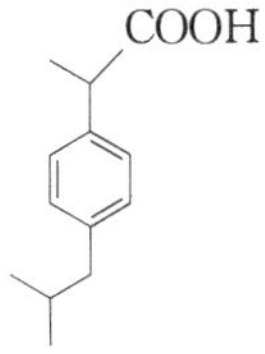

(14) 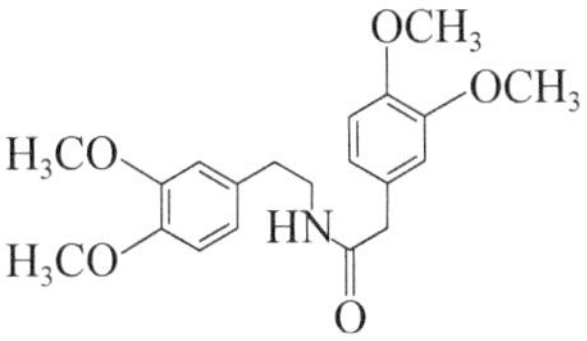

参 考 文 献

彼得 K,福尔哈特 C,尼尔 E,等.2006.有机化学结构与功能.4 版.北京:化学工业出版社

常建华,董绮功.2012.波谱原理及解析.3 版.北京:科学出版社

陈宏博.2009.有机化学.3 版.大连:大连理工大学出版社

邓芹英,刘岚,邓慧敏.2007.波谱分析教程.2 版.北京:科学出版社

高鸿宾.2006.有机化学.4 版.北京:高等教育出版社

高占先.2007.有机化学.2 版.北京:高等教育出版社

胡宏纹.2013.有机化学.4 版.北京:高等教育出版社

黄宪,王彦广,陈振初.2003.新编有机合成化学.北京:化学工业出版社

黄耀曾,钱长涛.1990.金属有机化合物在有机合成中的应用.上海:上海科学技术出版社

焦耳 J A,米尔斯 K.2004.杂环化学.4 版.由业诚,等译.北京:科学出版社

巨勇,赵国辉,席婵娟.2002.有机合成化学与路线设计.北京:清华大学出版社

卡拉瑟斯 W,科德哈姆 L.2006.当代有机合成方法.王全瑞,等译.上海:华东理工大学出版社

刘玉鑫,李天全.2001.有机化学教程.北京:科学出版社

陆熙炎.2000.金属有机化合物的反应化学.北京:化学工业出版社

莫里森 R T,博伊德 R N.1992.有机化学.2 版.复旦大学有机化学教研组,译.北京:科学出版社

倪沛洲.2007.有机化学.6 版.北京:人民卫生出版社

宁永成.2002.有机化合物结构鉴定与有机波谱学.2 版.北京:科学出版社

帕特尔 R N.2004.立体选择性生物催化.方唯硕,译.北京:化学工业出版社

裴伟伟,冯骏材.2006.有机化学例题与习题.北京:高等教育出版社

普鲁特曼 E P.1987.硅烷和钛酸酯偶联剂.梁发思,等译.上海:上海科学技术文献出版社

荣国斌,袁履冰,王全瑞,等.2007.高等有机化学.上海:华东理工大学出版社

四川大学.2006.近代化学基础.2 版.北京:高等教育出版社

汪小兰.2005.有机化学.4 版.北京:高等教育出版社

王积涛.2009.有机化学.3 版.天津:南开大学出版社

王积涛,宋礼成.1989.金属有机化学.北京:高等教育出版社

吴桂荣.1995.有机化学习题及解答.北京:化学工业出版社

伍越寰,李伟昶,沈晓明.2002.有机化学.2 版.合肥:中国科学技术大学出版社

邢其毅,裴伟伟,徐瑞秋,等.2005.基础有机化学.3 版.北京:高等教育出版社

邢其毅,徐瑞秋,裴伟伟.1998.基础有机化学习题解答与解题示例.北京:北京大学出版社

徐寿昌.1993.有机化学.2 版.北京:高等教育出版社

姚映钦.2011.有机化学.3 版.武汉:武汉理工大学出版社

于世林,李寅蔚.2003.波谱分析法.2 版.重庆:重庆大学出版社

袁履冰.1999.有机化学.北京:高等教育出版社

曾昭琼.2004.有机化学.4 版.北京:高等教育出版社

浙江大学普通化学教研组.2005.普通化学.5 版.北京:高等教育出版社

Bignardi G,Cavani F,Cortelli C,et al.2006.Influence of the oxidation state of vanadium on the reactivity of V/P/O, catalyst for the oxidation of n-pentane to maleic and phthalic anhydrides.J Mol Catal A:Chem,244:244-251

Bruice P K.2004.Organic Chemistry.4th ed.Upper Saddle River,NJ:Prentice Hall.437-480,731-787

Cotton H,Elebring T,Larsson M,et al.2000.Asymmetric synthesis of esomeprazole.Tetrahedron:Asymmetry,11:3819-3825

Garst J F,Soriaga M P.2004.Grignard reagent formation.Coord Chem Rev,248:623-652

Honda Y,Katayama S,Kojima M,et al.2003.An efficient synthesis of γ-amino β-ketoester by cross-Claisen condensation with α-amino acid derivatives.Tetrahedron Lett,44:3163-3166

Jafarpour F,Jalalimanesh N,Kashani A O,et al.2010.Silver-catalyzed facile decarboxylation of coumarin-3-carboxylic acids. Tetrahedron,66:9508-9511

Jie J L. 2006. Name Reactions. 3rd expanded ed. Berlin:Heidelberg. New York:Springer. 195-197,583-584

John M M. 2005. Fundamentals of Organic Chemistry. 5th ed. 北京:机械工业出版社

Lignier P,Estager J,Kardos N,et al. 2011. Swift and efficient sono-hydrolysis of nitriles to carboxylic acids under basic condition: Role of the oxide anion radical in the hydrolysis mechanism. Ultrason Sonochem,18:28-31

List B,Lerner R A,Barbas C F. 2000,Proline-catalyzed direct asymmetric aldol reactions. J Am Chem Soc,122:2395-2396

Nakajima N,Saito M,Ubukata M. 2002. Activated dimethyl sulfoxide dehydration of amide and its application to one-pot preparation of benzyl-type prefluoroimidates. Tetrahedron, 58:3561-3577

Ohkuma T,Ooka H,Hashiguchi S,et al. 1995. Practical enantioselective hydrogenation of aromatic ketones. J Am Chem Soc, 117:2675-2616

Patrick G L. 2000. Organic Chemistry. 北京:科学出版社

Robak M T,Herbage M A,Ellman J A. 2010. Synthesis and applications of tert-butanesulfinamide. Chem Rev,110:3600-3740

Shinohara I,Okue M,Yamada Y,et al. 2003. Samarium(Ⅱ) iodide-induced tandem reductive coupling-Dieckmann condensation reaction. Tetrahedron Lett,44:4649-4652

Wade L G. 2004. Organic Chemistry. 5th ed. 北京:高等教育出版社